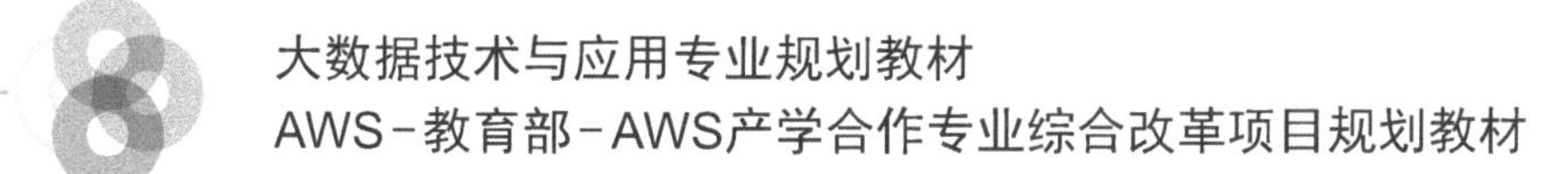

大数据技术与应用专业规划教材

AWS-教育部-AWS产学合作专业综合改革项目规划教材

云计算与大数据
技术理论及应用

◎ 林伟伟 彭绍亮 编著

清華大学出版社

北京

内容简介

为了更好地帮助读者掌握云计算、大数据的技术原理和应用方法，本书使用了作者在云计算与大数据相关项目研发实践中总结的大量编程实例和实际应用开发案例。本书主要剖析了分布式计算技术，Google云、亚马逊云及阿里云技术原理，云存储技术，Hadoop和Spark技术原理；并从技术应用开发实践方面给出大量编程实例和应用开发案例，具体包括P2P应用程序开发，云计算任务调度和能耗优化资源调度算法，大数据分析计算应用案例，生物医药大数据计算案例。

图书在版编目（CIP）数据

云计算与大数据技术理论及应用/林伟伟，彭绍亮编著. —北京：清华大学出版社，2019（2025.2重印）
（大数据技术与应用专业规划教材）
ISBN 978-7-302-52445-8

Ⅰ. ①云… Ⅱ. ①林… ②彭… Ⅲ. ①云计算－数据处理－教材 Ⅳ. ①TP393.027 ②TP274

中国版本图书馆CIP数据核字（2019）第043590号

责任编辑：贾　斌
封面设计：刘　键
责任校对：李建庄
责任印制：丛怀宇

出版发行：清华大学出版社
网　　址：https://www.tup.com.cn，https://www.wqxuetang.com
地　　址：北京清华大学学研大厦A座　　**邮　　编**：100084
社 总 机：010-83470000　　**邮　　购**：010-62786544
投稿与读者服务：010-62776969，c-service@tup.tsinghua.edu.cn
质量反馈：010-62772015，zhiliang@tup.tsinghua.edu.cn
课件下载：https://www.tup.com.cn，010-83470236
印 装 者：三河市铭诚印务有限公司
经　　销：全国新华书店
开　　本：185mm×260mm　　**印　　张**：30.25　　**字　　数**：736千字
版　　次：2019年7月第1版　　**印　　次**：2025年2月第5次印刷
印　　数：5501～5700
定　　价：89.00元

产品编号：074693-01

序言

PREFACE

科技的不断进步必然会为社会的发展带来变革，随着计算机技术水平的不断提高，社会也由以往的工业时代步入信息时代。特别是最近几年，人类正从互联网时代逐步走向人工智能时代，简单的数据信息处理和现有的计算机应用已经难以满足当前全球数据信息爆炸式的增长和复杂化智能化的需求与应用，亟须新的科学技术促进互联网产业的深度优化改革与发展。而且，信息科技行业的发展重心已经转变，全球各大 IT 公司也都将云计算、大数据、人工智能及信息安全等作为日后发展的主要目标。由此可见，云计算、大数据的发展必然会影响整个国家的信息产业的发展，也是在如今瞬息万变的全球经济下夺得一席之位的有力手段。所以，对云计算与大数据技术的学习与研究，对于我国的科技信息产业发展和应用具有非常重要的现实意义。

由林伟伟与彭绍亮编著的《云计算与大数据技术理论及应用》，正适应了我国云计算、大数据的研究、开发、应用与教育之需。与现有的大多数教材和图书以阐述技术原理为主不同，为了更好地帮助读者深入理解云计算、大数据的技术原理和应用研发方法，本书以应用需求为背景剖析这些技术的原理和应用方法。书中使用了作者在云计算与大数据相关研究和项目开发实践中总结的大量编程实例和实际应用开发案例，从理论上剖析技术原理本质，从实践上解析技术应用方法。本书主要内容包括：分布式计算的基础和编程技术，Google 云、亚马逊云及阿里云，云存储技术，大数据基础平台 Hadoop、Spark、Cassandra、Redis 和 MongoDB 等，大数据分析计算平台 HDP、Impala、HadoopDB；并从技术应用开发实践方面，给出大量编程实例和应用开发案例，具体包括客户服务器程序、P2P 程序、云资源分配与能耗优化算法、云计算任务调度算法、3 个大数据分析计算应用案例及 3 个生物医药大数据计算案例。

林伟伟博士是华南理工大学计算机科学与工程学院的教授和博士生导师，主要从事分布式计算、云计算与大数据的研究，彭绍亮教授是长沙国家超算中心副主任，主要从事生物医药大数据研究。本书是作者十余年从事教学与科研工作的结晶，是目前国内该领域内容涵盖较为全面的教材，它的出版必将对进一步推动我国云计算与大数据技术的发展与应用推广产生非常积极的影响。

陈国良

2019 年 6 月

前言

FOREWORD

背景与内容规划

随着云计算与大数据应用的快速增长，云计算与大数据技术已逐步成为当前及未来信息处理的基础性技术。因此，在该领域急需大量的相关人才与研发人员，本书正是为了适应这一新的发展趋势和需求而编写的。与现有的教材和图书主要以阐述技术原理不同，为了更好地帮助读者深入理解技术原理和应用研发方法，本教材以应用需求为背景剖析这些技术的原理和应用方法，使用了我们在云计算与大数据相关研究和项目开发实践中总结的大量编程实例和实际应用开发案例，从理论上剖析技术原理本质和从实践上解析技术应用方法。本书主要内容涉及传统分布式计算的基本原理、基本开发技术与方法，云计算的技术原理与编程技术，云存储技术，大数据技术原理与平台架构、应用开发技术与应用案例。本书可为计算机相关专业的本科生、研究生和专业技术人员提供丰富、全面的分布式计算、云计算、大数据技术的知识体系和研发实践技术，也能使相关专业科研人员进一步从事相关研究打下良好基础，并对云计算、大数据等新技术的研究与应用起到较好的推动作用。

本书主要内容包括：分布式计算范型技术原理与编程技术，Google 云、亚马逊云及阿里云技术原理，云存储技术，Hadoop 和 Spark 技术原理与平台。本书从技术应用开发实践方面给出大量编程实例和应用开发案例，具体包括客户/服务器程序开发、P2P 应用程序开发、云计算任务调度算法、云计算能耗优化资源调度算法、3 个大数据分析计算应用案例和 3 个生物医药大数据计算案例。全书共分 12 章，各章之间的层次关系如下：

- 云计算与大数据技术理论及应用
  - 分布式计算基础
    - 第1章 绪论
    - 第2章 分布式计算编程基础
  - 云计算原理与实践
    - 第3章 云计算原理与技术
    - 第4章 云计算编程实践
    - 第5章 云存储技术
  - 大数据技术原理与应用
    - 第6章 大数据技术原理与平台
    - 第7章 实时医疗大数据分析案例
    - 第8章 保险大数据分析案例
    - 第9章 基于Spark聚类算法的网络流量异常检测
    - 第10章 基于Hadoop的宏基因组序列比对计算
    - 第11章 基于细胞反应大数据的生物效应评估计算
    - 第12章 基于Spark的海量宏基因组聚类问题分析计算

教学资源与使用方法

本书配套了PPT课件和课后习题参考答案，使用本书进行教学的教师可以到清华大学出版社网站www.tup.tsinghua.edu.cn申请，或发送邮件至linww@scut.edu.cn或lin_w_w@qq.com向作者索取本书相关教学资源。

本书可以作为计算机相关专业的本科高年级学生和研究生的教材，学生最好在学习过操作系统、计算机网络、面向对象编程语言之后学习本课程。全书内容可根据不同的教学目的和对象进行选择。但根据本书的定位，建议每章讲授最低学时分配如下：

章　名	建议重点讲授章节	建议学时
第1章	所有小节	2
第2章	所有小节	8
第3章	所有小节	6
第4章	4.1,4.3,4.4,4.6节	8
第5章	5.1,5.2节	4
第6章	6.2.1,6.2.2,6.3,6.4,6.5节	10
第7章	所有小节	3
第8章	所有小节	4
第9章	所有小节	2
第10章	所有小节	2
第11章	所有小节	2
第12章	所有小节	2

此外，本书的教学应该有相应的实验教学内容，建议实验课程的学时数不少于理论课程学时数的三分之一。

致谢

本书受到国家超级计算长沙中心和深圳鹏城实验室的支持，感谢国家重点研发计划2018YFC0910405，2017YFB0202602，2017YFC1311003，2016YFC1302500，2016YFB0200400，2017YFB0202104；国家自然科学基金61872084,61772205,61772543,U1435222,61625202,61272056；化学生物传感与计量学国家重点实验室基金等项目，和湖南智超医疗科技有限公司、北京以利天诚科技有限公司(www.ylitech.com)、亚马逊公司等单位和专家的支持。

华南理工大学　林伟伟
2019年6月于广州

目录

CONTENTS

第1章

绪　论

本章首先介绍分布式计算的定义、优缺点和经典的分布式计算项目等，然后概述分布式计算的相关模式，包括单机计算、并行计算、网络计算、对等计算、网格计算、云计算、雾计算、边缘计算和大数据计算，最后重点对CAP定理进行了详细介绍和讨论。本章讨论的分布式计算相关概念为后续章节内容的理解打下基础。

1.1　分布式计算概念

1.1.1　定义

分布式计算是一门计算机科学，主要研究对象是分布式系统。在介绍分布式计算概念前，首先简单了解什么是分布式系统。简单地说，一个分布式系统是由若干通过网络互联的计算机组成的软硬件系统，且这些计算机互相配合以完成一个共同的目标(往往这个共同的目标称为“项目”)。分布式计算的一种简单定义是，在分布式系统上执行的计算。

更为正式的定义为，分布式计算是一门计算机科学，它研究如何把一个需要非常巨大的计算能力才能解决的问题分成许多小的部分，然后把这些小的部分分配给许多计算机进行处理，最后把各部分的计算结果合并起来得到最终的结果。本质上，分布式计算是一种基于网络的分而治之的计算方式。

1.1.2　优缺点

在WWW出现之前，单机计算是计算的主要形式。自20世纪80年代以来，由于受WWW流行的刺激，分布式计算得到飞速发展。分布式计算可以有效利用全世界联网机器的闲置处理能力，帮助一些缺乏研究资金的、公益性质的科学研究，加速人类的科学进程。

下面详细介绍分布式计算的优点：

1）高性价比。分布式计算往往可以采用价格低廉的计算机。今天的个人计算机比早期的大型计算机具有更出众的计算能力，体积和价格不断下降。再加上 Internet 连接越来越普及且价格低廉，大量互连计算机为分布式计算创建了一个理想环境。因此，分布式计算相对传统的小型机和大型机等计算具有更好的性价比。

2）资源共享。分布式计算体系反映了计算结构的现代组织形式。每个组织在面向网络提供共享资源的同时，独立维护本地组织内的计算机和资源。采用分布式计算，组织可以非常有效地汇集资源。

3）可伸缩性。在单机计算中，可用资源受限于单台计算机的能力。相比而言，分布式计算有良好的伸缩性，对资源需求的增加可通过提供额外资源有效解决。例如，将更多支持电子邮件等类似服务的计算机增加到网络中，可满足对这类服务需求增长的需要。

4）容错性。由于可以通过资源复制维持故障情形下的资源可用性，与单机计算相比，分布式计算提供了容错功能。例如，可将数据库备份复制维护到网络的不同系统上，以便在一个系统出现故障时，还有其他备份可以访问，避免服务瘫痪。尽管不可能构建一个能在故障面前提供完全可靠服务的分布式系统，但在涉及和实现系统时最大化系统的容错能力，是开发者的职责。

然而无论何种形式的计算，都有其利与弊的权衡。分布式计算发展至今，仍然有很多需要解决的问题。分布式计算最主要的缺点有：

1）多点故障。分布式计算存在多点故障情形。由于设计多个计算机，且都依赖于网络通信，因此一台或多台计算机的故障，或一条或多条网络链路的故障，都会导致分布式系统出现问题。

2）安全性低。分布式系统为非授权用户的攻击提供了更多机会。在集中式系统中，所有计算机和资源通常都只受一个管理者控制，而分布式系统的非集中式管理机制包括许多独立组织。分散式管理使安全策略的实现和增强变得更为困难；因此，分布式计算在安全攻击和非授权访问防护方面较为脆弱，并可能会非常不幸地影响到系统内的所有参与者。

1.1.3 经典的分布式计算项目

1. WWW

WWW 是到目前为止最大的一个分布式系统，WWW 是环球信息网（World Wide Web）的缩写，中文名字为“万维网”，“环球网”等，常简称为 Web。它是一个由许多互相链接的超文本组成的系统，通过互联网访问。在这个系统中，每个有用的事物，称为一个“资源”；并且由一个全局“统一资源标识符”（URI）标识；这些资源通过超文本传输协议（Hypertext Transfer Protocol，HTTP）传送给用户，而后者通过单击链接获得资源。万维网并不等同互联网，万维网只是互联网所能提供的服务之一，是靠着互联网运行的一项服务。

WWW 是建立在客户机/服务器模型之上的。WWW 是以超文本标注语言（标准通用标记语言下的一个应用）与超文本传输协议为基础的，能够提供面向 Internet 服务的、一致的用户界面的信息浏览系统。其中，WWW 服务器采用超文本链路链接信息页，这些信息页既可放置在同一主机上，也可放置在不同地理位置的主机上；而链路由统一资源定位器(URL)维持，WWW客户端软件(即WWW浏览器)负责信息显示与向服务器发送请求。

2. SETI@home

SETI@home(Search for Extra Terrestrial Intelligence at Home，寻找外星人)，是一个利用全球联网的计算机共同搜寻地外文明的项目，本质上它是一个由互联网上的多个计算机组成的处理天文数据的分布式计算系统。SETI@home是由美国加州大学伯克利分校的空间科学实验室开发的一个项目，它试图通过分析阿雷西博射电望远镜采集的无线电信号，搜寻能够证实地外智能生物存在的证据，该项目参考网站为http://setiathome.berkeley.edu/index.php。

SETI@home是目前因特网上参加人数最多的分布式计算项目。SETI@home程序在用户的个人计算机上，通常在屏幕保护模式下或后台模式运行。它利用的是多余的处理器资源，不影响用户正常使用计算机。SETI@home项目自1999年5月17日开始正式运行。至2004年5月，累积进行了近5×10^{21}次浮点运算，处理了超过13亿个数据单元。截至2005年关闭之前，已经吸引了543万用户，这些用户的计算机累积工作243万年，分析了大量积压数据，但是项目没有发现外星文明的直接证据。SETI@home是迄今为止最成功的分布式计算试验项目。

3. BOINC

BOINC(Berkeley Open Infrastructure for Network Computing，伯克利开放式网络计算平台)是美国加利福尼亚大学伯克利分校于2003年开发的一个利用互联网计算机资源进行分布式计算的软件平台。BOINC最早是为了支持SETI@home项目而开发的，之后逐渐成了最为主流的分布式计算平台，为众多的数学、物理学、化学、生命科学、地球科学等学科的项目所使用。如图1-1所示，BOINC平台采用了传统的客户端/服务端构架：服务端部署于计算项目方的服务器，服务端一般由数据库服务器、数据服务器、调度服务器和WEB门户组成；客户端部署于志愿者的计算机，一般由分布在网络上的多个用户计算机组成，负责完成服务端分发的计算任务。客户端与服务端之间通过标准的互联网协议进行通信，实现分布式计算。

BOINC是当前最为流行的分布式计算平台，提供了统一的前端和后端架构，一方面大为简化了分布式计算项目的开发，另一方面，对参加分布式计算的志愿者来说，参与多个项目的难度也大为降低。目前，已经有超过50个的分布式计算项目基于BOINC平台，BOINC平台上的主流项目包括有SETI@home、Einstein@Home、World Community Grid等。更详细的介绍可参考该项目网站http://boinc.ssl.berkeley.edu/。

4. 其他的分布式计算项目

除了以上3个最经典的分布式系统外，还有很多其他的分布式计算项目[3]，它们通过分布式计算构建分布式系统和实现特定项目目标。

- Climateprediction.net：模拟百年以来全球气象变化，并计算未来地球气象，以对付未来可能遭遇的灾变性天气。
- Quake-Catcher Network(捕震网)：借由日渐普及的笔记本计算机中内置的加速度计，以及一个简易的小型USB微机电强震仪(传感器)，创建一个大的强震观测网。

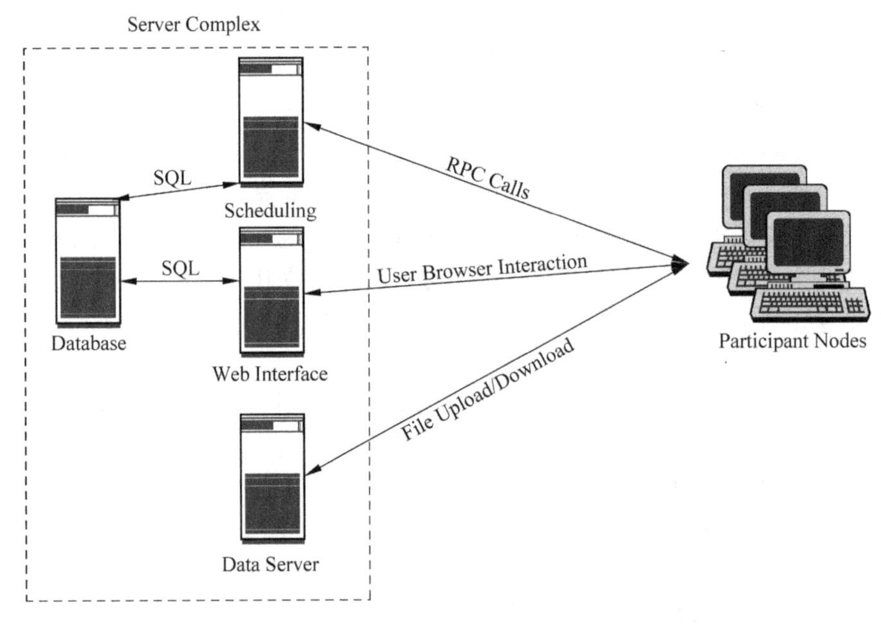

图 1-1　BOINC 的体系结构

可用于地震的实时警报或防灾、减灾等相关的应用上。

- World Community Grid(世界社区网格)：帮助查找人类疾病的治疗方法，和改善人类生活的相关公益研究，包括艾滋病、癌症、流感病毒等疾病及水资源复育、太阳能技术、水稻品种的研究等。
- Einstein@Home：于 2005 年(世界物理年)开始的项目，旨在找出脉冲星的引力波，验证爱因斯坦的相对论预测。
- FightAIDS@home：研究艾滋病的生理原理和相关药物。
- Folding@home：了解蛋白质折叠、聚合以及相关疾病。
- GIMPS：寻找新的梅森素数。
- Distributed. net：成立于 1997 年，是互联网的第一个通用分布式计算项目。2002 年 10 月 7 日，以破解加密术著称的 Distributed. net 宣布，在经过全球 33.1 万名电脑高手共同参与，苦心研究了 1726 天，于 2002 年 9 月 25 日破解了以研究加密算法而著称的美国 RSA 数据安全实验室开发的 64 位密钥——RC5-64 密钥。目前正在进行的是 RC5-72 密钥。

1.2　分布式计算模式

随着互联网与移动互联网应用的快速发展，出现很多新的分布式计算模式与范型，如云计算、雾计算、大数据计算等。这些新型计算模式或新技术，本质上是分布式计算的发展和延伸。与分布式计算相关的计算模式有很多，下面讨论一下单机计算、并行计算、网络计算、对等计算、集群计算、网格计算、云计算、雾计算和边缘计算等，以便更好地区分和理解各种分布式计算模式的概念。

1.2.1 单机计算

与分布式计算相对应的是单机计算，或称集中式计算。计算机不与任何网络互连，只使用本计算机系统内可被即时访问的所有资源，该计算模式称为单机计算。在最基本的单机计算模式中，一台计算机在任何时刻只能被一个用户使用。用户在该系统上执行应用程序，不能访问其他计算机上的任何资源。在 PC 上使用诸如文字处理程序或电子表格处理程序等应用时，应用的就是这种被称为单用户单机计算的计算模式。

多用户也可参与单机计算。在该计算模式中，并发用户可通过分时技术共享单台计算机中的资源，往往称这种计算方式为集中式计算。通常将提供集中式资源服务的计算机称为大型机(mainframe computing)。用户可通过终端设备与大型机系统相连，并在终端会话期间与之交互。

如图 1-2 所示，与单机计算模式不同，分布式计算包括在通过网络互连的多台计算机上执行的计算，每台计算机都有自己的处理器及其他资源。用户可以通过工作站完全使用与其互连的计算机上的资源。此外，通过与本地计算机及远程计算机交互，用户可访问远程计算机上的资源。WWW 是该类计算的最佳例子。当通过浏览器访问某个 Web 站点时，一个诸如 IE 的程序将在本地系统运行并与运行于远程系统中的某个程序(即 Web 服务器)交互，从而获取驻留于另一个远程系统中的文件。

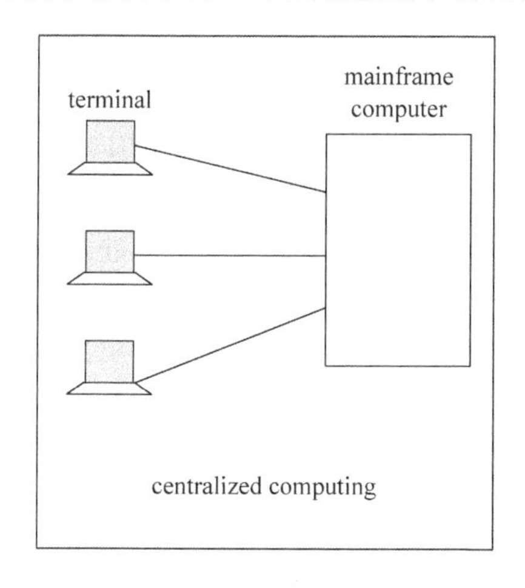

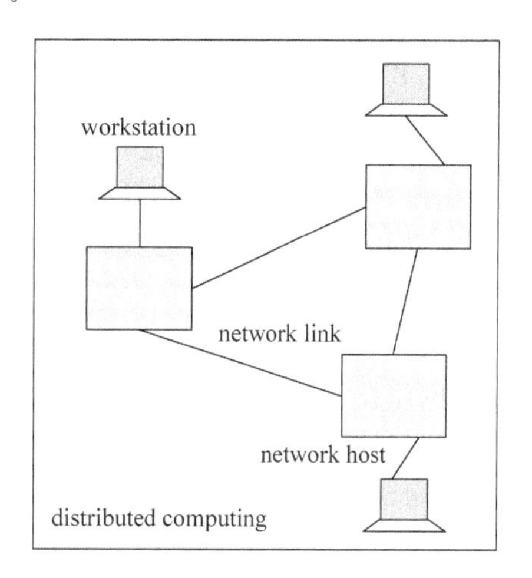

图 1-2 集中式计算与分布式计算

1.2.2 并行计算

并行计算(Parallel Computing)或称并行运算，是相对于串行计算的概念(如图 1-3 所示)，最早出现于 20 世纪六七十年代，指在并行计算机上所做的计算，即采用多个处理器执行单个指令。通常，并行计算是指同时使用多种计算资源解决计算问题的过程，是提高计算机系统计算速度和处理能力的一种有效手段。它的基本思想是用多个处理器协同求解同一问题，即将被求解的问题分解成若干个部分，各部分均由一个独立的处理机并行计算。

并行计算可分为时间上的并行和空间上的并行。时间上的并行是指流水线技术，而空

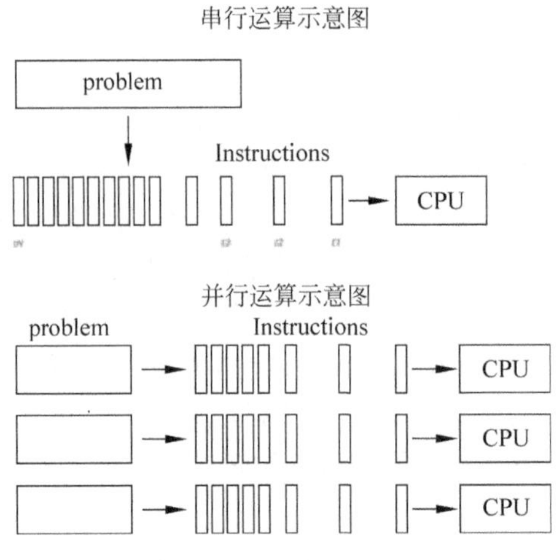

图 1-3 串行运算与并行运算

间上的并行则是指用多个处理器并发地执行计算。传统意义上的并行与分布式计算的区别是：分布式计算强调的是任务的分布执行，而并行计算强调的是任务的并发执行。特别提一下，随着互联网技术的发展，越来越多应用利用网络实现并行计算，这种基于网络的并行计算实际上也属于分布式计算的一种模式。

1.2.3 网络计算

首先，我们看一些"计算"的概念。"计算"这个词在不同的时代有不同的内涵，一般人们都会想到我们最熟悉的数学和数值计算。自从计算机技术诞生以来，人类就进入了"计算机计算的时代"。随着技术的进一步发展，网络宽带的迅速增长，人们开始进入"网络计算时代"。

网络计算(Network Computing)是一个比较宽泛的概念，随着计算机网络的出现而出现，并且随着网络技术的发展，在不同的时代有不同的内涵。例如，有时网络计算是指分布式计算，有时指云计算或其他新型计算方式。总之，网络计算的核心思想是指把通过网络连接起来的各种自治资源和系统组合起来，以实现资源共享、协同工作和联合计算，为各种用户提供基于网络的各类综合性服务。网络计算在很多学科领域发挥了巨大作用，改变了人们的生活方式。

1.2.4 对等计算

对等计算又称为 peer-to-peer 计算，简称 P2P 计算。对等计算源于 P2P 网络。P2P 网络是无中心服务器，依赖用户群交换的互联网体系。与客户-服务器结构的系统不同，在 P2P 网络中，每个用户端既是一个节点，又有服务器的功能，任何一个节点无法直接找到其他节点，必须依靠其用户群进行信息交流。

与传统的服务器/客户机的模式不同，对等计算的体系结构是让传统意义上作为客户机的各个计算机直接互相通信，而这些计算机实际上同时扮演着服务器和客户机的角色，因此，对等计算模式可以有效地减少传统服务器的压力，使这些服务器可以更加有效地执行其专属任务。例如，利用对等计算模式的分布式计算技术，有可能将网络上成千上万的计算机连接在一起共同完成极其复杂的计算，成千上万台桌面 PC 和工作站集结在一起所能达到的计算能力是非常可观的，这些计算机所形成的“虚拟超级计算机”所能达到的运算能力甚至是现有的单个大型超级计算机所无法达到的。

1.2.5　集群计算

集群计算(Cluster Computing)指的是计算机集群将一组松散集成的计算机软件或硬件连接起来高度紧密地协作完成计算工作。在某种意义上，他们可以被看作是一台计算机。集群系统中的单个计算机通常称为节点，通常通过局域网连接，但也有其他的可能连接方式。集群计算机通常用来改进单个计算机的计算速度和/或可靠性。一般情况下，集群计算机比单个计算机，例如工作站或超级计算机性价比要高得多。

根据组成集群系统的计算机之间体系结构是否相同，集群可分为同构与异构两种。集群计算机按功能和结构可以分为，高可用性集群(High-Availability Clusters)、负载均衡集群(Load Balancing Clusters)、高性能计算集群(High-Performance Clusters)和网格计算(Grid Computing)。集群计算与网格计算的区别：网格本质上就是动态的，资源则可以动态地出现，资源可以根据需要添加到网格中或从网格中删除，而且网格的资源可以在本地网、城域网或广域网上进行分布；而集群计算中包含的处理器和资源的数量通常都是静态的。

1.2.6　网格计算

网格计算(Grid Computing)：利用互联网把地理上广泛分布的各种资源(计算、存储、带宽、软件、数据、信息、知识等)连成一个逻辑整体，就像一台超级计算机，为用户提供一体化信息和应用服务(计算、存储、访问等)。网格计算强调资源共享，任何节点都可以请求使用其他节点的资源，任何节点都需要贡献一定资源给其他节点。

更具体来说，网格计算是伴随着互联网技术而迅速发展起来的，是将地理上分布的计算资源(包括数据库、贵重仪器等各种资源)充分运用起来，协同解决复杂的大规模问题，特别是解决仅靠本地资源无法解决的复杂问题，是专门针对复杂科学计算的新型计算模式。如图 1-4 所示，这种计算模式是利用互联网把分散在不同地理位置的计算机组织成一个“虚拟的超级计算机”，其中每一台参与计算的计算机就是一个“节点”，而整个计算机是由成千上万个“节点”组成的“一张网格”，所以这种计算方式叫网格计算。这样组织起来的“虚拟的超级计算机”有两个优势，一个是数据处理能力超强，另一个是能充分利用网上的闲置处理能力。简单地讲，网格是把整个网络整合成一台巨大的超级计算机，实现计算资源、存储资源、数据资源、信息资源、知识资源、专家资源的全面共享。

1.2.7　云计算

云计算(Cloud Computing)概念最早由 Google 公司提出。2006 年，27 岁的 Google 高级工程师克里斯托夫・比希利亚第一次向 Google 董事长兼 CEO 埃里克・施密特提出“云计算”的想法，在埃里克・施密特的支持下，Google 推出了“Google 101 计划”，该计划目的

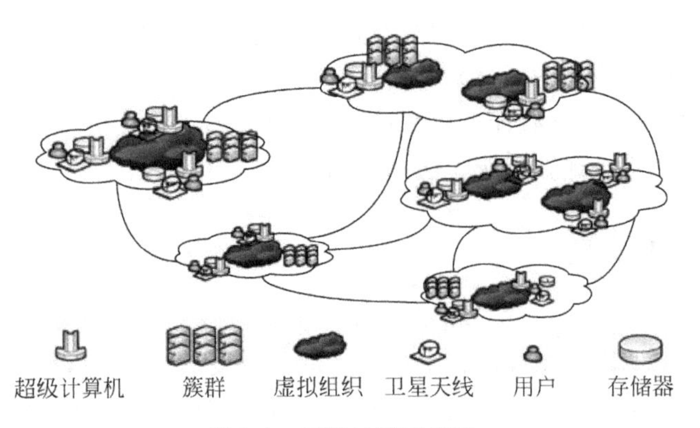

图 1-4 网格计算示意图

是让高校的学生参与云的开发，将为学生、研究人员和企业家们提供 Google 式无限的计算处理能力，这是最早的“云计算”概念，如图 1-5 所示。这个云计算概念包含两个层次的含义，一是商业层面，即以“云”的方式提供服务，一个是技术层面，即各种客户端的“计算”都由网络负责完成。通过把云和计算相结合，用来说明 Google 在商业模式和计算架构上与传统的软件和硬件公司的不同。

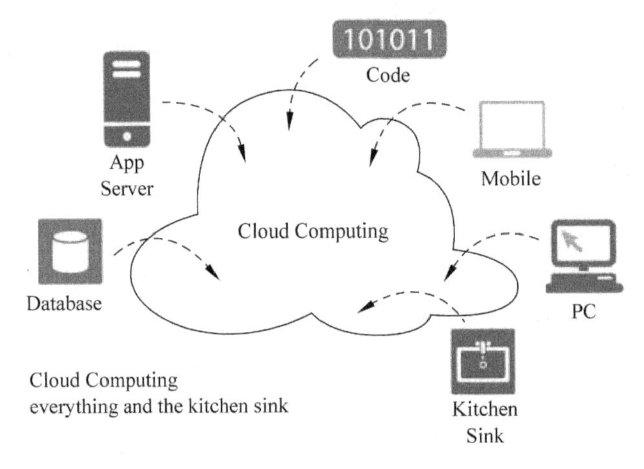

图 1-5 云计算概念示意图

目前，对于云计算的认识在不断地发展变化，云计算仍没有普遍一致的定义。通常是指由分布式计算、集群计算、网格计算、并行计算、效用计算等传统计算机与网络技术融合而形成的一种商业计算模型。从技术上看，云计算是一种基于互联网的计算方式，通过这种方式，共享的软硬件资源和信息可以按需求提供给计算机和其他设备。当前，云计算的主要形式包括：基础设施即服务(IAAS)、平台即服务(PAAS)和软件即服务(SAAS)。

1.2.8 雾计算

雾计算(Fog Computing)是由思科公司在 2011 年提出来的概念。雾计算是使用一个或多个协同众多的终端用户或用户边缘设备，以分布式协作架构进行大量数据存储(而不是将数据集中存储在云数据中心)、通信(而不是通过互联网骨干路由)、控制、配置、测试和管理的一种计算体系结构。如图 1-6 所示，雾计算是云计算的延伸，雾是介于云计算和个人计算之间的，雾计算所采用的架构更呈分布式，更接近网络边缘。雾计算将数据、数据处理和应用程序集中在网络边缘的设备中，而不像云计算那样将它们几乎全部保存在云中。数据的存储及处理更依赖本地设备，而非服务器。所以，云计算是新一代的集中式计算，而雾计算是新一代的分布式计算，符合互联网的“去中心化”特征。

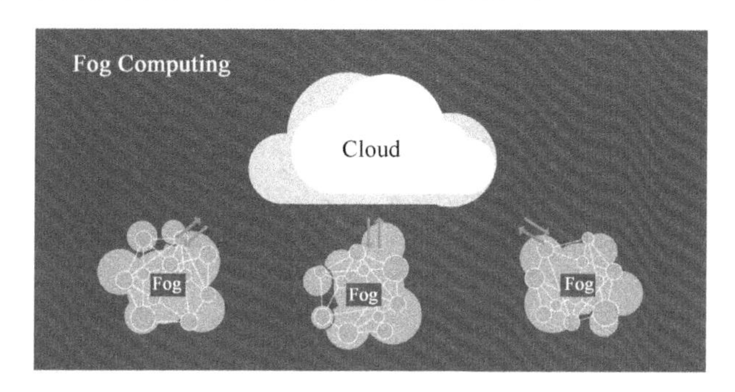

图 1-6 雾计算概念示意图

1.2.9 边缘计算

随着云计算、物联网等技术应用的深入，以及万物联网应用需求的发展，催生了雾计算和边缘计算等新的分布式计算形式。边缘计算（Edge Computing）指在靠近物或数据源头的网络边缘侧，融合网络、计算、存储、应用核心能力的开放平台，就近提供边缘智能服务，满足行业数字化在敏捷连接、实时业务、数据优化、应用智能、安全与隐私保护等方面的关键需求。万物联网应用需求的发展催生了边缘式大数据处理模式，即边缘计算模型，其能在网络边缘设备上增加执行任务计算和数据分析的处理能力，将原有的云计算模型的部分或全部计算任务迁移到网络边缘设备上，降低云计算中心的计算负载，减缓网络带宽的压力，提高万物互联时代数据的处理效率。

边缘计算与雾计算概念相似，具体原理也相似，即都是使计算在网络边缘进行的计算。如图 1-7 所示，边缘计算和雾计算的关键区别在于：①智能和计算发生的位置。雾计算中的智能是发生在本地局域网络层，处理数据是在雾节点或者 IoT 网关进行的。边缘计算则是将智能、处理能力和通信能力都放在了边缘网关或者直接的应用设备中。②雾计算更具有层次性和平坦的架构，其中几个层次形成网络，而边缘计算依赖于不构成网络的单独节点。雾计算在节点之间具有广泛的对等互连能力，边缘计算在孤岛中运行其节点，需要通过云实现对等流量传输。

1.2.10 大数据计算

随着互联网与计算机系统需要处理的数量越来越大，大数据计算成为一种非常重要的数据分析处理模式。当前在大数据计算方面，主要模式有：基于 MapReduce 的批处理计算、流式计算、基于 Spark 的内存计算。下面简单介绍这三种计算模式。

1. 基于 MapReduce 的批处理计算

批处理计算是先对数据进行存储，然后再对存储的静态数据进行集中计算。

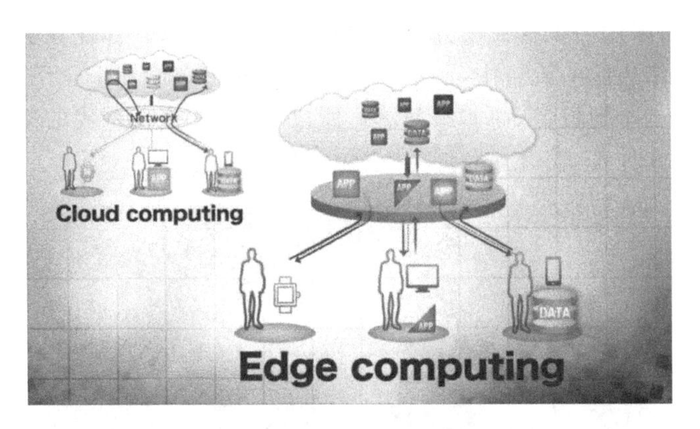

图 1-7 边缘计算概念示意图

MapReduce是典型的大数据批处理计算模式。MapReduce是大数据分析处理方面最成功的主流计算模式，被广泛用于大数据的线下批处理分析计算。MapReduce计算模式的主要思想是将自动分割要执行的问题(例如程序)拆解成Map和Reduce两个函数操作，然后对分块的大数据采用"分而治之"的并行处理方式分析计算数据。MapReduce计算流程图如图1-8所示，通过Map函数的程序将数据映射成不同的分块，分配给计算机机群处理达到分布式运算的效果，再通过Reduce函数的程序将结果汇整，从而输出所需要的结果。MapReduce提供了一个统一的并行计算框架，把并行计算所涉及的诸多系统层细节都交给计算框架完成，以此大大简化了程序员进行并行化程序设计的负担。

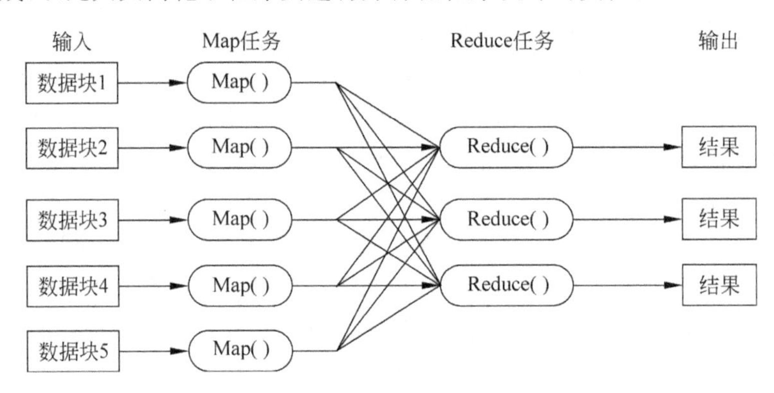

图 1-8 MapReduce计算流程

2. 流式计算

大数据批处理计算关注数据处理的吞吐量，而大数据流式计算更关注数据处理的实时性。如图1-9所示，流式计算中，无法确定数据的到来时刻和到来顺序，也无法将全部数据存储起来。因此，不再进行流式数据的存储，而是当流动的数据到来后在内存中直接进行数据的实时计算。流式计算具有很强的实时性，需要对应用源源不断产生的数据实时进行处理，使数据不积压、不丢失，常用于处理电信、电力等行业应用以及互联网行业

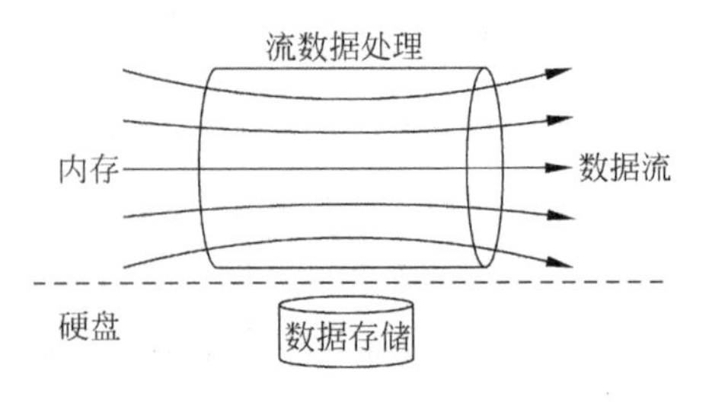

图 1-9 大数据流式计算

的访问日志等。Facebook 的 Scribe、Apache 的 Flume、Twitter 的 Storm、Yahoo 的 S4、UCBerkeley 的 Spark Streaming 都是典型的流式计算系统。

3. 基于 Spark 的内存计算

Spark 是 UC Berkeley AMP 实验室基于 Map Reduce 中的算法实现的分布式计算框架,输出和结果保存在内存中,不需要频繁读写 HDFS,数据处理效率更高。如图 1-10 所示,由于 MapReduce 计算过程中需要读写 HDFS 存储(访问磁盘 IO),而在 Spark 内存计算过程中,使用内存替代了使用 HDFS 存储中间结果,即在进行大数据分析处理时使用分布式内存计算,内存访问比磁盘快得多,因此,基于 Spark 的内存计算的数据处理性能会提升很多,特别是针对需要多次迭代大数据计算的应用。

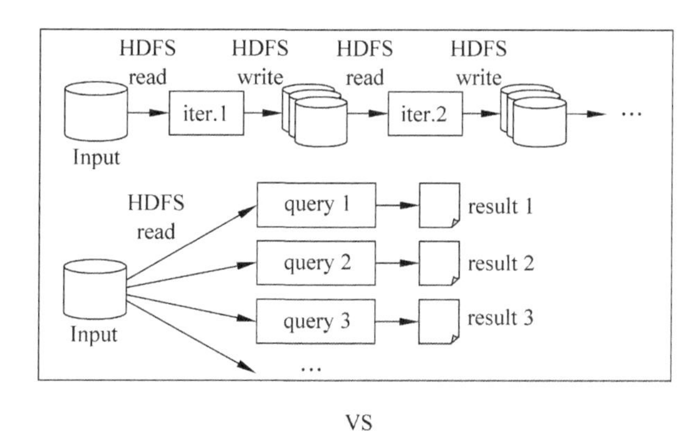

VS

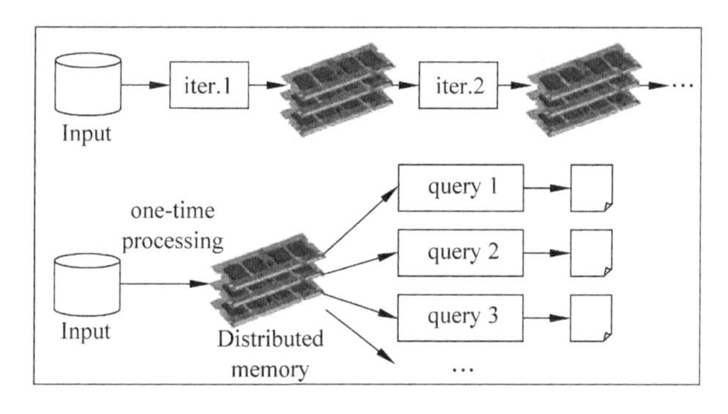

图 1-10 Spark 内存计算

1.3 CAP 定理

1.3.1 CAP 定理历史

1985 年,Fischer、Lynch 和 Patterson 三位作者证明了异步通信中不存在任何一致性的分布式算法(FLP Impossibility),即:在异步通信场景,即使只有一个进程失败,也没有任何算法能保证非失败进程达到一致性!因此,人们就开始寻找分布式系统设计的各种因素。一致性算法虽然不存在,但找到一些设计因素,并进行适当的取舍以最大限度地满足系统需求,成为当时的重要议题。

2000年7月，来自加州大学伯克利分校的Eric Brewer在ACM的分布式计算原则研讨会(Principles of Distributed Computing)上，首次提出了著名的CAP猜想。2002年后，来自麻省理工学院的Seth Gilbert和Nancy Lynch，从理论上证明了Brewer的CAP猜想的可行性。从此，CAP理论正式在学术上成了分布式计算领域的公认定理，并深深地影响了分布式计算的发展。

CAP定理是指对于一个分布式计算系统，不可能同时满足一致性、可用性和分区容错性这三个基本需求，最多只能同时满足其中的两项，不可能同时满足三项。这三项具体是指：

- 一致性(C)：即Consistency，所有节点访问同一份最新的数据副本。在分布式系统中的所有数据备份，在同一时刻是否具有同样的值。
- 可用性(A)：即Availability，对数据更新具备高可用性。在集群中一部分节点故障后，集群整体还能响应客户端的读写请求。
- 分区容错性(P)：即Partition tolerance，当分布式系统集群中的某些节点无法联系时仍能正常提供服务。即是否允许数据的分区，分区的意思是指是否允许集群中的节点之间无法通信。由于分布式系统，分区容忍性必须满足，因为由于网络的不可靠性，必定会导致两个机器节点之间无法进行网络通信，从而导致数据无法同步。

1.3.2 CAP定理应用

CAP猜想在被证实和规范化后，被正式称为CAP定理，极大地影响大规模Web分布式系统的设计。当CAP定理应用在分布式存储系统中，最多只能实现上面的两点。而由于当前的网络硬件肯定会出现延迟丢包等问题，所以分区容错性是必须需要实现的。所以，在设计分布式系统时只能在一致性和可用性之间进行权衡。

事实上，在设计分布式应用系统的时候，这三个要素最多只能同时实现两点，不可能三者兼顾，如图1-11所示。

如果选择分区容错性和一致性，那么即使有节点出现故障，操作必须既一致，又能顺利完成。所以就必须100%保证所有节点之间有很好的连通性。这是很难做到的。因此，最好的办法就是将所有数据放到同一个节点中。但是，显然这种设计是不满足可用性的(即一旦系统遇到网络分区或其他故障时，受到影响的服务需要等待一定的时间，因此在等待期间系统无法对外提供正常的服务，即不可用)。如BigTable，HBase。

如果要满足可用性和一致性，那么为了保证可用，则数据必须要有复制(replica)。这样，系统显然无法容忍分区。当同一数据的两个副本(Replica)分配到了两个无法通信的分区上时，显然会返回错误的数据。如关系数据库。另一方面，需要明确的是，对于一个分布式系统，分区容错性可以说是一个最基本的要求。因为既然是一个分布式系统，那么分布式系统中的组件必然需要被部署到不同的节点。

最后看一下满足可用性和分区容错性的情况。满足可用，就说明数据必须要在不同节点中有复制(replica)。然而还必须保证在产生分区的时候操作仍然可以完成。那么，操作必然无法保证一致性。如DynamoDB，Cassandra，SimpleDB。

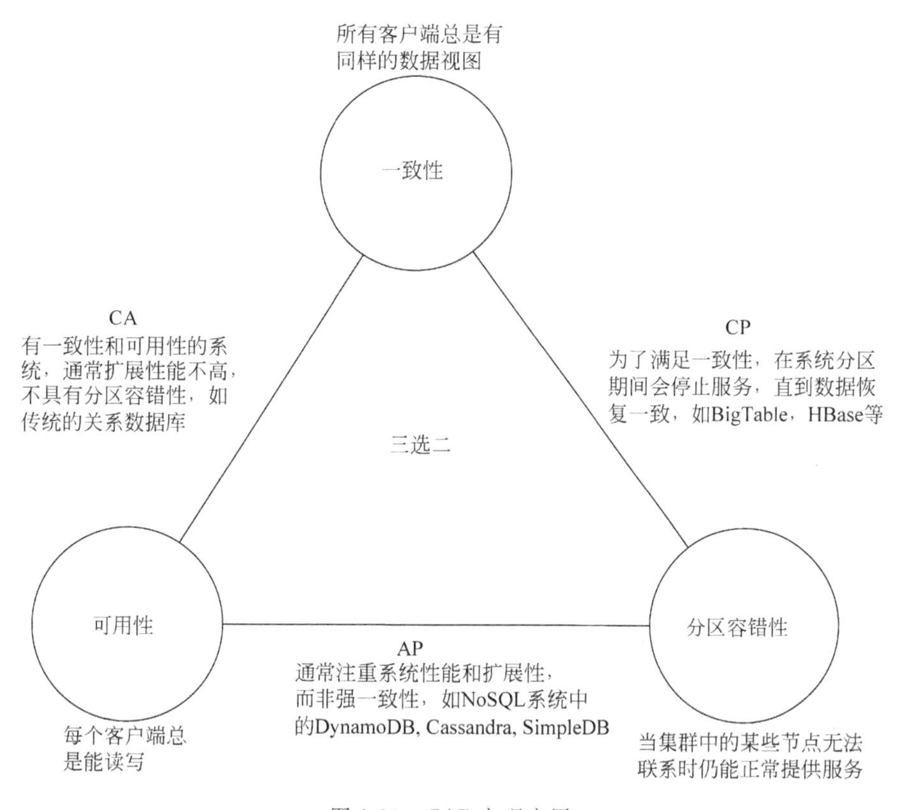

图 1-11 CAP 定理应用

1.3.3 CAP 问题的实例

为了让读者更好地理解 CAP 定理的概念，接下来给出一个具体的分布式应用的例子说明 CAP 定理。如图 1-12 所示，假如有两个应用 A 和 B 分别运行在两个不同的服务器 N1 和 N2 上。A 负责向它的数据库(主存储器)写入数据，而 B 则是从另一个数据库副本(备份存储器)读取数据。服务器 N1 通过发送数据更新消息(Replication message，M)给服务器 N2 实现同步，以达到两个数据库之间的一致性。当客户端应用程序调用 put(d) 方法更新数据 d 的值时，应用 A 会收到该命令并将新数据通过 write() 方法写入它的数据库，然后服务器 N1 向服务器 N2 发送消息以更新在另一个数据库副本里的 d′值，随后客户端应用调用 get(d) 方法想要获取 d 值，B 会收到该命令并调用 read() 方法从数据库副本里读出 d′值，此时 d′已经更新为新值，因此，整个系统看起来便是一致的。

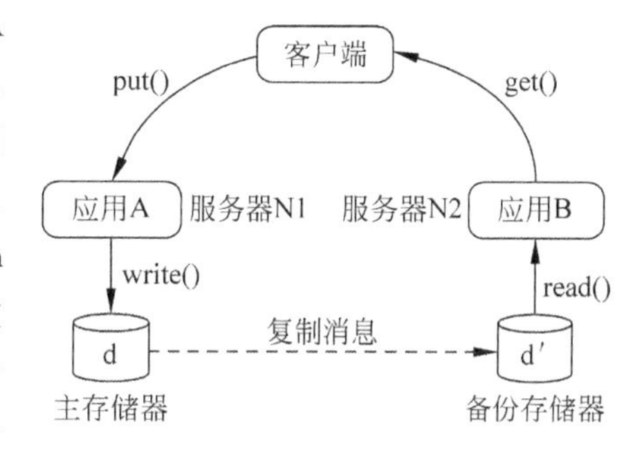

图 1-12 分布式系统 CAP 问题的实例

假如服务器 N1 与 N2 之间的通信被某种原因切断了(网线断了)，如果想让系统是容错的，可将两个数据库之间的消息设定为异步消息，那么系统仍然可以继续工作，但是数据库副本内的数据便不会更新,随后用户读到的数据便是已经过期的数据,这就造成数据的不一致。即使将数据更新消息设定为同步的也不行,这会使服务器N1的写操作和数据更新消息成为一个原子性事务,一旦消息无法发送,服务器N1的写操作就会随着数据更新消息发送失败而回滚,系统无法使用就违背了可用性。

CAP定理告诉我们,在大规模的分布式系统中,分区容错性是基本要求,所以要在可用性和一致性上有所权衡。基于上例,可以选择使用最终一致模型,数据更新消息可以是异步发送的,但当服务器N1在发送消息时无法得到确认那么它就会重新发送消息,直到服务器N2上的数据库副本与服务器N1达到一致为止,而客户端则需要面临不一致的状态。实际上,如果你从购物车中删除一个商品记录,它很可能再次出现在你的交易记录里,但是显然,相对于较高的系统延迟来说,用户可能更愿意继续他们的交易。对于大多数Web应用,牺牲一致性而换取高可用性是主要的解决方案。

习题

一、选择题

1. 下列计算形式不属于分布式计算的是(　　)。
   A. 单机计算　　B. 并行计算　　C. 网络计算　　D. 云计算
2. 下列活动不属于分布式计算应用的是(　　)。
   A. Web冲浪　　B. 在线视频播放应用
   C. 电子邮件应用　　D. 超级计算机上的科学计算
3. 下面不属于分布式计算的优点的是(　　)。
   A. 资源共享　　B. 安全性　　C. 可扩展性　　D. 容错性
4. CAP理论主要是指分布式系统的(　　),三者不能共存。
   A. 可用性　　B. 原子性　　C. 一致性　　D. 分区容错性

二、问答题

1. 什么是分布式计算?它的优缺点有哪些?
2. 什么是集中式计算?通过图形方式描述集中式计算和分布式计算的区别。
3. CAP定理是什么?CAP定理对大型分布式计算应用或系统的设计有什么影响?
4. 请分析比较各种分布式计算模式。

第2章

分布式计算编程基础

本章首先介绍进程间通信和 Socket API 的基本概念，接着重点阐述了流式 Socket 的编程方法，然后介绍了 RMI 范型的基本概念，并重点给出了 RMI 分布式应用开发的基本方法和流程，最后讨论了 P2P 技术和给出 P2P 编程基本方法。

2.1 进程间通信

2.1.1 进程间通信概念

分布式计算的核心技术是进程间通信（Interprocess Communication，IPC），即在互相独立的进程（进程是程序的运行时表示）间通信及共同协作以完成某项任务的能力。图 2-1 给出基本的 IPC 机制：两个运行在不同计算机上的独立进程（Process1 和 Process2），通过互联网交换数据。其中，进程 Process1 为发送者（sender），进程 Process2 为接收者（receiver）。

在分布式计算中，两个或多个进程按约定的某种协议进行 IPC，此处协议是指数据通信各参与进程必须遵守的一组规则。在协议中，一个进程有些时候可能是发送者，在其他时候则可能是接收者。如图 2-2 所示，当一个进程与另一个进程进行通信时，IPC 被称为单播（unicast）；当一个进程与另外一组进程进行通信时，IPC 被称为组播（multicast）。

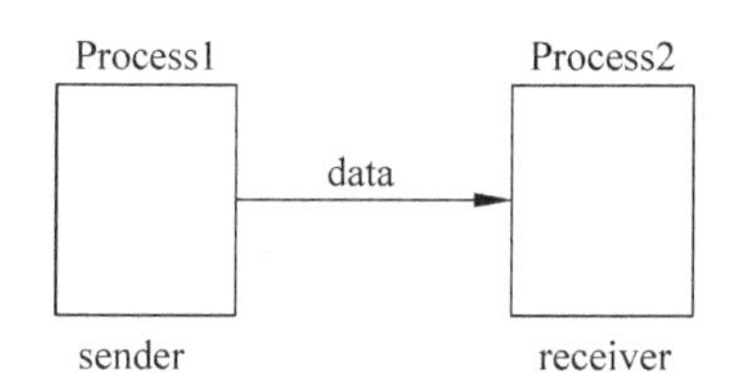

图 2-1 进程间通信

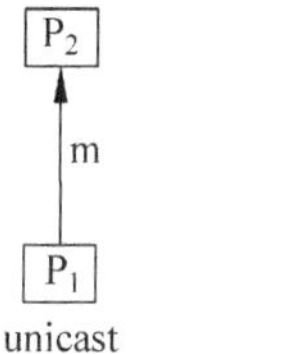

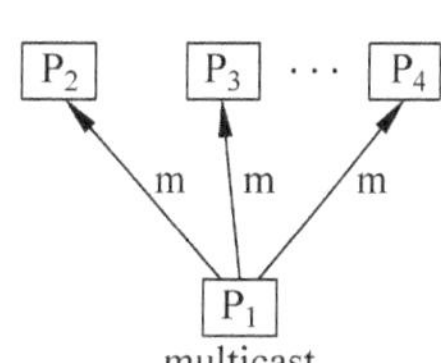

图 2-2 单播通信和组播通信

操作系统为进程间通信提供了相应的设施，称之为系统级 IPC 设施。例如消息队列，共享内存等。直接利用这些系统级 IPC 设施，就可以开发出各种网络软件或分布式计算系统。然而，基于这种比较底层的系统级 IPC 设施开发分布式应用往往工作量比较大且复杂，所以一般不直接基于系统级 IPC 设施开发。为了使编程人员从系统级 IPC 设施的编程细节中摆脱出来，可以对底层 IPC 设施进行抽象，提供高层的 IPC API（Application Programming Interface，应用编程接口或应用程序接口，常缩写为 API）。该 API 提供了对系统级设施的复杂性和细节的抽象，因此，编程人员开发分布式计算应用时，可以直接利用这些高层的 IPC API，更好地把注意力集中在应用逻辑上即可。

2.1.2 IPC 原型与示例

下面考虑可以提供 IPC 所需的最低抽象层的基本 API。在这样的 API 中需要提供四种基本操作是：

发送（Send）。该操作由发送进程发起，旨在向接收进程传输数据。操作必须允许发送进程识别接收进程和定义待传数据。

接收（Receive）。该操作由接收进程发起，旨在接收发送进程发来的数据操作必须允许接收进程识别发送进程和定义保存数据的内存空间，该内存随后被接收者访问。

连接（Connect）。对面向连接的 IPC，必须有允许在发起进程和指定进程间建立逻辑连击的操作：其中某进程发出请求连接操作而另一进程发出接受连接操作。

断开连接（Disconnect）。对面向连接的 IPC，该操作允许通信的双方关闭先前建立起来的某一逻辑连接。

参与 IPC 的进程将按照某种预先定义的顺序发起这些操作。每个操作的发起都会引起一个事件的发生。例如，发送进程的发送操作导致一个把数据传送到接收进程的事件，而接收进程发出的接收操作导致数据被传送到进程中。注意，参与进程独立发起请求，每个进程都无法知道其他进程的状态。

HTTP 是一种超文本传输协议，已被广泛应用于 WWW。该协议中一个进程（浏览器）通过发出 connect 操作，建立到另一进程（Web 服务器）的逻辑连接，随后向 Web 服务器发送 send 操作传输数据请求。接着，Web 服务器进程发出一个 send 操作，传输 Web 浏览器进程所请求的数据。通信结束时，每个进程都发出一个 disconnect 操作终止连接。图 2-3 给出 HTTP 协议的 IPC 基本操作流程，基于 HTTP 的分布式计算需按照这个流程开发。

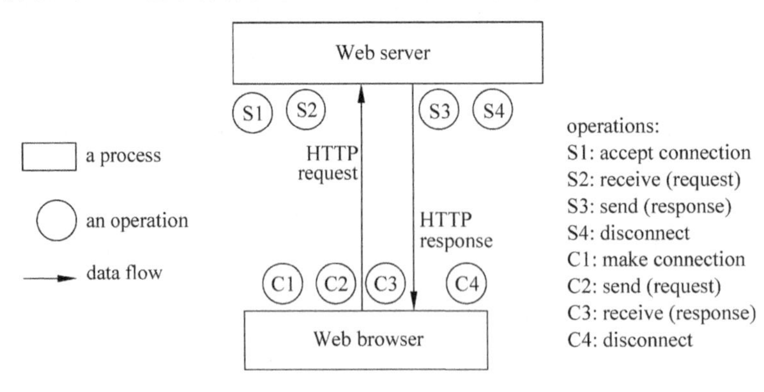

图 2-3 HTTP 中的进程间通信

2.2 Socket 编程

2.2.1 Socket 概述

Socket API 最早作为 Berkeley UNIX 操作系统的程序库，出现于 20 世纪 80 年代早期，用于提供 IPC 功能。现在所有主流操作系统都支持 Socket API。在 BSD、Linux 等基于 UNIX 的系统中，Socket API 都是操作系统的一部分。在个人计算机操作系统如 MS-DOS、Windows NT、Mac-OS、OS/2 中，Socket API 都是以程序库形式提供的（在 Windows 系统中，Socket API 称为 Winsocket）。Java 语言在设计之初就考虑到了网络编程，也将 Socket API 作为语言核心类的一部分提供给用户。所有这些 API 都使用相同的消息传递模型和非常类似的语法。

Socket API 是实现进程间通信的第一种编程设施。Socket API 非常重要的原因主要有以下两点：

1）Socket API 已经成为 IPC 编程事实上的标准，高层 IPC 设施都是构建于 Socket API 之上的，即它们是基于 Socket API 实现的。

2）对于响应时间要求较高或在有限资源平台上运行的应用，用 Socket API 实现是最合适的。

如图 2-4 所示，Socket API 的设计者提供了一种称为 Socket 的编程类型。希望与另一进程通信的进程必须创建该类型的一个实例（实例化一个 socket 对象），两个进程都可以使用 Socket API 提供的操作发送和接收数据。

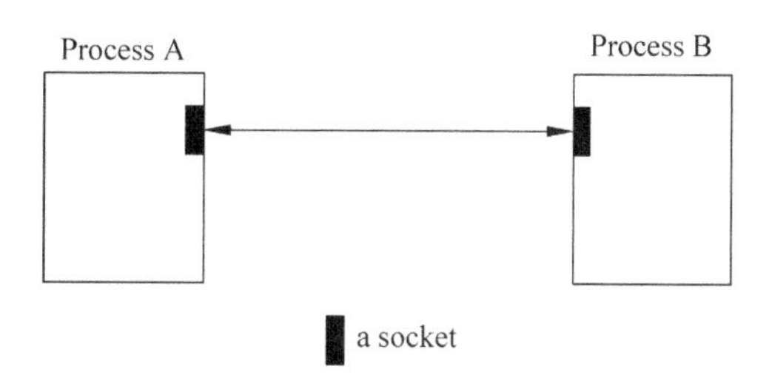

图 2-4 Socket API

在 Internet 网络协议的体系结构中，传输层上有两种主要协议：UDP（User Datagram Protocol，用户数据包协议）和 TCP（Transmission Control Protocol，传输控制协议）。UDP 允许使用无连接通信传输报文（即在传输层发送和接受）。被传输报文称为数据包（datagram）。根据无连接通信协议，每个传输的数据包都被分别解析和路由，并且可按任何顺序到达接收者。例如，如果主机 A 上的进程 1 通过顺序传输数据包 m1、m2，向主机 B 上的进程 2 发送消息，这些数据包可以通过不同路由在网络上传输，并且可按下列任何一种顺序到达接收进程：m1-m2 或 m2-m1。在数据通信网络的术语中，“包”（或称分组，英文为 packet）是指在网络上传输的数据单位。每个包中都包含有效数据（载荷，payload）以及一些控制信息（头部信息），如目标地址。

TCP是面向连接的协议，它通过在接受者和发送者之间建立的逻辑连接传输数据流。由于有连接，从发送者到接受者的数据能保证以与发送次序相同的顺序被接受。例如，如果主机A上的进程1顺序传输m1、m2，向主机B上的进程2发送消息，接收进程可以认为消息将以m1-m2顺序到达，而不是m2-m1。

根据传输层所使用协议不同，Socket API分成两种类型：一种使用UDP传输的Socket称为数据包Socket(Datagram Socket)；另一种使用TCP传输的Socket称为流式Socket(Stream Socket)。由于分布式计算与网络应用主要使用流式Socket，后面将重点讨论流式Socket的开发技术。

2.2.2 流式Socket编程

我们知道，数据包Socket API支持离散数据单元(即数据包)交换，流式Socket API则提供了基于UNIX操作系统的流式IO的数据传输模式。根据定义，流式Socket API仅支持面向连接通信。

如图2-5所示，流式Socket为两个特定进程提供稳定的数据交换模型。数据流从一方连续写入，从另一方读出。流的特性允许以不同速率向流中写入或读取数据，但是一个流式Socket不能用于同时与两个及其以上的进程通信。

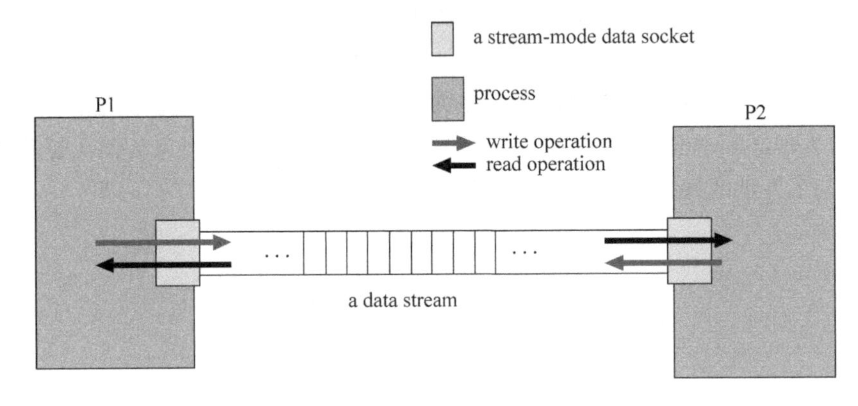

图2-5 流式Socket模型

在Java中，有两个类提供了流式Socket API：ServerSocket和Socket。

1) ServerSocket用于接受连接，称之为连接socket。

2) Socket用于数据交换，我们将称之为数据socket。

图2-6演示了流式Socket API模型，采用该API，服务器进程建立一个连接socket，随后侦听来自其他进程的连接请求。每次只接受一个连接请求。当连接被接受后，将为该连接创建一个数据socket。服务器进程可通过数据socket从数据流读取数据或向其中写入数据。一旦两进程之间的通信会话结束，数据socket被关闭，服务器可通过连接socket自由接受下一个连接请求。

客户进程创建一个socket，随后通过服务器的连接socket向服务器发送连接请求。一旦请求被接受，客户socket与服务器数据socket连接，以便客户可继续从数据流读取数据或向数据流写入数据。当两进程之间的通信会话结束后，数据socket关闭。

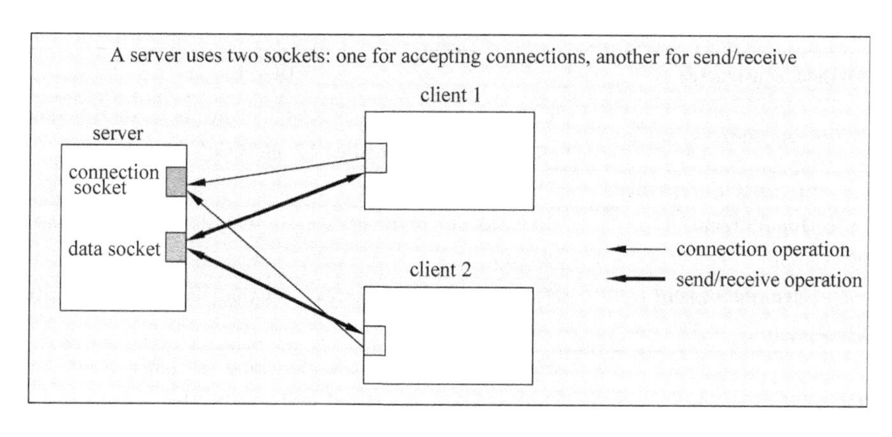

图 2-6 流式 Socket API 模型

图 2-7 描述了连接侦听者和连接请求者中的程序流。

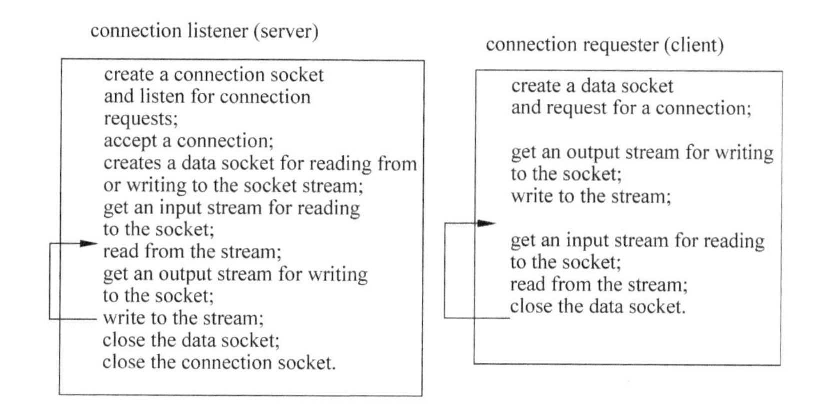

图 2-7 连接侦听者和连接请求者中的程序流

在 Java 流式 Socket API 中有两个主要类：ServerSocket 和 Socket。类 ServerSocket 用来侦听和建立连接，而类 Socket 用于进行数据传输。表 2-1 和表 2-2 分别列出了这两个类的主要方法和构造函数。

表 2-1 类 ServerSocket 的主要方法和构造函数

Method/constructor	Description
ServerSocket(int port)	Creates a server socket on a specified port.
Socket **accept**() throws IOException	Listens for a connection to be made to this socket and accepts it. The method blocks until a connection is made.
public void **close**() throws IOException	Closes this socket.
void **setSoTimeout**(int timeout) throws SocketException	Set a timeout period (in milliseconds) so that a call to accept( ) for this socket will block for only this amount of time. If the timeout expires, a java. io. InterruptedIOException is raised.

表 2-2 类 Socket 的主要方法和构造函数

Method/constructor	Description
Socket(InetAddress address, int port)	Creates a stream socket and connects it to the specified port number at the specified IP address.
void **close**() throws IOException	Closes this socket.
InputStream **getInputStream**( ) throws IOException	Returns an input stream so that data may be read from this socket.
OutputStream **getOutputStream**( ) throws IOException	Returns an output stream so that data may be written to this socket.
void **setSoTimeout**(int timeout) throws SocketException	Set a timeout period for blocking so that a read( ) call on the InputStream associated with this Socket will block for only this amount of time. If the timeout expires, a java. io. InterruptedIOException is raised.

表中，accept 方法是阻塞操作，如果没有正在等待的请求。服务器进程被挂起，直到连接请求到达。从与数据 socket 关联的输入流中读取数据时，也即 InputStream 的 read()方法是阻塞操作，如果请求的所有数据没有全部到达该输入流中，客户进程将被阻塞，直到有足够数量的数据被写入数据流。

数据 socket(Socket)并没有提供特定的 read()和 write()方法，想要读取和写入数据必须用类 InputStream 和 OutputStream 相关联的方法执行这些操作。

Example1 代码 2.1 和代码 2.2 演示了流式 socket 的基本语法。Example1ConnectionAcceptor 通过在特定端口上建立 ServerSocket 对象接受连接。Example1ConnectionRequestor 创建一个 socket 对象，其参数为 Acceptor 中的主机名和端口号。一旦连接被 Acceptor 接受，消息被 Acceptor 写入 socket 的数据流。在 Requestor 方，消息从数据流读出并显示。

2.1 Example1 ConnectionAcceptor. java 源代码

```
import java.net. * ;
import java.io. * ;

public class Example1ConnectionAcceptor {
    public static void main(String[ ] args) {
        if (args.length != 2)
            System.out.println("This program requires three command line arguments");
        else {
            try {
                int portNo = Integer.parseInt(args[0]);
                String message = args[1];
                //instantiates a socket for accepting connection
                ServerSocket connectionSocket = new ServerSocket(portNo);
                System.out.println("now ready accept a connection");
                Socket dataSocket = connectionSocket.accept();
                System.out.println("connection accepted");
                //get a output stream for writing to the data socket
                OutputStream outStream = dataSocket.getOutputStream();
                //create a PrinterWriter object for character - mode output
```

```
            PrintWriter socketOutput =
            new PrintWriter(new OutputStreamWriter(outStream));
            //write a message into the data stream
            socketOutput.println(message);
            //The ensuing flush method call is necessary for the data to
            //be written to the socket data stream before the socket is closed.
            socketOutput.flush();
            System.out.println("message sent");
            dataSocket.close( );
            System.out.println("data socket closed");
            connectionSocket.close( );
            System.out.println("connection socket closed");
         } //end try
         catch (Exception ex) {
            ex.printStackTrace( );
         } //end catch
      } //end else
   } //end main
} //end class
```

2.2 Example1 ConnectionRequestor.java 源代码

```
import java.net.*;
import java.io.*;

public class Example1ConnectionRequestor {
   public static void main(String[] args) {
      if (args.length != 2)
         System.out.println
            ("This program requires two command line arguments");
      else {
         try {
            InetAddress acceptorHost = InetAddress.getByName(args[0]);
            int acceptorPort = Integer.parseInt(args[1]);
            //instantiates a data socket and connect with a timeout
            SocketAddress sockAddr = new InetSocketAddress(acceptorHost, acceptorPort);
            Socket mySocket = new Socket();
            int timeoutPeriod = 5000;           // 2 seconds
            mySocket.connect(sockAddr, timeoutPeriod);
            System.out.println("Connection request granted");
            //get an input stream for reading from the data socket
            InputStream inStream = mySocket.getInputStream();
            //create a BufferedReader object for text line input
            BufferedReader socketInput =
               new BufferedReader(new InputStreamReader(inStream));
            System.out.println("waiting to read");
            //read a line from the data stream
            String message = socketInput.readLine( );
            System.out.println("Message received:");
```

```
            System.out.println("\t" + message);
            mySocket.close( );
            System.out.println("data socket closed");
         } //end try
        catch (Exception ex) {
            ex.printStackTrace( );
        }
      } //end else
   } //end main
} //end class
```

在 Example1 代码 2.2 中有一些值得关注的地方：1)由于这里处理的是数据流，因此可使用 Java 类 PrinterWriter 向 socket 写数据和使用 BufferedReader 从流中读取数据。这些类中所使用的方法与向屏幕写入一行或从键盘读取一行文本相同。2)尽管本例将 Acceptor 和 Requestor 分别作为数据发送者和数据接收者介绍，但两者的角色可以很容易地进行互换。在那种情况下，Requestor 将使用 getOutputStream 向 socket 中写数据，而 Acceptor 将使用 getInputStream 从 socket 中读取数据。3)事实上，任一进程都可以通过调用 getInputStream 和 getOutputStream 从流中读取数据或向其中写入数据。4)在本例中，每次只读写一行数据(分别使用 readLine 和 println 方法)，但其实也可以每次只读写一行中的一部分数据(分别使用 read 和 print 方法实现)。然而，对于以文本形式交换消息的文本协议，每次读写一行是标准做法。

当使用 PrinterWriter 向 socket 流写数据时，必须使用 flush 方法真正地填充与刷新该流，从而确保所有数据都可以在像 socket 突然关闭等意外情形发生之前，尽可能快地从数据缓冲区中真正地写入数据流。

图 2-8 给出了 Example1 的程序执行的事件状态图。进程 ConnectionAcceptor 首先执行，该进程在调用阻塞 accept 方法时被挂起。随后，在接收到 Requestor 的连接请求时，解除挂起状态。在重新继续执行时，Acceptor 在关闭数据 socket 和连接 socket 前，向 socket 中写入一个消息。

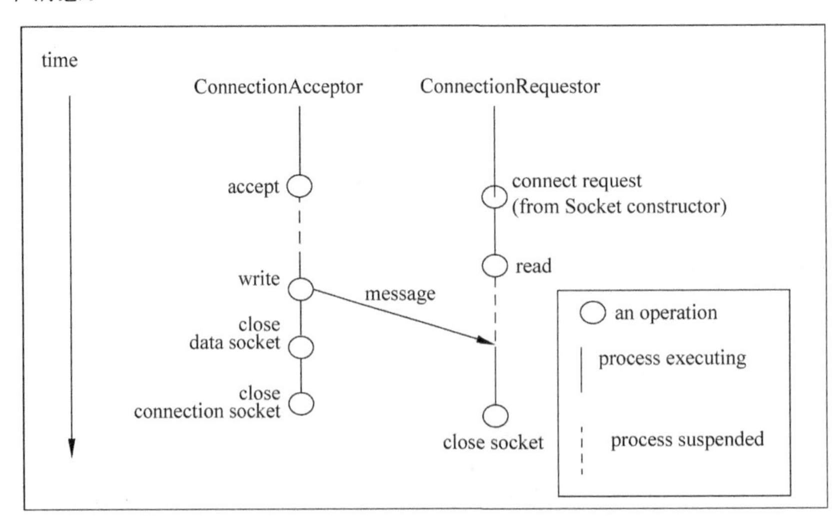

图 2-8 Example4 程序执行的事件状态图

ConnectionRequestor 的执行按如下方式处理，首先实例化一个 socket 对象，向 Acceptor 发出一个隐式 connect 请求。尽管 connect 为非阻塞请求，但通过该连接的数据交换只有在连接被另一方接受后才能继续。连接一旦被接受，进程调用 read 操作从 socket 中读取消息。由于 read 是阻塞操作，进程被再次挂起，直到该消息数据被接受时为止。此时进程关闭 socket，并处理数据。

为允许将程序中的应用逻辑和服务逻辑分离，这里采用了隐藏数据 socket 细节的子类。代码 2.3 显示了类 MyStreamSocket 的定义，其中提供了从数据 socket 中读取或向其中写入数据的方法。

2.3 MyStreamSocket.java 源代码

```
import java.net.*;
import java.io.*;

public class MyStreamSocket extends Socket {
   private Socket socket;
   private BufferedReader input;
   private PrintWriter output;
   MyStreamSocket(String acceptorHost, int acceptorPort) throws SocketException,
      IOException{
      socket = new Socket(acceptorHost, acceptorPort);
      setStreams();
   }
   MyStreamSocket(Socket socket) throws IOException {
      this.socket = socket;
      setStreams();
   }
   private void setStreams() throws IOException{
      //get an input stream for reading from the data socket
      InputStream inStream = socket.getInputStream();
      input = new BufferedReader(new InputStreamReader(inStream));
      OutputStream outStream = socket.getOutputStream();
      //create a PrinterWriter object for character - mode output
      output = new PrintWriter(new OutputStreamWriter(outStream));
   }
   public void sendMessage(String message) throws IOException {
      output.println(message);
      //The ensuing flush method call is necessary for the data to
      //be written to the socket data stream before the socket is closed.
      output.flush();
   } //end sendMessage
   public String receiveMessage()
        throws IOException {
      String message = input.readLine(); //read a line from the data stream
      return message;
   } //end receiveMessage
   public void close()
```

```
        throws IOException {
      socket.close();
    }
} //end class
```

Example2 代码 2.4 和代码 2.5 中所示程序分别是对 Example1 的改进版本,修改后的程序使用类 MyStreamSocket 代替 Java 的类 Socket。

2.4 Example2 ConnectionAcceptor.java 源代码

```
import java.net.*;
import java.io.*;

public class Example2ConnectionAcceptor {
   public static void main(String[] args) {
      if (args.length != 2)
         System.out.println
            ("This program requires three command line arguments");
      else {
         try {
            int portNo = Integer.parseInt(args[0]);
            String message = args[1];
            //instantiates a socket for accepting connection
            ServerSocket connectionSocket = new ServerSocket(portNo);
            System.out.println("now ready accept a connection");
            //wait to accept a connecion request, at which time a data socket is created
            MyStreamSocket dataSocket = new MyStreamSocket(connectionSocket.accept());
            System.out.println("connection accepted");
            dataSocket.sendMessage(message);
            System.out.println("message sent");
            dataSocket.close();
            System.out.println("data socket closed");
            connectionSocket.close();
            System.out.println("connection socket closed");
         } //end try
         catch (Exception ex) {
            ex.printStackTrace();
         } //end catch
      } //end else
   } //end main
} //end class
```

2.5 Example2 ConnectionRequestor.java 源代码

```
import java.net.*;
import java.io.*;

public class Example2ConnectionRequestor {
   public static void main(String[] args) {
```

```
        if (args.length != 2)
            System.out.println
                ("This program requires two command line arguments");
        else {
            try {
                String acceptorHost = args[0];
                int acceptorPort = Integer.parseInt(args[1]);
                //instantiates a data socket
                MyStreamSocket mySocket = new MyStreamSocket(acceptorHost, acceptorPort);
                System.out.println("Connection request granted");
                String message = mySocket.receiveMessage();
                System.out.println("Message received:");
                System.out.println("\t" + message);
                mySocket.close();
                System.out.println("data socket closed");
            } //end try
            catch (Exception ex) {
                ex.printStackTrace();
            }
        } //end else
    } //end main
} //end class
```

本节主要介绍流式 Socket API 的基本开发接口和方法，关于流式 socket 开发的进一步学习，可以参考我们编写的另外一本教材《分布式计算、云计算与大数据》。

2.3 RMI 编程

2.3.1 RMI 概述

RMI(Remote Method Invocation)即远程方法调用。RMI 是 RPC 模型的面向对象实现，是一种用于实现远程过程调用的应用程序编程接口，它使客户机上运行的程序可以调用远程服务器上的对象。如图 2-9 所示，在该范型中，进程可以调用对象方法，而该对象可驻留于某远程主机中。与 RPC 一样，参数可随方法调用传递，也可提供返回值。

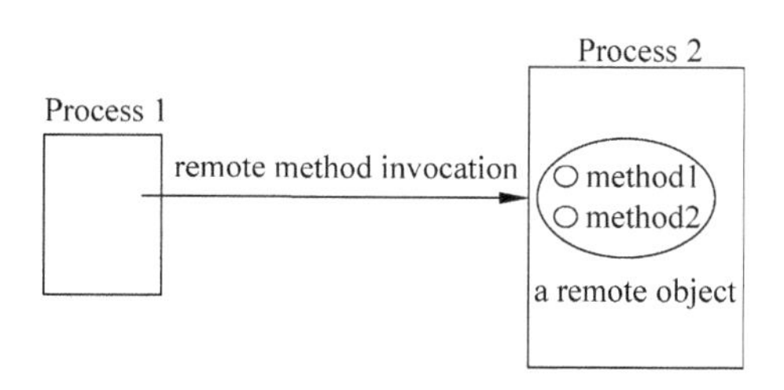

图 2-9 RMI 调用

由于 RMI API 只适用于 Java 程序，所以，一般称为 Java RMI。但该 API 相对简单，因此，非常适合用作学习网络应用中分布式对象技术的入门资料。

Java RMI使用接口化编程。在需要服务端的某一个远程对象时，编程人员通过定义一个该对象的接口隐藏它的实现，并在客户端定义一个相同的接口，客户端使用该接口可以像本地调用一样实现远程方法调用。通过调用RMI的API，对象服务器通过目录服务导出和注册远程对象，这些对象提供一些可以被客户程序调用的远程方法。从语法上看，RMI通过远程接口声明远程对象，该接口是Java接口的扩展；远程接口由对象服务器实现；对象客户使用与本地方法调用类似的语法访问远程对象，并调用远程对象的方法。Java RMI使编程人员能够在网络环境中分布工作，极大地简化了远程方法调用的过程。后面将详细介绍Java RMI的具体内容。

2.3.2 RMI基本分布式应用

本节通过Java RMI API介绍RMI基本分布式应用开发，它包括三方面内容：远程接口、服务器端软件和客户端软件。基于RMI API可以实现基本分布式应用、客户回调应用和桩下载应用的开发，客户回调应用开发和桩下载应用的开发方法可以参考我们编写的另外一本教材《分布式计算、云计算与大数据》。

1. 远程接口定义

在RMI API中，分布式对象的创建开始于远程接口。Java接口是为其他类提供模板的一种类：它包括方法声明或签名，其实现由实现该接口的类提供。

Java远程接口是继承Java类Remote的一个接口，该类允许使用RMI语法实现接口。与必须为每个方法签名定义扩展和RemoteException不同，远程接口语法与常规或本地Java接口相同。

2.6 SomeInterface.java源代码

```
import java.rmi.*;

public interface SomeInterface extends Remote {
    //signature of first remote method
    public String someMethod1() throws java.rmi.RemoteException;
    //signature of second remote method
    public int someMethod2(int x) throws java.rmi.RemoteException;
    //signature of other remote methods may follow
} //end interface
```

本例声明了一个someInterface接口，该接口扩展了Java类remote，使之成为远程接口。java.rmi.RemoteException必须在每个方法签名的throws子句中出现。在远程方法调用过程发生错误时，将产生该类型的一个异常，该异常需要由方法调用者程序处理。这些异常的产生原因包括进程通信时发生错误，如访问失败和链接失败，也可能是该远程方法调用中特有的一些问题，包括因为未找到对象，stub或skeleton等引起的错误。

2. 服务器端软件

对象服务器是指这样的一种对象，它可以提供某一分布式对象的方法和接口。每个对象服务器必须：1)实现接口部分定义的每个远程方法；2)向目录服务注册包含了实现的对象。建议按如下所述方法，将这两部分作为独立的类分别实现。

1）远程接口实现

必须提供实现远程接口的类，语法与实现本地接口的类相似。如下所示：

2.7 SomeImpl1.java 源代码

```
import java.rmi.*;
import java.rmi.server.*;
/** This class implements the remote interface SomeInterface. */
public class SomeImpl extends UnicastRemoteObject implements SomeInterface {
    public String someMethod1() throws RemoteException {
        //code to be supplied
    }
    public int someMethod2() throws RemoteException {
        //code to be supplied
    }
} //end class
```

Import 语句是在代码中使用类 UnicastRemoteObject 和 RemoteException 所需要的语句。类的头部必须定义：该类是 Java 类 UnicastRemoteObject 的子类，实现一个特定远程接口，本模板中称为 SomeInterface，需要为该类定义一个构造函数，随后定义每个远程方法，每个方法的方法头应该与接口文件中的方法签名匹配。图 2-10 是 SomeImpl 的 UML 类图。

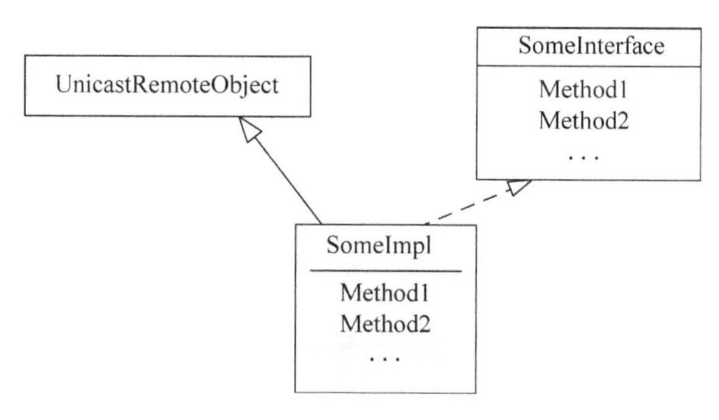

图 2-10 SomeImpl 的 UML 类图

2）stub 和 skeleton 生成

在 RMI 中，分布式对象需要为每个对象服务器和对象客户提供代理，分别成为对象 skeleton 和 stub。这些代理可通过使用 Java SDK 提供的 RMI 编译器 rmic，编译远程接口实现生成。可在命令行下输入下述命令生成 stub 和 skeleton 文件：

```
rmic <class name of the remote interface implementation>
```

例如：

```
rmic SomeImpl
```

如果编译成功，将生成两个代理文件，每个文件的名都以实现类的类名为前缀，如

SomeImpl_stub.class 和 SomeImpl_skel.class，但在 Java 2 版本以上的平台下，只生成 stub 文件。对象的 stub 文件及远程接口文件，必须被每个对象客户所共享：这些文件是编译客户程序时所必须的文件。可以手动为对象客户提供每个文件的一个备份。此外，Java RMI 具有 stub 下载特征，允许客户端动态获取 stub 文件。

3）对象服务器的实现

2.8 SomeServer.java 源代码

```
import java.rmi.*;
import java.rmi.server.*;
import java.rmi.registry.Registry;
import java.rmi.registry.LocateRegistry;
import java.net.*;
import java.io.*;
public class SomeServer {
    public static void main(String args[]) {
        String portNum = "1234", registryURL;
        try{
            //code for obtaining RMI port number value omitted
            SomeImpl exportedObj = new SomeImpl();
            startRegistry(1234);
            //register the object under the name "some"
            registryURL = "rmi://localhost:" + portNum + "/some";
            Naming.rebind(registryURL, exportedObj);
            listRegistry(registryURL);
            System.out.println("Some Server ready.");
        }//end try
        catch (Exception re) {
            System.out.println("Exception in SomeServer.main: " + re);
        } //end catch
    } //end main
    //This method starts a RMI registry on the local host, if it
    //does not already exist at the specified port number.
    private static void startRegistry(int RMIPortNum)
        throws RemoteException{
        try {
            Registry registry = LocateRegistry.getRegistry(RMIPortNum);
            registry.list();
            //The above call will throw an exception if the registry does not already exist
        }
        catch (RemoteException ex) {
            //No valid registry at that port.
            System.out.println("RMI registry cannot be located at port " + RMIPortNum);
            Registry registry = LocateRegistry.createRegistry(RMIPortNum);
            System.out.println("RMI registry created at port " + RMIPortNum);
        }
    } //end startRegistry
    private static void listRegistry(String registryURL)
    throws RemoteException, MalformedURLException {
```

```
        System.out.println("Registry " + registryURL + " contains: ");
        String [] names = Naming.list(registryURL);
        for (int i = 0; i < names.length; i++)
            System.out.println(names[i]);
    } //end listRegistry
} //end class
```

在我们的对象服务器模板中，输出对象代码如下：

```
//register the object under the name "some"
registryURL = "rmi://localhost:" + portNum + "/some";
Naming.rebind(registryURL, exportedObj);
```

类 Naming 提供从注册表获取和存储引用的方法。具体来说，rebind 方法允许如下形式 URL 将对象引用存储到注册表中：

```
rmi://<host name>:<port number>/<reference name>
```

rebind 方法将覆盖注册表中与给定引用名绑定的任何引用。如果不希望覆盖，可以使用 bind 方法。

主机名应该是服务器名，或简写成 localhost，引用名指用户选择的名称，该名称在注册表中应该是唯一的。示例代码首先检查 RMI 注册表当前是否运行在默认端口上。如果不在，RMI 注册表将被激活。此外，可以使用 JDK 中的 rmiregistry 工具在系统提示符输入下列命令，手动激活 RMI 注册表：

```
rmiregistry <port number>
```

其中，port number 是 TCP 端口号，如果未指定端口号，将使用默认端口号 1099。

当对象服务器被执行时，分布式对象的输出，将导致服务器进程开始侦听和等待客户连接和对象服务请求。RMI 对象服务器是并发服务器：每个对象客户请求都使用服务器上的一个独立线程服务。由于远程方法调用可并发执行，因此远程对象实现的线程安全性非常重要。

3. 客户端软件

客户类程序与任何其他 Java 类相似。RMI 所需的语法包括定位服务器主机的 RMI 注册表和查找服务器对象的远程引用；该引用随后可被传到远程接口类和被调用的远程方法。

2.9　SomeClient.java 源代码

```
import java.rmi.*;
import java.io.*;
import java.rmi.registry.Registry;
import java.rmi.registry.LocateRegistry;
public class SomeClient {
```

```
    public static void main(String args[ ]) {
      try {
          String registryURL = "rmi://localhost:" + portNum + "/some";
          SomeInterface h = (SomeInterface)Naming.lookup(registryURL);
          String message = h.method1(); // invoke the remote method(s)
          System.out.println(message);
          //method2 can be invoked similarly
      } //end try
      catch (Exception e) {
          System.out.println("Exception in SomeClient: " + e);
      }
    } //end main
    //Definition for other methods of the class, if any.
}//end class
```

查找远程对象：如果对象服务器先前在注册表中保存了对象引用，可以用类 Naming 的 lookup 方法获取这些引用。注意，应将获取的引用传给远程接口类。

```
String registryURL = "rmi://localhost:" + portNum + "/some";
SomeInterface h = (SomeInterface)Naming.lookup(registryURL);
```

调用远程方法：远程接口引用可以调用远程接口中的任何方法，例如：

```
String message = h.method1();
System.out.println(message);
```

注意，调用远程方法的语法与调用本地方法相同。

4. RMI 应用代码示例

下面详细给出 RMI 应用示例 Hello 的完成源代码，包括远程接口 HelloInterface.java、远程接口实现类 HelloImpl.java、对象服务器 HelloServer.java 和客户端程序 HelloClient.java。

2.10 HelloInterface.java 源代码

```
import java.rmi.*;
public interface HelloInterface extends Remote {
   public String sayHello(String name) throws java.rmi.RemoteException;
} //end interface
```

2.11 HelloImpl.java 源代码

```
import java.rmi.*;
import java.rmi.server.*;
public class HelloImpl extends UnicastRemoteObject implements HelloInterface {
   public HelloImpl() throws RemoteException {
      super();
   }
```

```
    public String sayHello(String name) throws RemoteException {
        return "WELCOME TO RMI ! " + name;
    }
} //end class
```

2.12　HelloServer.java 源代码

```
import java.rmi.*;
import java.rmi.server.*;
import java.rmi.registry.Registry;
import java.rmi.registry.LocateRegistry;
import java.net.*;
import java.io.*;
public class HelloServer {
    public static void main(String args[]) {
        InputStreamReader is = new InputStreamReader(System.in);
        BufferedReader br = new BufferedReader(is);
        String portNum, registryURL;
        try{
            System.out.println("Enter the RMIregistry port number:");
            portNum = (br.readLine()).trim();
            int RMIPortNum = Integer.parseInt(portNum);
            startRegistry(RMIPortNum);
            HelloImpl exportedObj = new HelloImpl();
            registryURL = "rmi://localhost:" + portNum + "/hello";
            Naming.rebind(registryURL, exportedObj);
            System.out.println("Server registered. Registry currently contains:");
            //list names currently in the registry
            listRegistry(registryURL);
            System.out.println("Hello Server ready.");
        }//end try
        catch (Exception re) {
            System.out.println("Exception in HelloServer.main: " + re);
        } //end catch
    } //end main
    //This method starts a RMI registry on the local host, if it
    //does not already exists at the specified port number.
    private static void startRegistry(int RMIPortNum)
        throws RemoteException{
        try {
            Registry registry = LocateRegistry.getRegistry(RMIPortNum);
            registry.list();    }
        catch (RemoteException e) {
            //No valid registry at that port.
            System.out.println("RMI registry cannot be located at port " + RMIPortNum);
            Registry registry = LocateRegistry.createRegistry(RMIPortNum);
            System.out.println("RMI registry created at port " + RMIPortNum);
        }
    } //end startRegistry
    //This method lists the names registered with a Registry object
```

```
    private static void listRegistry(String registryURL)
        throws RemoteException, MalformedURLException {
          System.out.println("Registry " + registryURL + " contains: ");
          String [ ] names = Naming.list(registryURL);
          for (int i = 0; i < names.length; i++)
              System.out.println(names[i]);
    } //end listRegistry
} //end class
```

2.13 HelloClient.java 源代码

```
import java.io.*;
import java.rmi.*;
public class HelloClient {
    public static void main(String args[ ]) {
        try {
            int RMIPort;
            String hostName;
            InputStreamReader is = new InputStreamReader(System.in);
            BufferedReader br = new BufferedReader(is);
            System.out.println("Enter the RMIRegistry host namer:");
            hostName = br.readLine();
            System.out.println("Enter the RMIregistry port number:");
            String portNum = br.readLine();
            RMIPort = Integer.parseInt(portNum);
            String registryURL = "rmi://" + hostName + ":" + portNum + "/hello";
            //find the remote object and cast it to an interface object
            HelloInterface h = (HelloInterface)Naming.lookup(registryURL);
            System.out.println("Lookup completed " );
            //invoke the remote method
            String message = h.sayHello("Me");
            System.out.println("HelloClient: " + message);
        } //end try
        catch (Exception e) {
            System.out.println("Exception in HelloClient: " + e);
        }
    } //end main
}//end class
```

如图 2-11 所示，设计基本 RMI 基本应用时，展示了需要设计的类及关系，并给出执行的序列图，更好地帮助读者理解 RMI 的执行过程。理解前面描述的 RMI 示例应用的基本结构之后，读者将能够使用模板中的语法，通过替换表示层和应用层逻辑，来构建任何 RMI 应用，但服务逻辑不变。

RMI 技术是开发服务层软件构件的一种很好的候选技术。一个工业应用示例是企业费用报表系统[java.sum.com/marketing]。在该示例中，对象服务器提供了一些远程方法，用于支持对象客户从费用记录数据库中查找或更新数据。对象客户程序提供处理数据的应用逻辑或业务逻辑，以及用户界面的表示逻辑。

5. RMI 应用构建步骤

前面介绍了 RMI API 的各个方面，现在将通过描述构建 RMI 应用分渐进过程总结相

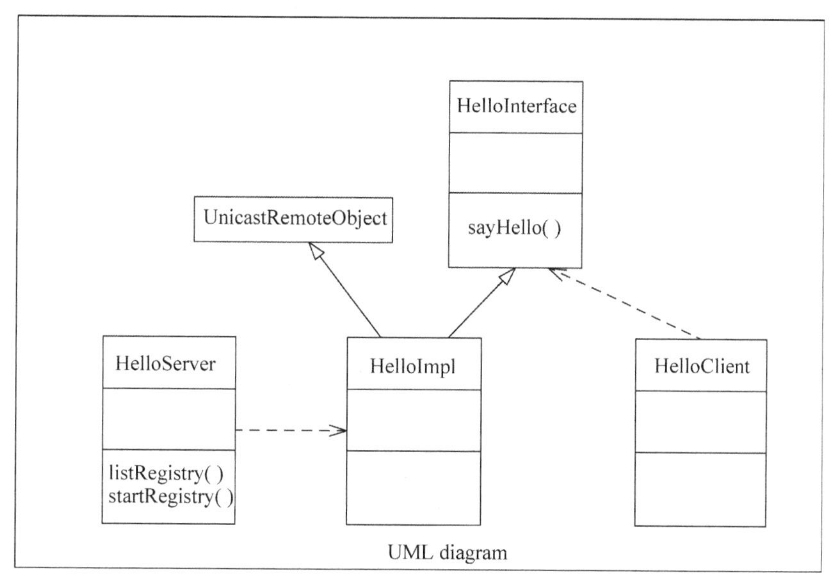

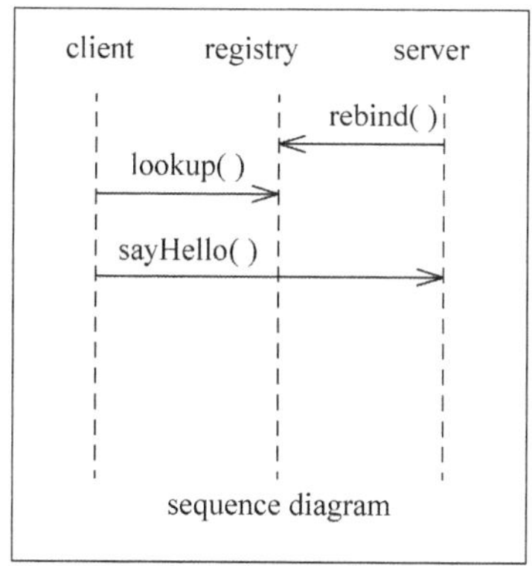

图 2-11 Hello 应用的类图及序列图

关内容，使读者能实践该范型，这里将描述如何在对象服务器以及对象客户双方实现该应用算法。请注意，在生产环境中，双方软件的开发可以分别独立地进行。

1）服务器端软件开发算法

（1）为该应用的所有待生成文件创建一个目录。

（2）在 SomeInterface.java 中定义远程服务器接口。编译并修改程序，直到不再有任何语法错误。

（3）SomeImpl.java 中实现接口，编译并修改程序，直到不再有任何语法错误。

（4）使用 RMI 编译器 rmic 处理实现类，生成远程对象的 stub 文件：

```
rmic SomeImpl
```

（5）可以从目录中看到新生成文件 SomeImpl_Stub.class，每次修改接口实现时，都要重新执行步骤 3 和步骤 4。

（6）创建对象服务器程序 SomeServer.java，编译并修改程序，直到不再有任何语法错误。

（7）激活对象服务器：

```
java SomeServer
```

2）客户端软件开发算法

（1）为该应用的所有待生成文件创建一个目录。

（2）获取远程接口类文件的一个备份，也可获取远程接口源文件的一个备份，使用javac编译程序，生成接口文件。

（3）获取接口实现stub文件SomeImpl_stub.class的一个备份。

（4）开发客户程序SomeClient.java，编译程序，生成客户类。

（5）激活客户：

```
java SomeClient
```

图2-12示出了应用中各文件在客户及服务器端的放置情况，远程接口类和每个远程对象的stub类文件都必须和对象客户类一起，放在对象客户主机上，服务器端包括接口类、对象服务类、接口实现类及远程对象的stub类。

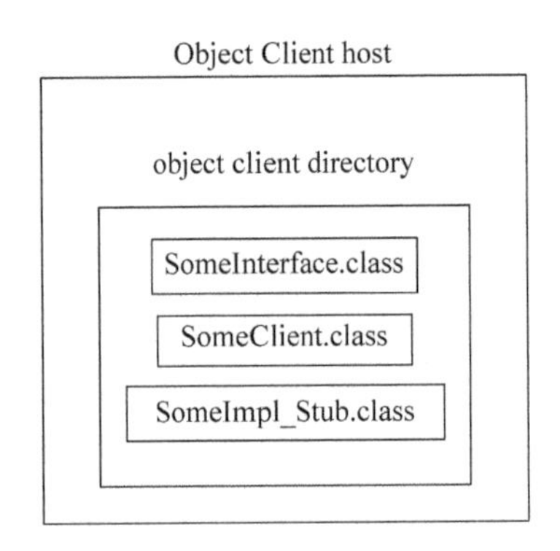

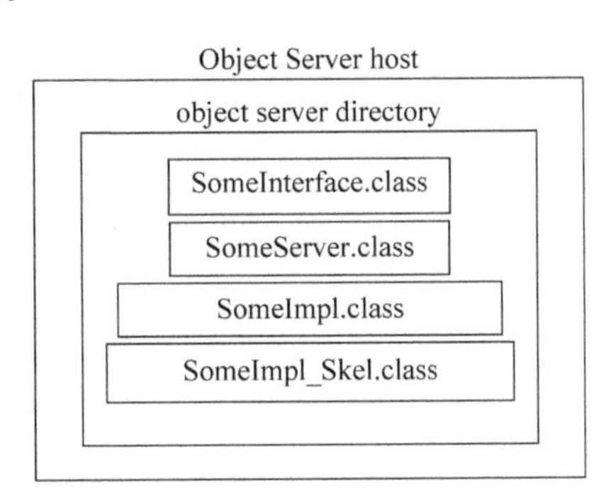

图2-12 RMI应用的文件放置位置

3）测试和调试

与任何其他形式的网络编程一样，并发进程的测试和调试工作非常烦琐，建议读者在开发RMI应用时，遵循下列步骤。

（1）构建最小RMI程序的一个模板。从一个远程接口开始，其中包括一个方法签名，一个stub实现，一个输出对象的服务器程序以及一个足以用来调用远程方法的客户程序。在单机上测试模板程序，直到远程方法调用成功。

（2）每次在接口中增加一个方法签名。每次增加后都修改客户程序来调用新增方法。

（3）完善远程方法定义内容，每次只修改一个。在继续下一个方法之前，测试并彻底调试每个新增方法。

（4）完全测试所有远程方法后，采用增量式方法开发客户应用。每次增加后，都测试和调试程序。

（5）将程序部署到多台机器上，测试并调试。

6. RMI和socket API的比较

远程方法调用API作为分布式对象计算范型的代表，是构建网络应用的有效工具。它可用来取代 Socket API 快速构建网络应用。在 RMI API 和 Socket API 之间权衡时，需要考虑以下因素。

1）Socket API 的执行与操作系统密切相关，因此执行开销更小，RMI 需要额外的中间件支持，包括代理和目录服务，这些不可避免地带来运行时开销。对有高性能要求的应用来说，Socket API 仍将是唯一可行途径。

2）在另一方面，RMI API 提供了使软件开发任务更为简单的抽象。用高级抽象开发的程序更易理解，因此也更易调试。

由于运行在低层，Socket API 通常是平台和语言独立的，RMI 则不一定。例如，Java RMI 需要特定的 Java 运行时支持。结果是，使用 Java RMI 实现的应用必须用 Java 编写，并且也只能运行在 Java 平台上。

在设计应用系统时，是否能选择适当的范型和 API 是非常关键的。依赖于具体环境，可以在应用的某些部分使用某种范型或 API，而在其他部分使用另一种范型或 API。由于使用 RMI 开发网络应用相对简单，RMI 是快速开发应用原型的一个很好的候选工具。

2.4　P2P 编程

P2P，即 Peer-to-Peer 的缩写，常称它为“点对点”或者“端对端”，而学术界常称它为“对等计算”。P2P 是一种以非集中化方式使用分布式资源完成计算任务的一种分布式计算模式。“非集中化”指的是 P2P 系统中并非采用传统的以服务器为中心管理所有客户端的方法，而是消除“中心”的概念，将原来的客户端视为服务器和客户端的综合体；“分布式资源”指的是 P2P 系统的参与者共享自己的一部分空闲资源供系统处理关键任务所用，这些资源包括处理能力、数据文件、数据存储和网络带宽等。P2P 技术打破了传统的 Client/Server（缩写为 C/S）模式，在 P2P 网络中所有节点的地位都是对等的，每个节点既充当服务器，又充当客户端，这样缓解了中心服务器的压力，使得资源或任务处理更加分散化。由于 P2P 网络中节点是 Client 和 Server 的综合体，因此节点也被形象地称为“SERVENT”。传统 C/S 模式和 P2P 模式的对比如图 2-13 和图 2-14 所示。

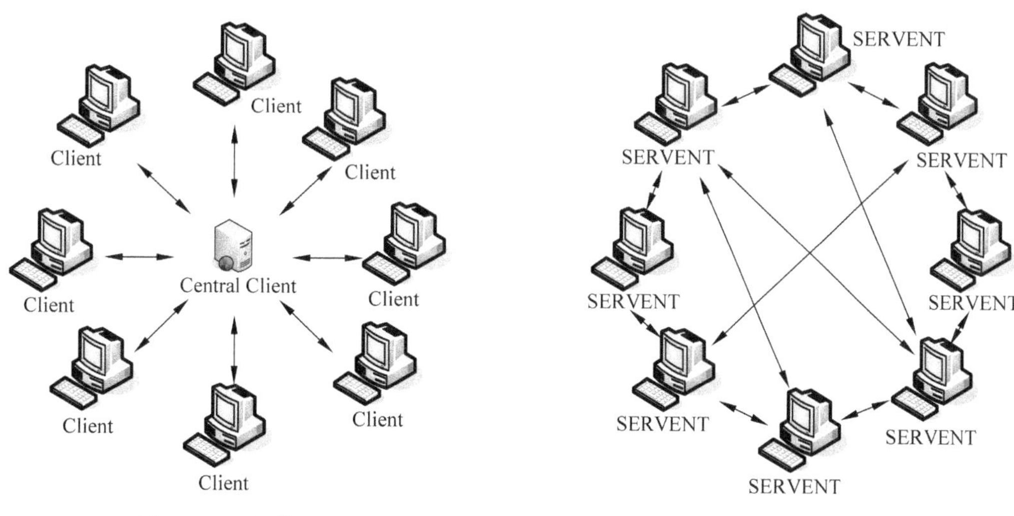

图 2-13　C/S 模式　　图 2-14　P2P 模式

可见，通常 P2P 模式中不区分提供信息的服务器和请求信息的客户端，每一个节点都是信息的发布者和请求者，对等节点之间可以实现自治交互，无须使用服务器。而 C/S 模式中服务器和客户端之间是一对多的主从关系，系统的信息和数据都保存在中心服务器上，若要索取信息，必须先访问服务器，才能得到所需的信息，且客户端之间是没有交互能力的。此外，由于 P2P 模式中无须中心服务器，因此不需要花费高昂的费用维护中心服务器，且每个对等节点都可以在网络中发布和分享信息，使得网络中闲散的资源得到充分利用。

为了让读者更好地理解 P2P 分布式计算模式和 P2P 应用的开发方法，本节使用 Java Socket 实现一个简单的基于 P2P 范型的即时聊天系统。本节的实践开发主要涉及的技术是 Java Socket 编程和多线程技术。为了保证聊天数据接收的可靠性，采用面向连接的流式 Socket。Java 提供了一系列网络编程的相关类实现流式 Socket 通信，如类 ServerSocket 用于建立连接，类 Socket 用于数据交换，类 OutputStream 用于实现流套接字数据的发送，类 InputStream 用于实现流套接字数据的接收。

在编码前，首先要分析系统需要实现的功能，由于演示的是简单的 P2P 即时聊天系统，我们仅设计了如下几个功能：

(1) 点对点单人聊天；

(2) 多人同时在线聊天；

(3) 用户可以自由加入和退出系统；

(4) 具备用户在线状态监视。

接着需要确定此聊天系统要采用哪种 P2P 模式，为了简单起见，采用类似于中心化拓扑结构的 P2P 模式，所有客户都需要与中心服务器相连，并将自己的网络地址写入服务器中，服务器只需要监听和更新用户列表信息，并发送给客户最新的用户列表信息即可。当需要点对点聊天时，客户端只需要从本地用户列表中读取目标用户的网络地址，并连接目标用户，即可实现通信。注意，因为是 P2P 系统，客户端要同时扮演服务器和客户端两个角色，所以，用户登录后都会创建一个接收其他用户连接的监听线程，以实现服务器的功能。其中，中心服务器和客户端需要实现的任务如下。

(1) 服务器主要任务：

- 创建 Socket、绑定地址和端口号，监听并接受客户端的连接请求。
- 服务器端在客户连接后自动获取客户端用户名、IP 地址和端口号，并将其保存在服务器端的用户列表中，同时更新所有在线用户的客户端在线用户列表信息，以方便客户了解上下线的实时情况，以进行聊天。
- 当有用户下线时，服务器端要能即时监听到，并更新用户列表信息，发送给所有在线客户端。
- 对在线用户数量进行统计。

(2) 客户端主要任务：

- 客户端创建 Socket，并调用 connect()函数，向中心服务器发送连接请求。
- 客户端在登录后也必须充当服务器，以接收其他用户的连接请求，所以需要创建一个用户接收线程监听。
- 用户登录后需要接收来自服务器的所有在线用户信息列表，并更新本地的用户列表信息，以方便选择特定用户进行聊天。

• 客户端可以使用群发功能,向在线用户列表中的所有用户发送聊天信息。

注意,服务器向所有客户发送最新用户列表信息,及客户端的群发功能,都是通过简单地遍历用户列表来实现。为了方便本地测试,我们将服务器和所有客户端的 IP 地址都设为本地地址 127.0.0.1,并为每个用户分配一个唯一的随机端口号,这样便可识别不同的用户。

中心服务器启动后会自动创建一个监听线程,以接受客户端发来的连接请求。当客户端与服务器连接后,客户端会将自己的信息(用户名、IP 地址和端口号等)写入 socket,服务器端从此 socket 中读取该用户信息,并登记到用户信息列表中。然后,服务器将最新的用户信息列表群发给所有在线的客户端,以便客户端得到最新的用户列表。图 2-15 中步骤 1、2 展示了客户登录服务器的过程。

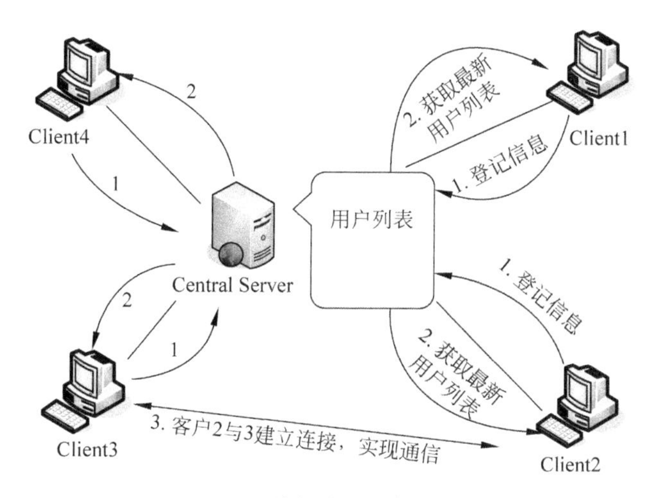

图 2-15 客户端与中心服务器连接过程

每个连接到中心服务器的客户都会得到最新的用户信息列表。如图 2-15 中步骤 3 所示,若 Client2 欲与 Client3 聊天,则 Client2 检索自己的用户信息列表,得到 Client3 的用户信息后,便可与 Client3 进行连接,实现通信。此过程,并不需要中心服务器的干预。

当有一个客户需要下线时,例如图 2-16 中的 Client1,那么 Client1 首先将下线请求写入 socket,中心服务器接收到含有下线请求标记的信息后,Client1 便通过握手机制下线(为了安全关闭 socket)。Client1 安全下线后,中心服务器会将 Client1 的用户信息从在线列表中删除,并将更新后的用户列表、下线用户名称和当前网络的在线用户情况等群发给所有在线客户端,以便客户端得到最新的在线用户列表。

客户端的群发功能与服务器端的群发类似,都采用遍历用户列表的方法。例如,图 2-16 中 Client3 欲与所有在线用户聊天,则只要遍历 Client3 的在线用户列表,与所有在线用户进行连接,便可以进行群聊。

系统中类的关系如图 2-17 所示。

首先设计中心服务器和客户端系统界面。创建中心服务器类 Server,派生自类 JFrame,并按照图 2-18 所示的界面创建按钮、文本框、列表等。同样,创建客户端类 Client,也派生自类 JFrame,并按照图 2-19 所示的界面创建相应的组件。类 Server 和类 Client 都需要实现 ActionListener 接口,从而对界面上的按钮等动作进行监听。

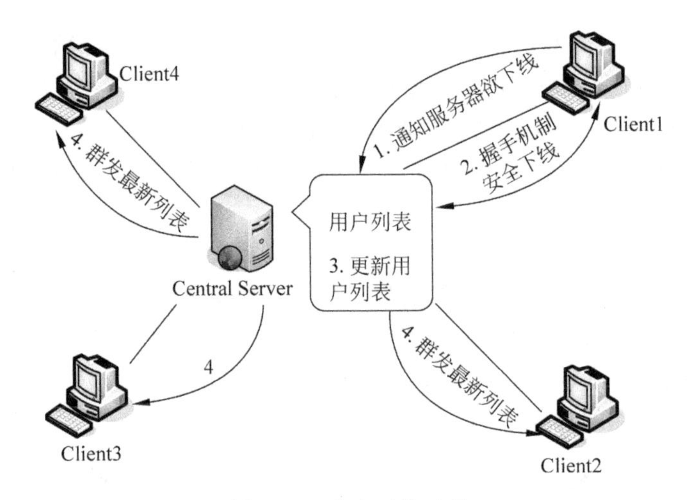

图 2-16　客户下线过程

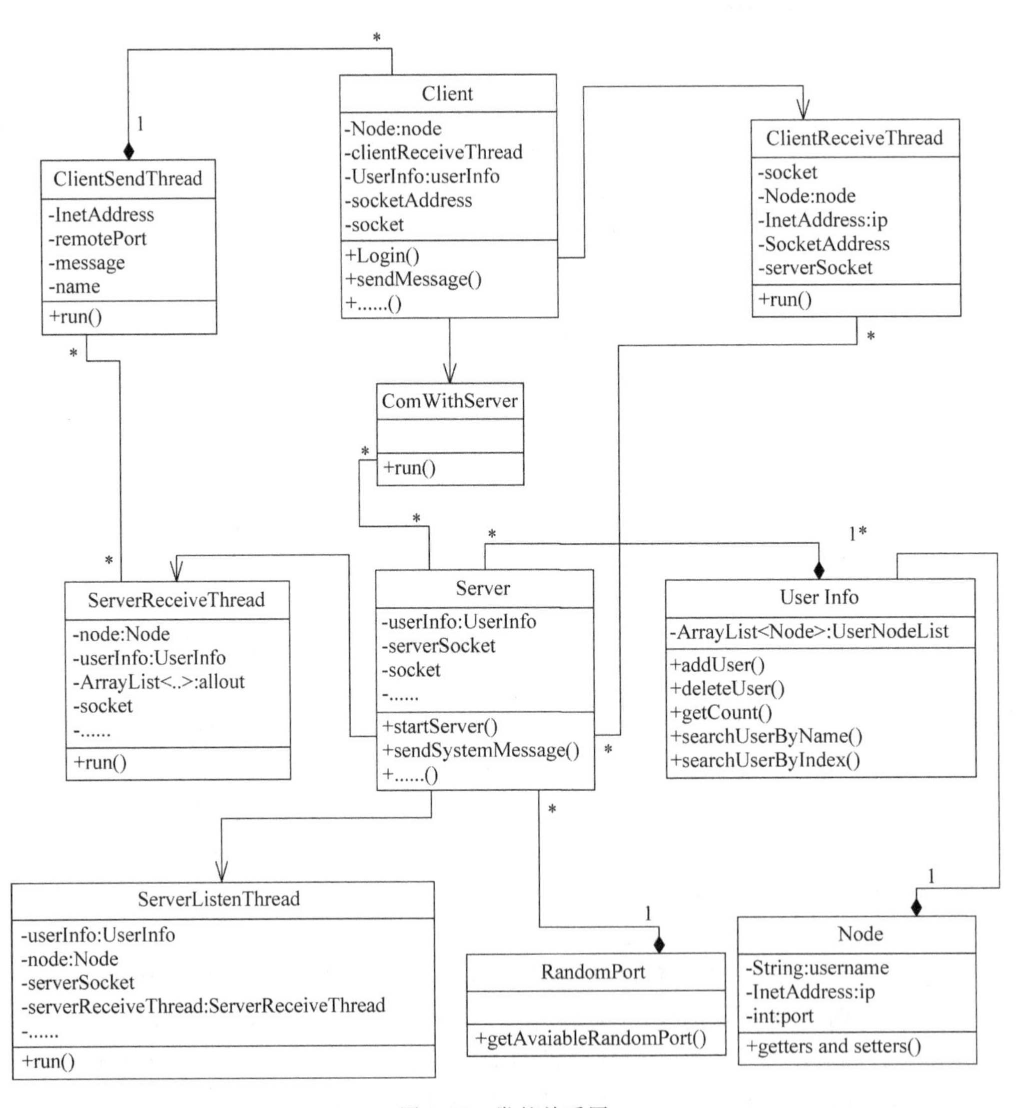

图 2-17　类的关系图

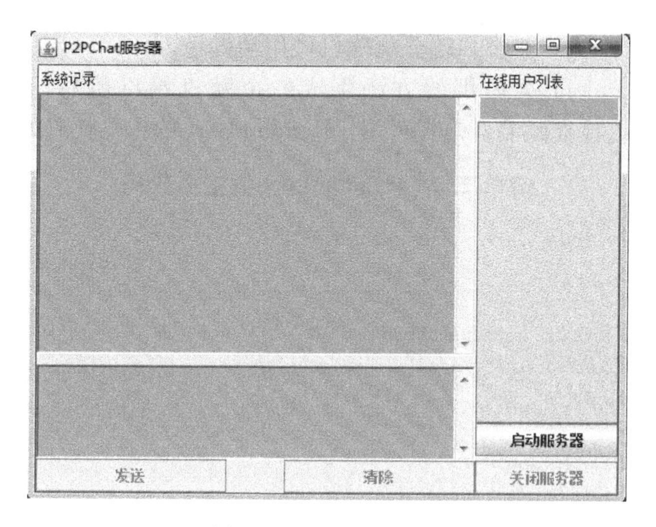

图 2-18　Server 端界面

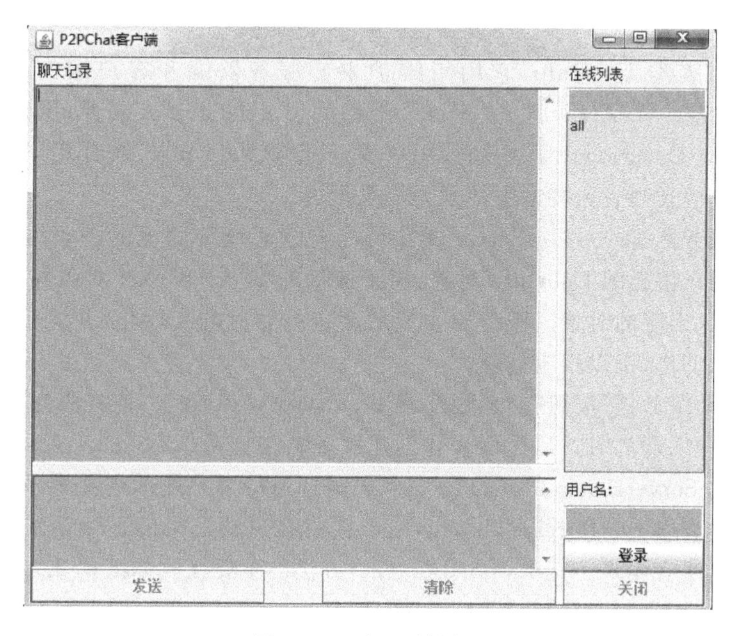

图 2-19　Client 端界面

创建 P2P 网络节点 Node 类，其中包含用户名、IP 地址、端口号和一个节点变量 next。Node 类的部分代码如清单 2.1 所示。

清单 2.1　Node 类主要代码

```
public class Node implements Serializable {
    String username = "";                           //用户名
    InetAddress ip;                                 //IP 地址
    int port;                                       //端口号
    Node next = null;                               //下一个节点
    //getters, setters and toString
    ...
}
```

创建 RandomPort 类用于客户端分配随机可用端口号，由网络知识可知，可用端口号要小于 65 535。用 Random 类提供的方法生成一个随机端口值后，再用此端口初始化 ServerSocket 对象，以检查此端口是否可用。RandomPort 的主要代码如清单 2.2 所示。

清单 2.2　RandomPort 类主要代码

```
Random rand = new Random();
while(true) {                                          //循环直到取到可用端口号
    try {
        int port = rand.nextInt(65535);
        ServerSocket socket = new ServerSocket(port);  //测试随机端口是否可用
        socket.close();
        return port;
        }catch(IOException ioe) {
            ioe.printStackTrace(); }
    }
}
```

创建用户列表类 UserInfo，它用于维护中心服务器端和客户端的在线用户信息。UserInfo 类中含有一个 ArrayList <Node>类型的 UserNodeList 属性，用于保存在线用户信息，以及一些向 UserNodeList 中添加用户节点、删除用户节点、统计用户列表节点数、按 Node.username 检索列表和按索引检索列表等行为。

实现中心服务器 Server 类，Server 类中除了包含系统界面上的一些组件成员外，还有用于维护在线用户信息的 UserInfo 对象、用于连接的 ServerSocket 对象和 Socket 对象，及用于套接字输入、出流的对象。服务器生成后会进行相应的初始化，并监听图 2-18 所示服务器界面中按钮动作，予以相应处理。

当单击“启动服务器”按钮时，会触发调用 startServer()方法，该方法为服务器选定特定的端口号(本例中以端口“1234”为例)，并创建服务器端监听线程 serverListenThread(服务器端监听线程类 ServerListenThread 的一个实例)，等待客户端的连接请求。同时，服务器还会创建一个线程 ServerReceiveThread，用于接收客户端发来的下线请求，并将更新后的用户列表群发给所有用户。其中，startServer()方法的主要代码如清单 2.3 所示。

清单 2.3　startServer()方法的部分代码

```
public void startServer() {
    try{
        serverSocket = new ServerSocket(1234);          //服务器端口号 1234
        taRecord.append("等待连接........" + "\n");
        startBtn.setEnabled(false);
        closeBtn.setEnabled(true);
            sendBtn.setEnabled(true);
            cleanBtn.setEnabled(true);
            this.isStop = false;
            userInfo = new UserInfo();
            //创建服务器端监听线程，侦听客户端的连接请求
            ServerListenThread serverListenThread =
                new ServerListenThread(serverSocket, taRecord, tfCount, list, userInfo);
```

```
            serverListenThread.start();
        }catch(Exception e) {
        taRecord.append("error0");
    }
}
```

当客户端与服务器连接后,会创建一个线程 ComWithServer,用于将自己的信息发送给服务器,并获取服务器返回的最新用户列表。同时,客户端创建 ClientSendThread 线程,用于发送本端的聊天信息。此外,还创建了接收线程 ClientReceiveThread,把自己当作服务器,接收来自其他客户端发来的信息。其中 ComWithServer 线程的主要代码如清单 2.4 所示。

清单 2.4　ComWithServer 线程主要代码

```
public class ComWithServer implements Runnable {
    public void run() {
        try {
            node = new Node();
            socket = new Socket("127.0.0.1", 1234);     //与中心服务器进行连接
            ip = socket.getLocalAddress();
            client.setIp(ip);
            client.setPort(Client.this.clientListenPort);
            taRecord.append("恭喜您!“" + tfUserName.getText() +
                "”您已经连线成功, 您的 IP 地址为: " + ip + "\n");
            //获取可用随机端口号
            clientListenPort = RandomPort.getAvaiableRandomPort();
            out = new ObjectOutputStream(socket.getOutputStream());
            //将自己的信息写入流中,以方便服务器获取
            out.writeObject(tfUserName.getText());
            out.flush();
            out.writeInt(Client.this.clientListenPort);
            out.flush();
            client.setOut(out);
            client.setUserName(tfUserName.getText());
            in = new ObjectInputStream(socket.getInputStream());

            int selectedPort = client.getSelectedPort();
            //创建客户端信息接收线程
            clientReceiveThread = new ClientReceiveThread(node,
                socket, in, out, list, taRecord, taInput, tfCount, ip,
                Client.this.clientListenPort, selectedPort);
            clientReceiveThread.start();
            loginBtn.setEnabled(false);
            logoutBtn.setEnabled(true);
            sendBtn.setEnabled(true);
            cleanBtn.setEnabled(true);
            //更新用户列表
            while(true) {
```

```
                try {
                    String type = (String)in.readObject();
                    //从流中提取用户信息,并更新界面中的 List 列表
                    if(type.equalsIgnoreCase("用户列表")) {
                        String userList = (String)in.readObject();
                        String userName[] = userList.split("@@");
                        list.removeAll();
                        int i = 0;
                        list.add("all");
                        while(i < userName.length) {
                            list.add(userName[i]);
                            i++;
                        }
                        String msg = (String)in.readObject();
                        tfCount.setText(msg);
                        //获取用户列表,及显示系统消息和其他用户下线消息
                        Object o = in.readObject();
                        if(o instanceof UserInfo)
                            userInfo = (UserInfo)o;
                        else
                            userInfo.addUser((Node)o);
                    }else if(type.equalsIgnoreCase("系统消息")) {
                        String b = (String)in.readObject();
                        taRecord.append("系统消息: " + b + "\n");
                    }else if(type.equalsIgnoreCase("下线信息")) {
                        String msg = (String)in.readObject();
                        taRecord.append("用户下线消息: " + msg + "\n");
                    }
                }catch(Exception e) {
                    taRecord.append("error6" + e.toString()); }
            }
        }catch(Exception e) {
            taRecord.append("error12" + e.toString()); }
    }
}
```

读者可以参考系统的完整代码文件,以加深理解。完成系统开发后,将进行如下的系统测试。首先启动 Server 端,界面如图 2-18 所示,单击“启动服务器按钮”,系统记录提示“等待连接...”提示,此时服务器已启动,并创建监听线程,等待客户端的连接请求。然后,我们启动一个 Client,界面如图 2-19 所示。输入用户名“张三”,并单击“登录按钮”,之后 Server 端出现“张三”成功登录服务器的提示信息,在线用户列表中也出现用户“张三”,同时客户端显示登录成功提示,在线列表中也显示了在线用户信息,并创建了接收其他客户连接的线程。此时的 Server 端如图 2-20 所示,Client 端如图 2-21 所示。

此时,再启动一个 Client,填写用户名“李四”,并单击“登录”按钮。待登录成功后,测试“张三”与“李四”的点对点聊天。首先,“张三”在本端的在线用户列表中选择李四,并在信息

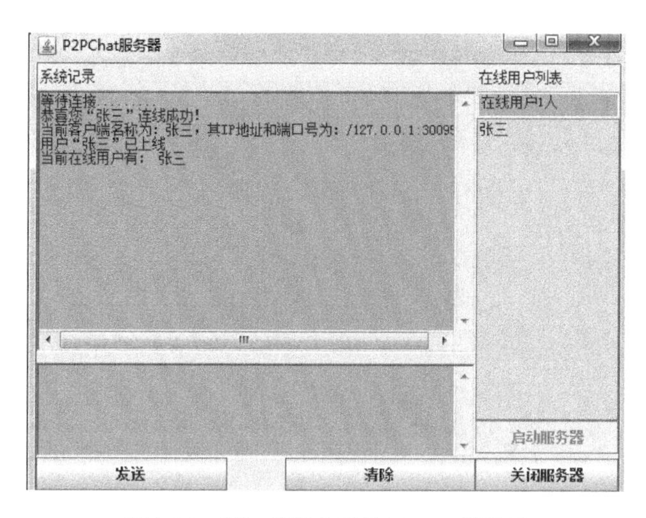

图 2-20 "张三"登录后的 Server 端界面

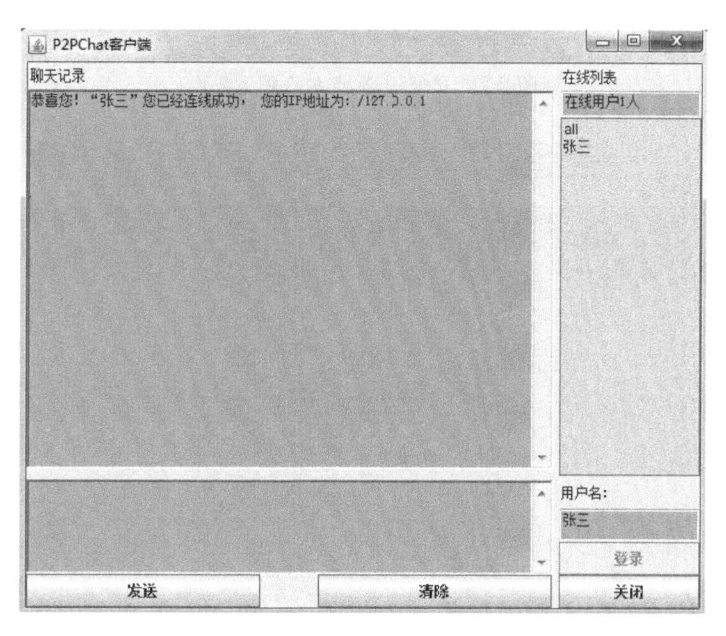

图 2-21 客户"张三"登录后界面

输入框中输入一定的聊天信息，单击"发送"按钮，此时双方的聊天记录中会出现聊天信息提示，然后"李四"也发送一定的聊天信息给"张三"，之后双方的聊天界面如图 2-22 和图 2-23 所示。

接着，可以启动多个客户端测试群发功能。首先，再启动一个 Client，填写用户名"王五"，并登录服务器。然后，我们测试系统群发，Server 端在输入框中输入一定的信息，并单击"发送"，此时，三个客户端都会出现系统的群发信息。

至此，基于 P2P 模式的简易聊天系统已开发完毕。本系统中，我们简化了节点搜索算法、P2P 网络模型等，感兴趣的读者可以尝试开发比较完善的 P2P 系统，以增强实践能力。

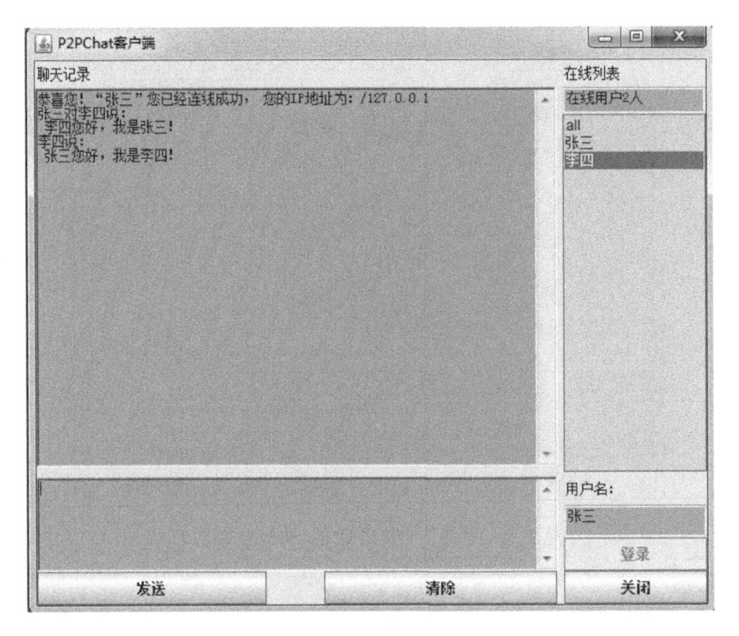

图 2-22 “张三”端点对点聊天界面

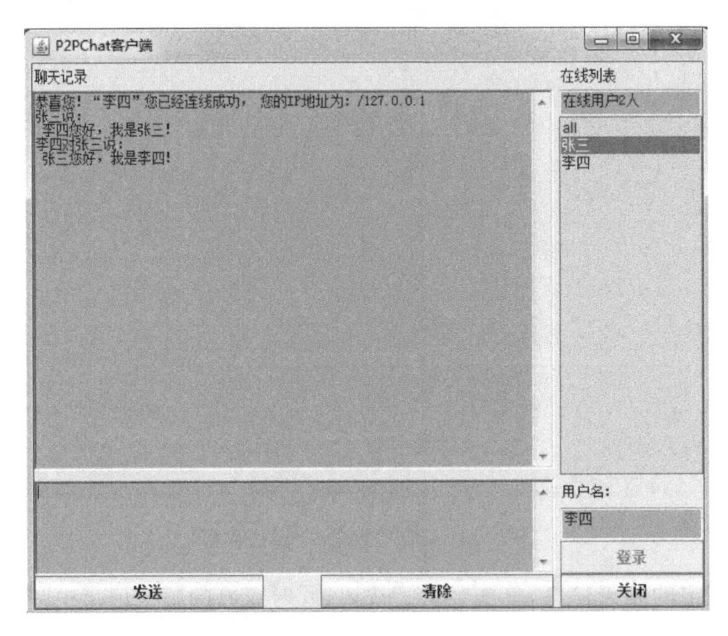

图 2-23 “李四”点对点聊天界面

习题

一、填空题

1. Socket 按照传输协议可分为两种，使用 UDP 传输的 Socket 称为________，而使用 TCP 的 Socket 称为________。

2. Socket 通信机制提供了两种通信方式，分别为________和________。

3. 基于 RMI API 可以实现三种分布式应用：________，________和________。

4. P2P 计算中的节点同时担任________和________角色。

5. 软件开发通常采用三层架构分别是：________。

6. 服务器为客户端提供服务，服务器根据是否引入并发机制，分为两类，分别是：________和________；按照有无状态可分为________和________。

二、问答题

1. 进程 1 向进程 2 顺序发送三条消息 M1，M2，M3。这些消息将可能以何种顺序到达进程如果：1)采用无连接 socket 发送消息；2)采用面向连接 socket 发送每条消息。

2. 类 DatagramSocket(或其他 socket 类)的 setToTimeout 方法中，如果将超时周期设置为 0，将发生什么？这是否意味超时将立即发生？

3. 写一段可出现在某 main 方法中的 Java 程序片段，用于打开一个最多接收 100B 数据的数据包 socket，设置超时周期为 5s。如果发生超时，须在屏幕上显示接收消息超时。

4. 通过示范代码 Example2 练习无连接数据包 socket。

a. 画一个 UML 类图，解释类 DatagramSocket、MyDatagramSocket、Example2SenderReceiver 及 Example2ReceiverSender 之间的关系。

b. 编译.java 文件，启动 Example2ReceiverSender，随后运行 Example2SenderReceiver，执行该程序的示范命令如下：

```
java Example2ReceiverSender localhost 20000 10000 msg1
java Example2SenderReceiver localhost 10000 20000 msg2
```

描述运行结果，为何两个进程的执行顺序非常重要？

c. 修改代码，使 SenderReceiver 进程重复发送和接收，在每个循环之间将进程自身挂起 3s。重新编译并运行该程序。采用同样方式修改 receiverSender，编译并运行该程序一段时间，然后终止程序运行。描述并解释结果。

5. 本练习指导读者通过示范代码 Example4 以及 Example5 实验面向连接流式 socket。

a. 编译并运行 Example4 *.java(注意：这里的 * 作为通配符使用，Example4 *.java 指所有以 Example4 开发并以.java 结尾的文件)。先启动 Acceptor，然后运行 Requestor。示范命令如下：

```
Java Example4ConnectionAcceptor 12345 Good - day!
Java Example4ConnectionRequestor localhost 12345
```

描述并解释结果。

b. 重复最后一步，但调换程序执行顺序：

```
Java Example4ConnectionRequestor localhost 12345
Java Example4ConnectionAcceptor 12345 Good - day!
```

描述并解释结果。

c. 在 ConnectionAcceptor 进程将消息写入 socket 之前增加 5s 延时，然后重复 a，该修改导致 Requestor 在读取数据时，保持 5s 阻塞状态，从而使读者能形象地观察到阻塞效果。显示进程输出结果。

6. 试用 Java RMI 实现一个简单 RMI 应用，其中客户向服务器发送两个整数(int)，服务器计算数值之和并将结果返回给客户。

7. 请在 2.3.2 节基本 RMI 应用 Hello 的 SayHello()方法中增加休眠 10s 的代码，并先后分别运行两个客户端程序实例，测试 RMI 对象服务器是否支持并发功能(提示：观察两次调用输出结果的时间间隔)。

8. 分布式应用最流行的计算范型是什么？请用图形化的方式描述该范型的通信原理。

9. 分布式应用最基本的计算范型是什么？

10. 什么是 Peer-to-Peer 范型？请举出三个使用该范型的软件？

11. 考虑本书讨论的各种范型的权衡因素，比较每种范型的优缺点。

第3章

云计算原理与技术

3.1 云计算概述

本章首先介绍云计算起源、定义和分类等基本概念，接着重点阐述了云计算的关键技术，然后分别讨论了谷歌云、亚马逊云和阿里云的技术原理，并给出了一个基于亚马逊云的大数据分析案例，让读者更深刻地理解如何利用公有云来实现大数据分析应用。

3.1.1 云计算起源

随着信息和网络通信技术的快速发展，计算模式从最初的把任务交给大型处理机集中计算，逐渐发展为更有效率的基于网络的分布式任务处理模式，自20世纪80年代起，互联网得到快速发展，基于互联网的相关服务的增加，以及使用和交付模式的变化，云计算模式应运而生。如图3-1所示，云计算是从网络即计算机、网格计算池发展而来的概念。

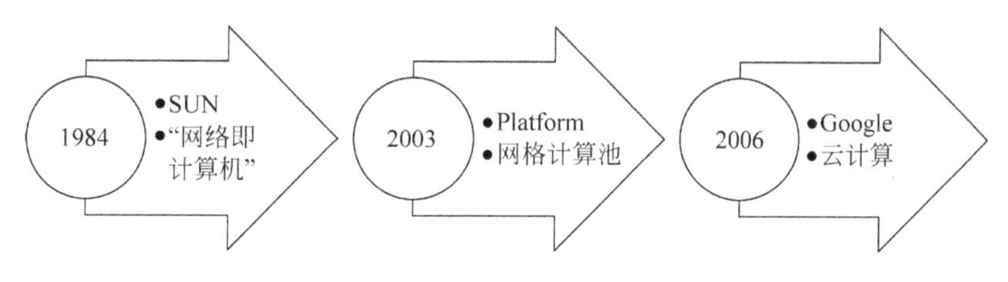

图3-1 云计算的起源

早期的单处理机模式计算能力有限，网络请求通常不能被及时响应，效率低下。随着网络技术不断发展，用户通过配置具有高负载通信能力的服务器集群提供急速增长的互联网服务，但在遇到负载低峰的时候，通常会有资源浪费和闲置，导致用户的运行维护成本提高。而云计算把网络上的服务资源虚拟化并提供给其他用户使用，整个服务资源的调度、管理、维护等工作都由云端负责，用户不必关心“云”内部的实现就可以直接使用其提供的各种服务，因此，如图 3-2 所示，云计算实质上是给用户提供像传统的电力、水、煤气一样的按需计算服务，它是一种新的有效的计算使用范式。

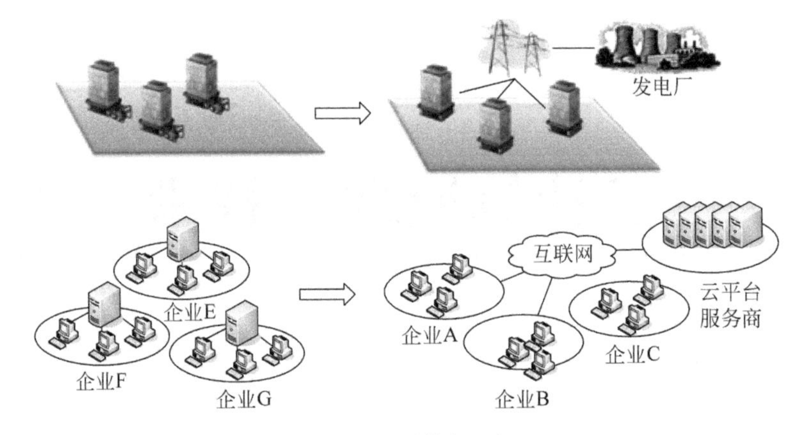

图 3-2　云计算的目标

云计算是分布式计算、效用计算、虚拟化技术、Web 服务、网格计算等技术的融合和发展，其目标是用户通过网络能够在任何时间、任何地点最大限度地使用虚拟资源池，处理大规模计算问题。目前，在学术界和工业界共同推动之下，云计算及其应用呈现迅速增长的趋势，各大云计算厂商如 Amazon、IBM、Microsoft、Sun 等公司都推出了自己研发的云计算服务平台。而学术界也源于云计算的现实背景纷纷对模型、应用、成本、仿真、性能优化、测试等诸多问题进行了深入研究，提出了各自的理论方法和技术成果，极大地推动了云计算继续向前发展。

3.1.2　云计算的概念与定义

2006 年，Google 高级工程师克里斯托夫·比希利亚第一次向 Google 董事长兼 CEO 施密特提出“云计算”的想法，在施密特的支持下，Google 推出了“Google 101 计划”(该计划目的是让高校的学生参与到云的开发)，并正式提出“云”的概念。由此，拉开了一个时代计算技术以及商业模式的变革。

如图 3-3 所示，对一般用户而言：云计算是指通过网络以按需、易扩展的方式获得所需的服务。即随时随地只要能上网就能使用各种各样的服务，如同钱庄、银行、发电厂等。这种服务可以是 IT 和软件、互联网相关的，也可以是任意其他的服务。

图 3-3　一般用户的云计算概念

如图3-4所示,对专业人员而言:云计算是分布式处理、并行处理和网格计算的发展,或者说是这些计算机科学概念的商业实现。是指基于互联网的超级计算模式——即把原本存储于个人计算机、移动设备等个人设备上的大量信息集中在一起,在强大的服务器端协同工作。它是一种新兴的共享计算资源的方法,能够将巨大的系统连接在一起,以提供各种计算服务。

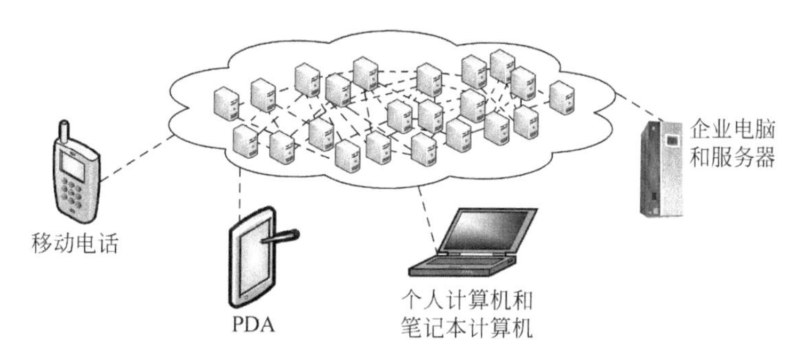

图3-4 专业人员的云计算概念

目前,比较权威的云计算定义是美国国家标准技术研究院NIST提出的,包括以下4点:

(1) 云计算是一种利用互联网实现随时随地、按需、便捷地访问共享资源池(如计算设施、存储设备、应用程序等)的计算模式。

(2) 云计算模式具有5个基本特征:按需自助服务、广泛的网络访问、共享的资源池、快速弹性能力、可度量的服务。

(3) 3种服务模式:软件即服务(SaaS)、平台即服务(PaaS)、基础设施即服务(IaaS)。

(4) 4种部署方式:私有云、社区云、公有云、混合云。

在我们看来,理解云计算概念,应该区分云计算的两种不同技术模式:

(1) 以大分小(Amazon模式),特征有:硬件虚拟化技术,统一的资源池管理动态分配资源,提高资源利用率,降低硬件投资成本,适合于公共云平台提供商和面向中小型租赁用户。

(2) 以小聚大(Google模式),特征有:分布式存储(适合海量数据存储),并行计算(适合海量数据处理),线性的水平扩展能力,适合海量数据存储、检索、统计、挖掘,在互联网企业应用成熟。

3.1.3 云计算与分布式计算

1. 云计算与分布式计算

按照狭义的概念来讲,分布式计算是将待解决问题分成多个小问题,再分配给许多计算系统处理,最后将处理结果加以综合。分布式计算的特点是把计算任务分派给网络中的多台独立的机器并行计算,与传统的单机计算形式相比。分布式计算的优点主要有:

(1) 稀有资源可以共享。

(2) 通过分布式计算可以在多台计算机上平衡计算负载。

(3) 可以把程序放在最适合运行它的计算机上。

分布式计算已经在很多领域加以应用,目前比较流行的分布式项目主要有:

① SETI@Home:寻找外星文明。

② RC-72：密码分析破解，研究和寻找最为安全的密码系统。

③ Folding@home：研究蛋白质折叠、聚合问题。

④ United Devices：寻找对抗癌症的有效的药物。

⑤ GIMPS：寻找最大的梅森素数（解决较为复杂的数学问题）。

云计算是分布式计算的一种新形式，但云计算提供的服务包含了更复杂的商业模式，云计算包含的分布式计算特征主要有：

(1) 通过资源调度和组合满足用户的资源请求。

(2) 对外提供统一的单一的接口。

2. 云计算与网格计算

网格计算有了十几年的历史，提出时主要用于科学计算。网格计算的目的是整合大量异构计算机的闲置资源（如计算资源和磁盘存储等），组成虚拟组织，以解决大规模计算问题。

云计算是从网格计算演化来的，发展并包含了网格计算的内容。网格计算与云计算主要区别有：第一，网格主要是通过聚合式分布的资源，通过虚拟组织提供高层次的服务，而云计算资源相对集中，通常以数据中心的形式提供对底层资源的共享使用，而不强调虚拟组织的观念；第二，网格聚合资源的主要目的是支持挑战性的应用，主要面向教育和科学计算，而云计算一开始就是用来支持广泛的企业计算、Web 应用等；第三，网格用中间件屏蔽异构性，而云计算承认异构，用提供服务的机制来解决异构性的问题。

3. 云计算与对等计算

对等计算(P2P)是一种高效的计算模式。如图 3-5 所示，在对等计算系统中，每个节点都拥有对等的功能与责任，既可以充当服务器向其他节点提供数据或服务，又可以作为客户机享用其他节点提供的数据或服务；节点之间的交互可以是直接对等的，任何节点可以随时自由地加入或离开系统。云计算对超大规模、多类型资源的统一管理是困难的，而对等计算具有在鲁棒性、可扩展性、成本、搜索等方面的优点，在云计算体系结构和平台设计方面多有应用。

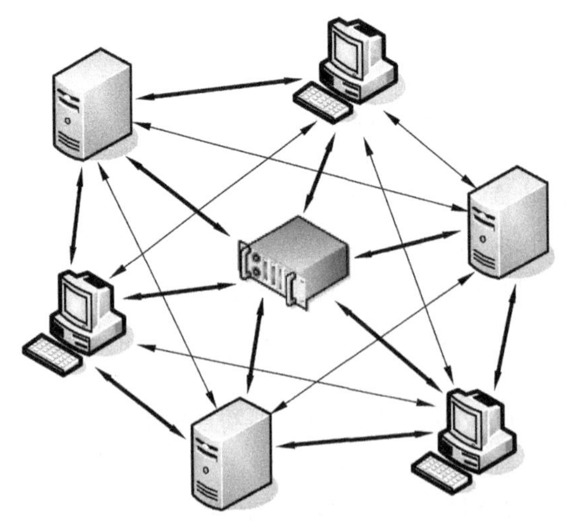

图 3-5　对等网络

4. 云计算与并行计算

早期的并行计算就是在并行计算机上所做的计算，它与常说的高性能计算、超级计算是同义词，因为任何高性能计算和超级计算都离不开并行计算。目前比较正式的定义是，并行计算是相对于串行计算来说的，是指同时使用多种计算资源解决计算问题的过程。并行计算可以划分成时间并行和空间并行。时间并行即流水线技术，空间并行使用多个处理器执行并发计算，并行计算科学中主要研究的是空间上的并行问题。从程序和算法设计人员的角度看，并行计算又可分为数据并行和任务并行。一般来说，因为数据并行主要是将一个大任务化解成相同的各个子任务，比任务并行要容易处理。

云计算是在并行计算之后产生的概念，是由并行计算和分布式计算发展而来，两者在很多方面有着共性。但并行计算不等于云计算，云计算也不等同并行计算。两者区别如下：

(1) 云计算萌芽于并行计算；

(2) 并行计算、高性能计算、网格计算等只用于特定的科学领域、专业的用户；

(3) 并行计算追求的高性能；

(4) 云计算对于单节点的计算能力要求低，主要目的是资源共享。

随着云计算的出现，云计算也可以作为并行计算的一种形式，即通过云计算实现并行计算。反之，云计算也包含了用户资源请求的并行处理等并行计算特征。

3.1.4 云计算分类

云计算按照提供服务的类型可以分为：基础设施即服务(IaaS)，平台即服务(PaaS)和软件即服务(SaaS)。如图3-6所示，3种类型云服务对应不同的抽象层次。

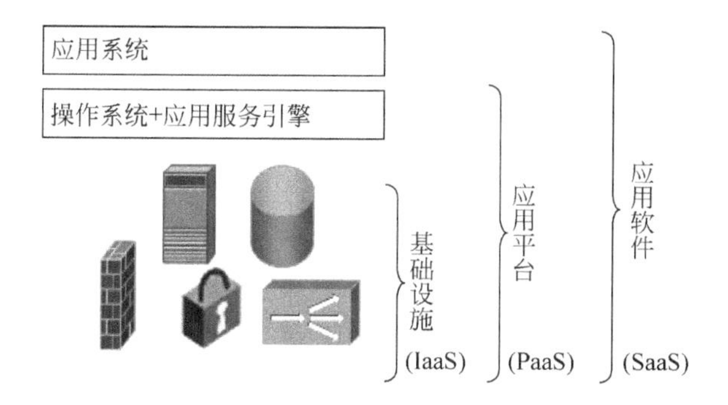

Infrastructure as a Service	Platform as a Service	Software as a Service
以服务的形式提供虚拟硬件资源，如虚拟主机/存储/网络/数据库管理等资源。 无须购买服务器、网络设备、存储设备，只需通过互联网租赁即可搭建自己的应用系统。 典型应用：Amazon Web Service(AWS)	提供应用服务引擎，如互联网应用编程接口/运行平台等。 用户基于该应用服务引擎，可以构建该类应用。 典型应用：Google AppEngine, Force.com, Microsoft Azure服务平台	通过Internet(如浏览器)使用软件。用户不必购买软件，只需按需租用软件。 典型应用：Google Doc, Salesforce.com, Oracle CRM OnDemand, Office Live Workspace

图3-6 云计算分类

1. IaaS：基础设施即服务

IaaS(Infrastructure as a Service)：基础设施即服务。IaaS是云计算的基础，为上层云计算服务提供必要的硬件资源，同时在虚拟化技术的支持下，IaaS层可以实现硬件资源的按需配置，创建虚拟的计算、存储中心，使得其能够把计算单元、存储器、I/O设备、带宽等计算机基础设施，集中起来成为一个虚拟的资源池对外提供服务(如硬件服务器租用)。如图3-7所示，虚拟化技术是IaaS的关键技术。

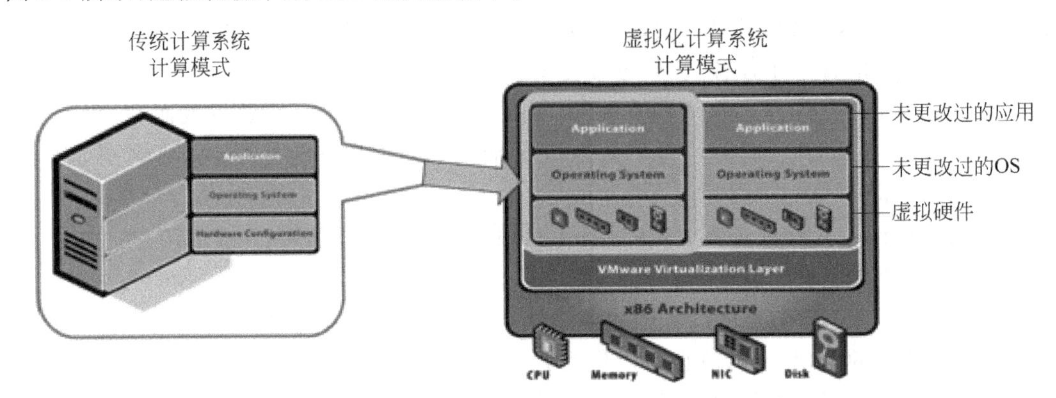

图3-7　虚拟化技术

许多大型的电子商务企业，积累了大规模IT系统设计和维护的技术与经验，同时面临业务淡季时IT设备的闲置问题，于是可以将设备、技术和经验作为一种打包产品去为其他企业提供服务，利用闲置的IT设备创造价值。Amazon是第一家将基础设施作为服务出售的公司，如图3-8所示，Amazon的云计算平台弹性计算云EC2(elastic compute cloud)可以为用户或开发人员提供一个虚拟的集群环境，既满足了小规模软件开发人员对集群系统的需求，减小了维护的负担，又有效解决了设备闲置问题。

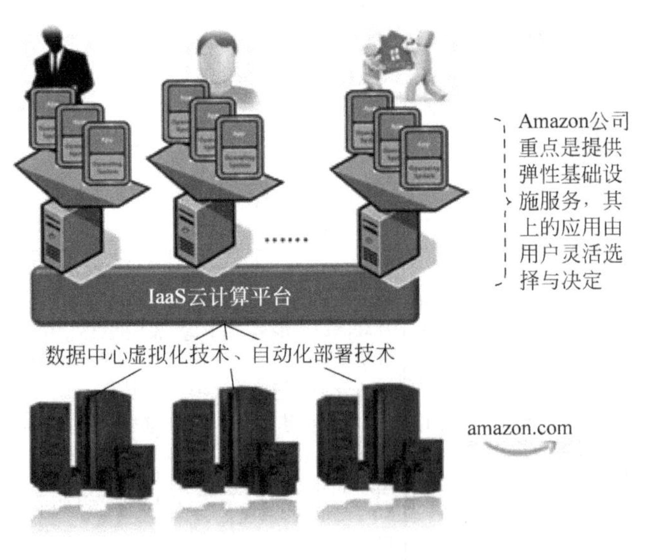

图3-8　IaaS云计算平台

2. PaaS：平台即服务

PaaS(Platform as a Service)：平台即服务。一些大型电子商务企业，为支持搜索引擎和邮件服务等需要海量数据处理能力的应用，开发了分布式并行技术的平台，在技术和经验有一定积累后，逐步将平台能力作为软件开发和交付的环境进行开放。如图 3-9 所示，Google 以自己的文件系统（GFS）为基础打造出的开放式分布式计算平台 Google App Engine，App Engine 是基于 Google 数据中心的开发、托管 Web 应用程序的平台。通过该平台，程序开发者可以构建规模可扩展的 Web 应用程序，而不用考虑硬件基础设施的管理。App Engine 由 GFS 管理数据、MapReduce 处理数据，并用 Sawzall 为编程语言提供接口，为用户提供可靠并且有效的平台服务。

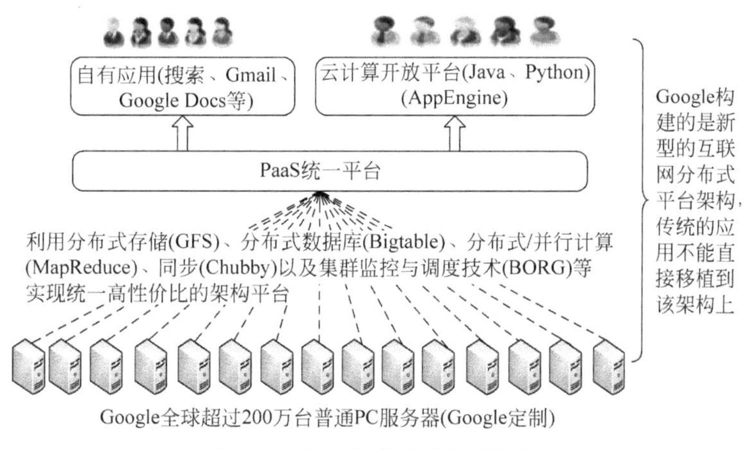

图 3-9　Google 分布式计算平台

PaaS 既要为 SaaS 层提供可靠的分布式编程框架，又要为 IaaS 层提供资源调度，数据管理，屏蔽底层系统的复杂性等，同时 PaaS 又将自己的软件研发平台作为一种服务开放给用户。例如，软件的个性化定制开发。PaaS 层需要具备存储与处理海量数据的能力，用于支撑 SaaS 层提供的各种应用。因此，PaaS 的关键技术包括并行编程模型、海量数据库、资源调度与监控、超大型分布式文件系统等分布式并行计算平台技术（如图 3-10 所示）。基于这些关键技术，通过将众多性能一般的服务器的计算能力和存储能力充分发挥和聚合起来，形成一个高效的软件应用开发和运行平台，能够为特定的应用提供海量数据处理。

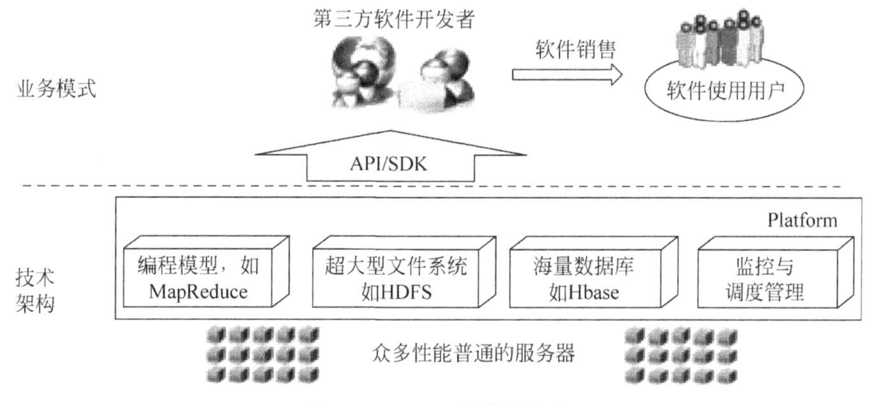

图 3-10　PaaS 的关键技术

3. SaaS：软件即服务

SaaS(Software as a Service)：软件即服务。云计算要求硬件资源和软件资源能够更好地被共享，具有良好的伸缩性，任何一个用户都能够按照自己的需求进行客户化配置而不影响其他用户的使用。多租户技术就是云计算环境中能够满足上述需求的关键技术，而软件资源共享则是SaaS的服务目的，用户可以使用按需定制的软件服务，通过浏览器访问所需的服务，如文字处理、照片管理等，而且不需要安装此类软件。

SaaS层部署在PaaS和IaaS平台之上，同时用户可以在PaaS平台上开发并部署SaaS服务，SaaS面向的是云计算终端用户，提供基于互联网的软件应用服务。随着网络技术的成熟与标准化，SaaS应用近年来发展迅速。典型的SaaS应用包括Google Apps、Salesforce等。

Google Apps包括Google Docs、Gmail等大量SaaS应用，Google Apps将常用的一些传统的桌面应用程序(如文字处理软件、电子邮件服务、照片管理、通信录、日程表等)迁移到互联网，并托管这些应用程序。用户通过网络浏览器，便可随时随地使用Google Apps提供的应用服务，而不需要下载、安装或维护任何硬件或软件。

3.2 云计算关键技术

3.2.1 体系结构

云计算可以按需提供弹性的服务，如图3-11所示，它的体系架构可以大致分为三个层次：核心服务、服务管理和用户访问接口[13]。核心服务层将硬件基础设施、软件运行环境、应用程序抽象成服务，这些服务具有可靠性强、可用性高、规模可伸缩等特点，满足多样化应用需求。服务管理层为核心服务提供支持，进一步确保核心服务的可靠性、可用性与安全性。用户访问接口层实现端到云的访问。

1. 核心服务层

云计算核心服务通常可以分为3个子层：基础设施即服务层(Infrastructure as a Service,IaaS)、平台即服务层(Platform as a Service,PaaS)、软件即服务层(Software as a Service,SaaS)。

IaaS提供硬件基础设施部署服务，为用户按需提供实体或虚拟的计算、存储和网络等资源。在使用IaaS层服务的过程中，用户需要向IaaS层服务提供商提供基础设施的配置信息，运行于基础设施的程序代码以及相关的用户数据。为了优化硬件资源的分配，IaaS层引入了虚拟化技术。借助于Xen、KVM、VMware等虚拟化工具，可以提供可靠性高、可定制性强、规模可扩展的IaaS层服务。

PaaS是云计算应用程序运行环境，提供应用程序部署与管理服务。通过PaaS层的软件工具和开发语言，应用程序开发者只需上传程序代码和数据即可使用服务，而不必关注底层的网络、存储、操作系统的管理问题。由于目前互联网应用平台(如Facebook、Google、淘宝等)的数据量日趋庞大，PaaS层应当充分考虑对海量数据的存储与处理能力，并利用有效的资源管理与调度策略提高处理效率。

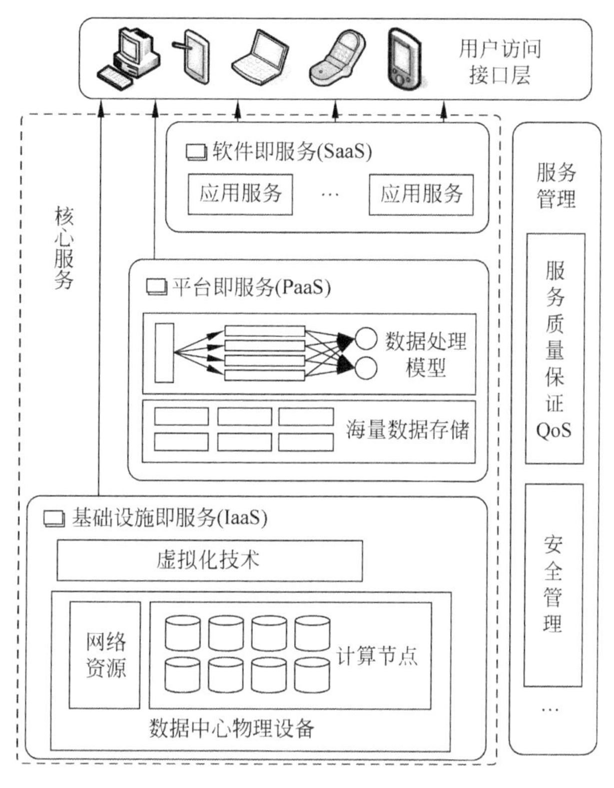

图 3-11 云计算体系结构

SaaS 是基于云计算基础平台所开发的应用程序。企业可以通过租用 SaaS 层服务解决企业信息化问题，如企业通过 GMail 建立属于该企业的电子邮件服务。该服务托管于 Google 的数据中心，企业不必考虑服务器的管理、维护问题。对于普通用户，SaaS 层服务将桌面应用程序迁移到互联网，可实现应用程序的泛在访问。

2. 服务管理层

服务管理层对核心服务层的可用性、可靠性和安全性提供保障。服务管理包括服务质量(Quality of Service，QoS)保证和安全管理等。此外，数据的安全性一直是用户较为关心的问题。云计算数据中心采用的资源集中式管理方式使得云计算平台存在单点失效问题。保存在数据中心的关键数据会因为突发事件(如地震、断电)、病毒入侵、黑客攻击而丢失或泄露。根据云计算服务特点，研究云计算环境下的安全与隐私保护技术(如数据隔离、隐私保护、访问控制等)是保证云计算得以广泛应用的关键。除了 QoS 保证、安全管理外，服务管理层还包括计费管理、资源监控等管理内容，这些管理措施对云计算的稳定运行同样起到重要作用。

3. 用户访问接口层

用户访问接口实现了云计算服务的泛在访问，通常包括命令行、Web 服务、Web 门户等形式。命令行和 Web 服务的访问模式既可为终端设备提供应用程序开发接口，又便于多种服务的组合。Web 门户是访问接口的另一种模式。通过 Web 门户，云计算将用户的桌面应用迁移到互联网，从而使用户随时随地通过浏览器就可以访问数据和程序，提高工作效率。

3.2.2 数据存储

云计算环境下的数据存储，通常称之为海量数据存储，或大数据存储。大数据存储与传统的数据库服务在本质上有着较大的区别，传统的关系数据库中强调事务的ACID特性，即原子性(atomicity)、一致性(consistency)、隔离性(isolation)和持久性(durability)，对于数据的一致性的严格要求使其在很多分布式场景中无法应用。在这种情况下，出现了基于BASE特性的新型数据库，即只要求满足basically available(基本可用)、soft state(柔性状态)和eventually consistent(最终一致性)。从分布式领域著名的CAP理论角度看，ACID追求一致性，而BASE更加关注可用性，正是在事务处理过程中对一致性的严格要求，使得关系数据库的可扩展性极其有限。

面对这些挑战，以Google为代表的一批技术公司纷纷推出自己的解决方案。BigTable是Google早期开发的数据库系统，它是一个多维稀疏排序表，由行和列组成，每个存储单元都有一个时间戳，形成三维结构。不同的时间对同一个数据单元的多个操作形成的数据的多个版本由时间戳区分。除了BigTable外，Amazon公司的Dynamo和Yahoo公司的PNUTS也都是非常具有代表性的系统。Dynamo综合使用了键值存储、改进的分布式哈希表(DHT)、向量时钟(vector clock)等技术实现了一个完全的分布式、去中心化的高可用系统。PNUTS是一个分布式数据库，在设计上使用弱一致性达到高可用性的目标，主要的服务对象是相对较小的记录，例如在线的大量单个记录或者小范围记录集合的读和写访问，不适合存储大文件、流媒体等。BigTable、Dynamo、PNUTS等的成功促使人们开始对关系数据库进行反思，由此产生了一批未采用关系模型数据库，这些方案现在被统一称为NoSQL(Not only SQL)。NoSQL并没有一个准确的定义，但一般认为NoSQL数据库应当具有以下的特征：模式自由(schema-free)、支持简易备份(easy replication support)、简单的应用程序接口(simple API)、最终一致性(或者说支持BASE特性，不支持ACID)、支持海量数据(huge amount of data)。

NoSQL仅仅是一个概念，NoSQL数据库根据数据的存储模型和特点分为很多种类。表3-1是NoSQL数据库的一个基本分类，当然，表中的NoSQL数据库类型的划分并不是绝对的，只是从存储模型上进行的大体划分。而且，它们之间没有绝对的分界，也有交差的情况，例如Tokyo Cabinet/Tyrant的Table类型存储，就可以理解为是文档型存储，Berkeley DB XML数据库是基于Berkeley DB之上开发的。

表3-1 NoSQL数据库分类

类　别	产　品	特　性
列存储	HBase Cassandra Hypertable	顾名思义，是按列存储数据的。最大的特点是方便存储结构化和半结构化数据，方便做数据压缩，对某一列或者某几列的查询有非常大的IO优势
文档存储	MongoDB CouchDB	文档存储一般用类似json的格式存储，存储的内容是文档型的。这样也就有机会对某些字段建立索引，实现关系数据库的某些功能

续表

类　别	产　品	特　性
key-value 存储	Tokyo Cabinet/Tyrant Berkeley DB MemcacheDB Redis	可以通过 key 快速查询到其 value。一般来说,存储不管 value 的格式,照单全收。(Redis 包含了其他功能)
图存储	Neo4J FlockDB	图形关系的最佳存储。使用传统关系数据库解决的话性能低下,而且设计使用不方便
对象存储	db4o Versant	通过类似面向对象语言的语法操作数据库,通过对象的方式存取数据
XML 数据库	Berkeley DB XML BaseX	高效地存储 XML 数据,并支持 XML 的内部查询语法,比如 XQuery,Xpath

1. 数据中心

实现云计算环境下数据存储的基础是由数以万计的廉价存储设备所构成的庞大的存储中心,这些异构的存储设备通过各自的分布式文件系统将分散的、低可靠的资源聚合为一个具有高可靠性、高可扩展性的整体,在此基础上构建面向用户的云存储服务。如图 3-12 所示,数据中心是实现云计算海量数据存储的基础,主要包括各种存储设备,以及对各种异构的存储设备进行管理的分布式文件系统。

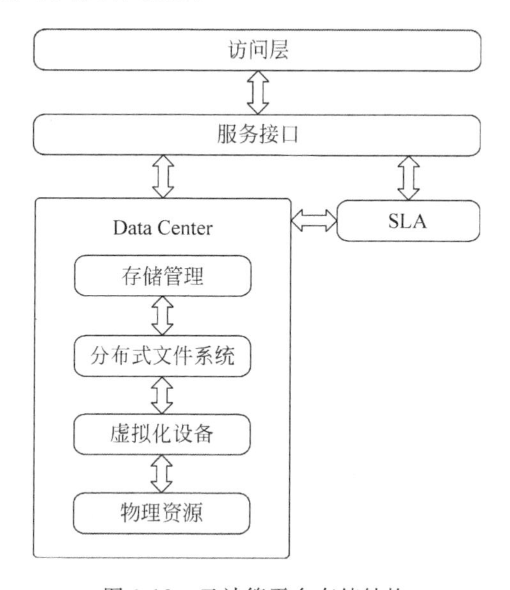

图 3-12　云计算平台存储结构

2. 分布式文件系统

分布式文件系统(Distributed File System,DFS)是云存储的核心,一般作为云计算的数据存储系统,对 DFS 的设计既要考虑系统的 IO 性能,又要保证文件系统的可靠性与可用性。文件系统是支撑上层应用的基础,Google 自行研发的 GFS(Google File System)是一种构建在大量服务器之上的可扩展的分布式文件系统,采用主从架构,通过数据分块,追加更新等方式实现海量数据的高效存储。

Google以论文的形式公开其在云计算领域研发的各种技术，使得以GFS和Bigtable为代表的一系列大数据处理技术被广泛了解并得到应用，并催生出以Hadoop为代表的一系列云计算开源工具。而GFS类的文件系统主要针对较大的文件设计的，而在一些场景系统需要频繁地读写海量小文件，此时GFS类文件系统因为频繁读取元数据等原因，显得效率很低，Facebook推出的专门针对海量小文件的文件系统Haystack，通过多个逻辑文件共享同一个物理文件，增加缓存层，部分元数据加载到内存等方式有效解决了Facebook海量图片存储问题。淘宝推出的类似的文件系统TFS(Tao File System)，通过将小文件合并成大文件，文件名隐含部分元数据等方式实现了海量小文件的高效存储。此外被广泛使用的还有Lustre、FastDFS、HDFS和NFS等，分别适用于不同应用环境下的分布式文件系统。

3.2.3 计算模型

云计算的计算模型是一种可编程的并行计算框架，需要高扩展性和容错性支持。PaaS平台不仅要实现海量数据的存储，而且要提供面向海量数据的分析处理功能。由于PaaS平台部署于大规模硬件资源上，所以海量数据的分析处理需要抽象处理过程，并要求其编程模型支持规模扩展，屏蔽底层细节并且简单有效。目前比较成熟的技术有MapReduce，Dryad等。

MapReduce是Google提出的并行程序编程模型，运行于GFS之上。MapReduce的设计思想在于将问题分而治之，首先将用户的原始数据源进行分块，然后分别交给不同的Map任务去处理。Map任务从输入中解析出键/值对(key/value)集合，然后对这些集合执行用户自行定义的Map函数得到中间结果，并将该结果写入本地硬盘。Reduce任务从硬盘上读取数据之后会根据key值进行排序，将具有相同key值的数据组织在一起。最后用户自定义的Reduce函数会作用于这些排好序的结果并输出最终结果。图3-13给出MapReduce任务调度过程。

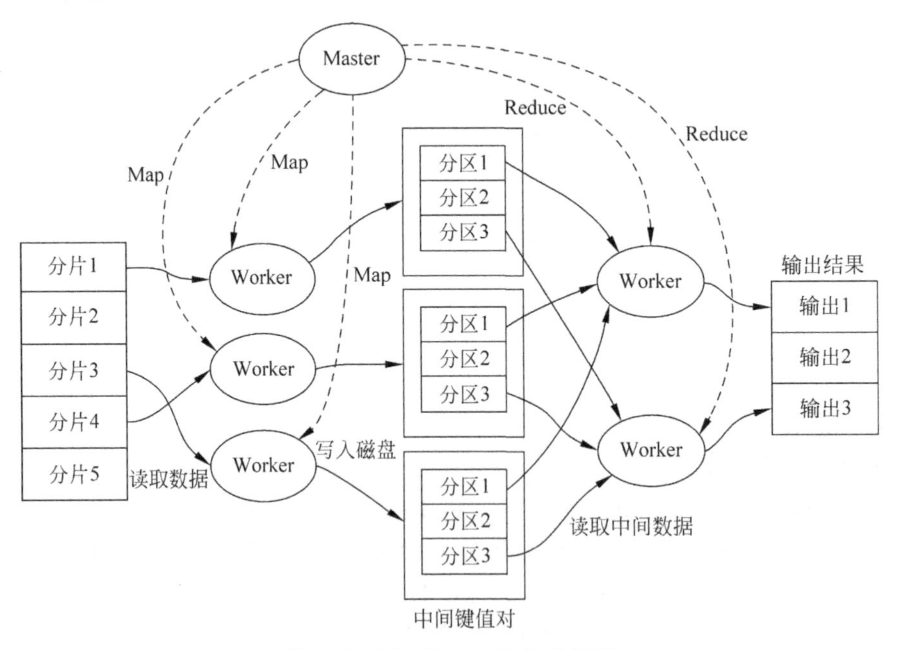

图3-13 MapReduce的任务调度

第一步：用户程序首先调用的 MapReduce 库将输入文件分成 M 个数据片段，然后用户程序在集群中创建大量的程序副本。

第二步：程序副本 master 将 Map 任务和 Reduce 任务分配给 worker 程序。

第三步：被分配 Map 任务的 worker 程序读取相关的输入数据片段。

第四步：Map 任务的执行结果写入到本地磁盘上。

第五步：Reduce worker 程序使用 RPC 从 Map worker 所在主机磁盘上读取这些缓存数据。

第六步：Reduce worker 程序遍历排序后的中间数据，Reduce 函数的输出被追加到所属分区的输出文件。

第七步：当所有的 Map 和 Reduce 任务都完成之后，master 唤醒用户程序。在这个时候，在用户程序里的对 MapReduce 调用才返回。

与 Google 的 MapReduce 相似，2010 年 12 月 21 日微软公司推出了 Dryad 的公测版，Dryad 也通过分布式计算机网络计算海量数据，成为谷歌 MapReduce 分布式数据计算平台的竞争对手。由于许多问题难以抽象成 MapReduce 模型，Dryad 采用基于有向无环图 DAG 的并行模型，在 Dryad 中，每一个数据处理作业都由 DAG 表示，图中的每一个节点表示需要执行的子任务，节点之间的边表示 2 个子任务之间的通信，Dryad 任务结构如图 3-14 所示。Dryad 可以直观地表示出作业内的数据流。基于 DAG 优化技术，Dryad 可以更加简单高效地处理复杂流程。同 MapReduce 相似，Dryad 为程序开发者屏蔽了底层的复杂性，并可在计算节点规模扩展时提高处理性能。

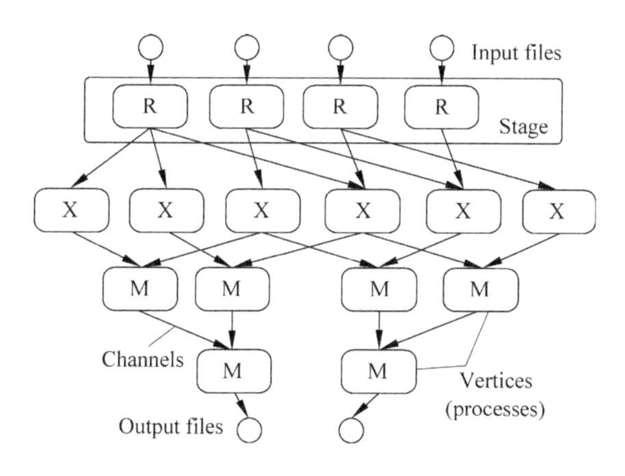

图 3-14 Dryad 任务结构

3.2.4 资源调度

海量数据处理平台的大规模性给资源管理与调度带来挑战。云计算平台的资源调度包括异构资源管理、资源合理调度与分配等。

云计算平台包含大量文件副本，对这些副本的有效管理是 PaaS 层保证数据可靠性的基础，因此一个有效的副本策略不但可以降低数据丢失的风险，还能优化作业完成时间。

PaaS 层的海量数据处理以数据密集型作业为主，其执行能力受到 IO 带宽的影响。网

络带宽是计算集群(计算集群既包括数据中心中物理计算节点集群,也包括虚拟机构建的集群)中的急缺的资源:

1) 云计算数据中心考虑成本因素,很少采用高带宽的网络设备。

2) IaaS 层部署的虚拟机集群共享有限的网络带宽。

3) 海量数据的读写操作占用了大量带宽资源。因此 PaaS 层海量数据处理平台的任务调度需要考虑网络带宽因素。

目前对于云计算资源管理方面进行的研究主要在降低数据中心能耗,提高系统资源利用率等方面,例如通过动态调整服务器 CPU 的电压或频率来节省电能,关闭不需要的服务器资源实现节能等;也有对虚拟机放置策略的算法,实现负载低峰或高峰时,通过有效放置虚拟机达到系统资源的有效利用。研究有效的资源管理与调度技术可以提高 MapReduce 等 PaaS 层海量数据处理平台的性能。

3.2.5 虚拟化

云计算的发展离不开虚拟化技术。虚拟化技术可以使物理上的单台服务器,被虚拟成逻辑上的多台服务器环境,可以修改单台虚拟机的分配 CPU,内存空间,硬盘等,每台虚拟机逻辑上可以被单独作为服务器使用。通过这种分割行为,将闲置或处于低峰的服务器紧凑地使用起来,数据中心为云计算提供了大规模资源,通过虚拟化技术实现基础设施服务的按需分配,虚拟化是 IaaS 层的重要组成部分,也是云计算的最重要特点。虚拟化技术可以提供以下特点。

1) 资源共享。通过虚拟机封装用户各自的运行环境,有效实现多用户分享数据中心资源。

2) 资源定制。用户利用虚拟化技术,配置私有的服务器,指定所需的 CPU 数目、内存容量、磁盘空间,实现资源的按需分配。

3) 细粒度资源管理。将物理服务器拆分成若干虚拟机,可以提高服务器的资源利用率,减少浪费,而且有助于服务器的负载均衡和节能。

基于以上特点,虚拟化技术成为实现云计算资源池化和按需服务的基础。为了进一步满足云计算弹性服务和数据中心自治性的需求,需要虚拟机快速部署和在线迁移技术的支持。

传统的虚拟机部署需要经过创建虚拟机、安装操作系统与应用程序、配置虚拟机属性以及应用程序运行环境、启动虚拟机四个阶段,通过修改虚拟机配置(如增减 CPU 数目、磁盘空间、内存容量等)可以改变单台虚拟机性能,但这个过程通常部署时间较长,不能满足云计算弹性服务的要求,为此,有的学者提出基于进程原理的虚拟机部署方式,利用父虚拟机迅速克隆出大量子虚拟机,就像启动很多子进程或线程那样快速部署虚拟机。利用分布式环境下的并行虚拟机 fork 技术,甚至可以在 1 秒内完成 32 台虚拟机的部署。

虚拟机在线迁移是指虚拟机在运行状态下从一台物理机移动到另一台物理机。利用虚拟机在线迁移技术,可以在不影响服务质量的情况下优化和管理数据中心,当原始虚拟机发生错误时,系统可以立即切换到备份虚拟机,而不会影响到关键任务的执行,保证了系统的可靠性；在服务器负载高峰时期，可以将虚拟机切换至其他低峰服务器从而达到负载均衡；还可以在服务器集群处于低峰期时，将虚拟机集中放置，达到节能目的。因此虚拟机在线迁移技术对云计算平台有效管理具有重要意义。

3.3 Google 云计算原理

Google 公司有一套专属的云计算平台，这个平台先是为 Google 最重要的搜索应用提供服务，现在已经扩展到其他应用程序。Google 的云计算基础架构模式包括 4 个相互独立又紧密结合在一起的系统：Google File System 分布式文件系统[14]，针对 Google 应用程序的特点提出的 MapReduce 编程模式，分布式的锁机制 Chubby 以及 Google 开发的模型简化的大规模分布式数据库 BigTable。

3.3.1 GFS

网页搜索业务需要海量的数据存储，同时还需要满足高可用性、高可靠性和经济性等要求。为此，Google 基于以下几个假设开发了分布式文件系统——Google File System：

1）硬件故障是常态，充分考虑到大量节点的失效问题，需要通过软件将容错以及自动恢复功能集成在系统中。

2）支持大数据集，系统平台需要支持海量大文件的存储，文件通常大小以 GB 计，并包含大量小文件。

3）一次写入、多次读取的处理模式，充分考虑应用的特性，增加文件追加操作，优化顺序读写速度。

4）高并发性，系统平台需要支持多个客户端同时对某一个文件的追加写入操作，这些客户端可能分布在几百个不同的节点上，同时需要以最小的开销保证写入操作的原子性。

图 3-15 给出了 Google File System 的系统架构。如图所示，一个 GFS 集群包含一个主服务器和多个块服务器，被多个客户端访问。大文件被分割成固定尺寸的块，块服务器把块作为 Linux 文件保存在本地硬盘上，并根据指定的块句柄和字节范围读写块数据。为了保证可靠性，每个块被缺省保存 3 个备份。主服务器管理文件系统所有的元数据，包括名字空间、访问控制、文件到块的映射、块物理位置等相关信息。通过服务器端和客户端的联合设计，GFS 对应用支持达到性能与可用性最优。GFS 是为 Google 应用程序本身而设计的，在内部部署了许多 GFS 集群。有的集群拥有超过 1000 个存储节点，超过 300TB 的硬盘空间，被不同机器上的数百个客户端连续不断地频繁访问着。

3.3.2 MapReduce

Google 构造 MapReduce 编程规范简化分布式系统的编程。应用程序编写人员只需将精力放在应用程序本身，而关于集群的处理问题，包括可靠性和可扩展性，则交由平台来处理。MapReduce 通过“Map(映射)”和“Reduce(化简)”两个简单的概念构成运算基本单元，用户只需提供自己的 Map 函数以及 Reduce 函数即可并行处理海量数据。为了进一步理解

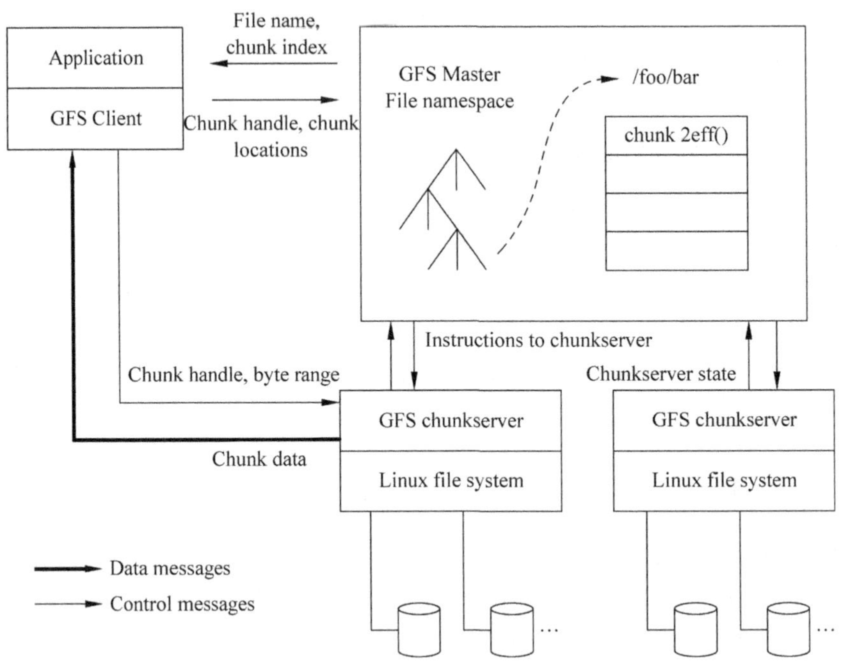

图 3-15　Google File System 的系统架构

MapReduce 的编程方式，下面给出一个基于 MapReduce 编程方式的程序伪代码。程序功能是统计文本中所有单词出现的次数。

```
map(String input_key, String input_value):
 // input_key: document name
 // input_value: document contents
 for each word w in input_value:
EmitIntermediate(w,"1");
reduce(String output_key, Interator intermediate_values):
 // output_key: a word
 // output_values: a list of counts
 int result = 0;
 for each v in intermediate_values:
result += ParseInt(v);
 Emit(AsString(result));
```

在 Map 函数中，用户的程序将文本中所有出现的单词都按照出现计数 1(以 Key-Value 对的形式)发射到 MapReduce 给出的一个中间临时空间中。通过 MapReduce 中间处理过程，将所有相同的单词产生的中间结果分配到同样一个 Reduce 函数中。而每一个 Reduce 函数则只需把计数累加在一起即可获得最后结果。

图 3-16 给出了 MapReduce 执行过程，分为 Map 阶段及 Reduce 两个阶段，都使用了集群中的所有节点。在两个阶段之间还有一个中间的分类阶段，即将包含相同的 key 的中间结果交给同一个 Reduce 函数执行。

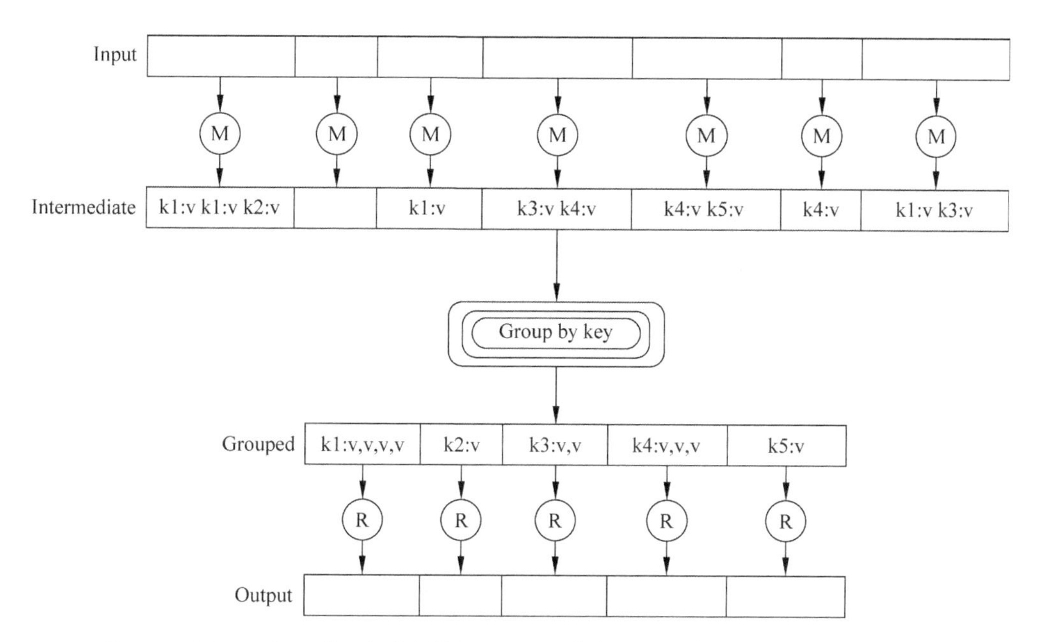

图 3-16 MapReduce 处理程序的执行过程(M 代表 Map 函数，R 代表 Reduce 函数)

3.3.3 BigTable

由于 Google 的许多应用(包括 Search History、Maps、Orkut 和 RSS 阅读器等)需要管理大量的格式化及半格式化数据，上述应用的共同特点是需要支持海量的数据存储，读取后进行大量的分析，数据的读操作频率远大于数据的更新频率等，为此 Google 开发了弱一致性要求的大规模数据库系统——BigTable。

BigTable 针对数据读操作进行了优化，采用基于列存储的分布式数据管理模式以提高数据读取效率。BigTable 的基本元素是行、列、记录板和时间戳，行键和列键都是字节串，时间戳是 64 位整型，可以用(row:string, column:string, time:int64)→string 表示一条键值对记录。其中，记录板 Table 就是一段行的集合体。

图 3-17 是 BigTable 的一个例子 Webtable，表 Webtable 存储了大量的网页和相关信息，在 Webtable，每一行存储一个网页，其反转的 url 作为行键，比如“com. google. maps”，反转的原因是为了让同一个域名下的子域名网页能聚集在一起。

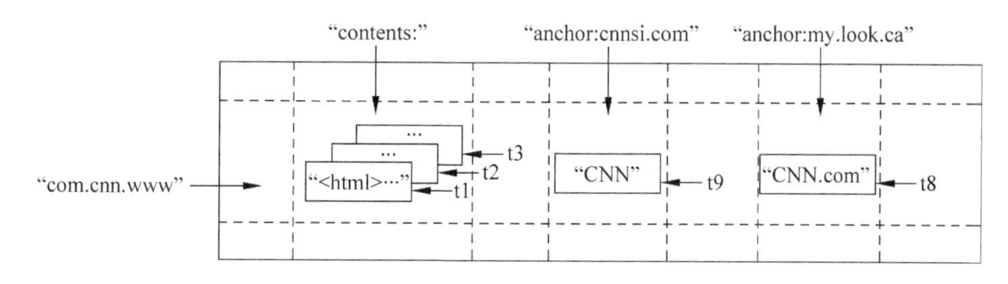

图 3-17 BigTable 的一个例子 Webtable

BigTable 中的数据项按照行关键字的字典序排列，行键可以是任意字节串，通常有 10～100B。BigTable 按照行键的字典序存储数据。BigTable 的表会根据行键自动划分为片(tablet),片是负载均衡的单元。最初表都只有一个片,但随着表不断增大,片会自动分裂,片的大小控制在 100～200MB。行是表的第一级索引,可以把该行的列、时间和值看成一个整体,简化为一维键值映射,类似于:

```
table{
  "com.cnn.www" : {sth.},             //一行,行键是 com.cnn.www
  "com.bbc.www" : {sth.},
  "com.google.www" : {sth.},
  "com.baidu.www" : {sth.}
}
```

列是第二级索引,每行拥有的列是不受限制的,可以随时增加减少。为了方便管理,列被分为多个列族(column family,是访问控制的单元),一个列族里的列一般存储相同类型的数据。一行的列族很少变化,但是列族里的列可以随意添加删除。列键按照 family:qualifier 格式命名的,如果将列的值和时间看作一个整体,那么 table 可以表示为二维键值映射,类似于:

```
table{
  "com.cnn.www" : {                      //一行
    "contents:":{sth.},                  //一列,family 为 contents,qualifier 为空
    "anchor:cnnsi.com":{sth.},           //一列,family 为 anchor,qualifier 为 cnnsi.com
    "anchor:my.look.ca":{sth.}
  },
  "com.bbc.www" : {                      //一行
    "contents:":{sth.}
  },
  "hk.com.google.www" : {
    "contents:":{sth.},
    "anchor:youtube.com":{sth.}
  },
  "com.bing.cn" : {sth.}
}
```

也可以将 family 当作一层新的索引,类似于:

```
table{
  "com.cnn.www" : {                  //一行
    "contents":{sth.},               //family 为 contents
    "anchor":{
        "cnnsi.com":{sth.}
        "my.look.ca":{sth.}
    },                               //一列,family 为 anchor
  },
  "com.bbc.www" : {                  //一行
    "contents":{sth.}
  },
  "hk.com.google.www" : {
```

```
        "contents:":{sth.},
      "anchor":{
          "youtube.com":{sth.}
      }
    },
    "com.bing.cn" : {sth.}
  }
```

时间戳是第三级索引。BigTable 允许保存数据的多个版本,版本区分的依据就是时间戳。时间戳可以由 BigTable 赋值,代表数据进入 BigTable 的准确时间,也可以由客户端赋值。数据的不同版本按照时间戳降序存储,因此先读到的是最新版本的数据。我们加入时间戳后,就得到了 BigTable 的完整数据模型,类似于:

```
table{
  "com.cnn.www" : {                     //一行
    "contents:":{
        t1:"<html>…",                   //t1 时刻的网页内容
        t2:"<html>…",                   //t2 时刻的网页内容
        t3:"<html>…"                    //t3 时刻的网页内容
    },                                  //一列,family 为 contents,qualifier 为空
    "anchor:cnnsi.com":{sth.},          //一列,family 为 anchor,qualifier 为 cnnsi.com
    "anchor:my.look.ca":{sth.}
  },
  "com.bbc.www" : {                     //一行
    "contents:":{sth.}
  },
  "hk.com.google.www" : {
    "contents:":{sth.},
    "anchor:youtube.com":{sth.}
  },
  "com.bing.cn" : {sth.}
}
```

图 3-17 中的列族“anchor”保存了该网页的引用站点(比如引用了 CNN 主页的站点),qualifier 是引用站点的名称,而数据是链接文本;列族“contents”保存的是网页的内容,这个列族只有一个空列“contents:”。“contents:”列下保存了网页的三个版本,可以用("com.cnn.www", "contents:", t5)找到 CNN 主页在 t1 时刻的内容。

BigTable 系统依赖于集群系统的底层结构,一个是分布式集群任务调度器,一个是前述的 GFS 文件系统,还有一个分布式锁服务 Chubby。如图 3-18 所示,Chubby 是一个非常健壮的粗粒度锁,BigTable 使用 Chubby 保存 Root Tablet 的指针,并使用一台服务器作为主服务器,用来保存和操作元数据。当客户端读取数据时,用户首先从 Chubby Server 中获得 Root Tablet 的位置信息,并从中读取相应的元数据表 Metadata Tablet 的位置信息,接着从 Metadata Tablet 中读取包含目标数据位置信息的 User Table 的位置信息,然后从该 User Table 中读取目标数据的位置信息项。

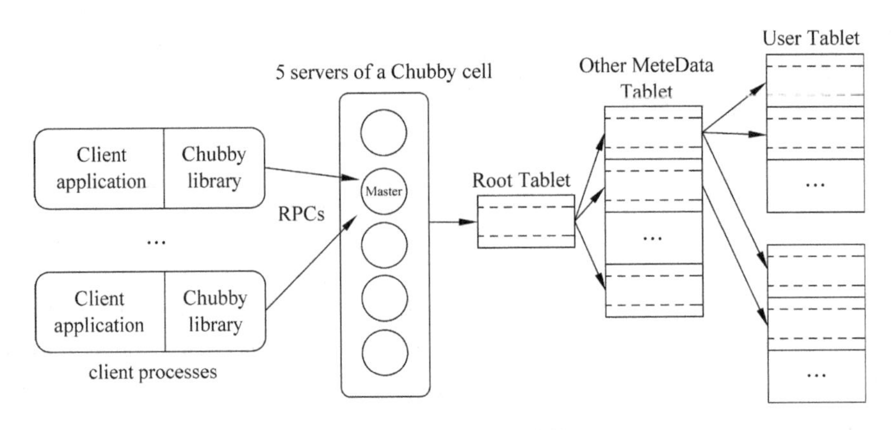

图 3-18 Chubby 的结构

3.3.4 Dremel

Dremel[17]是 Google 的“交互式”数据分析系统。可以组建成规模上千的集群，处理 PB 级别的数据。MapReduce 处理一个数据，需要分钟级的时间。作为 MapReduce 的发起人，Google 开发了 Dremel，将处理时间缩短到秒级，作为 MapReduce 的交互式查询能力不足的有力补充。

Dremel 的数据模型是嵌套的，用列式存储，并结合了 Web 搜索和并行 DBMS 的技术，建立查询树，将一个巨大的复杂的查询，分割成较小较简单的查询，大事化小，小事化了，能并发地在大量节点上跑，如图 3-19 所示，在这种按记录存储的模式中，一个记录的多列是连续写在一起的，按列存储可以将数据按列展开成查询树，扫描时可以仅仅扫描 A. B. C. 分支而不用扫描 A. E. 或 A. B. D. 分支，其次，Dremel 提供 SQL-like 接口，提供简单的 SQL 查询功能，可以将 SQL 语句转换成 MapReduce 任务执行。

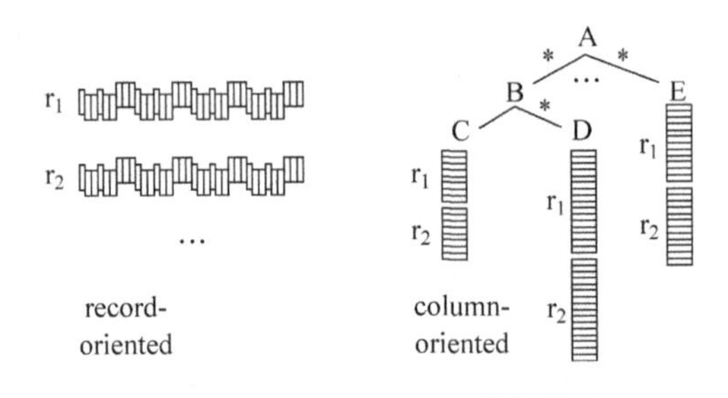

图 3-19 Google Dremel 数据模型

图 3-20 定义了一个组合类型 Document。有一个必选列 DocId，可选列 Links，还有一个数组列 Name。可以用 Name. Language. Code 表示 Code 列。

这种数据格式是语言无关、平台无关的。可以使用 Java 写 MapReduce 程序以生成这个格式，然后用 C++读取。在这种列式存储中，能够快速通用处理也是非常重要的。图 3-21 是数据在 Dremel 中的实际存储格式。

如果是关系型数据，而不是嵌套的结构，存储的时候，可以将每一列的值直接排列下来，不用引入其他概念，也不会丢失数据。对于嵌套的结构，还需要两个变量 R（Repetition

```
DocId: 10                r1
Links
  Forward: 20
  Forward: 40
  Forward: 60
Name
  Language
    Code: 'en-us'
    Country: 'us'
  Language
    Code: 'en'
  Url: 'http://A'
Name
  Url: 'http://B'
Name
  Language
    Code: 'en-gb'
    Country: 'gb'
```

```
message Document {
  required int64 DocId;
  optional group Links {
    repeated int64 Backward;
    repeated int64 Forward; }
  repeated group Name {
    repeated group Language {
      required string Code;
      optional string Country; }
    optional string Url; }}
```

```
DocId: 20                r2
Links
  Backward: 10
  Backward: 30
  Forward: 80
Name
  Url: 'http://C'
```

图 3-20 r_1、r_2 数据结构

DocId

value	r	d
10	0	0
20	0	0

Name.Url

value	r	d
http://A	0	2
http://B	1	2
NULL	1	1
http://C	0	2

Links.Forward

value	r	d
20	0	2
40	1	2
60	1	2
80	0	2

Links.Backward

value	r	d
NULL	0	1
10	0	2
30	1	2

Name.Language.Code

value	r	d
en-us	0	2
en	2	2
NULL	1	1
en-gb	1	2
NULL	0	1

Name.Language.Country

value	r	d
us	0	3
NULL	2	2
NULL	1	1
gb	1	3
NULL	0	1

图 3-21 Document 类型的实际存储格式

Level)，D(Definition Level)才能存储其完整信息。Repetition Level 是记录该列的值是在哪一个级别上重复的。举例子说明，对于 Name. Language. Code 一共有三条非 Null 的记录：

第一个是“en-us”，出现在第一个 Name 的第一个 Language 的第一个 Code 里面。在此之前，这三个元素是没有重复过的，都是第一个。所以其 R 为 0。

第二个是“en”，出现在第一个 Name 的第二个 Language 里面。也就是说 Language 是重复的元素。Name. Language. Code 中 Language 嵌套位置是第二层，所以其 R 为 2。

第三个是“en-gb”，出现在第二个 Name 中的第一个 Language，Name 是重复元素，嵌套位置为第一层，所以其 R 为 1。

Definition Level 是定义的深度，用来记录该记录的实际层次。所以对于非 NULL 的记录，是没有意义的，其值必然为相同。同样举个例子，例如 Name. Language. Country：

第一个“us”是在 R1 里面，其中 Name，Language，Country 是有定义的。所以 D 为 3。

第二个“NULL”也是在 R1 的里面，其中 Name，Language 是有定义的，其他都是没有定义的。所以 D 为 2。

第三个“NULL”还是在 R1 的里面，其中 Name 是有定义的，其他是想象的。所以 D 为 1。

第四个“gb”是在 R1 里面，其中 Name，Language，Country 是有定义的。所以 D 为 3。

在这种存储格式下，读的时候，可以只读其中部分字段，构建部分的数据模型。例如，只读取 DocId 和 Name. Language. Country。可以同时扫描两个字段，先扫描 DocId 记录下第一个，然后发现下一个 DocId 的 R 是 0；于是该读 Name. Language. Country，如果下一个 R 是 1 或者 2 就继续读，如果是 0 就开始读下一个 DocId。图 3-22 展示了只读 DocId 和 Name. Language. Country 构建部分数据模型。

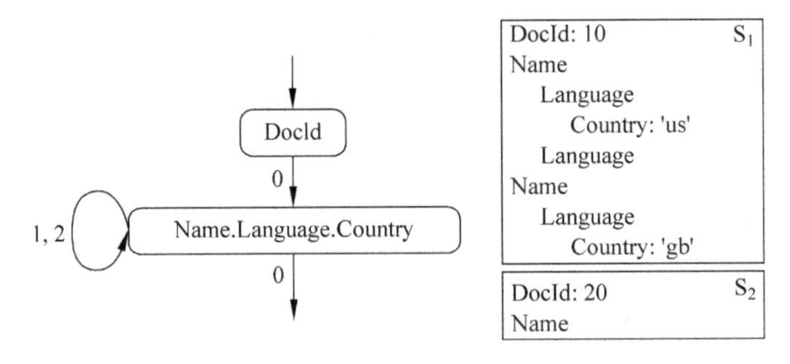

图 3-22　只读 DocId 和 Name. Language. Country 构建部分数据模型

Dremel 的扫描方式是全表扫描，而这种列存储设计可以有效回避大部分 join 需求，做到扫描最少的列，Dremel 可以使用 Sql-like 的语法查询，建立查询树如图 3-23 所示，当 client 发出一个请求，根节点收到请求，根据 metedata 将其分解到叶子节点，叶子节点直接扫描数据，不断汇总到根节点。这样就把对大数据集的查询分解为对很多小数据集的并行查询，因此，Dremel 的分析处理速度非常快。

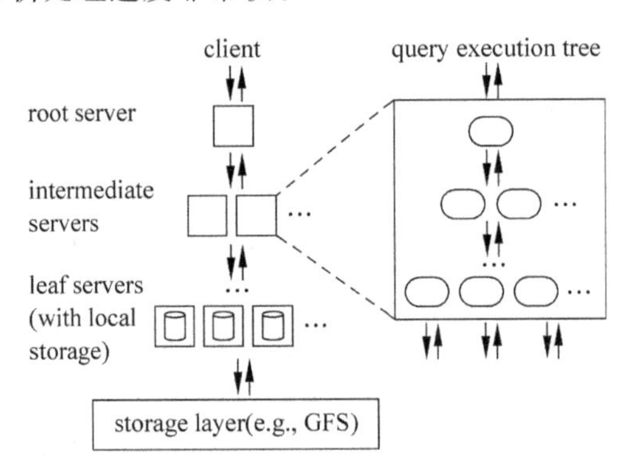

图 3-23　Dremel 的查询方式

Dremel 是一个大规模系统。在一个 PB 级别的数据集上面，将任务缩短到秒级，无疑需要大量的并发。磁盘的顺序读速度在 100MB/s 上下，那么在 1s 内处理 1TB 数据，意味着至少需要有 1 万个磁盘的并发读！Google 一向是用廉价机器办大事的好手。但是机器越多，出问题的概率越大，如此大的集群规模，需要有足够的容错考虑，保证整个分析的速度不受集群中个别慢(坏)节点的影响。

3.4　亚马逊云服务

作为全球最大的电子商务网站，Amazon(亚马逊)为了处理数量庞大的并发访问和交易购置了大量服务器。2001年互联网泡沫使业务量锐减，系统资源大量闲置。在这种背景下，Amazon给出一个创新的想法是，将硬件设施等基础资源封装成服务供用户使用，即通过虚拟化技术提供可动态调度的弹性服务(IaaS)。之后经过不断的完善，现在的亚马逊云服务(Amazon Web Services，AWS)提供一组广泛的全球计算、存储、数据库、分析、应用程序和部署服务，可帮助组织更快地迁移、降低IT成本和扩展应用程序。很多大型企业和热门的初创公司都信任这些服务，并通过这些服务为各种工作负载提供技术支持，包括：Web和移动应用程序、数据处理和仓库、存储、归档和很多其他工作负载。目前，亚马逊云服务主要包括[6]：弹性计算云EC2、简单存储服务S3、简单数据库服务Simple DB、简单队列服务SQS、弹性MapReduce服务、内容推送服务CloudFront、数据导入/导出服务AWS Import/Export、关系数据库服务RDS等。

3.4.1　亚马逊云平台存储架构

AWS提供一系列云计算服务，无疑要建立在一个强大的基础存储架构之上，Dynamo是Amazon提供的一款高可用的分布式Key-Value存储系统，具备去中心化、高可用性、高扩展性的特点，但是为了达到这个目标在很多场景中牺牲了一致性(CAP)，能够跨数据中心部署于上万个节点上提供服务，Dynamo组合使用了多种P2P技术，在集群中它的每一台机器都是对等的。

为了达到增量可伸缩性的目的，Dynamo采用一致性哈希完成数据分区。在一致性哈希中，哈希函数的输出范围为一个圆环，系统中每个节点映射到环中某个位置，而Key也被Hash到环中某个位置，Key从其被映射的位置开始沿顺时针方向找到第一个位置比其大的节点作为其存储节点。换个角度说，就是每个系统节点负责从其映射的位置起到逆时针方向的第一个系统节点间的区域。一致性哈希最大的优点在于节点的扩容与缩容，只影响其直接的邻居节点，而对其他节点没有影响。

在分布式环境中，为了达到高可用性需要有数据副本，而Dynamo将每个数据复制到N台机器上，其中N是每个实例的可配置参数，每个Key被分配到一个协调器(coordinator)节点，协调器节点管理其负责范围内的复制数据项，其除了在本地存储责任范围内的每个Key外，还复制这些Key到环上顺时针方向的$N-1$个后继节点。这样，系统中每个节点负责环上从自己位置开始到第N个前驱节点间的一段区域。具体逻辑见图3-24，图中节点B除了在本地存储键Key K外，还在节点C和D处复制键K，这样节点D将存储落在范围(A，B]、(B，C]和(C，D]上的所有键。

Dynamo并不提供强一致性，在数据并没有被复制到所有副本前，如果有get操作，会取到不一致的数据，但是Dynamo用向量时钟(vector clock)保证数据的最终一致性。在Amazon平台中，购物车就是这种情况的典型应用。购物车应用程序要求一个“添加到购物车"动作从来不会被忘记或拒绝，当用户向当前购物车添加或删除一件物品时，如果当前购物车的状态是不可用，该物品会被添加到旧版本购物车中，并且不同版本的购物车会在后来协调，Dynamo 把版本合并的责任推给应用程序。也就是说，购物车应用程序会收到不同版本的数据，并负责合并，这种机制使得"添加到购物车"操作永远不会丢失，但是已删除的条目可能会"重新浮出水面"。图 3-25 是一个 Dynamo 提供最终一致性的具体例子：

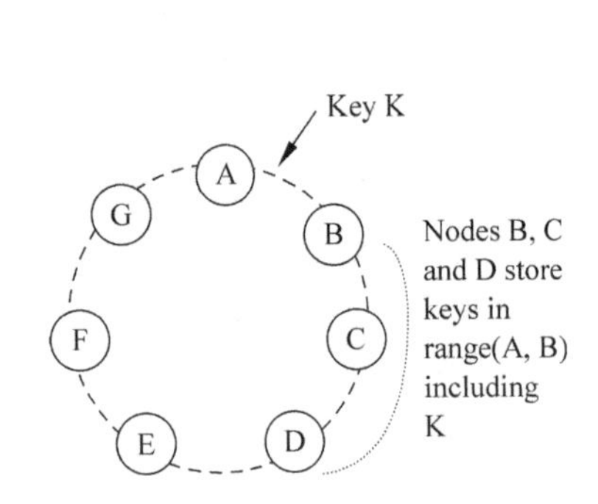

图 3-24 在 Dynamo 环上的分区与 Key 复制

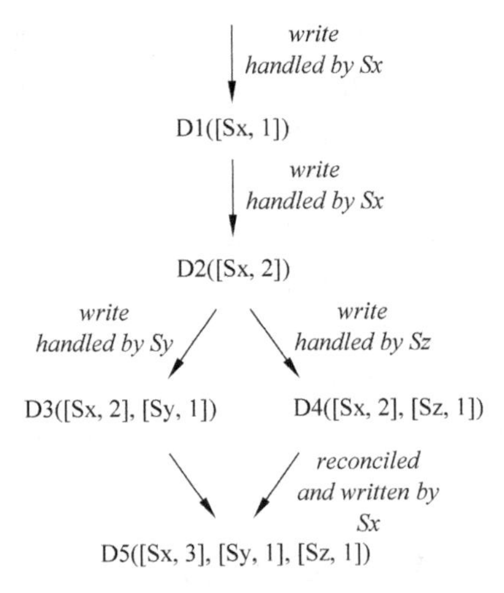

图 3-25 Dynamo 的最终一致性保证

(1) 在某个时刻，某个节点 Sx 向系统写入了一个新对象，系统中有了该对象的一个版本 D1 和其相关的向量时钟[Sx,1]。

(2) 随后节点 Sx 修改了 D1，系统中便有了不同的版本 D2 和其相关的时钟[Sx,2]，D2 继承自 D1，所以 D2 复写 D1，但系统中或许还存在还没有看到 D2 的 D1 副本。

(3) 接下来不同的节点读取 D2，并尝试修改它，于是系统中有了版本 D3 和 D4 以及和他们相关的向量，现在系统中可能有了该对象的 4 个版本：D1，D2，D3，D4。

(4) 接下来假设不同的客户端读取该对象，版本 D2 会覆盖版本 D1，而 D3 和 D4 会覆盖版本 D2，但如果客户端同时读到 D3 和 D4，就会由客户端进行语义协调（syntactically reconciled），如果交由 Sx 节点协调，Sx 将更新其时钟序号，将版本更新为（[Sx,3]，[Sy,1]，[Sz,1]）。

由于采用 P2P 对等模型和一致性哈希环，每个节点通过 Gossip 协议传播节点的映射信息得到自己所处理的范围，并互相检测节点状态，如果有新加入节点或故障节点，只需要调整处理范围内的节点。Dynamo 的高度伸缩性和高可用性的特点，为 Amazon 提供的各种上层服务提供可靠保证。

3.4.2 EC2、S3、SimpleDB 等组件

1. EC2

亚马逊弹性计算云（Elastic Compute Cloud，EC2）[19] 是一个让使用者可以租用云端计算机运行所需应用的系统，提供基础设施层次的服务（IaaS）。EC2 提供了可定制化的云计

算能力，这是专为简化开发者开发 Web 伸缩性计算而打造的，EC2 借由提供 Web 服务的方式让使用者可以弹性地运行自己的 Amazon 虚拟机，使用者将可以在这个虚拟机器上运行任何需要的软件或应用程式。Amazon 为 EC2 提供简单的 Web 服务界面，让用户轻松获取和配置资源。用户以虚拟机为单位租用 Amazon 的服务器资源。用户可以全面掌控自身的计算资源，同时 Amazon 运作是基于"即买即用"模式的，只需花费几分钟时间就可获得并启动服务器实例，所以它可以快速定制响应计算需求的变化。

Amazon EC2 的优势有：在 AWS 云中提供可扩展的计算容量；使用 Amazon EC2 可避免前期的硬件投入，因此用户能够快速开发和部署应用程序；通过使用 Amazon EC2，用户可以根据自身需要启动任意数量的虚拟服务器、配置安全和网络以及管理存储；Amazon EC2 允许用户根据需要进行缩放以应对需求变化或流行高峰，降低流量预测需求。Amazon EC2 提供以下具体功能：

（1）虚拟计算环境，也称为实例。

（2）实例的预配置模板，也称为亚马逊系统映像（AMI），其中包含服务器需要的程序包（包括操作系统和其他软件）。

（3）实例 CPU、内存、存储和网络容量的多种配置，也称为实例类型。

（4）使用密钥对的实例的安全登录信息（AWS 存储公有密钥，您在安全位置存储私有密钥）。

（5）临时数据（停止或终止实例时会删除这些数据）的存储卷，也称为实例存储卷。

（6）使用 Amazon Elastic Block Store（Amazon EBS）的数据的持久性存储卷，也称为 Amazon EBS 卷。

（7）用于存储资源的多个物理位置，例如实例和 Amazon EBS 卷，也称为区域和可用区。

（8）防火墙，让用户可以指定协议、端口，以及能够使用安全组到达实例的源 IP 范围。

（9）用于动态云计算的静态 IP 地址，也称为弹性 IP 地址。

（10）元数据，也称为标签，用户可以创建元数据并分配给 Amazon EC2 资源。

（11）用户可以创建虚拟网络，这些网络与其余 AWS 云在逻辑上隔离，并且用户可以选择连接到自己的网络，也称为 Virtual Private Cloud（VPC）。

2. S3

Amazon S3（Simple Storage Service）[20]是一款在线存储服务，在云计算环境下提供了不受限制的数据存储空间。用户可通过授权访问一个简单的 Web 服务界面存储和获取 Web 上任何地点的数据。Amazon S3 提供了完全冗余的数据存储基础设施，用户可以将存储内容发送到 Amazon EC2 进行计算，调整大小或其他分析，Amazon S3 负责数据的持久、备份、存档与恢复等可靠服务。

S3 的基本结构如图 3-26 所示，S3 存储系统中涉及如下三个基本概念。

1）对象：S3 的基本存储单元，由数据和元数据组成；数据可以是任意类型。

2）键：对象的唯一标识符。

3）桶：存储对象的容器；不能嵌套、在 S3 中名称唯一、每个用户最多创建 100 个桶。

S3 的操作流程如图 3-27 所示，用户登录 S3 后，首先创建一个桶（Bucket），然后可以增加一个数据对象(Object)到桶中,接着用户可以查看对象或移动对象,当用户不再需要存储数据时,则可以删除对象和桶。

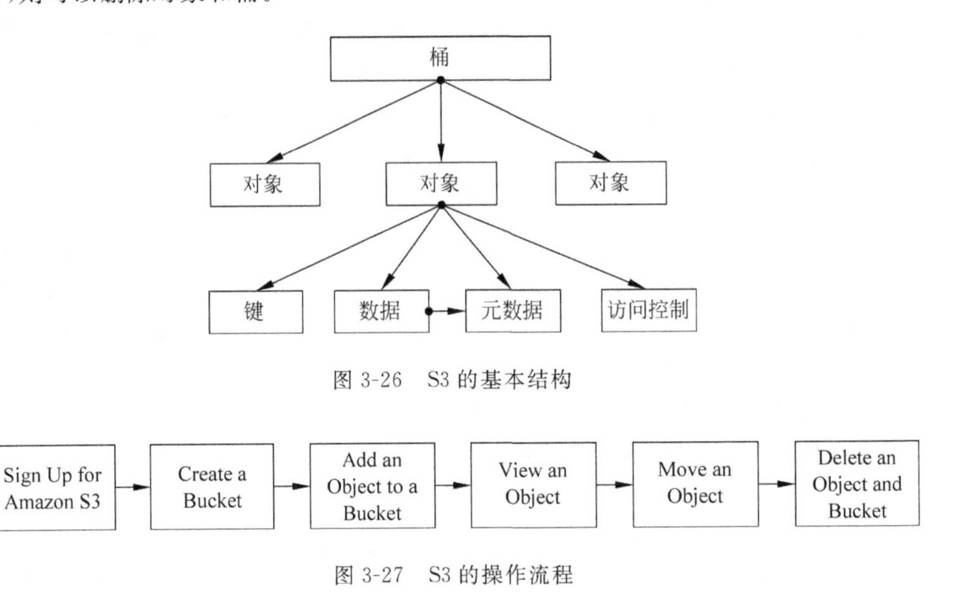

图 3-26 S3 的基本结构

图 3-27 S3 的操作流程

3. SimpleDB

Amazon SimpleDB[21]是一种可用性高、灵活性大的非关系数据存储服务。与 S3 不同(主要用于非结构化数据存储),它主要用于存储结构化数据。开发人员只需通过 Web 服务请求执行数据项的存储和查询,Amazon SimpleDB 将负责余下的工作。

Amazon SimpleDB 不会受制于关系数据库的严格要求,而且已经过优化,能提供更高的可用性和灵活性,让管理负担大幅减少甚至是零负担。而在后台工作时,Amazon SimpleDB 将自动创建和管理分布在多个地理位置的数据副本,以此提高可用性和数据持久性。

SimpleDB 的操作流程如图 3-28 所示,用户注册登录后,然后可以创建一个域(Domain,它是存放数据的容器),然后可以向域中添加数据条目(Item,它是一个实际的数据对象,由属性和指组成),接着用户可以查看或修改域中的数据条目,当用户不再需要存储的数据时,则可以删除域。

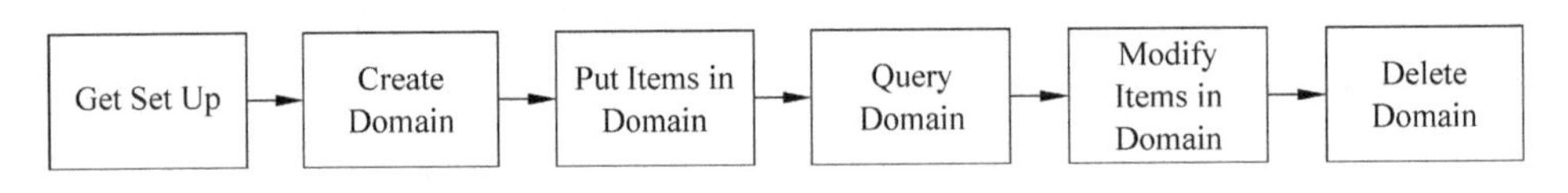

图 3-28 SimpleDB 的操作流程

4. SQS

Amazon SQS(Simple Queue Service)是面向消息的中间件(MOM)的云计算解决方案,不局限于某一种语言。Amazon SQS 提供了可靠且可扩展的托管队列,用于存储计算机之间传输的消息。使用 Amazon SQS,可以在执行不同任务的应用程序的分布式组件之间移动数据,既不会丢失消息,也不要求各个组件始终处于可用状态。Amazon SQS 是分布式队列系统，可以让 Web 服务应用程序快速可靠地对应用程序中的一个组件生成给另一组件使用的消息进行排队。队列是等待处理的消息的临时储存库。

Amazon SQS 提供以下主要功能：

1）冗余基础设施：确保将消息至少传输一次、对消息的高度并发访问以及发送和检索消息的高度可用性；

2）多个写入器和读取器：系统的多个部分可以同时发送或接收消息；

3）每个队列的设置均可配置：并非所有队列都要完全相同；

4）可变消息大小：消息大小可高达 262 144 字节(256 KB)；

5）访问控制：用户可以控制谁可以从队列发送和收取消息；

6）延迟队列：延迟队列即用户对其设置默认延迟的队列，从而所有排队消息的传送会推迟那一段时间。

5. Elastic MapReduce

Amazon Elastic MapReduce (Amazon EMR)是一个能够高性能地处理大规模数据的 Web service。Amazon EMR 使用 Hadoop 处理方法，并结合多种 AWS 产品，可完成以下各项任务：Web 索引、数据挖掘、日志文件分析、机器学习、科学模拟以及数据仓库。

Amazon EMR 已增强了 Hadoop 和其他开源应用程序，以便与 AWS 无缝协作，如图 3-29 所示。例如，在 Amazon EMR 上运行的 Hadoop 集群使用 EC2 实例作为虚拟 Linux 服务器用于主节点和从属节点，将 Amazon S3 用于输入和输出数据的批量存储，并将 Amazon CloudWatch 用于监控集群性能和发出警报。用户还可以使用 Amazon EMR 和 Hive 将数据迁移到 Amazon DynamoDB 以及从中迁出。所有这些操作都由启动和管理 Hadoop 集群的 Amazon EMR 控制软件进行编排。这个流程名为 Amazon EMR 集群。

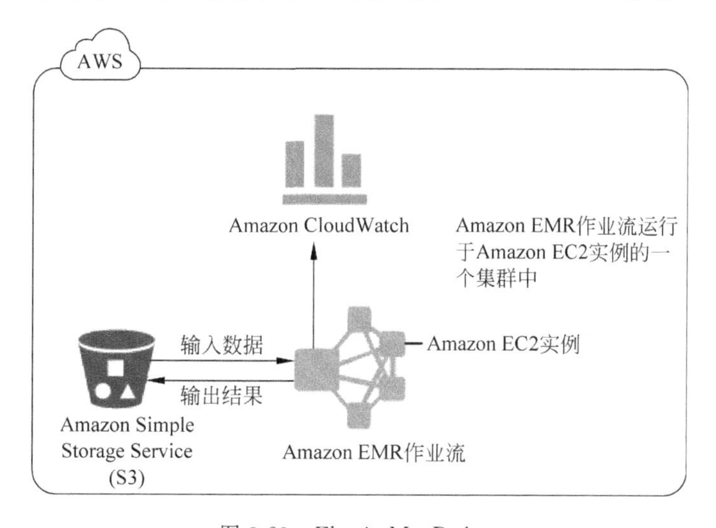

图 3-29 Elastic MapReduce

在 Hadoop 架构顶层运行的开源项目也可以在 Amazon EMR 上运行。最流行的应用程序，例如 Hive、Pig、HBase、DistCp 和 Ganglia，都已与 Amazon EMR 集成。

通过在 Amazon EMR 上运行 Hadoop，可以从云计算获得以下好处：

(1) 能够在几分钟内调配虚拟服务器集群。

(2) 可以扩展集群中虚拟服务器的数量满足计算需求，而且仅需按实际使用量付费。

(3) 与其他 AWS 服务集成。

6. CloudFront

CloudFront 是一个内容分发网络服务(Web service)，该服务可以很容易地将内容投送到终端用户，具有低延迟、高数据传输速率等特点。简单来说，就是使用 CDN 进行网络加速和向最终用户分发静态和动态 Web 内容(例如，.html、.css、.php 和图像文件)。CloudFront 通过一个由遍布全球的数据中心(称作节点)组成的网络传输内容。当用户请求用 CloudFront 提供的内容时，用户的请求将被传送到延迟(时延)最短的节点，以便以可以达到的最佳性能来传输内容。如果该内容已经在延迟最短的节点上，CloudFront 将直接提供它。如果该内容目前不在这样的节点上，CloudFront 将从已指定为该内容最终版本来源的 Amazon S3 存储桶或 HTTP 服务器(例如，Web 服务器)检索该内容。

内容推送服务 CloudFront 集合了其他的 Amazon 云服务，为企业和开发者提供了一种简单方式，以实现高速传输分发数据。同 EC2 和 S3 最优化地协同工作，CloudFront 使用涵盖了边缘的全球网络交付静态和动态内容。配置 CloudFront 传输用户的内容信息的步骤如图 3-30 所示：①配置原始服务器，CloudFront 将从这些服务器中获取文件，以便从遍布全球的 CloudFront 节点进行分发；②将用户的文件(也称作对象，通常包括网页、图像和媒体文件)上传至原始服务器；③创建一项 CloudFront 分配，此项分配将在其他用户请求文件时，告诉 CloudFront 从哪些原始服务器获取用户分发的文件；④在开发网站或应用程序时，可以使用 CloudFront 为用户的 URL 提供的域名；⑤CloudFront 将此项分配的配置(而不是用户的内容)发送到其所有节点，这些节点即服务器的集合，位于分散在不同地理位置的数据中心内。

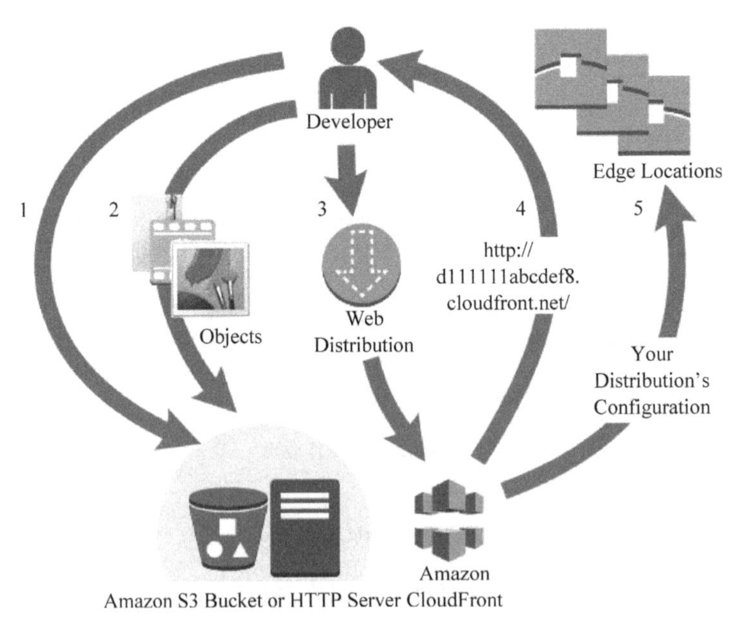

图 3-30 CouldFront

7. AWS Import/Export

AWS Import/Export 工具采用 Amazon 公司内部的高速网络和便携存储设备，绕过互联网对 Amazon 云上的数据导入导出，所以 Import/Export 通常快于互联网的数据传输。

AWS Import/Export 支持从 S3 的桶中上传和下载数据、数据上传到亚马逊弹性块存储(Amazon EBS)中。AWS Import/Export 的操作流程如图 3-31 所示，在使用 AWS Import/Export 上传和下载数据前，用户需要使用 S3 的账号登录，然后下载 Import/Export 工具，再保存用户证书文件，接着可以创建一个导入或导出数据的任务。

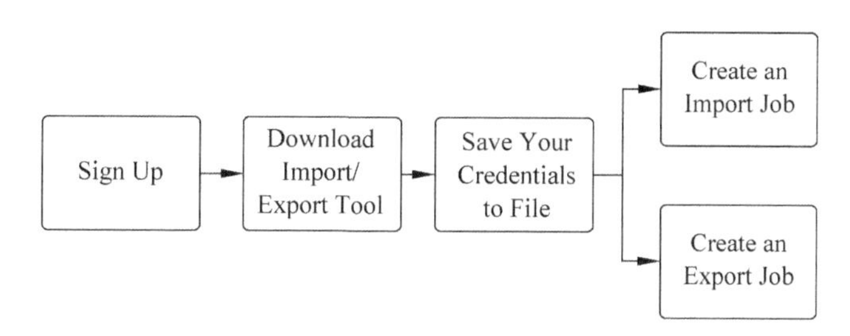

图 3-31　AWS Import/Export 的操作流程

8. RDS

Amazon Relational Database Service (Amazon RDS)[22]是一种 Web 服务，可让用户更轻松地在云中设置、操作和扩展关系数据库。它可以为行业标准关系数据库提供经济高效且可以调节大小的容量，并管理常见数据库管理任务。

Relational Database Service(RDS，关系数据库服务)在云计算环境下通过 Web 服务提供了弹性化的关系数据库。接管数据库的管理员任务，以前使用 MySQL 数据库的所有代码、应用和工具都可兼容 Amazon RDS。它可以自动地为数据库软件打补丁并完成定期的按计划备份。

Amazon RDS 会接管关系数据库的许多困难或烦琐的管理任务。

(1) 购买服务器时，您会一并获得 CPU、内存、存储空间和 IOPS。利用 Amazon RDS，您可以将这些部分进行拆分，以便单独对其进行扩展。因此，如果您需要更多 CPU、更少 IOPS 或更多存储空间，就可以轻松地对它们进行分配。

(2) Amazon RDS 可以管理备份、软件修补、自动故障检测和恢复。

(3) 为了让用户获得托管式服务体验，Amazon RDS 未提供对数据库实例的 Shell 访问权限，并且限制对需要高级特权的某些系统程序和表的访问权限。

(4) 可以在需要时执行自动备份，或者创建自己的备份快照。这些备份可用于还原数据库，并且 Amazon RDS 的还原过程可靠且高效。

(5) 可以通过主实例和在发生问题时向其执行故障转移操作的同步辅助实例实现高可用性。还可以使用 MySQL 只读副本增加只读扩展。

(6) 可以使用您已熟悉的数据库产品：MySQL、PostgreSQL、Oracle 和 Microsoft SQL Server。

(7) 除了数据库包的安全外，使用 AWS IAM 定义用户和权限，还有助于控制可以访问 RDS 数据库的人员。此外，将数据库放置在虚拟私有云中，也有助于保护数据库。

3.5 基于亚马逊云的大数据分析案例

3.5.1 亚马逊云平台存储架构

随着数字化社交水平的逐渐提高，数据生成与收集总量亦迎来了显著增长。这种日益增长的待分析数据使得传统分析工具面临着极为严峻的挑战。大数据工具与技术提供众多机遇与挑战，其能够有效地分析数据以了解客户偏好，从而获得市场竞争优势并实现业务拓展。数据管理架构已经由传统的简单数据仓库演变为复杂的结构模型，且能够解决更多要求，例如执行实时与批量处理、应对结构化与非结构化数据以及高速事务处理等。

AWS 提供了一系列广泛的服务，以帮助用户快速轻松地构建和部署大数据分析应用程序。借助 AWS，可以快速访问灵活的低成本 IT 资源，可以迅速扩展几乎任何大数据应用程序，其中包括数据仓库、单击流分析、欺诈侦测、推荐引擎、事件驱动 ETL、无服务器计算和物联网等应用程序。借助 AWS，无须在前期投入大量的时间和费用来构建和维护基础设施。相反地，可以精确地预置支持大数据应用程序所需的资源类型和大小。AWS 提供的服务覆盖的领域非常广泛，帮助用户在云中对大数据进行收集、存储、处理、分析和可视化。在大数据分析框架方面，提供了 Amazon EMR、Amazon Elasticsearch Service 和 Amazon Athena(交互式查新服务)，这些服务可用于大数据的托管型分布式计算；在实时大数据分析方面，提供了 Amazon Kinesis Analytics、Amazon Kinesis Streams 和 Amazon Kinesis Firehose，这些服务可用于加载和分析流数据的强大服务；在大数据存储与数据库方面，提供了对象存储 Amazon S3、Amazon NoSQL 存储 DynamoDB 和 HBase、关系数据库 Amazon RDS 等，可实现安全、持久、高度可扩展的大数据存储；在大数据计算方面，提供了 Amazon EC2、Amazon EC2 Container Registry 和 Container Service；用于商业智能分析的 Amazon QuickSight；在大数据迁移方面，AWS Database Migration Service 和 AWS Server Migration Service；数据仓库服务 Amazon Redshift，可以使用高性能本地磁盘上的列式存储通过复杂的查询优化对 PB 级结构化数据运行复杂的分析查询，并能大规模执行并行查询；机器学习服务 Amazon Machine Learning，提供可视化工具和向导来指导用户完成机器学习(ML)模型的创建过程。可帮助用户轻松并安全地将数据库迁移至 AWS。下面针对其中部分主要大数据分析服务进行简介，更详细的技术说明请参考 AWS 官网主页的大数据服务介绍[25]。

Amazon EMR 提供的托管 Hadoop 框架可以让用户快速轻松、经济高效地在多个动态可扩展的 Amazon EC2 实例之间处理大量数据。Amazon EMR 利用 Apache Hadoop，一套开源框架，将大家的数据进行分布并跨越一整套可随意调整大小的 Amazon EC2 实例集群进行处理，同时允许用户使用 Hive、Pig 以及 Spark 等常见的 Hadoop 工具。Hadoop 提供的框架能够运行大数据处理与分析任务，而 Amazon EMR 则负责处理余下的各类基础设施与 Hadoop 集群软件的配置、管理以及维护工作。用户还可以运行其他常用的分布式框架(例如 Amazon EMR 中的 Apache Spark、HBase、Presto 和 Flink)，以及与其他 AWS 数据存储服务(例如 Amazon S3 和 Amazon DynamoDB)中的数据进行交互。Amazon EMR 能够安全可靠地处理广泛的大数据使用案例，包括日志分析、Web 索引、数据转换(ETL)、机器学习、财务分析、科学模拟和生物信息。

Amazon Athena 是一种交互式查询服务，能够使用 SQL 分析 Amazon S3 中的数据。Athena 没有服务器，因此无须管理任何基础设施。用户只需指向存储在 Amazon S3 中的数据，定义架构并使用标准 SQL 开始查询。在数秒内即可获得结果。借助 Athena，用户无须为了进行分析而执行复杂的 ETL 任务准备数据。因此，具备 SQL 技能的任何人都可以轻松快速地分析大规模数据集。

Amazon Redshift 是一种快速且完全托管的数据仓库，允许用户使用标准 SQL 和现有的商业智能(BI)工具分析用户的所有数据。利用 Amazon Redshift，用户可以使用本地高性能磁盘上的列式存储通过复杂的查询优化对 PB 级结构化数据运行复杂的分析查询，并能大规模执行并行查询。大多数结果在几秒内即可返回。Amazon Redshift 还包含 Redshift Spectrum，让用户可以对 Amazon S3 中的 EB 级非结构化数据直接运行 SQL 查询。不需要加载或转换，并允许用户使用 Avro、CSV、Grok、ORC、Parquet、RCFile、RegexSerDe、SequenceFile、TextFile 和 TSV 等开源数据格式。Redshift Spectrum 可以根据检索的数据自动扩展查询计算容量，因此对 Amazon S3 的查询速度非常快，不受数据集大小的影响。

AWS Glue 是一项完全托管的提取、转换和加载(ETL)服务，让用户能够轻松准备和加载数据进行分析。用户只需将 AWS Glue 指向存储在 AWS 上的数据，AWS Glue 便会发现用户的数据，并将关联的元数据(例如表定义和架构)存储在 AWS Glue 数据目录中。存入目录后，这些数据可立即供 ETL 搜索、查询和使用。AWS Glue 可生成代码执行数据转换和数据加载流程。AWS Glue 可生成可自定义、可重复使用且可移植的 Python 代码。ETL 作业准备就绪后，用户就可以安排它在 AWS Glue 完全托管的横向扩展 Apache Spark 环境中运行。AWS Glue 可提供一个具有依赖关系解析、作业监控和警报功能的灵活计划程序。如图 3-32 所示，使用 AWS Glue 数据目录跨多个 AWS 数据集快速发现和搜索数据，无须移动数据。数据存入目录后，可以使用 Amazon Athena、Amazon EMR 和 Amazon Redshift Spectrum 对其进行搜索和查询。

Amazon Elasticsearch Service 允许用户部署、保护、操作和扩展 Elasticsearch，以便进行日志分析、全文检索和应用程序监控等工作。Amazon Elasticsearch Service 是一项完全托管的服务，可以提供各种易于使用的 Elasticsearch API 和实时分析功能，还可以实现生产工作负载需要的可用性、可扩展性和安全性。本服务在内部集成了 Kibana、Logstash 以及 Amazon Virtual Private Cloud (VPC)、Amazon Kinesis Firehose、AWS Lambda 和 Amazon CloudWatch 等 AWS 服务，因此用户可以将原始数据安全快速地转变为可付诸实施的分析结果。AWS 管理控制台使得设置和配置 Amazon Elasticsearch Service 域变得很方便。Amazon Elasticsearch Service 可以为用户的域预置所有资源并启动域。用户可以从自己的 VPC 或公共终端节点访问域。本服务可以自动检测并替换出现故障的 Elasticsearch 节点，减少与自管理的基础设施和 Elasticsearch 软件相关的开销。Amazon Elasticsearch Service 让用户只需要通过单个 API 调用或在控制台中单击几次就可以轻松扩展群集。利用 Amazon Elasticsearch Service，用户可以直接访问 Elasticsearch 开源 API，因此已经用于现有 Elasticsearch 环境的代码和应用程序都可以流畅工作。

Amazon Kinesis 能够帮助用户收集、处理和分析实时流数据，从而及时地了解新信息

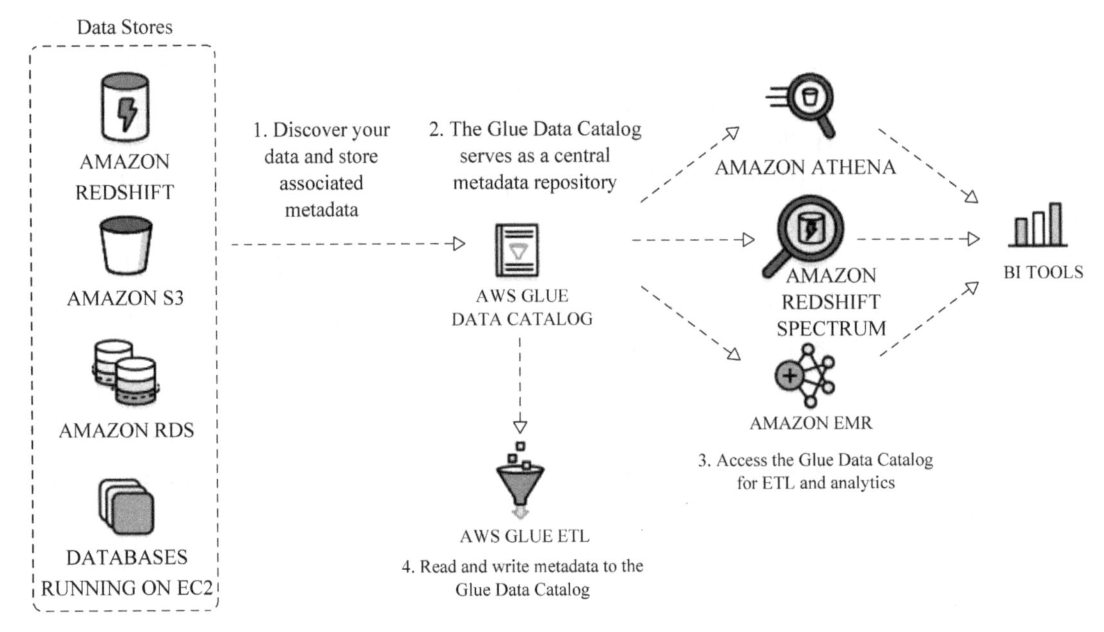

图 3-32 跨多个数据存储的统一数据视图用例

并快速做出反应。Amazon Kinesis 提供多种核心功能，可以处理任意规模的流数据，同时具有很高的灵活性，让用户可以选择最符合应用程序需求的工具。Amazon Kinesis 的功能具体包括将流数据轻松加载到 AWS 的 Amazon Kinesis Firehose 服务、使用标准 SQL 处理和分析流数据 Amazon Kinesis Analytics 服务、构建用于处理和分析流数据的自定义应用程序 Amazon Kinesis Streams 服务。借助 Amazon Kinesis，用户可以在数据库、数据湖和数据仓库中接收应用程序日志、网站单击流、IoT 遥测数据等实时数据，也可以使用这些数据构建自己的应用程序。Amazon Kinesis 允许用户对收到的数据进行实时处理和分析并做出响应，无须等到收集完全部数据后才开始分析。如图 3-33 所示，给出 Amazon Kinesis 用例，实现使用 SQL 实时处理和分析流数据。

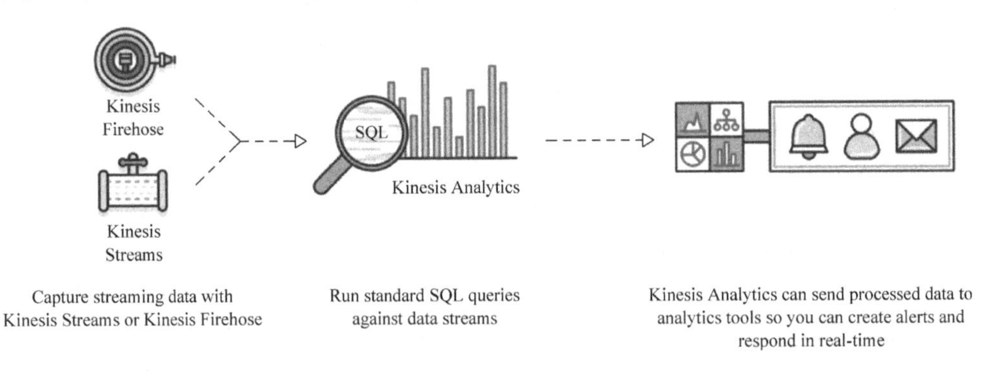

图 3-33 Amazon Kinesis 用例：使用 SQL 实时处理和分析流数据

AWS Data Pipeline 是一种 Web 服务，可帮助用户可靠地处理数据并以指定的间隔在不同 AWS 计算与存储服务以及内部数据源之间移动数据。利用 AWS Data Pipeline，用户可以定期在存储数据的位置访问数据，大规模转换和处理数据，高效地将结果传输到各种

AWS 服务中，例如 Amazon S3、Amazon RDS、Amazon DynamoDB 和 Amazon EMR。该服务帮助用户轻松创建具有容错、可重复和高可用性特征的复杂数据处理工作负载。用户无须确保资源可用性，管理作业间的从属性，或担心重试瞬时失效或超时的单个任务，以及创建故障通知系统等问题。

Amazon QuickSight 是基于云端的业务分析服务，允许用户进行数据可视化，执行特设分析(ad-hoc analysis)，通过方便的分析数据方法洞察业务的走向。该服务允许用户轻松连接到用户的数据，执行高级分析，创建可从任何浏览器或移动设备访问到的丰富的由数据可视化生成的图表。

Amazon CloudSearch 是一种在 AWS 云中托管的服务，允许用户为网站或应用程序设置、管理或扩展搜索解决方案。Amazon CloudSearch 支持 34 种语言和常用搜索功能(如突出显示、自动完成和地理空间搜索)。借助 Amazon CloudSearch，用户可以迅速为自己的网站或应用程序添加丰富的搜索功能。用户不需要担心硬件的预配置、设置和维护，在 AWS 管理控制台中可以创建一个搜索域，又或者上传希望能搜索的数据，Amazon CloudSearch 会自动预配置所需的资源，并部署一个高度优化的搜索索引。用户可以随时更改搜索参数、优化搜索相关性和应用新设置。随着数据量和流量变化，Amazon CloudSearch 会进行无缝调整，满足不同的需求。

3.5.2 亚马逊云的 Web 服务器日志大数据分析案例

1. Web 服务器日志大数据分析的需求与分析

随着 Web 服务的发展，几乎各个政府部门、企业公司、科研院校等都拥有了自己的网站。而与此同时，在构建和管理网站中，各个单位都会遇到各种各样的问题。为了了解网站的运行情况，发现网站存在的不足，促进网站更好地发展，对于 Web 服务器的运行和访问情况进行详细周全的分析是非常重要的。管理网站需要监视 Web 的速度、内容传输、吞吐、访问等数据，通过这些数据可以更好地了解网站的情况，得到需要进行改善的地方。而处理这些需求，可以通过对 Web 服务器的日志文件进行分析来做到。

假设我们托管一个受欢迎的电子商务网站，想要分析 Apache Web 日志，以了解人们发现我们的网站的方式，从而希望确定网站的哪一个在线广告活动推动了最多的在线商店流量。通常，对于数据的处理，我们会想到利用如 MySQL 等关系型数据库进行处理。但是，Web 服务器日志因过于庞大而无法导入 MySQL 数据库，并且它们未采用关系格式。因此我们需要使用其他方法分析这些日志。Amazon EMR 将 Hadoop 和 Hive 等开源应用程序与 Amazon Web Services 集成，可为分析 Apache Web 日志等大规模数据提供可扩展的高效架构。

本案例的目标在于使用 AWS 创建 Amazon EMR 集群，导入需要分析的日志文件，利用集群中 Hive 应用程序，对日志文件的数据进行处理并分析，从而得出我们需要的信息。

2. Web 服务器日志大数据分析的设计

WordCount 在本案例中，日志文件数据来自 Apache 服务器网站生成的日志文件。日志文件的生成由 Apache Commons Logging 完成，生成的文件存储在服务器主机上。Apache Commons Logging，又叫作 JakartaCommons Logging(JCL)，它提供的是一个日志

(Log)接口(interface),同时兼顾轻量级和不依赖于具体的日志实现工具。它提供给中间件/日志工具开发者一个简单的日志操作抽象,允许程序开发人员使用不同的具体日志实现工具。用户被假定已熟悉某种日志实现工具的更高级别的细节。JCL 提供的接口,对其他一些日志工具,包括 Log4J、Avalon LogKit 和 JDK 等,进行了简单的包装,此接口更接近于 Log4J 和 LogKit 的实现。

日志文件的转存主要使用 Amazon S3 服务。我们会将即将进行分析的文件从网站服务器上机上传到 Amazon S3 服务,以进行后续进一步的处理。Amazon S3 是专为从任意位置存储和检索任意数量的数据而构建的对象存储,这些数据包括来自网站和移动应用程序、公司应用程序的数据以及来自 IoT 传感器或设备的数据。

日志文件的数据主要使用 Hive 应用程序进行处理和分析。Hive 是建立在 Hadoop 上的数据仓库基础构架。它提供了一系列的工具,可以用来进行数据提取转化加载(ETL),这是一种可以存储、查询和分析存储在 Hadoop 中的大规模数据的机制。Hive 定义了简单的类 SQL 查询语言,称为 HQL,它允许熟悉 SQL 的用户查询数据。同时,这个语言也允许熟悉 MapReduce 的开发者开发自定义的 mapper 和 reducer 处理内建的 mapper 和 reducer 无法完成的复杂的分析工作。Hive 没有专门的数据格式。Hive 可以很好地工作在 Thrift 之上,控制分隔符,也允许用户指定数据格式。AWS 的 Amazon EMR 集群已将 Hadoop 和 Hive 等应用程序集成,因此可以利用 AWS 创建相应的 Amazon EMR 集群。

因此,在本案例中我们的目的是:从 Amazon S3 导入数据(日志文件)并创建 Amazon EMR 集群。随后,连接到集群的主节点,并在其中运行 Hive 以便使用简化的 SQL 语法查询 Apache 日志。

本案例的数据日志来源于国内某技术学习论坛,该论坛由某培训机构主办,汇聚了众多技术学习者,每天都有人发帖、回帖,如图 3-34 所示。日志数据的具体下载地址为:http://blog.csdn.net/mergerly/article/details/52759903。

图 3-34　日志文件来源论坛网站

本案例中所用到的 Web 日志文件格式为.log,数据格式如图 3-35 所示。

以第一行日志为例,变量的解释如下:

```
110.75.173.48 - - [30/May/2013:23:59:58 +0800] "GET /thread-36410-1-9.html HTTP/1.1" 200 68629
220.181.89.186 - - [30/May/2013:23:59:59 +0800] "GET /forum.php?mod=attachment&aid=Mjg3fDgyN2E0M2UzfDEzNTA2Mjc3MzF8MHwxNTU5
HTTP/1.1" 200 -
112.122.34.89 - - [30/May/2013:23:59:59 +0800] "GET /forum.php?mod=ajax&action=forumchecknew&fid=91&time=1369929501&inajax=yes
HTTP/1.1" 200 66
5.9.7.208 - - [30/May/2013:23:59:59 +0800] "GET /thread-10438-3-1.html HTTP/1.0" 200 45780
110.75.173.43 - - [30/May/2013:23:59:58 +0800] "GET /forum.php?mod=viewthread&tid=52766&pid=347551&page=1&extra= HTTP/1.1" 200
57126
222.36.188.206 - - [30/May/2013:23:59:58 +0800] "GET /
forum.php?mod=viewthread&tid=51540&viewpid=339437&inajax=1&ajaxtarget=post_339437 HTTP/1.1" 200 22121
```

图 3-35 日志文件示例

remote_addr：记录客户端的 IP 地址。110.75.173.48。

remote_user：记录客户端用户名称。-。

time_local：记录访问时间与时区。[30/May/2013:23:59:58 +0800]。

request：记录请求的 URL 与 HTTP 协议。"GET /thread-36410-1-9.html HTTP/1.1"。

status：记录请求状态，成功是 200。200。

body_bytes_sent：记录发送给客户端文件主体内容大小。19939。

http_referer：用来记录从哪个页面链接访问过来的。NULL。

http_user_agent：记录客户浏览器的相关信息。NULL。

本案例使用两个 Web 日志文件分别为 58.3MB 的 access_2013_05_30.log、149.8MB 的 access_2013_05_31.log 作为分析对象，并将其上传至 Amazon S3 服务，以方便 Amazon EMR 集群的导入及分析。

3. Web 服务器日志大数据分析的实现过程

基于亚马逊云的 Web 服务器日志大数据分析的具体实现过程分为以下 8 个步骤。

步骤 1：创建密钥对

在首次使用 AWS 的服务之前，我们首先要申请一个账号。AWS 使用公钥加密保护我们的实例的登录信息。一个 Linux 实例没有密码，但是我们需要使用密钥对安全地登录到实例。在启动实例时指定密钥对的名称，然后在使用 SSH 登录时提供私钥。对于 Windows 实例，需要获取实例的管理员密码，以便使用 RDP 登录。

由于需要用到的 Hadoop 框架是在 Linux 系统上的，所以为了能让计算机连接上 AWS 的服务，需要在 AWS 上创建一个密钥对(key pair)。登录账号，然后会进入到控制台页面(见图 3-36)。单击"计算"模块中的"EC2"，进入 EC2 控制面板(见图 3-37)。

从左边的菜单栏中选择"网络与安全"→"密钥对"，在出现的密钥对管理页面(见图 3-38)中选择"创建密钥对"。

输入密钥对名称(见图 3-39)。此名称用于 SSH 登录时选择对应的密钥对，以便能成功登录到实例。

单击创建之后网站，会自动开始该密钥对的私钥文件(格式为 pem)的下载任务(见图 3-40)，我们需要将私钥保存到安全的地方。这里将密钥对命名为 doc_exp。

然后，就可以看到所创建的密钥对在密钥管理页面中的显示(见图 3-41)。

对于 Mac OS X 和 Linux 系统，我们可以用以下命令使得私钥文件只有我们可读。把其中的红色字体部分(doc_exp)换成我们创建时的密钥对名称。

```
$ chmod 400 doc_exp.pem
```

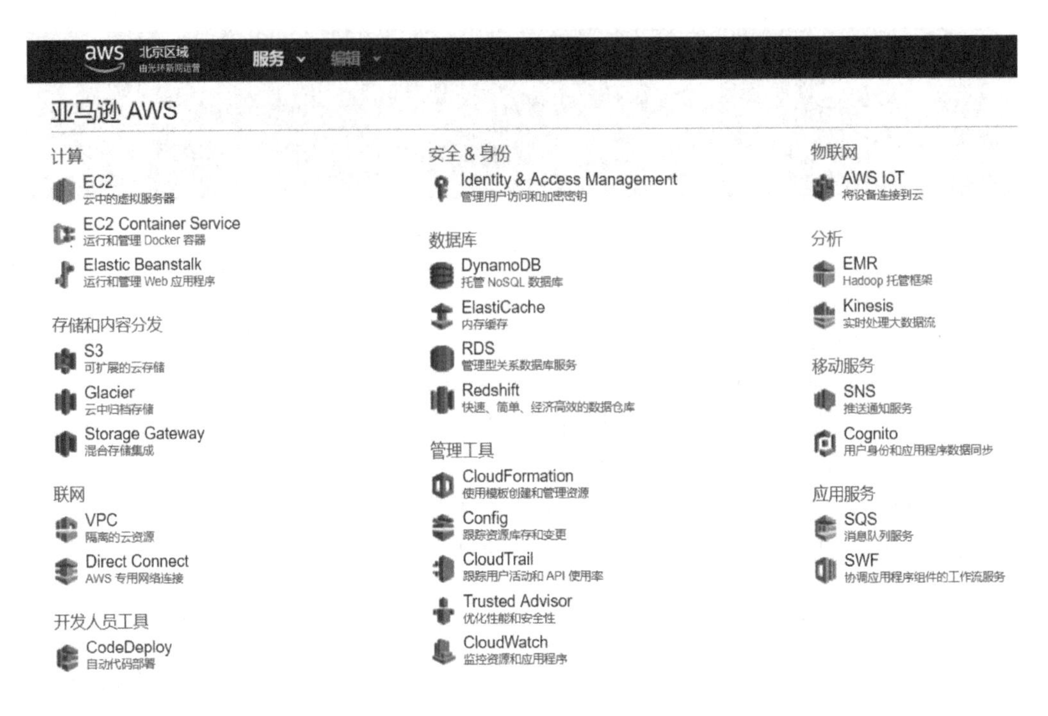

图 3-36　AWS 控制台

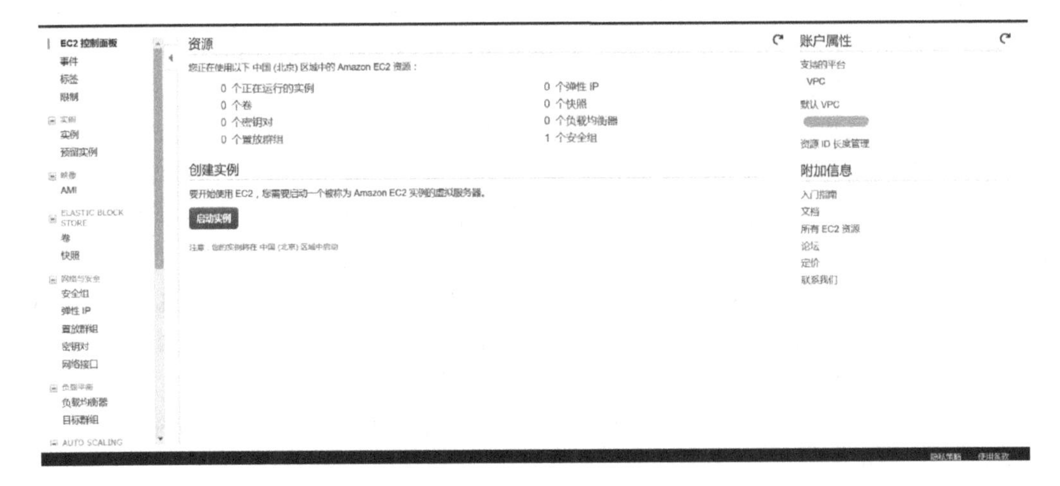

图 3-37　EC2 控制面板

图 3-38　密钥对管理页面

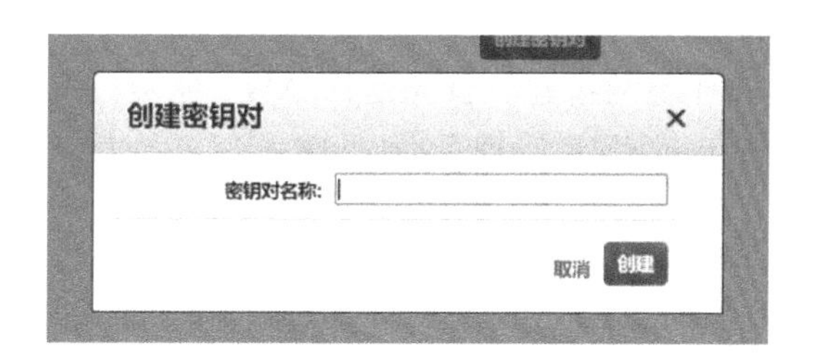

图 3-39　输入密钥对名称

图 3-40　下载私钥文件

图 3-41　管理密钥对

对于 Windows 系统，需要使用 PuTTY 把.pem 文件转换为.ppk 文件使用。具体步骤如下。

- 从 http://www.chiark.greenend.org.uk/～sgtatham/putty/下载 PuTTY 并安装。
- 打开 PuTTYgen（例如，打开“开始”菜单，单击“所有程序”→“PuTTY”→“PuTTYgen”）。
- 在 Type of key to generate 下，选择“SSH-2 RSA”。
- 单击“load”，在默认情况下，PuTTYgen 只显示.ppk 文件，为了定位到我们的.pem 文件，我们需要选择显示所有格式的文件。
- 选择我们的私钥文件并单击“Open”，单击“OK”按钮关闭确认对话框。
- 单击 Save private key，PuTTYgen 会弹出一个有关“Saving the key without a passphrase”的警告提示，单击“Yes”。
- 指定与我们的密钥对相同的名称并单击“Save”，PuTTYgen 将会自动生成.ppk 的文件。

步骤 2：创建 Amazon EMR 集群

接下来，开始进行实验环境的搭建。首先返回 AWS 控制台页面(见图 3-36)，单击“分析”下的“EMR”，进入 Amazon EMR 管理页面(见图 3-42)。

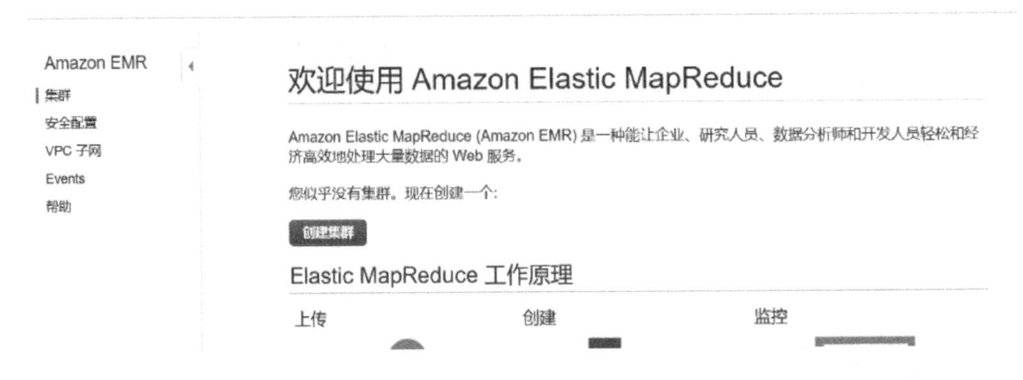

图 3-42　Amazon EMR 管理页面

单击“创建集群”，开始集群的创建。然后单击“创建集群-快速选项”右边的“转到高级选项”按钮，进行更详细的配置(见图 3-43)。

图 3-43　开始集群的创建

在“软件配置”下，选择最新的 AMI Version(AMI 版本)(见图 3-44)。由于我们只需要用到 Hadoop 和 Hive，所以保留 Hadoop 和 Hive 的选择，将其他工具的选择去掉(见图 3-45)。然后单击“下一步”按钮。

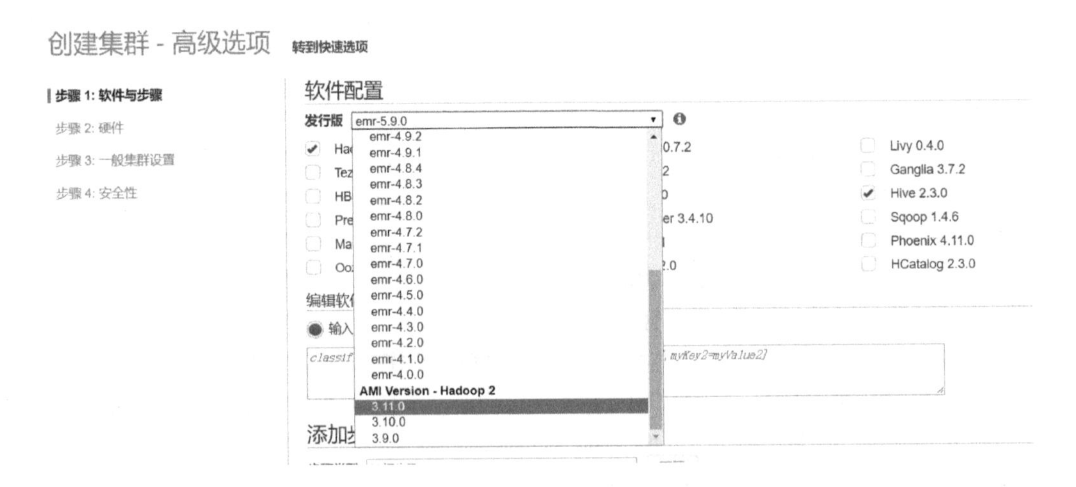

图 3-44　选择 AMI 版本

软件配置

发行版 3.11.0

Hadoop 2.4.0　Hive 0.13.1　Hue 3.7.1

Spark 1.3.1　Impala 1.2.4　Ganglia 3.2.0

Pig 0.12.0　HBase 0.94.18

AMI 版本（3.x 和 2.x）和 EMR 发行版 (4.x) 的配置方式不同。对于 HUE 和 Spark，您必须使用配置 Hadoop 引导操作或特定于应用程序的配置。

图 3-45　保留需要的工具

在"硬件配置"下，保留默认设置（见图 3-46）。默认的硬件配置包括一个主实例（主节点：8 个 CPU，15GB 内存，80GB 硬盘容量），两个核心实例（计算节点：8 个 CPU，15GB 内存，80GB 硬盘容量）。

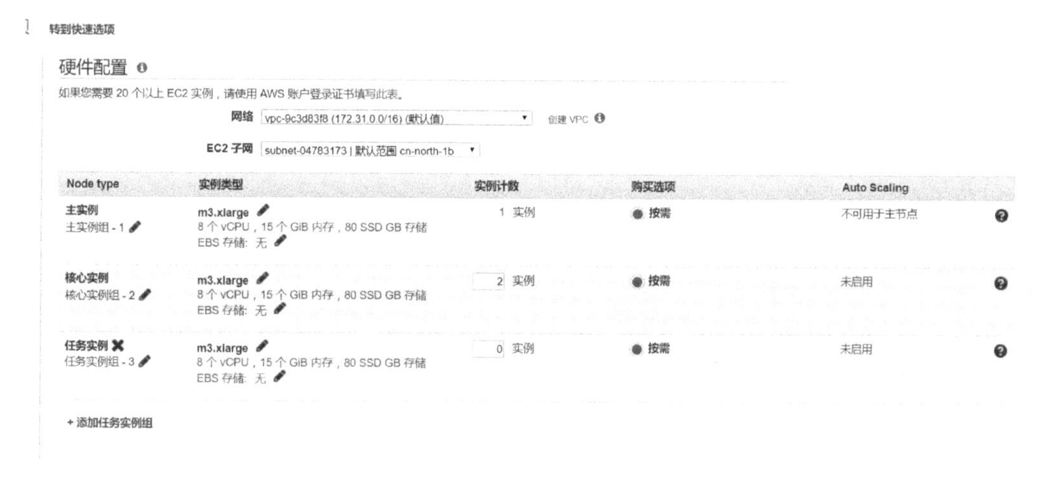

图 3-46　保留默认硬件配置

在"一般选项"下，输入我们的集群名称，去除"日志记录"及"终止保护"的选择（见图 3-47）。其他设置保持默认。

一般选项

集群名称 My cluster

日志记录

终止保护

标签

图 3-47　一般选项

在"安全选项"下，在"EC2 键对"选择之前生成的密钥对，其他设置保持默认（见图 3-48）。然后单击"创建集群"结束集群的配置，并创建集群。

集群的创建需要一点时间，这时候需要耐心等候一段时间，直到页面上方的提示"正在启动"（见图 3-49）变为"正在等待"（见图 3-51）。第一次创建集群的时候，"网络和硬件"部分可能需要对用户的身份进行验证（见图 3-50），耗费的时间会比平常多。

安全选项

EC2 键对 doc_exp

显示集群给账户中所有的 IAM 用户

权限

默认值 自定义

使用默认 IAM 角色。如果角色不存在，他们将被自动创建并为您提供自动策略更新管理政策。

EMR 角色 EMR_DefaultRole

EC2 实例配置文件 EMR_EC2_DefaultRole

加密选项

EC2 安全组

取消 上一步 创建集群

图 3-48　安全选项

图 3-49　正在进行集群的配置

图 3-50　对账户进行验证

图 3-51　集群完成配置

步骤 3：连接到主节点

我们创建的集群默认是关闭 ssh 端口的，为了让我们的机器能够连上集群，需要将集群的 ssh 的 22 端口打开。在集群状态页面（见图 3-51）中，单击“安全与访问”下的“主节点的安全组”右边的节点名字，进入安全组的配置页面（见图 3-52）。

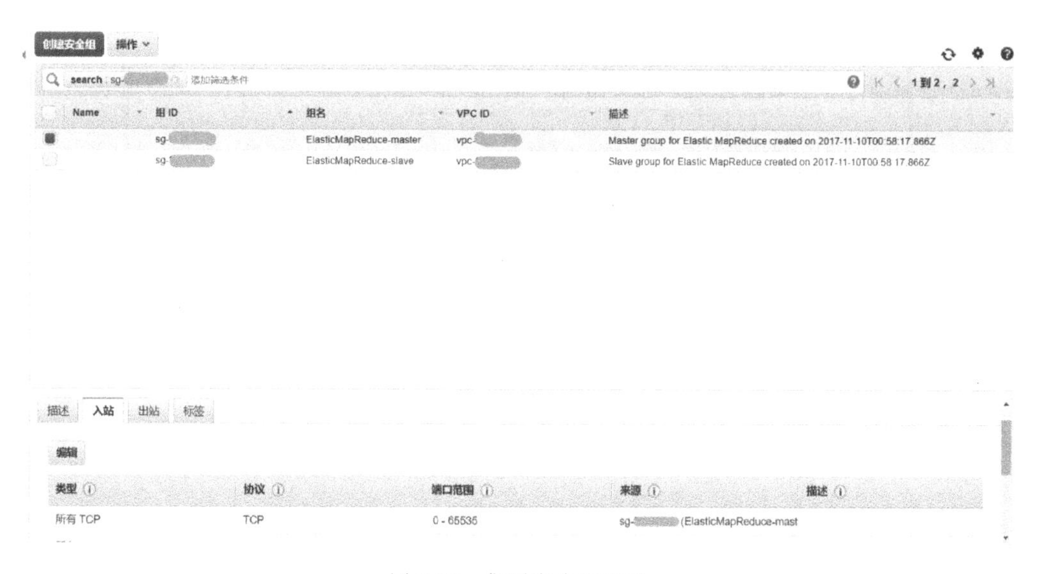

图 3-52　集群安全组配置

选择“描述”为“Master group for”的组（即主节点组），下方选择“入站”标签页，单击“编辑”，进入入站规则的配置页面（见图 3-53）。单击“添加规则”，在新添加的一行规则的“类型”选择“ssh”，“来源”选择“任何位置”，单击“保存”按钮以保存新的安全组规则。

完成入站规则的修改后，回到集群的状态页（见图 3-51），单击“主节点公有 DNS”后的地址右边的“SSH”，将会看到使用不同机器连接到集群的提示。Windows 可以按照图 3-54 所示进行连接。Mac 和 Linux 系统可以按图 3-55 所示进行连接。

以下我们以 Linux 系统为例。打开终端，输入以下命令，将~/key_dirt/doc_exp.pem 替换

图 3-53　编辑入站规则

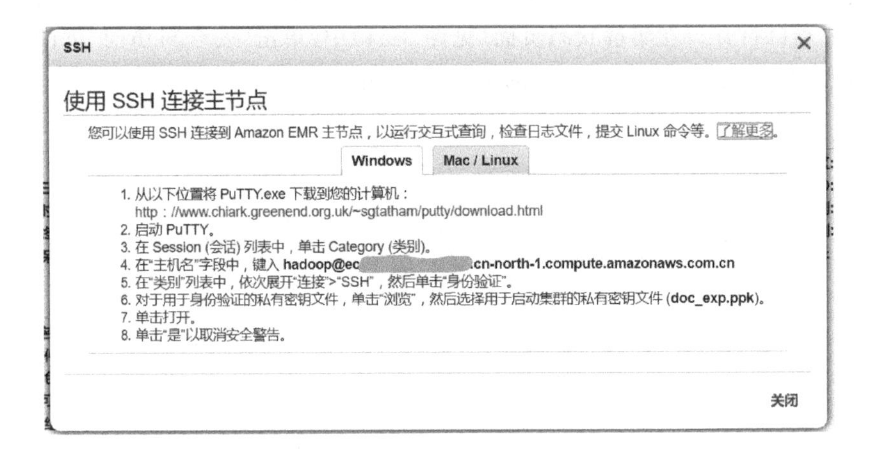

图 3-54　Windows 连接提示

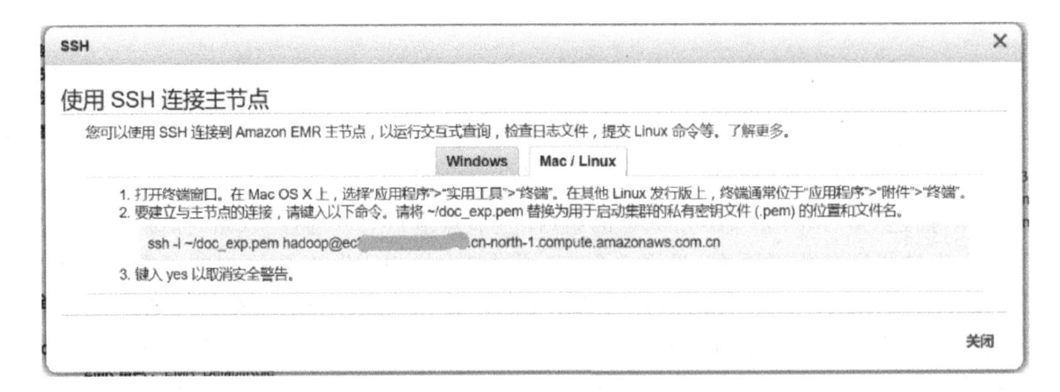

图 3-55　Mac/Linux 连接提示

为自己的私钥文件的位置和文件名，将 ec0-00-00-000-00. cn-north-1. compute. amazonaws. com. cn 替换为集群状态页面中“主节点公有 DNS”后的地址。

```
$ ssh -i ~/key_dirt/doc_exp.pem hadoop@ec0-00-00-000-00.cn-north-1.compute.amazonaws.com.cn
```

在弹出安全警告提示后输入“yes”，取消安全警告。连接成功后将会看到图 3-56 所示输出。

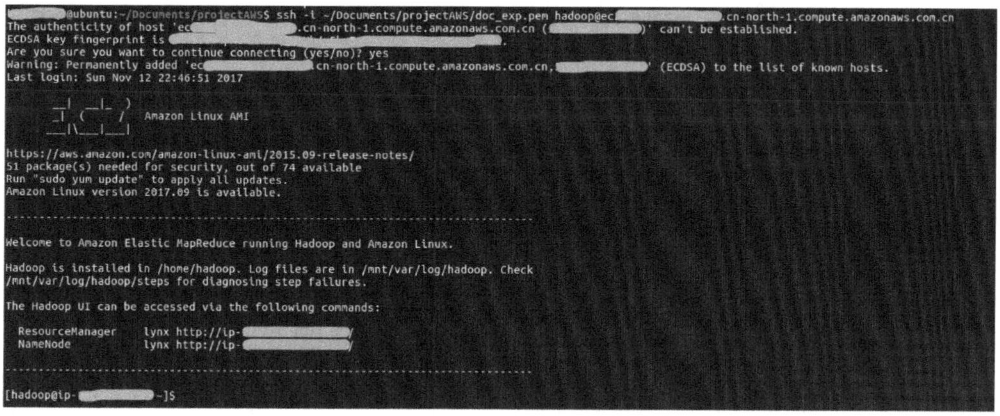

图 3-56 成功连接集群

步骤 4：启动和配置 Hive

Apache Hive 是一种数据仓库应用程序，使用类似 SQL 的语言来查询 Amazon EMR 集群数据。由于我们在配置集群时选择了 Hive，它已在主节点上准备就绪可供使用。

要以交互方式使用 Hive 查询 Web 服务器日志数据，需要加载一些额外的库。这些额外的库包含在主节点上名为 hive_contrib. jar 的 Java 存档文件中。当加载这些库后，Hive 会将这些库与它为处理之后的查询而启动的 map-reduce 作业绑定。

输入“hive”命令以启动 Hive。如果找不到 hive 命令，请确保在连接到主节点时指定了 hadoop 而不是 ec2-user 作为用户名。否则，关闭此连接并再次连接到主节点。

然后在 hive>命令提示符下，运行以下命令对 Hive 进行配置(见图 3-57)：

```
hive> add jar /home/hadoop/hive/lib/hive_contrib.jar;
```

如果找不到/home/hadoop/hive/lib/hive_contrib. jar，可能因为创建集群时所选择的 AMI 存在问题。可以根据第 2. 3. 7 节中的指示执行操作，然后使用不同的 AMI 版本重新开始实验。

图 3-57 打开与配置 Hive

步骤 5：上传数据文件

现在已经可以使用 Hive 导入需要分析的数据文件，也就是 Web 日志文件到 HDFS 上进行分析了。我们准备从 Amazon S3 中导入数据，但是现在还没有数据在 Amazon S3 中，因此需要先将数据上传到 Amazon S3 服务。

首先回到图 3.36 所示 AWS 控制台页面，单击“存储与内容分发”下的“S3”，进入 Amazon S3 管理页面（见图 3-58）。

欢迎使用 Amazon S3。创建一个新的存储桶或选择现有存储桶以查看和配置属性。

Amazon S3

搜索存储桶

创建存储桶　删除存储桶　清空存储桶

存储桶名称	区域
aws-logs-[illegible]-cn-north-1	中国（北京）

图 3-58　Amazon S3 管理页面

单击“创建存储桶”，输入适合存储桶的名称，保持所有默认设置，然后单击“创建”，生成存储桶。然后单击进入存储桶，单击“上传”选择需要上传的文件进行上传。上传文件时对文件的设置保持默认即可。然后，就可以看见我们成功上传的文件在页面中显示（见图 3-59）。页面上方“Amazon S3 >”后的路径即为文件路径。

图 3-59　Amazon S3 存储桶内容

步骤 6：创建 Hive 表并向 HDFS 加载数据

要使 Hive 能够与数据进行交互，必须将数据从其现有格式（就 Apache Web 日志来说，数据为文本文件）转换为可表示为数据库表的格式。Hive 使用串行器/解串器（SerDe）执行此转换，存在适用于各种数据格式的 SerDe。有关如何编写自定义 SerDe 的信息，可参阅 Apache Hive Developer Guide。

我们在此实验中使用的 SerDe 采用正则表达式分析日志文件数据。SerDe 来自 Hive

开源社区。使用此 SerDe,可以将日志文件定义为表,在此教程的后面部分中,我们将使用类似 SQL 的语句查询该表。Hive 加载数据后,只要 Amazon EMR 集群处于运行状态,数据就会保留在 HDFS 存储中,即使关闭 Hive 会话和 SSH 连接也是如此。

复制下面的多行命令:

```
CREATE TABLE serde_regex(
  host STRING,
  identity STRING,
  user STRING,
  time STRING,
  request STRING,
  status STRING,
  size STRING,
  referer STRING,
  agent STRING)
ROW FORMAT SERDE 'org.apache.hadoop.hive.contrib.serde2.RegexSerDe'
WITH SERDEPROPERTIES (
  "input.regex" = "([^]*) ([^]*) ([^]*) (-|\\[[^\\]]*\\]) ([^\"]*|\"[^\"]*\") (-|[0-9]*) (-|[0-9]*)(?: ([^\"]*|\"[^\"]*\") ([^\"]*|\"[^\"]*\"))?",
  "output.format.string" = "%1$s %2$s %3$s %4$s %5$s %6$s %7$s %8$s %9$s"
)
  LOCATION 's3://elasticmapreduce/samples/pig-apache/input/';
```

其中,LOCATION 参数指定 Amazon S3 中一组示例 Apache 日志文件的位置。为了分析我们自己的 Apache Web 服务器日志文件,需要将此命令中的 URL 替换为 Amazon S3 中我们自己的日志文件的位置,可以选择我们在创建集群时自动生成的日志文件路径,或是我们上传的有关 Apache Web 的日志文件。在 AWS 控制台中进入"存储和内容分发"下的"S3"中找到对应的文件路径。例如,如图 3-59 所示,本案例的文件路径为

```
aws-logs-********** -cn-north-1/elasticmapreduce/webLogsSample
```

因此本案例输入:

```
LOCATION 's3:// aws-logs- ********** -cn-north-1/elasticmapreduce/webLogsSample /'
```

在 hive 命令提示符下,粘贴该命令(在终端窗口中使用 Ctrl+Shift+V 组合键或在 PuTTY 窗口中右击),然后按 Enter 键。当命令完成时,我们将看到如图 3-60 所示提示。

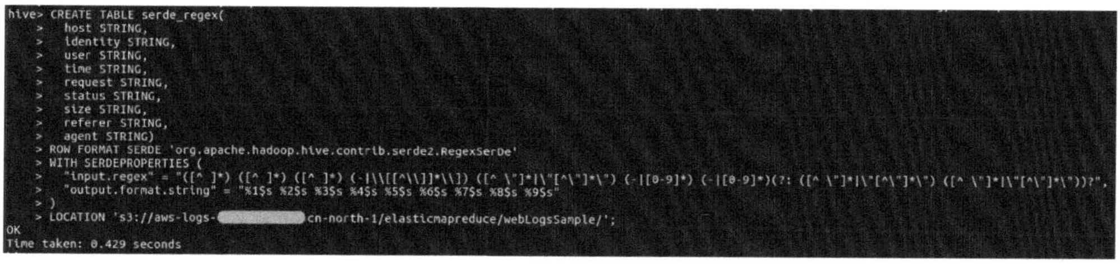

图 3-60 创建 Hive 表

步骤 7：查询 Hive 和分析数据

可以使用 Hive 查询 Apache 日志文件数据。Hive 会将查询转换为 Hadoop MapReduce 作业并在 Amazon EMR 集群上运行该作业。当 Hadoop 作业运行时，将显示状态消息。Hive SQL 是 SQL 的一个子集，了解 SQL，就可以轻松创建 Hive 查询。以下是一些查询示例。

1）统计日志文件中的行数(见图 3-61)

```
select count(1) from serde_regex;
```

```
hive> select count(1) from serde_regex;
Total jobs = 1
Launching Job 1 out of 1
Number of reduce tasks determined at compile time: 1
In order to change the average load for a reducer (in bytes):
  set hive.exec.reducers.bytes.per.reducer=<number>
In order to limit the maximum number of reducers:
  set hive.exec.reducers.max=<number>
In order to set a constant number of reducers:
  set mapreduce.job.reduces=<number>
Starting Job = job_1511555355696_0001, Tracking URL = http://172.31.5.207:9046/proxy/application_1511555355696_0001/
Kill Command = /home/hadoop/bin/hadoop job  -kill job_1511555355696_0001
Hadoop job information for Stage-1: number of mappers: 1; number of reducers: 1
2017-11-24 20:35:49,774 Stage-1 map = 0%,  reduce = 0%
2017-11-24 20:36:01,205 Stage-1 map = 19%,  reduce = 0%, Cumulative CPU 7.49 sec
2017-11-24 20:36:04,306 Stage-1 map = 39%,  reduce = 0%, Cumulative CPU 10.84 sec
2017-11-24 20:36:07,410 Stage-1 map = 100%,  reduce = 0%, Cumulative CPU 14.26 sec
2017-11-24 20:36:15,704 Stage-1 map = 100%,  reduce = 100%, Cumulative CPU 15.88 sec
MapReduce Total cumulative CPU time: 15 seconds 880 msec
Ended Job = job_1511555355696_0001
MapReduce Jobs Launched:
Job 0: Map: 1  Reduce: 1   Cumulative CPU: 15.88 sec   HDFS Read: 458 HDFS Write: 8 SUCCESS
Total MapReduce CPU Time Spent: 15 seconds 880 msec
OK
1948789
Time taken: 37.93 seconds, Fetched: 1 row(s)
```

图 3-61　统计日志文件中的行数

如上图所示，倒数第二行输出的是我们查询的结果，日志文件中的行数为 1 948 789 行。

2）返回五行日志文件数据中的所有字段(见图 3-62)

```
select * from serde_regex limit 5;
```

```
hive> select * from serde_regex limit 5;
OK
27.19.74.143    -    -    [30/May/2013:17:38:20 +0800]    "GET /static/image/common/faq.gif HTTP/1.1"    200    1127    NULL    NULL
110.52.250.126  -    -    [30/May/2013:17:38:20 +0800]    "GET /data/cache/style_1_widthauto.css?y7a HTTP/1.1"    200    1292    NULL    NULL    NULL
27.19.74.143    -    -    [30/May/2013:17:38:20 +0800]    "GET /static/image/common/hot_1.gif HTTP/1.1"    200    680    NULL    NULL
27.19.74.143    -    -    [30/May/2013:17:38:20 +0800]    "GET /static/image/common/hot_2.gif HTTP/1.1"    200    682    NULL    NULL
27.19.74.143    -    -    [30/May/2013:17:38:20 +0800]    "GET /static/image/filetype/common.gif HTTP/1.1"    200    90    NULL    NULL
Time taken: 0.037 seconds, Fetched: 5 row(s)
```

图 3-62　返回五行日志文件数据中的所有字段

3）统计来自 IP 地址为 59.46.212.74 的主机的请求数(见图 3-63)

```
select count(1) from serde_regex where host = "59.46.212.74";
```

如图 3-63 所示，来自该 IP 地址的主机的请求数为 5569。

步骤 8：清除集群

为了防止账户产生额外费用，可以按照以下步骤清除此实验创建的 AWS 资源。

1）断开与主节点的连接

(1) 在您的终端窗口或 PuTTY 窗口中，请按 Ctrl+C 键以退出 Hive。

```
hive> select count(1) from serde_regex where host="59.46.212.74";
Total jobs = 1
Launching Job 1 out of 1
Number of reduce tasks determined at compile time: 1
In order to change the average load for a reducer (in bytes):
  set hive.exec.reducers.bytes.per.reducer=<number>
In order to limit the maximum number of reducers:
  set hive.exec.reducers.max=<number>
In order to set a constant number of reducers:
  set mapreduce.job.reduces=<number>
Starting Job = job_1511555355696_0003, Tracking URL = http://172.31.5.207:9046/proxy/application_1511555355696_0003/
Kill Command = /home/hadoop/bin/hadoop job  -kill job_1511555355696_0003
Hadoop job information for Stage-1: number of mappers: 1; number of reducers: 1
2017-11-24 20:42:09,676 Stage-1 map = 0%,  reduce = 0%
2017-11-24 20:42:24,092 Stage-1 map = 19%,  reduce = 0%, Cumulative CPU 11.01 sec
2017-11-24 20:42:27,205 Stage-1 map = 39%,  reduce = 0%, Cumulative CPU 14.07 sec
2017-11-24 20:42:28,235 Stage-1 map = 100%,  reduce = 0%, Cumulative CPU 15.21 sec
2017-11-24 20:42:34,420 Stage-1 map = 100%,  reduce = 100%, Cumulative CPU 16.92 sec
MapReduce Total cumulative CPU time: 16 seconds 920 msec
Ended Job = job_1511555355696_0003
MapReduce Jobs Launched:
Job 0: Map: 1  Reduce: 1   Cumulative CPU: 16.92 sec   HDFS Read: 458 HDFS Write: 5 SUCCESS
Total MapReduce CPU Time Spent: 16 seconds 920 msec
OK
5569
Time taken: 33.818 seconds, Fetched: 1 row(s)
```

图 3-63　统计来自 IP 地址为 59.46.212.74 的主机的请求数

(2) 在 SSH 命令提示符下，运行 exit。

(3) 关闭终端窗口或 PuTTY 窗口。

2) 终止集群

(1) 打开 Amazon EMR 控制台。

(2) 单击 Cluster List (集群列表)。

(3) 选择集群名称，然后单击 Terminate (终止)按钮。当系统提示您确认时，单击“确认”按钮终止。

3.6　阿里云

于 2009 年成立，总部位于中国杭州的阿里云，已经成长为中国最大的云服务提供商。阿里云独立开发出一套完整的云计算平台——飞天平台，并初步形成了一套比较完整的开放服务，如弹性计算服务(Elastic Compute Service，ECS)、开放存储服务(Open Storage Service，OSS)、开放结构化数据服务(Open Table Service，OTS)、开放数据处理服务(Open Data Processing Service，ODPS)、关系型数据库服务(ApsaraDB for RDS，RDS)等。

3.6.1　飞天开放平台架构

阿里云计算有限公司(简称“阿里云”)成立于 2009 年 9 月 10 日，致力于打造云计算的基础服务平台，注重为中小企业提供大规模、低成本、高可靠的云计算应用及服务。飞天是由阿里云开发的一个大规模分布式计算系统，其中包括飞天内核和飞天开放服务。飞天内核负责管理数据中心 Linux 集群的物理资源，控制分布式程序运行，隐藏下层故障恢复和数据冗余等细节，有效提供弹性计算和负载均衡。如图 3-64 所示，飞天体系架构主要包含四大部分：1)资源管理、安全、远程过程调用等构建分布式系统常用的底层服务；2)分布式文件系统；3)任务调度；4)集群部署和监控。飞天开放服务为用户应用程序提供了计算和存储两方面的接口和服务，包括弹性计算服务(Elastic Compute Service，ECS)、开放存储服务(Open Storage Service，OSS)、开放结构化数据服务(Open Table Service，OTS)、关系型数

据库服务(Relational Database Service,RDS)和开放数据处理服务(Open Data Processing Service,ODPS),并基于弹性计算服务提供了云服务引擎(AliCloud Engine,ACE)作为第三方应用开发和 Web 应用运行和托管的平台。

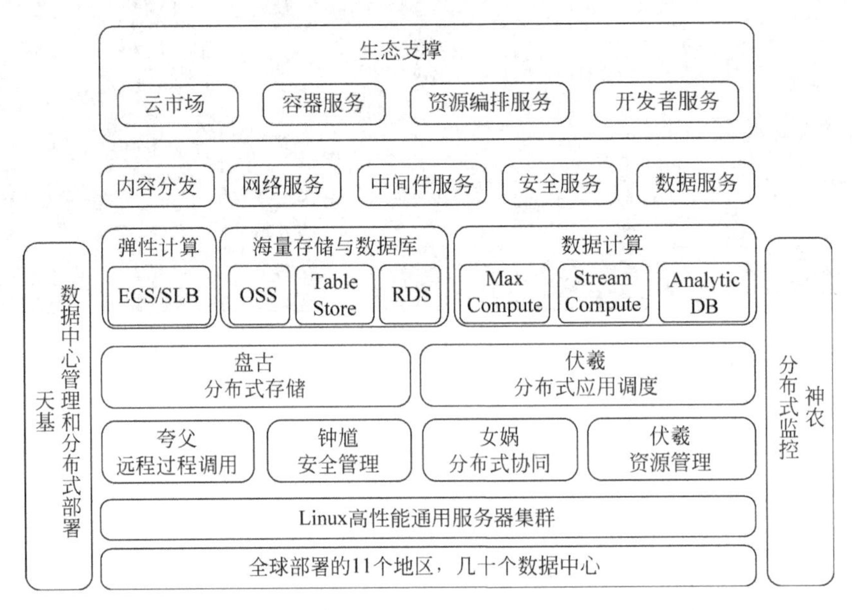

图 3-64 飞天开放平台架构图

按照四层体系结构来看,飞天平台的最底层是全球部署的 11 个地区和几十个数据中心,这些数据中心里是安装了 Linux 操作系统的通用高端服务器。如飞天开放平台架构图所示,橙色组件组成了大规模通用计算平台,最底下四个橙色块(夸父远程过程调用、安全管理、女娲分布式协同和伏羲资源管理)代表构建分布式系统最基本的组件。盘古分布式存储,简单来说,就是把所有集群中的硬盘组织成一个单个的文件系统。同时,两侧分别是天基的数据中心管理、分布式部署,以及神农分布式监控。整个系统架构里面部署和监控也是核心系统的一部分,能实现 7×24h 不间断的部署和监控,秒级监控所有指标判断是否有问题并且实时修复。

中间蓝色一层是核心的资源型服务组件,大概分为三类。一是弹性计算,简单理解就是将物理机切分成虚拟服务器的概念。二是海量存储的数据库,其中 OSS 是存储无结构的数据如视频、照片、音乐之类的,Table Store 可以认为是半结构化存储,RDS 则是关系型数据库服务。三是数据计算,它则分为多维度准实时数据的查询服务、实时流计算处理服务和大规模批量计算服务。

在核心的资源型服务组件上面还有一些端到端、基于云的应用所需要的核心服务,例如内容分发 CDN、网络服务、安全服务、数据服务等。网络服务,包括 VPC、域名服务和 VPN。中间件服务,包括消息队列、工作流等。数据服务,则包括如人工智能、语音识别、翻译、图像识别之类。

最上层则是生态支撑,容器服务可以支持那些基于容器的微服务架构,或者是编排服务帮助开发者在云上开展资源的编排。还有云市场,可以认为是云上的 AppStore,开发者可以把他们的应用注册在云市场里,使用者可直接注册使用。还有开发者服务,开发者很容易监控诊断他们的应用并且发现问题和调试。

在飞天体系结构中,最关键技术是:分布式系统底层服务、分布式文件系统、任务调度和集群监控和部署。其中,分布式系统底层服务:主要提供分布式环境下所需要的协调服务(女娲)、远程过程调用(夸父),以及提供系统安全的钟馗模块。分布式文件系统:主要提供一个海量的、可靠的、可扩展的数据存储服务,将集群中各个节点的存储能力聚集起来,并能够自动屏蔽软硬件故障,为用户提供不间断的数据访问服务。任务调度:为集群系统中的任务提供调度服务,同时支持强调响应速度的在线服务和强调处理数据吞吐量的离线任务。集群监控和部署:对集群的状态和事件进行监控,对异常事件产生警报和记录;为运维人员提供整个飞天系统以及上层应用的部署和配置管理,支持在线集群扩容和应用服务的在线升级。接下来详细介绍这5个技术。

1. 分布式基础架构

命名服务——女娲。女娲系统为飞天平台提供高可用的协调服务,是整个飞天系统的核心服务,它的作用类似于文件系统的树形命名空间使分布式进程互相协同工作。女娲系统与Google的chubby和Hadoop的zookeeper系统的功能与实现相似。

远程过程调用——夸父。夸父是飞天平台中负责网络通信的组件,它提供了一个远程过程调用的接口,简化编写基于网络的分布式应用。其中,异步调用时,不等接收结果便会立即返回,用户必须通过显式调用接收函数取得请求结果;同步调用时则会等待,直到接收到结果才返回。在实现中,同步调用是通过封装异步调用来实现的。

安全管理——钟馗。飞天操作系统中安全管理的机制提供了以用户为单位的身份认证和授权,以及对集群数据资源和服务进行的访问控制。

2. 分布式文件系统

飞天操作系统中数据存储是由分布式文件系统完成的。盘古与Google文件系统和Hadoop的HDFS的设计目标有一致的部分,都是将大量廉价机器的存储资源聚合在一起,为用户提供大规模、高可靠、高吞吐量、高可用和可扩展的存储服务,是集群操作系统中的重要组成部分。盘古还能很好地支持在线应用的低延时需求,这是Google文件系统和Hadoop的HDFS所不具备的。

3. 任务调度

如图3-65所示,伏羲是飞天平台的调度系统,同时也为应用开发提供了一套编程基础框架。与盘古一样,伏羲也必须在一个系统架构下才能同时支持强调响应速度的在线服务和强调处理数据吞吐量的离线任务。关于在线服务调度,在飞天平台上,每个具体的service都有一个service master和多个不同角色的service worker,它们一起协同工作完成整个服务功能。关于离线任务调度,在飞天平台上,一个离线任务的执行过程被抽象为一个有向无环图:图上每个顶点对应一个task,每条边对应一个pipeline。一个连接的两个task的pipeline表示前一个task的输出是后一个task的输入。

4. 集群监控——神农

神农是飞天平台上负责信息收集、监控和诊断的系统。它通过在每台物理机器上部署轻量级的信息采集模块,获取各个机器的操作系统与应用软件运行状态,监控集群中的故障,并通过分析引擎对整个飞天系统的运行状态进行评估。神农系统包括Master、

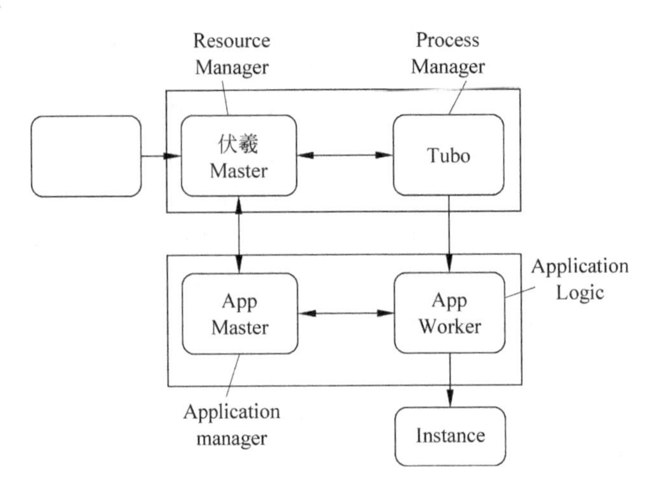

图 3-65　伏羲体系结构图

Inspector 和 Agent 三部分。

Master：负责管理所有神农 Agent，并对外提供统一的接口处理神农用户的订阅(Subscription)请求，在集群中只要一个 Master。

Inspector：部署在每一冷机器上的进程，负责采集当前机器和进程的通用信息，并在 If 时发送给该机器上的神农 Agent。

Agent：部署在每台物理机器的后台(Daemon)程序，负责接收来自应用的 Inspector 写入的信息。

5. 飞天的技术特色

同一个平台同时支持离线、在线服务，如阿里巴巴集团子公司神马搜索就是建在飞天上，他们会进行千亿级别网页的离线处理，索引所有网页，大概每一两个月把整个索引翻一遍。此外，拥有多网页的同时同样拥有整个网页之间关联的连接图，也是千亿级别的节点，并且有百亿级别的索引可以在线查询。在线方面，基于飞天平台的邮箱服务每天处理亿量级的邮件，日发送邮件达到千万量级，所有发送和接收在 10ms 级完成。

飞天单集群达到了万台规模、百 PB 级别存储、10 万级别的 CPU 合数；整个架构设计里面没有单点，确保了整个系统可用性达到 99.95%；飞天应用设有默认等级，通过多副本冗余算法，数据可靠性极强；完全分布式部署、监控和诊断。

3.6.2　开放云计算服务 ECS

弹性计算服务(ECS)基于飞天大规模分布式计算系统，以虚拟化方式将一台物理机分成多台云服务器，向广大互联网站长和开发者提供可伸缩的计算资源，其体系结构如图 3-66 所示。

在数据中心中，大量的计算节点和存储节点通过飞天分布式计算系统将物理资源整合为一个整体，上层通过 XEN 虚拟化技术，对外提供弹性计算服务。ECS 包含两个重要模块：计算资源模块和存储资源模块。ECS 的计算资源指 CPU、内存、带宽等资源，主要通过将物理服务器(宿主机)上的计算资源虚拟化，然后再分配给云服务器使用。云服务器的存

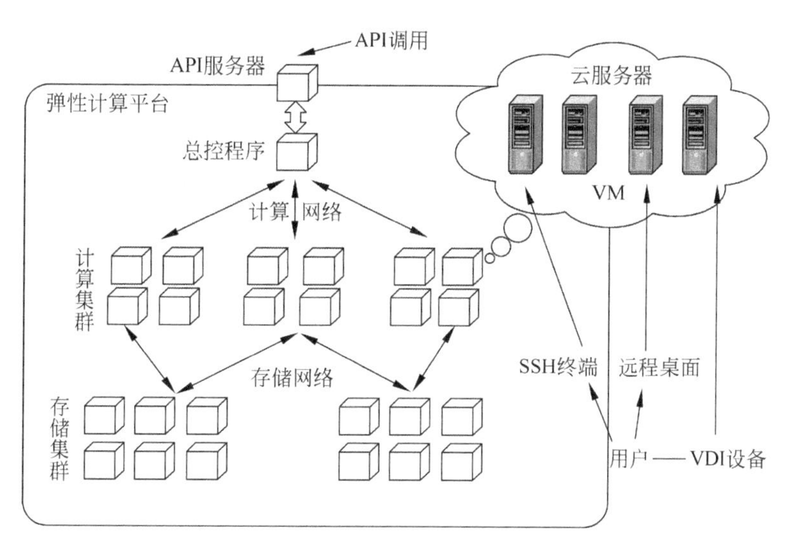

图 3-66 ECS 的体系结构图

储资源采用了飞天的大规模分布式文件系统，将整个集群中的存储资源虚拟化后对外提供服务。用户数据在集群中存储多个副本，任意一份副本损坏后系统都可以自动恢复到多个副本，使用户数据达到 99.999%的可靠性。用户可以使用 SSH(ECS 为 Linux 系统)或者远程桌面(ECS 为 Windows 系统)直接远程登录并管理云服务器。

弹性服务可伸缩架构的优点：

(1) 自助管理：云服务器的配置、管理、升级、监控工作通过 API 和网站页面实现自助操作。大大降低了维护成本，提高运维响应速度。

(2) 数据安全性：云服务器的磁盘数据存放在云存储空间中，数据自动实现分布式存储，"永不丢失"。

(3) 故障恢复：当宿主物理机发生故障时，平台能够自动迁移云服务器，并且将其数据恢复到最后一刻的状态。

(4) 便捷的快照与回滚：云服务器的磁盘支持快照功能。可以根据需要，将磁盘数据快速回滚到之前的任一快照版本。

(5) 安全域：将一个数据中心分成若干个安全域，每个安全域可独立设置防火墙策略。

(6) 防 DDOS 攻击：系统自动检测 DDOS 攻击特征，根据攻击规模和策略设置进行流量清洗或者黑洞处理。

(7) 在多台服务器间分配请求流量，负载均衡器自身实现了自适应扩展。

3.6.3 开放存储服务 OSS 和 CDN

开放存储服务(Open Storage Service，OSS)是阿里云对外提供的海量、安全、低成本和高可靠的云存储服务，如图 3-67 所示，OSS 概念图如图 3-68 所示。开放存储服务为广大站长、开发者，及大容量存储需求的企业或个人，提供海量、安全、低成本、高可靠性的云存储服务。通过简单的 REST 接口，存放网站或应用中的图片、音频、视频、附件等较大文件。当用户面对大量静态文件(如图片、视频等)访问请求和数据存储时，使用 OSS 可以彻底解决

存储的问题，并且极大地减轻原服务器的带宽负载。使用 CDN 可以进一步加快网络应用内容传递到用户端的速度。

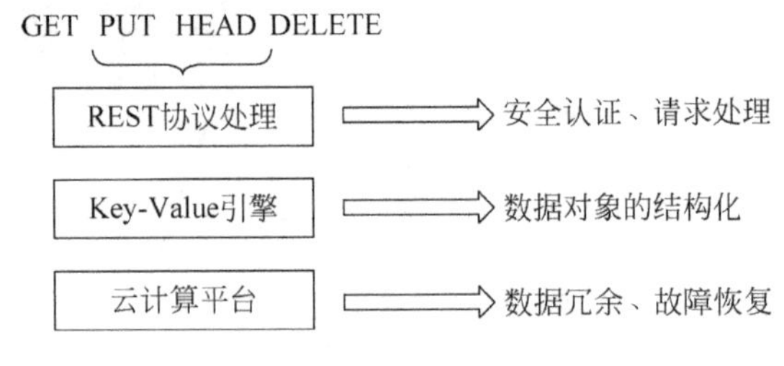

图 3-67 云存储服务的架构图

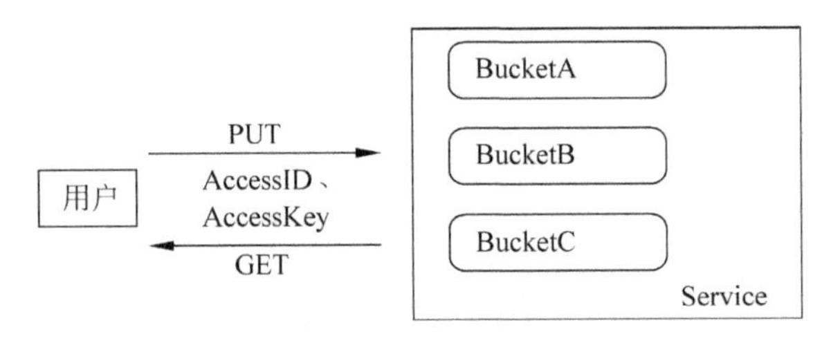

图 3-68 OSS 概念图

Service：对于某用户来说，就是 OSS 提供给该用户的虚拟存储空间。用户可以在这个存储空间中拥有一个或者多个 Bucket。

Access ID & Access Key（API 密钥）：用户注册 OSS 时，系统会给用户分配一对 Access ID 和 Access Key，称为 ID 对，用于标识用户，为访问 OSS 做签名验证。当用户通过 oss. aliyun. com 成功创建 OSS 存储服务后，可以进入"管理中心"→"获取 API 密钥"得到 Access ID & Access Key。为了更深入理解 OSS，下面给出一个授权访问控制的应用场景，如图 3-69 所示。

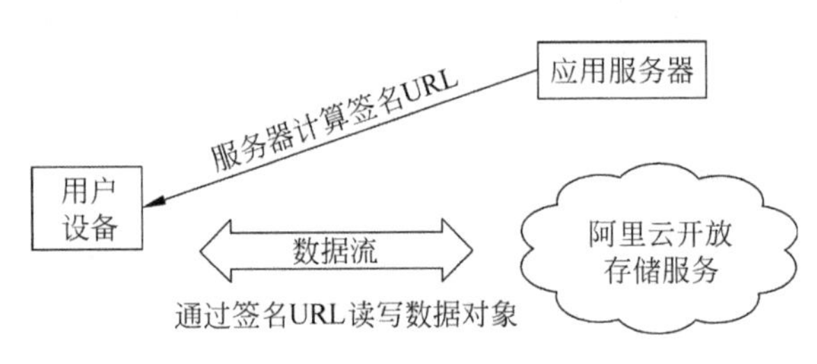

图 3-69 授权访问控制图

Step1：服务器计算签名 URL

```
url = oss.sign_url("GET","bucket1","oss.jpg",60s);
```

Step2：用户通过签名 URL 读数据对象

```
< img
src = "http://storage.aliyun.com/bucket1/oss.jpg?OSSAc
cessKevId = v6h7nbcothehvcp7jlnwmrw9&Expires = 1334
```

```
571637&Signature = MwECjsQNnTB5RdNmKY5HdU37H
mM%3D"
/>
```

用户在 URL 中加入签名信息，在 URL 中实现签名，至少包含 Signature、Expires、OSSAccessKeyId 三个参数。Expires 这个参数的值是一个 UNIX 时间，用于标识该 URL 的超过时间。如果 OSS 接收到这个 URL 请求的时候晚于签名中包含的 Expires 参数时，则返回请求超时的错误码。

3.6.4　开放结构化数据服务 OTS

开放结构化数据服务(Open Table Service，OTS)适合存储海量的结构化数据，并且提供了高性能的访问速度。当数据量猛增时，传统的关系型数据需要资深的 DBA 才能搞定；而使用 OTS，数据再怎么增长，它都自动默默搞定所有事情。高效可扩展的 NoSQL 服务面向海量结构化和半结构化数据的存储；实时读写操作满足强一致性；支持强数据类型；通过 REST API 提供服务，提供多种语言 SDK；提供用户级别的数据隔离、访问控制、权限管理。

OTS 服务的系统架构分为四层，最上层是应用程序，应用通过调用各种语言的 SDK 与 OTS 服务进行交互；第二层是用户服务层，这一层完成的功能是对应用发送的请求进行协议处理、身份权限的校验、资源计量和请求到后端存储引擎节点的路由；第三层是存储引擎层，负责表分区的扩展和管理、负载均衡、存储数据和索引的管理、故障的处理以及高可用容灾等方面；最下面一层是飞天操作系统，负责管理底层的硬件资源，向上提供统一的分布式存储(盘古)和计算(伏羲)，OTS 架构图如图 3-70 所示。其中下面三层运行在阿里云数据中心的物理集群上，对应用程序透明，最上面一层是用户的程序，通常运行在阿里云的 ECS 服务器以获得更好的访问 OTS 的性能，当然也可以运行在用户自己的物理服务器或者移动设备上(我们目前正在开发移动端的 OTS SDK，包括 Android 和 iOS)。

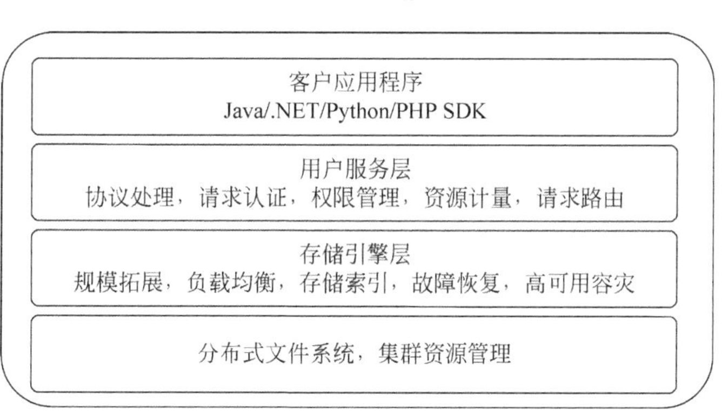

图 3-70　OTS 架构图

下面提供一个 OTS 的应用实例：邮箱应用的元数据存储，如图 3-71 所示。

相应代码如下：

CreateTable：

User Table

用户ID	用户名	已用容量	总容量
U0001	tom@aliyun.com	45000	100000
U0002	eric@aliyun.com	100000	1000000

用户ID	接收时间	发件人	邮件尺寸	主题	是否已读
U0001	1998-11-1	eric@aliyun.com	10000	Hello	Y
U0001	2011-10-21	alice@aliyun.com	20000	Lunch together	N
U0001	2011-10-24	eric@aliyun.com	15000	Re: Hello	Y
U0002	1999-12-25	tom@aliyun.com	21000	Meeting	Y

⇩　View: 调整PK列顺序，改变排序规则

用户ID	发件人	接收时间	邮件尺寸
U0001	alice@aliyun.com	2011-10-21	20000
U0001	eric@aliyun.com	1998-11-1	10000
U0001	eric@aliyun.com	2011-10-24	15000
U0002	tom@aliyun.com	1999-12-25	21000

图 3-71　OTS 实例图

```
from ots import *
ots_conn = OTSConnection('http://service.ots.aliyun.com:80',      #服务器域名
                         '8vy14gd2blhb87o88bslslfa',               #AccessID
                         'XXXXXXXXXXXXXXXXXXXXXXXXXXXXX=')         #AccessKey
table_info = {}
table_info['TableName'] = 'OTSTestTable'                            #设置表名
table_info['PrimaryKey'] = [{'Name':'ID','Type':'STRING'}]          #设置表的主键
table_info['PagingKeyLen'] = 0                                      #设置分页键

table_meta = TableMeta(table_info,[])                               #构造 TableMeta 对象

ots_conn.create_table(table_meta)                                   #OTS 创建表
```

PutData:

```
insert_pk = [{'Name':'ID','Value':'0001'}]                 #设置要插入行的主键
columns = [{'Name':'UserName','Value':'Alice'},
        {'Name':'Gender','Value':'Famale'}]                #设置要插入的行和列

ots_conn.put_data('OSTTestTable',insert_pk,columns)        #使 OTS 在 OTSTestTable 表中写入一行
```

GetRowsByRange:

```
query_range = {'Name':'ID','Range':{'Begin':'0','End':'z'}}          #设置要查询的范围

rows = ots_conn.get_rows_by_range('OTSTestTable',[],                 #让 OTS 读取 OTSTable 表
    query_range,[],100)          #读取指定的范围,并读取所有的列,结果集中返回前 100 条
```

OTS 具有的优势：①基于飞天大规模分布式计算系统，数据有多个备份；②单表的数据规模达 TB 级，每秒万次并发访问；③读写访问的平均时延在 ms 级；④表结构无须固

定；⑤全托管的服务，零运维，可随时随地访问。

3.6.5　关系型数据库(RDS)

关系型数据库是一个基于高稳定、大规模平台的商用关系型数据库服务。其帮助个人与企业用户解决费时、费力的数据库管理，节约硬件成本和维护成本。与现有商用 MySQL 和 MS SQL Server 完全兼容。

基本功能主要包括日常操作：创建、报警、监控；备份恢复：根据用户自定义备份策略进行自动备份，同时对备份数据可进行查看、还原、下载等操作；弹性升级：例如与聚石塔合作，聚石塔是支撑天猫的一个重要服务，在双十一时，可以根据服务的压力，动态调整配置和资源；安全设置：RDS 设有白名单，同时还具有防 DDOS 攻击、数据清洗、密码暴力攻击检测的功能；慢 SQL 查询：系统会记录下执行时间超过 1s SQL 语句；故障恢复：采用双机热备方式，在遇到故障时 30s 内完成切换，用户只需要在程序设置好自动重联即可；在线迁移：主要只是将某个实例在线迁移到物理机上，迁移过程中对业务不会造成影响。

RDS 的几点不同：除价格外，RDS 采用多实例，故障恢复在 30s 内自动完成；在性能上，可以最高达到 12000IOPS，安全，水平拆分提供分布式 RDS，便于用户做水平拆分和水平扩展。

3.6.6　开放数据处理服务(ODPS)

开放数据处理服务(Open Data Process Service，ODPS)的诞生是为了深度挖掘出海量数据(如 HTTP Log)中蕴藏的价值。2014 年 7 月 1 日 MaxCompute(原 ODPS 服务)正式对外开放，这也标志着阿里巴巴成为世界上第一家对外公开提供 5K 处理能力的公司。大数据计算服务(MaxCompute)是一种快速、完全托管的 PB/EB 级数据仓库解决方案，MaxCompute 具备万台服务器扩展能力和跨地域容灾能力，是阿里巴巴内部核心大数据平台，承担了集团内部绝大多数的计算任务，支撑每日百万级作业规模。MaxCompute 基本的体系结构如图 3-72 所示，最底层就是在物理机器之上打造的提供统一存储的盘古分布式文件存储系统；在盘古之上一层就是伏羲分布式调度系统，这一层将包括 CPU、内存、网络以及磁盘等在内的所有计算资源管理起来；再上一层就是统一的执行引擎也就是 MaxCompute 执行引擎；而在执行引擎之上会打造各种各样的运算模式，比如流计算、图计算、离线处理、内存计算以及机器学习等；在这之上还会有一层相关的编程语言，也就是 MaxCompute 语言；在语言上面希望为各应用方能够提供一个很好的平台，让数据工程师能够通过平台开发相关的应用，并使得应用能够快速地在分布式场景里面得到部署运行。

ODPS 以 REST API 的形式，支持用户提交类 SQL 的查询语言，对海量数据进行处理。在 API 之上，还提供 SDK 开发包和命令行工具。与传统的数据仓库工具相比，ODPS 的处理能力强大、成本低廉、伸缩灵活。MaxCompute 包括如下功能：

(1) 批量、历史数据通道

Tunnel 是 MaxCompute 向用户提供的数据传输服务。该服务水平可扩展，支持每天 TB/PB 级别的数据导入导出。特别适合于全量数据或历史数据的批量导入。Tunnel 提供了 Java SDK，且在 MaxCompute 的客户端工具中，有对应的命令实现本地文件与服务数据

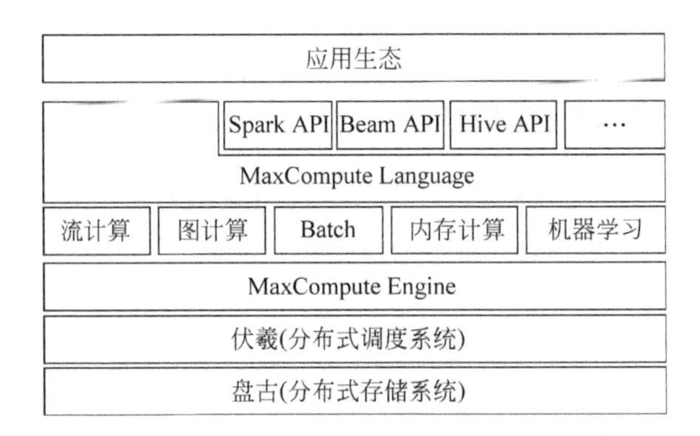

图 3-72　MaxCompute 架构图

的互通。

(2) 实时、增量数据通道

针对实时数据上传的场景,MaxCompute 提供了另一套名为 DataHub 的服务。该服务具有延迟低、使用方便的特点,特别适用于增量数据的导入。Datahub 还支持多种数据传输插件,例如 Logstash、Flume、Fluentd、Sqoop 等。同时支持日志服务 Log Service 中的日志数据的一键投递至 MaxCompute,进而利用大数据开发套件进行日志分析和挖掘。

(3) SQL

MaxCompute SQL 采用标准的 SQL 语法,兼容部分 Hive 语法。在语法上和 HQL 非常接近,熟悉 SQL 或 HQL 的编程人员都容易上手。另外,MaxCompute 提供更高效的计算框架支持 SQL 计算模型,执行效率比普通的 MapReduce 模型更高。需要注意的是,MaxCompute SQL 不支持事务、索引及 Update/Delete 等操作。

(4) MapReduce

MaxCompute 提供 Java MapReduce 编程模型。值得注意的是,由于 MaxCompute 并没有开放文件接口,用户只能通过它所提供的 Table 读写数据,因此 MaxCompute 的 MapReduce 模型与开源社区中通用的 MapReduce 模型在使用上有一定的区别。我们相信,这样的改动虽然失去一定的灵活性,例如不能够自定义排序及哈希算法,但却能够简化开发流程,免除很多琐碎的工作。更为重要的是,MaxCompute 还提供了基于 MapReduce 的扩展计算模型,即 MR2。在该模型下,一个 Map 函数后,可以接入连续多个 Reduce 函数。

(5) Graph

对于某些复杂的迭代计算场景,如 K-Means、PageRank 等,如果仍然使用 MapReduce 完成这些计算任务将是非常耗时的。MaxCompute 提供的 Graph 模型能够非常好地完成这一类计算任务。

(6) 安全

MaxCompute 是一个多租户的计算平台。默认情况下,各租户间数据不共享,彼此隔离,但用户可以通过 MaxCompute 提供的授权机制将数据共享给项目组其他人。MaxCompute 以二维表格式存储数据,所有数据均以表格式存储,不暴露文件系统。并采用列压缩存储格式,极高的数据压缩比可极大节省用户成本。通常情况下,MaxCompute 存储具备 5 倍压缩的能力。

ODPS 提供了 SQL 与 MapReduce 两种 API 供用户开发调用。ODPS SQL 采用类似 SQL 的语法处理大规模(PB 级别)数据,适合于处理强调数据吞吐量的离线任务。ODPS SQL 提供了大量操作海量数据的 SQL 语法支持(API),例如,创建、删除表和视图的 DDL 语法,更新表的 DML 语法等。为了方便用户完成数据处理的各类任务,ODPS SQL 还提供了很多高级功能,例如,窗口函数、用户自定义函数、存储过程等。与数据库相比,ODPS SQL 并不具备数据库的一些特征,包括事务和主键约束。ODPS SQL 的优势在于能够快速处理海量数据,它能够将多个 SQL 语句以它们之间的数据依赖关系组成一个工作流,然后以执行工作流的方式完成复杂的数据分析功能。

阿里云的海量数据存储的数据库中,OTS、ODPS、RDS 三者的区别如下:

1) OTS 服务的特点是大规模、低延时、强一致,其适用场景是对数据规模和实时性要求高的应用。

2) ODPS 重点面向数据量大(TB 级别)且实时性要求不高的 OLAP(Online Analytical Processing),适用于构建数据仓库、海量数据统计、数据挖掘、数据商业智能等应用。

3) OTS 和 ODPS 可以配合使用,前者支持大规模并发的日常访问(例如铁路售票前台系统),然后每隔 24 小时就把交易数据推入 ODPS 支撑的数据仓库,利用后者进行进一步的业务分析。

4) 最后,RDS 适合较小数据规模的常规 OLTP(online transactional processing)应用。如果用户的需求是把所有关系数据库服务(例如 MySQL 和 SQL Server)迁移到云平台上,主要重视兼容性,可以选择 RDS。

习题

1. 简述云计算的定义。
2. 简述云计算的体系结构。
3. 简述 ACID 理论、BASE 理论与 CAP 理论。
4. 简述云计算平台的存储结构。
5. 简述何为分布式文件系统。
6. 简述 MapReduce 计算模型的原理。
7. 简述一致性哈希算法与 Dynamo 环的原理。
8. 畅谈云计算在未来的应用。

第4章

云计算编程实践

由于云计算环境的资源分配与任务调度问题往往比较复杂，为了更好地研究云计算资源分配与任务调度算法，采用模拟仿真的方法不仅可以简化问题，而且也可以测试算法在不同云环境下的效果，从而更好地设计算法和进行算法优化。由于 CloudSim 是当前云计算模拟仿真最流行的工具，在本章将首先介绍 CloudSim 体系结构与原理以及基于 CloudSim 的云计算编程实践，然后介绍我们团队研发的面向云计算多资源能耗仿真工具 MultiRECloudSim，最后给出一个基于 Java 实现的云计算任务调度应用案例。

4.1 CloudSim 体系结构和 API 介绍

4.1.1 CloudSim 体系结构

为基于互联网的应用服务提供可靠、安全、容错、可持续、可扩展的基础设施，是云计算的主要任务。由于不同的应用可能存在不同的组成、配置和部署需求，云端基础设施（包括硬件、软件和服务）上的应用及服务模型的负载、能源性能（能耗和散热）和系统规模都在不断地发生变化，因此，如何量化这些应用和服务模型的性能（调度和分配策略）成为一个极富挑战性的问题。为了简化问题，澳大利亚墨尔本大学 Rajkumar Buyya 领导团队开发的云计算仿真器 CloudSim，它的首要目标是在云基础设施（软件、硬件、服务）上，对不同应用和服务模型的调度和分配策略的性能进行量化和比较，达到控制使用云计算资源的目的。基于云计算仿真器，用户能够反复测试自己的服务，在部署服务之前调节性能瓶颈，既节约了大量资金，也给用户的开发工作带来了极大的便利。

CloudSim 是一个通用、可扩展的新型仿真框架，支持无缝建模和模拟，并能进行云计算基础设施和管理服务的实验。这个仿真框架有如下特性：

1）支持在单个物理节点上进行大规模云计算基础设施的仿真和实例化。

2）提供一个独立的平台，供数据中心、服务代理、调度和分配策略进行建模。

3）提供虚拟化引擎，可在一个数据中心节点创建和管理多个独立、协同的虚拟化服务。

4）可以在共享空间和共享时间的处理核心分配策略之间灵活地切换虚拟化服务。

CloudSim 方便用户在组成、配置和部署软件前评估和模拟软件，减少云计算环境下，访问基础设施产生的资金耗费。基于仿真的方法使用户可在一个可控的环境内免费地反复测试他们的服务，在部署之前调节性能瓶颈。

CloudSim 采用分层的体系结构，CloudSim 的构架及其架构组件如图 4-1 所示。

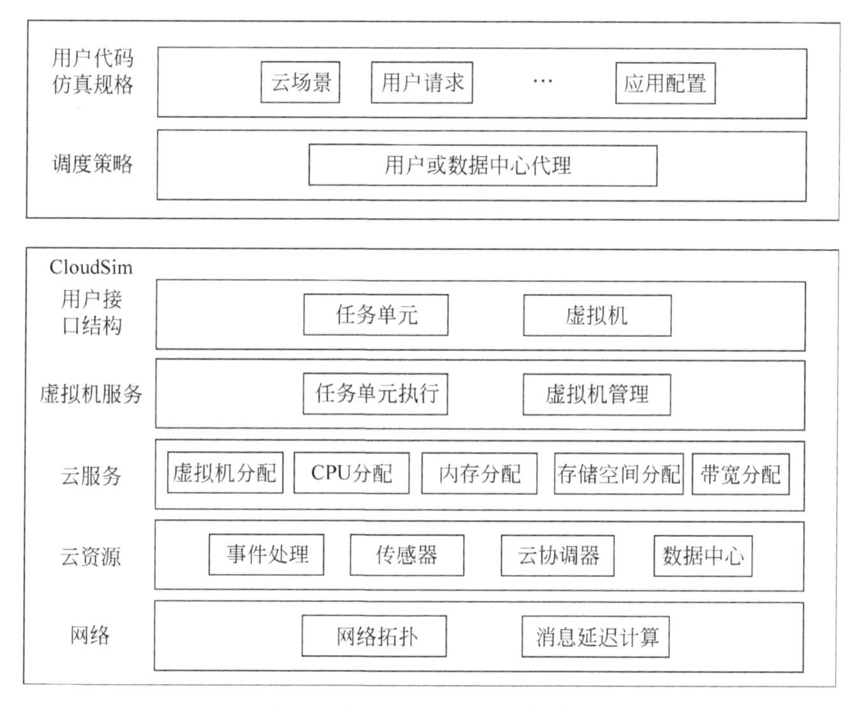

图 4-1 分层的 CloudSim 体系结构

1. CloudSim 核心模拟引擎

GridSim 原本是 CloudSim 的一个组成部分，但 GridSim 将 SimJava 库作为事件处理和实体间消息传递的框架，而 SimJava 在创建可伸缩仿真环境时暴露出如下不足：

1）不支持在运行时通过编程方式重置仿真。

2）不支持在运行时创建新的实体。

3）SimJava 的多线程机制导致性能开销与系统规模呈正比，线程之间过多的上下文切换导致性能严重下降。

4）多线程使系统调试变得更加复杂。

为了克服这些限制并满足更复杂的仿真场景，墨尔本大学的研究小组开发了一个全新的离散事件管理框架。图 4-2(a)为相应的类图，下面介绍一些相关的类。

(1) CloudSim

这是主类，负责管理事件队列和控制仿真事件的顺序执行。这些事件按照它们的时间

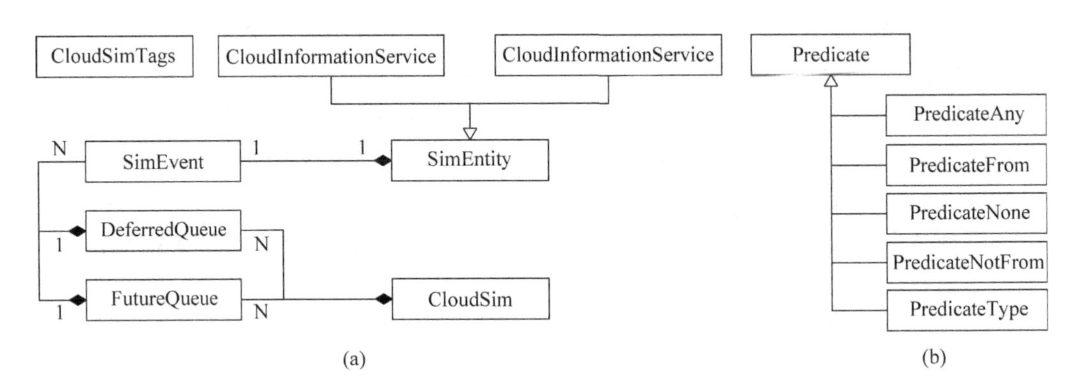

图 4-2 CloudSim 核心模拟引擎类图

参数构成有序队列。在每一步调度的仿真事件会从未来事件队列(Future Event Queue)中被删除,并被转移到延时事件队列(Deferred Event Queue)中。之后,每个实体调用事件处理方法,从延时事件队列中选择事件并执行相应的操作。这样灵活的管理方式,具有以下优势。

- 支持实体失活操作。
- 支持不同状态实体的上下文切换、暂停或继续仿真流程。
- 支持运行中创建新实体。
- 支持运行中终止或重启仿真流程。

(2) DeferredQueue

实现 CloudSim 使用的延时事件队列。

(3) FutureQueue

实现 CloudSim 使用的未来事件队列。

(4) CloudInformationService(CIS)

CIS 提供资源注册、索引和发现能力的实体。CIS 支持两个基本操作:publish()允许实体使用 CIS 进行注册;search()允许类似于 CloudCoordinator 和 Broker 的实体发现其他实体的状态和位置,该实体也会在仿真结束时通知其他实体。

(5) SimEntity

该类代表一个仿真实体,该实体既能向其他实体发送消息,也能处理接收到的消息。所有的实体必须扩展该类并重写其中的三个核心方法:startEntity()、processEvent()和shutdownEntity(),它们分别定义了实体初始化、事件处理和实体销毁的行为。类 SimEntity 提供调度新事件和向其他实体发送消息的能力,其中消息传递的网络延时是由 BRITE 模型计算出来的。实体一旦建立就会使用 CIS 自动注册。

(6) CloudSimTags

该类包含多个静态的时间或命令标签,CloudSim 实体在接收和发送事件时使用这些标签决定要采取的操作类型。

(7) SimEvent

该实体给出了在两个或多个实体间传递仿真事件的过程。SimEvent 存储了关于事件的信息,包括事件的类型、初始化时间、事件发生的时间、结束时间、事件转发到目标实体的时间、资源标识、目标实体、事件标签及需要传输到目标实体的数据。

(8) CloudSimShutdown

该实体用于结束所有终端用户和代理实体，然后向 CIS 发送仿真结束信号。

(9) Predicate

抽象类必须被扩展，用于从延时队列中选择事件。图 4-2(b)给出了一些标准的扩展。

(10) PredicateAny

该类表示匹配延时队列中的任何一个事件。在 CloudSim 的类中有个可以公开访问的实例 CloudSim. SIM_ANY，因此不需要为该类创建新的实例。

(11) PredicateFrom

该类表示选择被特定实体放弃的事件。

(12) PredicateNone

表示不匹配延时队列中的任何一个事件。在 CloudSim 的类中有个可以公开访问的静态实例 CloudSim. SIM_NONE，因此用户不需要为该类创建任何新的实例。

(13) PredicateNotFrom

选择已经被特定对象发送的事件。

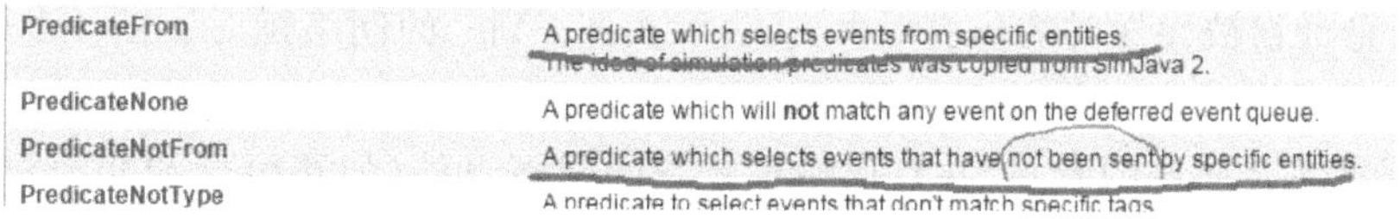

PredicateFrom	A predicate which selects events from specific entities. The idea of simulation predicates was copied from SimJava 2.
PredicateNone	A predicate which will **not** match any event on the deferred event queue.
PredicateNotFrom	A predicate which selects events that have not been sent by specific entities.
PredicateNotType	A predicate to select events that don't match specific tags.

关于 PredicateFrom 与 PredicateNotFrom，编者查看了 CloudSim 中的 docs 文档说明，如上图，个人感觉与现在文中的解释有所出入。

(14) PredicateType

根据选择特定标签选择事件。

(15) PredicateNotType

选择不满足特定标签选择事件。

2. CloudSim 层

CloudSim 仿真层为云数据中心环境的建模和仿真提供支持，包括虚拟机、内存、存储器和带宽的专用管理接口。该层主要负责处理一些基本问题，如主机到虚拟机的调度、管理应用程序的执行、监控动态变化的系统状态。对于想对不同虚拟机调度(将主机分配给虚拟机)策略的有效性进行研究的云提供商来说，他们可以通过这一层来实现自己的策略，以编程的方式扩展其核心的虚拟机调度功能。这一层的虚拟机调度有一个很明显的区别，即一个云端主机可以同时分配给多台正在执行应用的虚拟机，且这些应用满足 SaaS 提供商定义的服务质量等级。这一层也为云应用开发人员提供了接口，只需扩展相应的功能，就可以实现复杂的工作负载分析和应用性能研究。

CloudSim 又可以细化为 5 层。

(1) 网络层

为了连接仿真的云计算实体(主机、存储器、终端用户)，全面的网络拓扑建模是非常重要的。又因为消息延时直接影响用户对整个服务的满意度，决定了一个云提供商的服务质量，因此云系统仿真框架提供一个模拟真实网络拓扑及模型的工具至关重要。CloudSim 中云实体(数据中心、主机、SaaS 提供商和终端用户)的内部网络建立在网络抽象概念之上。在这个模型下,不会为模拟的网络实体提供真实可用的组件,如路由器和交换机,而是通过延时矩阵中存储的信息来模拟一个消息从一个 CloudSim 实体(如主机)到另一个实体(如云代理)过程中产生的网络延时,如图 4-3 所示。图 4-3 为 5 个 CloudSim 实体的延时矩阵,在任意时刻,CloudSim 环境为所有(这里原本有个空格)的当前活动实体维护 $m\times n$ 矩阵。矩阵的元素 e_{ij} 代表一条消息通过网络从实体 i 传输到实体 j 产生的延时。

$$\begin{bmatrix} 0 & 40 & 120 & 80 & 200 \\ 40 & 0 & 60 & 100 & 100 \\ 120 & 60 & 0 & 90 & 40 \\ 80 & 100 & 90 & 0 & 70 \\ 200 & 100 & 40 & 70 & 0 \end{bmatrix}$$

图 4-3　延时矩阵

CloudSim 是基于事件的仿真,不同的系统模型、实体通过发送不同事件的消息进行通信,CloudSim 的事件管理引擎利用实体交互的网络延时信息来表示消息在实体间发送的延时,延时单位依据仿真时间的单位,如 ms。

这意味着当仿真时间达到 $t+d$ 时,事件管理引擎就会将事件从实体 i 转发到实体 j,其中 t 表示消息最初被发送时的仿真时间,d 表示实体 i 到 j 的网络延时。图 4-4 给出了这种交互的消息传递图。用这种模拟网络延时的方法,在仿真环境中为实用的网络架构建模,提供了一种既真实又简单的方式,并且比使用复杂的网络组件(如路由器和交换机等)建模更简单更清晰。

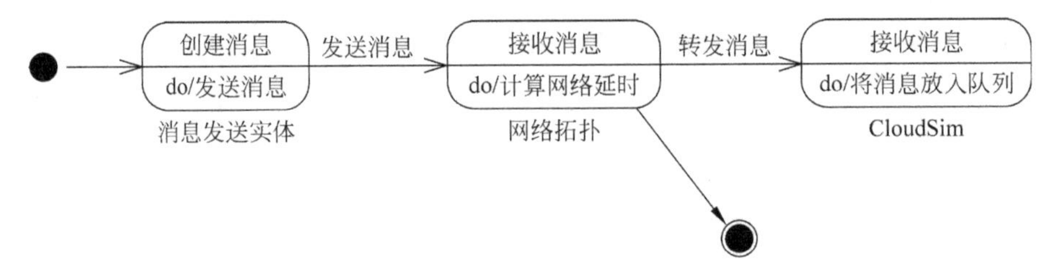

图 4-4　交互的消息传递图

(2) 云资源层

与云相关的核心硬件基础设施均由该层数据中心组件来模拟。数据中心实体由一系列主机组成,主机负责管理虚拟机在其生命周期内的一系列操作。每个主机都代表云中的一个物理计算节点,它会被预先配置一些参数,如处理器能力(用 MIPS 表示)、内存、存储器及为虚拟机分配处理核的策略等,而且主机组件实现的接口支持单核和多核节点的建模与仿真。

为了整合多朵云,需要对云协调器(CloudCoordinator)实体进行建模。该实体不仅负责和其他数据中心及终端用户的通信,还负责监控和管理数据中心实体的内部状态。在监控过程中收到的信息将会活跃于整个仿真过程中,并被作为云交互时进行调度决策的依据。注意,没有一个云提供类似于云协调器的功能,如果一个非仿真云系统的开发人员想要整合多朵云上的服务,必须开发一个自己的云协调组件。通过该组件管理和整合云数据中心,实现与外部实体的通信,协调独立于数据中心的核心对象。

在模拟一次云整合时，有两个基本方面需要解决：通信和监控。通信由数据中心通过标准的基于事件的消息处理来解决，数据中心监控则由云协调器解决。CloudSim 的每一个数据中心为了让自己成为联合云的一部分都需要实例化云协调器，云协调基于数据中心的状态，对交互云的负载进行调整，其中影响调整过程的事件集合通过传感器(Sensor)实体实现。为了启用数据中心主机的在线监控，会将跟踪主机状态的传感器和云协调器关联起来。在监控的每个步骤，云协调器都会查询传感器。如果云协调器的负载达到了预先配置的阈值，那么它就会和联合云中的其他协调器通信，尝试减轻其负载。

(3) 云服务层

虚拟机分配是主机创建虚拟机实例的一个过程。在云数据中心，将特定应用的虚拟机分配控制器(VmAllocationPolicy)完成的。该组件为研究和开发人员提供了一些自定义方法，帮助他们实现基于优化目标的策略。默认情况下，VmAllocationPolicy 实现了一个相对直接的策略即按照先来先服务的策略将虚拟机分配给主机，这种调度的基本依据是硬件需求，如处理核的数量、内存和存储器等。在 CloudSim 中，要模拟和建模其他的调度是非常容易的。

给虚拟机分配处理内核的过程则是由主机完成的，需要考虑给每个虚拟机分配多少处理核及给定它的虚拟机对于处理核的利用率有多高。可能采用的分配策略有：给特定的虚拟机分配特定的 CPU 内核(空间共享策略)、在虚拟机之间动态分配内核(时间共享策略)以及给虚拟机按需分配内核等。

考虑下面这种情况，一个云主机只有一个处理核，而在这个主机上同时产生了两个实例化虚拟机的需求。尽管虚拟机上下文(通常指主存和辅存空间)实际上是相互隔离的，但是它们仍然会共享处理器核和系统总线。因此，每个虚拟机的可能硬件资源被主机的最大处理能力及可能系统带宽限制。在虚拟机的调度过程中，要防止已创建的虚拟机对处理能力的需求超过主机的能力。为了在不同环境下模拟不同的调度策略，CloudSim 支持两种层次的虚拟机调度：主机层和虚拟机层。在主机层指定每个处理核可以分配给虚拟机的处理能力；在虚拟机层，虚拟机为在其内运行的单个应用服务(任务单元)分配一个固定的可用处理器能力。

在上述的每一层，CloudSim 都实现了基于时间共享和空间共享的调度策略。为了清楚地解释这些策略之间的区别及它们对应用服务性能的影响，可参见如图 4-5 所示的一个简单的虚拟机调度场景。

图 4-5 中，一台拥有两个 CPU 内核的主机将要运行两个虚拟机，每个虚拟机需要两个内核并要运行 4 个任务单元。更具体来说，VM1 上将运行任务 t1、t2、t3、t4，而 VM2 将运行任务任务 t5、t6、t7、t8。

图 4-5(a)中虚拟机和任务单元均采用空间共享策略。由于采用空间共享模式，且虚拟机需要两个内核，所以在特定时间段内只能运行一个虚拟机。因此，VM2 只能在 VM1 执行完任务单元才会被分配内核。VM1 中的任务调度也是一样的，由于每个任务单元只需要一个内核，所以 t1 和 t2 可以同时执行，t3、t4 则在执行队列中等待 t1、t2 完成后再执行。

图 4-5(b)虚拟机采用空间共享策略，任务单元采用时间共享策略。因此，在虚拟机的生命周期内，所有分配给虚拟机的任务单元在其生命周期内动态地切换上下文环境。

图 4-5(c)虚拟机采用时间共享策略，任务单元采用空间共享策略。这种情况下，每个虚

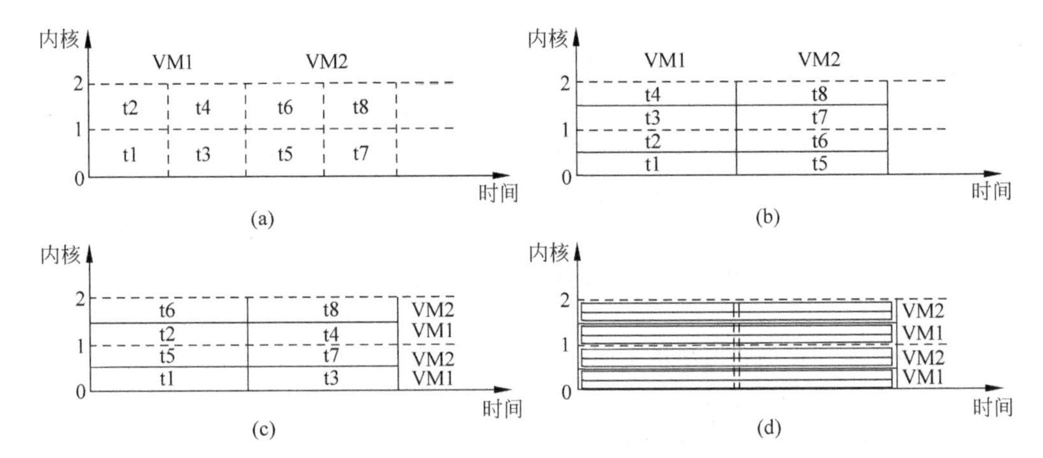

图 4-5 任务单元采用不同任务调度策略的影响

拟机都会收到内核分配的时间片，然后这些时间片以空间共享的方式分配给任务单元。由于任务单元基于空间共享策略这就意味着对于一台虚拟机，在任何一个时间段内，内核只会执行一个任务。

图 4-5(d)虚拟机和任务单元采用时间共享策略。所有虚拟机共享处理器能力，且每个虚拟机同时将共享的能力分给其任务单元。这种情况下，任务单元不存在排队延时。

(4) 虚拟机服务层

在这一层提供了对虚拟机生命周期的管理，如将主机分配给虚拟机(前文说的是“虚拟机分配给主机”)、虚拟机创建、虚拟机销毁以及虚拟机和迁移等，以及对任务单元的操作。

(5) 用户接口结构层

该层提供了任务单元和虚拟机实体的创建接口。

3. 用户代码层

CloudSim 的最高层是用户代码层，该层提供了一些基本的实体，如主机(机器的数量、特征等)、应用(任务数和需求)、虚拟机，还有用户数量和应用类型，以及代理调度策略等。通过扩展这一层提供的基本实体，云应用开发人员能够进行以下活动。

(1) 生成工作负载分配请求和应用配置请求。

(2) 模拟云可用性场景，并基于自定义的配置进行稳健性测试。

(3) 为云及联合云实现自定义的应用调度技术。

4.1.2 CloudSim 3.0 API 介绍

CloudSim 3.0 的 API 如图 4-6 所示，CloudSim API 的详细信息可以访问 http://www.cloudbus.org/cloudsim/doc/api/index.html 获取。

CloudSim 云模拟器的类设计图如图 4-7 所示，本节详细介绍 CloudSim 的基础类，这些类都是构建模拟器的基础。

主要类的功能描述如下。

1) BwProvisioner

这个抽象类用于模拟虚拟机的带宽分配策略。云系统开发和研究人员可以通过扩展这个

cloudsim 3.0 API

Packages

Package	Description
org.cloudbus.cloudsim	
org.cloudbus.cloudsim.core	
org.cloudbus.cloudsim.core.predicates	
org.cloudbus.cloudsim.distributions	
org.cloudbus.cloudsim.lists	
org.cloudbus.cloudsim.network	
org.cloudbus.cloudsim.network.datacenter	
org.cloudbus.cloudsim.power	
org.cloudbus.cloudsim.power.lists	
org.cloudbus.cloudsim.power.models	
org.cloudbus.cloudsim.provisioners	
org.cloudbus.cloudsim.util	

图 4-6 CloudSim 3.0 API

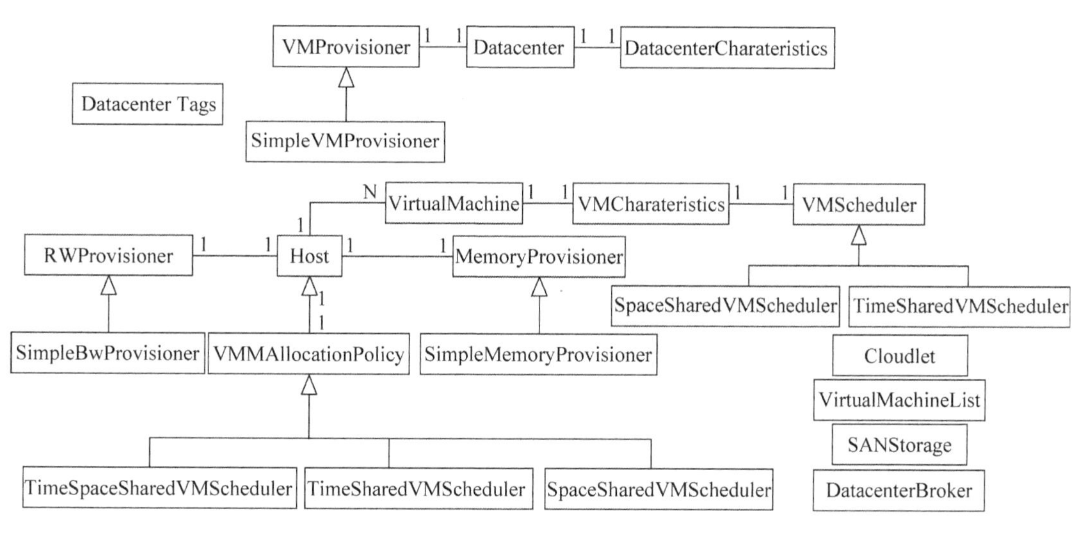

图 4-7 CloudSim 云模拟器的类设计图

类反映其应用的需求的变化，实现自己的策略(基于优先级或服务质量)。BwProvisionerSimple允许虚拟机保留尽可能多的带宽，并受主机总可用带宽的限制。

2) CloudCoordinator

这个抽象类整合了云数据中心，负责周期性地监控数据中心资源的内部状态和执行动态负载均衡的决策。这个组件的具体实现包括专门的传感器和负载均衡过程中需要遵循的策略。updateDatacenter()方法通过查询传感器实现监控数据中心资源。SetDatacenter()抽象方法实现了服务/资源的发现机制，这个方法可以被扩展实现自定义的协议及发现机制(多播、广播和点对点)。此外，还能扩展该组件模拟如 Amazon EC2 Load-Balancer 的云服务。若要在多个云环境下部署应用服务的开发人员，可以扩展这个类实现自己的云间调度策略。

3) Cloudlet

这个类模拟了云应用服务(如内容分发、社区网络和业务工作流等)。每一个应用服务都会拥有一个预分配的指令长度和其生命周期内所需的数据传输开销。通过扩展该类，能够为应用服务的其他度量标准(如性能、组成元素)提供建模,如面向数据库应用的事务处理。

4) CloudletScheduler

扩展实现了多种策略,用于决定虚拟机内的应用服务如何共享处理器能力。支持两种调度策略:空间共享(CloudletSchedulerSpaceShared)和时间共享(CloudletSchedulerTimeShared)策略。

5) Datacenter

该类模拟了云提供商提供的核心基础设施级服务(硬件)。它封装了一系列的主机,且这些主机都支持同构和异构的资源(内存、内核、容量和存储)配置。此外,每个数据中心组件都会实例化一个通用的应用调度组件,该组件实现了一系列的策略用来为主机和虚拟机分配带宽、内存和存储设备。

6) DatacenterBroker

该类模拟了一个代理,负责根据服务质量需求协调 SaaS 提供商和云提供商。该代理代表 SaaS 提供商,它通过查询云信息服务(CIS)找到合适的云服务提供者,并根据服务质量的需求在线协商资源和服务的分配策略。研究人员和系统开发人员如果要评估和测试自定义的代理策略就必须扩展这个类。代理和云协调器的区别是,前者针对顾客,即代理所做的决策是为了增加用户相关的性能度量标准;而后者针对数据中心,即协调器试图最大化数据中心的整体性能,而不考虑特定用户的需求。

Datacenter、CIS(Cloud Information Service)和 DatacenterBroker 之间信息交互的过程如图 4-8 所示。在仿真初期,每个数据中心实体都会通过 CIS 进行注册,当用户请求到达时,CIS 就会根据用户的应用请求,从列表中选择合适的云服务提供商。图中对交互的描述依赖于实际的情况,比如从 DatacenterBroker 到 Datacenter 的消息可能只是对下一个执行动作的一次确认。

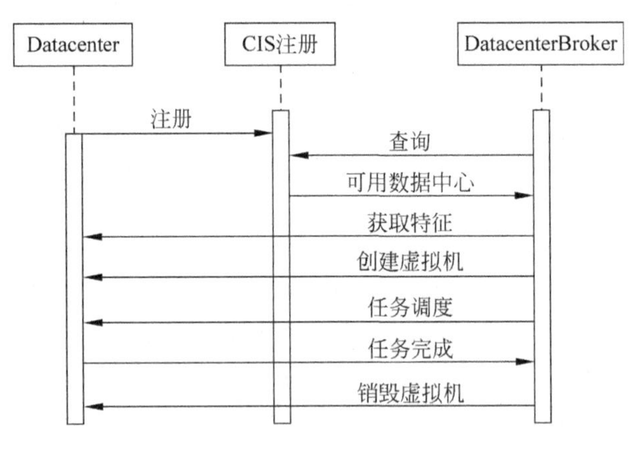

图 4-8 CloudSim 仿真数据流

7) DatacenterCharacteristics

该类包含了数据中心资源的配置信息。

8) Host

该类模拟了如计算机、存储服务器等物理资源。它封装了一些重要信息,如内存、存储器的容量、处理器内核列表及类型(多核机器)、虚拟机之间共享处理能力的分配策略、为虚拟机分配内存和带宽和策略等。

9) NetworkTopology

该类包含模拟网络行为(延时)的信息。它里面保存了网络拓扑信息,该信息由 BRITE 拓扑生成器生成。

10) RamProvisioner

这个抽象类代表为虚拟机分配主存的策略。只有当 RamProvisioner 组件证实主机有足够的空闲主存,虚拟机在其上的执行和部署操作才是可行的。RamProvisionerSimple 对虚拟机请求的主存大小不强加任何限制,但如果请求超过了可用的主存容量,该请求就直接被拒绝。

11) SanStorage

该类模拟了云数据中心的存储区域网,主要用于存储大量数据,类似于 Amazon S3、Azure Blob Storage 等。SanStorage 实现了一个简单的接口,该接口能够用来模拟存储和获取任意量的数据,但同时受限于网络带宽的可用性。在任务单元执行过程中访问 SAN 中的文件会增加额外的延时,因为数据文件在数据中心内部网络传输时会发生延时。

12) Sensor

该接口的实现必须通过实例化一个能够被云协调器使用的传感器组件,用于监控特定的性能参数(能量消耗、资源利用)。该接口定义了如下方法:

(1) 为性能参数设置最小值和最大值。

(2) 周期性地更新测量值。

该类能够用于模拟由主流云提供商提供的真实服务,如 Amazon CloudWatch 和 Microsoft Azure FabricController 等。一个数据中心可以实例化一个或多个传感器,每一个传感器负责监控数据中心的一个特定性能参数。

13) Vm

该类模拟了由主机组件托管和管理的虚拟机。每个虚拟机组件都能够访问存有虚拟机相关属性的组件,这些属性包括可访问的内存、处理器、存储容量和扩展自抽象组件 CloudletScheduler 的虚拟机内部调度策略。

14) VmAllocationPolicy

该抽象类代表虚拟机监控器使用的调度策略,该策略用于将虚拟机分配给主机。该类的主要功能是在数据中心选择一个满足条件(内存、存储容量和可用性)的可用主机,提供给需要部署的虚拟机。

15) VmScheduler

该抽象类由一个主机组件实现,模拟为虚拟机分配处理核所用的策略(空间共享和时间共享)。该类的方法能很容易重写,以此来调整特定的处理器共享策略。

4.2 CloudSim 环境搭建和使用方法

CloudSim 提供基于数据中心的虚拟机技术、虚拟化云的建模和仿真功能,支持云计算的资源管理和调度模拟。

4.2.1 环境配置

1）JDK 安装和配置

http://www.oracle.com/technetwork/java/javase/downloads/index.html 下载 JDK 最新版本并安装，CloudSim 需要运行在 jdk1.6 以上版本。以 jdk 1.7.0_11 为例，默认的安装目录为 C:\Program Files\Java\jdk 1.7.0_11。设置环境变量：新建系统变量 JAVA_HOME，变量值设为 JDK 安装目录，即 C:\Program Files\Java\jdk1.6.0_24；在 Path 中加入路径%JAVA_HOME%\bin；在 ClassPath 中加入路径%JAVA_HOME%\lib\dt.jar；%JAVA_HOME%\lib\tools.jar。

2）解压 CloudSim

从 http://www.cloudbus.org/cloudsim/下载 CloudSim，本书以 CloudSim 3.0.0 为例。将其解压到磁盘，例如 C:\cloudsim-3.0.0。

4.2.2 运行样例程序

1. 样例描述

C:\cloudsim-3.0.0\examples 目录下提供了一些 CloudSim 样例程序，包括 8 个基础样例程序和多个网络仿真和能耗仿真例子。基础样例模拟的环境如下：

（1）CloudSimExample1.java：创建一个一台主机、一个任务的数据中心。

（2）CloudSimExample2.java：创建一个一台主机、两个任务的数据中心。两个任务具有一样的处理能力和执行时间。

（3）CloudSimExample3.java：创建一个两台主机、两个任务的数据中心。两个任务对处理能力的需求不同，同时根据申请虚拟机的性能不同，所需执行时间也不相同。

（4）CloudSimExample4.java：创建两个数据中心，每个数据中心一台主机，并在其上运行两个云任务。

（5）CloudSimExample5.java：创建两个数据中心，每个数据中心一台主机，并在其上运行两个用户的云任务。

（6）CloudSimExample6.java：创建可扩展的仿真环境。

（7）CloudSimExample7.java：演示如何停止仿真。

（8）CloudSimExample8.java：演示如何在运行时添加实体。

网络仿真例子通过读取文件构建网络拓扑，网络拓扑包括节点距离，边时延等信息。

能耗仿真通过读取负载文件中的 CPU 利用率数据作为云任务的利用率，实现云任务负载的动态变化。例子通过动态迁移负载过高的主机中的虚拟机到负载低的主机，实现了负载动态适应的算法，并且应用能耗—CPU 利用率模型计算数据中心的能耗。

2. 运行步骤

需要安装 Windows 2000/XP/Vista 操作系统环境、JDK 及 Eclipse 集成开发环境。Java 版本要达到 1.6 或更高，CloudSim 和旧版本的 Java 不兼容，如果安装非 Sun 公司的 Java 版本，比如 gcj 或 J++，也可能不兼容。Eclipse 集成开发环境的版本要和 JDK 相匹配。本书使用 jdk 1.7.0_11 和 Eclipse 4.2.1。

为了方便查看和修改代码,通常选择在 Eclipse 中执行,整个操作步骤如下。

(1) 首先启动 Eclipse 主程序,在 Eclipse 主界面上选择 File→New→Java Project 命令,(如图 4-9 所示),新建一个工程。

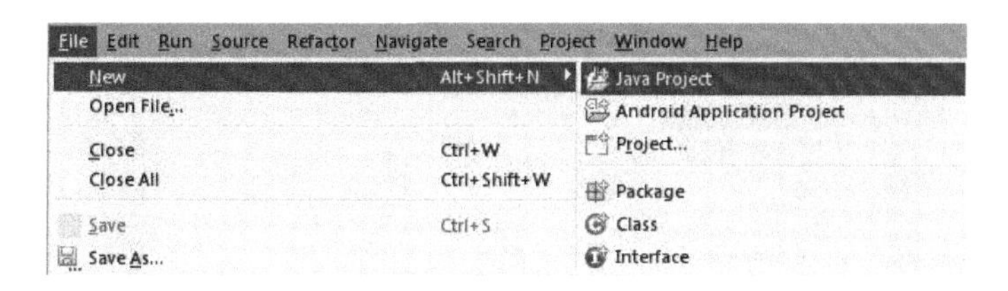

图 4-9　新建 Java Project

(2) 填写 Java 工程的名称,取消选择复选模框"Use default location",浏览 CloudSim 源代码所在的目录,并选定该目录,如图 4-10 所示。

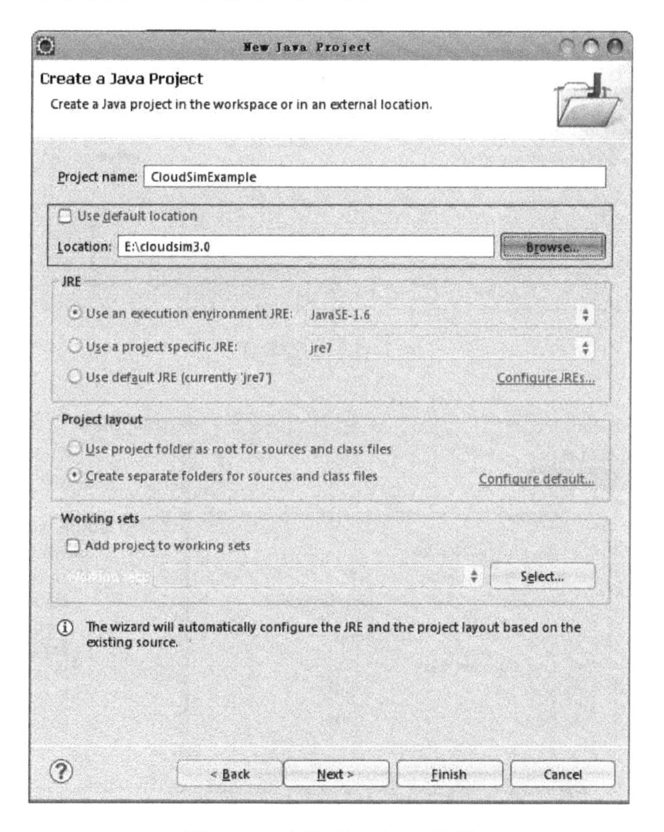

图 4-10　选择 CloudSim 目录

(3) 单击 Next 按钮,显示 Java 工程的配置界面,该界面的选项卡包括源代码、工程和库等信息,如图 4-11 所示。

(4) 单击 Finish 按钮完成创建 Java 工程的工作。

(5) 创建后,会发现项目有错误,需要添加单击项目名,右键选择 Build Path→Add External Archives 命令,弹出选择文件的对话框,选择 flanagan.jar,注意 flanagan.jar 也需要对应版本,太新太旧的版本都不能,如图 4-12 所示。

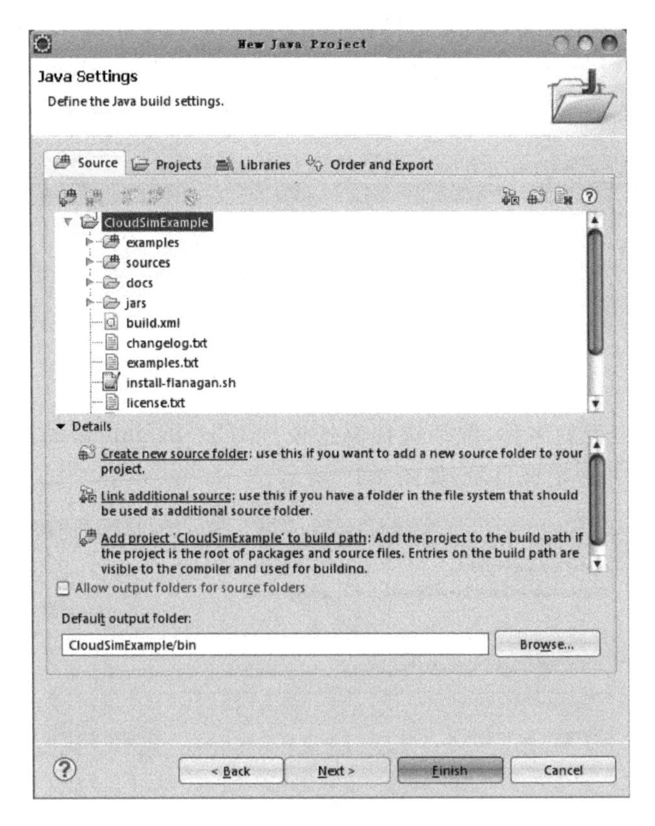

图 4-11 配置界面

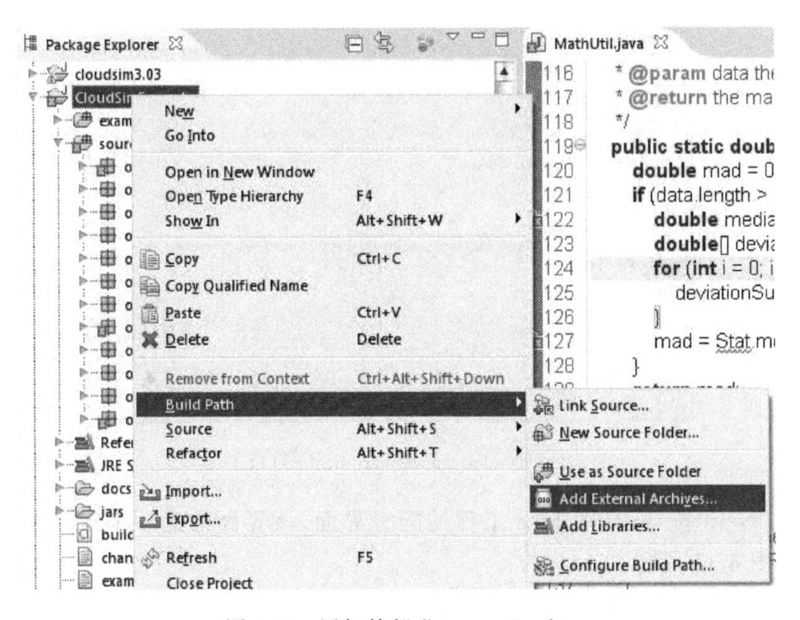

图 4-12 添加外部 flanagan. jar 包

(6) 添加后，等编译完毕，项目将没有错误，可以选择 org. cloudbus. cloudsim. examples 下的例子运行，这里运行 CloudSimExample1，如图 4-13 所示。

```
cloudsim3.0
  examples
    org.cloudbus.cloudsim.examples
      CloudSimExample1.java
      CloudSimExample2.java
      CloudSimExample3.java
      CloudSimExample4.java
      CloudSimExample5.java
      CloudSimExample6.java
      CloudSimExample7.java
      CloudSimExample8.java
    org.cloudbus.cloudsim.examples.network
    org.cloudbus.cloudsim.examples.network.datacenter
    org.cloudbus.cloudsim.examples.power
    org.cloudbus.cloudsim.examples.power.planetlab
    org.cloudbus.cloudsim.examples.power.random
```

图 4-13　选择例子运行

程序的运行结果如图 4-14 所示。

```
LogCat  Servers  Console
<terminated> CloudSimExample1 (1) [Java Application] E:\Program Files\Java\jre7\bin\javaw.exe (2015-2-13 下午03:10:46)
Starting CloudSimExample1...
Initialising...
Starting CloudSim version 3.0
Datacenter_0 is starting...
Broker is starting...
Entities started.
0.0: Broker: Cloud Resource List received with 1 resource(s)
0.0: Broker: Trying to Create VM #0 in Datacenter_0
0.1: Broker: VM #0 has been created in Datacenter #2, Host #0
0.1: Broker: Sending cloudlet 0 to VM #0
400.1: Broker: Cloudlet 0 received
400.1: Broker: All Cloudlets executed. Finishing...
400.1: Broker: Destroying VM #0
Broker is shutting down...
Simulation: No more future events
CloudInformationService: Notify all CloudSim entities for shutting down.
Datacenter_0 is shutting down...
Broker is shutting down...
Simulation completed.
Simulation completed.

========== OUTPUT ==========
Cloudlet ID    STATUS    Data center ID    VM ID    Time    Start Time    Finish Time
    0        SUCCESS        2            0      400      0.1        400.1
*****Datacenter: Datacenter_0*****
User id          Debt
3            35.6
**********************************
CloudSimExample1 finished!
```

图 4-14　CloudSimExample1 运行结果

4.3　CloudSim 扩展编程

CloudSim 是开源的，可以运行在 Windows 和 Linux 操作系统上，为用户提供了一系列可扩展的实体和方法，通过扩展这些接口实现用户自己的调度或分配策略，进行相关的性能测试。下面将通过一个简单的示例演示如何扩展 CloudSim，由于篇幅限制，本书仅以任务调度策略为例。源代码可在 http://bbs.chinacloud.cn 的教材板块下载。

4.3.1 调度策略的扩展

CloudSim 提供了很好的云计算调度算法仿真平台，用户可以根据自身的要求调用适当的 API。如 DatacenterBroker 类中提供的方法 bindCloudletToVM(int cloudletId, int vmId)，实现将一个任务单元绑定到指定的虚拟机上运行。除此之外，用户还可以对该类进行扩展，实现自定义调度策略，完成对调度算法的模拟，以及相关测试和实验。

1. 顺序分配策略

作为一个简单的示例，这里新写一个方法 bindCloudletsToVmsSimple()，用于把一组任务顺序分配给一组虚拟机，当所有的虚拟机都运行任务后，再从第一个虚拟机开始重头分配任务，该方法尽量保证每个虚拟机运行相同数量的任务以平摊负载，而不考虑任务的需求及虚拟机之间的差别。

```
public void bindCloudletsToVmsSimple()
{
    int vmNum = vmList.size();
    int cloudletNum = cloudletList.size();
    int idx = 0;
    for(int i = 0;i < cloudletNum;i++)
    {  //将任务绑定到指定 id 的虚拟机
       cloudletList.get(i).setVmId(vmList.get(idx).getId());
       idx = (idx + 1) % vmNum;          //循环遍历虚拟机
    }
}
```

2. 贪心策略

实际上，任务之间和虚拟机之间的配置(参数)都不可能完全一样。顺序分配策略实现简单，但是忽略了它们之间的差异因素，如任务的指令长度(MI)和虚拟机的执行速度(MIPS)等。这里为 DatacenterBroker 类再写一个新方法 bindCloudletsToVmsTimeAwared()，该方法采用贪心策略，希望让所有任务的完成时间接近最短，并只考虑 MI 和 MIPS 两个参数的区别。

通过分析 CloudSim 自带的样例程序，一个任务所需的执行时间等于任务的指令长度除以运行该任务的虚拟机的执行速度。读者也可以扩展相应的类，实现带宽、数据传输等对任务执行时间的影响。为了便于理解，不改变 CloudSim 当前的计算方式，即任务的执行时间只与 MI 和 MIPS 有关，在这个前提下，可以得出以下结论。

(1) 如果一个虚拟机上同时运行多个任务，不论使用空间共享还是时间共享，这些任务的总完成时间是一定的，因为任务的总指令长度和虚拟机的执行速度是一定的。

(2) 如果一个任务在某个虚拟机上的执行时间最短，那么它在其他虚拟机上的执行时间也是最短的。

(3) 如果一个虚拟机的执行速度最快，那么它不论执行哪个任务都比其他虚拟机快。

定义一个矩阵 time[i][j]，表示任务 i 在虚拟机 j 所需的执行时间，显然 time[i][j]=MI[i]/MIPS[j]。在初始化矩阵 time 前，首先将任务按 MI 的大小降序排序，将虚拟机按 MIPS 的大小升序排列，注意重新排序后矩阵 time 的行号和任务 id 不再一一对应，列号和虚拟机 id 的对应关系，也相应改变。初始化后，矩阵 time 的每一行、每一列的元素值都是降序排列的，然后再对 time 做贪心。选用的贪心策略是：从矩阵中行号为 0 的任务开始，每次都尝试分配给最后一列对应的虚拟机，如果该选择相对于其他选择是最优的，就完成分配，否则将任务分配给运行任务最少的虚拟机，实现一种简单的负载均衡。这种方式反映了越复杂的任务需要越快的虚拟机处理，以解决复杂任务造成的瓶颈，降低所有任务的总执行时间。实现代码如下。

```
public void bindCloudletsToVmsTimeAwared()
{
        int cloudletNum = cloudletList.size();
        int vmNum = vmList.size();
        double[][] time = new double[cloudletNum][vmNum];
        //重新排列任务和虚拟机，需要导入包 java.util.Collections
        Collections.sort(cloudletList, new CloudletComparator());
        Collections.sort(vmList, new VmComparator());
        //初始化矩阵 time
        for(int i = 0;i < cloudletNum;i++){
        for(int j = 0;j < vmNum;j++){
            time[i][j] =
        (double)cloudletList.get(i).getCloudletLength()/vmList.get(j).getMips();
    }
}
double[] vmLoad = new double[vmNum];          //某个虚拟机上任务的总执行时间
int[] vmTasks = new int[vmNum];               //某个虚拟机上运行的任务数
double minLoad = 0;                           //记录当前任务分配方式的最优值
int idx = 0;                                  //记录当前任务最优分配方式对应的虚拟机列号

//将行号为 0 的任务直接分配给列号最大的虚拟机
vmLoad[vmNum - 1] = time[0][vmNum - 1];
vmTasks[vmNum - 1] = 1;
cloudletList.get(0).setVmId(vmList.get(vmNum - 1).getId());
for(int i = 1;i < cloudletNum;i++){
    minLoad = vmLoad[vmNum - 1] + time[i][vmNum - 1];
    idx = vmNum - 1;
    for(int j = vmNum - 2;j >= 0;j--){
    //如果当前虚拟机还未分配任务，则比较完当前任务
    //分配给该虚拟机是否最优，即可以退出循环
    if(vmLoad[j] == 0){
        if(minLoad >= time[i][j]) idx = j;
    break;
}
if(minLoad > vmLoad[j] + time[i][j]){
    minLoad = vmLoad[j] + time[i][j];
    idx = j;
}
//实现简单的负载均衡
else if(minLoad == vmLoad[j] + time[i][j]&&vmTasks[j]< vmTasks[idx])
```

```
        idx = j;
      }
      vmLoad[idx] += time[i][idx];
      vmTasks[idx]++;
      cloudletList.get(i).setVmId(vmList.get(idx).getId());
      }
      }
      //根据指令长度降序排列任务,需要导入包 java.util.Comparator
      private class CloudletComparator implements Comparator<Cloudlet>{
              public int compare(Cloudlet cl1,Cloudlet cl2){
                  return (int)(cl2.getCloudletLength() - cl1. getCloudletLength());
      }
      }
      //根据执行速度升序排列虚拟机
      private class VmComparator implements Comparator<Vm>{
              @Override
              public int compare(Vm vm1, Vm vm2) {
                  return (int) (vm1.getMips() - vm2.getMips());
              }
      }
      }
```

4.3.2 仿真核心代码

用户可以根据自己的需求,对主机相关参数配置(机器数量及特点)、云计算应用(任务、数量和需求)、VM、用户和应用类型的数量及代理调度策略等方面进行仿真测试。

1. 仿真步骤

(1) 初始化 CloudSim 包。

(2) 创建数据中心:

① 创建主机列表。

② 创建 PE 列表。

③ 创建 PE 并将其添加到上一步创建的 PE 列表中,可对其 ID 和 MIPS 进行设置。

④ 创建主机,并将其添加到主机列表中,主机的配置参数有 ID、内存、带宽、存储、PE 及虚拟机分配策略(时间或空间共享)。

⑤ 创建数据中心特征对象,用来存储数据中心的属性,包含体系结构、操作系统、机器列表、分配策略(时间、空间共享)、时区以及各项费用(内存、外存、带宽和处理器资源的费用)。

⑥ 最后,创建一个数据中心对象,它的主要参数有名称、特征对象、虚拟机分配策略、用于数据仿真的存储列表以及调度间隔。

(3) 创建数据中心代理

数据中心代理负责在云计算中根据用户的 QoS 要求协调用户及服务供应商和部署服务任务。

(4) 创建虚拟机

对虚拟机的参数进行设置,主要包括 ID、用户 ID、MIPS、CPU 数量、内存、带宽、外存、虚拟机监控器、调度策略，并提交给任务代理。

(5) 创建云任务

创建指定参数的云任务，设定任务的用户 ID，并提交给任务代理。在这一步可以设置需要创建的云任务数量以及任务长度等信息。

(6) 在这一步调用自定义的任务调度策略，分配任务到虚拟机

(7) 启动仿真

(8) 在仿真结束后统计结果

2. 详细实现代码

下面通过注释的方式讲解贪心策略的仿真核心代码，在 org.cloudbus.cloudsim.examples 包中新建类 ExtendedExample2，实现代码如下。

```
package org.cloudbus.cloudsim.examples;
import java.text.DecimalFormat;
import java.util.*;
import org.cloudbus.cloudsim.*;
import org.cloudbus.cloudsim.core.CloudSim;
import org.cloudbus.cloudsim.provisioners.*;

//测试调度策略的仿真核心代码
public class ExtendedExample2{
private static List<Cloudlet> cloudletList;        //任务列表
private static int cloudletNum = 10;               //任务总数
private static List<Vm> vmList;                    //虚拟机列表
private static int vmNum = 5;                      //虚拟机总数

public static void main(String[] args){
    Log.printLine("Starting ExtendedExample2...");
    try{
        int num_user = 1;
        Calendar calendar = Calendar.getInstance();
        Boolean trace_flag = false;
        // 第一步: 初始化 CloudSim 包
        CloudSim.init(num_user, calendar, trace_flag);
        // 第二步: 创建数据中心
        Datacenter datacenter0 = createDatacenter("Datacenter_0");
        // 第三步: 创建数据中心代理
        DatacenterBroker broker = createBroker();
        int brokerId = broker.getId();
        //设置虚拟机参数
        int vmid = 0;
        int[] mipss = new int[]{278,289,132,209,286};
        long size = 10000;
        int ram = 2048;
        long bw = 1000;
        int pesNumber = 1;
        String vmm = "Xen";
```

```
        //第四步：创建虚拟机
        vmList = new ArrayList<Vm>();
        for(int i = 0;i<vmNum;i++){
            vmList.add(new Vm(vmid,brokerId,mipss[i],pesNumber,ram,bw,size,vmm,new
                CloudletSchedulerSpaceShared()));
            vmid++;
}
//提交虚拟机列表
broker.submitVmList(vmList);
//任务参数
int id = 0;
long[] lengths = new long[]{19365,49809,30218,44157,16754,18336,20045,31493,
    30727,31017};
long fileSize = 300;
long outputSize = 300;
UtilizationModel utilizationModel = new UtilizationModelFull();
//第五步：创建云任务
cloudletList = new ArrayList<Cloudlet>();
for(int i = 0;i<cloudletNum;i++){
Cloudlet cloudlet = new Cloudlet(id,lengths[i],pesNumber,fileSize,outputSize,
    utilizationModel, utilizationModel, utilizationModel);
cloudlet.setUserId(brokerId);
cloudletList.add(cloudlet);
id++;
}
//提交任务列表
broker.submitCloudletList(cloudletList);
//第六步：绑定任务到虚拟机
broker.bindCloudletsToVmsTimeAwared();
//broker.bindCloudletsToVmsSimple();
//第七步：启动仿真
CloudSim.startSimulation();
//第八步：统计结果并输出结果
        List<Cloudlet> newList = broker.getCloudletReceivedList();
        CloudSim.stopSimulation();
        printCloudletList(newList);
datacenter0.printDebts();
        Log.printLine("ExtendedExample2 finished!");
}catch(Exception e){
        e.printStackTrace();
        Log.printLine("Unwanted errors happen");
}
}

//下面是创建数据中心的步骤
private static Datacenter createDatacenter(String name){
        //1.创建主机列表
List<Host> hostList = new ArrayList<Host>();
//PE 及主机参数
int mips = 1000;
```

```
int hostId = 0;
int ram = 2048;
long storage = 1000000;
int bw = 10000;
for(int i = 0;i < vmNum;i++){
        //2.创建 PE 列表
        List<Pe> peList = new ArrayList<Pe>();
        //3.创建 PE 并加入列表
        peList.add(new Pe(0,new PeProvisionerSimple(mips)));
        //4.创建主机并加入列表
        hostList.add(
new Host(
        hostId,
new RamProvisionerSimple(ram),
new BwProvisionerSimple(bw),
storage,
peList,
new VmSchedulerTimeShared(peList)
)
);
hostId++;
}

//数据中心特征参数
String arch = "x86";
String os = "Linux";
String vmm = "Xen";
        double time_zone = 10.0;
        double cost = 3.0;
        double costPerMem = 0.05;
        double costPerStorage = 0.001;
        double costPerBw = 0.0;
        LinkedList<Storage> storageList = new LinkedList<Storage>();
        //5.创建数据中心特征对象
        DatacenterCharacteristics characteristics = new DatacenterCharacteristics(arch,os,
vmm,hostList,time_zone,cost,costPerMem,costPerStorage,costPerBw);
        //6.创建数据中心对象
        Datacenter datacenter = null;
        try{
            datacenter = new Datacenter(name,characteristics,
new VmAllocationPolicySimple(hostList),storageList,0);
}catch(Exception e){
        e.printStackTrace();
}
return datacenter;
}

//创建数据中心代理
private static DatacenterBroker createBroker(){
    DatacenterBroker broker = null;
```

```
try{
broker = new DatacenterBroker("Broker");
}catch(Exception e){
e.printStackTrace();
return null;
}
return broker;
}

//输出统计信息
private static void printCloudletList(List<Cloudlet> list){
    int size = list.size();
    Cloudlet cloudlet;
    String indent = "    ";
Log.printLine();
Log.printLine("========== OUTPUT ==========");
Log.printLine("Cloudlet ID" + indent + "STATUS" + indent +
"Datacenter ID" + indent + "VM ID" + indent +
"Time" + indent + "Start Time" + indent + "Finish Time");
        DecimalFormat dft = new DecimalFormat("###.##");
for(int i = 0;i<size;i++){
    cloudlet = list.get(i);
    Log.print(indent + cloudlet.getCloudletId() + indent + indent);
    if(cloudlet.getCloudletStatus() == Cloudlet.SUCCESS){
        Log.print("SUCCESS");
        Log.printLine(indent + indent + cloudlet.getResourceId() + indent +
        indent + indent + cloudlet.getVmId() + indent + indent +
        dft.format(cloudlet.getActualCPUTime()) + indent +
        indent + dft.format(cloudlet.getExecStartTime()) + indent + indent +
dft.format(cloudlet.getFinishTime()));
        }
    }
    }
}
```

3. 运行结果分析

由于虚拟机对任务分配使用了空间共享策略，所以运行在同一个虚拟机上的任务，必须按顺序完成。图 4-15 为基于贪心策略的仿真结果，图中显示任务 7、8 被分配到了虚拟机 0 上运行，从任务开始执行的时间看，任务 8 确实是在任务 7 完成后执行的。图中还显示了所有任务的最终分配结果及运行情况，用户可以据此验证自己的调度策略是否符合要求。图 4-16 为基于顺序分配策略的仿真结果，该方法的总执行时间为 467.76s，而贪心策略只需 283.46s，节省了约 39%的时间。

4.3.3 平台重编译

实现自定义的调度算法后，用户就可以重新编译并打包 CloudSim，测试或发布自己的新平台。CloudSim 平台重编译主要通过 Ant 工具完成。

```
==========OUTPUT==========
Cloudlet ID   STATUS    Datacenter ID   VM ID   Time    Start Time   Finish Time
   7      SUCCESS      2        0     113.28    0.1     113.38
   9      SUCCESS      2        3     148.4     0.1     148.5
   3      SUCCESS      2        4     154.39    0.1     154.49
   1      SUCCESS      2        1     172.35    0.1     172.45
   8      SUCCESS      2        0     110.53    113.38    223.91
   6      SUCCESS      2        4     70.09     154.49    224.58
   2      SUCCESS      2        2     228.92    0.1     229.02
   5      SUCCESS      2        3     87.73     148.5     236.23
   0      SUCCESS      2        1     67     172.45    239.45
   4      SUCCESS      2        4     58.58     224.58    283.16
*****Datacenter: Datacenter_0*****
User id        Debt
3          562
**********************************
ExtendedExample2 finished!
```

图 4-15　贪心策略的仿真结果

```
==========OUTPUT==========
Cloudlet ID   STATUS    Datacenter ID   VM ID   Time    Start Time   Finish Time
   4      SUCCESS      2        4     58.58     0.1     58.68
   0      SUCCESS      2        0     69.66     0.1     69.76
   5      SUCCESS      2        0     65.96     69.76     135.71
   9      SUCCESS      2        4     108.45    58.68     167.13
   1      SUCCESS      2        1     172.35    0.1     172.45
   3      SUCCESS      2        3     211.28    0.1     211.38
   2      SUCCESS      2        2     228.92    0.1     229.02
   6      SUCCESS      2        1     69.36     172.45    241.8
   8      SUCCESS      2        3     147.02    211.38    358.39
   7      SUCCESS      2        2     238.58    229.02    467.6
*****Datacenter: Datacenter_0*****
User id        Debt
3          562
**********************************
ExtendedExample2 finished!
```

图 4-16　顺序分配策略的仿真结果

从 http://ant.apache.org/下载 Ant 工具，本书使用的版本为 1.8.2。将其解压到目录 C:\apache-ant-1.8.2。设置环境变量，在 Path 中加入 C:\apache-ant-1.7.1\bin。将命令行切换到扩展的 CloudSim 路径（build.xml 所在目录），在命令行下输入命令 C:\cloudsim-3.0.0 > ant，批量编译 CloudSim 源文件，生成的文件会按照 bulid.xml 的设置存储到指定位置，编译成功后自动打包生成 cloudsim-new.jar 并存放在 C:\cloudsim-3.0.0\jars。扩展的 CloudSim 平台生成后，在环境变量 ClassPath 中增加路径：C:\CloudSim\jars\cloudsim-new.jar。然后根据前面介绍的步骤，即可在新的平台下编写自己的仿真验证程序。

4.4　CloudSim 的编程实践

4.4.1　CloudSim 任务调度编程

下面讲解 org.cloudbus.cloudsim.examples 包中的 CloudSimExample1、CloudSimExample4。

CloudSimExample1 创建了一台主机、一个任务的数据中心，展示了数据中心、代理、主机、虚拟机、云任务等的简单使用以及云仿真基本流程。这是最简单的、最基本的一个程序。通过这一例子可以了解到使用 CloudSim 仿真的基本步骤，基本类的使用方法。云仿真的基本步骤是：

（1）初始化 CloudSim 包；

（2）创建数据中心 Datacenter，创建过程创建主机列表 List < Host > hostList；

(3) 创建数据中心代理 DatacenterBroker;

(4) 创建虚拟机 Vm;

(5) 创建云任务 Cloudlet;

(6) 启动仿真;

(7) 统计结果并输出结果。

```
public class CloudSimExample1 {
    private static List<Cloudlet> cloudletList;          //任务列表
    private static List<Vm> vmlist;                      //虚拟机列表
    public static void main(String[] args) {
        Log.printLine("Starting CloudSimExample1...");
        try {
            //第一步: 初始化 CloudSim 包,必须在创建实体前调用
            int num_user = 1;                            //用户数
            Calendar calendar = Calendar.getInstance();
    boolean trace_flag = false;                          //表示是否跟踪
    CloudSim.init(num_user, calendar, trace_flag);
    //第二步: 创建数据中心
            //数据中心是云资源的提供者,至少需要一个数据中心模拟云实验
            Datacenter datacenter0 = createDatacenter("Datacenter_0");
    //第三步: 创建数据中心代理
            DatacenterBroker broker = createBroker();
            int brokerId = broker.getId();
    //第四步: 创建虚拟机
            vmlist = new ArrayList<Vm>();
            //设置虚拟机参数
            int vmid = 0;                                //虚拟机 id
            int mips = 1000;                             //主频(MB)
            long size = 10000;                           //硬盘(MB)
            int ram = 512;                               //虚拟机内存(MB)
            long bw = 1000;                              //带宽(MB)
            int pesNumber = 1;                           //CPU 核数
            String vmm = "Xen";                          // VMM 名
            //创建虚拟机
    Vm vm = new Vm(vmid, brokerId, mips, pesNumber, ram, bw, size, vmm, new
CloudletSchedulerTimeShared());                          //云任务调度使用时间共享策略
            //添加到虚拟机列表
            vmlist.add(vm);
            //提交虚拟机列表到代理
            broker.submitVmList(vmlist);
            //第五步: 创建云任务
            cloudletList = new ArrayList<Cloudlet>();
            //任务参数
            int id = 0;                                  //任务 id
            long length = 400000;                        //任务计算量
            long fileSize = 300;                         //文件大小,影响传输的带宽花销
            long outputSize = 300;                       //输出文件大小,影响传输的带宽花销
            UtilizationModel utilizationModel = new UtilizationModelFull();
```

```
            //添加任务到任务列表
            cloudletList.add(cloudlet);
    Cloudlet cloudlet = new Cloudlet(id, length, pesNumber, fileSize, outputSize,
utilizationModel, utilizationModel, utilizationModel);
            cloudlet.setUserId(brokerId);                    //设置任务用户 Id
            cloudlet.setVmId(vmid);                          //设置虚拟机 Id
//提交任务列表
            broker.submitCloudletList(cloudletList);
            //第六步：启动仿真
            CloudSim.startSimulation();
            CloudSim.stopSimulation();
//第七步：统计结果并输出结果
            List<Cloudlet> newList = broker.getCloudletReceivedList();
            printCloudletList(newList);
            //打印每个数据中心的成本
            datacenter0.printDebts();
    Log.printLine("CloudSimExample1 finished!");
        } catch (Exception e) {
            e.printStackTrace();
            Log.printLine("Unwanted errors happen");
        }
    }
private static Datacenter createDatacenter(String name) {           //创建一个数据中心
        //1.创建主机列表
        List<Host> hostList = new ArrayList<Host>();
        //2.创建主机包含的 PE 或者 CPU 处理器列表
        //这个例子中,主机 CPU 只有一个核芯
        List<Pe> peList = new ArrayList<Pe>();                     //Pe 是 CPU 单元
        int mips = 1000;                                            //Pe 速率
        //3.创建核芯并添加到核芯列表
        peList.add(new Pe(0, new PeProvisionerSimple(mips)));
        //4.创建主机并添加到主机列表
        int hostId = 0;
        int ram = 2048;                                             //内存 (MB)
        long storage = 1000000;                                     //硬盘存储
        int bw = 10000;                                             //带宽
        hostList.add(new Host(hostId, new RamProvisionerSimple(ram),
                new BwProvisionerSimple(bw), storage, peList,
                new VmSchedulerTimeShared(peList))                  //虚拟机使用时间共享策略
        );
        //5.创建存储数据中心属性的数据中心特征对象
        String arch = "x86";                                        //系统架构
        String os = "Linux";                                        //操作系统
        String vmm = "Xen";                                         //虚拟机监视器
        double time_zone = 10.0;                                    //时区
        double cost = 3.0;                                          //单位时间成本
        double costPerMem = 0.05;                                   //单位内存成本
        double costPerStorage = 0.001;                              //单位存储成本
        double costPerBw = 0.0;                                     //单位带宽成本
LinkedList<Storage> storageList = new LinkedList<Storage>(); //存储列表
```

```
        DatacenterCharacteristics characteristics = new DatacenterCharacteristics(arch,
            os, vmm, hostList, time_zone, cost, costPerMem, costPerStorage, costPerBw);
        //6. 创建数据中心对象
        Datacenter datacenter = null;
        try {
datacenter = new Datacenter(name, characteristics, new VmAllocationPolicySimple(hostList),
storageList, 0);
        } catch (Exception e) {
            e.printStackTrace();
        }
        return datacenter;
    }
private static DatacenterBroker createBroker() {                    //创建数据中心代理
        DatacenterBroker broker = null;
        try {
            broker = new DatacenterBroker("Broker");
        } catch (Exception e) {
            e.printStackTrace();
            return null;
        }
        return broker;
    }
    private static void printCloudletList(List<Cloudlet> list) {  //打印云任务的运行结果
        int size = list.size();
        Cloudlet cloudlet;
        String indent = "    ";
        Log.printLine();
        Log.printLine("========== OUTPUT ==========");
        Log.printLine("Cloudlet ID" + indent + "STATUS" + indent
                + "Data center ID" + indent + "VM ID" + indent + "Time" + indent
                + "Start Time" + indent + "Finish Time");
DecimalFormat dft = new DecimalFormat("###.##");
        for (int i = 0; i < size; i++) {
            cloudlet = list.get(i);
            Log.print(indent + cloudlet.getCloudletId() + indent + indent);
            if (cloudlet.getCloudletStatus() == Cloudlet.SUCCESS) {
                Log.print("SUCCESS");
                Log.printLine(indent + indent + cloudlet.getResourceId()
                        + indent + indent + indent + cloudlet.getVmId()
                        + indent + indent + dft.format(cloudlet.getActualCPUTime())
 + indent + indent + dft.format(cloudlet.getExecStartTime())
                        + indent + indent + dft.format(cloudlet.getFinishTime()));
            }
        }
    }
}
```

运行结果如下：

```
========== OUTPUT ==========
Cloudlet ID   STATUS   Data center ID   VM ID   Time   Start Time   Finish Time
    0        SUCCESS          2           0      400      0.1          400.1
***** Datacenter: Datacenter_0 *****
User id       Debt
3        35.6
**********************************
CloudSimExample1 finished!
```

CloudSimExample4 展示了如何创建两个数据中心，每个数据中心一台主机，并在其上运行两个云任务。代理会自动为虚拟机选择在哪个数据中心的哪个主机上创建工作。

CloudSimExample4.java

```
public static void main(String[] args) {
            Log.printLine("Starting CloudSimExample4...");
            try {
                //第一步：初始化 CloudSim
                int num_user = 1;
                Calendar calendar = Calendar.getInstance();
                boolean trace_flag = false;
                CloudSim.init(num_user, calendar, trace_flag);
                //第二步：创建数据中心
                //创建两个数据中心
                Datacenter datacenter0 = createDatacenter("Datacenter_0");
                Datacenter datacenter1 = createDatacenter("Datacenter_1");
                //第三步：创建数据中心代理
                DatacenterBroker broker = createBroker();
                int brokerId = broker.getId();
                //第四步：创建虚拟机
                vmlist = new ArrayList<Vm>();
                //虚拟机属性
                int vmid = 0;
                int mips = 250;
                long size = 10000;
                int ram = 512;
                long bw = 1000;
                int pesNumber = 1;
                String vmm = "Xen";
                //创建两个虚拟机
                Vm vm1 = new Vm(vmid, brokerId, mips, pesNumber, ram, bw, size, vmm, new
CloudletSchedulerTimeShared());
                vmid++;
                Vm vm2 = new Vm(vmid, brokerId, mips, pesNumber, ram, bw, size, vmm, new
CloudletSchedulerTimeShared());
                //添加虚拟机到虚拟机列表
                vmlist.add(vm1);
                vmlist.add(vm2);
                //提交虚拟机列表到代理
                broker.submitVmList(vmlist);
```

```
            //第五步：创建两个任务
            cloudletList = new ArrayList<Cloudlet>();
            //任务参数
            int id = 0;
            long length = 40000;
            long fileSize = 300;
            long outputSize = 300;
            UtilizationModel utilizationModel = new UtilizationModelFull();
            Cloudlet cloudlet1 = new Cloudlet(id, length, pesNumber, fileSize, outputSize,
    utilizationModel, utilizationModel, utilizationModel);
            cloudlet1.setUserId(brokerId);
            id++;
            Cloudlet cloudlet2 = new Cloudlet(id, length, pesNumber, fileSize, outputSize,
    utilizationModel, utilizationModel, utilizationModel);
            cloudlet2.setUserId(brokerId);
            //添加任务到任务列表
            cloudletList.add(cloudlet1);
            cloudletList.add(cloudlet2);
            //提交任务列表
            broker.submitCloudletList(cloudletList);
            //代理绑定任务与虚拟机
            //绑定后任务只在对应的虚拟机上运行
            broker.bindCloudletToVm(cloudlet1.getCloudletId(),vm1.getId());
            broker.bindCloudletToVm(cloudlet2.getCloudletId(),vm2.getId());
            //第六步：启动仿真
            CloudSim.startSimulation();
            //第七步：统计结果并输出结果
            List<Cloudlet> newList = broker.getCloudletReceivedList();
            CloudSim.stopSimulation();
            printCloudletList(newList);
            //打印每个数据中心的成本
            datacenter0.printDebts();
            datacenter1.printDebts();
            Log.printLine("CloudSimExample4 finished!");
        }
        catch (Exception e) {
            e.printStackTrace();
            Log.printLine("The simulation has been terminated due to an unexpected error");
        }
    }
```

运行结果如下：

```
Starting CloudSimExample4...
Initialising...
Starting CloudSim version 3.0
Datacenter_0 is starting...
Datacenter_1 is starting...
Broker is starting...
```

```
Entities started.
0.0: Broker: Cloud Resource List received with 2 resource(s)
0.0: Broker: Trying to Create VM #0 in Datacenter_0
0.0: Broker: Trying to Create VM #1 in Datacenter_0
[VmScheduler.vmCreate] Allocation of VM #1 to Host #0 failed by MIPS
0.1: Broker: VM #0 has been created in Datacenter #2, Host #0
0.1: Broker: Creation of VM #1 failed in Datacenter #2
0.1: Broker: Trying to Create VM #1 in Datacenter_1
0.2: Broker: VM #1 has been created in Datacenter #3, Host #0
0.2: Broker: Sending cloudlet 0 to VM #0
0.2: Broker: Sending cloudlet 1 to VM #1
160.2: Broker: Cloudlet 0 received
160.2: Broker: Cloudlet 1 received
160.2: Broker: All Cloudlets executed. Finishing...
160.2: Broker: Destroying VM #0
160.2: Broker: Destroying VM #1
Broker is shutting down...
Simulation: No more future events
CloudInformationService: Notify all CloudSim entities for shutting down.
Datacenter_0 is shutting down...
Datacenter_1 is shutting down...
Broker is shutting down...
Simulation completed.
Simulation completed.

========== OUTPUT ==========
Cloudlet ID  STATUS   Data center ID  VM ID  Time  Start Time  Finish Time
    0        SUCCESS        2           0     160     0.2          160.2
    1        SUCCESS        3           1     160     0.2          160.2
***** Datacenter: Datacenter_0 *****
User id       Debt
4         35.6
**********************************
***** Datacenter: Datacenter_1 *****
User id       Debt
4         35.6
**********************************
CloudSimExample4 finished!
```

值得注意的是，由于数据中心的主机都用了 VmSchdeulerSpaceShared 策略，见 createDatacenter()函数的代码，如下，而主机只有一个 CPU 核芯，故 VM#1 创建失败。

```
hostList.add(new Host(hostId, new RamProvisionerSimple(ram),
                    new BwProvisionerSimple(bw), storage, peList,
                    new VmSchedulerSpaceShared(peList)
                )
            );
```

4.4.2 CloudSim 网络编程

以 org.cloudbus.cloudsim.examples.network.NetworkExample1 为例,该例子展示了如何创建一个有网络拓扑的数据中心并且在其上运行一个云任务。例子通过读取 topology.brite 文件来构造网络拓扑。网络拓扑的信息包括节点的位置、节点间的有向边、边时延、边带宽等信息。能够模拟基于网络位置、时延、带宽等的网络环境,有效地计算网络传输造成的花销。与前面例子不同的是,网络编程需要调用 org.cloudbus.cloudsim.NetworkTopology 构造网络拓扑图,然后把 CloudSim 实体与拓扑图的节点进行映射。

```
public static void main(String[] args) {
        Log.printLine("Starting NetworkExample1...");
        try {
            //第一步: 初始化 CloudSim
            int num_user = 1;
            Calendar calendar = Calendar.getInstance();
            boolean trace_flag = false;
            CloudSim.init(num_user, calendar, trace_flag);
            //第二步: 创建数据中心
            Datacenter datacenter0 = createDatacenter("Datacenter_0");
            //第三步: 创建代理
            DatacenterBroker broker = createBroker();
            int brokerId = broker.getId();
            //第四步: 创建一个虚拟机
            vmlist = new ArrayList<Vm>();
            //虚拟机参数
            int vmid = 0;
            int mips = 250;
            long size = 10000;
            int ram = 512;
            long bw = 1000;
            int pesNumber = 1;
            String vmm = "Xen";
            //创建虚拟机
            Vm vm1 = new Vm(vmid, brokerId, mips, pesNumber, ram, bw, size, vmm, new
CloudletSchedulerTimeShared());
            vmlist.add(vm1);
            //提交虚拟机列表到代理
            broker.submitVmList(vmlist);
            //第五步: 创建一个任务
            cloudletList = new ArrayList<Cloudlet>();
            //任务参数
            int id = 0;
            long length = 40000;
            long fileSize = 300;
            long outputSize = 300;
            UtilizationModel utilizationModel = new UtilizationModelFull();
```

```
                Cloudlet cloudlet1 = new Cloudlet(id, length, pesNumber, fileSize, outputSize,
utilizationModel, utilizationModel, utilizationModel);
                cloudlet1.setUserId(brokerId);
                cloudletList.add(cloudlet1);
                //提交任务列表到代理
                broker.submitCloudletList(cloudletList);
                //第六步:配置网络
                //加载网络拓扑文件
                NetworkTopology.buildNetworkTopology("topology.brite");
                //注意:直接运行该例子,可能会运行失败,报错找不到 topology.brite
                //解决方法:方法一:buildNetworkTopology()中的参数改为 topology.brite
//的绝对路径;方法二:把 topology.brite 复制到项目的根目录下
//CloudSim 实体与拓扑图中的对象建立映射
//数据中心对应拓扑图的节点 0
int briteNode = 0;
                NetworkTopology.mapNode(datacenter0.getId(),briteNode);
                //代理对应拓扑图的节点 3
                briteNode = 3;
                NetworkTopology.mapNode(broker.getId(),briteNode);
                //第七步:启动仿真
                CloudSim.startSimulation();
                //第八步:统计结果并输出结果
                List<Cloudlet> newList = broker.getCloudletReceivedList();
CloudSim.stopSimulation();
                printCloudletList(newList);
                //打印数据中心的成本
                datacenter0.printDebts();
                Log.printLine("NetworkExample1 finished!");
            }
            catch (Exception e) {
                e.printStackTrace();
                Log.printLine("The simulation has been terminated due to an unexpected error");
            }
    }
```

topology.brite 如下:

```
Topology: ( 5 Nodes, 8 Edges )
Model (1 - RTWaxman): 5 5 5 1   2   0.15000000596046448 0.20000000298023224 1 1 10.0 1024.0

Nodes: ( 5 )
0  1  3  3  3   -1  RT_NODE
1  0  3  3  3   -1  RT_NODE
2  4  3  3  3   -1  RT_NODE
3  3  1  3  3   -1  RT_NODE
4  3  3  4  4   -1  RT_NODE

Edges: ( 8 )
0  2  0  3.0           1.1  10.0   -1   -1  E_RT  U
```

```
1  2  1  4.0                2.1  10.0  -1   -1  E_RT  U
2  3  0  2.8284271247461903  3.9  10.0 -1   -1  E_RT  U
3  3  1  3.605551275463989   4.1  10.0 -1   -1  E_RT  U
4  4  3  2.0                5.0  10.0  -1   -1  E_RT  U
5  4  2  1.0                4.0  10.0  -1   -1  E_RT  U
6  0  4  2.0                3.0  10.0  -1   -1  E_RT  U
7  1  4  3.0                4.1  10.0  -1   -1  E_RT  U
```

程序会寻找标记“Nodes:”和“Edges:”,“Nodes”是节点信息,其中第一列是节点序号,第二列是节点的横坐标,第三列是纵坐标。“Edges”是边信息,第一列是边序号,第二列是始节点序号,第三列是终节点序号,第四列是边长度,第五列是边时延,第六列是边带宽。CloudSim 中只用到了以上信息。如此,我们就能构造自己需要的网络拓扑了。

运行结果如下:

注意:如“7.800000190734863: Broker: Trying to Create VM #0 in Datacenter_0”中的 7.800000190734863 是 CloudSim 中的仿真时间。

```
Starting NetworkExample1...
Initialising...
Topology file: topology.brite
Starting CloudSim version 3.0
Datacenter_0 is starting...
Broker is starting...
Entities started.
0.0: Broker: Cloud Resource List received with 1 resource(s)
7.800000190734863: Broker: Trying to Create VM #0 in Datacenter_0
15.700000381469726: Broker: VM #0 has been created in Datacenter #2, Host #0
15.700000381469726: Broker: Sending cloudlet 0 to VM #0
183.50000057220458: Broker: Cloudlet 0 received
183.50000057220458: Broker: All Cloudlets executed. Finishing...
183.50000057220458: Broker: Destroying VM #0
Broker is shutting down...
Simulation: No more future events
CloudInformationService: Notify all CloudSim entities for shutting down.
Datacenter_0 is shutting down...
Broker is shutting down...
Simulation completed.
Simulation completed.

========== OUTPUT ==========
Cloudlet ID  STATUS   Data center ID  VM ID  Time  Start Time  Finish Time
    0        SUCCESS       2            0     160     19.6        179.6
***** Datacenter: Datacenter_0 *****
User id        Debt
3          35.6
**********************************
NetworkExample1 finished!
```

4.4.3 CloudSim 能耗编程

能耗模拟的例子有多个，代码实现都类似。这些例子通过读取负载文件中的CPU利用率数据作为云任务的利用率，实现云任务负载的动态变化。因此仿真过程中，会出现主机的负载不平衡，程序通过动态迁移负载过高的主机中的虚拟机到负载低的主机，实现了负载动态适应的算法，并且应用能耗——CPU利用率模型计算数据中心的能耗。事实上，这小节介绍的程序不仅仅适用于能耗编程，更大的意义在于展示了虚拟机调度算法，可以计算虚拟机的迁移时间、服务等级协议(Service-Level Agreement，SLA)的违背率、主机利用率等指标。这样我们就能进行动态的虚拟机调度、任务调度、能耗模拟。

而这些例子的差别在于虚拟机分配策略vmAllocationPolicy和虚拟机选择策略vmSelectionPolicy的不同。vmAllocationPolicy的作用是为虚拟机选择要放置的主机，而vmSelectionPolicy的作用是选择由于主机负载过高而要迁移的虚拟机。下面以org.cloudbus.cloudsim.examples.power.planetlab.IqrMc为例解释说明。IqrMc中使用了PowerVmAllocationPolicyMigrationInterQuartileRange的虚拟机分配策略和PowerVmSelectionPolicyMaximumCorrelation的虚拟机选择策略。Inter Quartile Range是指四分位数间距。Maximum Correlation是指最大相关系数。IqrMc.java的代码十分简单，但实际上这个例子相比前面的例子复杂得多，因为具体实现的代码在其他类中。

```
public static void main(String[] args) throws IOException {
        boolean enableOutput = false;
        boolean outputToFile = true;
        String inputFolder = IqrMc.class.getClassLoader().getResource("workload/planetlab").
getPath();
        String outputFolder = "output";
        String workload = "20110303";           //负载数据
        String vmAllocationPolicy = "iqr";   //四分间距分配策略(Inter Quartile Range)
        String vmSelectionPolicy = "mc";     //最大相关系数选择策略(Maximum Correlation)
        String parameter = "1.5";             //Iqr 策略中的安全参数

        new PlanetLabRunner(
                enableOutput,
                outputToFile,
                inputFolder,
                outputFolder,
                workload,
                vmAllocationPolicy,
                vmSelectionPolicy,
                parameter);
    }
```

如果运行不了，出现错误如下：

```
java.lang.NullPointerException
        at org.cloudbus.cloudsim.examples.power.planetlab.PlanetLabHelper.create
CloudletListPlanetLab (PlanetLabHelper.java:49)
        at org.cloudbus.cloudsim.examples.power.planetlab.PlanetLabRunner.init
(PlanetLabRunner.java:71)
        at org.cloudbus.cloudsim.examples.power.RunnerAbstract.<init>(RunnerAbstract.java:95)

        at org.cloudbus.cloudsim.examples.power.planetlab.PlanetLabRunner.<init>
(PlanetLabRunner.java:55)
        at org.cloudbus.cloudsim.examples.power.planetlab.IqrMc.main(IqrMc.java:42)
The simulation has been terminated due to an unexpected error
```

有可能是因为负载文件 workload/planetlab/20110303 的绝对路径中有空格，这样它在读取路径时会把空格，转义为“%20”，因而读取文件失败。解决方法是：把 String inputFolder = IqrMc.class.getClassLoader().getResource("workload/planetlab").getPath();改为 String inputFolder = IqrMc.class.getClassLoader().getResource("workload/planetlab").toURI().getPath();，并且在 throws IOException 后加上“，URISyntaxException”，即变成 throws IOException，URISyntaxException 即可。

PlanetLabRunner 的源代码通过 org.cloudbus.cloudsim.examples.power.Helper 类和 org.cloudbus.cloudsim.examples.power.planetlab.PlanetLabHelper 类创建了代理、云任务、虚拟机列表、主机列表。而数据中心是在其父类 RunnerAbstract 中创建的。

```
public class PlanetLabRunner extends RunnerAbstract {
    public PlanetLabRunner(
            boolean enableOutput,
            boolean outputToFile,
            String inputFolder,
            String outputFolder,
            String workload,
            String vmAllocationPolicy,
            String vmSelectionPolicy,
            String parameter) {
            super(
                enableOutput,
                outputToFile,
                inputFolder,
                outputFolder,
                workload,
                vmAllocationPolicy,
                vmSelectionPolicy,
                parameter);
    }
        @Override
    protected void init(String inputFolder) {
        try {
            CloudSim.init(1, Calendar.getInstance(), false);
```

```
            broker = Helper.createBroker();            //创建代理
            int brokerId = broker.getId();
        cloudletList = PlanetLabHelper.createCloudletListPlanetLab(brokerId, inputFolder);

//创建云任务,其中云任务的利用率是读取负载文件的
            vmList = Helper.createVmList(brokerId, cloudletList.size());
//创建虚拟机列表
            hostList = Helper.createHostList(PlanetLabConstants.NUMBER_OF_HOSTS);
//创建能耗主机列表
} catch (Exception e) {
            e.printStackTrace();
            Log.printLine("The simulation has been terminated due to an unexpected error");
            System.exit(0);
        }
    }
}
```

org.cloudbus.cloudsim.examples.power.RunnerAbstract 的 start()方法创建数据中心。并且定义了仿真的启动与结束。RunnerAbstract 在其构造函数中会执行 init()(由子类 PlanetLabRunner 具体实现)和 start()方法。

```
protected void start (String experimentName, String outputFolder, VmAllocationPolicy
vmAllocationPolicy) {
        System.out.println("Starting " + experimentName);
        try {
            PowerDatacenter datacenter = (PowerDatacenter) Helper.createDatacenter(
                    "Datacenter",PowerDatacenter.class, hostList, vmAllocationPolicy);
            datacenter.setDisableMigrations(false);
            broker.submitVmList(vmList);
            broker.submitCloudletList(cloudletList);
            CloudSim.terminateSimulation(Constants.SIMULATION_LIMIT);
            //设置仿真超时时间,超时则结束仿真
            double lastClock = CloudSim.startSimulation();     //仿真总时间
            List<Cloudlet> newList = broker.getCloudletReceivedList();
            Log.printLine("Received " + newList.size() + " cloudlets");
            CloudSim.stopSimulation();
            Helper.printResults(datacenter, vmList, lastClock, experimentName,
                    Constants.OUTPUT_CSV, outputFolder);
        } catch (Exception e) {
            e.printStackTrace();
            Log.printLine("The simulation has been terminated due to an unexpected error");
            System.exit(0);
        }
            Log.printLine("Finished " + experimentName);
    }
```

创建云任务由 org.cloudbus.cloudsim.examples.power.planetlab.PlanetLabHelper 通过读取 CPU 利用率数据,构建负载动态变化的云任务。

```
public static List < Cloudlet > createCloudletListPlanetLab(int brokerId, String inputFolderName)
throws FileNotFoundException {
        List < Cloudlet > list = new ArrayList < Cloudlet >();
        long fileSize = 300;
        long outputSize = 300;
        UtilizationModel utilizationModelNull = new UtilizationModelNull();
        File inputFolder = new File(inputFolderName);
        File[] files = inputFolder.listFiles();           //列出文件夹中的文件
        for (int i = 0; i < files.length; i++) {          //1052 个文件,1052 个任务
            Cloudlet cloudlet = null;
            try {
                cloudlet = new Cloudlet(i,
                        Constants.CLOUDLET_LENGTH,        //任务长度 2500×24×60×60
                        Constants.CLOUDLET_PES,           //核芯数 1
                        fileSize,                         //文件大小
                        outputSize,                       //输出文件大小
                        new UtilizationModelPlanetLabInMemory(
                                                          //读取文件的利用率模型
                                files[i].getAbsolutePath(),
                                Constants.SCHEDULING_INTERVAL),
                                                          //间隔 60×5 = 300 秒
                        utilizationModelNull,             //内存利用率模型为 0 模型
                        utilizationModelNull);            //带宽利用率模型为 0 模型
            } catch (Exception e) {
                e.printStackTrace();
                System.exit(0);
}
            cloudlet.setUserId(brokerId);
            cloudlet.setVmId(i);
            list.add(cloudlet);
        }
        return list;
    }
```

org. cloudbus. cloudsim. UtilizationModelPlanetLabInMemory 是接口类 UtilizationModel 的一个实现。实现 UtilizationModel 的接口必须实现 getUtilization()方法获取利用率。负载文件是每隔 5min 采样一个点,共 24h,288 个点。

```
public class UtilizationModelPlanetLabInMemory implements UtilizationModel {
    private double schedulingInterval;                  //调度间隔,这里就是 5 分钟
    private final double[] data = new double[289];      //数据(5min×288 = 24h)
    public UtilizationModelPlanetLabInMemory(String inputPath, double schedulingInterval)
     throws NumberFormatException, IOException {
        setSchedulingInterval(schedulingInterval);      //设置调度间隔
        //读取文件的数据,每个数据占一行.data 的数在区间[0,1]
        BufferedReader input = new BufferedReader(new FileReader(inputPath));
        int n = data.length;
        for (int i = 0; i < n - 1; i++) {
```

```
            data[i] = Integer.valueOf(input.readLine()) / 100.0;
        }
        data[n - 1] = data[n - 2];
        input.close();
    }
    @Override
    public double getUtilization(double time) {
        if (time % getSchedulingInterval() == 0) {
            return data[(int) time / (int) getSchedulingInterval()];
        } //能整除间隔则返回已知的数据
        int time1 = (int) Math.floor(time / getSchedulingInterval());
        int time2 = (int) Math.ceil(time / getSchedulingInterval());
        double utilization1 = data[time1];
        double utilization2 = data[time2];
        double delta = (utilization2 - utilization1)/((time2 - time1) * getSchedulingInterval());
        double utilization = utilization1 + delta * (time - time1 * getSchedulingInterval());
        //不能整除则利用相邻数据线性拟合
        return utilization;
    }
}
```

Helper 类创建了 1052 个云任务(因为有 1052 个负载文件),1052 个虚拟机,800 个主机。虚拟机有四种类型,不同类型对应不同的 MIPS 和 RAM,主机有两种类型,对应不同的 MIPS、RAM 和能耗—CPU 利用率模型。见 org. cloudbus. cloudsim. examples. power. Constants。

```
public final static int VM_TYPES = 4;
public final static int[] VM_MIPS = {2500, 2000, 1000, 500};
public final static int[] VM_PES = {1, 1, 1, 1};
public final static int[] VM_RAM = {870, 1740, 1740, 613};
public final static int VM_BW      = 100000;            //100Mb/s
public final static int VM_SIZE    = 2500;              //2.5GB
public final static int HOST_TYPES    = 2;
public final static int[] HOST_MIPS   = {1860, 2660};
public final static int[] HOST_PES    = {2, 2};
public final static int[] HOST_RAM    = {4096, 4096};
public final static int HOST_BW       = 1000000;         //1Gb/s
public final static int HOST_STORAGE = 1000000;          //1GB
public final static PowerModel[] HOST_POWER = {
    new PowerModelSpecPowerHpProLiantMl110G4Xeon3040(),
    new PowerModelSpecPowerHpProLiantMl110G5Xeon3075()
};
```

其中能耗—CPU 利用率模型定义在 org. cloudbus. cloudsim. power. models 包内,基类 PowerModel 是一个接口类,下面以 PowerModelSpecPowerHpProLiantMl110G4Xeon3040()为例介绍。

PowerModelSpecPower 类是 PowerModelSpecPowerHpProLiantMl110G3PentiumD930 的

父类,该类需要知道 CPU 利用率在 0%、10%、…、100%情况下的能耗值,这些能耗值由子类来具体实现。而其他情况下,采用线性拟合方法计算。

```
public abstract class PowerModelSpecPower implements PowerModel {
    @Override
    public double getPower(double utilization) throws IllegalArgumentException {
        if (utilization < 0 || utilization > 1) {
        throw new IllegalArgumentException("Utilization value must be between 0 and 1");
        }
        if (utilization % 0.1 == 0) {
            return getPowerData((int) (utilization * 10));
        }                                          //能整除的直接使用已知数据
        int utilization1 = (int) Math.floor(utilization * 10);
        int utilization2 = (int) Math.ceil(utilization * 10);
        double power1 = getPowerData(utilization1);
        double power2 = getPowerData(utilization2);
        double delta = (power2 - power1) / 10;
        double power = power1 + delta * (utilization - (double) utilization1 / 10) * 100;
//不能整除的采用线性拟合
        return power;
    }
        protected abstract double getPowerData(int index);
}
public class PowerModelSpecPowerHpProLiantMl110G3PentiumD930 extends PowerModelSpecPower {
    private final double[] power = { 86, 89.4, 92.6, 96, 99.5, 102, 106, 108, 112, 114, 117 };
    //利用率在 0% , 10% , … , 100% 下的能耗
    @Override
    protected double getPowerData(int index) {
        return power[index];
    }}
```

org. cloudbus. cloudsim. power. PowerVmAllocationPolicyMigrationInterQuartileRange 类继承了 PowerVmAllocationPolicyMigrationAbstract,继承该类关键在于实现 isHostOverUtilized()方法,CloudSim 中的所有 PowerVmAllocationPolicyMigration 具体实现,最关键不同就是 isHostOverUtilized() 方法的不同。其他主要方法在 PowerVmAllocationPolicyMigrationAbstract 类中已定义好。

```
public class PowerVmAllocationPolicyMigrationInterQuartileRange extends
         PowerVmAllocationPolicyMigrationAbstract {
    @Override
    protected boolean isHostOverUtilized(PowerHost host) {
        PowerHostUtilizationHistory _host = (PowerHostUtilizationHistory) host;
        double upperThreshold = 0;
        try {                       // upperThreshold 利用率的阈值
            upperThreshold = 1 - getSafetyParameter() * getHostUtilizationIqr(_host);
                                    // SafetyParameter 就是 IqrMc 中的安全参数 1.5
                                    // getHostUtilizationIqr()获取主机历史利用率的四位分距
```

```
        } catch (IllegalArgumentException e) {
            return getFallbackVmAllocationPolicy().isHostOverUtilized(host);
                                //如果计算四位分距失败,则调用后备的分配策略,默认为静态
    //阈值分配策略 PowerVmAllocationPolicyMigrationStaticThreshold
        }
        addHistoryEntry(host, upperThreshold);     //保存数据作为历史
        double totalRequestedMips = 0;             //总请求计算量
        for (Vm vm : host.getVmList()) {
            totalRequestedMips += vm.getCurrentRequestedTotalMips();
        }
        double utilization = totalRequestedMips / host.getTotalMips();
        //利用率 = 总请求计算量/总计算能力
        return utilization > upperThreshold;
    }
```

下面要解释的 org. cloudbus. cloudsim. power. PowerVmAllocationPolicyMigrationAbstract 是整个虚拟机调度的关键。该类定义了 optimizeAllocation()方法,在执行任务过程中,把高负载的主机中的虚拟机迁移到低负载的主机。要实现自己的调度算法,就是要重写 optimizeAllocation()方法,PowerDatacenter 在每隔一段时间更新任务进度时会调用该方法,避免主机过载。

```
public abstract class PowerVmAllocationPolicyMigrationAbstract extends
PowerVmAllocationPolicyAbstract {
@Override
    public List<Map<String, Object>> optimizeAllocation(List<? extends Vm> vmList) {
        ExecutionTimeMeasurer.start("optimizeAllocationTotal");
        //记录优化分配的开始时间
        ExecutionTimeMeasurer.start("optimizeAllocationHostSelection");
        //记录选择过载主机的开始时间
        List<PowerHostUtilizationHistory> overUtilizedHosts = getOverUtilizedHosts();
        //获取过载的主机,由子类 isHostOverUtilized()方法判断是否过载
        getExecutionTimeHistoryHostSelection().add(
                ExecutionTimeMeasurer.end("optimizeAllocationHostSelection"));
                                            //保存选择过载主机所用时间
        printOverUtilizedHosts(overUtilizedHosts);//打印过载主机
        saveAllocation();                           //保存原来的虚拟机分配情况
        ExecutionTimeMeasurer.start("optimizeAllocationVmSelection");
                                            //记录选择要迁移的虚拟机的开始时间
        List<? extends Vm> vmsToMigrate =
                getVmsToMigrateFromHosts(overUtilizedHosts);
        //从过载的主机选择迁移虚拟机,调用 VmSelectionPolicy,
        //本例即为 PowerVmSelectionPolicyMaximumCorrelation
        getExecutionTimeHistoryVmSelection().add(ExecutionTimeMeasurer.end(
        "optimizeAllocationVmSelection"));
        //保存选择虚拟机所用时间
Log.printLine("Reallocation of VMs from the over - utilized hosts:");
        ExecutionTimeMeasurer.start("optimizeAllocationVmReallocation");
                                            //记录虚拟机再分配的开始时间
```

```
        List<Map<String, Object>> migrationMap = getNewVmPlacement(vmsToMigrate, new
HashSet<Host>(overUtilizedHosts));
                                                  //为虚拟机寻找重新分配的主机
        getExecutionTimeHistoryVmReallocation().add(
                ExecutionTimeMeasurer.end("optimizeAllocationVmReallocation"));
                                                  //保存虚拟机再分配所用时间
Log.printLine();
migrationMap.addAll(
getMigrationMapFromUnderUtilizedHosts(overUtilizedHosts));
                                                //从低载的主机寻找迁移虚拟机—新主机映射
        restoreAllocation();                    //恢复原来的虚拟机分配情况,还未迁移
getExecutionTimeHistoryTotal().add(ExecutionTimeMeasurer.end(
"optimizeAllocationTotal"));                    //保存优化分配的时间
        return migrationMap;                    //返回迁移的虚拟机—新主机映射列表
    }
protected List<Map<String, Object>> getNewVmPlacement(List<? extends Vm> vmsToMigrate, Set
<? extends Host> excludedHosts) {
        List<Map<String, Object>> migrationMap = new LinkedList<Map<String, Object>>();
                                                //虚拟机—新主机映射列表
        PowerVmList.sortByCpuUtilization(vmsToMigrate); //按利用率升序排列
        for (Vm vm : vmsToMigrate) {                    //利用率低的虚拟机优先
            PowerHost allocatedHost = findHostForVm(vm, excludedHosts);
                    //给虚拟机寻找主机,excludedHosts是给vm迁移不用考虑的主机
            if (allocatedHost != null) {
                allocatedHost.vmCreate(vm);             //在主机中创建虚拟机
                Log.printLine("VM #" + vm.getId() + " allocated to host #" +
                allocatedHost.getId());
                Map<String, Object> migrate = new HashMap<String, Object>();
                migrate.put("vm", vm);
                migrate.put("host", allocatedHost);
                migrationMap.add(migrate);              //把虚拟机—新主机映射添加到列表
            }
        }
        return migrationMap;
}

protected List<Map<String, Object>> getMigrationMapFromUnderUtilizedHosts(
            List<PowerHostUtilizationHistory> overUtilizedHosts) {
        List<Map<String, Object>> migrationMap = new LinkedList
        <Map<String, Object>>();                        //虚拟机—新主机映射列表
        List<PowerHost> switchedOffHosts = getSwitchedOffHosts();
                                                        //关闭的主机
//为了寻找低载主机,过载的主机、关闭的主机、已确定为迁移目标的主机是不考虑的
Set<PowerHost> excludedHostsForFindingUnderUtilizedHost = new HashSet<PowerHost>();
        excludedHostsForFindingUnderUtilizedHost.addAll(overUtilizedHosts);
        excludedHostsForFindingUnderUtilizedHost.addAll(switchedOffHosts);
        excludedHostsForFindingUnderUtilizedHost.addAll(
        extractHostListFromMigrationMap(migrationMap));

            //为了给虚拟机寻找新的主机,过载的主机和关闭的主机是不考虑的
```

```
        Set < PowerHost > excludedHostsForFindingNewVmPlacement = new HashSet < PowerHost >();
        excludedHostsForFindingNewVmPlacement.addAll(overUtilizedHosts);
        excludedHostsForFindingNewVmPlacement.addAll(switchedOffHosts);
        int numberOfHosts = getHostList().size();
        while (true) {
            if (numberOfHosts == excludedHostsForFindingUnderUtilizedHost.size()) {
                break;                              //如果不考虑的主机数等于总主机数,跳出
            }
        PowerHost underUtilizedHost =
        getUnderUtilizedHost(excludedHostsForFindingUnderUtilizedHost);
                    //排除不考虑的主机,找低载的一个主机
            if (underUtilizedHost == null) { //找不到,跳出
                break;
            }
          Log.printLine("Under - utilized host: host #" + underUtilizedHost.getId() + "\n");
            //找到低载主机也不作考虑
            excludedHostsForFindingUnderUtilizedHost.add(underUtilizedHost);
            excludedHostsForFindingNewVmPlacement.add(underUtilizedHost);
            List <? extends Vm > vmsToMigrateFromUnderUtilizedHost =
                    getVmsToMigrateFromUnderUtilizedHost(underUtilizedHost);
                                                        //从低载的主机找要迁移的主机
            if (vmsToMigrateFromUnderUtilizedHost.isEmpty()) {
            continue;                               //如果该低载的主机中不存在将要迁移的虚拟
            //机,继续找下一个主机
            }
            Log.print("Reallocation of VMs from the under - utilized host: ");
            if (!Log.isDisabled()) {
                for (Vm vm : vmsToMigrateFromUnderUtilizedHost) {
                    Log.print(vm.getId() + " ");
                }
            }
            Log.printLine();
            //给低载主机要迁移的虚拟机寻找新的主机
            List < Map < String, Object >> newVmPlacement =
            getNewVmPlacementFromUnderUtilizedHost(
                    vmsToMigrateFromUnderUtilizedHost,
                    excludedHostsForFindingNewVmPlacement);
            excludedHostsForFindingUnderUtilizedHost.addAll(
            extractHostListFromMigrationMap(newVmPlacement));
            //新找到的主机接下来不作考虑了
            migrationMap.addAll(newVmPlacement);            //添加到映射列表中
            Log.printLine();
        }
        return migrationMap;
    }
    protected List < Map < String, Object >> getNewVmPlacementFromUnderUtilizedHost(
List <? extends Vm > vmsToMigrate, Set <? extends Host > excludedHosts) {
        List < Map < String, Object >> migrationMap = new LinkedList
        < Map < String, Object >>();
```

```
        PowerVmList.sortByCpuUtilization(vmsToMigrate);        //按利用率升序排列
        for (Vm vm : vmsToMigrate) {
            PowerHost allocatedHost = findHostForVm(vm, excludedHosts);
        //给虚拟机寻找主机
            if (allocatedHost != null) {
                allocatedHost.vmCreate(vm);                     //在主机中创建虚拟机
        Log.printLine("VM #" + vm.getId() + " allocated to host #" + allocatedHost.getId());
                Map<String, Object> migrate = new HashMap<String, Object>();
                migrate.put("vm", vm);
                migrate.put("host", allocatedHost);
                migrationMap.add(migrate);                      //添加到映射列表
            } else {                                            //找不到能迁移的主机
    Log.printLine("Not all VMs can be reallocated from the host, reallocation cancelled");
                for (Map<String, Object> map : migrationMap) {
                    ((Host) map.get("host")).vmDestroy((Vm) map.get("vm"));
                }                                               //删除主机中的虚拟机
                migrationMap.clear();                           //清空映射列表
                break;
            }
        }
        return migrationMap;
    }

    protected List<? extends Vm> getVmsToMigrateFromUnderUtilizedHost(
    PowerHost host) {
        List<Vm> vmsToMigrate = new LinkedList<Vm>();
        for (Vm vm : host.getVmList()) {                        //遍历主机中的所有虚拟机
            if (!vm.isInMigration()) {                          //如果虚拟机不是正在迁移中
                vmsToMigrate.add(vm);                           //则选为将要迁移的虚拟机
            }
        }
        return vmsToMigrate;
    }

    public PowerHost findHostForVm(Vm vm, Set<? extends Host> excludedHosts) {
        double minPower = Double.MAX_VALUE;
        PowerHost allocatedHost = null;
        for (PowerHost host : this.<PowerHost> getHostList()) {
            if (excludedHosts.contains(host)) {                 //跳过不考虑的主机
                continue;
            }
            if (host.isSuitableForVm(vm)) {
    //判断主机是否在计算能力、内存、带宽方面能满足虚拟机
                if (getUtilizationOfCpuMips(host) != 0 &&
    isHostOverUtilizedAfterAllocation(host, vm)) {
    //如果主机利用率非零且分配后没有过载则再找
                    continue;
                }
                try {
```

```
                    double powerAfterAllocation = getPowerAfterAllocation(host, vm);
                                                                    //计算分配后的能耗
 if (powerAfterAllocation != -1) {
                        double powerDiff = powerAfterAllocation - host.getPower();
                                                                    //分配前后的能耗差
                        if (powerDiff < minPower) {                 //寻找能耗差最小的主机
                            minPower = powerDiff;
                            allocatedHost = host;
                        }
                    }
                } catch (Exception e) {
                }
            }
        }
        return allocatedHost;
    }
```

虚拟机策略 org. cloudbus. cloudsim. power. PowerVmSelectionPolicyMaximumCorrelation 是为了找出主机中负载复相关性。

```
public class PowerVmSelectionPolicyMaximumCorrelation extends PowerVmSelectionPolicy {
    public Vm getVmToMigrate(final PowerHost host) {
        List<PowerVm> migratableVms = getMigratableVms(host);
//主机中可迁移的虚拟机
        if (migratableVms.isEmpty()) {
            return null;
        }
        List<Double> metrics = null;
        try {
            //指标是每个虚拟机的利用率历史与其他虚拟机利用率历史的复相关系数
            metrics = getCorrelationCoefficients(getUtilizationMatrix(migratableVms));
} catch (IllegalArgumentException e) {
            return getFallbackPolicy().getVmToMigrate(host);
//失败则调用回退选择策略返回要迁移的虚拟机
        }

double maxMetric = Double.MIN_VALUE;
        int maxIndex = 0;
        for (int i = 0; i < metrics.size(); i++) {
            double metric = metrics.get(i);
            if (metric > maxMetric) {                       //寻找复相关系数最大的虚拟机
                maxMetric = metric;
                maxIndex = i;
            }
}
return migratableVms.get(maxIndex);
}

    protected double[][] getUtilizationMatrix(final List<PowerVm> vmList) {
```

```
        int n = vmList.size();                              //虚拟机数
        int m = getMinUtilizationHistorySize(vmList);       //最小的利用率历史长度
        double[][] utilization = new double[n][m];          //n×m 的利用率矩阵
        for (int i = 0; i < n; i++) {
            List<Double> vmUtilization = vmList.get(i).getUtilizationHistory();
            for (int j = 0; j < vmUtilization.size(); j++) {
                utilization[i][j] = vmUtilization.get(j);
            }
        }
        return utilization;
    }

    //由历史利用率矩阵计算复相关系数,复相关系数是多元回归分析中的概念,用来
//描述一个变量与其他多个变量之间线性相关程度
    protected List<Double> getCorrelationCoefficients(final double[][] data) {
        int n = data.length;
        int m = data[0].length;
        List<Double> correlationCoefficients = new LinkedList<Double>();
        for (int i = 0; i < n; i++) {
            double[][] x = new double[n - 1][m];            //x 是除去 data[i]一行数据的
            int k = 0;                                      //(n-1)×m 阶矩阵
            for (int j = 0; j < n; j++) {
                if (j != i) {
                    x[k++] = data[j];
                }
            }
            //xT 是 x 的转置,为了符合回归的格式
            double[][] xT = new Array2DRowRealMatrix(x).transpose().getData();
            //RSquare 就是复相关系数的定义,用 x 来多元线性回归 data[i]
            correlationCoefficients.add(MathUtil.createLinearRegression(xT,
                    data[i]).calculateRSquared());
        }
        return correlationCoefficients;
    }
```

运行结果：由于运行结果的输出非常多，过程的输出这里就省略了，只给出结果的输出。这些结果是由 org. cloudbus. cloudsim. examples. power. Helper 类的 printResults()方法输出的，具体如表 4-1 所示。

表 4-1　采用 printResults()方法输出的结果

Experiment name	实验名称
Number of hosts	主机数
Number of VMs	虚拟机数
Total simulation time	总仿真时间(单位：s)
Energy consumption	总能耗(单位：kW·h)
Number of VM migrations	虚拟机迁移数
SLA	SLA perf degradation due to migration * SLA time per active host
SLA perf degradation due to migration	由于迁移导致 SLA 性能下降比例
SLA time per active host	活动主机的违反 SLA 时间比例

续表

Overall SLA violation	整体 SLA 违反率
Average SLA violation	平均 SLA 违反率
Number of host shutdowns	主机关闭的台次数(主机可能开了又关,关了又开)
Mean time before a host shutdown	主机平均开启时间
StDev time before a host shutdown	主机开启时间的标准差
Execution time-VM selection mean	虚拟机选择平均时间
Execution time-VM selection stDev	虚拟机选择时间标准差
Execution time-host selection mean	主机选择平均时间
Execution time-host selection stDev	主机选择时间标准差
Execution time-VM reallocation mean	虚拟机再分配平均时间
Execution time-VM reallocation stDev	虚拟机再分配时间标准差
Execution time-total mean	PowerVmAllocationPolicyMigration 平均分配时间
Execution time-total stDev	PowerVmAllocationPolicyMigration 分配时间的标准差

注：上面统计中使用的服务等级协议(SLA)是满足每个时刻的负载。

```
Experiment name: 20110303_iqr_mc_1.5
Number of hosts: 800
Number of VMs: 1052
Total simulation time: 86400.00 sec
Energy consumption: 116.96 kWh
Number of VM migrations: 24223
SLA: 0.00604 %
SLA perf degradation due to migration: 0.12 %
SLA time per active host: 5.25 %
Overall SLA violation: 0.16 %
Average SLA violation: 10.41 %
Number of host shutdowns: 1679
Mean time before a host shutdown: 2015.66 sec
StDev time before a host shutdown: 3606.72 sec
Mean time before a VM migration: 19.18 sec
StDev time before a VM migration: 8.15 sec
Execution time - VM selection mean: 0.23915 sec
Execution time - VM selection stDev: 0.13230 sec
Execution time - host selection mean: 0.01498 sec
Execution time - host selection stDev: 0.00952 sec
Execution time - VM reallocation mean: 0.14410 sec
Execution time - VM reallocation stDev: 0.04731 sec
Execution time - total mean: 0.50203 sec
Execution time - total stDev: 0.24563 sec
```

4.5 MultiRECloudSim

4.5.1 MultiRECloudSim 体系结构和原理

CloudSim 在众多模拟仿真工具中表现突出,其优良特性方便用户进行比较贴合实际云计算环境的资源调度和云服务的实验,可以量化对应的调度和分配策略的性能和给基础设施带来的能耗。尽管如此，现有 CloudSim 仍然存在一些局限性，比如在多资源任务的能耗模拟仿真和负载文件利用率数据利用不充分等短板。因此，我们提出了 MutiRECloudSim[6]，MultiRECloudSim 是基于 Cloudsim 扩展的多资源能耗仿真工具，它实现了面向 CPU、内存、磁盘 IO、带宽等多资源的能耗仿真功能，基于 MultiRECloudSim 可以实现面向多资源能耗仿真的算法设计与实验。由于 MutiRECloudSim 只是将 CloudSim 进行功能上的扩展，因此其体系结构基本上是跟 4.1 节中描述的 CloudSim 体系结构一样，如图 4-17 所示。

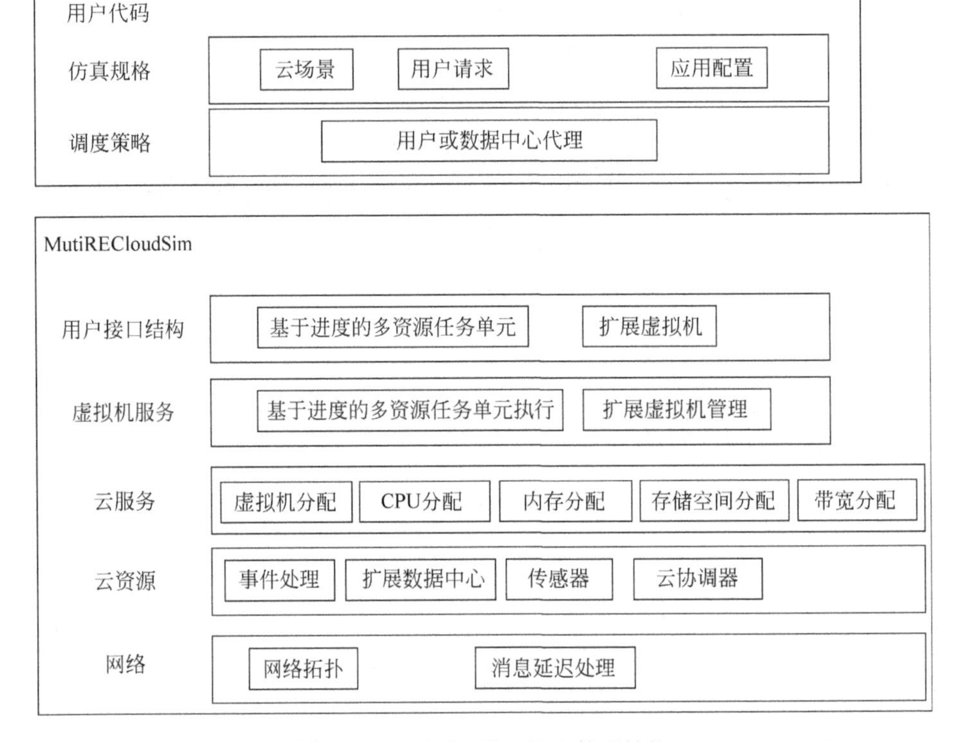

图 4-17 MultiRECloudSim 体系结构

在 MultiRECloudSim 中有很多类，我们可以将它们分为三类。首先是基本要素，包括 SimDatacenter，SimDatacenterBroker，SimPowerHost，SimPowerVm，SimCloudlet，UtilizationModel 及其子类。其次是决定各种分配调度算法的策略类，如 CloudletAssignmentPolicy，SimCloudletSchedulerDynamicWorkload。最后一个是分配和记录资源的资源管理器类，例如 SimRamProvisioner，CloudletIoAllocator。下面将详细介绍 MultiRECloudSim 为完善 CloudSim 所添加的内容，并解释它们的工作原理。

1）用户接口的任务单元变成基于进度的多资源任务单元。SimCloudlet 是 Cloudlet 的扩展类，增加对 IO 资源的支持。SimCloudlet 的属性 mips、ram、io、bw 分别表示任务对 CPU、内存、IO、带宽的需求。其中 mips 可以是固定值，也可以是动态变化的，这与 CloudSim 本来的实现一致。这四种资源都有各自的利用率模型 UtilizationModel，表示任务执行过程中，对该资源的利用率变化模型。如果是静态的，则用 UtilizationModelFull 百分百利用率模型，动态的话，则用读取文本文件的利用率模型。目前只有 CPU 同时支持静态动态负载，其他资源只支持静态。本模型基于以下的假设：

（1）为了简化模型，ram、io、bw 设定为固定值，即认为任务对这三种资源的需求是固定的，任务一旦开始执行，就会一直占用那么多的资源。

（2）对于新增的 IO 资源，我们将 IO 读写抽象地视作一种可分配的资源。每秒的 IO 率等于已经分配的 IO 资源/主机总的 IO 资源。其他资源的情况同样如此。

（3）内存、IO、带宽这三种资源，我们认为必须满足任务对它们的需求，任务才可以执行。而 CPU 资源，不满足任务依然可以执行，只不过 CPU 资源分配得少，执行得慢一点。当任务资源需求不被满足，则进入等待队列，满足则开始执行。由于 CPU 资源可以确保满足，也可以不被满足，因而可以设计出不同需求的 CPU 资源分配算法。

另外，我们对 CloudSim 原来动态 Mips 需求的实现也作了修改。原来虚拟机当前需求的 Mips 等于当前正在执行的任务需求的总利用率×虚拟机的总 Mips 值，现在我们修改为虚拟机当前需求的 Mips 等于当前正在执行的任务需求的总利用率×任务的 Mips 值。这样的改变可以更灵活地变化任务的 Mips，便于模拟实验，而且更加符合实际。

基于进度的多资源云任务是多资源云任务的进一步扩展，用 SimProgressCloudlet 表示。为了解释清楚基于进度的多资源云任务的设计目的，得从 CloudSim 的利用率模型 UtilizationModel 说起。接口类 UtilizationModel 的关键方法是 getUtilization(double time)，time 是 CloudSim 的仿真时间。子类 UtilizationModelPlanetLabInMemory 是读取负载文件来实现动态利用率变化的具体实现类。

UtilizationModelPlanetLabInMemory 规定最多 289 个利用率点（5 分钟×288＝24 小时），点与点之间确定一个时间间隔 schedulingInterval，比如 300 秒，那么这 289 个点描述的负载时间范围是(289－1)×schedulingInterval ＝ 288×300 秒＝24 小时。受其设计的假设所限，CloudSim 能耗仿真的假设是只有一个任务运行在一个虚拟机上，见 CloudletSchedulerDynamicWorkload 注释 *assuming that there is just one cloudlet which is working as an online service*。因此，基于时间利用率模型，在动态负载方面存在明显的局限性：

1	2	3	…	…	289

① 数据利用不充分。任务是无法暂停的。如果任务随机在某个时刻发生暂停，那么暂停这段时间的负载数据就没有被利用上。任务如果不是在最开始就启动，并在指定时间结束，那么数据也是不能被充分利用的，而这个条件是苛刻的，难以保证的。

② 利用率预期不符。我们需要明确知道任务的执行时间，包括起始时间、结束时间，这样才能知道负载数据哪一部分数据被利用上，在多任务调度中我们几乎不可能办到。如果任务暂停，那么利用率变化会与我们的预期大大不同。

基于进度的利用率模型的计算方法，下面举例说明。比如负载数据有 11 个点，那么第一个点对应进度为 0%的利用率，第二个点对应进度为 10%的利用率，如此类推，最后一个点对应进度 100%的利用率。倘若任务进度刚好是 50%，那么读取第 6 个点的利用率。如果任务进度是 66%，那么利用率为 $u_7+\frac{u_8-u_7}{10}(66-60)$，$u_7$，$u_8$ 分别是第七，第八个点对应的利用率。即对于不是刚好给出的利用率的点，通过最近两个利用率点的线性拟合。

1	2	3	4	5	6	7	8	9	10	11

基于进度的多资源云任务使用基于进度的利用率模型，能充分利用负载数据，不管任务的长度多少，不管任务什么时候启动或结束，还能支持任务暂停。SimProgressCloudlet 中的 cloudletFinishedSoFar 属性记录任务至今完成的长度，方法 getProgress()获得任务完成的百分比进度。相应的利用率模型 Utilization-ProgressModelByFile 使用方法 getUtilization(double progress)根据任务的完成百分比返回需求利用率。要进行基于进度的云任务仿真，需要配合 Progress 的相关类，包括：SimProgressCloudlet、UtilizationProgressModelByFile、SimProgress-CloudletSchedulerDynamicWorkload 或 Sim-ProgressCloudletSchedulerDynamic-WorkloadReservation。

2）任务单元属性被改变之后，需要新的相应的任务分配策略来为这些任务实现资源分配。本文的任务分配策略都是通过继承抽象类 CloudletAssignmentPolicy 实现具体的分配策略。比如顺序分配算法 CloudletAssignmentPolicySimple 和 MultiRECloudSim 特有的主资源负载均衡算法 CloudletAssignmentPolicyBalance。主资源负均衡分配算法的基本思想是：各种资源分别给定一个标准值，计算任务对各种资源的需求标准值（相当于无量纲化各资源需求），标准值最大的那种资源视为该任务的主资源。然后将任务指派给当前主资源标准负载最小的虚拟机。被指派的虚拟机每种资源标准负载相应增加由该任务带来的任务标准负载。当且仅当一个任务执行完毕，虚拟机的资源标准负载减去该任务的部分。

3）多任务资源调度主要由 SimCloudletSchedulerDynamicWorkload 实现，最主要的功能是任务提交、任务队列、任务资源重分配和任务资源分配器。

任务提交。任务指派到虚拟机，任务能否启动得看资源是否足够。对于非预留模式，检查内存、IO、带宽是否足够，足够任务则启动。CPU 资源后面每一轮资源重分配时会分配。

任务队列。如任务启动资源不足，则进行等待队列，否则进入任务执行队列。这里的队列只是指普通的列表 List，不是数据结构中的队列。

任务资源重分配。每一轮，CPU、内存、IO、带宽资源都会重新由主机分配给虚拟机，再由虚拟机分配给任务。

任务资源分配器。为了方便对任务的资源管理，我们设计了任务资源器——Allocator 类。任务资源分配器是虚拟机的 SimCloudletSchedulerDynamicWorkload 类用来给任务分配、管理、回收资源的。下面将详细介绍任务资源分配器。

任务资源分配器按资源类型不同分为 CPU、内存、IO、带宽分配器：CloudletCpuAllocator，CloudletRamAllocator，CloudletIoAllocator，CloudletBw-Allocator。这四个类是抽象类，具体的实现由各自简单类实现基本的资源分配。这些任务资源 Allocator 类与 CloudSim 原来的资源 Provisioner 类实现的逻辑基本上一致。抽象类的属性有当前拥有资源、剩余可用资源，简单实现类用数据结构 Map 映射表记录任务与所分配的资源。此外，CloudletCpuAllocatorSimple 同时实现了 CPU 资源(Mips)的追加的接口，用来实现对等待的任务追加资源使得等待任务可以启动。另一方面，因为 CPU 资源可以不满足需求任务也能执行，因此可以实现多样的 Mips 分配算法。

MultiRECloudSim 的资源分配模式由 CloudletCpuAllocatorSimple 实现非预留模式的先来先服务算法和 CloudletCpuAllocatorReservation 资源预留模式。这里的资源预留与非预留是针对 CPU 资源，不包括其他资源，因为任务模型假设其他资源都是必须要满足的，相当于其他资源都是预留资源的。预留模式下，当任务启动时，随即分配任务需求最多的 CPU 资源，之后每轮的时间片都会分配那么多的资源。这能 100%保证任务服务质量，同时意味着资源会闲置。非预留模式下，每轮时间片的 CPU 资源都是根据任务 CPU 资源分配器按某种算法分配，不保证一定满足服务质量。

CloudletCpuAllocatorSimple 先来先服务算法。资源按顺序分配，优先完全满足前面任务的资源需求，余下的任务可能不完全满足需求甚至完全没有分配到。一个简单的例子，假设 CPU 资源总数为 10，现在任务 A、B、C、D 正在运行，需求分别是 3、4、4、3。那么，A、B、C、D 分配得到的分别是 3、4、3、0。这属于资源非预留模式。

CloudletCpuAllocatorReservation 资源预留模式。预留模式需要配合相关的 Reservation 类才可以正常运行，包括 SimPowerHostReservation，SimCloudlet-Scheduler-DynamicWorkloadReservation 或 SimProgressCloudletScheduler-DynamicWorkloadReservation。

4）多资源的能耗模拟还需要对 PowerDatacenter 进行扩展，使用 SimPowerDatacenter 支持 CPU、内存、IO、带宽四种资源的能耗模拟。能耗模拟的基本方式是每一轮时间片计算一次能耗，根据时间片的初始资源利用率、结束资源利用率以及利用率-能耗模型，线性拟合出这个时间片的能耗。我们实验使用的能耗模型是：

（1）CPU 能耗模型。使用 CloudSim 原本的 PowerModelSpecPowerIbmX3550XeonX5675() 模型，表示 IBM server x3550 (2 x [Xeon X5675 3067 MHz, 6 cores], 16GB)，参见 http://www.spec.org/power_ssj2008/results/res2011q2/power_ssj2008-20110406-00368.html。可以根据 http://www.spec.org/提供的基准测试，实现不同主机的 CPU 能耗模型。

（2）内存能耗模型。使用 PowerModelRamSimple 模型，P＝u×Pmax/1024，Pmax＝r，P 是功率，单位瓦特，u 是内存利用率，Pmax 表示内存利用率 100%时的能耗，r 为主机内存。

（3）IO 能耗模型。使用 PowerModelIoSimple 模型，是自己测出来的数据表示的线性模型。P＝u×Pmax/1024，Pmax＝0.0314573×io，P 是功率，u 是 IO 利用率，Pmax 表示 IO 利用率 100%时的能耗，io 为主机 io 资源量。

由于学界对带宽能耗模型的研究还不太深入，没有普遍认可的带宽能耗模型，因此本文的实验不涉及带宽资源，这里也没有给出带宽能耗模型。

多资源调度涉及大多数类。当 SimDatacenterBroker 向 SimDatacenter 提交一个表示多资源任务的 SimCloudlet 时，将分配一个特定的 vm 来运行它，然后 vm 的 SimCloudletScheduler 将接受 Simloudlet 并将其安排在一个 cloudlet 队列中。当 SimCloudlet 的四种资源充足时，SimCloudlet 开始运行。在运行过程中，资源每隔一段时间重复分配和回收。每个间隔，SimDatacenter 将计算每个主机的能量消耗。最后，所有 SimCloudlet 完成，我们将获得 SimCloudlet 的运行状态和 SimPowerHost 的功耗。接下来，我们将详细介绍 MultiRECloudSim 的仿真流程，即仿真运行以及类之间的相互作用。

（1）SimDatacenterBroker 将每个 SimPowerVm(扩展 Vm)分配给某些 SimPowerHost。创建 SimPowerVm(成功或失败)的结果取决于 SimPowerHost 的资源是否足够。

（2）DatacenterBroker 根据 CloudletAssignmentPolicy 将每个 SimCloudlet 分配给创建

的虚拟机。

(3) 当 SimCloudlet 提交给 SimPowerVm 时，将由 SimCloudletSchedulerDynamicWorkload 进行安排，该工作将根据 Cloudlet CloudletCpuAllocator，CloudletRamAllocator，CloudletIo-Allocator 和 CloudletBwAllocator 的资源来检查 cloudlet 是否可以启动。如果资源足够，那么任务开始。否则进入等待队列。

循环状态 MultiRECloudSim 更新 cloudlet，将资源重新分配给 vm，每固定时间间隔计算功耗：

① SimCloudletSchedulerDynamicWorkload 更新 cloudlet 并检查是否有用于等待 cloudlet 的附加资源。如果有的话，它允许等待的 cloudlet 启动。如果任何 cloudlet 完成，它会检查剩余的资源是否足够用于任何等待的 cloudlet。

② SimPowerHosts 根据 SimPowerVms 的需求重新分配所有资源。重新分配两个部分：将资源分配给执行的任务，并将资源附加到等待的任务。如果在将资源分配给执行 cloudlet 之后留下了一些资源，它将检查剩余的资源是否足够用于任何等待的 cloudlet。如果是，它将资源用于等待的任务。该过程重复，直到主机的剩余资源不足以用于任何等待的任务。

③ SimPowerDatacenter 根据 SimPowerHosts 和资源功率模型的资源利用率计算功耗。

图 4-18 中的 MutilRECloudSim 类关系图简单地说明了 MutilRECloudSim 种类之间的关系，△表示从属关系，终点连接的类包含始点连接的类，这种包含关系显示出上级与下级的关系。比如说，SimPowerDatacenter 中拥有许多 SimPowerHost，SimPowerDatacenter 是 SimPowerHost 的上级，同时 SimPowerHost 也是 SimPowerVm 的上级。△旁边的数字表示上级与下级的数量关系，是 1 对 1，或是 1 对多。

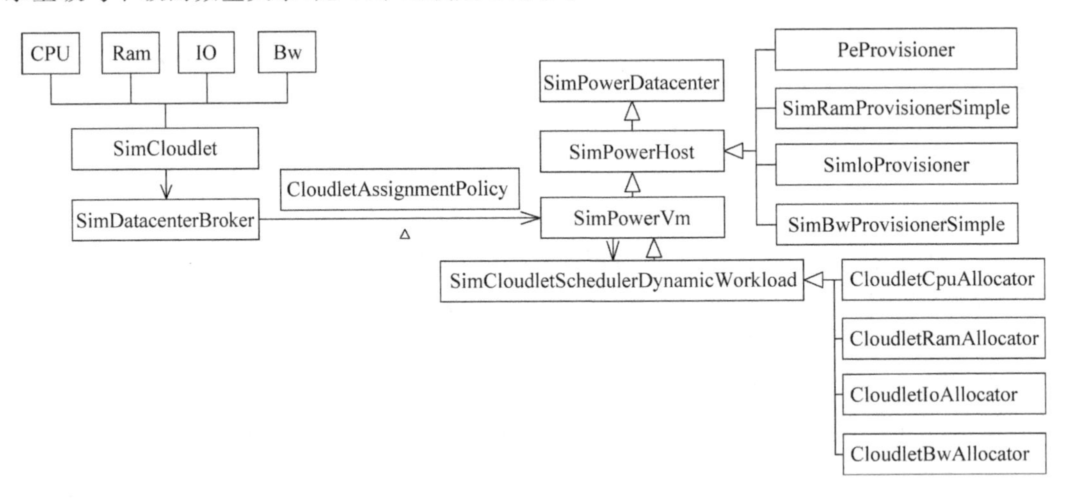

图 4-18 MultiRECloudSim 的隶属关系图

图 4-19 中显示了多资源调度期间 SimCloudlet 的流程。SimCloudlet 将提交给 SimDatacenterBroker，并根据 CloudletAssignmentPolicy 分配给 vm，然后由 SimCloudletSchedulerDynamicWorkload 进行调度和更新。SimCloudlet，SimPower-Host，

SimPowerVm，SimCloudletSchedulerDynamicWorkload 都需要多种资源。SimPowerHost 通过一组分类管理多个资源，而 SimPowerVm 或 SimCloudlet-SchedulerDynamicWorkload 由一系列类 Allocator 管理。如果主机的所有任务完成，主机将关闭。数据中心和数据中心代理在所有的任务完成后关闭。

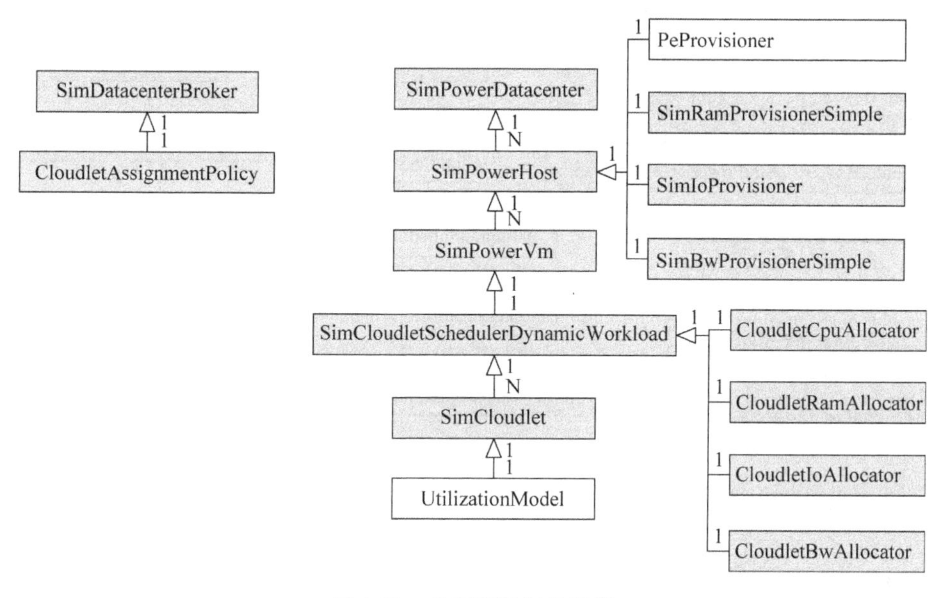

图 4-19　多资源调度的流程

4.5.2　MultiRECloudSim 的 API

在 MultiRECloudSim 类图中，↓箭头表示继承关系，其始点连接父类，终点连接子类。下面对 MultiRECloudSim 的类作简单的介绍，其继承关系类图如图 4-20 所示。

SimCloudlet：这个类模拟了需要多种资源的云任务，每个任务包括对 CPU、内存、IO、带宽的需求。目前 CPU 支持静态和动态的需求，而内存、IO、带宽仅支持静态的需求。这种云任务可以是快速执行、快速响应的小任务，也可以是持续运行、不可停止的云服务。可以进行在不同场景下任务调度算法研究和能耗模拟。

SimCloudletSchedulerDynamicWorkload：这个类的基类是 CloudletScheduler，用来决定虚拟机内的任务如何共享 CPU 的能力，基本的调度策略为时间共享(CloudletSchedulerTimeShared)和空间共享(CloudletSchedulerSpaceShared)。这个类的直接父类是 CloudletSchedulerDynamicWorkload，该类也是 Cloudlet-SchedulerTimeShared 的子类。因此 SimCloudletSchedulerDynamicWorkload 本质上是时间共享调度策略，每个时间片分配给每个任务一定的 Mips 使任务更新任务进度。支持任务等待队列，使用资源分配器 Allocator 系列类对每种资源进行分配管理。

SimCloudletSchedulerDynamicWorkloadReservation：此类是 SimCloudletScheduler-DynamicWorkload 类的进一步扩展，实现资源预留的分配模式。后文会详细介绍预留与非预留的分配模式。

UtilizationModelByFile：这个类是利用率模型类，通过读取文件，获得利用率数据，根

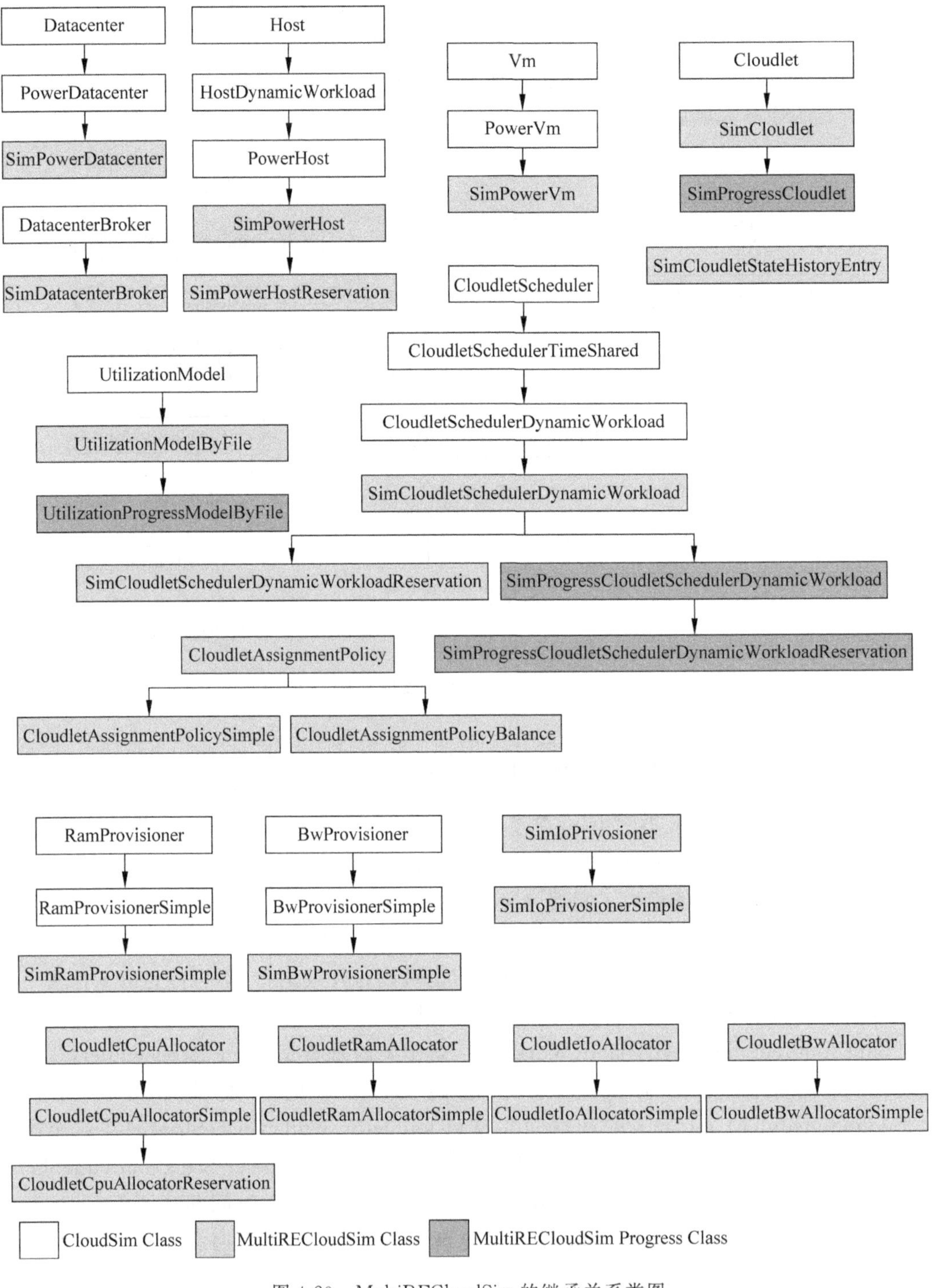

图 4-20 MultiRECloudSim 的继承关系类图

据时间计算 SimCloudlet 对 Mips 的需求，从而实现任务 CPU 动态负载。

SimCloudletStateHistoryEntry：这是一个记录 SimCloudlet 不同时间的对 Mips、内存、IO、带宽的需求，这些资源的分配情况以及任务状态的辅助类，方便对任务的执行情况统计分析。

SimPowerVm：该类模拟了需要处理器、硬盘、内存、带宽等多种资源的能耗感知的虚拟机。虚拟机根据主机(Host)的资源而创建，云任务是指派到虚拟机上运行，虚拟机按照一定的策略调度任务。跟 PowerVm 的区别是增加了 IO 资源的支持。

SimPowerHost：这个类模拟了需要 CPU、内存、IO、带宽等多种资源的主机，并封装了 CPU 核芯列表、虚拟机之间共享处理器的分配策略、为虚拟机分配内存、IO 和带宽策略等。每一轮时间片，主机都需要对虚拟机进行分配与追加，分配资源是指给虚拟机中正在运行的任务重新分配资源(任务的资源可能是动态不停变化的)，追加资源是指虚拟机有等待的任务，那么主机可以追加正在运行的任务的资源以外的更多资源给虚拟机，前提是总资源不超过虚拟机初始设定的配额。记录了各个时刻不同资源的利用率，根据资源利用率计算主机能耗。

SimPowerHostReservation：该类是 SimPowerHost 的子类，支持资源预留模式的主机，不同在于追加资源是资源预留的方式。

SimPowerDatacenter：模拟能耗数据中心，它封装了一系列主机和其他基本信息，这些主机支持同构或异构的资源(处理器、内存、容量、带宽等)。并且它会在每个时间片结束计算所有主机的不同时刻的产生的总能耗，主机的能耗是根据多种资源能耗总和计算的。

SimDatacenterBroker：该类模拟了一个数据中心代理的角色，负责协调用户和云供应商之间的信息交互。它通过查询云信息服务(CloudInformationService)找到合适的数据中心，并根据服务质量的需求与数据中心协商资源和作业的分配策略。原来的话，如果要设计和评估自定义的作业分配策略就必须扩展 DatacenterBroker。现在的话，将该功能抽取出来，由 CloudletAssignmentPolicy 类负载。数据中心代理和云协调器(CloudCoordinator)的区别是，前者针对用户，即代理所做的决策是为了增加用户相关的性能度量标准；而后者针对数据中心，即协调器试图最大化数据中心的整体性能，而不考虑特定用户的需求。新增成员变量任务指派策略 CloudletAssignmentPolicy。

CloudletAssignmentPolicy：任务指派策略抽象类，该类表示由数据中心代理提交的任务指派数据中心的虚拟机的策略。具体策略由子类实现，子类唯一需要实现任务分派给虚拟机的方法 assignCloudletsToVm()。

CloudletAssignmentPolicySimple：顺序任务分派算法，CloudSim 原来的分派方法。

CloudletAssignmentPolicyBalance：主资源负均衡分配算法，MultiRECloudSim 独有的分派方法。

SimRamProvisionerSimple：这个类用于模拟主机对虚拟机的内存分配策略。它是 RamProvisionerSimple 类的扩展，主要新增检查内存是否足够追加给任务和追加内存给任务的方法。

SimBwProvisionerSimple：这个类用于模拟主机对虚拟机的带宽分配策略。是 BwProvisionerSimple 类的扩展，主要新增检查带宽是否足够追加给任务和追加带宽给任务的方法。

SimIoProvisioner：这个抽象类用于模拟主机对虚拟机的 IO 分配策略。IO 资源配置器的抽象类，实现逻辑与 RamProvisioner、BwProvisioner 是一致的。

SimIoProvisionerSimple：IO 资源配置器的简单实现类，实现逻辑与

SimRamProvisionerSimple，SimBwProvisionerSimple 是一致的。

CloudletCpuAllocator：任务 CPU 资源分配器抽象类，负载对虚拟机对任务的 CPU 资源的分配管理回收功能，实现逻辑与 Provisioner 系列类基本一样。基本属性是虚拟机总 Mips 和剩余 Mips。重要的方法有检查剩余 CPU 资源是否满足任务的需求，分配 CPU 资源给一个任务，分配 CPU 资源给多任务等。可以实现多样的 CPU 资源分配算法，比如优先级，公平分配等。

CloudletCpuAllocatorSimple：任务 CPU 资源分配器简单实现类，实现了所有基本的方法。而关键体现的算法特征的方法——分配 CPU 资源给多任务，该类的分配算法是按顺序优先完全满足前面的任务，剩下的任务分配的 CPU 资源可能不足甚至完全不分配。

CloudletCpuAllocatorMaxMinFairness：任务 CPU 资源分配器的最大最小公平算法实现类。

CloudletCpuAllocatorReservation：CPU 资源预留分配算法，任务启动的时候会分配给任务足够的资源，保证任务后面不会出现 CPU 资源不足，需要已知任务的最大 CPU 需求，能百分百保证任务服务质量。

CloudletRamAllocator、CloudletIoAllocator、CloudletBwAllocator：分别是任务的内存、IO、带宽分配器的抽象类，负载对虚拟机对任务的这些资源的分配管理回收功能，实现逻辑一样。与 CloudletCpuAllocator 不完全一致的地方是，没有分配资源给多任务的方法。

CloudletRamAllocatorSimple、CloudletIoAllocatorSimple、CloudletBwAllocatorSimple：任务资源分配器简单实现类，实现了所有基本的方法。

下面几个类是与基于进度的云任务有关的。对于多资源调度的仿真，我们推荐使用基于进度的相关类。

SimProgressCloudlet：它是基于进度的多资源云任务，它是 SimCloudlet 的子类。它根据任务的进度读取利用率数据，而不是根据时间。

UtilizationProgressModelByFile：它是基于进度的利用率模型。当前请求的资源利用率是根据任务的进度和工作负载文件中的数据计算出来的。

SimProgressCloudletSchedulerDynamicWorkload：与 SimCloudletSchedulerDynamicWorkload 相比，它增加了 SimProgressCloudlet 进度的更新以及对 SimProgressCloudlet 的支持。

SimProgressCloudletSchedulerDynamicWorkloadReservation：与 SimProgressCloudletSchedulerDynamicWorkload 相比，它增加了对 CPU 资源预留算法的支持。

SimProgressVm：它是基于进度的能耗感知虚拟机，继承自 SimPowerVm，主要重写了一些方法来支持面向进度。

4.5.3 MultiRECloudSim 的使用方法

由上可知，MultiRECloudSim 被开发出来的目的之一就是完善之前仿真平台在能耗模拟上的不足之处。为此，新的云任务单位模型、新的对应的任务分配策略、新的任务调度器以及其他为配合以上内容的工具类便应运而生。由于篇幅所限，所以在这里将通过呈现 4 个的基于 MultiRECloudSim 平台的运用实例来介绍 MultiRECloudSim 的使用方法。它们分别是用于实现公开方法比如创建任务、虚拟机、数据中心和数据中心代理以及统计任务状况等的帮助类 Helper，基于进度的资源非预留仿真实例 ProgressSimpleMain，基于进度的资源预留仿真实例 ProgressReservedMain 和异构环境下的基于进度的资源预留仿真实例 ProgressReservedHeterogeneousMain。

以上 4 份代码都在包 org. cloudbus. cloudsim. main 中。需要注意的是，要运行 MultiRECloudSim，首先导入到 Eclipse，再引入 cloudsim-3. 0. 3. jar，最后修改 org. cloudbus. cloudsim. main. Helper 类中的 projectPath 成员变量，修改为 MultiRECloudSim 项目的存放路径。下面开始介绍 MultiRECloudSim 的 API 使用实例。

1) Helper 类可以实现一些公开的方法，除了创建数据中心等模拟仿真必要元素外，还有打印一些关键信息的方法，例如 outputHostUtilizationHistory(file, newList)会创建一个文件来记录所有任务在运行过程中的各个时刻的资源分配情况。由于以上的方法都是很多情况下要用到的公共方法，有时候肯定会无法满足特定需求，所以程序员也可以不用 Helper 类的方法转而根据自己的需求自己另外写一段代码。

Helper 类中，用到的 API 有 SimPowerDatacenter，SimPowerHost，SimRamProvisionerSimple，SimBwProvisionerSimple，SimIoProvisionerSimple，SimProgressCloudletSchedulerDynamicWorkloadReservation，CloudletCpuAllocatorReservation，CloudletRamAllocatorSimple，CloudletIoAllocatorSimple，CloudletBwAllocatorSimple，SimProgressCloudlet，UtilizationProgressModelByFile，SimDatacenterBroker，CloudletAssignmentPolicy。这些 API 的具体用法及其参数的介绍和含义见下面 Helper 类的代码注释。

```
//创建数据中心,schedulingInterval 表示能耗计算的时间片,每隔一个 schedulingInterval,
//计算一次所有主机的能耗
public static SimPowerDatacenter createDatacenter(String name, double schedulingInterval, int
    hostNumber, int vmNumberPerHost, int type, String scheduler) {
        List<SimPowerHost> hostList = new ArrayList<SimPowerHost>();
        int mips = 3067;
        int ram = 16 * 1024;
            PowerModel powerModelCpu = new PowerModelSpecPowerIbmX3550XeonX5675();
        if (type == 1) {
            mips = 2300;
            ram = 256 * 1024;                                   //主机内存 (MB)
            powerModelCpu = new
                PowerModelSpecPowerDellPowerEdgeC6320XeonE52699();
        }
        long storage = 1000000;                                 //主机存储
        long bw = (vmNumberPerHost) * 10000;
        long io = 500;
        double staticPowerPercent = 0.01;
        PowerModel powerModelRam = new PowerModelRamSimple(ram);
        PowerModel powerModelIo = new PowerModelIoSimple(io);
        PowerModel powerModelBw = new PowerModelCubic(100, staticPowerPercent);
        for (int i = 0; i < hostNumber; i++) {                  //根据主机数目生成主机
            List<Pe> peList = new ArrayList<Pe>();
            for (int j = 0; j < vmNumberPerHost; j++) {   // 根据虚拟机数目生成核芯
                peList.add(new Pe(j, new PeProvisionerSimple(mips)));
```

```
            }
            if (!"time".equals(scheduler)) {
                Log.printLine("SImOVer");
                //SimXProvisionerSimple类都是模拟主机给虚拟机分配资源X的,
                //所需参数就是给主机分配的资源X的总值
                hostList.add(new SimPowerHost(i, new
                    SimRamProvisionerSimple(ram), new
                    SimBwProvisionerSimple(bw),
                    new SimIoProvisionerSimple(io), storage, peList,
                    new VmSchedulerTimeSharedOverSubscription(peList),
                    powerModelCpu, powerModelRam,
                    powerModelIo,powerModelBw));
            } else {
                Log.printLine("TIME");
                hostList.add(new SimPowerHost(i, new
                    SimRamProvisionerSimple(ram), new SimBwProvisionerSimple(bw),
                    new SimIoProvisionerSimple(io), storage, peList, new
                    VmSchedulerTimeShared(peList),
                    powerModelCpu, powerModelRam, powerModelIo, powerModelBw));
            }
        }
        //创建一个主机需要一个描述主机特征的参数,主机配置包括系统架构,系
        //统名称,虚拟机监听器名称等信息,具体参数如下所示
        String arch = "x86";                        //系统架构
        String os = "Linux";                        //系统名称
        String vmm = "Xen";                         //虚拟机监听器
        double time_zone = 10.0;                    //所在时区
        double cost = 3.0;                          //主机工作时每秒的能耗
        double costPerMem = 0.05;                   //主机工作时候每单位内存的能耗
        double costPerStorage = 0.001;              //主机工作时候每单位存储空间的能耗
        double costPerBw = 0.02;                    //主机工作时候每单位带宽的能耗
        LinkedList<Storage> storageList = new LinkedList<Storage>();
        //创建一个描述主机属性的变量
        DatacenterCharacteristics characteristics = new DatacenterCharacteristics(arch, os,
            vmm, hostList, time_zone, cost, costPerMem, costPerStorage, costPerBw);

        //最后一个步骤当然是创建一个SimPowerDatacenter对象
        SimPowerDatacenter datacenter = null;
        try {
        //SimPowerDatacenter的创建以及需要的参数如下,需要一个虚拟机的分配策略
        datacenter = new SimPowerDatacenter(name, characteristics, new
        PowerVmAllocationPolicySimple(hostList),
                storageList, schedulingInterval);
        } catch (Exception e) {
            e.printStackTrace();
        }

        return datacenter;
    }
```

```
//创建虚拟机列表,userId是用户名id,说白了就是数据中心代理的id.其他的参数顾名思义
public static List<SimPowerVm> createVMs(int userId, int hostNumber,
int vmNumberPerHost) {
        List<SimPowerVm> list = new ArrayList<SimPowerVm>();
        long size = 10000;                              //镜像大小 (MB)
        int ram = 2048;                                 //VM的内存 (MB)
        int mips = 3067;
        if (vmNumberPerHost == 12) {
            ram = 1024;
            mips = 1533;
        }
        long bw = 10000;
        long io = (long) (500 / vmNumberPerHost);
        int pesNumber = 1;                              //CPU数目
        String vmm = "Xen";                             //VMM的名称
        SimPowerVm vm = null;

        for (int i = 0; i < hostNumber * vmNumberPerHost; i++) {
        //创建一个扩展VM如下所示
            vm = new SimPowerVm(i, userId, mips, pesNumber, ram, io, bw, size, 1, vmm,
                //与资源预留搭配使用的基于进度的多资源的动态负载任务调度器
                //CloudletXAllocatorSimple云任务X资源分配简单实现类,是顺序分配,
                //而CloudletCpuAllocatorReservation则是云任务X资源分配类,支持
                //资源预留分配.前面也提到过,仅CPU资源支持资源预留分配.这些资源
                //分配器初始化都需要一个参数,表示最大分配给一个云任务的资源数量.
                new SimProgressCloudletSchedulerDynamicWorkloadReservation(mips,
                    pesNumber,new CloudletCpuAllocatorReservation(mips), new
                    CloudletRamAllocatorSimple(ram),
                    new CloudletIoAllocatorSimple(io),
                    new CloudletBwAllocatorSimple(bw)),
                5);
            list.add(vm);
        }
        return list;
    }
//创建基于进度的多资源云任务列表
public static List<SimProgressCloudlet> createCloudlets(int userId, int cloudlets,
  boolean loadDynamic,boolean loadAware, boolean write) throws URISyntaxException,
  NumberFormatException, IOException {
        SimProgressCloudlet[] list = new SimProgressCloudlet[cloudlets];
        SimProgressCloudlet[] randomList = new SimProgressCloudlet[cloudlets];
        String inputFolder =
              ProgressSimpleMain.class.getClassLoader().getResource("utilization").
              toURI().getPath();
        File[] files = new File(inputFolder).listFiles();
        String workloadPath = null;
        SimProgressCloudlet cloudlet = null;
        for (int i = 0; i < cloudlets; i++) {
            if (loadDynamic)
```

```
                workloadPath = files[i % 2].getPath();
            //创建不同种资源密集型的云任务,不过仅 CPU 的利用率才是动态变化的,
            //其他种类资源都是固定配置的
            cloudlet = createIntensiveCloudlet(i, i % 4, workloadPath, loadAware);
            cloudlet.setUserId(userId);
            list[i] = cloudlet;
        }
        if (write) {        //write 表示随机生成的任务是否写到文件上
            String filename = "Cloudlet_";
            String output = OUTPUT + filename + list.length + "_2";
            System.out.println("Write Cloudlets " + output);
            File file = new File(output);
            try {
                if (!file.exists())
                    file.createNewFile();
                else
                    file.delete();
            } catch (IOException e1) {
                e1.printStackTrace();
                System.exit(0);
            }
            DecimalFormat dft = new DecimalFormat("###.##");
            try {
                BufferedWriter writer = new BufferedWriter(new FileWriter(file));
                for (int i = 0; i < list.length; i++) {
                    writer.write(list[i].getCloudletLength() + "\t" + list[i].getMips() +
                        "\t" + list[i].getRam() + "\t"
                        + list[i].getIo() + "\t" + list[i].getBw() + "\n");
                }
                writer.close();
            } catch (IOException e) {
                e.printStackTrace();
                System.exit(0);
            }
        }
        return Arrays.asList(list);
    }
public static SimProgressCloudlet createIntensiveCloudlet(int id, int type, String path,
  boolean loadAware)throws URISyntaxException, NumberFormatException, IOException {
        long length = 90000 / (id % 12 + 1);
        length += random(0, (int) length / 2) - length / 4;
        long fileSize = 0;
        long outputSize = 0;
        int pesNumber = 1;
        int mips = 200, ram = 256;
        long io = 5, bw = 0;
        double interval = 100;
        boolean aware = loadAware;
        final int CPU = 0, RAM = 1, IO = 2, BW = 3;
```

```
        //根据 type 来决定创建何种资源密集型的任务
        switch (type) {
        case CPU:
            mips = 800 + random(0, 800);
            break;
        case RAM:
            mips = 100;
            mips += random(0, 700);
            ram = 384;
            ram += random(0, 512);
            break;
        case IO:
            mips = 100;
            mips += random(0, 700);
            io = 20;
            io += random(0, 40);
            break;
        case BW:
            break;
        }

        UtilizationModel utilizationModelCpu = null;
        if (path != null)
            //cpu 的利用率是根据一个模拟动态变化利用率的文件体现的.目前只有
            //cpu 才支持动态负载.参数"interval" 表示利用率数据间的时间间
            //隔,总的时间等于 interval * (点的数目 - 1)
            utilizationModelCpu = new UtilizationProgressModelByFile(path, interval, aware);
        else
            //UitilizaitonModelFull 表明该资源利用率模型是满利用率模型
            utilizationModelCpu = new UtilizationModelFull();
            UtilizationModel utilizationModelRam = new UtilizationModelFull();
            UtilizationModel utilizationModelIo = new UtilizationModelFull();
            UtilizationModel utilizationModelBw = new UtilizationModelFull();
        //类似于扩展前的 Cloudlet,扩展后的 Cloudlet 的创建参数同样需要
        return new SimProgressCloudlet(id, length, pesNumber, fileSize, outputSize,
            mips, ram, io, bw, utilizationModelCpu, utilizationModelRam, utilizationModelIo,
            utilizationModelBw);
    }
//创建数据中心代理,扩展后的 SimDatacenterBroker 需要知道当前任务的分配策略这
//个参数。不同分配策略的区别见下文表 4-1,表 4-2,表 4-3
public static SimDatacenterBroker createBroker(int cloudletAssignPolicy) {
        CloudletAssignmentPolicy[] policy = new CloudletAssignmentPolicy[5];
        policy[0] = new CloudletAssignmentPolicySimple();
        policy[1] = new CloudletAssignmentPolicyRandom();
        policy[2] = new CloudletAssignmentPolicyBalance();
        policy[3] = new CloudletAssignmentPolicyGreedyArea(0.8, 50, 5);
        policy[4] = new CloudletAssignmentPolicyTimeGreedy();
        SimDatacenterBroker broker = null;
        try {
```

```
            broker = new SimDatacenterBroker("Broker", policy[cloudletAssignPolicy]);
        } catch (Exception e) {
            e.printStackTrace();
            return null;
        }
        return broker;
    }
```

Helper 类剩下的方法，要么是上述介绍的方法大同小异的改动后的重载，要么就是没体现到 MultiRECloudSim 的独有 API 相比之前 CloudSim 改进的公共方法，比如一些用于打印关键实验仿真数据的方法。详细可见源码，此处就不再赘述。

2）基于进度的资源非预留仿真类（ProgressSimpleMain）是能作为 java 程序直接运行的实例。该类的目的是比较不同的任务指派算法-CPU 分配算法组合的在资源非预留的情况下的任务完成时间与能耗。该类的能耗模拟遵循一个固定的基本步骤（当然接下来要介绍到的另外两个类也是这样）：

（1）初始化 CloudSim 包；

（2）创建数据中心 SimPowerDatacenter，创建数据中心代理 SimDatacenterBroker；

（3）创建虚拟机列表；

（4）创建云任务列表；

（5）数据中心代理分别提交虚拟机和云任务列表；

（6）给 Helper 类传递参数 hostnumber，让其完成帮助类相关的初始化；

（7）启动仿真；

（8）结束仿真，统计结果并输出结果。

程序开头就列出了实验的主要参数，具体如表 4-2 所示。

表 4-2 实验主要参数列表

SCHEDULING_INTERVAL	仿真间隔，反映仿真结果的颗粒度，越小仿真结果越准确，运行时间越长
NUM_HOST	主机数目
NUM_VM	每个主机中的虚拟机数目
NUM_CLOUDLET	任务数
DYNAMIC_WORKLOAD	任务的 CPU 负载是否动态变化
WORKLOAD_AWARE	是否已知任务的负载数据
VMSCHEDULER	测试 VMSCHEDULER 的参数，已经没用
CLOUDLET_ASSIGN_POLICY_SIMPLE	顺序任务指派策略
CLOUDLET_ASSIGN_POLICY_RANDOM	随机任务指派策略
CLOUDLET_ASSIGN_POLICY_BALANCE	主资源负载均衡任务指派策略
CLOUDLET_ASSIGN_POLICY	表示选择哪一个任务指派策略
CPU_ALLOCATOR_SIMPLE	先到先得的 CPU 分配策略
CPU_ALLOCATOR_MAXMIN	最大最小的 CPU 分配策略
CPU_ALLOCATOR	表示选择哪一个 CPU 分配策略

核心代码以及注释如下所示。

```
public static void main(String[ ] args) throws IOException, URISyntaxException {
    long begin = System.currentTimeMillis();
    List < Integer > cls = new ArrayList < Integer >();
    String name = null;
    try {
      for (int i = 10; i <= 2000; i = i + 2000) {//可以快速方便在不同任务数情况下的实
            //验,可注释则变成一次实验
            cls.add(i);
            NUM_CLOUDLET = i;
            int num_user = 1;                    //云用户数量,我们一般赋值 1 即可
            Calendar calendar = Calendar.getInstance();
            boolean trace_flag = false;      //意味着跟踪事件
            CloudSim.init(num_user, calendar, trace_flag);
            double schedulingInterval = SCHEDULING_INTERVAL;
            //创建 SimPowerDatacenter,调用 Helper 类中的方法创建 NUM_HOST 个
            //主机,每个主机 NUM_VM 个核芯(Pe),每个主机配置一样
            SimPowerDatacenter datacenter0 = Helper.createDatacenter("Datacenter0",
              schedulingInterval, NUM_HOST,NUM_VM, 0, VMSCHEDULER);
            //调用 Helper 中的方法创建数据中心代理,并根据参数
            //CLOUDLET_ASSIGN_POLICY 选择任务指派算法
            SimDatacenterBroker broker =
                Helper.createBroker(CLOUDLET_ASSIGN_POLICY);
            int brokerId = broker.getId();

            List < SimPowerVm > vmlist = new ArrayList < SimPowerVm >();
            //创建 SimPowerVm,调用 Helper 中的方法创建 NUM_HOST *
            //NUM_VM 个虚拟机,每个虚拟机配置一样,并根据参数选择 CPU 分
            //配策略.在该程序中,不同于上面 A)提到的 createVMs 方法,此处的
            //VM 创建用到的是 Helper 类中另外一个重载方法 createVMs.这两个
            //方法的唯一区别就是有无云任务的资源预留.这也符合本程序
            //"非预留仿真"的特点
            vmlist.addAll(Helper.createVMs(brokerId,NUM_HOST,NUM_VM,
                CPU_ALLOCATOR));
            broker.submitVmList(vmlist);
            List < SimProgressCloudlet > cloudletList = new ArrayList < SimProgressCloudlet >();
            //创建 SimProgressCloudlet,使用 Helper 类来创建三种密集型的任务:
            //CPU,内存,IO,比例是 1:1:1.参数 DYNAMIC_WORKLOAD 决
            //定是否使用动态负载来形容负载数据.参数
            //WORKLOAD_AWARE 决定负载数据是否视为已知
            cloudletList.addAll(Helper.createCloudlets(brokerId, NUM_CLOUDLET,
                DYNAMIC_WORKLOAD, WORKLOAD_AWARE));
            broker.submitCloudletList(cloudletList);
            //进行 Helper 类的一些初始化工作
            Helper.init(NUM_HOST);
            //表示是否打印 MultiRECloudSim 中的详细运行日志,会大大影响程序
            //运行时间
            Log.setDisabled(true);
```

```
            double lastClock = CloudSim.startSimulation();

            CloudSim.stopSimulation();
            //获取成功被数据中心代理接收的云任务
            List<SimCloudlet> newList = broker.getCloudletReceivedList();
            name = DYNAMIC_WORKLOAD + "_" + NUM_VM + "vm_" +
                CLOUDLET_ASSIGN_POLICY + CPU_ALLOCATOR + "_.txt";
            String file = "simple_" + name;
            //该方法会创建一个文件来记录所有任务在运行过程中的各个时刻的资
            //源分配情况,对于动态负载可以观察其变化
            Helper.outputCloudletHistory(file, newList);
            //该方法会创建一个文件来记录所有主机在各个时刻的资源利用率以及能耗
            Helper.outputHostUtilizationHistory("simple_utilization_" + name);
            //列举所有任务的状态,数据中心,虚拟机,等待时间,启动时间,完
            //成时间,长度,MIPS,内存,IO,以及是哪种密集型的
            Helper.printCloudletList(newList, NUM_CLOUDLET);
            //该方法会统计一些指标并打印实验概要信息.比如本次实验名称,主
            //机数,虚拟机数,总运行时间和总能耗等信息
            Helper.printResults((PowerDatacenter) datacenter0, vmlist, lastClock,
                "ProgressSimpleMain");
        }
        //该方法会创建文件来记录实验统计指标: 任务数,总时间,总能耗,SLA
        //违反率.适合得到多次不同任务数下的实验结果,方便复制到 Excel 中
        Helper.outputResult("Result_" + name, cls);
        Log.printLine("Finish! Total Run Time:" + (System.currentTimeMillis() - begin));
    } catch (Exception e) {
        e.printStackTrace();
        Log.printLine("Unwanted errors happen");
    }
}
```

3）基于进度的资源预留仿真(ProgressReservedMain)程序目的是比较不同的任务指派算法在资源预留的情况下的任务完成时间与能耗。该类的核心代码与前述的ProgressSimpleMain 的核心代码是差不多。虽然不同之处很小，却直接将这两个类的性质完全区分开来。

首先程序前的参数多了三个表明任务分配策略的常量，如表 4-3 所示。

表 4-3　三个表任务分配策略的常量

CLOUDLET_ASSIGN_POLICY_TIME_GREDDY	最大最小任务指派策略
CLOUDLET_ASSIGN_POLICY_HETEROGENEOUS_BALANCE	异构环境的主资源负载均衡任务指派策略
CLOUDLET_ASSIGN_POLICY_TIME_BALANCE	时间均衡任务指派策略

其次，在创建主机时候，调用的是扩展后的为资源预留服务的主机类SimPowerHostReservation；在创建虚拟机时，给虚拟机类传递的云任务调度器参数是为资源预留服务的类 SimProgressCloudletSchedulerDynamicWorkloadReservation，当然其资源分配器参数也是为资源预留服务的类 CloudletCpuAllocatorReservation。具体代码以及注

释如下。

```
private static SimPowerDatacenter createDatacenter(String name, double schedulingInterval,
  int hostNumber, int vmNumberPerHost) {
        List<SimPowerHostReservation> hostList = new
            ArrayList<SimPowerHostReservation>();
        int mips = 3067;
        int ram = 16 * 1024;                                    //主机内存(MB)
        long storage = 1000000;                                 //主机存储容量
        long bw = (vmNumberPerHost) * 10000;
        long io = 500;
        double staticPowerPercent = 0.01;
        PowerModel powerModelCpu = new PowerModelSpecPowerIbmX3550XeonX5675();
        PowerModel powerModelRam = new PowerModelRamSimple(ram);
        PowerModel powerModelIo = new PowerModelIoSimple(io);
        PowerModel powerModelBw = new PowerModelCubic(100, staticPowerPercent);
        for (int i = 0; i < hostNumber; i++) {                  //根据主机数目生成主机
            List<Pe> peList = new ArrayList<Pe>();
            for (int j = 0; j < vmNumberPerHost; j++) { //根据虚拟机数目生成核芯
                peList.add(new Pe(j, new PeProvisionerSimple(mips)));
            }
            //要创建一个能够预留资源给云任务的主机,需要创建一个
            //SimPowerHostReservation 对象,其他所需参数跟 simpowerhost 一致
            //另外该对象的创建需要的 vm 的时间共享调度器参数分为是否允许超额
            //分配资源(CPU)两种,不过我们此处都采用允许超额分配的策略
            hostList.add(new SimPowerHostReservation(i, new
                SimRamProvisionerSimple(ram),
                new SimBwProvisionerSimple(bw), new
                SimIoProvisionerSimple(io),storage, peList,
                new SimVmSchedulerTimeSharedOverSubscription(peList),
                powerModelCpu, powerModelRam, powerModelIo,
                powerModelBw));
        }
        //以下变量的含义同上面内容提到的同名变量
        String arch = "x86", os = "Linux", vmm = "Xen";
        double time_zone = 10.0, cost = 3.0;
        double costPerMem = 0.0, costPerStorage = 0.001, costPerBw = 0.02;
        LinkedList<Storage> storageList = new LinkedList<Storage>();
        DatacenterCharacteristics characteristics = new DatacenterCharacteristics(arch, os,
            vmm, hostList, time_zone,
            cost, costPerMem, costPerStorage, costPerBw);
        SimPowerDatacenter datacenter = null;
        try {
            datacenter = new SimPowerDatacenter(name, characteristics, new
                PowerVmAllocationPolicyByHost(hostList),
                storageList, schedulingInterval);
        } catch (Exception e) {
            e.printStackTrace();
        }
        return datacenter;
```

```
    }

private static List<SimPowerVm> createVMs(int userId, int hostNumber, int
    vmNumberPerHost) {                                    //创建虚拟机
        List<SimPowerVm> list = new ArrayList<SimPowerVm>();
        long size = 10000;
        int ram = 2048, mips = 3067;
        if (vmNumberPerHost == 12) {
            ram = 1024;
            mips = 1533;
        }
        long bw = 10000;
        long io = (long) (500 / vmNumberPerHost);
        int pesNumber = 1;
        String vmm = "Xen";
        SimPowerVm vm = null;
        //为了实现资源预留,虚拟机创建的时候需要的任务调度器也要改为配套的
        //SimProgressCloudletSchedulerDynamicWorkloadReservation.另外,由于目
        //前我们开发的平台只支持 cpu 的资源预留,所以也就任务的 cpu 分配器改为
        //配套的 CloudletCpuAllocatorReservation.参数"5"表示每隔一个
        //schedulingInterval,记录一次 CPU 利用率,保存在成员变量 List<Double>
        //utilizationHistory 中
        for (int i = 0; i < hostNumber * vmNumberPerHost; i++) {
            vm = new SimPowerVm(i, userId, mips, pesNumber, ram, io, bw, size, 1,
                vmm,
                new SimProgressCloudletSchedulerDynamicWorkloadReservation(mips,
                    pesNumber,
                    new CloudletCpuAllocatorReservation(mips), new
                    CloudletRamAllocatorSimple(ram),
                    new CloudletIoAllocatorSimple(io),
                    new CloudletBwAllocatorSimple(bw)),
                5);
            list.add(vm);
        }
        return list;
    }
```

4）基于进度的异构环境下的资源预留仿真(ProgressReservedHeterogeneousMain)程序的目的是比较不同的任务指派算法在资源预留的情况下的任务完成时间与能耗。该程序开头的最主要参数相比之前两个仿真程序,除了多了一个适配该程序的表明任务分配策略的常量外,还多了四个构建异构环境的数组,具体如表 4-4 所示。

表 4-4 四个构建异构环境的数组

vms	数组,各类型主机的虚拟机数
hostMips	数组,各类型主机的 CPU 主频
hostRam	数组,各类型主机的内存
hostIo	数组,各类型主机的 IO

之前我们也提到过，Helper 类提供的方法是公共方法，当一些公共方法不适应本程序时，可以另外在本程序重载一个。比如 ProgressReservedHeterogeneousMain 程序要求的是主机异构，因此 Helper 类的主机创建方法肯定不再适用于本程序。

于是，在保证仿真模拟程序共同的基本步骤不变的情况下，我们对具体实现细节进行了如下调整。

(1) 创建异构主机代码调整为 List < SimPowerHostReservation > hostList = createHostList(NUM_HOST);，该方法创建 NUM_HOST 个主机，程序中定义了四类的主机，不同类的主机配置不同，不同的配置包括 CPU 核数，主频，内存，IO，能耗模型。

(2) 创建虚拟机代码调整为 vmlist.addAll(createVMsByHostType(brokerId, NUM_HOST));，该方法根据主机的配置创建对应的虚拟机，比如 4 核的主机创建四个虚拟机，每个虚拟机一个核，内存，IO 带宽平均分配。

(3) 创建数据中心代码调整为 SimPowerDatacenter datacenter0 = createDatacenter ("Datacenter0", hostList, schedulingInterval, NUM_HOST);，该方法根据创建的异构主机列表 hostlist 来初始化数据中心。

具体的核心代码如下所示。

```
//这四个数组的大小都是 4,分别决定了 4 种主机的资源配置
//vms 数组的元素表示每个主机拥有的虚拟机数量
private static int[] vms = {4, 6, 3, 2};
//hostMips 数组的元素表示每个主机的最大 mips,mips 越大代表 cpu 性能越好
private static int[] hostMips = {1843, 3067, 2048, 2500};
//hostRam 数组的元素表示每个主机的最大内存数,单位是 MB
private static int[] hostRam = {4096, 12288, 6144, 4096};
//hostIo 数组元素表示每个主机拥有的 IO 资源数目
private static int[] hostIo = {300, 500, 400, 300};

public static void main(String[] args) throws IOException, URISyntaxException {
    long begin = System.currentTimeMillis();
    List<Integer> cls = new ArrayList<Integer>();
    try {
        for (int i = 2000; i <= 8000; i = i + 2000) {
        cls.add(i);
        NUM_CLOUDLET = i;
        int num_user = 1;
        Calendar calendar = Calendar.getInstance();
        boolean trace_flag = false;
        //初始化 cloudsim 步骤跟之前代码中的一样
        CloudSim.init(num_user, calendar, trace_flag);

        double schedulingInterval = SCHEDULING_INTERVAL;
        //因为要构造异构的主机环境,所以 Helper 类自带方法不能帮到我们
        //根据主机类型分配 pe 的数量和性能(mips)以及主机的其他资源配置
        List<SimPowerHostReservation> hostList = createHostList(NUM_HOST);
        //利用创建好的异构主机列表构建一个数据中心
        SimPowerDatacenter datacenter0 = createDatacenter("Datacenter0",
            hostList, schedulingInterval, NUM_HOST);
```

```
        SimDatacenterBroker broker =
            Helper.createBroker(CLOUDLET_ASSIGN_POLICY, hostList);
        int brokerId = broker.getId();

        List<SimPowerVm> vmlist = new ArrayList<SimPowerVm>();
        //异构环境下 vm 的创建要根据主机的类型决定在一个主机初始化几个虚拟机
        vmlist.addAll(createVMsByHostType(brokerId, NUM_HOST));
        broker.submitVmList(vmlist);

        List<SimProgressCloudlet> cloudletList = new
            ArrayList<SimProgressCloudlet>();
        String filename = "Cloudlet_8000_2";
        //ByData 这种创建方法就是根据存储在文件中的数据作为模板去创建.比如
        //此处的任务创建,这些数据就可以是任务的长度、带宽和 IO 等
        cloudletList.addAll(Helper.createCloudletsByData(brokerId, NUM_CLOUDLET,
            filename));
        broker.submitCloudletList(cloudletList);
        Helper.init(NUM_HOST);
        Log.setDisabled(true);
        double lastClock = CloudSim.startSimulation();

        CloudSim.stopSimulation();

        List<SimCloudlet> newList = broker.getCloudletReceivedList();
        String file = "reserved.txt";
        Helper.outputHostFininshedTime(broker.<SimPowerVm>getVmsCreatedList());
         Helper.outputCloudletHistory(file, newList);
        String utilizationFile =
            "reserved_Utilization_" + NUM_CLOUDLET + "_Algor_" + CLOUDLET_ASSI
            GN_POLICY + "_" + System.currentTimeMillis() % 30;
        printArguments(broker);
        Helper.printResults((PowerDatacenter) datacenter0, vmlist, lastClock,
            "ProgressReservedMain");
        Log.printLine("Total Power: " + datacenter0.getPower() +
        "W * sec");
         Log.printLine("ProgressReservedMain finished!");
        }
    Helper.outputResult("Result_" + DYNAMIC_WORKLOAD + "_" + NUM_VM + "vm_"
           + CLOUDLET_ASSIGN_POLICY + "R.txt",cls);
        System.out.println("Total Run Time:" + (System.currentTimeMillis() - begin));
    } catch (Exception e) {
        e.printStackTrace();
        Log.printLine("Unwanted errors happen");
    }
}
//根据不同主机配置创建主机列表
private static List<SimPowerHostReservation> createHostList(int hostNumber) {
    List<SimPowerHostReservation> hostList = new
        ArrayList<SimPowerHostReservation>();
```

```
        //下面的这个数组存储的是不同 cpu 的能耗模型
        PowerModel[] powerModelCpuArray = new PowerModel[4];
        powerModelCpuArray[0] = new PowerModelSpecPowerIbmX3550XeonX5675();
        powerModelCpuArray[1] = new
            PowerModelSpecPowerHpProLiantMl110G5Xeon3075();
        powerModelCpuArray[2] = new
            PowerModelSpecPowerHpProLiantMl110G3PentiumD930();
        powerModelCpuArray[3] = new
            PowerModelSpecPowerHpProLiantMl110G5Xeon3075();
        long storage = 1000000;                    //主机存储
        double staticPowerPercent = 0.01;

        for (int i = 0; i < hostNumber; i++) {
            List<Pe> peList = new ArrayList<Pe>();
            //i 与数组大小(即 4)执行取余操作,每 4 个主机的配置是一样的
            int type = i % vms.length;
            //默认一个 vm 对应一个核芯(PE),所以此处根据虚拟机数目生成核芯
            for (int j = 0; j < vms[type]; j++) {
                peList.add(new Pe(j, new PeProvisionerSimple(hostMips[type])));
            }
            //System.out.println("i:" + i + "type " + type + " m:" + hostMips[type] +
            "//r:" + hostRam[type]);
            PowerModel powerModelRam = new PowerModelRamSimple(hostRam[type]);
            PowerModel powerModelIo = new PowerModelIoSimple(hostIo[type]);
            PowerModel powerModelBw = new PowerModelCubic(100, staticPowerPercent);
            //照常代入参数即可
            hostList.add(new SimPowerHostReservation(i, new
                SimRamProvisionerSimple(hostRam[type]),
                new SimBwProvisionerSimple(10000), new
                SimIoProvisionerSimple(hostIo[type]), storage, peList,
                new SimVmSchedulerTimeSharedOverSubscription(peList),
                powerModelCpuArray[type], powerModelRam, powerModelIo,
                powerModelBw));
        }
        return hostList;
    }
    //创建数据中心的代码其实与之前基本一样,只是主机列表不需要在该方法中创建
    public static SimPowerDatacenter createDatacenter(String name, List<? extends
        SimPowerHost> hostList,double schedulingInterval, int hostNumber) {
        String arch = "x86", os = "Linux", vmm = "Xen";
        double time_zone = 10.0, cost = 3.0;
        double costPerMem = 0.05, costPerStorage = 0.00, costPerBw = 0.02;
        LinkedList<Storage> storageList = new LinkedList<Storage>();
        DatacenterCharacteristics characteristics = new DatacenterCharacteristics(arch, os,
            vmm, hostList, time_zone,cost, costPerMem, costPerStorage, costPerBw);
        //最终创建一个 SimPowerDatacenter 对象
        SimPowerDatacenter datacenter = null;
        try {
            datacenter = new SimPowerDatacenter(name, characteristics, new
                PowerVmAllocationPolicyByHost(hostList),
```

```
            storageList, schedulingInterval);
    } catch (Exception e) {
        e.printStackTrace();
    }
    return datacenter;
}
//根据主机类型来创建虚拟机
public static List<SimPowerVm> createVMsByHostType(int userId, int hosts) {
    List<SimPowerVm> list = new ArrayList<SimPowerVm>();
    long size = 10000;
    int ram = 512, mips = 1024;
    long bw = 1000, io = 60;
    int pesNumber = 1;
    String vmm = "Xen";
    SimPowerVm vm = null;
    CloudletCpuAllocator cpuAllocator = null;
    int id = 0;
    for (int i = 0; i < hosts; i++) {
        int type = i % vms.length;
        for (int j = 0; j < vms[type]; j++) {
            //主机内的每个虚拟机除了 mips 外,其他资源都是按照虚拟机数量进行平均分配的
            vm = new SimPowerVm(id++, userId, hostMips[type], pesNumber,
                hostRam[type]/vms[type], hostIo[type]/vms[type], bw, size, 1, vmm,
                new SimProgressCloudletSchedulerDynamicWorkloadReservation(mips,
                    pesNumber, new CloudletCpuAllocatorReservation(mips),
                    new CloudletRamAllocatorSimple(ram),new
                    CloudletIoAllocatorSimple(io), new
                    CloudletBwAllocatorSimple(bw)),
                5);
            Log.printLine(hostMips[type]);
            list.add(vm);
        }
    }
    return list;
}
```

4.6 云环境任务调度编程实践

4.6.1 云计算的资源管理

云计算是一种新的计算范型,同时也可以被看作一种服务。云服务又可以细分为 IaaS (Infrastructure as a Service,基础设施即服务)、PaaS(Platform as a Service,平台即服务)和 SaaS(Software as a Service,软件即服务)。虽然存在不同的形式,但从本质上来说,云计算为基于互联网的应用服务提供可靠、高容错、高可用、可扩展的基础设施。从用户角度来说,云计算提供了从虚拟机租赁到开发平台再到云端应用的多层面的服务,省去了搭建私有基础设施的金钱与时间成本。而从云服务商(Cloud Service Provider,CSP)的角度说,它们基

于有限的基础设施向大量用户提供资源。所以云服务商要实现盈利，就需要依赖高效的资源管理。

整个“云”可以由多个数据中心组成，但可以被高度抽象为一个庞大的弹性资源池。资源管理的粒度可以是物理主机，但随着虚拟化技术的普及，虚拟机(VM)成为目前大部分云环境中资源管理的基本单元。以VM为资源租赁单位以及在VM中运用应用程序有诸多优势，包括提高了基础设施的利用率、有效隔离应用程序和易于扩展等。在云计算的资源管理体系中，虚拟机可以看作一种抽象资源，它在分配给物理主机(如服务器)前不能作为任务执行的载体，而运行中的虚拟机代表相对固定的资源配额(比如2个核心、1G内存)。此外，虚拟机可以在主机之间迁移。图4-21为云计算资源管理体系的示意图。如图所示，用户首先提交任务到云端(一个用户可以有多个任务)；在任务调度阶段，队列中的任务按照设定的调度策略被分配给虚拟机；最后在虚拟机调度阶段，VM被分配到特定的主机上执行。

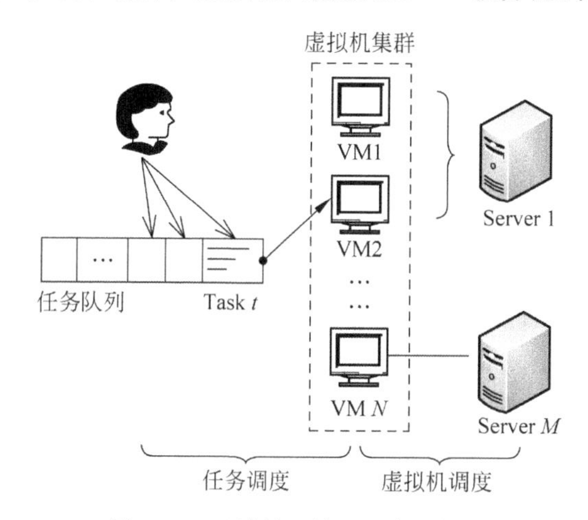

图4-21　云计算环境下的资源管理

容器技术(如Docker)的迅速发展使得云计算服务也出现了新形式——容器即服务(Container as a Service)，它基于容器为用户应用程序编排资源，提供比虚拟机更高的弹性和敏捷性。但由于容器在安全性等方面的问题，容器云还远未普及，因此本小节主要介绍以虚拟机为基本单位的云计算资源管理。

1. 任务调度

用户通过代理将任务提交到云端之后，任务被放置在队列中等待调度。任务调度是云计算资源管理的核心问题之一，它很大程度地决定了云计算服务性能与效益。总的来说，评价云计算服务有两个关键指标：任务最终的执行效率和集群资源的利用率。任务的执行效率是用户最为关心的指标，又可以细分为多个度量，如完工时间、花费、响应时间、延误时间、等待时间等。资源利用率则是云服务商关注的首要优化目标，因为提高资源利用率意味了降低空闲的基础设施带来的额外成本，包括冷却成本和能耗等。

任务调度是云资源管理优化领域的研究热点之一。无论是启发式的还是基于搜索(如进化算法)的任务调度策略，实质上都是关于任务集合到集群资源的映射策略。熟悉算法的读者可能会发现：如果忽略虚拟化层，即将任务直接分配到物理服务器上，那么任务调度问题与经典的装箱问题十分类似——将n ($n\in N^{+}$)个货物装入m ($m\in N^{+}$)个箱子中。虽然本质上类似，但任务调度比装箱问题更加复杂。一方面，任务资源需求是多维的(如 CPU 核心数、内存大小和带宽)，并任务可能带有优先级和响应时间约束；另一方面，任务调度的优化目标往往不是单一的，需要同时考虑总完工时间、服务率和总能耗等指标。实际上，由于虚拟化层的存在，我们往往可以简化任务调度问题，在任务调度策略上重点关注任务到虚拟机的映射(见图 4-22)，并将虚拟机到主机的映射作为另一个单独的问题——虚拟机调度来研究[32]。

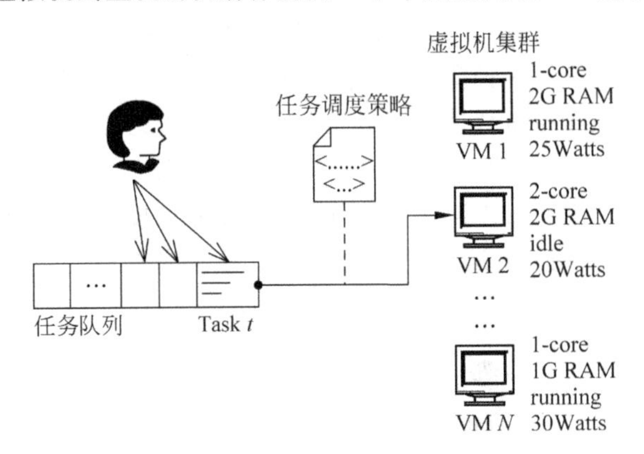

图 4-22　虚拟化云计算环境中的任务调度

2. 虚拟机调度

虚拟机只有被分配给具体的主机之后才能启动并开始执行任务。虚拟机调度策略是关于如何将 VM 映射到物理主机上的一类策略，又可以分为 VM 放置策略和 VM 迁移策略。VM 放置是关于为虚拟机选择宿主机的过程，而 VM 迁移是指将运行中的虚拟机从原本的宿主机迁移到另一台宿主机。虚拟机的迁移可能是被动触发的，当宿主机出现过载或故障，该主机上的 VM 就需要被迁出以降低负载或避免宕机引起的服务不可用。云环境中的调度器也可以主动地迁移虚拟机，比如将多台主机上的 VM 迁移到同一台主机上，然后关闭空闲的多余主机以实现节能。图 4-23 所示为虚拟机调度的过程，其中 VM1 创建之后被放置到主机 A 上；VM2 原本在主机 C 上运行，但根据虚拟机调度策略，它在当前时刻被迁移到主机 B。虚拟机调度策略的应用对防止主机过载、提高主机资源利用率和实现集群容错有重要意义。

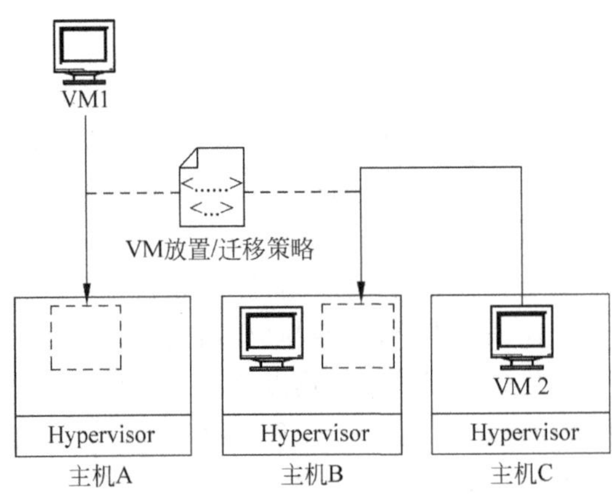

图 4-23　云计算环境中的虚拟机调度策略

4.6.2 云任务调度模拟实验

1. 基本内容

使用高级编程语言实现一个任务调度算法，并编写程序简单模拟一个云计算环境（包括物理主机、虚拟机和任务等），利用该模拟程序测试所开发的任务调度算法。

要求：所涉及的任务调度算法至少有一个优化目标，例如减少总完工时间、减少平均响应时间或降低总能耗等。

2. 调度算法设计

本小节以一个节能任务调度算法为例，介绍云环境中任务调度的设计与实现。降低云计算数据中心的能耗是当前的热点研究话题，任务调度过程中任务和虚拟机匹配策略是影响集群总能耗的关键因素。本小节在经典的启发式算法——Min-Min[29]的基础上，实现了一个以总能耗为优化目标的任务调度算法 EnergyMinMin。

Min-Min 算法是应用在任务分配问题上的典型启发式算法，它在预先评估整个执行时长矩阵（行为任务，列为虚拟机）的基础上，实现以减少平均响应时间和完工时间为目标的任务调度。Min-Min 算法不能保证最优分配（事实上任务分配是 NP-完全问题），但作为一种启发式算法，它的实现很简单并且比很多调度算法更加有效[30]。本节介绍的 EnergyMinMin 以降低任务集合总执行能耗为优化目标，预先评估一个能耗矩阵，根据矩阵采用与 Min-Min 类似的原则进行任务分配。为了简化问题，这里假设任务和 VM 是“一对一”的映射，并且不考虑任务的 SLA（Service Level Agreement）约束。

这里使用 Java 实现了上述的 EnergyMinMin 算法以及一个简单的云计算模拟程序，任务分配的代码实现在 EnergyMMScheduling 方法中，该方法的主要代码如下：

```
/**
    * EnergyMinMin heuristic task scheduling algorithm
    * output: mapping - matrix[num_of_task][num_of_vm]
    * @param vmlist          List of Virtual Machines
    * @param number_of_vm          Number of VMs
    * @param tasklist          List of tasks
    * @param number_of_task          Number of tasks
    * @param tasks_to_vms_matrix     initial matrix
    */
   static public double energyMMScheduling(
            VirtualMachine [] vmlist,
            int number_of_vm,
            Task [] tasklist,
            int number_of_task,
            int [][] tasks_to_vms_matrix){

        //indicates VM's availability
        int [] used_vm_list = new int[number_of_vm];
        //initialize
        for(int k = 0;k < number_of_vm;k++){
            used_vm_list[k] = -1;
```

```
        }

        int [] allocated_task_list = new int[number_of_task];
        //initialize
        for(int k = 0;k < number_of_task;k++){
            allocated_task_list[k] = -1;          //1 = allocated, -1 = no yet
            tasklist[k].setEnergy(0.0);
        }
        //initial average scheduling delay
        double avg_delay = 0.0;
        int selected_vm_index = 0;
        int selected_task_index = 0;
        double minPower = MaxDouble;
        double minEnergy = MaxDouble;
        double t0 = System.nanoTime();
            //loop until all tasks are successfully scheduled
        while(!allTaskFulfilled(allocated_task_list, number_of_task)){
            selected_vm_index = -1;
            selected_task_index = -1;
            minPower = MaxDouble;
            minEnergy = MaxDouble;
            //scan the whole energy matrix to spot the minimal
            for(int t = 0;t < number_of_task;t++){
             if(allocated_task_list[t] != -1)
                 continue;

             Task task = tasklist[t];
             for(int v = 0;v < number_of_vm;v++){
                 //check vm's availability
                 if(used_vm_list[v] != -1)
                     continue;
                 VirtualMachine vm = vmlist[v];

                 //check first whether the match is feasible
                 //i.e., the VM has sufficient resource
                 if(!feasibleMatch(vm,task))
                   continue;
                 //find the min element in the whole matrix,
                 //which is the fundamental rationale of MinMin
                 if(vm.getDynamicPower()< minPower){
                     minPower = vm.getDynamicPower();
                     selected_vm_index = v;
                     selected_task_index = t;
                     //calculate energy consumption
                     minEnergy = minPower * task.getExeTime();
                 }
                }
            }

            //allocation of this task
```

```
                used_vm_list[selected_vm_index] = 1;
                allocated_task_list[selected_task_index] = 1;
                ks_to_vms_matrix[selected_task_index][selected_vm_index] = 1;
                tasklist[selected_task_index].setEnergy(minEnergy);

                //record scheduling delay
                avg_delay += (System.nanoTime() - t0)/ 1000000; //ms
            }//end while
        avg_delay = avg_delay/number_of_task;
        return avg_delay;
    }
/**
  * Judge whether a VM has sufficient resource for running a task
  * @param vm the VM
  * @param task the task
  * @return
  */
private static boolean feasibleMatch(VirtualMachine vm, Task task){
    if(vm.cpu>= task.cpu_need &&
            vm.ram>= task.ram_need &&
            vm.disk>= task.disk_need &&
            vm.bandwidth>= task.bandwidth_need){
        return true;
    }
    else{
        return false;
    }
}
```

上述代码片段中，while循环检查是否还有未调度的任务，如果有，则通过两重for循环检查所有待调度任务到所有可用虚拟机上的预估能耗，其中预估能耗＝虚拟机功耗×任务执行时长，并每次选择能耗最低的任务分配。将任务分配给虚拟机必须保证满足资源约束，feasibleMatch(VirtualMachine, Task)方法对分配可行性进行检查(虚拟机的资源配额必须大于等于任务的需求)，如果资源条件不满足，则该方法返回false。由于篇幅的限制，Task和VirtualMachine等Java类的相关代码不在这里给出。

3. 实验程序及结果

笔者在Java编写的云环境模拟程序中测试上述的EnergyMinMin任务调度算法，同时在任务总能耗和平均调度延迟这两个度量上与First-Fit调度算法进行对比。在模拟环境中创建了一个包含16个VM实例的虚拟机集群，虚拟机资源配置如表4-5所示。

表4-5　任务调度模拟实验中的虚拟机配置列表

VM编号	CPU配额(GHz)	内存大小(GB)	磁盘配额(GB)	带宽(GB)	峰值功耗(Watts)
0	6.2	2.0	30.0	0.5	27.0
1	12.4	4.0	10.0	0.5	36.9
2	3.1	2.0	50.0	0.5	18.9

续表

VM 编号	CPU 配额（GHz）	内存大小（GB）	磁盘配额（GB）	带宽（GB）	峰值功耗（Watts）
3	3.1	2.0	30.0	1.0	18.8
4	12.4	4.0	10.0	1.0	37.4
5	6.2	4.0	75.0	0.5	26.9
6	12.4	4.0	10.0	1.0	37.1
7	6.2	2.0	30.0	2.0	27.7
8	6.2	4.0	10.0	1.0	27.4
9	6.2	4.0	75.0	1.0	27.6
10	6.2	4.0	30.0	1.0	26.8
11	3.1	1.0	50.0	1.0	17.5
12	6.2	4.0	10.0	0.5	27.4
13	6.2	2.0	75.0	0.5	26.9
14	3.1	1.0	30.0	2.0	18.0
15	6.2	1.0	30.0	1.0	23.6

同时创建了 6 个任务实例，见表 4-6。

表 4-6 任务调度模拟实验中的任务列表

任务编号	CPU 需求（GHz）	内存需求（GB）	磁盘需求（GB）	带宽需求（GB）	预计执行时长（s）
0	10.0	4.0	1.0	0.0	20
1	3.0	1.0	50.0	0.0	60
2	6.0	2.0	10.0	1.0	40
3	10.0	2.0	0.0	0.0	30
4	6.0	1.0	30.0	1.0	30
5	3.0	1.0	1.0	1.0	60

初始化虚拟机集群和任务集合之后，分别在模拟环境中调用 EnergyMinMin 和 FirstFit 对应的任务调度函数，模拟程序的主函数和运行代码如下：

```
public static void main(String args[]){

        //experimental setup
        final int number_of_tasks = 6;
        final int number_of_vms = 16;

        Random rand = new Random();

        int [][] tasks_to_vms_matrix = new int[number_of_tasks][number_of_vms];

        //allocation matrices
        int [][] tasksToVMsMatrixEMM = new int[number_of_tasks][number_of_vms];
        int [][] tasksToVMsMatrixFF = new int[number_of_tasks][number_of_vms];

        //metrics
```

```
double avgDelay = 0.0;
  double totalEnergy = 0;

//initialize allocation matrices
for(int t = 0;t < number_of_tasks;t++){
     for(int v = 0;v < number_of_vms;v++){
          tasksToVMsMatrixEMM[t][v] = 0;
          tasksToVMsMatrixFF[t][v] = 0;
     }
}

//create VM instances
VirtualMachine [] vmlist = createVMList();
//create tasks
Task [] tasklist = createTaskList();

 /*
 * use EnergyMinMin to schedule the tasks
 */
avgDelay = VPEGS_algorithms.energyMMScheduling(vmlist,
        number_of_vms,tasklist,number_of_tasks,tasksToVMsMatrixEMM);

 //show result
System.out.println("\t**********************" +
        "*************");
System.out.println("EnergyMinMin: ");
System.out.println("vm_NO. 0 1 2 3 4 5 6 7 8 9 A B C D E F ");
for(int t = 0;t < number_of_tasks;t++){
    System.out.print("task" + t + ": ");
    for(int v = 0;v < number_of_vms;v++){
        System.out.print(tasksToVMsMatrixEMM[t][v] + " ");

    }
    System.out.println(" -> task energy = " + (int)tasklist[t].task_energy);
    totalEnergy += tasklist[t].task_energy;
    //reinitialize
    tasklist[t].task_energy = 0;
}
//show the total
System.out.println("\t\t\t\t\t\t\ttotally: " + (int)totalEnergy + " Joules");
System.out.println("\t\t\t\t\t\t\tavg. delay: " + avgDelay + " ms");
totalEnergy = 0;

 /*
 * use "First - Fit" to schedule the tasks
 */
avgDelay = MatchedAlgorithms.firstFitAllocation(vmlist, number_of_vms,
        tasklist, number_of_tasks, tasksToVMsMatrixFF);
//show result
```

```
        System.out.println("\t* * * * * * * * * * * * * * * * * * * * * * * *" +
                " * * * * * * * * * * * * * ");
        System.out.println("First - Fit: ");
        System.out.println("vm_NO. 0 1 2 3 4 5 6 7 8 9 A B C D E F ");
        for(int t = 0;t < number_of_tasks;t++){
            System.out.print("task" + t + ": ");
            for(int v = 0;v < number_of_vms;v++){
                System.out.print(tasksToVMsMatrixFF[t][v] + " ");

            }
            System.out.println(" -> task energy = " + (int)tasklist[t].task_energy);
            totalEnergy += tasklist[t].task_energy;
            //reinitialize
            tasklist[t].task_energy = 0;
        }
        //show the total
        System.out.println("\t\t\t\t\t\t\ttotally: " + (int)totalEnergy + " Joules");
        System.out.println("\t\t\t\t\t\t\tavg. delay: " + avgDelay + " ms");
        totalEnergy = 0;
    }
```

主函数首先初始化模拟环境中的相关设定，包括初始的任务分配矩阵、相关统计指标(平均调度延迟和总能耗)以及虚拟机和任务数量等，其中本实验设定虚拟机数和任务数分别为16台和6个(见表4-4和表4-5)。然后分别调用createVMList和createTaskList方法创建虚拟机集合和任务集合。首先测试的是EnergyMinMin任务分配算法的效果——将初始化过后的VM集合、任务集合、初始分配矩阵等参数传入energyMMScheduling方法，该方法将调度结果保存在传入的分配矩阵中，并返回一个double类型的任务平均调度延迟，相关代码如下面所示。重新初始化相关环境之后，调用firstFitAllocation方法以测试用于对照的First-Fit任务分配算法。最后程序分别输出两个任务调度算法的分配结果和统计信息。

```
    /**
      * create a designated number of VMs
      * @return a list of VMs
      */
    private static VirtualMachine [] createVMList(){
        //create VM instances
        VirtualMachine [] vmlist = new VirtualMachine[number_of_vms];
        vmlist[0] = new VirtualMachine(6.2, 2.0, 30.0, 0.5, 27.0);
        vmlist[1] = new VirtualMachine(12.4,4.0, 10.0, 0.5, 36.9);
        vmlist[2] = new VirtualMachine(3.1, 2.0, 50.0, 0.5, 18.9);
        vmlist[3] = new VirtualMachine(3.1, 2.0, 30.0, 1.0, 18.8);
        vmlist[4] = new VirtualMachine(12.4,4.0, 10.0, 1.0, 37.4);
        vmlist[5] = new VirtualMachine(6.2, 4.0, 75.0, 0.5, 26.9);
        vmlist[6] = new VirtualMachine(12.4,4.0, 10.0, 1.0, 37.1);
        vmlist[7] = new VirtualMachine(6.2, 2.0, 30.0, 2.0, 27.7);
        vmlist[8] = new VirtualMachine(6.2, 4.0, 10.0, 1.0, 27.4);
```

```java
        vmlist[9] = new VirtualMachine(6.2, 4.0, 75.0, 1.0, 27.6);
        vmlist[10] = new VirtualMachine(6.2, 4.0, 30.0, 1.0, 26.8);
        vmlist[11] = new VirtualMachine(3.1, 1.0, 50.0, 1.0, 17.5);
        vmlist[12] = new VirtualMachine(6.2, 4.0, 10.0, 0.5, 27.4);
        vmlist[13] = new VirtualMachine(6.2, 2.0, 75.0, 0.5, 26.9);
        vmlist[14] = new VirtualMachine(3.1, 1.0, 30.0, 2.0, 18.0);
        vmlist[15] = new VirtualMachine(6.2, 1.0, 30.0, 1.0, 23.6);

        return vmlist;
    }

    /**
     * create a designated number of tasks
     * @return the task list
     */
    private static Task [] createTaskList(){
        // create task instances
        Task [] tasklist = new Task [number_of_tasks];
        tasklist[0] = new Task(10, 4, 1, 0, 20);
        tasklist[1] = new Task(3, 1, 50, 0, 60);
        tasklist[2] = new Task(6, 2, 10, 1.0, 40);
        tasklist[3] = new Task(10, 2, 0, 0, 30);
        tasklist[4] = new Task(6, 1, 30, 1.0, 30);
        tasklist[5] = new Task(3, 1, 1, 1.0, 60);

        return tasklist;
    }
```

程序执行结束后，得到的分配矩阵及相关统计结果如图 4-24 所示。其中虚拟机编号以十六进制数列出，矩阵中的“1”代表所在行对应的任务分配给所在列对应的 VM 上执行，例如 EnergyMinMin 算法最终将编号为 0 的任务调度到编号为 1 的 VM 上执行。

```
Problems  @ Javadoc  Declaration  Console ☒  Call Hierarchy
<terminated> SchedulingTest [Java Application] E:\programs_files\JDK\jre\bin\javaw.exe (2017年8月18日 上午9:30:4
        * * * * * * * * * * * * * * * * * * * * * * * * * * * * * * * *
EnergyMinMin:
vm_NO. 0 1 2 3 4 5 6 7 8 9 A B C D E F
task0: 0 1 0 0 0 0 0 0 0 0 0 0 0 0 0 0   ->task energy=738
task1: 0 0 0 0 0 0 0 0 0 0 0 1 0 0 0 0   ->task energy=1050
task2: 0 0 0 0 0 0 0 0 0 0 1 0 0 0 0 0   ->task energy=1072
task3: 0 0 0 0 0 0 1 0 0 0 0 0 0 0 0 0   ->task energy=1113
task4: 0 0 0 0 0 0 0 0 0 0 0 0 0 0 0 1   ->task energy=708
task5: 0 0 0 0 0 0 0 0 0 0 0 0 0 0 1 0   ->task energy=1080
                                                      totally: 5761 Joules
                                                      avg. delay: 0.04934350000000005 ms
        * * * * * * * * * * * * * * * * * * * * * * * * * * * * * * * *
First-Fit:
vm_NO. 0 1 2 3 4 5 6 7 8 9 A B C D E F
task0: 0 1 0 0 0 0 0 0 0 0 0 0 0 0 0 0   ->task energy=738
task1: 0 0 1 0 0 0 0 0 0 0 0 0 0 0 0 0   ->task energy=1134
task2: 0 0 0 0 1 0 0 0 0 0 0 0 0 0 0 0   ->task energy=1496
task3: 0 0 0 0 0 0 1 0 0 0 0 0 0 0 0 0   ->task energy=1113
task4: 0 0 0 0 0 0 0 1 0 0 0 0 0 0 0 0   ->task energy=831
task5: 0 0 0 1 0 0 0 0 0 0 0 0 0 0 0 0   ->task energy=1128
                                                      totally: 6440 Joules
                                                      avg. delay: 0.013487666666666667 ms
```

图 4-24 EnergyMinMin 和 First-Fit 的任务调度结果

从任务总能耗与调度平均延迟的数据统计结果可以看出：在本小节设计的实验环境中，EnergyMinMin 相比 First-Fit 任务调度策略节约了 679 焦耳的电能，代价是增加了任务平均调度延迟。

习题

1. 试说明基于 cloudsim 如何实现用户自定义的虚拟机调度算法。

2. 试说明基于 cloudsim 如何实现用户自定义的任务调度算法。

3. 编程题：编写一个程序，创建一个包含两台主机的数据中心，每个台主机拥有四个核，多个虚拟机。提交 N 个任务给云数据中心，这些任务长度服从均匀分布，打印输出任务长度与任务运行情况。

4. 开放程序设计题：设计一个静态的虚拟机放置算法，只考虑 CPU 资源，针对不同虚拟机的负载高峰出现在不同的时间利用其互补性来提高主机 CPU 利用率。负载数据采用 Cloudsim 自带的 PlantLab 的 CPU 利用率数据，路径为 cloudsim-3.0\examples\workload\planetlab。（提示：每个负载文件带有 288 个历史 CPU 利用率的采样点，代表一个虚拟机的历史利用率，根据虚拟机的利用率，将多个虚拟机放置在主机上，使得所有主机的平均历史利用率最小。需要扩展 VmAllocationPolicy 类来实现虚拟机分配算法，扩展 Vm 类来存储历史利用率数据，通过 Java 的文件 IO 来读取负载文件。）

5. 任务调度编程题：如图 4-25 所示，main scheduler 是主调度器，主调度服务器每分钟或每秒钟可以调度 U 个任务，同时服务器的任务队列的缓冲区设置长度为 K，即任务到达后，在 U 的调度速度下最多有 K 个在等候调度，若多余的则舍去(针对每个任务集计算被舍去的个数)。

λ 为任务到达是服从的泊松分布，即每分钟或每秒钟到达任务的个数；

P_i 为将这个任务按随机的概率分配到执行服务器 S_i 中(物理机)；

S_i 为物理服务器，每个服务器具有 C_i 个 CPU 核及运算速度 f_i(即一个 CPU 可以用一个 VM 代替)，即每台服务器(物理机)配置 C_i 个 VM(每个 VM 的处理能力都一样，但不同的服务器的 VM 处理能力是不同的)，此时每台机子可以同时处理 C_i 个任务，若任务到达，所有的 VM 都在处理任务时，则任务在 S_i 服务器的任务队列中等候。

任务的描述：每个任务就是一个简单的指令数，服从 λ 值为 A 的指令数的指数分布，每个任务在每个 VM 的执行时间就是等于：指令数/运算速度 f_i。

调度过程：调度过程都是遵循先来先服务原则。

(1) 主调度器将任务按随机的概率分配到第 i 台物理机上执行，其调度的速度是每分钟或每秒钟(每时间单位)为 U 个，由物理机中空闲的 VM 负责执行，若对应的物理机中的 VM 都忙，则该任务等待；

(2) 每台服务器(物理机)对到达的任务分配到空闲的 VM 执行，若对应的物理机中的 VM 都忙，则该任务等待；

(3) 任务流：任务按服从的泊松分布到达，任务中要执行的指令数服从 A 的指数分布。

程序设计主要任务：按上述模式配置云数据中心，每次的模拟是生成 n 个任务(任务中要执行的指令数服从 A 的指数分布)，例如 n=10 万，按上述的调度分配到服务器上执行，统计每台服务器(物理机)执行的时间(每个任务离开物理机的时刻减去每个任务从进入物理机的时刻,即为每个任务在系统中的消耗时间,消耗时间减去任务的执行时间—即指令数/运算速度 f_i,即为每个任务在系统中等待的时间),统计处每台服务器的所有任务的消耗时间的平均值,等待时间的平均值,队列中等待被调度的任务个数的平均值(即每个时间单位内任务个数的平均值)。

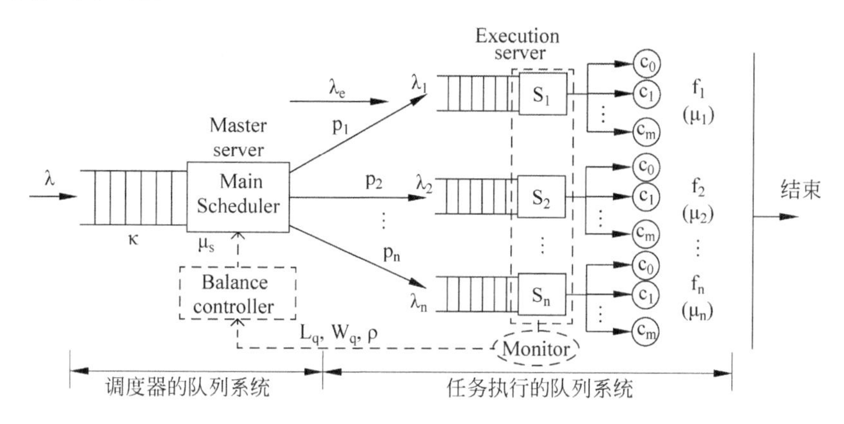

图 4-25　任务调度示意图

第5章

云存储技术

5.1 存储基础知识

本章在介绍存储组网、RAID、磁盘热备、快照、分级存储等存储知识的基础上，重点阐述了云存储概念和技术原理，然后讨论了对象存储技术，最后展望存储技术的发展趋势。

5.1.1 存储组网形态

1. 存储重要历史回顾

存储技术是计算机的核心技术之一，计算机的存储技术从最早的硬盘发展到网络存储、虚拟化存储等技术，总的趋势是存储容量和IO速度的不断增加(如图5-1所示)。当然，随着信息技术的发展，存储行业涌现出新的存储技术，例如固态硬盘、云存储等。下面简要回顾一下存储技术的重要历史。

(1) 1956年——第一台硬盘存储器

世界上第一台硬盘存储器IBM 350 RAMAC诞生，当时它的总容量只有5MB，但总共使用了50个直径为24英寸的磁盘。

(2) 1987年——RAID技术出现

加州柏克大学的三位人员发表了名为“磁盘阵列控制器研究”的论文，正式提到了RAID也就是磁盘阵列控制器，论文提出廉价的5.25″及3.5″的硬盘也能如大机器上的8″盘般提供大容量、高性能和数据的一致性，并详述了RAID1至5的技术。

(3) 1994年——网络存储的时代

SAN技术正式出现(ANSI标准组织通过了第一个版本的光纤通道SAN)，并迅速在数据苛刻型企业中获得广泛应用，而由此我们也正式迈入了网络存储的时代。

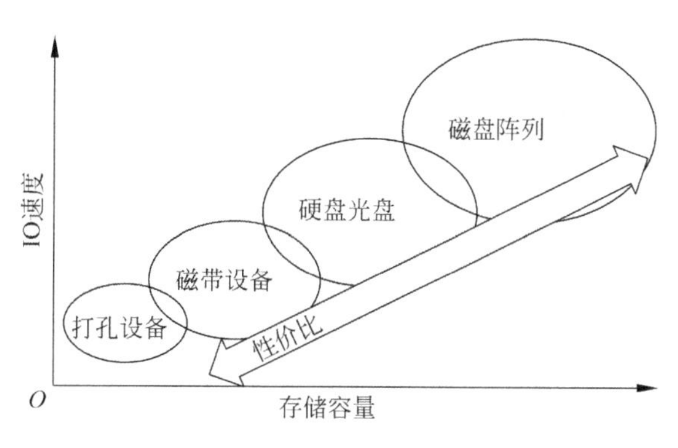

图 5-1 存储发展

2. 网络存储的发展

网络存储的应用从网络信息技术诞生的那天就已经开始，应用的领域随着信息技术的发展而不断增加。如图 5-2 所示，根据服务器类型可以将存储分为：封闭系统的存储（主要指大型机）和开放系统的存储（指基于包括 Windows、UNIX、Linux 等在内的操作系统的服务器）。其中开放式系统的存储可以分为直连式存储（DAS，Direct-Attached Storage）和网络存储（FAS，Fabric-Attached Storage）。根据组网形式不同，当前三种主流存储技术或存储解决方案为：直连式存储（DAS）、存储区域网络（SAN）、网络接入存储（NAS），如图 5-3 所示。

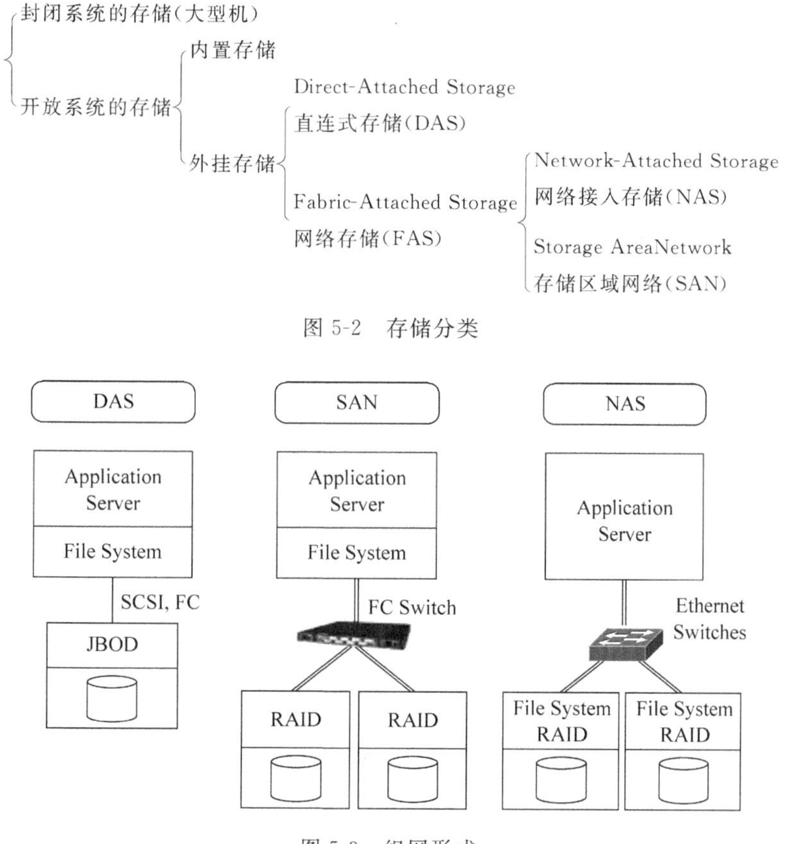

图 5-2 存储分类

图 5-3 组网形式

DAS(Direct Attached Storage)即直接连接存储，是指将存储设备通过 SCSI 接口或光纤通道直接连接到一台计算机上。直连式存储(DAS)依赖服务器主机操作系统进行数据的 IO 读写和存储维护管理，数据备份和恢复要求占用服务器主机资源(包括 CPU、系统 IO 等)，数据流需要回流主机再到服务器连接着的磁带机(库)，数据备份通常占用服务器主机资源 20%～30%。直连式存储的数据量越大，备份和恢复的时间就越长，对服务器硬件的依赖性和影响就越大。

将存储器从应用服务器中分离出来，进行集中管理。这就是所说的存储网络(Storage Networks)。又采取了两种不同的实现手段，即 NAS(Network Attached Storage)网络接入存储和 SAN(Storage Area Networks)存储区域网络。

NAS(Network Attached Storage)即网络连接存储，即将存储设备通过标准的网络拓扑结构(如以太网)，连接到一群计算机上。NAS 是部件级的存储方法，它的重点在于帮助工作组和部门级机构解决迅速增加存储容量的需求。需要共享大型 CAD 文档的工程小组就是典型的例子。

存储区域网络(Storage Area Network，SAN)采用光纤通道(Fibre Channel，简称 FC)技术，通过光纤通道交换机连接存储阵列和服务器主机，建立专用于数据存储的区域网络。SAN 经过十多年历史的发展，已经相当成熟，成为业界的事实标准(但各个厂商的光纤交换技术不完全相同，其服务器和 SAN 存储有兼容性的要求)。

NAS 和 SAN 最本质的不同就是文件管理系统在哪里，SAN 结构中，文件管理系统(FS)还是分别在每一个应用服务器上；而 NAS 则是每个应用服务器通过网络共享协议(如 NFS、CIFS)使用同一个文件管理系统。换句话说，NAS 和 SAN 存储系统的区别是 NAS 有自己的文件系统管理。

3. DAS

DAS(Direct Attached Storage，直接连接存储)是指将存储设备通过 SCSI 接口或光纤通道直接连接到一台计算机上。SCSI 的英文名称是“Small Computer System Interface”，中文翻译为“小型计算机系统专用接口”；顾名思义，这是为了小型计算机设计的扩充接口，它可以让计算机加装其他外设设备以提高系统性能或增加新的功能，例如硬盘、光驱、扫描仪等。

如图 5-4 所示，DAS 将存储设备(RAID 系统、磁带机和磁带库、光盘库)直接连接到服务器；是最传统的、最常见的连接方式，容易理解、规划和实施。但是 DAS 没有独立操作系统，也不能提供跨平台的文件共享，各平台下数据需分别储存，且各 DAS 系统之间没有连接，数据只能分散管理。DAS 的优缺点如表 5-1 所示。

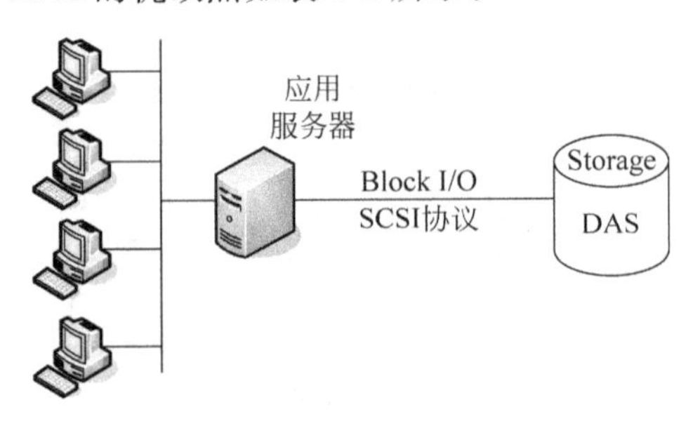

图 5-4 DAS

表 5-1 DAS 的优缺点

优 势	劣 势
1) 连接简单：集成在服务器内部；点到点的连接；距离短；安装技术要求不高 2) 低成本需求：SCSI 总线成本低 3) 较好的性能 4) 通用的解决方案：DAS 的投资低，绝大多数应用可以接受	1) 有限的扩展性：SCSI 总线的距离最大 25m；最多 15 个设备 2) 专属的连接：空间资源无法与其他服务器共享 3) 备份和数据保护：备份到与服务器直连的磁带设备上，硬件失败将导致更高的恢复成本 4) TCO(总拥有成本高)：存储容量的加大导致管理成本上升，存储使用效率低

4. NAS

如图 5-5 所示，NAS(Network Attached Storage，网络附加存储)是将存储设备连接到现有的网络上，提供数据和文件服务，应用服务器直接把 File I/O 请求通过 LAN 传给远端 NAS 中的文件系统，NAS 中的文件系统发起 Block I/O 到与 NAS 直连的磁盘。主要面向高效的文件共享任务，适用于那些需要网络进行大容量文件数据传输的场合。

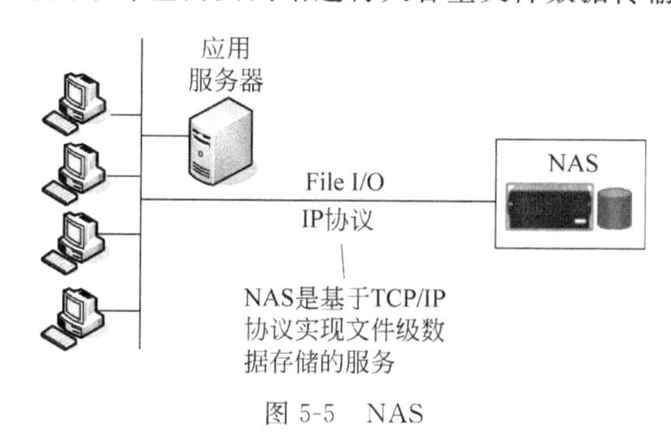

图 5-5 NAS

NAS 本身装有独立的 OS，通过网络协议可以实现完全跨平台共享，支持 WinNT、Linux、UNIX 等系统共享同一存储分区；NAS 可以实现集中数据管理；一般集成本地备份软件，可以实现无服务器备份功能；NAS 系统的前期投入相对较高。

NAS 是在 RAID 的基础上增加了存储操作系统；NAS 内每个应用服务器通过网络共享协议(如 NFS、CIFS)使用同一个文件管理系统；NAS 关注应用、用户和文件以及它们共享的数据；磁盘 I/O 会占用业务网络带宽。

由于局域网在技术上得以广泛实施，在多个文件服务器之间实现了互联，因此可以采用局域网加工作站族的方法为实现文件共享而建立一个统一的框架，达到互操作性和节约成本的目的，NAS 的优缺点如表 5-2 所示。

表 5-2 NAS 的优缺点

优 势	劣 势
1) 资源共享 2) 构架于 IP 网络之上 3) 部署简单 4) 较好的扩展性 5) 异构环境下的文件共享 6) 易于管理 7) 备份方案简单 8) 低的 TCO	1) 扩展性有限 2) 带宽瓶颈，一些应用会占用带宽资源 3) 不适应某些数据库的应用

5. SAN

如图 5-6 所示，SAN（存储区域网络）通过光纤通道连接到一群计算机上。在该网络中提供了多主机连接，但并非通过标准的网络拓扑。它是一个用在服务器和存储资源之间的、专用的、高性能的网络体系。它为实现大量原始数据的传输而进行了专门的优化。

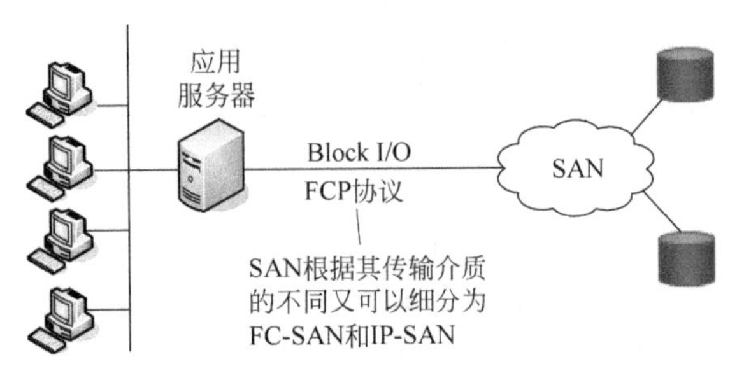

图 5-6 SAN

SAN 是一种高可用性、高性能的专用存储网络，用于安全连接服务器和存储设备并具备灵活性和可扩展性；SAN 对于数据库环境、数据备份和恢复存在巨大的优势；SAN 是一种非常安全的快速传输、存储、保护、共享和恢复数据的方法。

SAN 独立出一个数据存储网络，网络内部的数据传输率很快，但操作系统仍停留在服务器端，用户不直接访问 SAN 的网络；SAN 关注磁盘、磁带以及连接它们的可靠的基础结构；SAN 根据其传输介质的不同又可以细分为 FC-SAN 和 IP-SAN。

SAN 专注于企业级存储的特有问题。当前企业存储方案所遇到问题的两个根源是：数据与应用系统紧密结合所产生的结构性限制，以及目前小型计算机系统接口（SCSI）标准的限制。大多数分析都认为 SAN 是未来企业级的存储方案，这是因为 SAN 便于集成，能改善数据可用性及网络性能，而且还可以减轻管理作业，SAN 的优缺点如表 5-3 所示。

表 5-3 SAN 的优缺点

优　　势	劣　　势
1）实现存储介质的共享 2）非常好的扩展性；易于数据备份和恢复；实现备份磁带共享 3）LAN Free 和 Server Free 4）高性能 5）支持服务器群集技术 6）容灾手段 7）低的 TCO	1）成本较高：需要专用的连接设备如 FC 交换机以及 HBA 2）SAN 孤岛 3）技术较为复杂 4）需要专业的技术人员维护

6. DAS、NAS、SAN 三种形态比较

DAS、NAS、SAN 每种组网技术都有其优势和劣势，在实际运用中需要权衡各方面的资源和适用范围。一般来说，DAS 是最直接最简单的组网技术，实现简单但是存储空间利用率和扩展性差，而 NAS 使用较为广泛，技术也相对成熟，SAN 则是专为某些大型存储而定制的昂贵网络。DAS、NAS、SAN 三种存储组网形态的比较如表 5-4 所示。

表 5-4 DAS、NAS、SAN 三种存储组网形态的比较

	DAS	NAS	FC-SAN	IP-SAN
传输类型	SCSI、FC	IP	FC	IP
数据类型	块级	文件级	块级	块级
典型应用	任何	文件服务器	数据库应用	视频监控
优点	易于理解 兼容性好	易于安装 成本低	高扩展性 高性能 高可用性	高扩展性 成本低
缺点	难以管理，扩展性有限；存储空间利用率不高	性能较低；对某些应用不适合	比较昂贵，配置复杂；互操作性问题	性能较低

5.1.2 RAID

RAID 是廉价冗余磁盘阵列(Redundant Array of Inexpensive Disks)的简称，磁盘阵列是由很多价格较便宜的磁盘，组合成一个容量巨大的磁盘组，利用个别磁盘提供数据所产生的加成效果提升整个磁盘系统效能。利用这项技术，将数据切割成许多区段，分别存放在各个硬盘上。在具体介绍 RAID 之前，我们先了解一下相关的基本概念，如表 5-5 所示。

表 5-5 RAID 相关名词概念

名　词	说　明
分区	又称为 Extent；是一个磁盘上的地址连续的存储块。一个磁盘可以划分为多个分区，每个分区可以大小不等，有时也称为逻辑磁盘。
分块	又称为 Strip；将一个分区分成多个大小相等的、地址相邻的块，这些块称为分块。分块通常被认为是条带的元素。虚拟磁盘以它为单位将虚拟磁盘的地址映射到成员磁盘的地址。
条带	又称为 Stripe；是阵列的不同分区上的位置相关的 strip 的集合，是组织不同分区上条块的单位。
软 RAID	RAID 的所有功能都依赖于操作系统(OS)与服务器 CPU 来完成，没有第三方的控制/处理(业界称其为 RAID 协处理器——RAID Co-Processor)与 I/O 芯片。
硬 RAID	有专门的 RAID 控制/处理与 I/O 处理芯片，用来处理 RAID 任务，不需耗用主机 CPU 资源，效率高，性能好。

1. RAID0

RAID0 是指没有容错设计的条带磁盘阵列，它主要是以条带形式将 RAID 阵列的数据均匀分布在各个阵列中。RAID0 没有磁盘冗余，若一个磁盘失败将导致数据丢失，总容量=(磁盘数量)×(磁盘容量)。

如图 5-7 所示，图中一个圆柱就是一块磁盘(以下均是)，它们并联在一起。从图中可以看出，RAID0 在存储数据时由 RAID 控制器(硬件或软件)分割成大小相同的数据条，同时写入阵列中的磁盘。如果发挥一下想象力，你会觉得数据像一条带子横跨过所有的阵列磁盘，每个磁盘上的条带深度则是一样的。至于每个条带的深度则要看所采用的 RAID 类型，在 NT 系统的软 RAID0 等级中，每个条带深度只有 64KB 一种选项，而在硬 RAID0 等级，可以提供 8KB、16KB、32KB、64KB 以及 128KB 等多种深度参数。

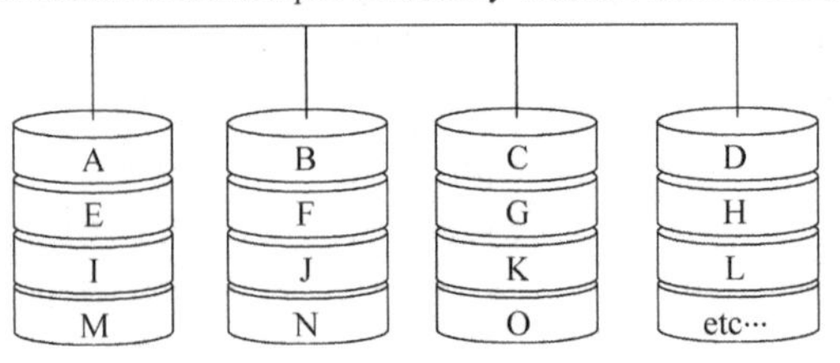

图 5-7 RAID0

RAID0 即 Data Stripping,数据分条技术。整个逻辑盘的数据是被分条(stripped)分布在多个物理磁盘上,可以并行读/写,提供最快的速度,但没有冗余能力。要求至少两个磁盘。本质上 RAID0 并不是一个真正的 RAID,因为它并不提供任何形式的冗余。RAID0 的优缺点如表 5-6 所示。

表 5-6 RAID0 的优缺点

RAID0 的优点	RAID0 的缺点
1) 可多 I/O 操作并行处理,极高的读写效率 2) 速度快,由于不存在校验,所以不占用 CPU 资源 3) 设计、使用与配置简单	1) 无冗余,一个 RAID0 的磁盘失败,那么数据将彻底丢失 2) 不能用于关键数据环境
适用领域: 1) 视频生成和编辑 2) 图像编辑 3) 较为“拥挤”的操作 4) 其他需要大的传输带宽的操作	
至少需要磁盘数:2 个	

2. RAID1

如图 5-8 所示,RAID1 以镜像作为冗余手段,虚拟磁盘中的数据有多个副本,放在成员磁盘上,具有 100%的数据冗余,但磁盘空间利用率只有 50%,所以,总容量=(磁盘数量/2)×(磁盘容量)。

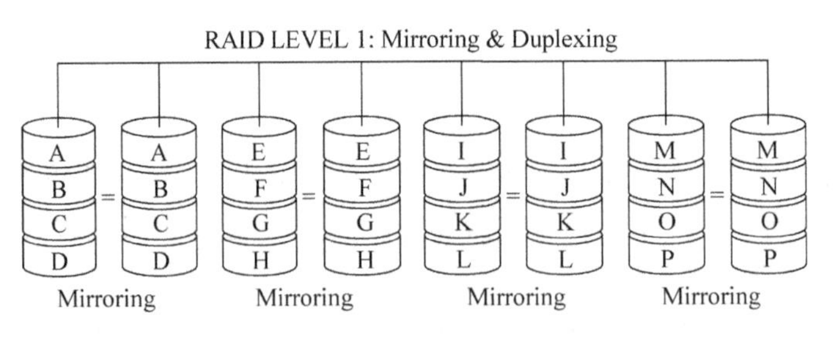

图 5-8 RAID1

对比 RAID0 等级,硬盘的内容是两两相同的。这就是镜像——两个硬盘的内容完全一样,这等于内容彼此备份。比如阵列中有两个硬盘,在写入时,RAID 控制器并不是将数据分成条带而是将数据同时写入两个硬盘。这样,其中任何一个硬盘的数据出现问题,可以马上从另一个硬盘中进行恢复。注意,这两个硬盘并不是主从关系,也就是说是相互镜像/恢复的。RAID1 是非校验的 RAID 级，其数据保护和性能都极为优秀，因为在数据的读/写过程中，不需要执行 XOR 操作，RAID1 的优缺点如表 5-7 所示。

表 5-7 RAID1 的优缺点

优 点	缺 点
1）理论上读效率是单个磁盘的两倍 2）100%的数据冗余 3）设计、使用简单	1）ECC（错误检查与纠正）效率低下，磁盘 ECC 的 CPU 占用率是所有 RAID 等级中最高的，成本高 2）软 RAID 方式下，很少能支持硬盘的热插拔 3）空间利用率只有 1/2
适用领域： 1）财务统计与数据库 2）金融系统 3）其他需要高可用的数据存储环境	
至少需要磁盘数：2 个	

3. RAID3

RAID3（条带分布＋专用盘校验）：以 XOR 校验为冗余方式，使用专门的磁盘存放校验数据，虚拟磁盘上的数据块被分为更小的数据块并行传输到各个成员物理磁盘上，同时计算出 XOR 校验数据存放到校验磁盘上。只有一个磁盘损坏的情况下，RAID3 能通过校验数据恢复损坏磁盘，但两个以上磁盘同时损坏情况下 RAID3 不能发挥数据校验功能。总容量＝（磁盘数量－1）×（磁盘容量）。

如图 5-9 所示，RAID3 中，校验盘只有一个，而数据与 RAID0 一样是分成条带（Stripe）存入数据阵列中，这个条带的深度的单位为 B 而不再是 bit 了。在数据存入时，数据阵列中处于同一等级的条带的 XOR 校验编码被即时写在校验盘相应的位置，所以彼此不会干扰混乱。读取时，则在调出条带的同时检查校验盘中相应的 XOR 编码，进行即时的 ECC。由于在读写时与 RAID0 很相似，所以 RAID3 具有很高的数据传输效率。RAID3 的优缺点如表 5-8 所示。

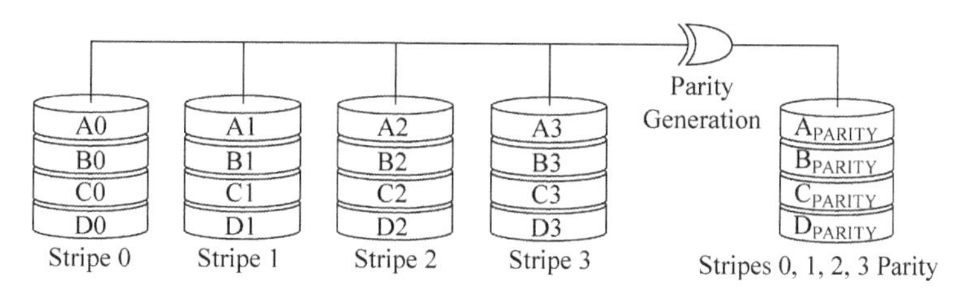

图 5-9 RAID3

表 5-8 RAID3 的优缺点

优 点	缺 点
1）相对较高的读取传输率 2）高可用性，如果有一个磁盘损坏，对吞吐量影响较小 3）高效率的 ECC 操作	1）校验盘成为性能瓶颈 2）每次读写牵动整个组，每次只能完成一次 I/O

续表

优　　点	缺　　点
适用领域： 1）视频生成和在线编辑 2）图像和视频编辑 3）其他需要高吞吐量的场合	
至少需要磁盘数：3个	

传输速度最大的限制在于寻找磁道和移动磁头的过程，真正往磁盘碟片上写数据的过程实际上很快。RAID3阵列各成员磁盘的运转马达是同步的，所以整个RAID3可以认为是一个磁盘。而在异步传输的阵列中，各个成员磁盘是异步的，可以认为他们是在各自同时寻道和移动磁盘。比起RAID3这样的同步阵列，像RAID4这样的异步阵列的磁盘各自寻道的速度会更快一些。但是一旦找到了读写的位置，RAID3就会比异步快，因为成员磁盘同时读写，速度要快得很多。这也是RAID3采用比4异步阵列大得多的数据块的原因之一。

4. RAID5

如图5-10所示，RAID5（条带技术＋分布式校验）：以XOR检验为冗余方式，校验数据均匀分布在各个数据磁盘上，对各个数据磁盘的访问为异步操作，RAID5相对于RAID3改善了校验盘的瓶颈，总容量＝(磁盘数－1)×(磁盘容量)。

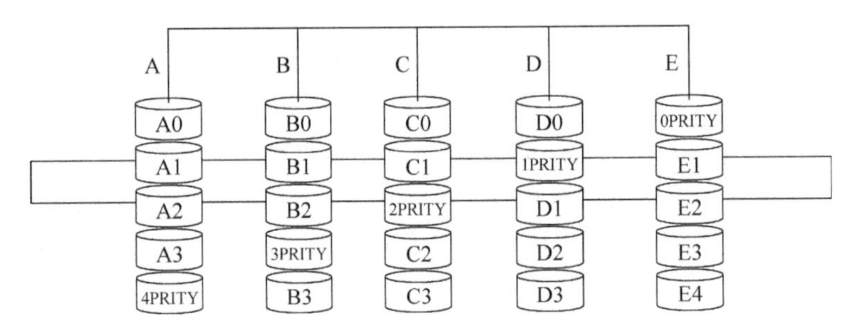

图5-10　RAID5

RAID5和RAID4相似但避免了RAID4的瓶颈，方法是不用校验磁盘而将校验数据以循环的方式放在每一个磁盘中，RAID5的优缺点如表5-9所示。

表5-9　RAID5的优缺点

优　　点	缺　　点
1）高读取速率 2）中等写速率	1）异或校验影响存储性能 2）磁盘损坏后，重建很复杂
适用领域： 1）文件服务器和应用服务器 2）OLTP环境的数据库 3）WEB，E-MAIL服务器	
至少需要磁盘数：3个	

5. RAID6

如图 5-11 所示，RAID6 能够允许两个磁盘同时失效的 RAID 级别系统，其总容量＝（磁盘数－2）×（磁盘容量）。

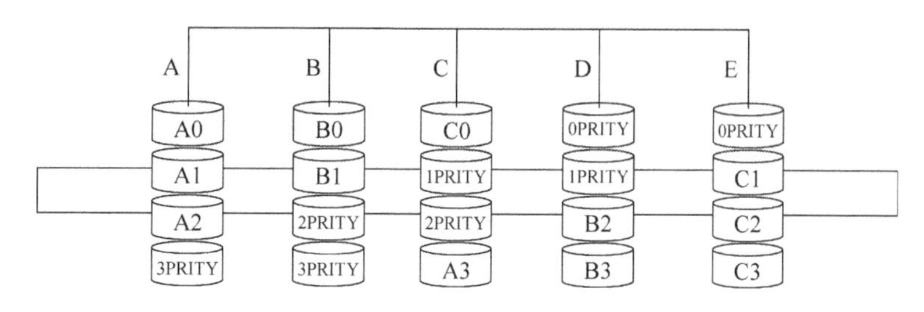

图 5-11　RAID6

如图 5-12 所示，同 RAID5 一样，数据和校验码都是被分成数据块然后分别存储到磁盘阵列的各个硬盘上。RAID6 加入了一个独立的校验磁盘，它把分布在各个磁盘上的校验码都备份在一起，这样 RAID6 磁盘阵列就允许多个磁盘同时出现故障，这对于数据安全要求很高的应用场合是非常必要的。RAID6 的优缺点如表 5-10 所示，在实际应用中 RAID6 的应用范围并没有其他的 RAID 模式那么广泛。实现这个功能一般需要设计更加复杂、造价更昂贵的 RAID 控制器，所以 RAID6 的应用并不广泛。

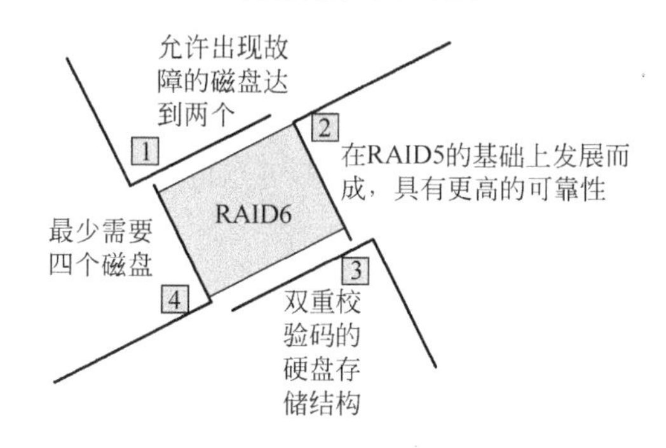

图 5-12　RAID6 的特性

表 5-10　RAID6 的优缺点

优　　点	缺　　点
1）快速的读取性能 2）更高的容错能力	1）很慢的写入速度 2）成本更高
适用领域：高可靠性环境	
至少需要磁盘数：4 个	

6. RAID10

如图 5-13 所示，RAID10（镜像阵列条带化）将镜像和条带组合起来的组合 RAID 级别，最低一级是 RAID1 镜像对，第二级为 RAID0。其总容量＝（磁盘数/2）×（磁盘容量）。

每一个基本 RAID 级别都各有特色，都在价格、性能和冗余方面做了许多的折中。组合级别可以扬长避短，发挥各基本级别的优势。RAID10 就是其中比较成功的例子。

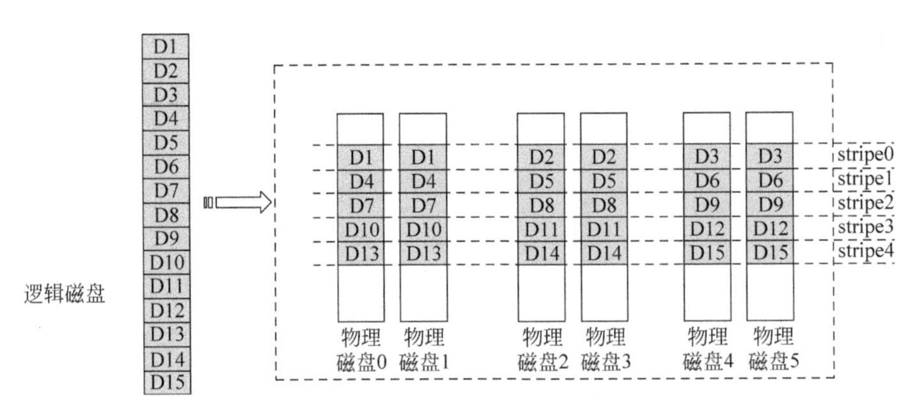

图 5-13 RAID10

RAID10 数据分布按照如下方式来组织：首先将磁盘两两镜像(RAID1)，然后将镜像后的磁盘条带化。图 5-13 中，磁盘 0 和磁盘 1，磁盘 2 和磁盘 3，磁盘 4 和磁盘 5 为镜像后的磁盘对。再将其条带化，最后得到数据存储示意图如图 5-13 所示。

和 RAID10 类似组合级别是 RAID01。因为其明显的缺陷，RAID01 很少使用。RAID01 是先条带化，然后将条带化的阵列镜像。如同样是六块磁盘，RAID01 是先形成 2 个 3 块磁盘 RAID0 组，然后将 2 个 RAID0 组镜像。如果一个 RAID0 组中有一块磁盘损坏了，那么只要另一个组的三块磁盘中任意一个损坏，则会导致整个 RAID01 阵列不可用，即不可用的概率为 3/5。而 RAID10 则不然，如果一个 RAID1 组中一个磁盘损坏，只有当同一组的磁盘也损坏了，整个阵列才不可用，即不可用的概率为 1/5。RAID10 的优缺点如表 5-11 所示。

表 5-11 RAID10 的优缺点

优　点	缺　点
1) 高读取速率 2) 高写速率，较校验 RAID 而言，写开销最小 3) 至多可以允许 N 个磁盘同时损坏(2N 个磁盘组成的 RAID10 阵列)	1) 贵 2) 只有 1/2 的磁盘利用率
适用领域：要求高可靠性和高性能的数据库服务器	
至少需要磁盘数：4 个	

7. RAID50

如图 5-14 所示，RAID50 将镜像和条带组合起来的组合 RAID 级别，最低一级是 RAID5 镜像对，第二级为 RAID0。其总容量=(磁盘数-1)×(磁盘容量)。

RAID50 数据分布按照如下方式来组织：首先将分为 n 组磁盘，然后将每组磁盘做 RAID5，最后将 N 组 RAID5 条带化。图 5-14 中，磁盘 0、磁盘 1 和磁盘 2，磁盘 3、磁盘 4 和磁盘 5 为 RAID5 阵列，然后按照 RAID0 的方式组织数据，最后得到数据存储示意图。

RAID50 是为了解决单个 RAID5 阵列容纳大量磁盘所带来的性能缺点(例如初始化或重建时间过长)而引入的。RAID50 的优缺点如表 5-12 所示。

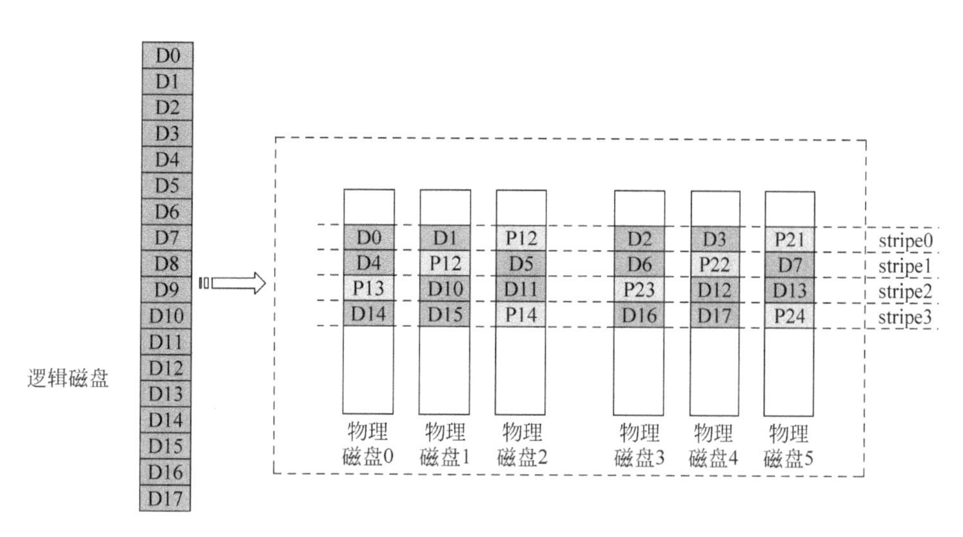

图 5-14 RAID50

表 5-12 RAID50 的优缺点

优　　点	缺　　点
1）比单个 RAID5 容纳更多的磁盘 2）比单个 RAID5 有更好的读性能 3）至多可以允许 n 个磁盘同时损坏（N 个 RAID5 组成的 RAID50 阵列） 4）比相同容量的单个 RAID5 重建时间更短	1）比较难实现 2）同一个 RAID5 组内的两个磁盘损坏会导致整个 RAID50 阵列的失效
适用领域： 1）大型数据库服务器 2）应用服务器 3）文件服务器	
至少需要磁盘数：6 个	

8. RAID 级别比较

RAID3 更适合于顺序存取，RAID5 更适合于随机存取。需要根据具体的应用情况决定使用哪种 RAID 级别。各种级别的比较如表 5-13 所示。

表 5-13 各种级别 RAID 的比较

项　　目	RAID0	RAID1	RAID10	RAID5、RAID3	RAID6
最小配置	1	2	4	3	4
性能	Highest	Lowest	RAID5 < RAID10 < RAID0	RAID1 < RAID5 < RAID10	RAID6 < RAID5 < RAID10
特点	无容错	最佳的容错	最佳的容错	提供容错	提供容错
磁盘利用率	100%	50%	50%	(N−1)/N	(N−2)/N
描述	不带奇偶校验的条带集	磁盘镜像	RAID0 与 RAID1 的结合	带奇偶校验的条带集	双校验位

5.1.3 磁盘热备

所谓热备份是在建立 RAID 磁盘阵列系统的时候，将其中一个磁盘指定为热备磁盘，此热备磁盘在平常并不操作，当阵列中某一磁盘发生故障时，热备磁盘便取代故障磁盘，并自动将故障磁盘的数据重构在热备磁盘上。

热备盘分为：全局热备盘和局部热备盘。

(1) 全局热备盘：针对整个磁盘阵列，对阵列中所有 RAID 组起作用。

(2) 局部热备盘：只针对某一 RAID 组起作用。

因为反应快速，加上快取内存减少了磁盘的存取，所以数据重构很快即可完成，对系统的性能影响不大。对于要求不停机的大型数据处理中心或控制中心而言，热备份更是一项重要的功能，因为可避免晚间或无人守护时发生磁盘故障所引起的种种不便。

磁盘热备的主要过程如下：

(1) 由 5 个磁盘组成 RAID5，4 个数据盘，1 个热备盘存储校验条带集，热盘平时不参与计算。

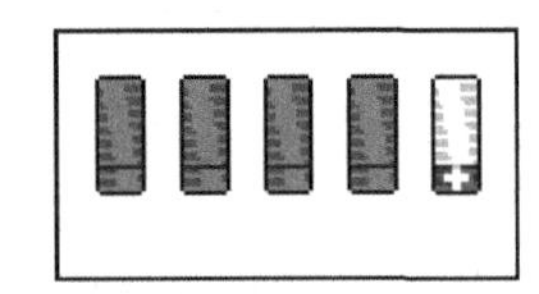

(2) 某个时刻某个数据盘损坏，热备盘根据校验集开始自动重构。

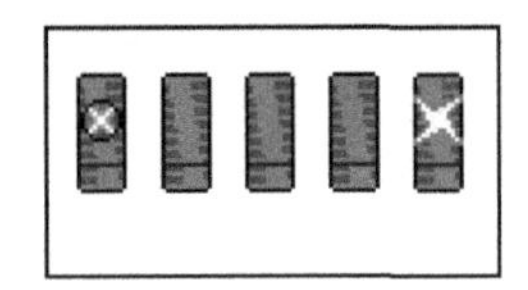

(3) 热备盘重构结束，加入 RAID5 代替损坏磁盘参与计算。

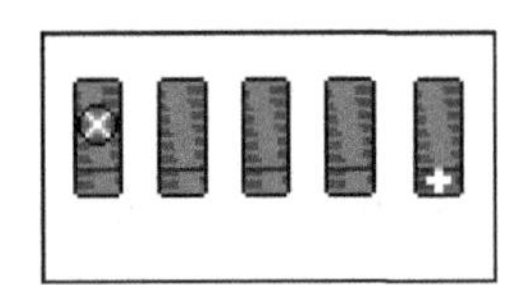

(4) 替换新的磁盘，热备盘进行 COPYBACK 复制。

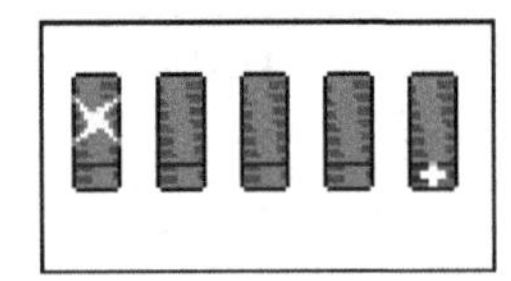

(5) 热备盘复制完成后，重新建立校验集。

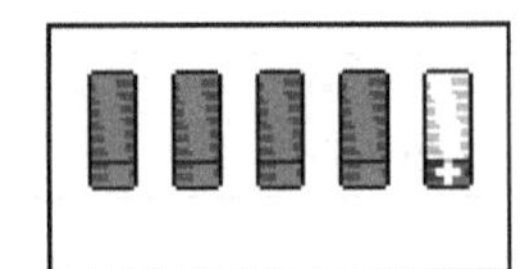

热备具有以下特性：

(1) 在线操作特性。

(2) 系统中需设置一个热添加的备份盘或用一个新的替代磁盘替代故障磁盘。

(3) 当满足以下条件时开始数据自动重构：有一个热备份盘存在独立于故障磁盘所有磁盘都配置为冗余阵列(RAID1,3,5,10)。

(4) 所有的操作都是在不中断系统操作的情况下进行的。

5.1.4　快照

快照是某一个时间点上的逻辑卷的映像，逻辑上相当于整个 Base Volume 的副本，可将快照卷分配给任何一台主机，快照卷可读取、写入或复制，需要相当于 Base Volume 20% 的额外空间。主要用途是利用少量存储空间保存原始数据的备份，文件、逻辑卷恢复及备份、测试、数据分析等。

1. 基本概念

(1) Base Volume：快照源卷。

(2) Repository Volume：快照仓储卷，保存快照源卷在快照过程中被修改前的数据。

(3) Snapshot Volume：快照卷，是某一个时间点的逻辑卷映像，逻辑上相当于整个 Base Volume 的副本，可将 Sanpshot Volume 分配给任何一台主机，Snapshot Volume 可读取、写入或复制。

2. 快照过程

(1) 首先保证源卷和仓储卷的正常运行。

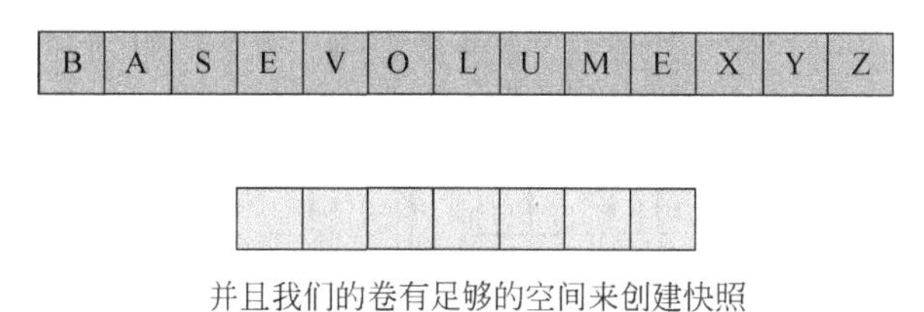

(2) 快照开始时源卷是只读的，快照卷对源卷。

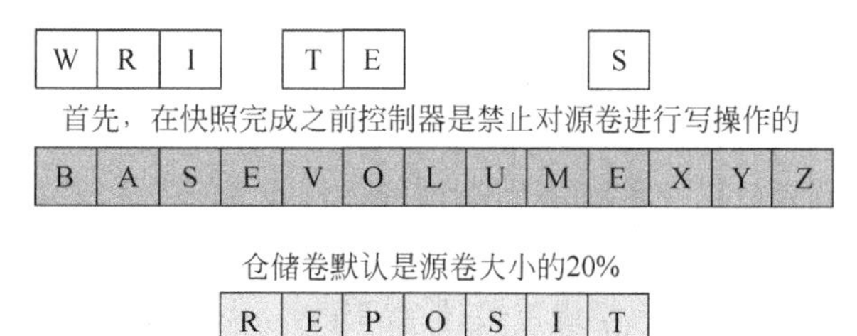

满足上面条件后，快照过程开始进行

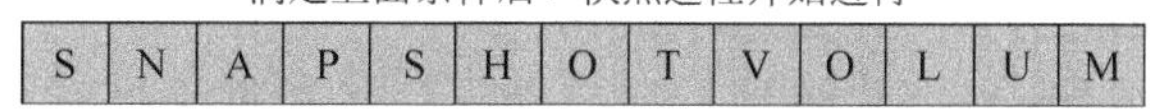

(3) 快照完成，控制器释放对源卷的写权限，我们可以对源卷进行写操作，快照是一些指向源卷数据的指针。

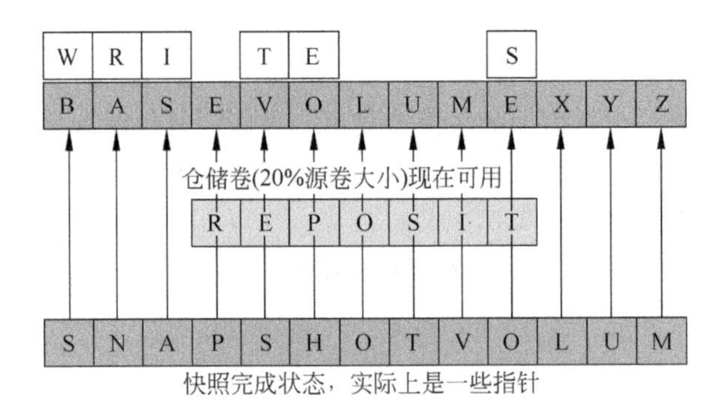

快照完成状态，实际上是一些指针

(4) 当源卷数据发生改变时,首先在源卷的数据改变之前将原数据写入仓储卷上,并且将快照指针引导到仓储卷上,然后再对源卷数据进行修改。

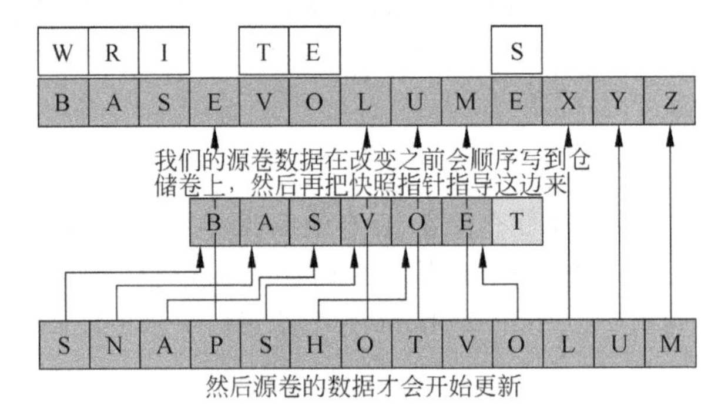

然后源卷的数据才会开始更新

(5) 最后更新源卷数据,此时快照可以跟踪到更新之前的旧数据。

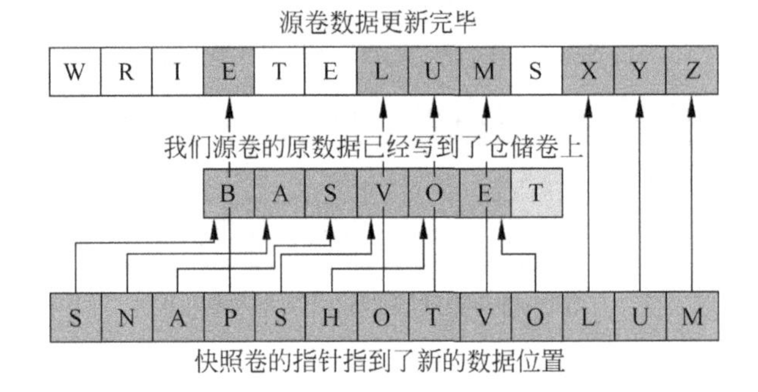

快照卷的指针指到了新的数据位置

5.1.5 数据分级存储概念

数据分级存储：即把数据存放在不同类别的存储设备(磁盘、磁盘阵列、光盘库、磁带)中,通过分级存储管理软件实现数据实体在存储设备之间的自动迁移；根据数据的访问频率、保留时间、容量、性能要求等因素确定最佳存储策略,从而控制数据迁移的规则。分级存储具有以下优点：①最大限度地满足用户需求；②减少总体存储成本；③性能优化；④改善数据可用性；⑤数据迁移对应用透明。

一般分为在线(On-line)存储、近线(Near-line)存储和离线(Off-line)存储三级存储方式。在线存储：是指存储设备和所存储的数据时刻保持“在线”状态,可供用户随意读取,满足计算平台对数据访问的速度要求。离线存储：是对在线存储数据的备份,以防范可能发生的数据灾难。离线存储的数据不常被调用，一般也远离系统应用；离线存储的访问速度慢，效率低，典型产品是磁带库。近线存储：主要定位于客户在线存储和离线存储之间的应用，将那些不是经常用到，或者说数据的访问量并不大的数据存放在性能较低的存储设备上，但同时对这些设备要求是寻址迅速、传输率高，需要的存储容量相对较大。关于三级存储方式的详细比较见表5-14。

表 5-14 三级存储方式比较

存储方式	描述	举例
在线存储(On-line storage)	数据存放在磁盘系统上。在线存储一般采用高端存储系统和技术，如SAN、点对点直连技术、S2A。存取速度快，价格昂贵	电视台的在线存储：用于存储即将用于制作、编辑、播出的视音频素材。并随时保持可实时快速访问的状态。在这类应用中，在线存储设备一般采用SCSI磁盘阵列、光纤磁盘阵列等
离线存储(Off-line Storage)	数据备份到磁带、磁带库或光盘库上。访问速度低，但能实现海量存储，同时价格低廉	电视台的离线存储：平时没有连接在编辑/播出系统，在需要时临时性地装载或连接到编辑/播出系统。可以将总的存储做得很大。包括制作年代较远的新闻片、专题片等
近线存储(Near-line storage)	不经常用到，访问量不大的数据存放在性能较低的存储设备上，同时对这些设备的要求是寻址迅速、传输率高	近线存储介于在线存储和离线存储之间，既可以做到较大的存储容量，又可以获得较快的存取速度。近线存储设备一般采用自动化的数据流磁带或者光盘塔。近线存储设备用于存储和在线设备发生频繁读写交换的数据，包括近段时间采集的视音频素材或近段时间制作的新闻片、专题片等

5.2 云存储概念与技术原理

关于云存储的定义，目前没有标准。全球网络存储工业协会(SNIA)给出的云存储的定义是：通过网络提供可配置的虚拟化的存储及相关数据的服务。百度百科给出的定义是，云存储是在云计算概念上延伸和发展出来的一个新的概念，是指通过虚拟化、集群应用、网格技术或分布式文件系统等功能，将网络中大量各种不同类型的存储设备通过应用软件集合起来协同工作，共同对外提供数据存储和业务访问功能的一个系统。

云存储其实是在云计算概念上发展出来的一个新概念，它一般包含两个含义：(1)云存储是云计算的存储部分，即虚拟化的、易于扩展的存储资源池。用户通过云计算使用存储资源池，但不是所有的云计算的存储部分都是可以分离的。(2)云存储意味着存储可以作为一种服务，通过网络提供给用户。用户可以通过若干种方式(互联网开放接口、在线服务等)来使用存储，并按使用(时间、空间或两者结合)付费。从技术层面看，目前业界普遍认为云存储分为两种主流技术解决方案：分布式存储和基于虚拟化技术。下面分别从这两个方面讨论云存储的技术原理。

5.2.1 分布式存储

从分布式存储的技术特征上看，分布式存储主要包括分布式块存储、分布式文件存储、分布式对象存储和分布式表存储四种类型。

1. 分布式块存储

如图 5-15 所示，块存储将存储区域划分成固定大小的小块，是传统裸存储设备的存储空间对外暴露方式。块存储系统将大量磁盘设备通过 SCSI/SAS 或 FC SAN 与存储服务器连接，服务器直接通过 SCSI/SAS 或 FC 协议控制和访问数据。块存储方式不存在数据打包/解包过程，可提供更高的性能。分布式块存储的系统目标是：为现有的各种应用提供通用的存储能力。

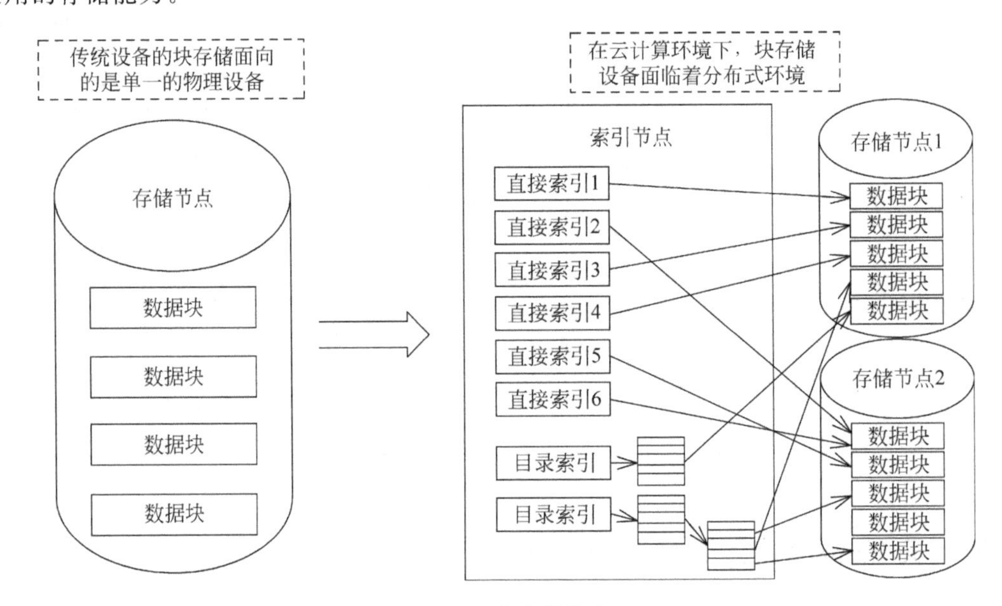

图 5-15 块存储技术

块存储技术特点：

(1) 基于传统的磁盘阵列实现，对外提供标准的 FC 或 iSCSI 协议；

(2) 数据访问特点：延迟低、带宽较高、但可扩展性差；

(3) 应用系统跟存储系统耦合程度紧密；

(4) 以卷的方式挂载到主机操作系统后，可格式化文件系统，或以裸数据或文件系统的方式作为数据库的存储。

块存储主要适用场景：

(1) 为一些高性能，高 IO 的企业关键业务系统(如企业内部数据库)提供存储。块存储本身可以通过多个设备堆叠出更大的空间，但受限于数据库的能力，通常只能支持太字节级数据库应用；

(2) 可为虚拟机提供集中存储，包括镜像和实例的存储。

块存储主要包括 DAS 和 SAN 两种存储方式，关于两种技术的详细介绍见 5.1.1 节，表 5-15 比较两种技术的优缺点和适用的场景。

表 5-15 块存储技术比较

	优 点	缺 点
DAS	设备成本低廉,实施简单 通过磁盘阵列技术,可将多块硬盘在逻辑上组合成一块硬盘,实现大容量的存储	不能提供不同操作系统下的文件共享 存储容量受限于I/O总线支持的设备数量 服务器发生故障时,数据不可访问 数据备份操作非常复杂
SAN	可实现大容量存储设备数据共享 可实现高速计算机和高速存储设备的高速互联 可实现数据高效快速集中备份	建设成本和能耗高,部署复杂 单独建立光纤网络,异地扩展比较困难 互操作性差,数据无法共享 元数据服务器会成为性能瓶颈
	适 用 场 景	
DAS	服务器在地理分布上很分散,通过SAN或NAS在它们之间进行互连非常困难 既要求数据的集中管理,又要求最大限度地降低数据的管理成本 许多数据库应用和应用服务器在内的应用,它们需要直接连接到存储器上	
SAN	与其他计算资源紧密集群来实现远程备份和档案存储过程 磁盘镜像、备份与恢复、档案数据的存档和检索、存储设备间的数据迁移以及网络中不同服务器间的数据共享等 用于合并子网和网络附接存储系统	

2. 分布式文件存储

文件存储以标准文件系统接口形式向应用系统提供海量非结构化数据存储空间。分布式文件系统把分布在局域网内各个计算机上的共享文件夹集合成一个虚拟共享文件夹,将整个分布式文件资源以统一的形式呈现给用户。它对用户和应用程序屏蔽各个节点计算机底层文件系统的差异,提供用户方便地管理资源的手段或统一的访问接口。

分布式文件系统的出现很好地满足了互联网信息不断增长的需求,并为上层构建实时性更高、更易使用的结构化存储系统提供有效的数据管理的支持。在催生了许多分布式数据库产品的同时,也促使分布式存储技术不断发展和成熟。表5-16给出了分布式存储的技术特点与适用场景。

表 5-16 分布式存储的技术特点与适用场景

技术特点	提供NFS/CIFS/POSIX等文件访问接口
	协议开销较高、响应延迟较块存储长
	应用系统跟存储系统的耦合程度中等
	存储能力和性能水平扩展
适用场景	适合TB～PB级文件存储,可支持文件频繁修改和删除。例如图片、文件、视频、邮件附件、MMS的存储
	海量数据存储及系统负载的转移
	文件在线备份
	文件共享

1) 传统分布式文件系统NAS

如图5-16所示,网络附加存储NAS是一种文件网络存储结构,通过以太网及其他标准的网络拓扑结构将存储设备连接到许多计算机上,建立专用于数据存储的存储内部网络。

以 SUN-Lustre 文件系统为例，它只对数据管理器 MDS 提供容错解决方案。Lustre 推荐 OST(对象存储服务器)节点采用成本较高的 RAID 技术或 SAN 存储区域网络来达到容灾的要求，但 Lustre 自身不能提供数据存储的容灾，一旦 OST 发生故障就无法恢复，因此对 OST 的可靠性就提出了相当高的要求，大大增加了存储的成本，这种成本的投入会随着存储规模的扩大线性增长。

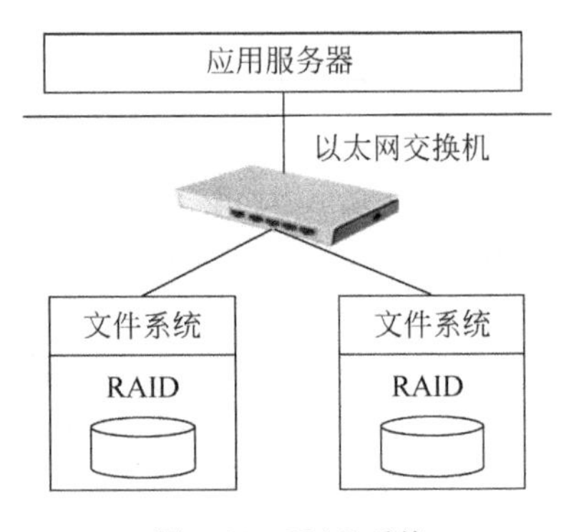

图 5-16　NAS 系统

2) 分布式文件系统 GFS

GFS 是 Google 公司为了存储海量搜索数据而设计的专用文件系统。如图 5-17 所示，GFS 是一个可扩展的分布式文件系统，用于大型的、分布式的、对大量数据进行访问的应用。

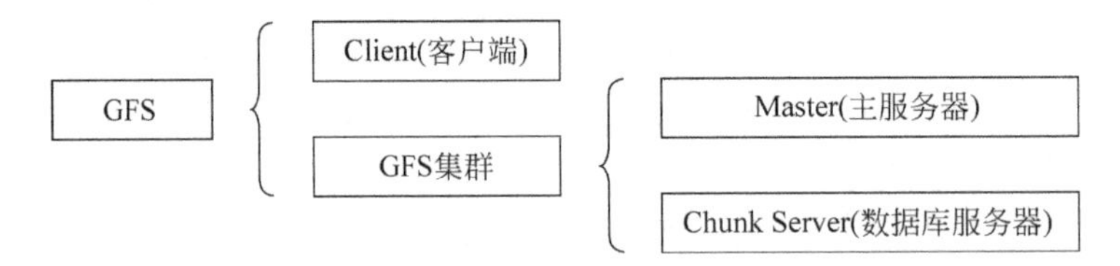

图 5-17　GFS 的组成

(1) Client：GFS 提供给应用程序的接口，不遵守 POSIX 规范以库文件形式提供。

(2) Master：GFS 的管理节点，主要存储与数据文件相关的元数据。

(3) Chunk Server：负责具体的存储工作，用来存储 Chunk。

3) 分布式文件系统 HDFS

如图 5-18 所示，HDFS(Hadoop Distributed File System)是运行在通用硬件上的分布式文件系统，提供了一个高度容错性和高吞吐量的海量数据存储解决方案。

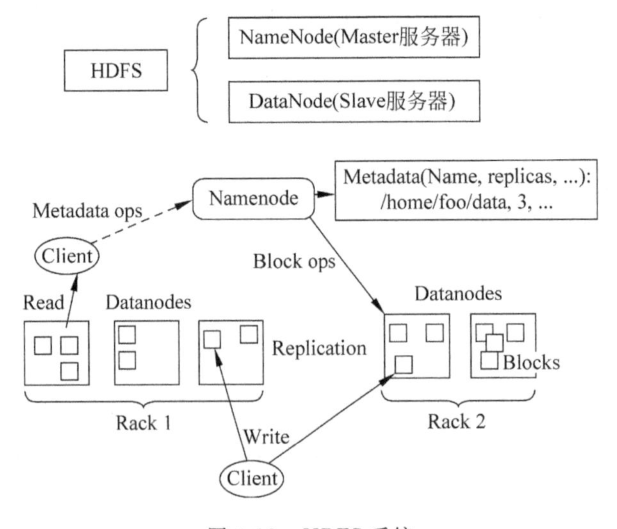

图 5-18　HDFS 系统

NameNode

① 处理来自客户端的文件访问；

② 处理来自客户端的文件访问；

③ 负责数据块到数据节点之间的映射。

DataNode

① 管理挂载在节点上的存储设备；

② 响应客户端的读写请求；

③ 在 NameNode 的统一调度下创建、删除和复制数据块。

3．分布式对象存储

分布式对象存储层次结构如图 5-19 所示。对象存储为海量非结构化数据提供 Key-Value 这种通过键-值查找数据文件的存储模式，提供了基于对象的访问接口，有效地合并了 NAS 和 SAN 的存储结构优势，通过高层次的抽象具有 NAS 的跨平台共享数据和基于策略的安全访问优点，支持直接访问具有 SAN 的高性能和交换网络结构的可伸缩性。

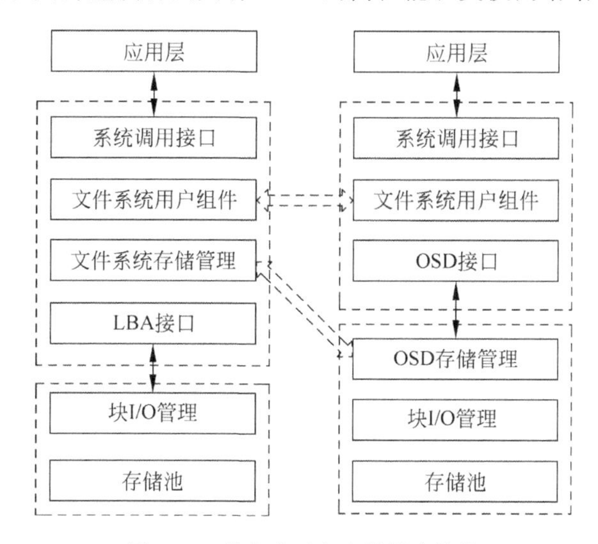

图 5-19　分布式对象存储层次结构

分布式对象存储具有如下特点：

1）访问接口简单，提供 REST/SOAP 接口；

2）协议开销高、响应延迟较文件存储长；

3）引入对象元数据描述对象特征；

4）应用系统跟存储系统的耦合程度松散；

5）支持一次写多次读。

对象存储系统由以下部分组成。

(1) 对象(Object)：对象存储的基本单元。

(2) 对象存储设备(OSD)：对象存储系统的核心。

(3) 文件系统：文件系统对用户的文件操作进行解释，并在元数据服务器和对象存储设备间通信，完成所请求的操作。

(4) 元数据服务器(MDS)：为客户端提供元数据。

(5) 网络连接：对象存储系统的重要组成部分。

对象特点如下。

① 对象是介于文件和块之间的一种抽象，具有唯一的ID标识符。对象提供类似文件的访问方法，如创建、打开、读写和关闭等。

② 每个对象是一系列有序字节的集合，是数据和数据属性集的综合体。数据包括自身的元数据和用户数据。数据属性可以根据应用的需求进行设置，包括数据分布、服务质量等。

③ 对象维护自己的属性，简化了存储系统的管理任务，增加了灵活性。

④ 对象分为根对象、组对象和用户对象。

对象存储系统(如图5-20所示)在高性能计算及企业级应用方面发挥着重要作用，对象的灵活性和易扩展的能力在大数据处理方面非常得心应手。表5-17示出了一些对象存储的适用范围。

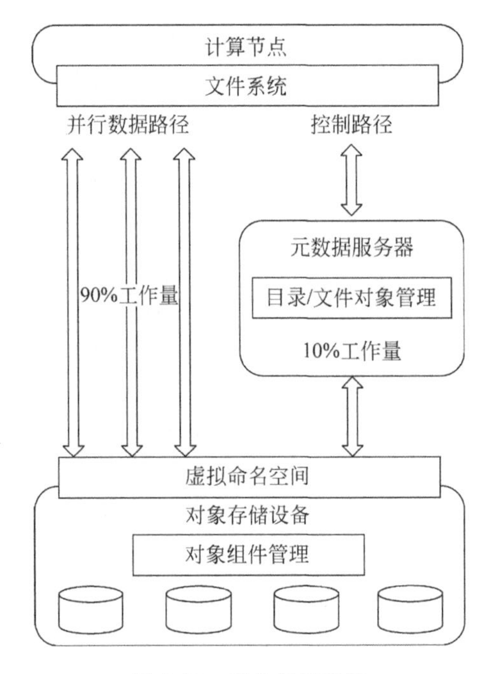

图5-20 对象存储系统

表5-17 对象存储的适用场景及其适用业务

对象存储适用场景	云存储供应商：对象存储使得“混合云”和“私有云”成为可能
	高性能计算领域：提供了一个带有NAS系统的传统的文件共享和管理特征的单系统映像文件系统，并改进了SAN的资源整合和可扩展的性能
	企业级应用：对象存储是企业能够以低成本的简易方式实现对大规模数据存储和访问的方案
	大数据应用：对象存储系统对于文件索引所容纳的条目数量不受限制
	数据备份或归档：以互联网服务的方式进行广域归档或远程数据备份
对象存储适用业务	大型流数据存储对象(如视频与音频流媒体数据)
	中型存储对象(如遥感图像数据、图片数据等)
	小型存储对象(如一般矢量GIS数据、文本属性和DEM数据等)

4. 分布式表存储

传统数据库技术壁垒：

(1) 传统关系数据库管理系统强调的ACID特性即原子性，最典型的就是关系数据库事务一致性，目前很多Web实时应用系统并不要求严格的数据库事务特性，对读一致性的要求很低，有些场合对写一致性要求也不高，因此数据库事务管理成了数据库高负载下的一个沉重负担，也限制了关系数据库向着扩展性和分布式方向的发展。

(2) 传统关系数据库管理系统中的表都是存储经过串行化的数据结构，每个字段构成都一样，即使某些字段为空，数据库管理系统也会为每个元组分配所有字段的存储空间，这也是关系数据库管理系统的一个限制性能提升的瓶颈。

(3) 分布式表存储以键值对的形式进行存储，它的结构灵活，不像关系数据库那样每个有固定的字段数，每个元组可以有自己不一样的字段构成，也可以根据需要增加一些自己所特有的键值对，这样每个结构就很灵活，可以动态调整，减少一些不必要的处理时间和空间开销。

分布式表存储系统：

分布式表存储的系统目标是管理结构化数据或半结构化数据。表存储系统用来存储和管理结构化/半结构化数据，向应用系统提供高可扩展的表存储空间，包括交易型数据库和分析型数据库。交易型数据特点：每次更新或查找少量记录，并发量大，响应时间短；分析型数据特点：更新少，批量导入，每次针对大量数据进行处理，并发量小。交易型数据常用NoSQL存储，而分析型数据常用日志详单类存储。表存储技术的适用场景和技术特点如表5-18所示。

表5-18 分布式表存储系统的技术特点与适用场景

	技术特点	适用场景
NoSQL存储	通常不支持SQL、只有主索引、半结构化	大规模互联网社交网络、博客、微博等
日志详单类存储	兼容SQL、索引通常只对单表有效、多表Join需扫描、支持MapReduce并行计算	大规模日志存储处理、信令系统处理、经分系统ETL等
OLTP关系数据库	支持标准SQL、多表Join、索引、事务	计费系统、在线交易系统等
OLAP数据仓库	支持标准SQL、多表Join、索引	中等规模日志存储处理、经分系统等

NoSQL系统：

NoSQL是设计满足超大规模数据存储需求的分布式存储系统，没有固定的Schema，不支持Join操作，通过“向外扩展”的方式提高系统负载能力。

BigTable是Google设计的分布式数据存储系统，用来处理海量数据的一种非关系型的数据库。本质上说，BigTable是一个键-值(key-value)映射。

HBase是一个高可靠性、高性能、面向列、可伸缩的分布式存储系统，利用HBase技术可在廉价PCServer上搭建起大规模结构化存储集群，基于列存储的键值对NoSQL数据库系统。采用Java语言实现的HBase表结构是一个稀疏的、多维度的、排序的映射表。客户端以表格为单位，进行数据的存储，每一行都有一个关键字作为行在HBase的唯一标识，表数据采用稀疏的存储模式，因此同一张表的不同行可能有截然不同的列。一般通过行主键和列关键字和时间戳来访问表中的数据单元。其他 NoSQL 数据库如表 5-19 所示，可分为列存储、文档存储、Key-Value 存储等。

表 5-19　主要的 NoSQL 数据库类型及其特点

类　型	主要产品	特　点
列存储	Hbase Cassandra Hypertable	顾名思义，是按列存储数据的。最大的特点是方便存储结构化和半结构化数据，方便做数据压缩，对针对某一列或者某几列的查询有非常大的 IO 优势
文档存储	MongoDB CouchDB	文档存储一般用类似 json 的格式存储，存储的内容是文档型的。这样也就有机会对某些字段建立索引，实现关系数据库的某些功能
Key-Value 存储	TCabinet/Tyrant Berkeley DB MemcacheDB Redis	可以通过 key 快速查询到其 value。一般来说，存储不管 value 的格式，照单全收。（Redis 包含了其他功能）
图存储	Neo4J FlockDB	图形关系的最佳存储。使用传统关系数据库来解决的话性能低下，而且设计使用不方便
对象存储	db4o Versant	通过类似面向对象语言的语法操作数据库，通过对象的方式存取数据
XML 数据库	Berkeley DB XML BaseX	高效的存储 XML 数据，并支持 XML 的内部查询语法，例如 XQuery，Xpath

在大规模的分布式数据管理系统中，数据的划分策略直接影响系统的扩展性和性能，分布式环境下，数据的管理和存储都需要协调多个服务器节点来进行，为提高系统的整体性能和避免某个节点负载过高，系统必须在客户端请求到来时及时进行合理的分发。目前，主流的分布式数据库系统在数据划分的策略方面主要有顺序均分和哈希映射两种方式。

BigTable 和 HBase 就是采用顺序均分的策略进行数据划分，这种划分策略能有效利用系统资源，也易扩展系统的规模。Cassandra 和 Dynamo 采取哈希映射方式进行数据划分，保证了数据能均匀散列到各存储节点上，避免了系统出现单点负载较高的情况，这种方式也能提供良好的扩展性。

负载均衡是分布式系统需要解决的关键问题。分布式数据管理系统中，负载均衡主要包括数据均匀的散列，和访问请求产生的负载能均匀分担在各服务节点上，实际中这两者很难同时满足，用户访问请求的不可预测性可能导致某些节点过热。

Dynamo 采用虚拟节点技术，将负载较大的虚拟节点映射到服务能力较强的物理节点上来达到系统的负载均衡，这也使服务能力较强的物理节点在集群的哈希一环上占有多个虚拟节点的位置，避免了负载均衡策略导致数据在全环的移动。HBase 通过主控节点监控其他每个 RegionServer 的负载状况，通过 Region 的划分和迁移来达到系统的负载均衡。

5.2.2　存储虚拟化

1. 存储虚拟化技术背景

企业用户面对着日益复杂的异构平台，不同厂商的产品，不同种类的存储设备，这给存储管理带来诸多难题。数据应用已不再局限于某一企业和部门，而分布于整个网络环境。系统整合、资源共享、简化管理、降低成本以及自动存储将成为信息存储技术的发展要求。存储虚拟化技术(Storage Virtualization)是解决这些问题的有效手段，现成为信息存储技术的主要发展方向。随着网络存储的飞速发展给存储虚拟化赋予了新的内涵。使之成为共享存储管理中的主流技术。

存储虚拟化的基本原理是：把多个存储介质模块(如硬盘、磁盘、磁带)通过一定手段集中管理，把不同接口协议(如SCSI、iSCSI或FC等)的物理存储设备(如JBOD、RAID和磁带库等)整合成一个虚拟的存储池，根据需要为主机创建和提供虚拟存储卷。即把不同存储硬件抽象出来，以管理工具来实现统一的管理，不必再管后端的介质到底是什么。

2. 存储虚拟化的分类

虚拟化的目的主要有三个：抽象、隐藏、隔离。存储虚拟化的目的是为了提高设备使用效率，统一数据管理功能，设备构件化，降低管理难度，提高可扩展性，数据跨设备流动。

如图5-21所示，存储虚拟化技术主要指通过在物理存储系统和服务器之间增加一个虚拟层，使服务器的存储空间可以跨越多个异构的磁盘阵列，实现从物理存储到逻辑存储的转变。通过对存储(子)系统或存储服务的内部功能进行抽象、隐藏或隔离，使存储或数据的管理与应用、服务器、网络资源的管理分离，从而实现应用和网络的独立管理。对存储服务和设备进行虚拟化，能够在对下一层存储资源进行扩展时进行资源合并、降低实现的复杂度。存储虚拟化可以在系统的多个层面实现，例如建立类似于HSM(分级存储管理)的系统。

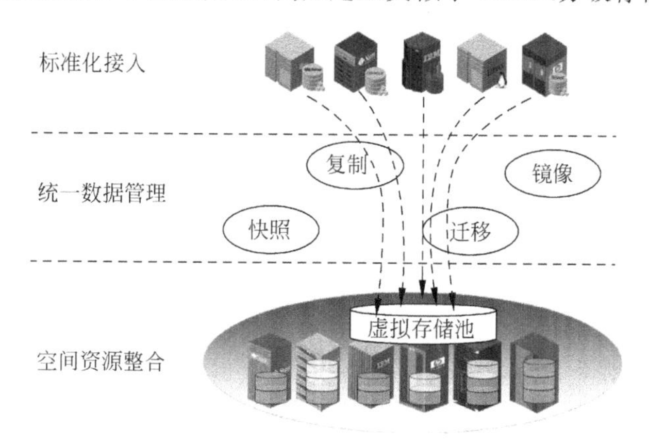

图5-21　存储虚拟化

从系统的观点看，存储虚拟化有3种途径(分类)：(1)基于主机的存储虚拟化；(2)基于网络的存储虚拟化；(3)基于存储设备的存储虚拟化。

3. 基于主机的存储虚拟化

基于主机的虚拟存储依靠于代理软件，它们安装在一个或多个主机上，实现存储虚拟化的控制和治理，如图5-22所示。它的实现方式一般由操作系统下的逻辑卷管理软件完成(安装客户端软件)，不同操作系统的逻辑卷管理软件也不相同。由于控制软件是运行在主机上，这就会占用主机的处理时间。但是，由于不需要任何附加硬件，基于主机的虚拟化方法最容易实现，其设备本钱最低。基于主机的存储虚拟化的主要用途在于，使服务器的存储空间可以跨越多个异构的磁盘阵列，常用于在不同磁盘阵列之间做数据镜像保护。常见产品如 Symantec Veritas VolumeManager。基于主机的存储虚拟化主要有如下优势和劣势：

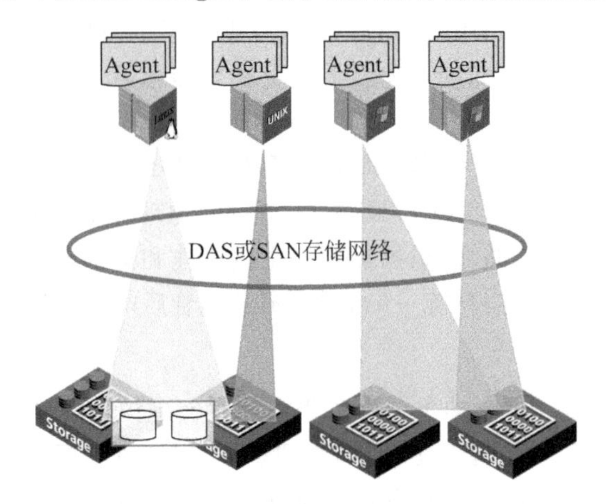

图 5-22　基于主机的存储虚拟化

优点：支持异构的存储系统。

缺点：(1)占用主机资源，降低应用性能；(2)存在操作系统和应用的兼容性问题；(3)导致主机升级、维护和扩展非常复杂，而且容易造成系统不稳定性；(4)需要复杂的数据迁移过程，影响业务连续性。

4. 基于网络的存储虚拟化

如图 5-23 所示，基于网络的虚拟化方法是在网络设备之间实现存储虚拟化功能，它将类似于卷管理的功能扩展到整个存储网络，负责管理 Host 视图、共享存储资源、数据复制、数据迁移及远程备份等，并对数据路径进行管理避免性能瓶颈。它的实现方式通过在存储域网(SAN)中添加虚拟化引擎实现。通常又分成以下几种实现方式：基于互联设备的虚拟化、基于交换机的虚拟化和基于路由器的虚拟化。基于网络的存储虚拟化的主要用途在于，对异构存储系统整合和统一数据管理。常见产品如 H3C 的 IV 系列、IBM 的 SVC、EMC 的 VPLEX。基于网络的存储虚拟化主要有如下优势和劣势：

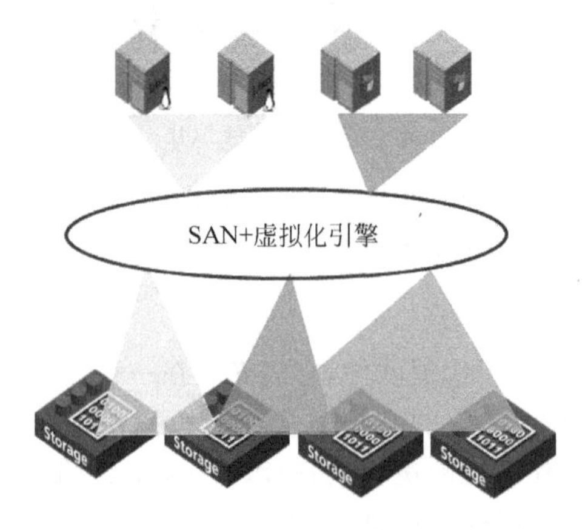

图 5-23　基于网络的存储虚拟化

优点：(1)与主机无关，不占用主机资源；(2)能够支持异构主机、异构存储设备；(3)使不同存储设备的数据管理功能统一；(4)构建统一管理平台，可扩展性好。

缺点：(1)部分厂商数据管理功能弱，难以达到虚拟化统一数据管理的目的；(2)部分厂商产品成熟度较低，仍然存在和不同存储和主机的兼容性问题。

5. 基于存储设备的存储虚拟化

基于存储设备的存储虚拟化方法依赖于提供相关功能的存储模块，如图5-24所示，它的实现方式是，在存储控制器上添加虚拟化功能(虚拟化引擎)，常见于中高端存储设备。基于存储设备的存储虚拟化的主要用途在于，在同一存储设备内部，进行数据保护和数据迁移。主要有如下优势和劣势：

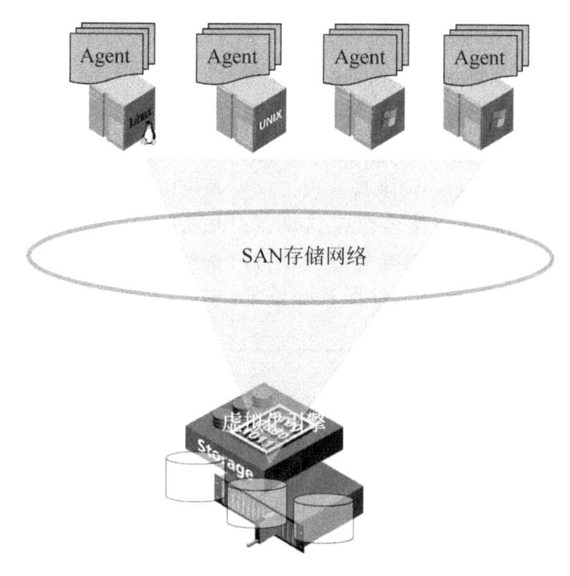

图5-24 基于存储设备的存储虚拟化

优点：(1)与主机无关，不占用主机资源；(2)数据管理功能丰富。

缺点：(1)一般只能实现对本设备内磁盘的虚拟化；(2)不同厂商间的数据管理功能不能互操作；(3)多套存储设备需配置多套数据管理软件，成本较高。

6. 存储虚拟化技术对比

不同的存储虚拟化技术都有其适用场景和优势，基于主机的存储虚拟化技术主要使用在不同磁盘阵列之间做数据镜像保护，而基于存储设备和基于网络的存储虚拟化技术常用于数据中心异构资源管理，或用于异构数据的容灾备份。表5-20给出了三种存储虚拟化技术各种特性的对比。

表5-20 存储虚拟化技术对比

比较内容	基于主机	基于存储设备	基于网络
存储视图一致性	差	好	好
单点管理	否	是	是
主机是否安装管理软件	需要	不需要	不需要
独立于主机或存储设备	非独立	非独立	独立

续表

比较内容	基于主机	基于存储设备	基于网络
统一存储池	是	是	是
存储分配灵活性	差	好	好
性能	差	差	好
SAN 扩展性	差	好	好
SAN 高可用性	差	好	好
SAN 安全性	差	好	好
相对价格	低	高	中
应用案例	多	少	少
主要用途	使服务器的存储空间可以跨越多个异构存储阵列，常用于在不同磁盘阵列之间做数据镜像保护	异构存储系统整合和统一数据管理(如容灾备份)	异构存储系统整合和统一数据管理(如容灾备份)
适用场景	主机已采用 SF 卷(即 Storage Foundation，一种磁盘管理工具)管理，需要新接多台存储设备；存储系统中包含异构阵列设备；业务持续能力与数据吞吐要求较高	系统中包括自带虚拟化功能的高端存储设备与若干需要利用的中低端存储设备	系统包括不同品牌和型号的主机与存储设备；对数据无缝迁移及数据格式转换有较高时间保证

5.3 对象存储技术

随着网络技术的发展，网络化存储逐渐成为主流技术。其需要解决的主要问题有：提供高性能存储，在 I/O 级和数据吞吐率方面能满足成百上千台集群服务器访问请求；提供安全的共享数据访问，便于集群应用程序的编写和存储的负载均衡；提供强大的容错能力，确保存储系统的高可用性。

而主流网络存储结构的问题主要在于：(1)存储区域网(SAN)具有高性能、容错性等优点，但缺乏安全共享；(2)网络附加存储(NAS)具有扩展性，支持共享，但缺乏高性能。

对象存储是一种块和文件之外的存储形式，对象存储体系结构提供了一个带有 NAS 系统的传统的文件共享和管理特征的单系统映像(single-system-image)文件系统，并改进了 SAN 的资源整合和可扩展的性能。目前对象存储系统已成为 Linux 集群系统高性能存储系统的研究热点，如 Panasas 公司的 Object Base Storage Cluster System 系统和 Cluster File Systems 公司的 Lustre 等。

5.3.1 对象存储架构

对象存储的核心是将数据通路(数据读或写)和控制通路(元数据)分离，并且基于对象存储设备(Object-based Storage Device，OSD)构建存储系统，每个对象存储设备具有一定的智能，能够自动管理其上的数据分布。对象存储结构由对象、对象存储设备、元数据服务器、对象存储系统的客户端四部分组成，图 5-25 示出了基本的对象存储架构。

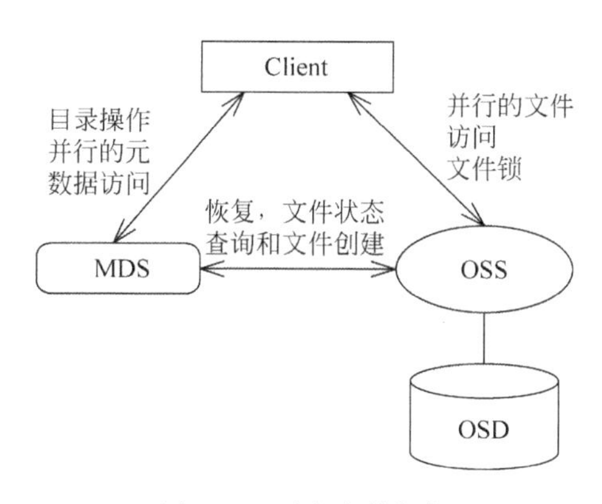

图 5-25　对象存储架构

5.3.2　传统块存储与对象存储

在传统的存储系统中用文件或块作为基本的存储单位，块设备要记录每个存储数据块在设备上的位置；而在对象存储系统中，对象是数据存储的基本单元，Object 维护自己的属性，从而简化了存储系统的管理任务，增加了灵活性，在存储设备中，所有对象都有一个对象标识，通过对象标识 OSD 命令访问该对象。如图 5-26 所示，在块存储中，数据以固定大小块形式存储，而在对象存储中，数据则是以对象为单位存储，其中对象没有固定大小。

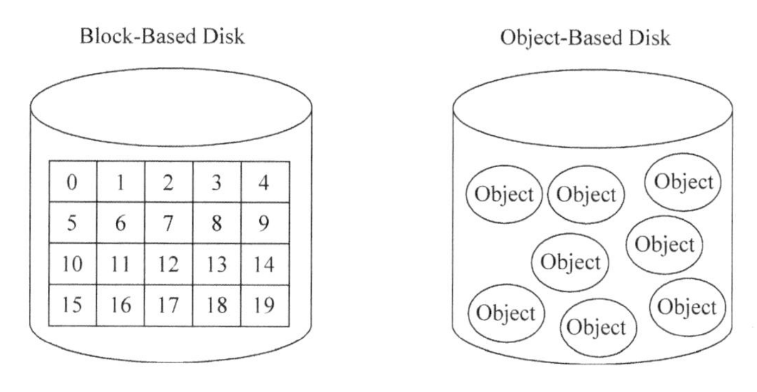

图 5-26　传统块存储与对象存储

5.3.3　对象

对象是系统中数据存储的基本单位，图 5-27 给出了对象的一些性质，每个 Object 都是数据和数据属性集的综合体，数据属性可以根据应用的需求进行设置，包括数据分布、服务质量等。

对象包含了文件数据以及相关的属性信息，可以进行自我管理。如图 5-28，对象主要包括：基本存储单元，名字空间，对象 ID，数据，元数据等，元数据类似于 inode，描述了对象在磁盘上的块分布，对象存储就是实现对象具有高性能、高可靠性、跨平台以及安全的数据共享的存储体系，是块和文件之外的存储形式。图 5-29 给出了对象存储的文件组织形式，可以看出物理存储层与逻辑存储层的耦合度大大降低，并且对象的扁平化存储使得系统具有易扩展等特点。

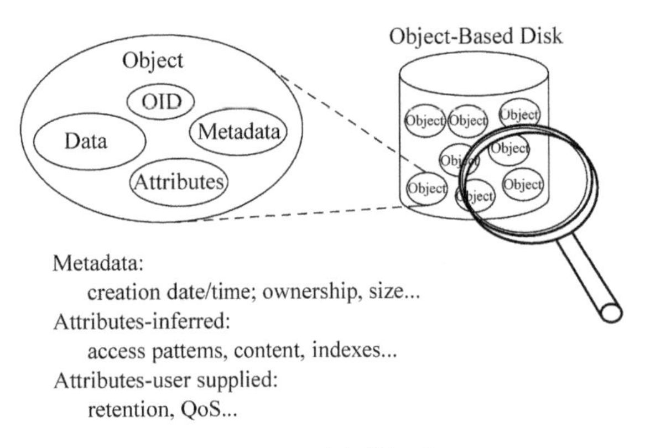

图 5-27 对象的组成

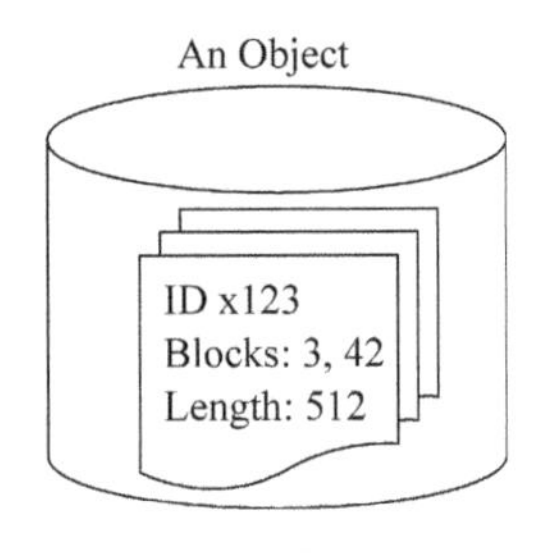

图 5-28 对象包含一定的元数据

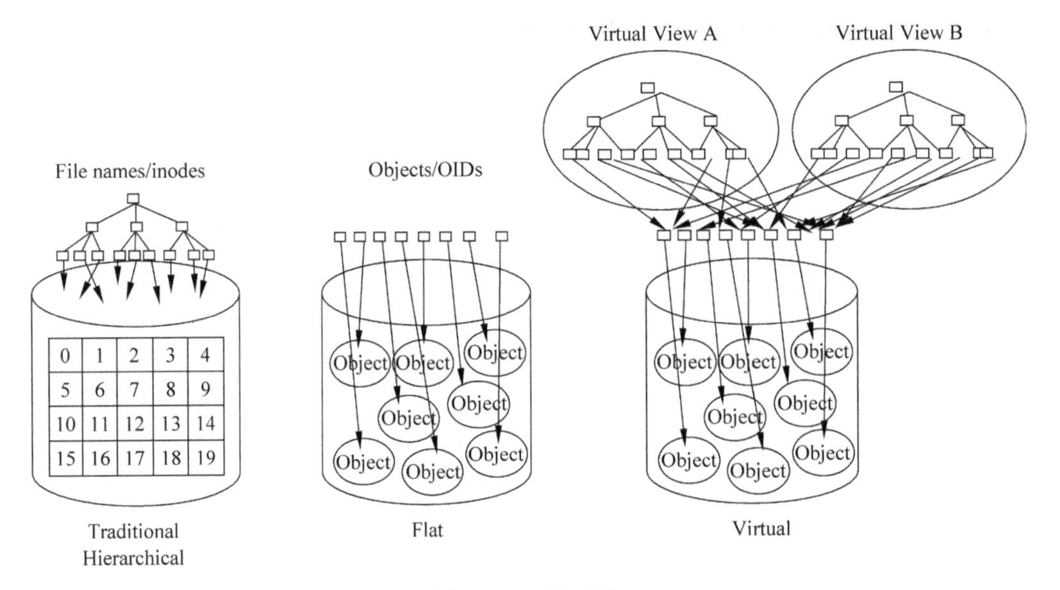

图 5-29 对象存储

分布元数据传统的存储结构元数据服务器通常提供两个主要功能。

(1) 为计算节点提供一个存储数据的逻辑视图(Virtual File System,VFS 层)、文件名列表及目录结构。

(2) 组织物理存储介质的数据分布(inode 层)。对象存储结构将存储数据的逻辑视图与物理视图分开,并将负载分布,避免元数据服务器引起的瓶颈(如 NAS 系统)。元数据的 VFS 部分通常是元数据服务器的 10%的负载,剩下的 90%工作(inode 部分)是在存储介质块的数据物理分布上完成的。在对象存储结构,inode 工作分布到每个智能化的 OSD,每个 OSD 负责管理数据分布和检索,这样 90%的元数据管理工作分布到智能的存储设备,从而提高了系统元数据管理的性能。另外,分布的元数据管理,在增加更多的 OSD 到系统中时,可以同时增加元数据的性能和系统存储容量。

并发数据访问对象存储体系结构定义了一个新的、更加智能化的磁盘接口 OSD。OSD 是与网络连接的设备,它自身包含存储介质,如磁盘或磁带,并具有足够的智能可以管理本地存储的数据。计算节点直接与OSD通信，访问它存储的数据，由于OSD具有智能，因此不需要文件服务器的介入。如果将文件系统的数据分布在多个OSD上，则聚合I/O速率和数据吞吐率将线性增长，对绝大多数Linux集群应用来说，持续的I/O聚合带宽和吞吐率对较多数目的计算节点是非常重要的。对象存储结构提供的性能是目前其他存储结构难以达到的，如ActiveScale对象存储文件系统的带宽可以达到10GB/s。

5.3.4 对象存储系统组成

对象存储系统有以下几个重要组成部分：

(1) 对象(Object)：包含了文件数据以及相关的属性信息，可以进行自我管理。

(2) OSD(Object-based Storage Device)：一个智能设备，是Object的集合。

(3) 文件系统：文件系统运行在客户端上，将应用程序的文件系统请求传输到MDS和OSD上。

(4) 元数据服务器(Metadata Server，MDS)：系统提供元数据、Cache一致性等服务。

(5) 网络连接：网络连接是对象存储系统的重要组成部分。它将客户端、MDS和OSD连接起来，构成了一个完整的系统对象存储的基本单元。每个Object是数据和数据属性集的综合体。数据属性可以根据应用的需求进行设置，包括数据分布、服务质量等。在传统的存储中，块设备要记录每个存储数据块在设备上的位置。Object维护自己的属性，从而简化了存储系统的管理任务，增加了灵活性。Object的大小可以不同，可以包含整个数据结构，如文件、数据库表项等。

1. 对象

对象根据职责的不同分为多种类型，便于管理，如图5-30所示，对象按照其职责、功能等可以分为根对象(Root Object)、分区对象(Partition Object)、集合对象(Collection Object)、用户对象(User Object)等：

(1) Root Object：最高层次的对象，每个设备上只有一个，指的就是OSD本身；

(2) Partition Object：Root Object之下的对象，每个设备上可以有多个，包含了具有相同的安全性和空间管理特性的所有对象；

(3) Collection Object：Partition Object之下的对象，每个设备上可以有多个，包含了一组具有相同属性的用户对象，例如所有的.mp3对象；

(4) User Object：Collection Object之下的对象，每个设备上可以有多个，由客户端或者应用通过SCSI命令创建的对象。

存储设备都包含一个唯一的RootObject。此Object中包含了存储设备的全局属性，包括GroupObject数目、UserObject数目、服务特性等，由存储设备负责维护。GroupObject对UserObject进行管理，其中包括了一个UserObject列表、最大可用的UserObject数目、当前Group的容量等。GroupObject的默认属性从RootObject中继承而来，所包含的数据是当前可使用的ObjectID。UserObject存放具体数据的Object类型，每个UserObject都包括用户数据、存储属性和用户属性。UserObject中的用户数据同传统存储系统中的文件数据是相同的。存储属性则用来决定Object在磁盘上的块分布，包括逻辑长度、ObjectID等。用户属性则定义了Object拥有者、访问控制列表等属性信息。

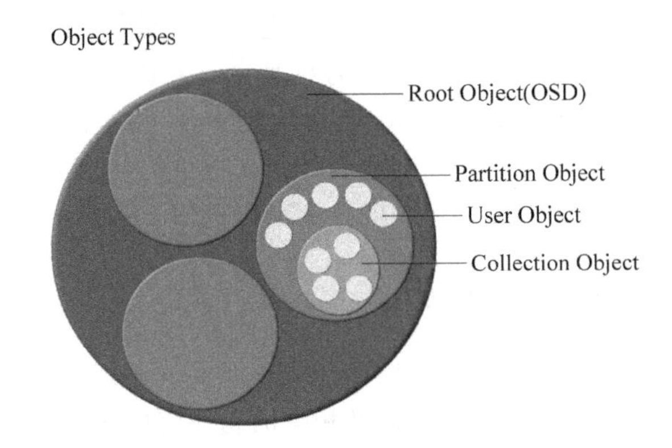

图 5-30 对象的类型

2. OSD(Object-based Storage Device)

每个 OSD 都是一个智能设备,具有自己的存储介质、处理器、内存以及网络系统等,负责管理本地的 Object,是对象存储系统的核心。OSD 同块设备的不同不在于存储介质,而在于两者提供的访问接口。

OSD 的主要功能包括数据存储和安全访问。目前国际上通常采用刀片式结构实现对象存储设备。

OSD 提供三个主要功能:

(1) 数据存储。OSD 管理对象数据,并将它们放置在标准的磁盘系统上,OSD 不提供块接口访问方式,Client 请求数据时用对象 ID、偏移进行数据读写。

(2) 智能分布。OSD 用其自身的 CPU 和内存优化数据分布,并支持数据的预取。由于 OSD 可以智能地支持对象的预取,从而可以优化磁盘的性能。

(3) 每个对象元数据的管理。OSD 管理存储在其上的对象的元数据,该元数据与传统的 inode 元数据相似,通常包括对象的数据块和对象的长度。而在传统的 NAS 系统中,这些元数据是由文件服务器维护的,对象存储架构将系统中主要的元数据管理工作由 OSD 来完成,降低了 Client 的开销。

3. 文件系统

文件系统对用户的文件操作进行解释,并在元数据服务器和 OSD 间通信,完成所请求的操作。现有的应用对数据的访问大部分都是通过 POSIX 文件方式进行的,对象存储系统提供给用户的也是标准的 POSIX 文件访问接口。接口具有和通用文件系统相同的访问方式,同时为了提高性能,也具有对数据的 Cache 功能和文件的条带功能。同时,文件系统必须维护不同客户端上 Cache 的一致性,保证文件系统的数据一致。一个文件系统读访问过程如下:

(1) 客户端应用发出读请求;

(2) 文件系统向元数据服务器发送请求,获取要读取的数据所在的 OSD;

(3) 然后直接向每个 OSD 发送数据读取请求;

(4) OSD 得到请求以后,判断要读取的 Object,并根据此 Object 要求的认证方式,对客户端进行认证,如果此客户端得到授权,则将 Object 的数据返回给客户端;

(5) 文件系统收到 OSD 返回的数据以后，读操作完成。

4. 元数据服务器(Metadata Server)

MDS 控制 Client 与 OSD 对象的交互，主要提供以下几个功能：

(1) 对象存储访问：MDS 构造、管理描述每个文件分布的视图，允许 Client 直接访问对象。MDS 为 Client 提供访问该文件所含对象的能力，OSD 在接收到每个请求时将先验证该能力，然后才可以访问。

(2) 文件和目录访问管理：MDS 在存储系统上构建一个文件结构，包括限额控制、目录和文件的创建和删除、访问控制等。

(3) Client Cache 一致性：为了提高 Client 性能，在对象存储系统设计时通常支持 Client 方的 Cache。由于引入 Client 方的 Cache，带来了 Cache 一致性问题，MDS 支持基于 Client 的文件 Cache，当 Cache 的文件发生改变时，将通知 Client 刷新 Cache，从而防止 Cache 不一致引发的问题。

元数据服务器的特点主要有：客户端采用 Cache 来缓存数据，当多个客户端同时访问某些数据时，MDS 提供分布的锁机制来确保 Cache 的一致性。为了增强系统的安全性，MDS 为客户端提供认证方式。OSD 将依据 MDS 的认证来决定是否为客户端提供服务等。

5.4 存储技术趋势

5.4.1 存储虚拟化

存储虚拟化是目前以及未来的存储技术热点，它其实并不算是什么全新的概念，RAID、LVM、SWAP、VM、文件系统等都归属于其范畴。

存储的虚拟化技术有很多优点，比如提高存储利用效率和性能，简化存储管理复杂性，绿色节省，降低运营成本等。

目前最新的存储虚拟化技术有自动分级存储(HSM)、自动精减配置(Thin provision)、云存储(Cloud storage)、分布式文件系统(Distributed file system)，另外还有诸如动态内存分区、SAN 和 NAS 虚拟化。

虚拟化可以柔性地解决不断出现的新存储需求问题，因此，我们可以断言存储虚拟化仍将是未来存储的发展趋势之一。

5.4.2 固态硬盘

固态硬盘(Solid State Disk，SSD)是目前倍受存储界广泛关注的存储新技术，它被看作是一种革命性的存储技术，可能会给存储行业甚至计算机体系结构带来深刻变革。

SSD 与传统磁盘不同，它是一种电子器件而非物理机械装置，它具有体积小、能耗小、抗干扰能力强、寻址时间极小(甚至可以忽略不计)、IOPS 高、I/O 性能高等特点。

对于存储系统来说，SSD 最大突破是大幅提高了 IOPS，摩尔定理的效力再次显现，通过简单地用 SSD 替换传统磁盘，就可能可以达到和超越综合运用缓存、预读、高并发、数据局部性、磁盘调度策略等软件技术的效用。

SSD已经开始被广泛接受并应用，当前主要的限制因素包括价格、使用寿命、写性能抖动等。从最近两年的发展情况来看，这些问题都在不断地改善和解决，SSD的发展和广泛应用将势不可挡。

5.4.3 重复数据删除

重复数据删除(Deduplication)是一种目前主流且非常热门的存储技术，可对存储容量进行有效优化。它通过删除数据集中重复的数据，只保留其中一份，从而消除冗余数据。

Dedupe技术可以帮助众多应用降低数据存储量，节省网络带宽，提高存储效率、减小备份窗口，节省成本。Dedupe技术目前大量应用于数据备份与归档系统，因为对数据进行多次备份后，存在大量重复数据。事实上，它也可以用于很多场合，包括在线数据、近线数据、离线数据存储系统。

信息呈现的指数级增长方式给存储容量带来巨大的压力，而Dedupe是最为行之有效的解决方案，因此固然其有一定的不足，它大行其道的技术趋势无法改变。更低碰撞概率的hash函数、多核、GPU、SSD等，这些技术推动Dedupe走向成熟，由作为一种产品而转向作为一种功能，逐渐应用到近线和在线存储系统。

5.4.4 语义化检索

数据检索目前主要分为两类，一是基于文件名，二是基于文件内容。主流文件系统的数据检索都是基于文件名进行的，桌面搜索引擎则综合文件名和文件内容进行检索，前者遍历文件系统元数据，后者需要解析文件内容，它们都是通过关键字匹配来实现检索。显然，这两类检索的语义是非常有限的，与人类思维方式有着很大的区别。

存储系统完全可以实现语义化的检索，通过文件属性和关系来检索文件，并用关系网络(类似社会化网络)来表示检索结果。这种方式语义上更加丰富，检索结果更加精确，也更加符合人类的思维方式。

面对海量的数据，精确、高效地检索出自己需要的数据是第一步，语义化检索符合存储的技术发展趋势。

5.4.5 存储智能化

人工智能是计算机的发展方向，这是个理想而艰巨的目标。对于存储系统来说，智能化代表着自动化、自适应、兼容性、自治管理、弹性应用，通过对系统的监控、分析和挖掘来发现数据应用的特点和使用者的行为模式并动态调整配置，从而达到最佳的运行状态。

存储智能化可以分别在存储系统栈中的不同层次实现，包括磁盘、RAID、卷管理器、文件系统、NAS系统、应用系统，从而形成系统的存储智能化。

存储优化是存储技术发展的目的，为实现更高效的存储，产生了很多的研究方向，如重复数据删除、数据压缩等，虽然我们已经取得了一定的成果，但离真正的目标差距还很大，存储学术界和业界都在为此而努力。智慧的存储，让数据在整个信息生命周期内有序、高效、自治，存储效用最大化、简化管理、减少人工干预，这些都是存储的大趋势。特别是随着大数据应用的深入和人工智能技术的成熟，存储智能化越来越成为存储技术的发展趋势。

5.4.6　混合存储系统

大数据和云计算环境下海量增长的数据对存储系统的超高容量和体系结构带来了极大的挑战。目前存储系统的发展趋向于大容量、低成本和高性能，然而任何单一的存储器件如传统的机械磁盘(HDD)、固态硬盘(SSD)、非易失型性随机存储器等由于其固有的物理特性的限制，并不能满足以上的需求。将不同的存储介质混合组合成高效的存储系统是一个好的解决方法，固态硬盘作为一种高可靠性、低能耗、高性能的存储器被越来越广泛地运用到混合存储系统。通过将固态硬盘与传统磁盘进行组合，利用固态硬盘的高性能和传统磁盘低成本大容量的特点，能够为用户提供大容量的存储空间，保证系统的高性能，同时还能降低成本。另一方面，随着新型存储器的诞生与发展，大量的新型非易失型存储诸如铁电存储器(Ferroelectric RAM，FeRAM)、磁性存储器(Magnetic RAM，MRAM)、自旋转移力矩存储器(Spin-Transfer Torque RAM，STT-RAM)、相变存储器(Phase Change Memory，PCM)、阻变存储器(ResistIve RAM，RRAM)、赛道存储器(Domain-Wall Memory，DWM)等的出现，给未来的混合存储系统带来了新的机遇。利用新型存储器良好的写性能、固态硬盘良好的读性能和传统磁盘大容量低成本的特性组合成的混合存储系统可能是未来发展的方向。

习题

1. 简述存储组网的几种形式(DAS、NAS、SAN)，及其适用范围。
2. 简述 RAID 的技术原理。
3. 简述磁盘热备的技术原理。
4. 简述快照技术原理。
5. 简述分布式块存储的概念及其优缺点。
6. 简述分布式对象存储的概念及原理。
7. 简述 NoSQL 的概念及原理。
8. 简述存储虚拟化的几种形式，及其适用范围。
9. 查阅相关资料，了解重复数据删除及数据压缩的原理。

第6章

大数据技术原理与平台

6.1 大数据概述

本章首先介绍大数据的背景、定义和特征；然后重点阐述了主流的大数据存储平台和三种计算模式技术原理，同时对 Cloudera Impala、Hortonworks Data Platform 和 HadoopDB 三个大数据分析管理平台进行了详细讨论；接着给出基于 MapReduce、Spark 的大数据并行计算编程实例；最后展望大数据研究与发展方向。

6.1.1 大数据产生的背景

早在 1980 年，著名未来学家阿尔文·托夫勒便在《第三次浪潮》一书中，将大数据热情地赞颂为“第三次浪潮的华彩乐章”。

以前传统数据处理中，单个计算机往往性能很强劲，可靠性高但是造价也很昂贵，在当时可以单以一台这样的计算机就处理完所需数据。当今世界，数据日益增长且增长速度日益加快。这其中的数据包括人们在更深入了解自然的过程中所需要的数据以及人类自己在各种社会活动中产生的海量数据。特别是后者，由于计算机在各个领域的使用越来越广泛，越来越多的人类活动可以被计算机转化成数据记录下来，其产生的速度更是日益加剧，这其中包括通信领域中的上网记录、GPS 位置记录、医学领域中的手术详细记录、社会保障领域的各种记录等。现在，数据已经爆炸增长到足以引发全世界的一次技术变革。于是，“第三次浪潮”——大数据技术应运而生。

6.1.2 大数据的定义

大数据一词由英文“Big Data”翻译而来，是最近几年兴起的概念，它目前还没有一个统一的定义。相比于过去的“信息爆炸”的概念，它更强调数据量的“大”。大数据的“大”是相对而言的，是指所处理的数据规模巨大到无法通过目前主流数据库软件工具，在可以接受的时间内完成抓取、储存、管理和分析，并从中提取出人类可以理解的资讯。这个"大"是与时俱进的，不能以超过多少太字节的数据量来界定大数据与普通数据。随着人类大数据处理技术的不断进步，大数据的标准也不断提高。

相对于过去的"海量数据"概念而言，大数据还有一个数据类型复杂多变的特点。互联网上流动的各种数据类型迥异，收集和处理这些数据，特别是非结构化数据也是大数据研究的一个重要方面。业界普遍认同大数据具有 4 个 V 特征（数据量大 Volume、多类型 Variety、变化速度快 Velocity 与高价值 Value）。简而言之，大数据可以被认为是数据量巨大且结构复杂多变的数据集合。

6.1.3 大数据的 4V 特征

第一个特征 Volume 是大数据的首要特征，数据体量巨大。当今世界需要进行及时处理以提取有用信息的数据数量级已经从 TB 级别，跃升到 PB 甚至 EB 级别。随着计算机深入到人类各个领域，数据增长速度与日俱增，数据的基数也在不断增大，从前的 GB 已经是很大的一个数据量了，现在看来一台普通的计算机就能在可以接受的时间内完成 GB 级数据的运算。然而如果单靠单台计算机的计算能力，更大量的数据会很快将我们淹没在数据的海洋中，因此涌现出许多分布式的大数据处理工具。其中最著名且应用最广泛的就是我们熟悉的 Hadoop，近期著名互联网公司 Facebook 已经推出可以进行 EB 级的实时大数据处理的工具 Presto。

第二个特征 Variety：数据类型繁多。大数据的挑战不仅是数据量的大，也体现在数据类型的多样化。除了前文提到的网络日志、地理位置信息等具有固定结构的数据之外，还有视频、图片等非结构化数据。现在，互联网上出现更多的多媒体应用，他们产生的非结构数据占了大数据的很大比重，非结构和半结构数据正是大数据处理的难点所在。

第三个特征 Velocity：处理速度快。信息的价值在于及时，超过特定时限的信息就失去了使用的价值。大数据的商业应用中主要是分析大量历史数据以预测未来形势，帮助商业公司做出决策，时间就是金钱，处理时间过长就让其失去了价值。

最后一个特征是 Value：商业价值高，但是价值密度低。单个数据的价值很低，只有大量数据聚合起来处理才能借助历史数据预测未来走势，体现出大数据计算的价值所在。

6.2 大数据存储平台

要对大数据进行处理就需要一个能够存储得下所有数据的平台。由于计算机硬盘存储技术发展的速度远远赶不上大数据的爆炸式增长，单机存储密度有限，故分布式存储就成了一个自然而然的选择。这一节我们介绍一些常用的大数据存储平台。

6.2.1 HDFS

1. HDFS 简介

HDFS(Hadoop Distributed File System)原是 Apache 开源项目 Nutch 的组件，现在成为 Hadoop 的重要组件，它是一款具有高容错性特点的分布式文件系统，它被设计为可以部署在造价低廉的主机集群上。它将一个大文件拆分成固定大小的小数据块，分别存储在集群的各个节点上。因此 HDFS 可以存储超大的数据集和单个巨大的文件。这样的分布式结构能够进行不同节点的并行读取，提高了系统的吞吐率。同一个数据块存储在不同的数据节点上，保证了 HDFS 在节点失败时还能继续提供服务，使其具有了容错性。

以下是 HDFS 的设计目标：

(1) 检测和恢复硬件故障。硬件故障是计算机不可避免的一个问题，特别是在造价低廉的硬件上，故障更是时常发生。如果由上百台甚至上千台节点主机组成集群，有一个或几个节点出现故障的概率将会非常高。HDFS 必须设计成为能够容忍和恢复一定数量上限的失效节点才能保证其服务一直可用。

(2) 存储大数据集。通常一个 HDFS 文件可以是 GB 到 TB 级的，故 HDFS 对这些大文件存储做了优化。同时，一个 HDFS 集群可以存储上千万个文件。

(3) 应用程序流式地访问 HDFS 上面的数据集。HDFS 被设计作为 MapReduce 储存平台，MapReduce 只能进行批处理，而不是用户交互式的处理，故 HDFS 不必支持随机数据访问。HDFS 注重的是数据访问的吞吐量，而非数据访问的时延，故 HDFS 不适合作为低时延的数据存储平台。

(4) 由于大部分 MapReduce 程序对 HDFS 上面的文件是一次写入、多次读取的，故 HDFS 只需要提供文件的创建、删除、写入、读取，不需要提供文件的修改功能。因此也降低 HDFS 在数据一致性方面的设计难度。

(5) 可移植性。HDFS 由 Java 语言编写而成，它继承了 Java 语言的操作系统和硬件平台可移植性。HDFS 在不同平台上移植非常简便，只需要修改少量配置文件即可。

(6) 让计算随数据的位置而移动。这样的处理方式比移动数据更加划算。HDFS 支持让程序自己移动到数据所在节点运行，不但节省了网络带宽，也降低了硬件的负担。

2. HDFS 体系结构

如图 6-1 所示，HDFS 采用 Master/Slave 结构模型，一个 HDFS 集群由一个 NameNode 和多个 DataNode 组成，除此之外还可以有一个 Secondary NameNode。其中 NameNode 充当 Master 的角色，管理文件系统的名称空间以及对客户端的访问操作进行控制。DataNode 充当 Slave 的角色，一个集群中通常每个节点主机都运行一个 DataNode 进程，用于管理 HDFS 存储在本机上的那部分数据。Secondary NameNode 主要是用于对 NameNode 的操作进行记录，以便当 NameNode 崩溃时进行恢复工作。HDFS 在用户看来就像一个 Linux 原生文件系统，它提供的 Shell 接口中各种文件操作也类似于 Linux。在内部，它把一个文件分割成许多的块，这些数据块被分散存储到集群中的各个 DataNode 中。由 NameNode 来执行文件系统中文件和文件夹的打开、关闭、重命名操作。NameNode 还负责各个数据块到各个 DataNode 的布局和映射。DataNode 负责处理来自客户端的对 HDFS 本地数据块的读取和写入操作。它还负责对数据块的生成、删除以及在 NameNode 的指导下创建数据块的副本。

NameNode 和 DataNode 都被设计成为运行于普通计算机的 Java 程序，通常运行于 Linux 环境，不过任何支持 Java 的环境都可以运行 HDFS。使用 Java 作为编写语言，HDFS 可以部署在许多不同类型的节点上。一种经典的部署方法是使用一台节点只运行 NameNode 程序，集群中的其他节点运行 DataNode 程序。部署中可以在同一个节点上运行多个 DataNode 程序，但在实际应用中这种情况比较罕见。

单个 NameNode 的设计大大地简化了整个 HDFS 的结构，NameNode 负责作为各种事件的决定者，并存储了整个 HDFS 的元数据。客户端读取和写入的数据流并不通过 NameNode，而是 DataNode 为客户端指明数据块的位置，由客户端直接与 DataNode 通信进行数据块的读取和写入操作。

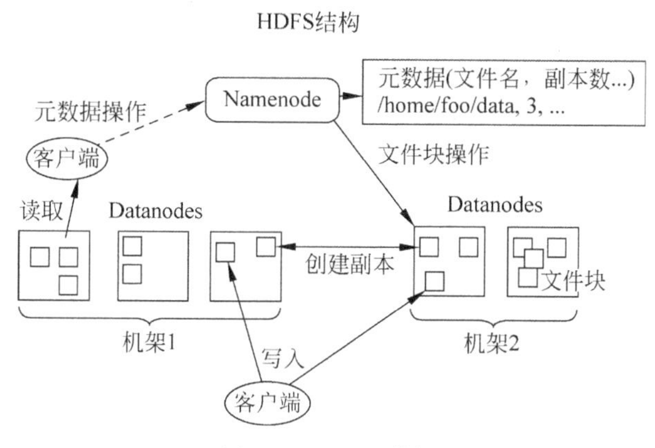

图 6-1　HDFS 结构

3. HDFS 副本策略

HDFS 副本放置策略对于 HDFS 可靠性和性能至关重要。副本放置策略关系到数据的可靠性、可用性和网络带宽的利用率。对于副本放置策略的优化让 HDFS 在分布式文件系统中脱颖而出，这一调优是需要大量实践经验作为依托的。HDFS 采用基于机架感知的副本放置策略，将副本存放在不同的机架上，即第一个副本放在客户本地节点上，另外两个副本随机放置在远程机架上，这样可以防止当某个机架失效时数据的丢失，如图 6-2 所示。在一个数据中心中往往不只有一个机架，对于大部分数据中心来说，不同机架上节点之间的通信需要经过多个交换机，其带宽比相同机架节点之间的通信带宽要小。因此，基于机架感知的副本放置策略可以在网络带宽和数据可靠性之间取得平衡。

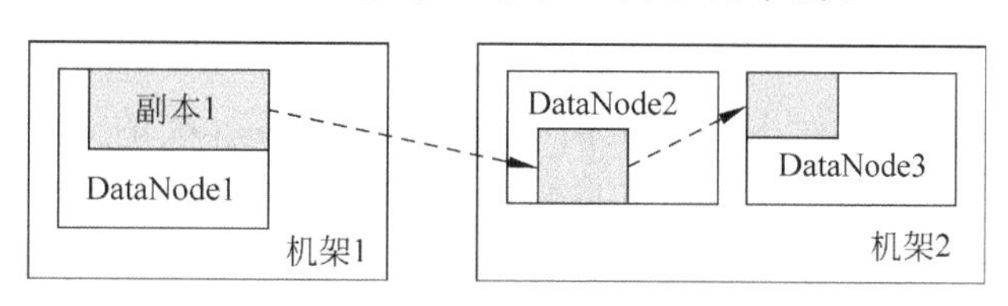

图 6-2　通常采用的副本策略

HDFS 集群中，由 NameNode 通过 Hadoop 机架感知确定每一个 DataNode 所属机架。一个简单而非最优的策略就是把所有同一个数据块的副本都放到不同的机架上。这样保证了数据的可靠性，即使整个机架都崩溃了，其他机架上的数据还是可用的。这样做也在读取文件时充分利用了各个机架的网络带宽，可以做到负载均衡。但是这一策略存在问题有：(1)在写入时代价过大，它需要在不同的机架之间传输大量数据；(2)当本地数据副本失效时，从远程节点上恢复数据需要耗费大量数据传输时间；(3)随机选取存放数据的节点，可能会导致数据存储的负载不均。为此，我们在文献[33]提出了一种改进的 Hadoop 数据放置策略，基于节点网络距离与数据负载来选择最佳的远程机架数据副本的放置节点，它既能实现数据存放的负载均衡,又能实现良好的数据传输性能。

对于通常的应用开发来说,可以采用以下策略:例如在副本数为3的集群中,将一个副本保存到本地机架1的一个节点1上,第二个副本保存到本地机架的一个节点2上,第三个副本由节点2传输复制到远程机架2的节点3上。把三分之二的副本储存在本地机架,把三分之一的副本储存在远程机架。这样做既保证了数据的可靠性,又节省了机架之间的网络带宽。一整个机架崩溃的概率很明显远远低于单个节点的崩溃概率。一个机架崩溃了可以由另一机架保证数据的可用性。

当接收到HDFS读取请求时,NameNode会分配离请求节点最近的一个拥有该副本的DataNode为其提供数据。如此降低了总体带宽消耗和读取延迟。如果存在与请求节点相同机架的可用的DataNode,这个DataNode会被优先选择。如果HDFS集群是跨数据中心的,与请求节点在相同数据中心的DataNode会被优先选择。

在集群启动时,HDFS集群会有一段时间进入安全模式(Safemode),安全模式中不会有任何的创建数据备份的工作,也不能向HDFS写入文件。在安全模式中NameNode由心跳包接收到来自DataNode的信息。这些信息包括了DataNode的节点状态和该DataNode所管理的数据块的备份数。在NameNode检查完设定的百分比的数据块时,HDFS集群退出安全模式。如若NameNode发现其中存在没达到预设定的备份数的数据块时,由NameNode发起把数据块备份到其他DataNode以满足备份数的要求。

4. HDFS数据块

用HDFS作为存储系统的程序可以利用HDFS处理巨大的数据集。通常这些文件只被写入一次,但是进行多次读取。这个读取通常需要满足一定的读取速度要求。HDFS针对一次读取多次写入的特点做了优化。一个HDFS数据块默认大小为64MB,一个HDFS文件将被分割成许多的数据块,这些数据块分别存储在各个DataNode上。

5. HDFS的用户接口

HDFS提供了许多不同的用户接口。HDFS提供了Java的API HDFS,并且为C语言提供了Java API的入口。除此之外,HDFS还为用户提供了HTTP浏览器GUI和Shell命令接口,并支持WebDAV协议。

1) FS Shell

HDFS可以让用户直接对HDFS上面的文件以类似Linux的文件夹和文件的组织形式进行管理。它提供了一个FS Shell命令行接口,用于用户与HDFS的交互。FS Shell的语法类似于我们很熟悉的其他Linux Shell。FS Shell可用于需要使用命令行脚本进行数据处理的程序编写中,如表6-1所示。

表6-1 FS Shell的命令行和作用

命令行	作用
Hadoop dfs -mkdir /foodir	在HDFS根目录下创建文件夹foodir
Hadoop dfs -rmr /foodir	递归删除根目录下的文件夹foodir
Hadoop dfs -cat /foodir/myfile.txt	查看文件/foodir/myfile.txt的内容

2) DFSAdmin

DFSAdmin命令用于管理HDFS集群,这些节点只有HDFS管理员课余使用。表6-2列举了一些使用范例。

表 6-2　DFSAdmin 的命令行和作用

命　令　行	作　　用
Hadoop dfsadmin -safemode enter	强制进入安全模式
Hadoop dfsadmin -report	查看 DataNode 节点报告
Hadoop dfsadmin -refreshNodes	刷新节点，去除无效节点，添加新增节点

3）HTTP 接口

通常一个 HDFS 集群的部署都会包含一个配置到特定端口的 HTTP 服务器，用户使用 HTTP 浏览器可以访问这一服务器来查询 HDFS 上的文件。

表 6-3 是一些默认端口配置信息。

表 6-3　HTTP 默认端口配置信息

功　　能	HDFS-site. xml 中的配置项	默　认　值
NameNode HTTP 服务器端口	dfs. http. address	50070
Datanode HTTP 服务器端口	dfs. datanode. http. address	50075

4）Java API

HDFS 为依赖它作为数据储存平台的 Java 程序提供对 HDFS 上的文件和文件夹进行管理、创建、写入、读取等操作的应用程序接口。HDFS 提供了一个 FileSystem 类，它是一个高层抽象的文件系统类，使用 FileSystem 的实例可以对文件和文件夹进行各种操作。FileSystem 由 Configuration 实例中获取配置并返回配置完成的 FileSystem 类。

```
Configuration config = new Configuration();
FileSystem hdfs = FileSystem.get(config);
```

下面举出一些常用的 HDFS API 实例：

（1）从本地文件系统复制文件到 HDFS 上

```
Path srcPath = new Path(srcFile);
Path dstPath = new Path(dstFile);
hdfs.copyFromLocalFile(srcPath, dstPath);
```

其中 srcFile 和 dstFile 变量为包含完整路径名（路径＋文件名）的字符串，分别是本地文件的路径和 HDFS 上的目标文件的路径。FileSystem 类的 copyFromLocalFile 函数由本地文件系统复制文件到 HDFS 上。

（2）HDFS 上创建文件

```
Path path = new Path(fileName);
FSDataOutputStream outputStream = hdfs.create(path);
outputStream.write(buff, 0, buff.length);
```

FileSystem 类的 create 函数创建文件，并返回 FSDataOutputStream 对象用来向 HDFS 中的文件写入字节数组 buff 中的内容。

(3) HDFS上重命名文件

```
Path fromPath = new Path(fromFileName);
Path toPath = new Path(toFileName);
boolean isRenamed = hdfs.rename(fromPath, toPath);
```

FileSystem类的rename函数对HDFS上的文件做重命名操作,返回一个表示重命名成功或失败的布尔型。

(4) HDFS上删除文件

```
Path path = new Path(fileName);
boolean isDeleted = hdfs.delete(path, false);
```

FileSystem类的delete函数对HDFS上的文件做删除操作,返回一个表示删除成功或失败的布尔型。如果文件路径的目标为文件夹时,第二个参数表示是否进行递归删除,若为false则当文件夹不为空时删除失败。

(5) 获取HDFS上文件或文件夹的属性

```
Path path = new Path(fileName);
boolean isExists = hdfs.exists(path);
FileStatus fileStatus = hdfs.getFileStatus(path);
long modificationTime = fileStatus.getModificationTime
```

FileSystem类的exists方法可得知Path是否存在。它的getFileStatus函数返回对应路径的文件状态类FileStatus,由FileStatus可获取文件或文件夹对应的属性,如创建时间、文件大小等。由FileSystem类的getFileBlockLocations可返回路径对应文件的所有数据块所在DataNode等信息。

6. HDFS平台的搭建

HDFS的部署模式可分为单机模式、伪分布模式以及全分布模式。其中单机模式和伪分布模式只在实验或编程测试时使用,生产环境只用全分布模式。

单机模式和伪分布模式只需要一台普通的电脑就可以完成搭建。单机模式直接下载Hadoop的二进制tar.gz包解压配置Java路径即可使用,这里就不赘述了。下面对于伪分布模式的搭建做详细描述,只针对Hadoop 1.2.1版本,不保证后续版本可以正确部署。

1) 单机伪分布环境搭建

环境要求:Linux操作系统或安装了Cygwin的Windows环境,Java环境(由于Hadoop1.X是基于JDK1.6开发的,所以这里推荐使用SunJDK1.6,而不推荐使用OpenJDK或1.7版本的JDK)。

第一步:下载Hadoop压缩包并解压到任意目录,由于权限问题建议解压到当前用户的主目录(home)。(下载地址:http://mirror.bit.edu.cn/apache/Hadoop/common/stable1/)。

```
hadoop@ubuntu: ~ $ wget http://mirror.bit.edu.cn/apache/hadoop/common/stable1/hadoop-1.2.1-bi -- 2013-12-10 20:12:10 -- http://mirror.bit.edu.cn/apache/hadoop/common/stable1/hadoop-1.2.1 Resolving mirror.bit.edu.cn(mirror.bit.edu.cn)... 219.143.204.117, 2001:de8:204:2001:250:5 Connecting to mirror.bit.edu.cn (mirror.bit.edu.cn) |219.143.204.117|:80... connected.
```

```
HTTP request sent,awaiting response... 200 OK
Length:38096663 (36M) [application/octer - stream]
Saving to: 'hadoop - 1.2.1 - bin.tar.gz'

28 % [ ======================================== >
```

第二步：修改 Hadoop 的配置文件：conf/Hadoop-env. sh、conf/HDFS-site. xml、conf/core-site. xml。（如果只是部署 HDFS 环境只需要修改这三个文件，如需配置 MapReduce 环境请参考相关文档）

conf/Hadoop-env. sh 中修改了 JAVA_HOME 的值为 JDK 所在路径。

例如：

```
export  JAVA_HOME = /home/Hadoop/jdk
```

conf/core-site. xml 修改如下：

```
< configuration >
< property >
      < name > fs.default.name </name >
      < value > HDFS://localhost:9000 </value >
  </property >
</configuration >
```

conf/HDFS-site. xml 修改如下(这里只设置了副本数为 1)：

```
< configuration >
< property >
      < name > dfs.replication </name >
      < value > 1 </value >
</property >
</configuration >
```

第三步：配置 ssh 自动免密码登录。

运行 *ssh-keygen* 命令并一路回车使用默认设置，产生一对 ssh 密钥。

执行 *ssh-copy-id -i ~/. ssh/id_rsa. pub localhost* 把刚刚产生的公钥加入到当前主机的信任密钥中，这样当前使用的用户就可以使用 ssh 无密码登录到当前主机。

第四步：第一次启动 HDFS 集群时需要格式化 HDFS，在 master 主机上执行 Hadoop namenode -format 进行格式化。

如果格式化成功后，则在 Hadoop 所在的目录执行 bin/start-dfs. sh 开启 HDFS 服务。查看 HFDS 是否正确运行可以执行 jps 命令进行查询。

```
hadoop@magter:~/jdk/bin $ ./jps
3160 Jps
3076 SecondaryNameNode
2895 DataNode
2737 NameNode
```

至此 HDFS 伪分布环境搭建完成。

2）多节点全分布搭建

对于多节点搭建而言，本实例中，每个节点都需要使用固定 IP 并保持相同的 Hadoop 配置文件，每个节点 Hadoop 和 jdk 所在路径都相同、存在相同的用户且配置好免密码登录。

第一步：与单机伪分布模式相同，下载 Hadoop 的二进制包，并解压备用。

第二步：修改 Hadoop 配置文件，与伪分布有些许不同。

conf/Hadoop-env. sh 中修改变了 JAVA_HOME 的值为 JDK 所在路径。

```
export JAVA_HOME = /home/hadoop/jck
```

conf/core-site. xml 修改如下：

```
<configuration>
<property>
    <name>fs.default.name</name>
    <value>hdfs://master:9000</value>
</property>
</configuration>
```

conf/HDFS-site. xml 修改如下：(其中 *dfs.name.dir* 和 *dfs.data.dir* 可以任意指定，注意权限问题)

```
<configuration>
<property>
    <name>dfs.name.dir</name>
    <value>/home/hadoop/name</value>
</property>
<property>
    <name>dfs.data.dir</name>
    <value>/home/hadoop/data</value>
</property>
</configuration>
```

conf/masters 里添加 secondary namenode 主机名，例如任意 slave 的主机名。

conf/slaves 里添加各个 slave 的主机名，每行一个主机名。

第三步：配置 hosts 文件或做好 dns 解析。

为了简便起见，这里只介绍 hosts 的修改，dns 服务器的搭建与配置请读者选择性学习。在/etc/hosts 里面添加所有主机的 IP 以及主机名。每个节点都使用相同的 hosts 文件。例如，设置内容为：

```
192.168.1.100 master
192.168.1.101 slavel
192.168.1.102 slave2
```

第四步：配置 ssh 自动登录，确保 master 主机能够使用当前用户免密码登录到各个 slave 主机上。在 master 上执行 ssh-keygen 命令：

```
hadoop@master:~ $ ssh-keygen
Generating public/private rsa key pair.
Enter file in which to save the key (/home/hadoop/.ssh/id_rsa):
Created directory '/home/hadoop/.ssh'.
Enter passphrase (empty for no passphrase):
Enter same passphrase again:
Your identification has been saved in /home/hadoop/.ssh/id_rsa.
Your public key has been saved in /home/hadoop/.ssh/id_rsa.pub.
The key fingerprint is:
a8:8c:af:44:02:bc:a9:c7:1f:46:da:d7:cf:dc:45:ab hadoop@master
The key's randomart image is:
+--[ RAS 2048 ]----+
|                  |
|.                 |
|. .               |
|. o    .          |
|. o.  .  .  s   . |
|. +  *  .  .   . .|
|.   *  *  .  .  o |
| o + o    + . o   |
|    . . o    + E  |
+-----------------+
```

使用以下命令将 master 的公钥添加到全部节点的信任列表上。

```
ssh-copy-id  -i ~/.ssh/id_rsa.pub master
ssh-copy-id  -i ~/.ssh/id_rsa.pub slave1
ssh-copy-id  -i ~/.ssh/id_rsa.pub slave2
```

```
hadoop@master:~ $ ssh-copy-id  -i  ~/.ssh/id_rsa.pub  master
The authenticity of host 'master (127.0.0.1)' can't be established.
ECDSA key fingerprint is 1e:b7:19:18:67:92:8a:80:b9:f2:03:77:25:a9:e8:85.
Are you sure you want to continue connecting (yes/no)?yes
Warning:Permanently added 'master' (ECDSA) to the list of known hosts.
hadoop@master's password:
Now try logging into the machine,with "ssh 'master'",and check in:

    ~/.ssh/authorized_keys

to make sure we haven't added extra keys that you weren't expecting.
```

第五步：第一次启动 HDFS 集群时需要格式化 HDFS，在 master 主机上执行 Hadoop namenode -format，这一操作和伪分布相同。

启动 HDFS 集群，在 master 主机上的 Hadoop 所在目录运行 bin/start-dfs.sh 启动整个集群。运行 jps 可检查各个节点是否顺利启动。

```
hadoop@master:~/jdk/bin$ ./jps
3160 Jps
3076 SecondaryNameNode
2895 DataNode
2737 NameNode
```

6.2.2 HBase

1. HBase 简介

Apache HBase是运行于Hadoop平台上的数据库，它是可扩展的、分布式的大数据储存系统。HBase可以对大数据进行随机而实时的读取和写入操作。它的目标是在普通的机器集群中处理巨大的数据表，数据表的行数和列数都可以达到百万级别。受到Google Bigtable思想启发，Apache开发出HBase，HBase是一个开源的、分布式的、数据多版本储存的、面向列的大数据储存平台。Google的Bigtable是运行于GFS(Google File System)上的，而HBase是运行于Apache开发的Hadoop平台上。

2. HBase 的特性

HBase的特性包括：(1)线性和模块化的扩展性；(2)严格的读写一致性；(3)自动且可配置的数据表分片机制；(4)RegionServer之间可以进行热备份切换；(5)为MapReduce操作HBase数据表提供方便JAVA基础类；(6)易用的JAVA客户端访问API；(7)支持实时查询的数据块缓存和模糊过滤；(8)提供Trift网关和REST-ful Web服务，并支持XML、Protobuf和二进制编码；(9)可扩展的Jrubyshell；(10)支持通过Hadoop检测子系统或JMX导出检测数据到文件、Ganglia集群检测系统。

3. HBase 体系架构

如图6-3所示，HBase集群一般由一个HMaster、多个HRegionServer组成。整个集群由ZooKeeper作为同步的协调者。

1) Client

使用HBase RPC机制与HMaster和HRegionServer进行通信。

(1) Client与HMaster进行通信进行管理类操作。

(2) Client与HRegionServer进行数据读写类操作。

2) Zookeeper

Zookeeper是整个集群运行中的同步协调者，它主要有以下几个作用。

(1) Zookeeper Quorum存储-ROOT-表地址、HMaster地址。

(2) HRegionServer把自己注册到Zookeeper，HMaster随时感知各HRegionServer的状况。

(3) Zookeeper避免HMaster单点问题。

3) HMaster

HMaster没有单点问题，HBase中可以启动多个HMaster，通过Zookeeper保证总有一个Master在运行。

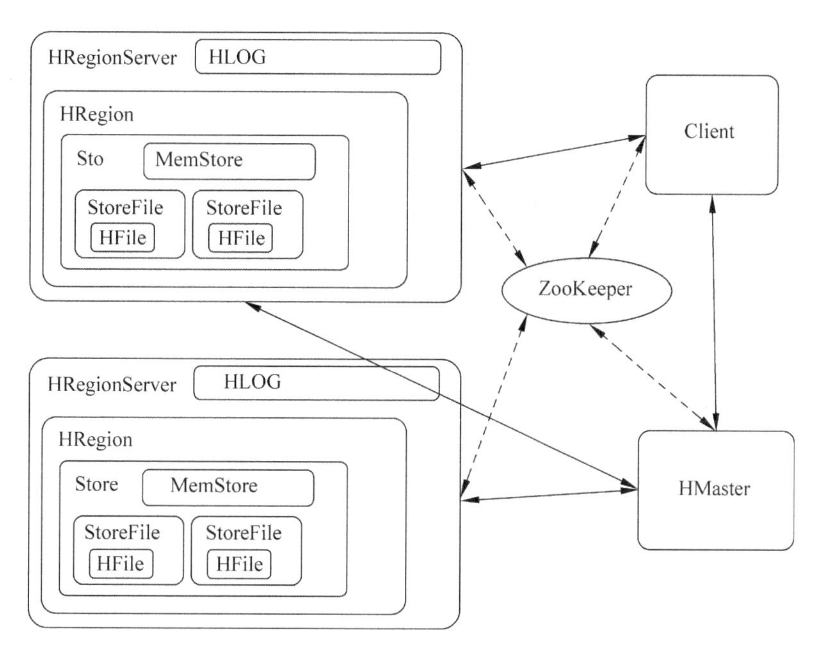

图 6-3　HBase 基本架构

主要负责 Table 和 Region 的管理工作：

(1) 管理用户对表的增删改查操作。

(2) 管理 HRegionServer 的负载均衡，调整 Region 分布。

(3) Region Split 后，负责新 Region 的分布。

(4) 在 HRegionServer 停机后，负责失效 HRegionServer 上 Region 迁移。

4) HRegionServer

HBase 中最核心的模块，主要负责响应用户 I/O 请求，向 HDFS 文件系统中读写数据。

HRegionServer 管理一些列 HRegion 对象；

每个 HRegion 对应 Table 中一个 Region，HRegion 由多个 HStore 组成；

每个 HStore 对应 Table 中一个 Column Family 的存储；

Column Family 就是一个集中的存储单元，故将具有相同 IO 特性的 Column 放在一个 Column Family 会更高效。

5) HStore

HBase 存储的核心。由 MemStore 和 StoreFile 组成。

MemStore 是 Sorted Memory Buffer。

6) 数据写入 HBase 的过程

Client 写入数据，数据先存入 MemStore，一直到 MemStore 满，MenStore 中的内容写入硬盘形成一个 StoreFile，直至 StoreFile 的数量增长到一定阈值，由 HStore 触发一个 StoreFile 合并操作，将多个 StoreFile 合并成一个 StoreFile，同时趁这一过程进行版本合并和数据删除操作。当单个 StoreFile 由于多次合并操作，其大小超过一定阈值后，触发分割操作，把当前 Region 分割成 2 个 Region，这时旧的 Region 会下线，2 个新的 Region 会被 HMaster 分配到相应的 HRegionServer 上，使得原先 1 个 Region 的数据分流到 2 个

Region 上。

由此过程可知，HBase 正常情况下只能增加数据，而更新和删除操作只能在平时做记录然后在合并阶段来做，用户的写操作只与在内存中的 Menstore 打交道，操作完即返回成功，从而保证 I/O 高性能。

7）HLog

在分布式系统环境中，无法避免系统出错或者宕机导致 HRegionServer 进程意外退出，内存中的数据就会丢失，因此引入了 HLog 的机制。

在每个 HRegionServer 中都会有一个 HLog，HLog 是一种写记录后写入的机制，每次用户操作写入 Memstore 之前，都会写一份数据到 HLog 文件，HLog 文件会定期刷新，除去旧的数据即已经写入 StoreFile 中的那部分数据。

当 HRegionServer 意外终止后，HMaster 会通过 Zookeeper 感知，HMaster 首先处理遗留的 HLog 文件，将不同 region 的 log 数据拆分，分别放到相应 region 目录下，然后再将失效的 region 重新分配，领取到这些 region 的 HRegionServer 在 Load Region 的过程中，会发现有历史 HLog 需要处理，因此新的 HRegionServer 会根据 HLog 中的记录，将相关 StoreFile 调到 MemStore 中，并做 Hlog 记录的写入操作，然后持久化写入到 StoreFiles，完成数据恢复的过程。

8）HBase 在 HDFS 上的存储格式——HFile 和 HLogFile

（1）HFile。

HFile 文件不定长。每个 Data 块的大小可以在创建一个 Table 的时候通过参数指定，大的 Block 有利于顺序 Scan，小的 Block 利于随机查询。

HFile 中存储的数据是由一个个 Key-Value 对拼接而成，。HFile 里面的每个 Key-Value 对就是一个简单的 byte 数组。其中 Key 包含了前面提到过的行键、列族、修饰符和时间戳，而 Value 只是简单的字节数组，用于通用地存储所有类型的数据。

（2）HLog File。

HLog 文件就是一个普通的 HDFS 文件，其中记录了写入记录的归属信息，除了表和 region 的 ID 以外，还包括记录时的时间戳。以便在故障的时候做恢复时能够区别记录的操作对象，让 HRegionServer 能够根据这些信息使 HLog 按照其归属的不同对 Region 进行分割。

4. HBase 数据模型

1）概念视图

在 HBase 中，一个列名是由它的列族前缀和修饰符（qualifier）连接而成。列族前缀是在表生成的时候就决定的，在表创建完成之后不可改变。后缀修饰符是可以在表创建后随意指定的。一个列族下允许有多个不同的修饰符，且在插入数据的时候如果插入的修饰符不存在则会自动创建新的修饰符。一个列的表示方法：列族：修饰符，例如 contents：page 在列族 contents 后面添加冒号（：）并加修饰符 page 来组成。每个列族存在一个没有修饰符的列，以列族名加冒号的形式，例如 contents：代表的是 contents 下一个匿名的列。

HBase 中的一个数据项是由四个参数来定位的，即键（Row Key）、时间戳（Time Stamp）以及前面提及的列族和修饰符。故也可以认为 HBase 是一张松散的四维表，其中大部分的数据项可以是空值。

HBase 中的行键是不可分割的字节数组。行是按字典排序由低到高存储在表中的。一个空的数组是用来标识表空间的起始或者结尾。由于 HBase 主要用于处理 Web 数据，故我们这里举一个与 Web 有关的例子。WebsiteTable 的表，包含两个列族：contents 和 prior，其中 content 有一列(contents:page)，prior 有两列 url1、url2，表 6-4 所示。

表 6-4　WebsiteTable

Row Key	Time Stamp	ColumnFamily contents	ColumnFamily refer
www. baidu. com	t9		url1＝"www. tencent. com"
www. alibaba. com	t8		url1＝www. sougou. com
www. tencent. com	t6	contents:page＝ "< html >..."	
www. tencent. com	t5	contents:page＝ "< html >..."	url2＝"www. qq. com"
www. tencent. com	t5	contents:page＝ "< html >..."	url1＝www. sougou. com

可见在表 6-1 中的一些项目是空值，且所有的数据都可以由行键、时间戳、列族、修饰符来定位。

2) 物理视图

在概念视图里，HBase 表可以被看作是一张松散的四维表，其中一些数据可以为空。但是在把这个表作为数据储存到计算机中时，这些空值的位置实际上是不会被储存的。当查询到这些不存在的位置时，HBase 就会返回一个空值。在查询中如果不指定时间戳，则 HBase 自动返回最近的一个结果。实际储存使 HBase 是分列族来储存所有数据的，一个修饰符可以不经过创建等过程直接跟随数据插入到列的储存文件中，如表 6-5 和表 6-6 所示。

表 6-5　列族 refer 的储存结构

Row Key	Time Stamp	ColumnFamily refer
www. baidu. com	t9	url1＝"www. tencent. com"
www. alibaba. com	t8	url1＝www. sougou. com
www. tencent. com	t5	url2＝"www. qq. com"
www. tencent. com	t5	url1＝ www. sougou. com

表 6-6　列族 contents 的储存结构

Row Key	Time Stamp	ColumnFamily contents
www. tencent. com	t6	contents:page＝ "< html >..."
www. tencent. com	t5	contents:page＝ "< html >..."
www. tencent. com	t5	contents:page＝ "< html >..."

5. HBase 支持的数据操作

四个主要的数据模型操作是 Get、Put、Scan 和 Delete。通过 HTable 实例进行操作。

1) Get

Get 返回特定行的属性，能做单个数据项的查询，并且返回该数据项中的字节串。

2) Put

Put 实现向表增加新行(如果 key 不存在)或更新行(如果 key 已经存在)。一次可以更新多个行。

3）Scan

Scan 能够对多行的特定属性进行迭代输出，且能够对输出进行过滤，只输出特定的数据项。

4）Delete

Delete 只能够在表中删除一行。HBase 没有直接修改持续化的数据的方法。所以通过对数据打下删除标志之后再在 StoreFile 合并操作中统一处理。

6. HBase 用户接口

1）Shell UI

HBase Shell 为用户提供一个可以通过 Shell 控制台或脚本来执行 HBase 的所有操作的接口。可以在 shell 控制台运行一下命令来运行 HBase Shell：

```
$ ./bin/HBase shell
```

在 HBase Shell 中输入 help 即能得到一个 Shell 的命令列表和选项。可以看看在 Help 文档尾部的关于如何输入变量和选项。尤其要注意的是表名、行、列名必须要加引号。

Create

create 命令用于创建表。在创建表时至少需要给一个表名和一个列族名，当然还可以添加更多的列族以及设定各个列族的属性。下面我们给出几个 Create 的例子。

用 create 命令创建 websitetable：

```
hbase(main):002:0 > create 'websitetable','contents','refer'
0 row(s) in 1.8780 seconds
```

其中第一项为表名，第二和第三项分别为第一和第二个列族名。

List

list 命令用于查看当前数据库所有表名。

```
hbase(main):002:0 > list
TABLE
websitetable
1 row(s) in 0.0230 seconds
```

Describe

describe 命令用于查看指定表的结构。

```
hbase(main):001:0 > describe "websitetable"
DESCRIPTION ENABLED 'websitetable', {NAME = >'contents',DATA_BLOCK_ENCODING = true >'NONE',
BLOOMFILTER = >'NONE',REPLICATION_SCOPE = >'0',VERSIONS = >'3',COMPRESSION = >'NONE',MIN_
VERSIONS = >'0',TTL = >'2147483647',KEEP_DELETED_CELLS = >'false',BLOCKSIZE = >'65536',IN_
MEMORY = >'false',ENCODE_ON_DISK = >'true',BLOCKCACHE = >'true'},{NAME = >'refer',DATA_BLOCK_
ENCODING = >'NONE',BLOOMFILTER = >'NONE',REPLICATION_SCOPE = >'0',VERSIONS = >'3',COMPRESSION =
>'NONE',MIN_VERSIONS = >'0',TTL = >'2147483647',KEEP_DELETED_CELLS = >'false',BLOCKSIZE = >'
65536',IN_MEMORY = >'false',ENCODE_ON_DISK = >'true',BLOCKCACHE = >'true'}
1 row(s) in 0.7980 seconds
```

Put

put命令用于把数据插入到表中。插入的数据项所在的列可以是不存在的，HBase会自动生成这一列，但是列所在的列族必须是在创建表的时候就存在的。

```
hbase(main):003:0 > put 'websitetable','www.tencent.com','contents:page','< html >...'
0 row(s) in 0.0740 seconds
```

其中第一个参数为表名，第二个参数为行键，第三个参数为列族：列名，第四个参数为数据。

Get

get命令用于返回单行的内容，至少需要指定行键，当然也可以指定列族、列名和时间戳。如果不指定时间戳，则返回的是最新的一个结果。

```
hbase(main):005:0 > get 'websitetable',"www.tencent.com","contents:page"
COLUMN                CELL
 contents:page        timestamp = 1386726040441,value = < html >...
1 row(s) in 0.0250 seconds
```

其中第一个参数为表名，第二个参数为行键，第三个参数为列族：列名，最后可以追加一个时间戳。

Scan

scan命令用于扫描一个表并返回符合特定要求的多个数据项。扫描的条件可以是以下几种：LIMIT(限制返回的条目数)、STARTROW(指定开始行)、STOPROW(指定结束行)、TIMESTAMP(指定时间戳)、COLUMNS(指定列，可为多个列)。

```
hbase(main):007:0 > scan "websitetable"
ROW                    COLUMN + CELL
 www.tencent.com       column = contents:page, timestamp = 1386726040441, value = < html >...
1 row(s) in 0.0270 seconds

hbase(main):012:0 > scan 'websitetable',{COLUMNS = >['contents:page','contents:refer'],LIMIT
= > 10}
ROW                    COLUMN + CELL
 www.tencent.com       column = contents:page,timestamp = 1386726040441,value = < html >...
1 row(s) in 0.0160 seconds
```

以上两个实例中，第一个参数是表名，第二个参数是扫描需要满足的条件。

Delete

delete命令用于删除单行的数据。delete可以删除整行数据，也可以删除指定列族、列名和时间戳的数据项。语法与get命令相同。

```
hbase(main):014:0 > delete 'websitetable','www.tencent.com','contents:page'
0 row(s) in 0.0110 seconds
```

```
hbase(main):015:0 > scan 'websitetable'
ROW                                          COLUMN + CELL
1 row(s) in 0.0230 seconds
```

2) Java API

HBase 通过 Client 端的程序向用户提供了一套完整的 API，用户可以利用 API 完成全部的 HBase 操作，API 可以更简便地完成比 Shell 更复杂的操作。

HBase 的 API 定义了许多用于数据库管理、数据操作的类和方法，下面列出几个常用的类。

Configuration

在使用 Java API 时，Client 端需要知道 HBase 的配置环境，如存储地址、zookeeper 等信息。这些信息通过 Configuration 对象来封装，可通过如下代码构建该对象：

```
Configuration config = HBaseConfiguration.create();
```

在调用 HBaseConfiguration. create() 方法时，HBase 首先会在 classpath 下查找 HBase-site. xml 文件，将里面的信息解析出来封装到 Configuration 对象中，如果 HBase-site. xml 文件不存在，则使用默认的 HBase-core. xml 文件。

除了将 HBase-site. xml 放到 classpath 下，开发人员还可通过 config. set(name, value) 方法来手工构建 Configuration 对象。

```
Configuration.set(String name, String value)
```

例如：

```
Configuration.set("HBase.master", "localhost:60000")
```

HBaseAdmin

HBaseAdmin 用于创建数据库表格，并管理表格的元数据信息，通过如下方法构建：

```
HBaseAdmin admin = new HBaseAdmin(config);
```

常用方法：

```
addColumn(tableName,column): 为表格添加栏位
deleteColumn(tableName,column): 删除指定栏位
balanceSwitch(boolean): 是否启用负载均衡
createTable(HTableDescriptor desc): 创建表格
deleteTable(tableName): 删除表格
tableExists(tableName): 判断表格是否存在
```

示例：创建 test 表格，并为其指定 columnFamily 为 cf。

```
HBaseAdmin admin = new HBaseAdmin(config);
If(!admin.tableExists("test")){
```

```
    HTableDescriptor tableDesc = new HTableDescriptor("test");
    HColumnDescriptor cf = new HColumnDescriptor("cf");
    tableDesc.addFamily(cf);
    admin.createTable(tableDesc);
}
```

HTable

在 HBase 中,HTable 封装表格对象,对表格的增删改查操作主要通过它来完成,构造方法如下:

```
HTable table = new HTable(config, tableName);
```

在构建多个 HTable 对象时,HBase 推荐所有的 HTable 使用同一个 Configuration。这样,HTable 之间便可共享 HConnection 对象、zookeeper 信息以及 Region 地址的缓存信息。

示例:Get 操作。

```
Get get = new Get(rowKey);
Result res = table.get(get);
```

示例:Put 操作。

```
Put put = new Put(rowKey);
put.add(columnFamily, column, value);
table.put(put);
```

在 HBase 中,实体的新增和更新都是通过 Put 操作来实现。

示例:Delete 操作。

```
Delete delete = new Delete();
table.delete(delete);
```

示例:Scan 操作。

```
Scan scan = new Scan();
scan.addColumn(columnFamily, column);                    //指定查询要返回的 column
SingleColumnValueFilter filter = new SingleColumnValueFilter(
        columnFamily, column,                            //指定要过滤的 column
        CompareOp.EQUAL, value                           //指定过滤条件
);
//更多的过滤器信息请查看 org.apache.Hadoop.HBase.filter 包
scan.setFilter(filter);                                  //为查询指定过滤器
ResultScanner scanner = table.getScanner(scan);          //执行扫描查找
Iterator<Result> res = scanner.iterator();               //返回查询遍历器
```

下面给出一个比较完整的实例:

```
package net.linuxidc.www;
import org.apache.Hadoop.conf.Configuration;
import org.apache.Hadoop.HBase.HBaseConfiguration;
import org.apache.Hadoop.HBase.HColumnDescriptor;
import org.apache.Hadoop.HBase.HTableDescriptor;
import org.apache.Hadoop.HBase.KeyValue;
import org.apache.Hadoop.HBase.client.HBaseAdmin;
import org.apache.Hadoop.HBase.client.HTable;
import org.apache.Hadoop.HBase.client.Result;
import org.apache.Hadoop.HBase.client.ResultScanner;
import org.apache.Hadoop.HBase.client.Scan;
import org.apache.Hadoop.HBase.io.BatchUpdate;

public class HBaseDBDao {
    //定义配置对象 HBaseConfiguration
    static HBaseConfiguration cfg = null;
    static {
        Configuration configuration = new Configuration();
        cfg = new HBaseConfiguration(configuration);
    }
    //创建一张表,指定表名、列族
    public static void createTable(String tableName,String columnFarily)throws Exception{
        HBaseAdmin admin = new HBaseAdmin(cfg);
        if(admin.tableExists(tableName)){
            System.out.println(tableName + "不存在!");
            System.exit(0);
        }else{
            HTableDescriptor tableDesc = new HTableDescriptor(tableName);
            tableDesc.addFamily(new HColumnDescriptor(columnFarily + ":"));
            System.out.println("创建表成功!");
        }
    }
    //添加数据,通过 HTable 和 BatchUpdate 为已经存在的表添加数据 data
    public static void addData(String tableName,String row,String columnFamily,String
    column,String data)throws Exception{
        HTable table = new HTable(cfg,tableName);
        BatchUpdate update = new BatchUpdate(row);
        update.put(columnFamily + ":" + column, data.getBytes());
        table.commit(update);
        System.out.println("添加成功!");
    }
    //显示所有数据,通过 HTable Scan 类获取已有表的信息
    public static void getAllData(String tableName)throws Exception{
        HTable table = new HTable(cfg,tableName);
        Scan scan = new Scan();
        ResultScanner rs = table.getScanner(scan);
        for(Result r:rs){
            for(KeyValue kv:r.raw()){
                System.out.println(new String(kv.getColumn()) + new
```

```
                String(kv.getValue()));
            }
        }
    }
    public static void main(String[] args){       //测试函数
        try{
            String tableName = "student";
            HBaseDBDao.createTable(tableName, "c1");
            HBaseDBDao.addData(tableName, "row1", "c1", "1", "this is row 1 column c1:c1");
            HBaseDBDao.getAllData(tableName);
        }catch(Exception e){
            e.printStackTrace();
        }
    }
}
```

7. HBase 环境搭建

HBase 的部署模式与 HDFS 类似。同样可分为单机模式、伪分布模式以及全分布模式。其中单机模式和伪分布模式只在实验或编程测试时使用,生产环境只用全分布模式。

单机模式和伪分布模式只需要一台普通的电脑就可以完成搭建。单机模式直接下载 HBase 的二进制 tar.gz 包解压配置 Java 路径即可使用,这里就不赘述了。下面对于伪分布模式的搭建做详细描述,只针对笔者着笔时的 HBase 0.94.14 版本,不保证后续版本可以正确部署。

1) 单机伪分布模式

环境要求:Linux 操作系统或安装了 Cygwin 的 Windows 环境,Java 环境(由于 Hadoop1.X 是基于 JDK1.6 开发的,所以这里推荐使用 SunJDK1.6,而不推荐使用 OpenJDK 或 1.7 版本的 JDK)。配置好 HDFS 伪分布环境,这里使用 Hadoop 1.2.1 作为 HBase 的 HDFS 环境。

第一步:下载 HBase 压缩包并解压到任意目录,由于权限问题建议解压到当前用户的主目录(home)。(下载地址:http://mirror.bit.edu.cn/apache/HBase/stable/)。

```
hadoop@ubuntu:~ $ wget http://mirror.bit.edu.cn/apache/hbase/stable/hbase-0.94.14.
tar.gz
--2013-12-11 10:36:24-- http://mirror.bit.edu.cn/apache/hbase/stable/hbase-0.94.14.tar.gz
Resolving mirror.bit.edu.cn (mirror.bit.edu.cn)... 219.143.204.117, 2001:da8:204:2001:250:5
Connecting to mirror.bit.edu.cn (mirror.bit.edu.cn)|219.143.204.117|:80... connected.
HTTP request sent,awaiting response... 302 Found
Location: http://202.116.36.222/files/60060000068E329/mirrors.hust.edu.cn/apache/hbase/sta
--2013-12-11 10:36:25-- http://202.116.36.222/files/60060000068E329/mirrors.hust.edu.cn/a
Connecting to 202.116.36.222:80... connected.
HTTP request sent,awaiting response... 200 OK
Lenggth: 58436526 (56M) [application/octet-stream]
Saving to: 'hbase-0.94.14.tar.gz.1'

75% [===========================>          ] 44,389,212  3.48M/s  eta 5s
```

```
hadoop@ubuntu:~ $ tar -zxf hbase-0.94.14.tar.gz
hadoop@ubuntu:~ $ ls
data                        hbase                   jdk                            name
hadoop-1.2.1                hbase-0.94.14           jdk1.6.0_45
hadoop-1.2.1-bin.tar.gz     hbase-0.94.14.tar.gz    jdk-6u45-linux-x64.bin
```

第二步：修改 HBase 的配置文件：conf/HBase-env. sh、conf/HBase-site. xml。

conf/HBase-env. sh 中修改了以下属性，下面是一个示例，请根据实际情况配置。

```
export JAVA_HOME = /home/Hadoop/jdk
export HBASE_CLASSPATH = /home/Hadoop/Hadoop/conf      //指向 Hadoop 的 conf 文件夹
export HBASE_MANAGES_ZK = true                    //让 HBase 使用自带 Zookeeper,只在伪分布下使用
```

配置文件 conf/ HBase-site. xml 修改如下：

```
<configuration>
<property>
    <name>fs.default.name</name>
    <value>HDFS://localhost:9000</value>
</property>
<property>
    <name>HBase.cluster.distributed</name>
    <value>true</value>
</property>
</configuration>
```

第三步：替换 HBase 中的 Hadoop 相关 jar 包。

将 Hadoop 根目录下的 Hadoop-core-1. 2. 1. jar 文件复制到 HBase 的 lib 目录，并删除 lib 目录下的 Hadoop-core-1. x. x. jar 文件。

第四步：先启动 Hadoop(前文介绍了启动方法)，再执行脚本 bin/start-HBase. sh 启动 HBase。

启动后可运行 jps 得到如下进程列表：

```
2564 SecondaryNameNode
2391 DataNode
2808 TaskTracker
2645 JobTracker
4581 Jps
2198 NameNode
```

2）多节点全分布搭建

对于多节点搭建而言，不能使用 HBase 自带的 Zookeeper，而必须由搭建者自行搭建 Zookeeper 集群。本实例中，使用前文已经架设好的 HDFS 全分布集群为基础进行架设，这里假设用户已经自己部署好 ZooKeeper 集群，ZooKeeper 集群部署十分简易，请读者自行查找相关资料。

第一步：与单机伪分布模式相同，下载 Hadoop 的二进制包，并解压备用。

第二步：修改 Hadoop 配置文件，与伪分布有些不同。

修改 conf/HBase-env. sh 中的以下几项：

```
export JAVA_HOME = /home/Hadoop/jdk
export HBASE_CLASSPATH = /home/Hadoop/Hadoop/conf //指向 Hadoop 的 conf 文件夹
export HBASE_MANAGES_ZK = false                   //让 HBase 使用已经架设好的 Zookeeper 环境
```

conf/HBase-site. xml 修改如下：

```
<configuration>
<property>
<name>HBase.rootdir</name>                     #设置 HBase 数据库存放数据的目录
<value>HDFS://master:9000/HBase</value>
</property>
<property>
<name>HBase.cluster.distributed</name>         #打开 HBase 分布模式
<value>true</value>
</property>
<property>
<name>HBase.master</name>                      #指定 HBase 集群主控节点
<value>master:60000</value>
</property>
<property>
<name>HBase.zookeeper.quorum</name>
<value>master,slave1,slave2</value>            #指定 zookeeper 集群节点名
</property>
</configuration>
```

第三步：启动 Hadoop 和 Zookeeper 集群，使用 bin/start-HBase. sh 启动 HBase。启动后可由 jps 命令查看到正在运行的 java 进程。至此 HBase 全分布集群搭建成功。

```
4575 HQuorumPeer
4114 SecondaryNameNode
4196 JobTracker
3947 NameNode
4234 DataNode
4637 HMaster
4790 HRegionServer
4893 Jps
```

6.2.3 Cassandra

1. Cassandra 简介

Cassandra 是社交网络理想的数据库，适合于实时事务处理和提供交互型数据。以 Amazon 的完全分布式的 Dynamo 为基础，结合了 Google BigTable 基于列族(Column Family)的数据模型，P2P 去中心化的存储，目前 twitter 和 digg 中都有使用。在 CAP 特性

上(CAP 即 Consistnecy 一致性,Avaliability 可用性,Partition-tolerance 分区容忍性),HBase 选择了 CP,Cassandra 更倾向于 AP,而在一致性上有所减弱。

Cassandra 的类 Dynamo 特性有以下几点:

(1) 对称的,P2P 架构

(2) 无特殊节点,无单点故障

(3) 基于 Gossip 的分布式管理

(4) 通过分布式 hash 表放置数据

(5) 可插拔的分区

(6) 可插拔的拓扑发现

(7) 可配置的放置策略

(8) 可配置的最终一致性

类 BigTable 特性:

(1) 列族数据模型

(2) 可配置,2 级 maps,Super Colum Family

(3) SSTable 磁盘存储

(4) Append-only commit log

(5) Mentable (buffer and sort)

(6) 不可修改的 SSTable 文件

(7) 集成 Hadoop

2. Cassandra 数据模型

Cassandra 采取与 HBase 相似的数据模型,它有 HBase 的列(Column)和列族(Column Family)的机制,同时又有自己的超级列(SuperColumn)和超级列族(SuperColumn Family)。

关于列(Column)

列是数据增量最底层(也就是最小)的部分。它是一个包含名称(name)、值(value)和时间戳(timestamp)的三重元组。

下面是一个用 JSON 格式表示的 column:

```
{  //这是一个 Column
name: "emailAddress",
value: "arin@example.com",
timestamp: 123456789
}
```

其中的 name 类似于 HBase 的 Row ID。需要注意的是,其中 name 和 value 都是字节数组,并且其长度任意。

关于超级列(SuperColumn)

超级列与列的区别就是,标准列的 value 是一个字节数组,而超级列的 value 包含多个列,且超级列没有时间戳,超级列中的各个列的时间戳可以是不同的。

```
{ //这是一个 SuperColumn
name: "homeAddress",
//无限数量的 Column
value: {
  street: {name: "street", value: "1234 x street", timestamp: 123456789},
  city: {name: "city", value: "san francisco", timestamp: 123456789},
  zip: {name: "zip", value: "94107", timestamp: 123456789},
  }
}
```

关于列族(Column Family)：Cassandra 的列族概念和存储方式与 HBase 类似。它是一些列的集合，是一种面向行存储的结构类型，每个列族物理上被存放在单独的文件中。从概念上看，列族像关系数据库中的 Table。

关于超级列族(SuperColum Family)：超级列族概念上和普通列族相似，只不过它是超级列的集合。

关于列排序：不同于数据库可以通过 Order by 定义排序规则，Cassandra 取出的数据顺序总是一定的，数据保存时已经按照定义的规则存放，所以取出来的顺序已经确定了。另外，Cassandra 按照列的 name 属性而不是列中的数据 value 属性来进行排序。

Cassandra 可以通过列族的 CompareWith 属性配置数据 value 属性的排序，在 SuperColum 中，则是通过超级列族的 CompareSubcolumnsWith 属性配置列的排序。Cassandra 提供了以下一些选项：BytesType，UTF8Type，LexicalUUIDType，TimeUUIDType，AsciiType，Column name 识别成为不同的类型，以此来达到灵活排序的目的。

3. 分区策略

在 Cassandra 中，Token 是用来分区数据的关键。每个节点都有一个独一无二的 Token，表明该节点分配的数据范围。节点的 Token 形成一个 Token 环，如图 6-4 所示。例如，使用一致性 Hash 进行分区时，键值对将根据一致性 Hash 值来判断数据应当属于哪个 Token。

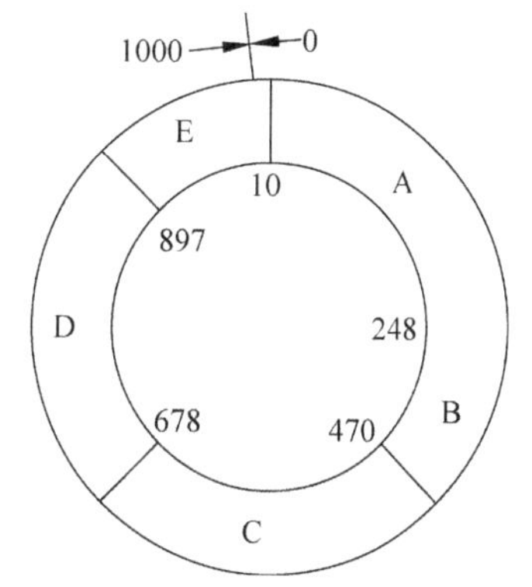

图 6-4　Token 环

分区策略不同，Token 的类型和设置原则也有所不同。Cassandra 本身支持三种分区策略：

(1) RandomPartitioner：随机分区是一种 hash 分区策略，使用的 Token 是大整数型(BigInteger)，范围为 $0\sim2^{127}$，Cassandra 采用了 MD5 作为 hash 函数，其结果是 128 位的整数值(其中一位是符号位，Token 取绝对值为结果)。因此极端情况下，一个采用随机分区策略的 Cassandra 集群的节点可以达到 $2^{127}+1$ 个节点。采用随机分区策略的集群无法支持针对 Key 的范围查询。

(2) OrderPreservingPartitioner：如果要支持针对 Key 的范围查询，那么可以选择这种有序分区策略。该策略采用的是字符串类型的 Token。每个节点的具体选择需要根据 Key 的情况来确定。如果没有指定 InitialToken，则系统会使用一个长度为 16 的随机字符串作为 Token，字符串包含大小写字符和数字。

(3) CollatingOrderPreservingPartitioner：和 OrderPreservingPartitioner 一样，是有序分区策略。只是排序的方式不一样，采用的是字节型 Token，支持设置不同语言环境的排序方式，代码中默认是 en_US。

分区策略和每个节点的 Token(Initial Token)都可以在 storage-conf. xml 配置文件中设置。

4. 副本存储

Cassandra 不像 HBase 是基于 HDFS 的分布式存储，它的数据是存在每个节点的本地文件系统中。Cassandra 有三种副本配置策略：

(1) SimpleStrategy(RackUnawareStrategy)：副本不考虑机架的因素，按照 Token 放置在连续下几个节点。如图 6-4 所示，假如副本数为 3，属于 A 节点的数据在 B、C 两个节点中也放置副本。

(2) OldNetworkTopologyStrategy(RackAwareStrategy)：考虑机架的因素，除了基本的数据外，先找一个处于不同数据中心的点放置一个副本，其余 N－2 个副本放置在同一数据中心的不同机架中。

(3) NetworkTopologyStrategy(DatacenterShardStrategy)：将 M 个副本放置到其他的数据中心，将 N－M－1 的副本放置在同一数据中心的不同机架中。

5. 存储机制

Cassandra 的存储机制借鉴了 BigTable 的设计，采用 MemTable 和 SSTable 的方式。

CommitLog：和 HBase 的 HLog 一样，Cassandra 在写数据之前，也需要先记录日志，称之为 Commit Log，然后数据才会写入到 Column Family 对应的 MemTable 中，且 MemTable 中的数据是按照 key 排序好的。SSTable 一旦完成写入，就不可变更，只能读取。下一次 Memtable 需要刷新到一个新的 SSTable 文件中。所以对于 Cassandra 来说，可以认为只有顺序写，没有随机写操作。

MenTable：MemTable 是一种内存结构，它类似于 HBase 中的 MenStore，当数据量达到块大小时，将批量 flush 到磁盘上，存储为 SSTable。这种机制，相当于缓存写回机制(Write-back Cache)，优势在于将随机 IO 写变成顺序 IO 写，降低大量的写操作对于存储系统的压力。所以我们可以认为 Cassandra 中只有顺序写操作，没有随机写操作。

SSTable：SSTable 是只读的，且一般情况下，一个列族会对应多个 SSTable，当用户检索数据时，Cassandra 使用了 Bloom Filter，即通过多个 hash 函数将 key 映射到一个位图中，来快速判断这个 key 属于哪个 SSTable。

为了减少大量 SSTable 带来的开销，Cassandra 会定期进行 compaction，简单地说，compaction 就是将同一个列族的多个 SSTable 合并成一个 SSTable。在 Cassandra 中，compaction 主要完成的任务是：

(1) 垃圾回收：cassandra 并不直接删除数据，因此磁盘空间会消耗得越来越多，compaction 会把标记为删除的数据真正删除；

(2) 合并 SSTable：compaction 将多个 SSTable 合并为一个(合并的文件包括索引文件、数据文件、bloom filter 文件)，以提高读操作的效率；

(3) 生成 MerkleTree：在合并的过程中会生成关于这个列族中数据的 MerkleTree，用于与其他存储节点对比以及修复数据。

6. 一致性保证

在一致性上，Cassandra 采用了最终一致性，可以根据具体情况来选择一个最佳的折中，来满足特定操作的需求。Cassandra 可以让用户指定读/插入/删除操作的一致性级别，如表 6-7 所示，Cassandra 一致性级别有多种。

表 6-7　Cassandra 一致性级别

	写		读	
	Level	**描　述**	**Level**	
弱一致性	ZERO	无一致性保证		
	ANY	即便是有一个提示被记录下来，写操作也被认为是成功的		
	ONE	至少一个副本，写操作即为成功	ONE	即使是从 commit log 中读取到数据，也认为是读取成功
强一致性	QUORUM	至少有一半以上的副本真正地写入数据，写操作才算成功	QUORUM	至少有一半以上的副本读取成功，才算是读操作成功
	ALL	所有副本写入成功，写操作才算成功	ALL	所有副本都需要正确读取，读操作才算成功

注：一致性级别是由副本数决定，而不是集群的节点数目决定。

关于 Quorum NRW 协议

N：复制的节点数量，即副本数。

R：成功读操作的最小节点数。

W：成功写操作的最小节点数。

Quorum 协议中，R 代表一次成功的读取操作中最小参与节点数量，W 代表一次成功的写操作中最小参与节点数量。R＋W＞N，则会产生类似 quorum 的效果。该模型中的读(写)延迟由最慢的 R(W)复制决定，为得到比较小的延迟，R 和 W 的和有的时候比 N 小。

Quorum 协议中，只需 W＋R＞N，就可以保证强一致性。因为读取数据的节点和被同步写入的节点是有重叠的。在一个 RDBMS 的复制模型中(Master/salve)，假如 N＝2，那么 W＝2，R＝1 此时是一种强一致性，但是这样造成的问题就是可用性的减低，因为要想写操作成功，必须要等 2 个节点的写操作都完成以后才可以。

在分布式系统中，一般都要有容错性，因此 N 一般大于 3，此时根据 CAP 理论，我们就需要在一致性和分区容错性之间做一平衡，如果要高的一致性，那么就配置 N＝W，R＝1，这个时候可用性就会大大降低。如果想要高的可用性，那么此时就需要放松一致性的要求，此时可以配置 W＝1，这样使得写操作延迟最低，同时通过异步的机制更新剩余的 N－W 个节点。

当存储系统保证最终一致性时，存储系统的配置一般是 W＋R <＝N，此时读取和写入操作是不重叠的，不一致性的窗口就依赖于存储系统的异步实现方式，不一致性的窗口大小也就等于从更新开始到所有的节点都异步更新完成之间的时间。

一般来说，Quorum 中比较典型的 NRW 为(3,2,2)。

维护最终一致性

Cassandra 通过 4 个技术来维护数据的最终一致性，分别为逆熵(Anti Entropy)、读修复(Read Repair)、提示移交(Hinted Handoff)和分布式删除。

1) 逆熵

这是一种备份之间的同步机制。节点之间定期互相检查数据对象的一致性，这里采用的检查不一致的方法是 Merkle Tree。

2) 读修复

客户端读取某个对象的时候，触发对该对象的一致性检查。

读取 Key A 的数据时，系统会读取 Key A 的所有数据副本，如果发现有不一致，则进行一致性修复。

如果读一致性要求为 ONE，会立即返回离客户端最近的一份数据副本。然后会在后台执行 Read Repair。这意味着第一次读取到的数据可能不是最新的数据；如果读一致性要求为 QUORUM，则会在读取超过半数的一致性的副本后返回一份副本给客户端，剩余节点的一致性检查和修复则在后台执行；如果读一致性要求高(ALL)，则只有 Read Repair 完成后才能返回一致性的一份数据副本给客户端。可见，该机制有利于减少最终一致的时间窗口。

3) 提示移交

对写操作，如果其中一个目标节点不在线，先将该对象中继到另一个节点上，中继节点等目标节点上线再把对象给它。

Key A 按照规则首先写入节点为 N1，然后复制到 N2。假如 N1 宕机，如果写入 N2 能满足 ConsistencyLevel 要求，则 Key A 对应的 RowMutation 将封装一个带 hint 信息的头部(包含了目标为 N1 的信息)，然后随机写入一个节点 N3，此副本不可读。同时正常复制一份数据到 N2，此副本可以提供读。如果写 N2 不满足写一致性要求，则写会失败。等到 N1 恢复后，原本应该写入 N1 的带 hint 头的信息将重新写回 N1。

4) 分布式删除

单机删除非常简单，只需要把数据直接从磁盘上去掉即可，而对于分布式，则不同，分布式删除的难点在于：如果某对象的一个备份节点 A 当前不在线，而其他备份节点删除了该对象，那么等 A 再次上线时，它并不知道该数据已被删除，所以会尝试恢复其他备份节点上的这个对象，这使得删除操作无效。Cassandra 的解决方案是：本地并不立即删除一个数据对象，而是给该对象标记一个 hint，定期对标记了 hint 的对象进行垃圾回收。在垃圾回收之前，hint 一直存在，这使得其他节点可以有机会由其他几个一致性保证机制得到这个 hint。Cassandra 通过将删除操作转化为一个插入操作，巧妙地解决了这个问题。

7. Cassandra 的简单环境搭建

1) 基本配置

首先需要准备 3 台或以上的计算机。下面假定有 3 台运行 Linux 操作系统的计算机，IP 地址分别为 192.168.0.100、192.168.0.101 和 192.168.0.102。系统需要安装好 Java 运行时环境，然后到这里下载 0.7 版本的 Cassandra 二进制发行包。

挑选其中的一台机开始配置，先展开 cassandra 发行包：

```
$ tar - zxvf apache - cassandra - $ VERSION.tar.gz
$ cd apache - cassandra - $ VERSION
```

其中的 conf/cassandra. yaml 文件为主要配置文件，0.7 版以后不再采用 XML 格式配置文件了，如果对 YAML 格式不熟悉的话最好先到这里了解一下。

Cassandra 在配置文件里默认设定了几个目录：

```
data_file_directories: /var/lib/cassandra/data
commitlog_directory: /var/lib/cassandra/commitlog
saved_caches_directory: /var/lib/cassandra/saved_caches
```

data_file_directories 可以一次同时设置几个不同目录，cassandra 会自动同步所有目录的数据。另外在日志配置文件 log4j-server. properties 也有一个默认设定日志文件的目录：

```
log4j.appender.R.File = /var/log/cassandra/system.log
```

一般情况下采用默认的配置即可，除非你有特殊的储存要求，所以现在有两种方案：一是按照默认配置创建相关的目录，二是修改配置文件采用自己指定的目录。

下面为了简单起见采用第一种方案：

```
$ sudo mkdir - p /var/log/cassandra
$ sudo chown - R 'whoami' /var/log/cassandra
$ sudo mkdir - p /var/lib/cassandra
$ sudo chown - R 'whoami' /var/lib/cassandra
```

上面的'whoami'是 Linux 指令用于获取当前登录的用户名，如果你不准备用当前登录用户运行 Cassandra，那么需要把'whoami'替换成具体的用户名。

2）有关集群的配置

由于 Cassandra 采用去中心化结构，所以当集群里的一台机器(节点)启动之后需要一个途径通知当前集群(有新节点加入)，Cassandra 的配置文件里有一个 seeds 的设置项，所谓的 seeds 就是能够联系集群中所有节点的一台计算机，假如集群中所有的节点位于同一个机房同一个子网，那么只要随意挑选几台比较稳定的计算机即可。在当前的例子中因为只有 3 台机器，所以选第一台作为种子节点，配置如下：

```
seeds:
- 192.168.0.100
```

然后配置节点之前通信的 IP 地址：listen_address：192.168.0.100。

需要注意的是这里必须使用具体的 IP 地址，而不能使用 0.0.0.0 这样的地址。

配置 Cassandra Thrift 客户端(应用程序)访问的 IP 地址：

```
rpc_address: 192.168.0.100
```

这项可以使用 0.0.0.0 监听一台机器所有的网络接口。Cassandra 的 Keyspaces 和

ColumnFamilies 不再需要配置了，它们将在运行时创建和维护。

把配置好的 Cassandra 复制到第 2 和第 3 台机器，同时创建相关的目录，还需要修改 listen_address 和 rpc_address 为实际机器的 IP 地址。至此所有的配置完成了。

3）启动 Cassandra 各个节点以及集群管理

启动顺序没什么所谓，只要保证种子节点启动就可以了：

```
$ bin/cassandra - f
```

参数-f 的作用是让 Cassandra 以前端程序方式运行，这样有利于调试和观察日志信息，而在实际生产环境中这个参数是不需要的(即 Cassandra 会以 daemon 方式运行)。

所有节点启动后可以通过 bin/nodetool 工具管理集群，例如查看所有节点运行情况：

```
$ bin/nodetool - host 192.168.0.101 ring
```

运行结果类似如下：

```
Address Status State Load Owns Token
159559...
192.168.0.100 Up Normal 49.27 KB 39.32 % 563215...
192.168.0.101 Up Normal 54.42 KB 16.81 % 849292...
192.168.0.102 Up Normal 73.14 KB 43.86 % 159559...
```

命令中-host 参数用于指定 nodetool 跟哪一个节点通信，对于 nodetool ring 命令来说，跟哪个节点通信都没有区别，所以可以随意指定其中一个节点。

从上面结果列表可以看到运行中的节点是否在线、State、数据负载量以及节点 Token (可以理解为节点名称，这个是节点第一次启动时自动产生的)。我们可以使用 nodetool 组合 token 对具体节点进行管理，例如查看指定节点的详细信息：

```
$ bin/nodetool - host 192.168.0.101 info
```

运行的结果大致如下：

```
84929280487220726989221251643883950871
Load : 54.42 KB
Generation No : 1302057702
Uptime (seconds) : 591
Heap Memory (MB) : 212.14 / 1877.63
```

查看指定节点的数据结构信息：

```
$ bin/nodetool - host 192.168.0.101 cfstats
```

运行结果：

```
Keyspace: Keyspace1
Read Count: 0
Write Count: 0
Pending Tasks: 0
Column Family: CF1
SSTable count: 1
```

使用下面命令可以移除一个已经下线的节点(例如第 2 台机器关机了或者坏掉了)：

```
$ bin/nodetool - host 192.168.0.101 removetoken
84929280487220726989221251643883950871
```

下了线的节点如何重新上线呢？什么都不用做，只需启动 Cassandra 程序它就会自动加入集群了。

在实际运作中我们可能会需要隔一段时间备份一次数据(创建一个快照)，这个操作在 Cassandra 里非常简单：

```
$ bin/nodetool - host 192.168.0.101 snapshot
```

4）测试数据的读写

使用客户端组件加单元测试是首选的，如果仅想知道集群是否正常读写数据，可以用 cassandra-cli 做一个简单测试：

```
$ bin/cassandra - cli - host 192.168.0.101
```

接着输入如下语句：

```
create keyspace Keyspace1;
use Keyspace1;
create column family Users with comparator = UTF8Type and default_validation_class = UTF8Type;
set Users[jsmith][first] = 'John';
set Users[jsmith][last] = 'Smith';
get Users[jsmith];
```

上面语句创建了一个名为“Keyspace1”的 keyspace，还创建了一个名为“Users”的 Column Family，最后向 Users 添加了一个 item。正常的话应该看到类似下面的结果：

```
=> (column = first, value = John, timestamp = 1302059332540000)
=> (column = last, value = Smith, timestamp = 1300874233834000)
Returned 2 results.
```

6.2.4 Redis

1. Redis 简介

Redis 是一种面向“键/值”对类型数据的分布式 NoSQL 数据库系统，特点是高性能、持久存储、适应高并发的应用场景。它起步较晚，发展迅速，目前已被许多大型机构采用，例如Github。Redis本质上是一个Key-Value类型的内存数据库，很像memcached，整个数据库统统加载在内存当中进行操作，定期通过异步操作把数据库数据flush到硬盘上进行保存。因为是纯内存操作，Redis的性能非常出色，每秒可以处理超过10万次读写操作，是已知性能最快的Key-Value DB。

Redis的出色之处不仅仅是性能，Redis最大的魅力是支持保存多种数据结构，此外单个value的最大限制是1GB，不像memcached只能保存1MB的数据，因此Redis可以用来实现很多有用的功能，例如用它的List来做FIFO双向链表，实现一个轻量级的高性能消息队列服务，用它的Set可以做高性能的tag系统等。另外Redis也可以对存入的Key-Value设置expire时间，因此也可以被当作一个功能加强版的memcached来用。Redis的主要缺点是数据库容量受到物理内存的限制，不能用做海量数据的高性能读写，因此Redis适合的场景主要局限在较小数据量的高性能操作和运算上。

2. Redis的数据类型

Redis并不是简单的key-value存储，实际上它是一个数据结构服务器，支持不同类型的值。也就是说，不必仅仅把字符串当作键所指向的值。下列这些数据类型都可作为值类型：字符串(string)、列表(list)、集合(set)、有序集合(orted set)、希表(hash)。

String是最基本的一种数据类型，普通的key/value存储都可以归为此类。String类型是二进制安全的。意思是redis的string可以包含任何数据。例如jpg图片或者序列化的对象。从内部实现来看其实string可以看作byte数组，最大上限是1GB。

List类型其实就是一个每个子元素都是String类型的双向链表。因此push和pop命令的算法时间复杂度都是O(1)。另外list会记录链表的长度。所以len操作也是O(1)。链表的最大长度是(2的32次方－1)。我们可以通过push、pop操作从链表的头部或者尾部添加删除元素。这使得list既可以用作栈，也可以用作队列。有意思的是list的pop操作还有阻塞版本的。当我们pop一个list对象时，如果list是空，或者不存在，会立即返回nul。但是阻塞版本的pop则可以阻塞，等待有元素加入时再返回，当然可以加超时时间，超时后也会返回nul。

Set是String类型的无序集合。set元素最大可以包含(2的32次方－1)个元素。set是通过hash table实现的，所以添加、删除、查找的复杂度都是O(1)。hash table会随着添加或者删除自动的调整大小。需要注意的是调整hash table大小时需要同步(获取写锁)会阻塞其他读写操作。关于set集合类型除了基本的添加删除操作，其他有用的操作还包含集合的取并集(union)、交集(intersection)、差集(difference)。通过这些操作可以很容易地实现sns中的好友推荐和blog的tag功能。

Sorted set和set一样也是string类型元素的集合，不同的是每个元素都会关联一个double类型的score。sorted set的实现是skip list和hash table的混合体当元素被添加到集合中时，一个元素到score的映射被添加到hash table中，所以给定一个元素获取score的开销是O(1)，另一个score到元素的映射被添加到skip list并按照score排序，所以就可以有序地获取集合中的元素。添加、删除操作开销都与O(log(N))和skip list的开销一致，redis的skip list实现用的是双向链表，这样就可以逆序从尾部取元素。

Hash是一个string类型的field和value的映射表，它的添加和删除操作都是O(1)(平均)。hash 特别适合用于存储对象。相较于将对象的每个字段存成单个 string 类型,将一个对象存储在 hash 类型中会占用更少的内存,并且可以更方便地存取整个对象。省内存的原因是新建一个 hash 对象时开始是用 zipmap(又称为 small hash)来存储的。这个 zipmap 其实并不是 hash table,但是 zipmap 相比正常的 hash 实现可以节省不少 hash 本身需要的一些元数据存储开销。尽管 zipmap 的添加、删除、查找都是 O(n),但是由于一般对象的 field 数量都不太多。所以使用 zipmap 也是很快的,也就是说添加删除平均还是 O(1)。如果 field 或者 value 的大小超出一定限制后,redis 会在内部自动将 zipmap 替换成正常的 hash 实现,这个限制可以在配置文件中指定。

3. Redis 存储机制

Redis 为了达到最快的读写速度将数据都读到内存中,并通过异步的方式将数据写入磁盘。所以 redis 具有快速和数据持久化的特征。如果不将数据放在内存中,磁盘 I/O 速度会严重影响 redis 的性能。在内存越来越便宜的今天,redis 将会越来越受欢迎。如果设置了最大使用的内存,则数据已有记录数达到内存限值后不能继续插入新值。

redis 的默认配置中,每 60s 如果纪录更改数达到 1 万条就需要写入到硬盘中去,但实际上由于超过了这个数,我们的 redis 几乎不停地在写入数据到硬盘上;写入数据到硬盘时,redis 是先把数据写入到一个临时文件,然后重命名为在配置文件设定的数据文件名。而前面说到,加载数据要 1 到 2min,写入数据应该也在 1min 左右;写入出来的文件差不多 1～2GB;这样,服务器几乎一直保持着每分钟写一个 2G 的文件的这种 IO 的负载,磁盘基本一直处于工作状态。

4. Redis 分布模式

redis 支持主从的模式。在 Redis 分布模式中,Master 会将数据同步到 slave,而 slave 不会将数据同步到 master。Slave 启动时会连接 master 来同步数据。这是一个典型的分布式读写分离模型。我们可以利用 master 来插入数据,slave 提供检索服务。这样可以有效减少单个机器的并发访问数量。

读写分离模型与数据分片模型

通过增加 Slave DB 的数量,读的性能可以线性增长。为了避免 Master DB 的单点故障,集群一般都会采用两台 Master DB 作双机热备,所以整个集群的读和写的可用性都非常高。

读写分离架构的缺陷在于,不管是 Master 还是 Slave,每个节点都必须保存完整的数据,如果在数据量很大的情况下,集群的扩展能力还是受限于单个节点的存储能力。

对于写密集类型的应用,读写分离架构并不适合。为了解决读写分离模型的缺陷,可以将数据分片模型应用进来。可以将每个节点都看成是独立的 master,然后通过业务实现数据分片。

结合上面两种模型,可以将每个 master 设计成由一个 master 和多个 slave 组成的模型。

5. Redis 数据操作

Key 操作

DEL 操作:删除给定的一个或多个 key,不存在的 key 会被忽略。返回值:被删除 key

的数量。

语法：

```
DEL key [key ...]
```

示例：

```
删除单个 key
redis > DEL name
(integer) 1
删除一个不存在的 key
redis > DEL name
(integer) 0
同时删除多个 key
redis > DEL name type website
(integer) 3
```

SCAN 操作：SCAN 命令及其相关的 SSCAN 命令、HSCAN 命令和 ZSCAN 命令都用于增量地迭代(incrementally iterate)一集元素(a collection of elements)。

SCAN 命令用于迭代当前数据库中的数据库键。

SSCAN 命令用于迭代集合键中的元素。

HSCAN 命令用于迭代哈希键中的键值对。

ZSCAN 命令用于迭代有序集合中的元素(包括元素成员和元素分值)。

以上列出的四个命令都支持增量式迭代，它们每次执行都只会返回少量元素，所以这些命令可以用于生产环境，而不会出现像 KEYS 命令、SMEMBERS 命令带来的问题——当 KEYS 命令被用于处理一个大的数据库时，又或者 SMEMBERS 命令被用于处理一个大的集合键时，它们可能会阻塞服务器达数秒之久。

```
SCAN cursor [MATCH pattern] [COUNT count]
```

示例：

```
从第一个记录(记录 0)开始扫描
redis 127.0.0.1:6379 > scan 0
1) "17"
2)    1) "key:12"
      2) "key:8"
      3) "key:4"
      4) "key:14"
      5) "key:16"
      6) "key:17"
      7) "key:15"
      8) "key:10"
      9) "key:3"
      10) "key:7"
      11) "key:1"
```

返回的结果中,第一项是扫描停止时的游标位置,第二项是扫描过的键。

EXISTS 操作:检查给定 key 是否存在。若 key 存在,返回 1,否则返回 0。

语法:

```
EXISTS key
```

示例:

```
redis > EXISTS db1
(integer) 1
redis > EXISTS db2
(integer) 0
```

MOVE 操作:将当前数据库的 key 移动到给定的数据库 db 当中。如果当前数据库(源数据库)和给定数据库(目标数据库)有相同名字的给定 key,或者 key 不存在于当前数据库,那么 MOVE 没有任何效果。因此,也可以利用这一特性,将 MOVE 当作锁(locking)原语(primitive)。移动成功返回 1,失败则返回 0。

语法:

```
MOVE key db
```

示例:

```
redis > SELECT 0           # redis 默认使用数据库 0,为了清晰起见,这里再显式指定一次.
OK
redis > SET song "secret base - Zone"
OK
redis > MOVE song 1        # 将 song 移动到数据库 1
(integer) 1
redis > EXISTS song        # song 已经被移走
(integer) 0
redis > SELECT 1           # 使用数据库 1
OK
redis:1 > EXISTS song      # 证实 song 被移到了数据库 1 (注意命令提示符变成了 # "redis:1",
                           # 表明正在使用数据库 1)
```

RENAME 操作:将 key 改名为 newkey。当 key 和 newkey 相同,或者 key 不存在时,返回一个错误。当 newkey 已经存在时, RENAME 命令将覆盖旧值。

语法:

```
RENAME key newkey
```

示例:

```
# key 存在且 newkey 不存在
redis > SET message "hello world"
OK
redis > RENAME message greeting
```

```
OK
redis > EXISTS message                    # message 不复存在
(integer) 0
redis > EXISTS greeting                   # greeting 取而代之
(integer) 1

# 当 key 不存在时,返回错误
redis > RENAME fake_key never_exists
(error) ERR no such key
```

6. Redis 平台搭建

第一步：下载安装

进入 redis.io 官方网站：

```
wget http://redis.googlecode.com/files/redis - 2.4.15.tar.gz
tar xzf redis - 2.4.5.tar.gz                     //这里假设解压缩到/usr/local/redis
cd redis - 2.4.5
make
make install
cd utils
./install_server
Welcome to the redis service installer
This script will help you easily set up a running redis server
Please select the redis port for this instance: [6379]
Selecting default: 6379
Please select the redis config file name [/etc/redis/6379.conf]
Selected default - /etc/redis/6379.conf
Please select the redis log file name [/var/log/redis_6379.log]
Selected default - /var/log/redis_6379.log
Please select the data directory for this instance [/var/lib/redis/6379]
Selected default - /var/lib/redis/6379
Please select the redis executable path [/usr/local/bin/redis - server]
Copied /tmp/6379.conf => /etc/init.d/redis_6379
Installing service...
Successfully added to chkconfig!
Successfully added to runlevels 345!
Starting Redis server...
Installation successful!
```

至此 Redis 自动安装到/usr/local/bin 目录下。在该目录下生成几个可执行文件,分别是 redis-server、redis-cli、redis-benchmark、redis-stat、redis-check-aof,它们的作用如下：

redis-server：Redis 服务器的 daemon 启动程序；

redis-cli：Redis 命令行操作工具。当然,也可以用 telnet 根据其纯文本协议来操作；

redis-benchmark：Redis 性能测试工具,测试 Redis 在用户系统及配置下的读写性能；

redis-stat：Redis 状态检测工具,可以检测 Redis 当前状态参数及延迟状况；

redis-check-aof：更新日志检查。

第二步：启动服务器

安装时的最后一步 install_server 脚本会生成启动命令文件，下面就是一个执行例子：

```
/etc/init.d/redis_6379 start
```

默认端口为 6379，若使用其他端口可自行修改配置文件 redis.conf。可通过命令启动多个 Redis 实例：

```
cd /usr/local/redis
./redis-server redis.conf
```

第三步：客户端访问

```
redis-cli
redis> set foo bar
OK
redis> get foo
"bar"
```

指定端口的客户端访问：

```
redis-cli -p 6380
```

第四步：关闭服务器

关闭默认端口的服务器：

```
/etc/init.d/redis_6379 stop
```

关闭指定端口的服务器：

```
redis-cli -p 6380 shutdown
```

6.2.5 MongoDB

1. MongoDB 简介

MongoDB 是一个面向集合的、模式自由的文档型数据库。面向集合的意思是数据被分组到若干集合，这些集合称作聚集(collections)。在数据库里每个聚集都有一个唯一的名字，可以包含无限个文档。聚集是 RDBMS 中表的同义词，区别是聚集不需要进行模式定义。模式自由的意思是数据库并不需要知道将存入到聚集中的文档的任何结构信息。实际上，可以在同一个聚集中存储不同结构的文档。文档型的意思是存储的数据是键-值对的集合，键是字符串，值可以是数据类型集合里的任意类型，包括数组和文档。把这个数据格式称作"[BSON]"即"Binary Serialized dOcument Notation"。

MongoDB 的特点：

面向文档存储：(类 JSON 数据模式简单而强大)。

高效的传统存储方式：支持二进制数据及大型对象(如照片和视频)。

复制及自动故障转移：Mongo 数据库支持服务器之间的数据复制，支持主-从模式及服务器之间的相互复制和自动故障转移。

Auto-Sharding 自动分片支持云级扩展性(处于早期 alpha 阶段)：自动分片功能支持水平的数据库集群，可动态添加额外的机器。

动态查询：它支持丰富的查询表达式。查询指令使用 JSON 形式的标记，可轻易查询文档中内嵌的对象及数组。

全索引支持：包括文档内嵌对象及数组。Mongo 的查询优化器会分析查询表达式，并生成一个高效的查询计划。

支持 RUBY、PYTHON、JAVA、C++、PHP 等多种语言。

面向集合存储，易存储对象类型的数据：存储在集合中的文档，被存储为键-值对的形式。键用于唯一标识一个文档，为字符串类型，而值则可以是各种复杂的文件类型；

- 模式自由：存储在 mongodb 数据库中的文件，我们不需要知道它的任何结构定义。
- 支持完全索引，包含内部对象。
- 支持复制和故障恢复。
- 自动处理碎片：自动分片功能支持水平的数据库集群，可动态添加额外的机器。

查询监视：Mongo 包含一个监视工具用于分析数据库操作的性能。

2. MongoDB 的功能

查询：基于查询对象或者类 SQL 语句搜索文档。查询结果可以排序，进行返回大小限制，可以跳过部分结果集，也可以返回文档的一部分。

插入和更新：插入新文档，更新已有文档。

索引管理：对文档的一个或者多个键(包括子结构)创建索引，删除索引等。

常用命令：所有 MongoDB 操作都可以通过 socket 传输的 DB 命令来执行。

MongoDB 适用范围：(1)适合实时的插入、更新与查询，并具备应用程序实时数据存储所需的复制及高度伸缩性；(2)适合作为信息基础设施的持久化缓存层；(3)适合由数十或数百台服务器组成的数据库。因为 Mongo 已经包含对 MapReduce 引擎的内置支持；(4)Mongo 的 BSON 数据格式非常适合文档化格式的存储及查询；(5)网站数据：Mongo 非常适合实时的插入、更新与查询，并具备网站实时数据存储所需的复制及高度伸缩性；(6)缓存：由于性能很高，Mongo 也适合作为信息基础设施的缓存层。在系统重启之后，由 Mongo 搭建的持久化缓存层可以避免下层的数据源过载；(7)大尺寸，低价值的数据：使用传统的关系型数据库存储一些数据时可能会比较昂贵，在此之前，很多时候程序员往往会选择传统的文件进行存储；(8)高伸缩性的场景：Mongo 非常适合由数十或数百台服务器组成的数据库。Mongo 的路线图中已经包含对 MapReduce 引擎的内置支持；(9)用于对象及 JSON 数据的存储：Mongo 的 BSON 数据格式非常适合文档化格式的存储及查询。

MongoDB 不适用范围：(1)高度事务性的系统；(2)传统的商业智能应用；(3)极为复杂的 SQL 查询；(4)高度事务性的系统：例如银行或会计系统。传统的关系型数据库目前还是更适用于需要大量原子性复杂事务的应用程序；(5)传统的商业智能应用：针对特定问题的 BI 数据库会对产生高度优化的查询方式。对于此类应用，数据仓库可能是更合适的选择。

3. MongoDB 数据组织形式

MongoDB 组织数据的方式如下：

Key-Value 对 > 文档 > 集合 > 数据库

多个 Key-Value 对组织起来形成类似于 JSON 格式的文档，多个文档组织成为一个集合，多个集合组织起来，就形成了数据库(database)。单个 MongoDB 实例可以使用多个数据库，每个数据库都是独立运作的，可以有单独的权限，每个数据库的数据被分开保存在不同的文件里。

4. MongoDB 语法

值得注意的一点是，MongoDB 中并不像 SQL 数据库一样需要用户手动创建数据库和集合，而是在用户第一次向数据库和集合中添加记录时，记录相应的数据库和集合就被创建了。

查看所有数据库

show dbs

查看所有的 collection

show collections

删除 collection

db.collect.drop()　　　　　//其中 db 为数据库名，collect 为集合名

删除当前的数据库

db.dropDatabase()

存储嵌套的对象

一些修改数据的例子：

db.collect.save({'name':'ysz','address':{'city':'beijing','post':100096}})

#存储数组对象

db.collect.save({'Uid':'xxx@yyy.com','Al':['test-1@yyy.com','test-2@yyy.com']})

#根据 query 条件修改，如果不存在则插入，允许修改多条记录

db.collect.update({'yy':5},{'$set':{'xx':2}},upsert=true,multi=true)

#删除 yy=5 的记录

db.foo.remove({'yy':5})

#删除所有的记录

db.foo.remove()

一些查询数据的例子：

查询 age >= 25 的记录

db.collect.find({age:{$gte:25}});

相当于：select * from userInfo where age >= 25;

查询 age <= 25 的记录

db.collect.find({age:{$lte:25}});

查询 age >= 23 并且 age <= 26

db.collect.find({age:{$gte:23, $lte:26}});

按照年龄排序

升序：**db. collect. find(). sort({age: 1});**

降序：**db. collect. find(). sort({age: −1});**

查询记录条数 count()

db. users. find(). count();

5. MongoDB 平台搭建

Mongodb 的三种集群方式的搭建：Replica Set/Sharding/Master-Slaver。这里只说明最简单的集群搭建方式(生产环境)，如果有多个节点可以此类推或者查看官方文档。

Replica Set：Replica Set 是集群当中包含了多份数据，保证主节点挂掉了，备节点能继续提供数据服务，提供的前提就是数据需要和主节点一致。

MongoDB 架构如图 6-5 所示，Mongodb(M)表示主节点，Mongodb(S)表示备节点，Mongodb(A)表示仲裁节点。主备节点存储数据，仲裁节点不存储数据。客户端同时连接主节点与备节点，不连接仲裁节点。默认设置下，主节点提供所有增删查改服务，备节点不提供任何服务。但是可以通过设置使备节点提供查询服务，这样就可以减少主节点的压力，当客户端进行数据查询时，请求自动转到备节点上。这个设置叫作 Read Preference Modes，同时 Java 客户端提供了简单的配置方式，可以不必直接对数据库进行操作。仲裁节点是一种特殊的节点，它本身并不存储数据，主要的作用是决定哪一个备节点在主节点挂掉之后提升为主节点，所以客户端不需要连接此节点。这里虽然只有一个备节点，但是仍然需要一个仲裁节点来提升备节点级别。编者开始也不相信必须要有仲裁节点，但是试过没仲裁节点时，主节点挂了，备节点还是备节点，所以我还是需要它的。

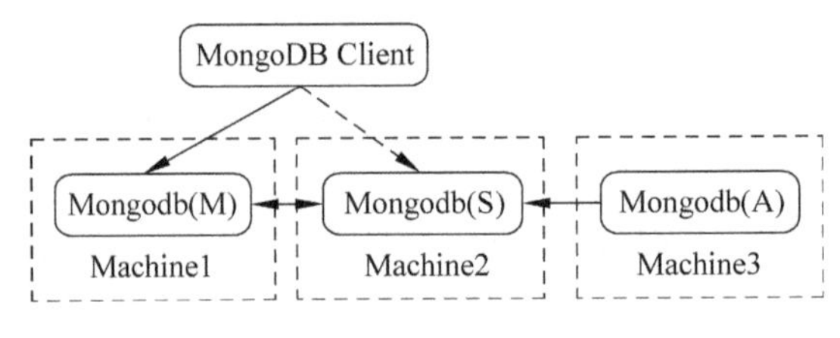

图 6-5　MongoDB 架构

介绍完了集群方案，那么现在就开始搭建了。

1）建立数据文件夹

一般情况下不会把数据目录建立在 mongodb 的解压目录下，不过这里为了方便起见，就建在 mongodb 解压目录下吧。

```
mkdir -p /mongodb/data/master
mkdir -p /mongodb/data/slaver
mkdir -p /mongodb/data/arbiter
#三个目录分别对应主、备、仲裁节点
```

2）建立配置文件

由于配置比较多，所以将配置写到文件里。

```
#master.conf
dbpath = /mongodb/data/master
logpath = /mongodb/log/master.log
pidfilepath = /mongodb/master.pid
directoryperdb = true
logappend = true
replSet = testrs
bind_ip = 10.10.148.130
port = 27017
oplogSize = 10000
fork = true
noprealloc = true

#slaver.conf
dbpath = /mongodb/data/slaver
logpath = /mongodb/log/slaver.log
pidfilepath = /mongodb/slaver.pid
directoryperdb = true
logappend = true
replSet = testrs
bind_ip = 10.10.148.131
port = 27017
oplogSize = 10000
fork = true
noprealloc = true

#arbiter.conf
dbpath = /mongodb/data/arbiter
logpath = /mongodb/log/arbiter.log
pidfilepath = /mongodb/arbiter.pid
directoryperdb = true
logappend = true
replSet = testrs
bind_ip = 10.10.148.132
port = 27017
oplogSize = 10000
fork = true
noprealloc = true
```

参数解释：

dbpath：数据存放目录

logpath：日志存放路径

pidfilepath：进程文件，方便停止 mongodb

directoryperdb：为每一个数据库按照数据库名建立文件夹存放

logappend：以追加的方式记录日志

replSet：replica set 的名字

bind_ip：mongodb 所绑定的 ip 地址

port：mongodb 进程所使用的端口号，默认为 27017

oplogSize：mongodb 操作日志文件的最大大小。单位为 MB，默认为硬盘剩余空间的 5%

fork：以后台方式运行进程

noprealloc：不预先分配存储

3）启动 mongodb

进入每个 mongodb 节点的 bin 目录下

```
./monood -f master.conf
./mongod -f slaver.conf
./mongod -f arbiter.conf
```

注意配置文件的路径一定要保证正确，可以是相对路径也可以是绝对路径。

4）配置主、备、仲裁节点

可以通过客户端连接 mongodb，也可以直接在三个节点中选择一个连接 mongodb。

```
./mongo 10.10.148.130:27017          #ip 和 port 是某个节点的地址
>use admin
>cfg={ _id:"testrs", members:[ {_id:0,host:'10.10.148.130:27017',priority:2}, {_id:1,
host: '10.10.148.131:27017' ,priority:1},{_id:2,host:'10.10.148.132:27017',arbiterOnly:
true}] };
>rs.initiate(cfg)                    #使配置生效
```

cfg 可以是任意的名字，当然最好不要是 mongodb 的关键字，conf、config 都可以。最外层的_id 表示 replica set 的名字，members 里包含的是所有节点的地址以及优先级。优先级最高的即成为主节点，即这里的 10.10.148.130:27017。特别注意的是，对于仲裁节点，需要有个特别的配置——arbiterOnly:true。这个千万不能少了，不然主备模式就不能生效。

配置的生效时间根据不同的机器配置会有长有短，配置不错的话基本上十几秒内就能生效，有的配置需要一两分钟。如果生效了，执行 rs.status()命令会看到如下信息：

```
{
        "set" : "testrs",
        "date" : ISODate("2013-01-05T02:44:43Z"),
        "myState" : 1,
        "members" : [
             {
                    "_id" : 0,
                    "name" : "10.10.148.130:27017",
                    "health" : 1,
                    "state" : 1,
                    "stateStr" : "PRIMARY",
```

```
                "uptime" : 200,
                "optime" : Timestamp(1357285565000, 1),
                "optimeDate" : ISODate("2013-01-04T07:46:05Z"),
                "self" : true
        },
        {       "_id" : 1,
                "name" : "10.10.148.131:27017",
                "health" : 1,
                "state" : 2,
                "stateStr" : "SECONDARY",
                "uptime" : 200,
                "optime" : Timestamp(1357285565000, 1),
                "optimeDate" : ISODate("2013-01-04T07:46:05Z"),
                "lastHeartbeat" : ISODate("2013-01-05T02:44:42Z"),
                "pingMs" : 0
        },
        {       "_id" : 2,
                "name" : "10.10.148.132:27017",
                "health" : 1,
                "state" : 7,
                "stateStr" : "ARBITER",
                "uptime" : 200,
                "lastHeartbeat" : ISODate("2013-01-05T02:44:42Z"),
                "pingMs" : 0
        }
    ],
    "ok" : 1
}
```

如果配置正在生效,其中会包含如下信息:"stateStr" : "RECOVERING"。同时可以查看对应节点的日志,发现正在等待别的节点生效或者正在分配数据文件。

现在基本上已经完成了集群的所有搭建工作。至于测试工作,留给大家自己试试。一个是往主节点插入数据,能从备节点查到之前插入的数据(查询备节点可能会遇到某个问题,可以自己去网上查查看)。二是停掉主节点,备节点能变成主节点提供服务。三是恢复主节点,备节点也能恢复其角色,而不是继续充当主节点的角色。二和三都可以通过 rs.status()命令实时查看集群的变化。

Sharding:和 Replica Set 类似,都需要一个仲裁节点,但是 Sharding 还需要配置节点和路由节点。就三种集群搭建方式来说,这种是最复杂的,其部署结构如图 6-6 所示。

1)启动数据节点

```
./mongod --fork --dbpath ../data/set1/ --logpath ../log/set1.log --replSet test
#192.168.4.43
./mongod --fork --dbpath ../data/set2/ --logpath ../log/set2.log --replSet test
#192.168.4.44
./mongod --fork --dbpath ../data/set3/ --logpath ../log/set3.log --replSet test
#192.168.4.45 决策,不存储数据
```

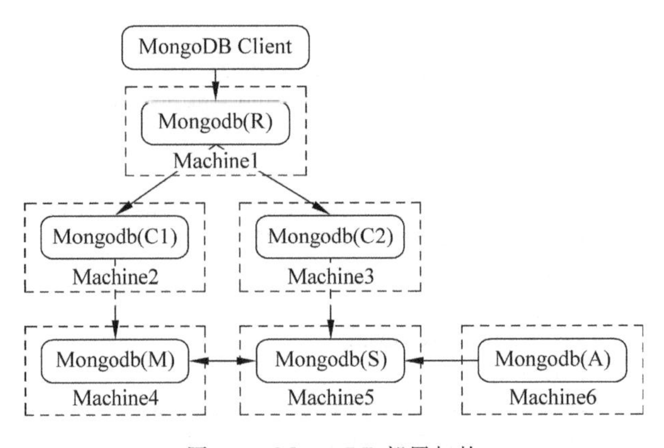

图 6-6 MongoDB 部署架构

2）启动配置节点

```
./mongod --configsvr --dbpath ../config/set1/ --port 20001 --fork --logpath ../log/
conf1.log
#192.168.4.30
./mongod --configsvr --dbpath ../config/set2/ --port 20002 --fork --logpath ../log/
conf2.log
#192.168.4.31
```

3）启动路由节点

```
./mongos --configdb 192.168.4.30:20001,192.168.4.31:20002 --port 27017 --fork --
logpath ../log/root.log
#192.168.4.29
```

这里我们没有用配置文件的方式启动，其中的参数意义大家应该都明白。一般来说一个数据节点对应一个配置节点，仲裁节点则不需要对应的配置节点。注意在启动路由节点时，要将配置节点地址写入到启动命令里。

4）配置 Replica Set

这里可能会有点奇怪为什么 Sharding 会需要配置 Replica Set。其实想想也能明白，多个节点的数据肯定是相关联的，如果不配一个 Replica Set，怎么标识是同一个集群的呢。这也是 mongodb 的规定。配置方式和之前所说的一样，定一个 cfg，然后初始化配置。

```
./mongo 192.168.4.43:27017                    #ip 和 port 是某个节点的地址
>use admin
>cfg={ _id:"testrs", members:[ {_id:0,host:'192.168.4.43:27017',priority:2}, {_id:1,host:
'192.168.4.44:27017',priority:1},
{_id:2,host:'192.168.4.45:27017',arbiterOnly:true}] };
>rs.initiate(cfg)                             #使配置生效
```

5）配置 Sharding

```
./mongo 192.168.4.29:27017                #这里必须连接路由节点
> sh.addShard("test/192.168.4.43:27017")
#test 表示 replica set 的名字,当把主节点添加到 shard 以后,会自动找到 set 里的主、备、决策节点
> db.runCommand({enableSharding:"diameter_test"})
#diameter_test is database name
> db.runCommand( { shardCollection: "diameter_test.dcca_dccr_test", key: {"__avpSessionId":1} })
```

第一个命令很容易理解，第二个命令是对需要进行 Sharding 的数据库进行配置，第三个命令是对需要进行 Sharding 的 Collection 进行配置，这里的 dcca_dccr_test 即为 Collection 的名字。另外还有个 key，这个是比较关键的，对于查询效率会有很大的影响，具体可以查看 Shard Key Overview。

到这里 Sharding 也已经搭建完成了，以上只是最简单的搭建方式，其中某些配置仍然使用的是默认配置。如果设置不当，会导致效率异常低下，所以建议大家多看看官方文档再进行默认配置的修改。

Master-Slaver 是最简单的集群搭建，不过准确说也不能算是集群，只能说是主备。并且官方已经不推荐这种方式，所以在这里只是简单介绍，搭建方式也相对简单。

```
./mongod --master --dbpath /data/masterdb/                                    #主节点
./mongod --slave --source <masterip:masterport> --dbpath /data/slavedb/      #备节点
```

基本上只要在主节点和备节点上分别执行这两条命令，Master-Slaver 就算搭建完成了。

以上三种集群搭建方式首选 Replica Set，只有真的是大数据，Sharding 才能显现威力，毕竟备节点同步数据是需要时间的。Sharding 可以将多片数据集中到路由节点上进行一些对比，然后将数据返回给客户端，但是效率还是比较低。

6.3 大数据计算模式

6.3.1 MapReduce

从计算模式看，MapReduce 本质上是一种面向大数据的批处理计算模式。MapReduce 是 Google 公司提出的一种用于大规模数据集（大于 1TB）的并行运算的编程模型。它源自函数式编程理念，模型中的概念“Map（映射）”和“Reduce（归纳）”都是从函数式编程语言借来的，当前的软件实现是指定一个 map（映射）函数，用来把一组键值对映射成一组新的键值对，指定并发的 Reduce（归纳）函数，用来保证所有映射的键值对中的每一个共享相同的键组。

MapReduce 的运行模型如图 6-7 所示。图中有 n 个 Map 操作和 m 个 Reduce 操作。简单地说，一个 map 函数就是对一部分原始数据进行指定的操作。每个 Map 操作都针对不同的原始数据，因此，Map 与 Map 之间是互相独立的，这就使得它们可以充分并行化。一

个 Reduce 操作就是对每个 Map 所产生的一部分中间结果进行合并操作，每个 Reduce 所处理的 Map 中间结果是互不交叉的，所有 Reduce 产生的最终结果经过简单连接就形成了完整的结果集，因此，Reduce 也可以在并行环境下执行。

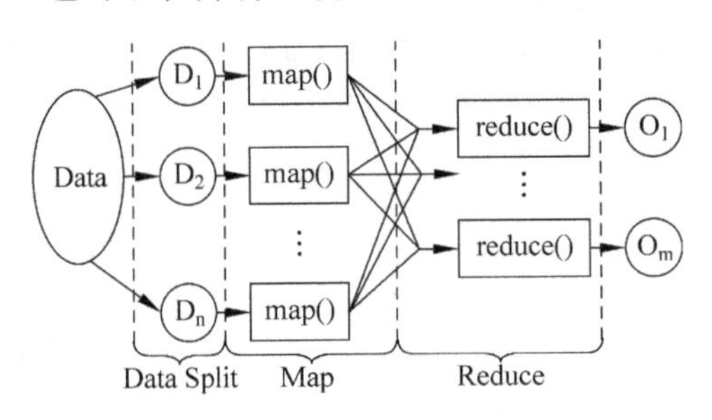

图 6-7 MapReduce 的运行模型

1. MapReduce 经典实例

WordCount 是用于展示 MapReduce 功能的经典例子，它在一个巨大的文档集中统计各个单词的出现次数。输入的数据集被分割成比较小的段，每个小段由一个 map 函数来处理。map 函数为每个经过它处理的单词生成一个< key，value >对，并对 word 这个单词生成< word，1 >。MapReduce 框架把所有相同 key 的值合并在一个 key/value 对里面，然后触发 Reduce 函数针对各个 key 值进行处理，WordCount 中是把特定 key 对应的 value 叠加起来，形成特定单词的出现次数。

2. 其他实例

这里有一些让人感兴趣的简单程序，可以容易地用 MapReduce 计算来实现。

分布式的 Grep（UNIX 工具程序，可做文件内的字符串查找）：如果输入行匹配给定的样式，map 函数就输出这一行。reduce 函数就是把中间数据复制到输出。

计算 URL 访问频率：map 函数处理 Web 页面请求的记录，输出（URL，1）。reduce 函数把相同 URL 的 value 都加起来，产生一个（URL，记录总数）的对。

倒转网络链接图：map 函数为每个链接输出（目标，源）对，一个 URL 叫作目标，包含这个 URL 的页面叫作源。reduce 函数根据给定的相关目标 URL 连接所有的源 URL 形成一个列表，产生（目标，源列表）对。每个主机的术语向量：一个术语向量用一个（词，频率）列表来概述出现在一个文档或一个文档集中的最重要的一些词。map 函数为每一个输入文档产生一个（主机名，术语向量）对（主机名来自文档的 URL）。reduce 函数接收给定主机的所有文档的术语向量。它把这些术语向量加在一起，丢弃低频的术语，然后产生一个最终的（主机名，术语向量）对。

倒排索引：map 函数分析每个文档，然后产生一个（词，文档号）对的序列。reduce 函数接收一个给定词的所有对，排序相应的文档 ID，并且产生一个（词，文档 ID 列表）对。所有的输出对集形成一个简单的倒排索引。它可以简单地增加跟踪词位置的计算。

分布式排序：map 函数从每个记录提取 key，并且产生一个（key，record）对。reduce 函数不改变任何的对。

3. MapReduce 实现原理

根据 J. Dean 的论文，中间结果的 key/value 对是先写入到本地文件系统然后再由

Reduce 任务做处理。Apache 的另一个 MapReduce 实现也是应用了同样的架构,它的具体细节与 Google 的 MapReduce 类似,本书将不再赘述。下面详细描述 Google 的 MapReduce 实现具体细节。

MapReduce 执行流程:Map 调用把输入数据自动分割成 M 片并分布到多台机器上,输入的片能够在不同的机器上被并行处理。Reduce 调用则通过分割函数分割中间 key,从而形成 R 片(例如,hash(key)modR),它们也会被分布到多台机器上。分割数量 R 和分割函数由用户来指定。图 6-8 显示了 Google 公司实现的 MapReduce 操作的全部流程。当用户的程序调用 MapReduce 函数的时候,将发生下面的一系列动作(下面的数字和图中的数字标签相对应)。

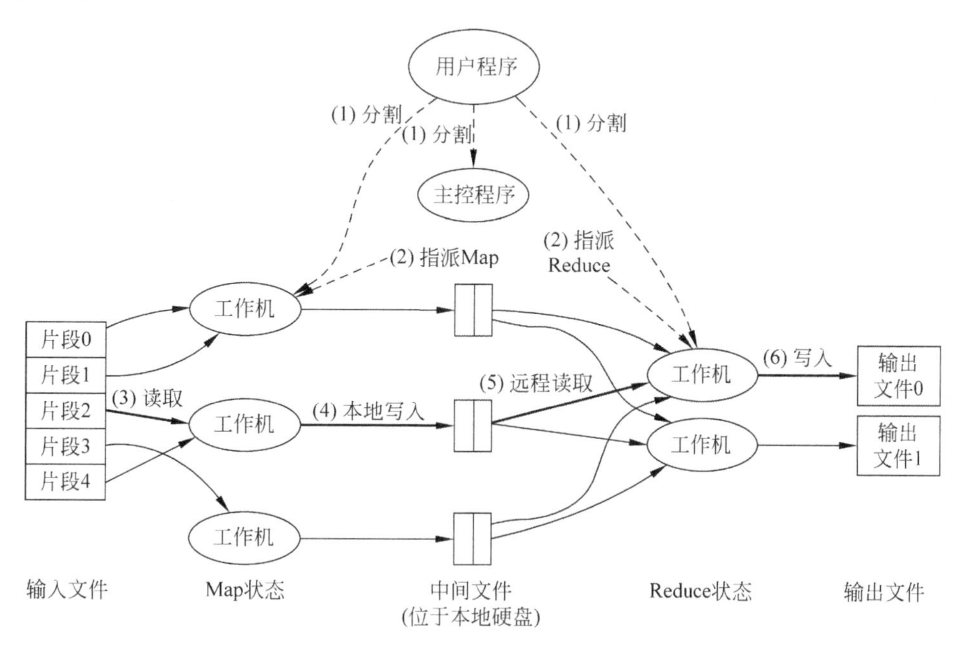

图 6-8 MapReduce 执行流程

(1) 在用户程序里的 MapReduce 库首先分割输入文件成 M 个片,每个片的大小一般为 16～64MB(用户可以通过可选的参数来控制)。然后在机群中开始大量地复制程序。

(2) 这些程序副本中的一个是 master,其他的都是由 master 分配任务的 worker。有 M 个 map 任务和 R 个 reduce 任务将被分配。master 分配一个 map 任务或 reduce 任务给一个空闲的 worker。

(3) 一个被分配了 map 任务的 worker 读取相关输入 split 的内容。它从输入数据中分析出 key/value 对,然后把 key/value 对传递给用户自定义的 map 函数。由 map 函数产生的中间 key/value 对被缓存在内存中。

(4) 缓存在内存中的 key/value 对被周期性地写入本地磁盘上,通过分割函数把它们写入 R 个区域。在本地磁盘上的缓存对的位置被传送给 master,master 负责把这些位置传送给 reduceworker。

(5) 当一个 reduceworker 得到 master 的位置通知的时候,它使用远程过程调用来从 mapworker 的磁盘上读取缓存的数据。当 reduceworker 读取了所有的中间数据后,它通过排序使具有相同 key 的内容聚合在一起。因为许多不同的 key 映射到相同的 reduce 任务，所以排序是必须的。如果中间数据比内存还大，那么还需要一个外部排序。

(6) reduceworker 迭代排过序的中间数据，对于遇到的每一个唯一的中间 key，它把 key 和相关的中间 value 集传递给用户自定义的 reduce 函数。reduce 函数的输出被添加到这个 reduce 分割的最终的输出文件中。

当所有的 map 和 reduce 任务都完成了，master 唤醒用户程序。在这个时候，用户程序里的 MapReduce 调用返回到用户代码。在成功完成之后，MapReduce 执行的输出存放在 R 个输出文件中(每一个 reduce 任务产生一个由用户指定名字的文件)。一般，用户不需要合并这 R 个输出文件成一个文件——他们经常把这些文件当作一个输入传递给其他的 MapReduce 调用，或者在可以处理多个分割文件的分布式应用中使用它们。

① Master 的数据结构

master 保持一些数据结构。它为每一个 map 和 reduce 任务存储它们的状态(空闲、工作中、完成)和 worker 机器(非空闲任务的机器)的标识。master 就像一个管道，通过它，中间文件区域的位置从 map 任务传递到 reduce 任务。因此，对于每个完成的 map 任务，master 存储由 map 任务产生的 R 个中间文件区域的大小和位置。当 map 任务完成的时候，位置和大小的更新信息被接收。这些信息被逐步增加地传递给那些正在工作的 reduce 任务。

② 容错机制

因为 MapReduce 库被设计用来使用成百上千的机器以帮助处理非常大规模的数据，所以这个库必须要能很好地处理机器故障。worker 故障的检测方法为：master 周期性地 ping 每个 worker。如果 master 在一个确定的时间段内没有收到 worker 返回的信息，那么它将把这个 worker 标记成失效。因为每一个由这个失效的 worker 完成的 map 任务被重新设置成它初始的空闲状态，所以它可以被安排给其他的 worker。同样，每一个在失败的 worker 上正在运行的 map 或 reduce 任务，也被重新设置成空闲状态，并且将被重新调度。在一个失败机器上已经完成的 map 任务将被再次执行，因为它的输出存储在它的磁盘上，所以不可访问。已经完成的 reduce 任务将不会再次执行，因为它的输出存储在全局文件系统中。当一个 map 任务首先被 workerA 执行之后，又被 B 执行了(因为 A 失效了)，重新执行这个情况被通知给所有执行 reduce 任务的 worker。任何还没有从 A 读数据的 reduce 任务将从 workerB 读取数据。MapReduce 可以处理大规模 worker 失败的情况。例如，在一个 MapReduce 操作期间，在正在运行的机群上进行网络维护引起 80 台机器在几分钟内不可访问了，MapReducemaster 只是简单地再次执行已经被不可访问的 worker 完成的工作，继续执行，最终完成这个 MapReduce 操作。

应对 master 故障，可以很容易地让 master 周期地写入上面描述的数据结构的检查点。如果这个 master 任务失效了，可以从上次最后一个检查点开始启动另一个 master 进程。然而，因为只有一个 master，所以它的失败是比较麻烦的。因此我们现在的实现是，如果 master 失败，就中止 MapReduce 计算。客户可以检查这个状态，并且可以根据需要重新执行 MapReduce 操作。对于在错误面前的处理机制，当用户提供的 map 和 reduce 操作对它的输出值是确定的函数时，我们的分布式实现相同的输出结果。

我们依赖对 map 和 reduce 任务的输出进行原子提交来完成这个性质。每个工作中的任务把它的输出写到私有临时文件中。一个 reduce 任务产生一个这样的文件，而一个 map 任务产生 R 个这样的文件(一个 reduce 任务对应一个文件)。当一个 map 任务完成的时候，worker 发送一个消息给 master，在这个消息中包含这 R 个临时文件的名字。如果 master 从一个已经完成的 map 任务再次收到一个完成的消息，它将忽略这个消息。否则，它在 master 的数据结构里记录这 R 个文件的名字。当一个 reduce 任务完成的时候，这个 reduceworker 把临时文件重命名成最终的输出文件。如果相同的 reduce 任务在多个机器上执行，多个重命名调用将被执行，并产生相同的输出文件。我们依赖由底层文件系统提供的原子重命名操作来保证，最终的文件系统状态仅仅包含一个 reduce 任务产生的数据。我们的 map 和 reduce 操作大部分都是确定的，并且我们的处理机制等价于一个顺序执行的这个事实，使得程序员可以很容易地理解程序的行为。当 map 或 reduce 操作是不确定的时候，我们提供虽然比较弱但是合理的处理机制。当在一个非确定操作的前面，一个 reduce 任务 R1 的输出等价于一个非确定顺序程序执行产生的输出。然而，一个不同的 reduce 任务 R2 的输出也许符合一个不同的非确定顺序程序执行产生的输出。考虑 map 任务 M 和 reduce 任务 R1，R2 的情况。我们设定 e(Ri)为已经提交的 Ri 的执行(有且仅有一个这样的执行)。这个比较弱的语义出现，因为 e(R1)也许已经读取了由 M 的执行产生的输出，而 e(R2)也许已经读取了由 M 的不同执行产生的输出。

③ 存储位置

在计算机环境里，网络带宽是一个相当缺乏的资源。我们利用把输入数据(由 GFS 管理)存储在机器的本地磁盘上来保存网络带宽。GFS 把每个文件分成一些 64MB 的块，然后每个块的几个副本(一般是 3 个副本)存储在不同的机器上。MapReduce 的 master 考虑输入文件的位置信息，并且努力在一个包含相关输入数据的机器上安排一个 map 任务。如果这样做失败了，它尝试在那个任务的输入数据的附近安排一个 map 任务(例如，分配到一个和包含输入数据块在一个 switch 里的 worker 机器上执行)。当运行巨大的 MapReduce 操作在一个机群中的一部分机器上的时候，大部分输入数据在本地被读取，从而不消耗网络带宽。

④ 任务粒度

像上面描述的那样，细分 map 阶段成 M 片，reduce 阶段成 R 片。M 和 R 应当比 worker 机器的数量大许多。每个 worker 执行许多不同的工作来提高动态负载均衡，也可以加速从一个 worker 失效中的恢复，这台机器上的许多已经完成的 map 任务可以被分配到所有其他的 worker 机器上。在实现中，M 和 R 的范围是有大小限制的，因为 master 必须做 O(M+R)次调度，并且保存 O(M * R)个状态在内存中。此因素使用的内存是很少的，在 O(M * R)个状态片里，大约每个 map 任务/reduce 任务对使用 1 字节的数据。此外，R 经常被用户限制，因为每一个 reduce 任务最终都是一个独立的输出文件。实际上，我们倾向于选择 M，以便每一个单独的任务大概都是 16～64MB 的输入数据(以便上面描述的位置优化是最有效的)，我们把 R 设置成希望使用的 worker 机器数量的小倍数。经常在 M=200000，R=5000，使用 2000 台 worker 机器的情况下，执行 MapReduce 计算。

⑤ 备用任务

一个落后者是延长 MapReduce 操作时间的原因之一：一个机器花费一个异乎寻常的长时间来完成最后的一些 map 或 reduce 任务中的一个。有很多原因可能产生落后者。例如，一个有坏磁盘的机器经常发生可以纠正的错误，这样就使读性能从30MB/s降低到3MB/s。机群调度系统也许已经安排其他的任务在这个机器上，由于计算要使用CPU、内存、本地磁盘、网络带宽的原因，引起它执行MapReduce代码很慢。我们最近遇到的问题是，在机器初始化时的Bug引起处理器缓存的失效：在一台被影响的机器上的计算性能有上百倍的影响。有一个一般的机制来减轻这个落后者的问题。当一个MapReduce操作将要完成的时候，master调度备用进程来执行那些剩下的还在执行的任务。无论是原来的还是备用的执行完成了，工作都被标记成完成。已经调整了这个机制，通常只会多占用几个百分点的机器资源。发现这可以显著地减少完成大规模MapReduce操作的时间。

4. MapReduce的优势

(1) 移动计算而不是移动数据，避免了额外的网络负载。

(2) 任务之间相互独立，让局部故障可以更容易处理，如果是单个节点的故障，则只需要重启该节点任务即可。它避免了故障蔓延到整个集群，能够容忍同步中的错误。对于拖后腿的任务也可以启动备份任务加快任务完成。

(3) 理想状态下MapReduce模型是可线性扩展的，它是为了使用便宜的商业机器而设计的计算模型。

(4) MapReduce模型结构简单，终端用户至少只需编写map和reduce函数。

(5) 相对于其他分布式模型，MapReduce的一大特点是其平坦的集群扩展代价曲线。因MapReduce在启动作业、调度等方面的管理操作的时间成本相对较高，所以它在节点有限的小规模集群中的表现并不十分突出。但在大规模集群时，MapReduce表现非常好。

5. MapReduce的劣势

(1) MapReduce模型本身是有诸多限制的，例如缺乏一个用于同步各个任务的中心。

(2) 用MapReduce模型来实现常见的数据库连接操作非常麻烦且效率低下，因为MapReduce模型是没有索引结构的，通常整个数据库都会通过map和reduce函数。

(3) MapReduce集群管理比较麻烦，在集群中进行调试、部署以及日志收集工作都很困难。

(4) 单个Master节点有单点故障的可能性且可能会限制集群的扩展性。

(5) 当中间结果必须保留的时候，作业的管理并不简单。

(6) 对于集群的参数配置的最优解并非显然，许多参数需要有丰富的应用经验才能确定。

6.3.2 Spark

Spark由加州大学伯克利分校AMP实验室开发，可用来构建大型的、低延迟的数据分析应用程序。本质上，Spark是一种面向大数据处理的分布式内存计算模式或框架。Spark启用了内存分布数据集，除了能够提供交互式查询外，它还可以优化迭代工作负载。Spark是在Scala语言中实现的，它将Scala用作其应用程序框架，而Scala的语言特点也铸就了大部分Spark的成功。Spark是类似于Hadoop MapReduce的通用并行框架，但在迭代计算上比MapReduce性能更优，现在是Apache孵化的顶级项目。与Hadoop不同，Spark和Scala能够紧密集成，其中的Scala可以像操作本地集合对象一样轻松地操作分布式数据集。尽管创建Spark是为了支持分布式数据集上的迭代作业，但是实际上它是对Hadoop

的补充，可以在 Hadoop 文件系统中并行运行。通过名为 Mesos 的第三方集群框架可以支持此行为。

虽然 Spark 与 Hadoop 有相似之处，但它提供了具有有用差异的一个新的集群计算框架。首先，Spark 是为集群计算中的特定类型的工作负载而设计，即那些在并行操作之间重用工作数据集（例如机器学习算法）的工作负载。为了优化这些类型的工作负载，Spark 引进了内存集群计算的概念，可在内存集群计算中将数据集缓存在内存中，以缩短访问延迟。

Spark 还引进了名为弹性分布式数据集（RDD）的抽象。RDD 是分布在一组节点中的只读对象集合。这些集合是弹性的，如果数据集一部分丢失，则可以对它们进行重建。重建部分数据集的过程依赖于容错机制，该机制可以维护"血统"（即允许基于数据衍生过程重建部分数据集的信息）。RDD 被表示为一个 Scala 对象，并且可以从文件中创建它；一个并行化的切片（遍布于节点之间）；另一个 RDD 的转换形式；并且最终会彻底改变现有 RDD 的持久性，例如请求缓存在内存中。

Spark 中的应用程序称为驱动程序，这些驱动程序可实现在单一节点上执行的操作或在一组节点上并行执行的操作。与 Hadoop 类似，Spark 支持单节点集群或多节点集群。对于多节点操作，Spark 依赖于 Mesos 集群管理器。Mesos 为分布式应用程序的资源共享和隔离提供了一个有效平台。该设置允许 Spark 与 Hadoop 共存于节点的一个共享池中。

1. Spark 生态环境

Spark 有一套生态环境，而这套蓝图正是 AMP 实验室正在绘制的。Spark 在整个生态系统中的地位如图 6-9 所示，它是基于 Tachyon 的。而对底层的 Mesos，类似于 YARN 调度框架，在其上也可以搭载如 Spark、Hadoop 等环境。Shark 类似 Hadoop 里的 Hive，而其性能比 Hive 要快成百上千倍，不过 Hadoop 注重的不是最快的速度，而是廉价集群上离线批量的计算能力。此外，图 6-9 中还有图数据库 GraphX、流处理组件 Spark Streaming 以及 machine learning 的 ML Base。也就是说，Spark 这套生态环境把大数据这块领域的数据流计算和交互式计算都包含了，而另外一块批处理计算应该由 Hadoop 占据，同时 Spark 又是可以同 HDFS 交互取得里面的数据文件的。还有，Spark 的迭代、内存运算能力以及交互式计算，都为数据挖掘、机器学习提供了很必要的辅助。

2. Spark 总体架构

Spark 总体架构如图 6-10 所示，其中各组件介绍如下：

Driver Program：运行 main 函数并且新建 SparkContext 的程序。

SparkContext：Spark 程序的入口，负责调度各个运算资源，协调各个 Worker Node 上的 Executor。

Application：基于 Spark 的用户程序，包含了 driver 程序和集群上的 Executor。

Cluster Manager：集群的资源管理器（例如 Standalone、Mesos、Yarn）。

Worker Node：集群中任何可以运行应用代码的节点。

Executor：是在一个 Worker Node 上为某应用启动的一个进程，该进程负责运行任务，并且负责将数据存在内存或者磁盘上。每个应用都有各自独立的 Executors。

Task：被送到某个 Executor 上的工作单元。

在 Spark 集群中，有两个重要的部件，即 Driver 和 Worker。Driver 程序是应用逻辑执

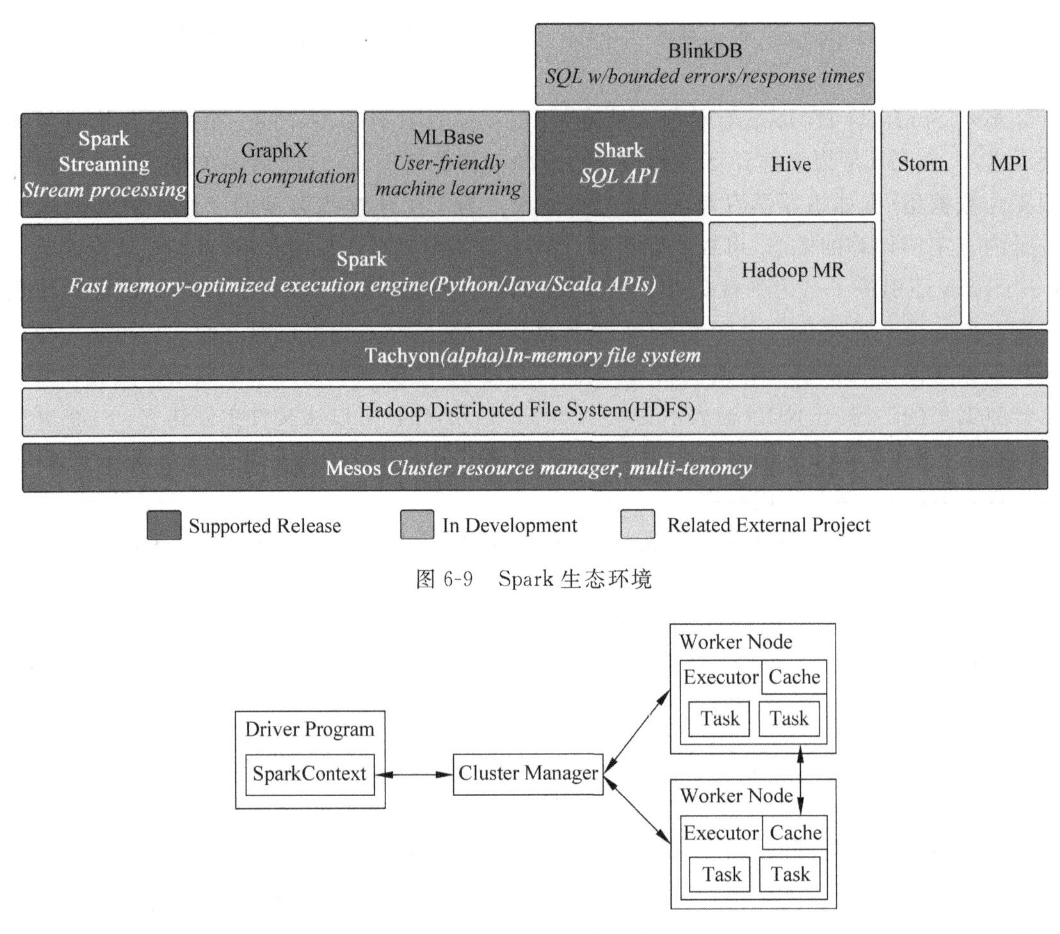

图 6-9　Spark 生态环境

图 6-10　Spark 总体架构

行的起点，类似于 Hadoop 架构中的 JobTracker，而多个 worker 用来对数据进行并行处理，相当于 Hadoop 的 TaskTracker。尽管不是强制的，但数据通常是与 worker 搭配，并在集群内的同一套机器中进行分区。在执行阶段，driver 程序会将代码或 scala 闭包传递给 worker 机器，同时相应分区的数据将进行处理。数据会经历转换的各个阶段，同时尽可能地保持在同一分区之内。执行结束之后，worker 会将结果返回到 driver 程序。一个用户程序是如何从提交到最终在集群上执行：①SparkContext 连接到 ClusterManager，并且向 ClusterManager 申请 Executors；②SparkContext 向 Executors 发送 Application code；③SparkContext 向 Executors 发送 tasks，Executor 会执行被分配的 tasks。运行时的状态如图 6-11 所示。

3. 弹性分布式数据集 RDD

提及 Spark 就不得不提 Spark 的核心数据结构弹性分布式数据集(RDD)。它是逻辑集中的实体，但在集群中的多台机器上进行了分区。通过对多台机器上不同 RDD 联合分区的控制，就能够减少机器之间的数据混合(data shuffling)。Spark 提供了一个“partition-by”运算符，能够通过集群中多台机器之间对原始 RDD 进行数据再分配来创建一个新的 RDD。

RDD 可以随意在 RAM 中进行缓存，因此它提供了更快速的数据访问。目前缓存的粒

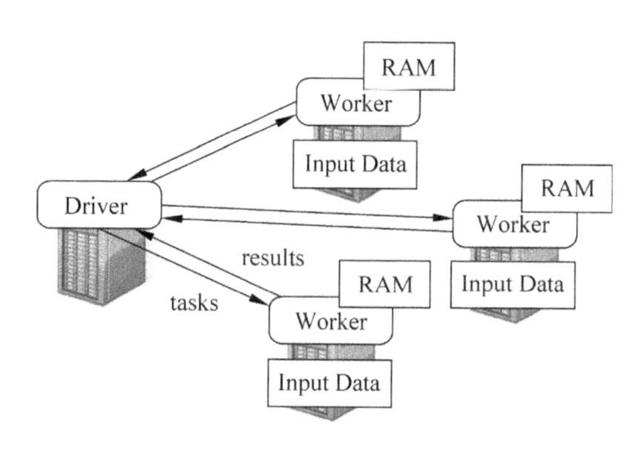

图 6-11 Spark 运行状态

度处在 RDD 级别，因此只能是全部 RDD 被缓存。在集群中有足够的内存时，Spark 会根据 LRU 驱逐算法将 RDD 进行缓存。

RDD 提供了一个抽象的数据架构，我们不必担心底层数据的分布式特性，而应用逻辑可以表达为一系列转换处理。通常应用逻辑是以一系列 Transformation 和 Action 来表达的。在执行 Transformation 中原始 RDD 是不变而不灭的，Transformation 后产生的是新的 RDD。前者在 RDD 之间指定处理的相互依赖关系有向无环图(DAG)，后者指定输出的形式。调度程序通过拓扑排序来决定 DAG 执行的顺序，追踪最源头的节点或者代表缓存 RDD 的节点。

用户通过选择 Transformation 的类型并定义 Transformation 中的函数来控制 RDD 之间的转换关系。当用户调用不同类型的 Action 操作来把任务以自己需要的形式输出时，Transformation 在定义时并没有立刻被执行，而是等到第一个 Action 操作到来时，再根据 Transformation 生成各代 RDD。最后由 RDD 生成最终的输出。

4. RDD 依赖的类型

在 RDD 依赖关系有向无环图中，两代 RDD 之间的关系由 Transformation 来确定，根据 Transformation 的类型，生成的依赖关系有两种形式：宽依赖与窄依赖(Narrow dependency，Wide dependency)。

Narrow dependency 是指父 RDD 的每一个分区最多被一个子 RDD 的分区所用，表现为一个父 RDD 的分区对应于一个子 RDD 的分区或多个父 RDD 的分区对应于一个子 RDD 的分区。也就是说，一个父 RDD 的一个分区不可能对应一个子 RDD 的多个分区。Narrow dependency 的 RDD 可以通过相同的键进行联合分区，整个操作都可以在一台机器上进行，不会造成网络之间的数据混合。

Wide dependency 是指子 RDD 的分区依赖于父 RDD 的多个分区或所有分区，也就是说存在一个父 RDD 的一个分区对应一个子 RDD 的多个分区。Wide dependency 的 RDD 就会涉及数据混合。调度程序会检查依赖性的类型，将 Narrow dependency 的 RDD 划到一组处理当中，即 stage。Wide dependency 在一个执行中会跨越连续的 stage，同时需要显式指定多个子 RDD 的分区。

5. RDD 任务生成模式

如图 6-12 所示，一个小方框代表的是一个 RDD 的 Partition，几个 Partition 合成一个

RDD。图中箭头代表了 RDD 之间的关系。当一个 Action 操作被提交时，依赖关系 DAG 会根据宽依赖关系被切分成各个 Stage。任务调度的时候由与 Action 直接联系的 Stage 开始，递归地向前检查 RDD 是否存在，若不存在，则检查父 RDD 是否存在；若父 RDD 存在，则生成一个 RDD 并提交任务。如果直到最初的一个 RDD 都不存在，则必须将持久化存储器(HDFS 等)中的文件 ETL 转换为内存中的 RDD。

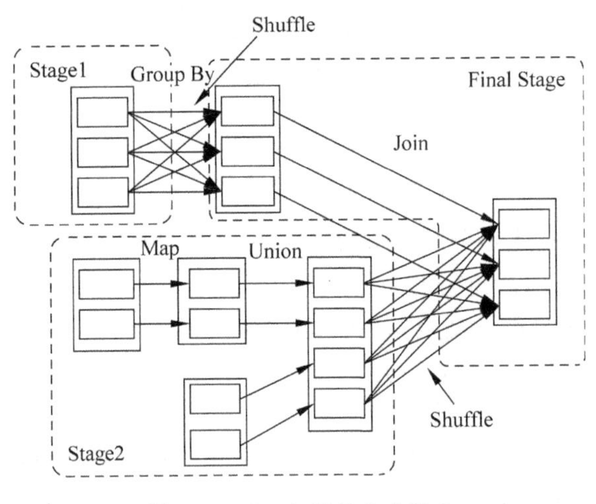

图 6-12 Spark 任务生成模式

6. Spark 迭代性能远超 Hadoop 的原因

(1) 如图 6-13 所示，在复杂的大数据处理过程中，迭代计算是非常常见的。Hadoop 对于迭代计算没有优化策略，在每一次迭代的过程中，中间结果必须写入到磁盘中，并且在写一个迭代时必须将 ETL 读取到内存中再进行处理。而 Spark 中，数据只有在第一个迭代的过程把数据反序列化 ETL 到内存中，之后的所有迭代的中间结果都保存在内存中，极大地减少了 IO 操作次数，其在迭代计算中的效率自然比 Hadoop 高出许多。

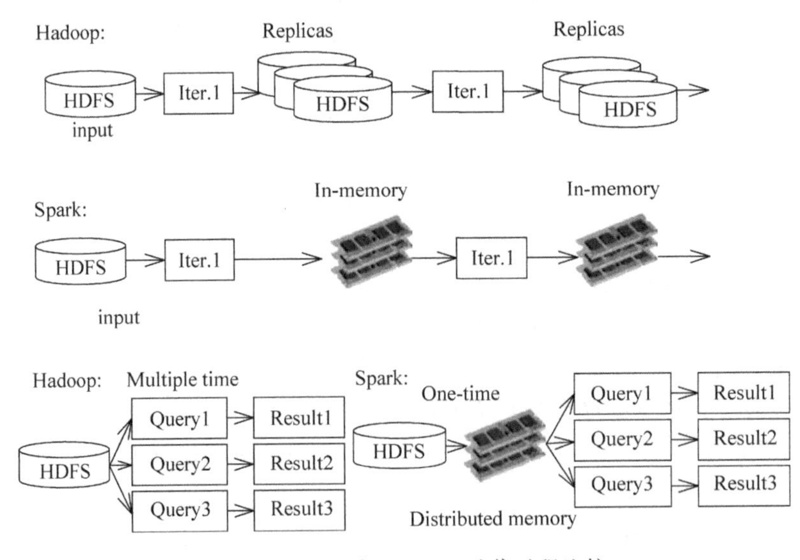

图 6-13 Spark 与 Hadoop 迭代过程比较

(2) 在实际操作中多次读取同一块数据并作不同的计算也是比较常见的。Hadoop 在这一方面并没有做优化,每一次查询操作都必须从 HDFS 上读取数据,导致更多的硬盘开销。而 Spark 只有在第一次调用 HDFS 数据的时候反序列化读取到内存中,以后的每次针对这一数据的查询都直接通过内存来读取。

7. Spark 的优缺点

优点:

(1) 相对于 Hadoop 来说,Spark 的执行效率更高,当整个集群内存足够保存查询过程中的所有 RDD 时,Spark 的查询效率可以超过 Hadoop 50～100 倍。基本来说这样的低延迟在大数据量处理中可以认为是实时给予结果。特别是针对重复使用同一块数据或者迭代使用不同的数据的过程,Spark 更是远胜于 Hadoop。

(2) 由于 Spark 能够实时地给予用户查询结果,它能够做到与用户互动式的查询,不需要用户长时间等待。而 Hadoop 的作业长时延导致其处理只能是批处理,用户批量输入任务然后等待任务结果。

(3) 快速的故障恢复。RDD 的 DAG 令 Spark 具有故障恢复的能力。当发生节点故障的时候,Spark 会在其他的节点上根据 DAG 重新构建故障节点的 RDD。由于 RDD 的依赖机制中的窄依赖只在单个节点上运行,除了生成初始 RDD 之外只在内存中进行,因此处理速度很快。宽依赖虽然需要网络通信但是其计算也是全部在内存中,因此 RDD 的故障恢复要比 Hadoop 快。

(4) 在 Spark 中,一个 Action 生成一个作业,而在不同的 Action 之间,RDD 是可以共享的。上一个 Action 使用或生成的 RDD 可由下一个 Action 调用,因此实现作业之间的数据共享。对于 Hadoop 来说,其中间结果是保存在 Mapper 的本地文件系统中的,无法让中间结果在作业之间共享。而作业结果又是保存在 HDFS 上,下一个作业要读取的时候还要重新做 ETL。

缺点:

(1) Spark 的架构借鉴了 Hadoop 的 Master-Slave 架构。因此它也会有与 Hadoop 相同的 Master 节点性能瓶颈问题。对于多用户多作业的集群来说,Spark 的 Driver 很可能形成整个集群性能的瓶颈。

(2) Spark 官方论文中也承认了 Spark 也有不适合做的事情。Spark 不适用对于共享状态、数据的异步更新操作。因为 Spark 核心数据结构 RDD 的不可变性,导致在进行每一个小的异步更新时会生成一个 RDD,整个系统会产生大量重复数据,导致系统处理效率低下。Spark 不是不能处理这个类型的数据,而是在处理时效率低下。而这个异步更新共享状态来源于增量式网络爬虫系统的数据库。

8. Spark 集群简单搭建

简单的单机部署步骤如下:

(1) 安装 JDK 和 Scala 并配置环境变量。Scala 的安装配置与 JDK 相似,这里不再赘述。

(2) 下载 Spark 安装包解压到任意目录下(这里使用/opt/spark/)。

(3) 配置 Spark 环境变量:

在 Spark 的根目录执行：

```
cp conf/spark - env.sh.template conf/spark - env.sh
```

目前 Spark 环境不依赖 Hadoop，也就不需要 Mesos，所以配置的内容很少。最简单的配置信息有：

```
export SCALA_HOME = /opt/scala - 2.10.3
export JAVA_HOME = /usr/java/jdk1.7.0_17
```

下面与官网的"Quick Start"过程相同。

(4) built Spark：

在 Spark 的根目录下运行：

```
sbt/sbt assembly
```

命令完成后，就会下载 Spark 部署所需的依赖包，效果如下：

```
[root@centos6 - vb spark - 0.9.0 - incubating]#   ./sbt/sbt assembly
Attempting to fetch sbt
##########################################100.0%
Launching sbt from sbt/sbt - launch - 0.12.4.jar
Getting net.java.dev.jna jna 3.2.3 ...
downloading http://repo1.maven.org/maven2/net/java/dev/jna/jna/3.2.3/jna - 3.2.3.jar ...
        [SUCCESSFUL ]net.java.dev.jna#jna;3.2.3!jna.jar  (20629ms)
:: retrieving :: org.scala - sbt#boot - jna
        confs: [default]
        1 artifacts copied. 0 already retrieved (838kB/44ms)
Getting org.scala - sbt sbt 0.12.4 ...
downloading http://repo. typesafe. com/typesafe/ivy - releases/org. scala - sbt/sbt/0. 12. 4/
jars/sbt.jar ...
        [SUCCESSFUL ]org.scala - sbt#sbt:0.12.4!sbt.jar (2381ms)
downloading http://repo. typesafe. com/typesafe/ivy - releases/org. scala - sbt/main/0. 12. 4/
jars/main.jar...
        [SUCCESSFUL ]org.scala - sbt#main;0.12.4!main.jar (19743ms)
downloading http://repo. typesafe. com/typesafe/ivy - releases/org. scala - sbt/compiler -
interface/0.12.4/jars/compiler - interface - bin.jar...
        [SUCCESSFUL ]org.scala - sbt#compiler - interface;0.12.4!compiler - interface - bin.
jar (3265ms)
downloading http://repo. typesafe. com/typesafe/ivy - releases/org. scala - sbt/compiler -
interface/0.12.4/jars/compiler - interface - src.jar...
        [SUCCESSFUL ]org.scala - sbt#compiler - interface;0.12.4!compiler - interface - src.
jar (2180ms)
downloading http://repo. typesafe. com/typesafe/ivy - releases/org. scala - sbt/precompiler -
2.8.2/0.12.4
```

编译后的结果为：

```
[warn] Strategy 'first' was applied to 241 files
[info] Checking every *.class/*.jar file's SHA - 1.
```

```
[info] Assembly up to date:/opt/spark/spark-0.9.0-incubating/assembly/target/scala-2.10/
spark-assembly-0.9.0-incubating-hadoop1.0.4.jar
[success] Total time:156 s,completed Feb 28,2014 6:28:13 PM
[root@centos6-vb spark-0.9.0-incubating]#
```

编译后的 jar 文件在：spark-0.9.0-incubating/assembly/target/scala-2.X/spark-assembly-0.9.0-incubating-hadoop1.0.4.jar（在 Eclipsevs 创建 Spark 应用时，需要把这个 jar 文件添加到 Build Path）。

（5）通过>[bin]#./spark-shell 命令可以进入的是 Scala 解释器环境。在解释器环境下（Spark 交互模式）测试 Spark，便可知 Spark 是否正常运行。

```
scala> Var data = Array(1,2,3,4,5,6)
data: Array[Int] = Array(1,2,3,4,5,6)

scala> val distData = sc.parallelize(data)
distData: org.apache.spark.rdd.RDD[Int] = ParallelCollectionRDD[0] at parallelize at <cor

scala> distData.reduce(_ + _)
14/02/28 18:15:54 INFO SparkContext: Starting job: reduce at <console>:17
14/02/28 18:15:54 INFO DAGScheduler: Got job 0 (reduce at <console>:17) with 1
output partitions (allowLccal = false)
14/02/28 18:15:54 INFO DAGScheduler: Final stage: Stage 0 (reduce at <console>:17)
14/02/28 18:15:54 INFO DAGScheduler: Parents of final stage: List()
14/02/28 18:15:54 INFO DAGScheduler: Missing parents: List()
14/02/28 18:15:54 INFO DAGScheduler: Submitting Stage 0
(ParallelcollectionRDD[0] at parallelize at <console>:14), which has no missing parents
14/02/28 18:15:55 INFO DAGScheduler: Submitting 1 missing tasks from Stage 0
(ParallelCollectionRDD[0] at parallelize at <console>:14)
14/02/28 18:15:55 INFO TaskSchedulerImpl: Adding task set 0.0 with 1 tasks
14/02/28 18:16:00 INFO TaskSetManager: Starting task 0.0:0 as TID 0
on executor localhost: localhost (PROCESS_LOCAL)
14/02/28 18:16:00 INFO TaskSetManager: Serialized task 0.0:0 as 1077 bytes in 88 ms
14/02/28 18:16:01 INFO Executor: Running task ID 0
14/02/28 18:16:02 INFO Executor: Serialized size of result for 0 is 641
14/02/28 18:16:02 INFO Executor: Sending result for 0 directly to driver
14/02/28 18:16:02 INFO Executor: Finished task ID 0
14/02/28 18:16:02 INFO TaskSetManager: Finished TID 0 in 6049
ms on localhost (progress: 0/1)
14/02/28 18:16:02 INFO DAGScheduler: Completed ResultTask(0,0)
14/02/28 18:16:02 INFO DAGScheduler: Stage 0 (reduce at <console>:17) finished in 6.167s

14/02/28 18:16:02 INFO TaskSchedulerImpl: Remove TaskSet 0.0 from pool
14/02/28 18:16:02
INFO SparkContext: Job finished: reduce at <console>:17,took 7.928379191 s
res0: Int = 21 </console></console></console></console></console></console></console></cor
```

至此，Spark 单机部署搭建成功。

关于集群部署的内容如下。

多个集群的全分布部署也很简单，只需像 Hadoop 配置过程一样，主要步骤为：①在各个节点安装 JDK、Scala 并配置环境变量；②各个节点配置同一个账户的免密码登录；③复制 Spark 文件夹到各个节点的相同目录；④在 conf/slaves 文件中添加各个节点的主机名；⑤在 Spark 的 sbin 目录运行./start-all.sh 就可以启动集群。

当然这里启动的集群只是最简配置下的基于 Hadoop 1.X 集群，如果需要配置高可用性、高性能的集群仍需参考官方配置文档。

6.3.3 流式计算

Spark 流式计算是对流数据进行实时分析计算的一种技术。它对数据处理包括三个阶段，数据的实时采集、实时计算与实时查询。数据的实时采集系统如 Hadoop 的 Chukwa、Facebook 的 Scribe 等可以满足数百兆每秒的采集和传输需求。实时计算是接收数据采集系统持续不断的实时数据流，分析和提取数据信息，并得出结果。最后，由实时查询系统提供查询、展示结果。

1. 流式数据

流式大数据是随着时间而无限增加的数据序列，简称为流数据。与传统的静态数据相比，这些数据具有鲜明的流式特征：

(1) 流数据的数据量是庞大的，且随着时间的增加，数据规模持续无限扩大，无法掌握数据的全貌，是无穷的数据序列。

(2) 流数据具有时效性，延时过长会使其丧失价值，因此需要保证对数据的实时更新、处理和反馈，数据的实时性要求高。

(3) 流数据通常是由多个数据源持续形成的，不同数据源的产生和传输速率不同，因此，数据具有突发性，是不断变化的，数据的顺序也是随机的。

(4) 流数据的处理往往是单次处理，且与数据元素流入顺序有关。若非专门存储，不能多次、随机访问这些数据元素。

很明显，根据流数据的数据特征，我们需要计算架构是可靠的，能够处理无限流数据；是延时短的，能够实时处理流数据，把握流数据的价值；是有良好伸缩性的，能够根据数据量的突发变化快速扩展或回收计算资源。

通常，处理海量数据有两种计算模式：批量计算和流式计算。它们的特点比较如表 6-8 所示。

表 6-8 计算模式对比

特　点	批 量 计 算	流 式 计 算
数据类型	静态离线数据	实时动态数据
数据规模	数据的有限集合	无限扩大的数据集合
数据存储	硬盘	无须存储
存储空间	大	小
实时性	低	高
准确性	高	低
持久性	高	低

相比之下，批量计算是先将数据存储到硬盘中，进行数据积累后再处理硬盘中的数据，需要的存储空间较大，且由于集中处理，对计算资源的利用率较低，但对数据的准确性和持久性要求较高。流式计算是直接在内存中处理数据，不需要存储至硬盘中，处理的速度和实

时性相对较高。两种计算模式的处理过程如图 6-14 和图 6-15 所示。显然,流式计算能更好地处理流数据。

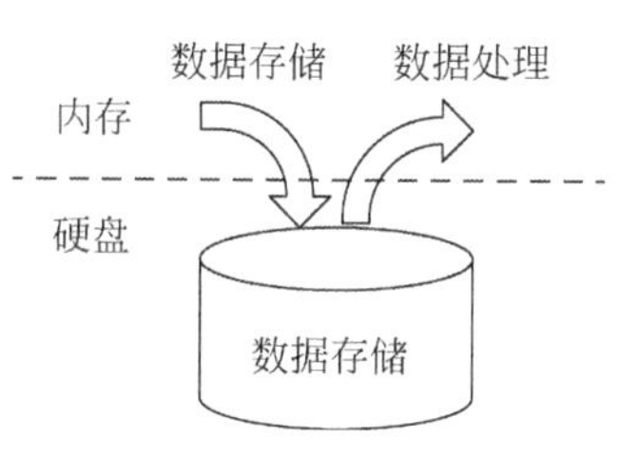

图 6-14　批量计算模式

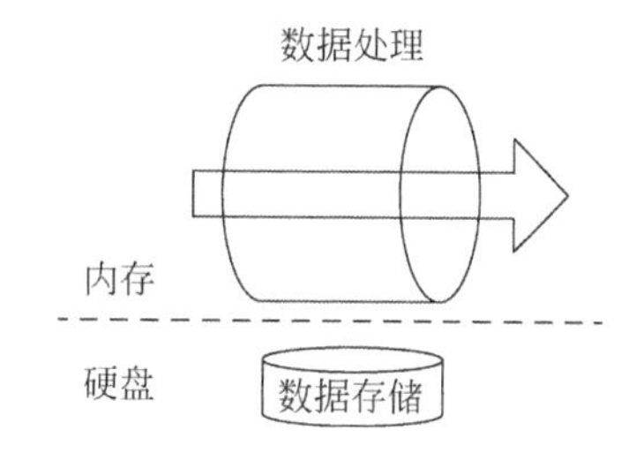

图 6-15　流式计算模式

2. 流式计算系统

流式计算是对流式数据进行实时分析计算的一种技术。它能很好地满足流数据处理的实时性和可靠性的要求,因此,已经有许多流式计算系统投入使用。目前,比较具有代表性的大数据流式计算系统实例有 Spark Streaming 系统、Storm 系统、S4 系统和 Kafka 系统。其中,Spark Streaming 系统、Storm 系统和 Kafka 系统采用的是有中心的主从式架构,S4 系统采用的是去中心化的对等式架构。

1）系统架构

（1）主从式架构：如图 6-16 所示,系统包括一个主节点与多个从节点,各个从节点之间没有数据交换。主节点负责分配系统资源和任务,同时,完成系统容错、负载均衡等工作;从节点负责完成主节点分配的任务,每个从节点受主节点控制。

（2）对等式架构：如图 6-17 所示,系统中每个节点是对等的,节点的功能相同,对资源的使用权限也相同,能够更好地实现负载均衡。对等架构有良好的伸缩性,能够更好地应对流数据的突发性。另外,当部分节点失效时,对其他节点的影响很小,系统的容错性较强。

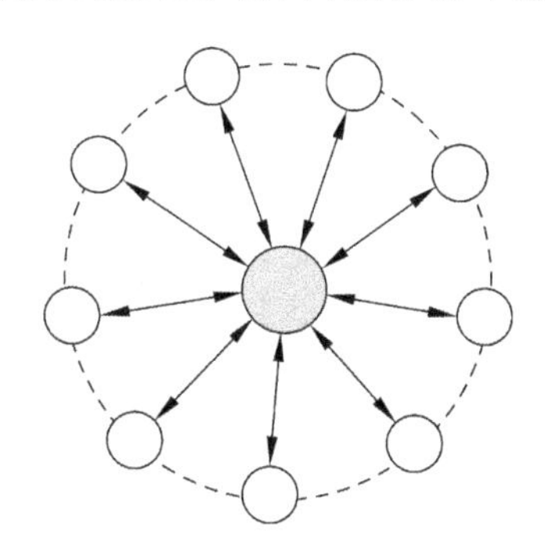

图 6-16　主从式架构

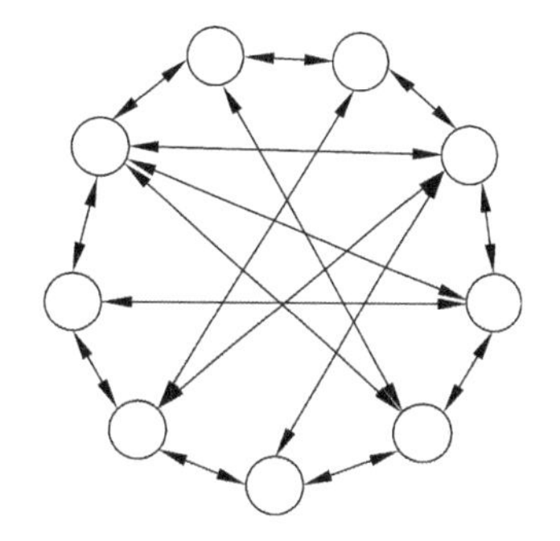

图 6-17　对等式架构

2）应用场景

大数据流式计算的应用场景主要有金融银行业、互联网、物联网等三个典型领域的应用：

（1）金融银行业。

金融银行业的日常运营业务有大量数据,不同银行、不同部门的内部的流动数据规模也很大，且数据结构各不相同。在风险管理、营销管理和商业智能方面，流式计算能够转换不同结构的数据项，提取数据特征，实现数据流的快速实时处理，实现系统的监控和优化。

(2) 互联网。

互联网上每天都有大量的数据流动，它们以文字、图片、音频等形式存在。互联网企业通过分析用户的查询历史、浏览历史、地理位置等信息，提供用户偏好的新闻、广告等信息，提升用户体验，获得单击付费的广告盈利。它们对系统的实时性、吞吐量的要求很高。

(3) 物联网。

在物联网领域，传感器产生庞大的数据。电力、交通、环境等行业都需要传感器采集大量的数据以实现对整个系统的监控和决策分析。而传感器的数量众多、种类各异，采集的数据的结构和种类也具有多样性，因此，需要大数据流式计算来保障系统的实时性和可靠性。

3) 典型流式计算系统

(1) Spark Streaming。

Spark Streaming 是在 Spark 基础上扩展的实时计算框架，能够实现高吞吐量的、容错处理的流式数据处理。如图 6-18 所示，Spark Streaming 对实时流数据的处理流程是，将流数据按照时间间隔分为许多微小的批量数据，即微批，通过 Spark Engine 以批处理方式的处理微批，得到处理后的结果。

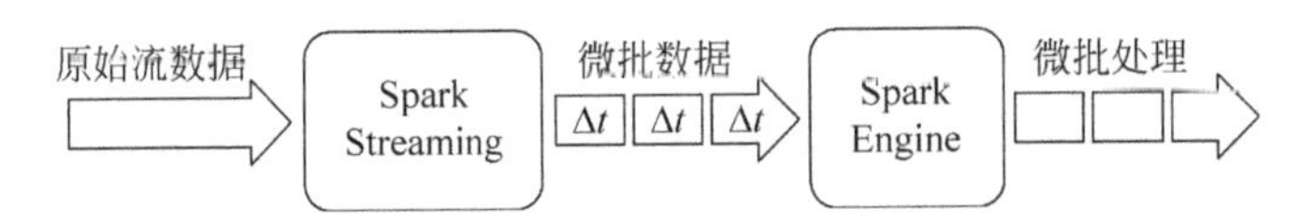

图 6-18 Spark Streaming 处理流程

其中，Spark Streaming 中将流数据分为许多微批数据的引擎为 Spark Core，它将流数据分为许多段微小的数据，再将这些数据转换成 RDD(Resilient Distributed Dataset)，利用 Spark 系统的 Spark Engine 对 RDD 进行 Transformation 处理，将结果保存在内存中。

容错性：

Spark Streaming 的容错机制由 Spark RDD 提供。因为 RDD 是不可变的、可以被重计算的分布式数据集，它记录了操作的先后关系。若 RDD 的其中一个分区丢失，则通过执行同样的 Spark 计算，就能得出丢失的分区。

当原始数据存储在具有容错性的文件系统如 HDFS 时，可以通过上述容错机制重新生成 RDD，具有容错性。但是如 kafka 等文件系统不具有容错性，则可能会丢失内存中的数据。因此，在 Spark Streaming 1.2 中引入了 Write Ahead Logs 功能，简称 WAL。WAL 的功能是将所有系统接收的数据保存到日志文件中。当数据丢失时，日志文件不会写入数据，这样系统可以通过日志文件信息重新发送丢失的数据，同样保证了系统的容错性。

实时性：

Spark Streaming 的实时性是基于 Spark 系统的，它将流式计算分解成多个任务，通过 Spark 引擎对数据处理。由于微批处理后的数据量相对较少，Spark Streaming 的延迟减低，目前能达到最小 100ms 的延迟，能够满足实时性要求不是非常高的工作需求。

通过 Spark Streaming 处理流数据，可以比 MapReduce 的数据处理速度更快。但是由于流数据处理的方法依旧是批处理的方法，需要将数据进行缓存，占用内存资源多，大量数据的传入和传出会影响数据处理的速度，因此，Spark Streaming 适用于重视吞吐率，延迟要求较低的工作。

(2) Storm 系统。

Strom 系统是由 Twitter 支持开发的一个分布式、实时的高容错开源流式计算系统。它侧重于低延迟，是要求实时处理的工作负载的最佳选择。与 Spark 系统的微批数据处理不同，Storm 系统采用的是原生流数据处理，即直接处理每个到达的数据。很明显，原生流数据处理的速度优于微批数据处理，但是这种处理方式需要考虑每个数据，需要的系统成本比较高。

Storm 系统计算的作业逻辑单元是拓扑(Topology)，是一个 Thrift 结构，因此需要将原生数据流转换处理成拓扑。拓扑包括 spout 和 bolt 两种组件，spout 是拓扑的起始单元，它从外部数据源中读取原生数据流，通过 nextTuple 方法将数据组织成 Tuple 元组发送给 bolt；bolt 是拓扑的处理单元，与 spout 相互连接，将接收到的 Tuple 元组进行过滤、聚合、连接等处理，以流的形式输出结果。多个 spout 和 bolt 连接形成的网络为拓扑，如图 6-19 所示。

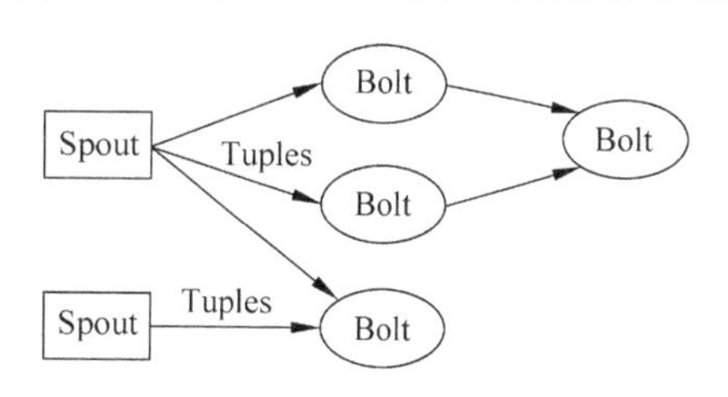

图 6-19　Storm 系统拓扑

Storm 系统采用的是主从式架构，它主要由一个主节点 nimbus、多个从节点 supervisor 和 zookeeper 集群组成，主节点和从节点由 zookeeper 进行协调，系统的架构如图 6-20 所示。

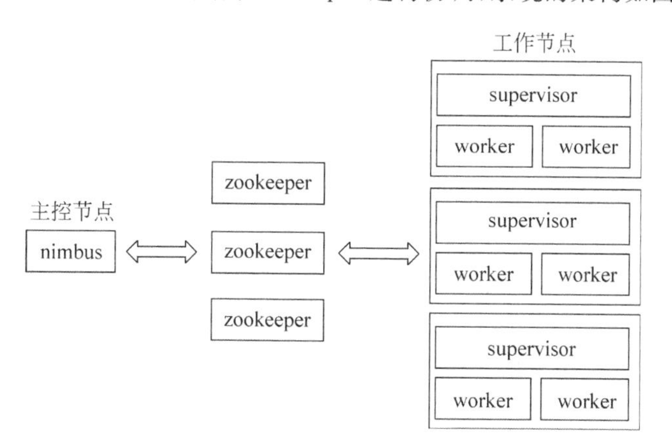

图 6-20　Storm 系统架构

当 Storm 系统部署完成后，主要分为 4 个步骤进行数据流处理：

① 将原生数据流处理成拓扑，提交给主节点 nimbus；

② 主节点 nimbus 从 zookeeper 集群中获得心跳信息，根据系统情况分配资源和任务给从节点 supervisor 执行；

③ 从节点监听到任务后启动或关闭 worker 进程执行任务；

④ worker 执行任务，把相关信息发送给 zookeeper 集群存储。

每个拓扑是由不同的从节点上的 worker 共同组成的。zookeeper 集群是系统的外部资源，存储了拓扑信息和各节点的状态信息，主节点和从节点间通过 zookeeper 集群传送信息，没有直接交互。主节点 nimbus 根据 zookeeper 集群的心跳信息进行系统状态监控和配置管理。它们的数据交互如图 6-21 所示。

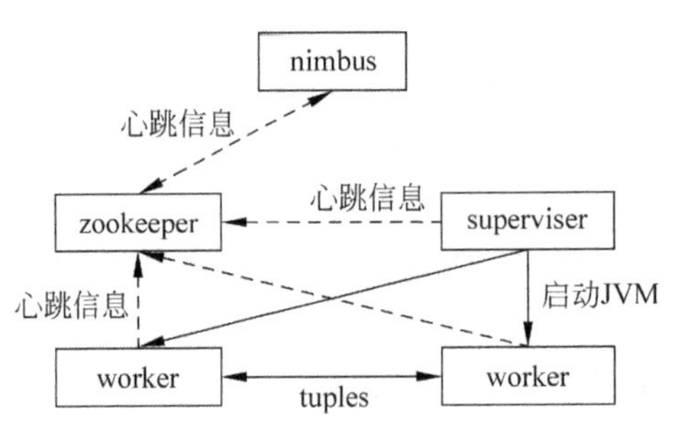

图 6-21　系统数据交互

Storm 系统是面向单条数据的，能够很好地实现对数据的简单业务处理，延时极低，很适合实时处理工作。但是由于单条数据的丢失很难维护，Storm 系统不适合处理逻辑较复杂，容错性要求高的工作。

(3) S4 系统。

S4 系统(Simple Scalable Streaming System)是雅虎用 Java 语言开发的通用、分布式、低延时、可扩展、可拔插的大数据流式计算系统，它采用的也是原生流数据处理。

S4 系统的基本计算单元为处理单元 PE(processing element)，它包括四个部分：函数、事件类型、主键、键值。其中，函数表示 PE 的功能与配置，事件类型表示 PE 接收的事件类型，主键和键值构成键值对(K,A)，是由数据项抽象形成的。每个 PE 只处理事件类型、主键、键值都匹配的事件。若某一事件没有可匹配的 PE，系统会创建一个新的处理单元。键值对(K,A)构成数据流，在处理单元 PE 间流动，与各 PE 构成一个有向无环图，即任务拓扑，如图 6-22 所示。

如图 6-23 所示，系统由用户空间、资源调度空间和 S4 处理节点空间组成。用户空间允许多个用户通过本地客户端驱动实现请求；资源调度空间通过 TCP/IP 协议实现用户的客户端驱动与客户适配器的连接和通信，支持多个用户并发请求；S4 处理节点空间由多个处理节点 Pnode 组成，完成用户服务请求的计算。S4 处理空间节点采用的是对等式架构，没有中心节点，各处理节点相互独立，系统具有高并发性。

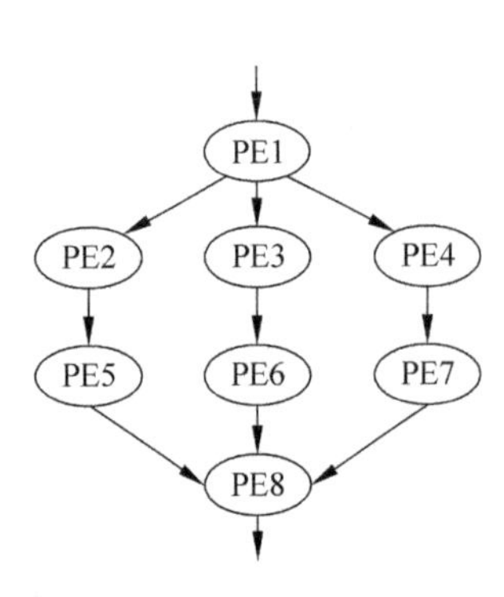

图 6-22　S4 系统任务拓扑

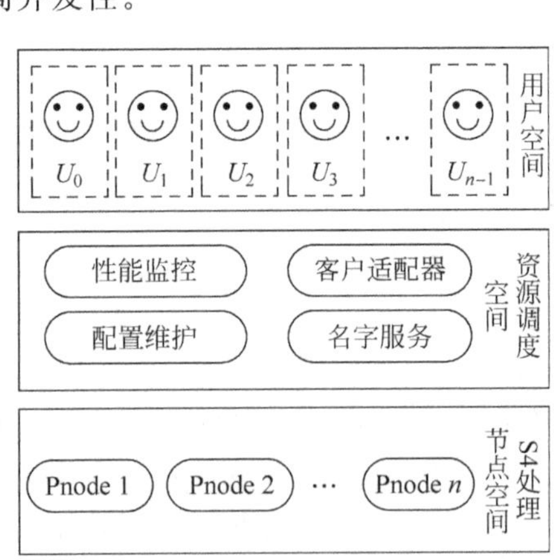

图 6-23　S4 系统架构

S4 系统的伸缩性、扩展性很好，也能满足低时延、高吞吐量的工作负载要求。但是，当数据流到达速度超过一定界限时，系统的错误率会随着到达速度的提高而增大，且仅支持部分容错。所以数据流速度突变大、容错要求高的工作负载不适合采用 S4 系统。

(4) Kafka 系统。

Kafka 系统是由 Linkedin 支持开发的分布式、高吞吐量、开源的发布订阅消息系统，能够有效处理活跃的流式数据。它侧重于系统吞吐量，通过分布式结构，实现了每秒处理数十万消息的需求。同时通过数据追加的方式，实现磁盘数据的持久化存储，优化了传输机制，能够有效节省资源和存储空间。

Kafka 系统的架构如图 6-24 所示，由消息发布者 producer、缓存代理 broker 和订阅者 consumer 三类组件构成，它们三者之间的传输数据为消息 message，message 为字节数组，支持 String、Json、Avro 等数据格式。其中，消息发布者可以向 Kafka 系统的一个主题 topic 推送相关消息，缓存代理存储已发布的消息，订阅者从缓存代理处拉取自己感兴趣主题的一组消息。三者的状态管理及负载均衡都由 Zookeeper 集群负责。

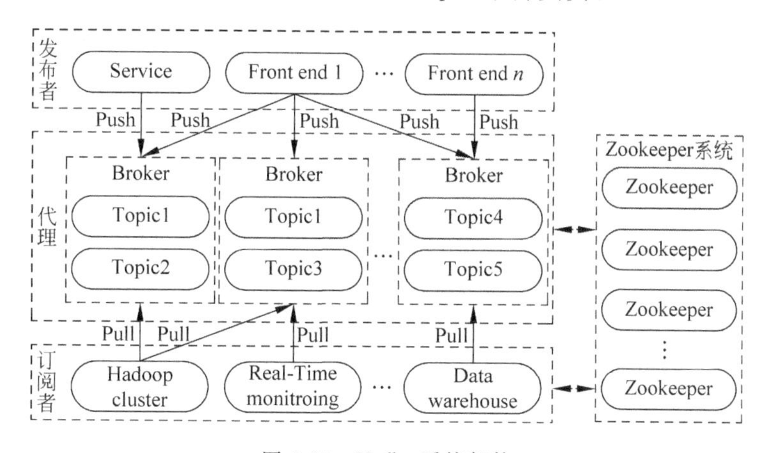

图 6-24　Kafka 系统架构

Kafka 系统消息处理的流程：

① 系统根据消息源的类型将其分为不同的主题 topic，每个 topic 包含一个或多个 partition。

② 消息发布者按照指定的 partition 方法，给每个消息绑定一个键值，保证将消息推送到相应的 topic 的 partition 中，每个 partition 代表一个有序的消息队列。

③ 缓存代理将消息持久化到磁盘，设置消息的保留时间，系统仅存储未读消息。

④ 订阅者订阅了某一个主题 topic，则从缓存代理中拉取该主题的所有具有相同键值的消息。

Kafka 系统具有可拓展性、低延迟性，能够快速处理大量流数据，特别适合于吞吐量高的工作负载。但是它也存在一些不足：仅支持部分容错，节点故障则会丢失其内存中的状态信息；若代理缓存故障，则其保存的数据不可用，因为没有副本节点。

4) 流式计算系统对比

根据前面介绍的各系统特点，对比不同系统的性能如表 6-9 所示。

表 6-9 流式计算系统性能对比

性　　能	Spark Streaming	Storm 系统	S4 系统	Kafka 系统
系统架构	主从式架构	主从式架构	对等式架构	主从式架构
开发语言	Java	Clojure,Java	Java	Scala
数据传输方式	拉取	拉取	推送	推送拉取
容错机制	作业级容错	作业级容错	部分容错	部分容错
负载均衡	支持	不支持	不支持	部分支持
资源利用率	高	高	低	低
状态持久化	支持	不支持	支持	不支持
编程模型	纯编程	纯编程	编程+XML	纯编程

通过对比可以发现,不同的系统可以满足不同的业务需求,从以下 3 个方面相比较:

(1) 容错机制。

Spark Streaming 和 Storm 采用作业级容错机制,若数据处理过程发生异常,相应的组件会重新发送该数据,保证每个数据都被处理过。而 S4 系统和 Kafka 系统仅支持部分容错,若节点失效,内存中的数据丢失。

(2) 负载均衡。

Spark Streaming 能够根据每个节点的状态将 task 动态分配到不同的节点,实现负载均衡,Kafka 系统则是利用 Zookeeper 集群实现负载均衡。Storm 系统增删节点后,已存在的任务拓扑不会均衡调整,而 S4 系统是无法实现动态部署节点,所以不支持负载均衡。

(3) 状态持久化。

Spark Streaming 和 S4 系统支持状态持久化。Spark Streaming 调用 persist 方法,系统自动将数据流中的 RDD 持久化到内存中。而 Storm 系统和 Kafka 系统不支持状态持久化,Kafka 系统支持消息持久化。

可以发现,不同系统的优劣不同,根据业务需求选择使用的系统,才能最大化发挥系统的长处,有效快速地处理流式数据。

6.4 典型大数据分析管理平台

当前实现大数据综合管理平台的有 Cloudera 的 CDH、Hortonworks 的 HDP 和耶鲁大学的 HadoopDB。其中 CDH(Cloudera's Distribution including Apache Hadoop)是 Cloudera 公司开发的用于管理和部署 Hadoop 集群的综合大数据平台,Cloudera CDH 有免费版和企业版。CDH 除了指出 Hadoop 平台相关组件外,还基于 Google 的分布式查询引擎 Dremel 开发了 Impala,使用 Apache Impala 可以实现对 HDFS 和 HBase 的高性能 SQL 查询。

HDP 是 Hortonworks Data Platform 的缩写。Hortonworks Data Platform 是一款基于 Apache Hadoop 的完全开源数据平台,提供大数据云存储、大数据处理和分析等服务。该平台包括各种的 Apache Hadoop 项目以及 Hadoop 分布式文件系统(HDFS)、MapReduce、Pig、Hive、HBase、Zookeeper 和其他各种组件,使 Hadoop 的平台更易于管理,更加具有开放性以及可扩展性。

HadoopDB是耶鲁大学开发的一个Mapreduce和传统关系型数据库的混合体,结合MapReduce的可扩展性优势和并行数据库的性能、效率优势,以管理和分析大数据,HadoopDB的商业化平台称为Hadapt。下面详细介绍3种大数据综合管理平台的技术原理。

6.4.1 Cloudera Impala

1. Impala原理

Impala是CDH(Cloudera Distribution with Apache Hadoop)的一个组件,是一个对大量数据并行处理(MPP-Massively Parallel Processing)的查询引擎。Impala是受到Google的Dremel原理的启发而开发出来的,除了Dremel的全部功能之外,它提供了Dremel不具备的Join功能,可以说是Dremel的超集。Impala与Hive都是构建在Hadoop之上的数据查询工具,各有不同的侧重适应面,但从客户端使用来看Impala与Hive有很多的共同之处,如数据表元数据、ODBC/JDBC驱动、SQL语法、灵活的文件格式、存储资源池等。Impala与Hive在Hadoop中的关系如图6-25所示。

Impala与Hive使用同一个元数据库,可以与Hive实现互访,并兼容大部分HQL语言。其基本原理是将一个查询根据数据所在位置分割成为子查询并在各个节点上运行,各个节点运行结果再汇总形成最终结果返回给客户端。Impala的每个节点都直接读取本地数据,并在本地执行子查询。在执行子查询时,节点之间交换数据完成各自的查询。具体的查询树分布化过程(见图6-26)为:(1)Impala接收到SQL查询首先生成SQL查询树,由查询树得知哪些部分在本地运行,哪些部分可以在分布式系统上运行;(2)各个节点直接从HDFS的本地文件读取数据,各个节点上分别进行Join和Group By聚合。由各个节点把处理后的数据汇总发送到接受查询的节点上,由该节点进行汇总聚合及最后的排序截取工作;(3)Impala把SQL语句拆散成碎片分配到各个节点上,达到高速查询的目的。

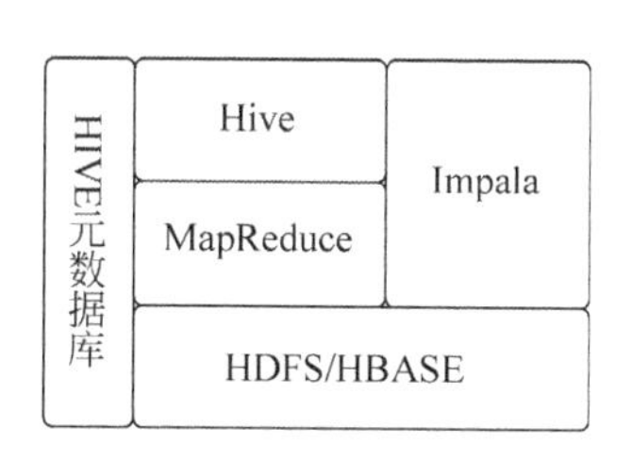

图6-25 Impala与Hive的关系

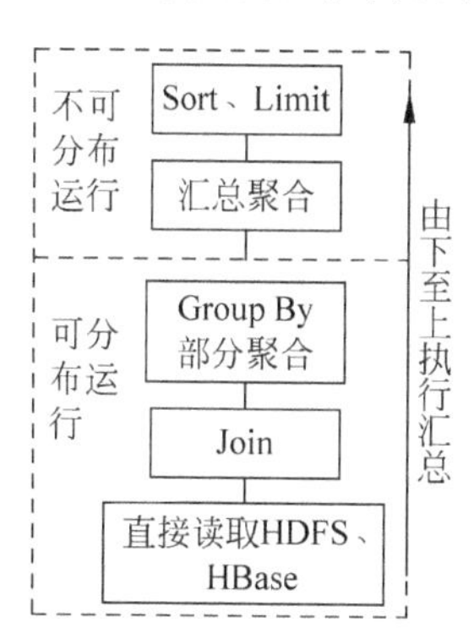

图6-26 HQL查询树

Impala的优点有:(1)互动式的查询,提供实时的大量数据并行处理;(2)兼容Hive的数据仓库,如以前使用过Hive则不必转移Hive历史数据;(3)使用与Hive相同的JDBC、ODBC驱动,故基于Hive的程序只需很小的改动就可以迁移到Impala上。

Impala的局限有：(1)暂不支持SerDe和用户自定义函数UDF、UDAF；(2)不能像Hive一样添加用户自定义的Mapper和Reducer；(3)查询过程中不支持容错处理，一旦有一个节点失败即整个查询失败；(4)暂不支持没有limit的order by。

2. Impala的基本架构

Impala的系统架构如图6-27所示，其核心组件包括Query Planner(Impala规划器)、Query Coordinator(Impala协调器)、Query Exec Engine(Impala执行引擎)。QueryPalnner接收来自SQL APP和ODBC的查询，然后将查询转换为许多子查询，Query Coordinator将这些子查询分发到各个节点上，由各个节点上的Query Exec Engine负责子查询的执行，最后返回子查询的结果，这些中间结果经过聚集之后最终返回给用户。Impala在每个节点上运行一个守护进程Impala Daemon，每个节点都可以接受查询。Impala Daemon内部又细分为Impala规划器、Impala协调器、Impala执行引擎。除此之外，Impala还需要运行状态存储器的守护进程(StateStore Daemon)，由状态存储器来保存和更新各个Impalad的状态以供查询。具体过程如下：

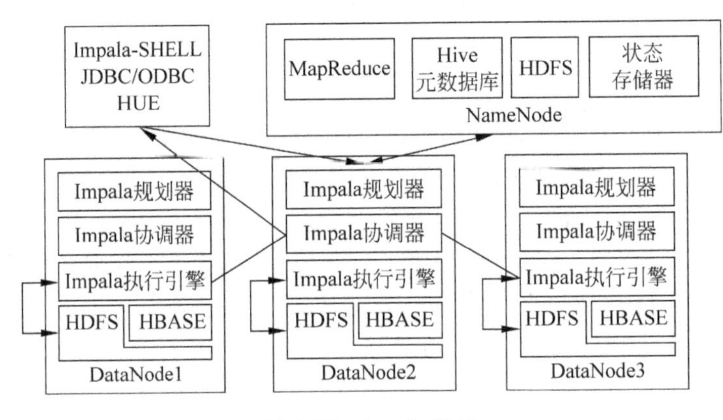

图6-27 Impala架构

(1) 用户通过Impala-Shell、JDBC/ODBC或HUE前端发送查询命令到某Impala节点上。

(2) 由Impala规划器接收和分析查询命令，它与NameNode上的Hive元数据库、HDFS元数据库和状态储存器进行通信，获得各部分数据的位置并将查询命令分割成小的子查询。(状态储存器保存了各个Impala节点的状态)

(3) Impala协调器将子查询分配到各个节点的Impala执行引擎上。

(4) 各个Impala执行引擎执行各自的查询，他们之间直接读取本地HDFS或HBASE数据，并与其他执行引擎进行通信以完成各自的查询。

(5) 各个Impala执行引擎把部分结果返回给Impala协调器。

(6) Impala协调器汇总部分结果组成最终结果，将最终结果返回给客户端。

3. MapReduce、Hive与Impala的分析比较

MapReduce、Hive和Impala各有其优缺点，它们的分析比较如表6-10所示。由表6-10可以看出，MapReduce有编程灵活性的优势，可以进行复杂的大数据处理。而Impala在数据处理效率方面占有优势。

表 6-10 MapReduce、Hive 与 Impala 的比较

项目	MapReduce	Hive	Impala
结构	1. 处理数据采用批处理的形式。 2. 采用高容错的分布式结构,JobTracker 和 TaskTracker 的 Master-Slave 结构。Master 与 Slave 之间用心跳包保持联系。 3. 读取 HDFS 数据需经由 NameNode 进行定位,在从 DataNode 读取数据。 4. 基于主机和机架的感知	1. 基于 MapReduce,是在 MapReduce 上加入有限的数据库管理功能的数据仓库。 2. 只有 GateWay 节点可以接受 HQL 查询。 3. 使用本地 SQL 数据库存储元数据,数据存储于 HDFS 上。 4. 通过 MapReduce 间接读取 HDFS 数据	1. 采用自己的执行引擎,把一个查询拆分成碎片分布到各个节点执行,不依赖 MapReduce,不采用批处理形式处理数据 2. 各个节点间是对等的,没有 Master、Slave 之分,各个节点都可以有 impala 守护进程,都可以接受查询请求。 3. 各个节点直接从 HDFS 的本地文件(Raw HDFS Files)中读取数据,不经过 NameNode 和 DataNode。 4. 由 StateStore 守护进程保存各个节点的运行状态,以供查询。 5. 可与 Hive 使用同一元数据库。 6. 基于主机和硬盘的感知,提高数据读取速度。 7. 执行查询过程中无法容错
原理	基于 map 和 reduce 思想的函数式编程	把 HQL 语句编译成为 MapReduce 作业	将一个查询请求拆分成多个碎片,分布到各个节点执行
	"分而治之"的编程思想		
实现语言	Java		C++
运行平台	JVM		原生 linux 系统
用户界面	使用命令行进行操作,Web 界面可监视任务进度	Hive shell,Web 界面 BeesWax	与 Hive 类似,提供 Impala shell 和 Web UI
面向用户	Java 程序员	SQL 语言使用者	
用户语言	Java	HQL,不要求用户会使用 Java 的编程语言	
启动速度	由于需要启动 JVM,故启动速度较慢		直接运行原生程序,速度快
执行速度	批处理、不必要的排序和读取,速度慢		扫描文件直接提取数据,速度快
其他	可以进行灵活编程,完成复杂 ETL 和数据处理功能	可以插入自定义 Mapper 和 Reducer 类,辅助完成 HQL 无法完成的查询	不支持 UDF、UDAF、SerDe;只能完成简单的查询,对于比较复杂的功能无能为力

6.4.2 Hortonworks Data Platform

根据 Hortonworks 官网的介绍,Hortonworks 数据平台(HDP)基于集中化架构 YARN,是业内唯一的一款极其安全且可用于企业的开源 Apache Hadoop 分布式系统。HDP 可满足静态数据的全部需求,助力实时客户应用程序,并提供可加速决策和创新进程的强大大数据分析功能。

1. HDP 技术架构与原理

HDP 的技术架构如图 6-28 所示。从整个架构中可以看出,共包含以下六个重要部分:

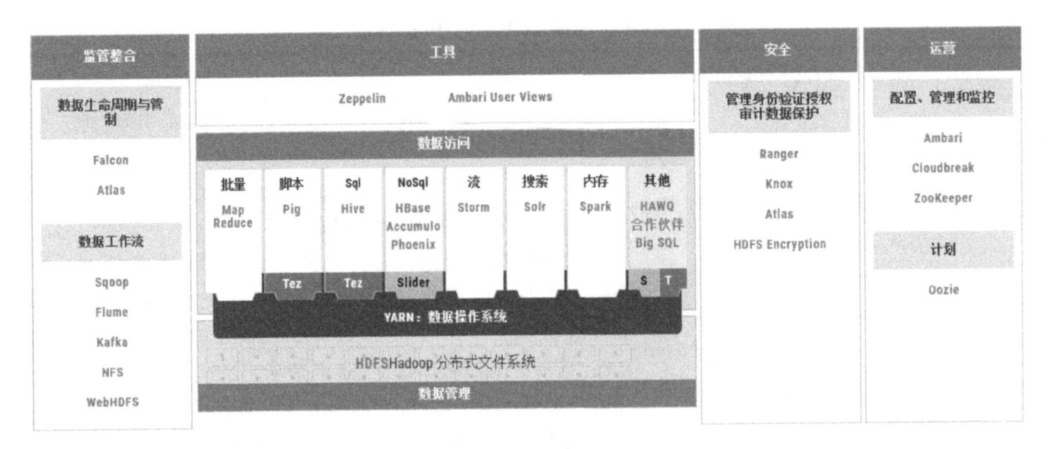

图 6-28 技术架构图

(1) 数据管理：YARN 和 Hadoop 分布式文件系统(HDFS)是 HDP 面向静态数据的两大里程碑式组件。HDFS 为大数据提供了可扩展、可容错且极具成本效益的储存，而 YARN 则提供可使用户同时处理多个工作负载的中心化架构。还有，YARN 提供资源管理和可插拔架构，以支持广泛的数据访问方法。

(2) 数据访问：HDP 包括多种多样的处理引擎，使用户能够同时以多种方式与相同的数据进行交互。这意味着用于大数据分析的应用程序能够以最佳方式和数据交互，包括批处理，交互式 SQL 查询，使用低延迟访问的 NoSQL 等。由于 Apache Spark、Storm 和 Kafka 等组件的存在，使得 HDP 支持数据科学、搜索和流媒体等新兴使用案例的使用。

(3) 数据管制和集成：HDP 通过用于数据管制和集成的强大工具扩展数据访问和管理。这些工具提供可靠、可重复使用以及简单的框架来管理数据流在 Hadoop 中的进出。该控制结构和将源上的模式或元数据应用简化和自动化的一组工具对于成功将 Hadoop 集成到现代化数据架构中起着至关重要的作用。

(4) 安全性：安全性以多个层次角度加入和集成到 HDP 中，它提供用于身份验证、授权、可归责性以及数据保护的关键功能，从而确保 HDP 的安全。HDP 在所有企业 Hadoop 功能上保持方法一致，还确保用户可集成和扩展自己当前的安全解决方案，从而在企业现代化数据架构上提供单一、一致、安全的保护。

(5) 运营：基于 Ambari 实现，Ambari 是一款开源管理平台，可用于配置、管理、监控和保护 HDP。它能够管理和监控 Hadoop 集群，使 Hadoop 能够无缝融入企业环境。

(6) 云(架构图中没有体现这一部分)：Cloudbreak 是 HDP 的一部分，它基于 Apache Ambari，可简化在 Amazon Web Services、Microsoft Azure、Google Cloud Platform 和 OpenStack 等任何云环境中的配置和 Hadoop 群集管理。它在工作负载变化时可优化用户使用云资源的方式。

2. 基于 HDP 的大数据平台搭建

这里我们将基于 Ambari 搭建 HDP 大数据平台，在开始搭建之前，先给出整体环境的集群架构图，如图 6-29 所示，且每个节点的操作系统均为 CentOS 7 系统。

对应于上述的集群架构图，表 6-11 展示了每个节点的 IP 地址以及安装的组件及服务信息。

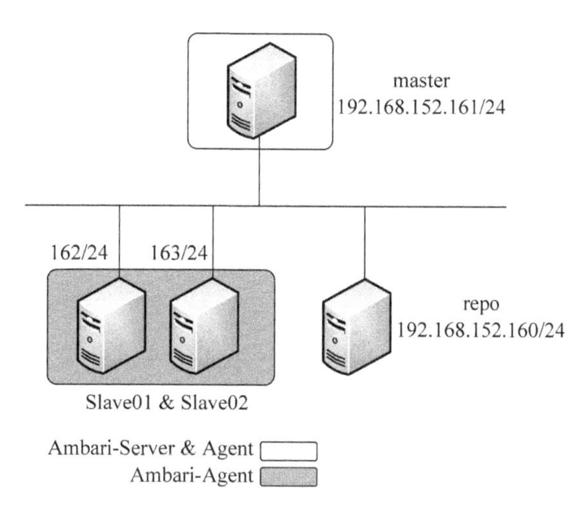

图 6-29 集群架构图

表 6-11 节点规划

节 点	IP	类 型	主要组件及服务
master	192.168.152.161	Ambari-Server Ambari-Agent	Activity Analyzer、Activity Explorer DataNode、HCat Client、HDFS Client Hive Client、HST Agent、HST Server Kafka Broker、MapReduce2 Client Grafana、Metrics Monitor、NameNode NodeManager、Pig Client、Slider Client Spark Client、Spark History Server Tez Client、YARN Client ZooKeeper Client、ZooKeeper Server
slave1	192.168.152.162	Ambari-Agent	App Timeline Server、DataNode HDFS Client、History Server、Hive Client Hive Metastore、HiveServer2、HST Agent MapReduce2 Client、Metrics Monitor MySQL Server、NodeManager、Pig Client ResourceManager、SNameNode Spark Client、Tez Client、WebHCat Server YARN Client、ZooKeeper Client ZooKeeper Server
slave2	192.168.152.163	Ambari-Agent	DataNode、HCat Client、HDFS Client Hive Client、HST Agent MapReduce2 Client、Metrics Collector Metrics Monitor、NodeManager Pig Client、Slider Client、Spark Client Tez Client、YARN Client ZooKeeper Client、ZooKeeper Server
repo	192.168.152.160	本地仓库	

1）环境准备

首先，先进行一些必要的环境准备工作，包括以下几个方面：

（1）将集群信息添加进各主机的/etc/hosts 文件中，内容如下所示。

```
192.168.152.160 repo
192.168.152.161 master
192.168.152.162 slave01
192.168.152.163 slave02
```

（2）设置集群各节点间 SSH 免密码登录：在 Ambari-Server 主机上使用 ssh-kengen 命令生成密钥对，将 SSH 公钥 id_rsa. pub 文件内容添加到所有 Ambari-Agent 主机的 authorized_keys 文件中，可使用 ssh-copy-id 命令分发各个机器的公钥，详细操作可参考相关资料。

（3）开启集群的 NTP 服务：在 CentOS 7 系统上，可分别通过下面的指令实现安装 NTP 服务、检查是否开启并设置为开机启动功能。

```
yum install  - y ntp                    //安装 NTP 服务
systemctl is - enabled ntpd             //检查开机时是否自动启动 NTP 服务
systemctl enable ntpd                   //设置为开机启动
systemctl start ntpd                    //启动 NTP 服务
```

（4）关闭防火墙：由于集群环境封闭，我们直接把防火墙关闭，可通过下面指令实现。

```
systemctl disable firewalld
systemctl stop firewalld
```

（5）关闭 SELinux、PackageKit 并检查 umask 值：通过 setenforce 0 指令关闭 SELinux，然后打开/etc/yum/pluginconf. d/refresh-packagekit. conf，使得其中 enabled=0，最后通过指令 echo umask 0022 >> /etc/profile 更改 umask 值。

（6）配置 JDK 环境，过程在这里不再细说，要注意的是请务必保证每个主机上的 JDK 环境配置保持一致，否则会影响到后面的操作。

2）本地仓库配置

在主机 repo 上，我们需要完成如下一些准备工作：

（1）获取仓库文件：共需要下载 3 个压缩包，分别是 Ambari 2. 4. 1 压缩包、HDP 压缩包以及 HDP UTILS 压缩包，3 个压缩包分别对应以下三个下载地址：http://public-repo-1. hortonworks. com/ambari/centos7/2. x/updates/2. 4. 1. 0/ambari-2. 4. 1. 0-centos7. tar. gz、http://public-repo-1. hortonworks. com/HDP/centos7/2. x/updates/2. 5. 0. 0/HDP-2. 5. 0. 0-centos7-rpm. tar. gz 以及 http://public-repo-1. hortonworks. com/HDP-UTILS-1. 1. 0. 21/repos/centos7/HDP-UTILS-1. 1. 0. 21-centos7. tar. gz。

（2）创建 HTTP 服务：通过指令 yum install httpd 安装 Apache httpd，可以看到生成了/var/www/目录，接着新建目录/var/www/html/hdp 以及/var/www/html/hdp/HDP-UTILS-1. 1. 0. 21/repos/centos7，将 Ambari 2. 4. 1 压缩包解压到/var/www/html，HDP 压缩包解压到/var/www/html/hdp，HDP UTILS 压缩包解压到/var/www/html/hdp/HDP-UTILS-1. 1. 0. 21/repos/centos7。

3）获取 Repo 文件

首先，我们先通过以下两个地址下载 Ambari 和 HDP 的 Repo 文件：

http://public-repo-1.hortonworks.com/ambari/centos7/2.x/updates/2.4.1.0/ambari.repo

http://public-repo-1.hortonworks.com/HDP/centos7/2.x/updates/2.5.0.0/hdp.repo

然后，修改 ambari.repo 以及 hdp.repo 的内容分别如图 6-30 和图 6-31 所示。

```
#VERSION_NUMBER=2.4.1.0-22

[Updates-ambari-2.4.1.0]
name=ambari-2.4.1.0 - Updates
baseurl=http://repo/AMBARI-2.4.1.0/centos7/2.4.1.0-22/
gpgcheck=1
gpgkey=http://master/AMBARI-2.4.1.0/centos7/2.4.1.0-22/RPM-GPG-KEY/RPM-GPG-KEY-Jenkins
enabled=1
priority=1
```

图 6-30 ambari.repo 文件内容

```
#VERSION_NUMBER=2.5.0.0-1245
[HDP-2.5.0.0]
name=HDP Version - HDP-2.5.0.0
baseurl=http://repo/hdp/HDP/centos7/
gpgcheck=1
gpgkey=http://repo/hdp/HDP/centos7/RPM-GPG-KEY/RPM-GPG-KEY-Jenkins
enabled=1
priority=1


[HDP-UTILS-1.1.0.21]
name=HDP-UTILS Version - HDP-UTILS-1.1.0.21
baseurl=http://repo/hdp/HDP-UTILS-1.1.0.21/repos/centos7
gpgcheck=1
gpgkey=http://repo/hdp/HDP-UTILS-1.1.0.21/repos/centos7/RPM-GPG-KEY/RPM-GPG-KEY-Jenkins
enabled=1
priority=1
```

图 6-31 hdp.repo 文件内容

最后将上述修改好的 ambari.repo 以及 hdp.repo 放到 Ambari-Server 主机（即图 6-31 中的 master 主机）的/etc/yum.repos.d/目录下即可。

4）安装 Ambari Server

首先，在 master 主机上通过指令 yum repolist 检查仓库是否已配置，将会看到类似图 6-32 所示的信息出现。

```
源标识                          源名称                                      状态
HDP-2.5.0.0                     HDP Version - HDP-2.5.0.0                    200
HDP-UTILS-1.1.0.21              HDP-UTILS Version - HDP-UTILS-1.1.0.21        64
Updates-ambari-2.4.1.0          ambari-2.4.1.0 - Updates                      12
base/7/x86_64                   CentOS-7 - Base                            9,363
extras/7/x86_64                 CentOS-7 - Extras                            450
updates/7/x86_64                CentOS-7 - Updates                         2,146
```

图 6-32 Ambari 仓库信息

接着，执行命令 yum install ambari-server，开始安装 Ambari-Server，安装成功后会显示类似图 6-33 所示的信息。

然后，在启动 Ambari Server 之前，我们还需要配置 Ambari Server，执行指令 ambari-server setup，我们有可能会遇到下面的信息：

（1）如果没有关闭 SELinux，会显示一个警告，输入 y 即可；

```
Running transaction check
Running transaction test
Transaction test succeeded
Running transaction
  正在安装    : postgresql-libs-9.2.18-1.el7.x86_64                    1/4
  正在安装    : postgresql-9.2.18-1.el7.x86_64                         2/4
  正在安装    : postgresql-server-9.2.18-1.el7.x86_64                  3/4
  正在安装    : ambari-server-2.4.1.0-22.x86_64                        4/4
  验证中      : postgresql-9.2.18-1.el7.x86_64                         1/4
  验证中      : ambari-server-2.4.1.0-22.x86_64                        2/4
  验证中      : postgresql-libs-9.2.18-1.el7.x86_64                    3/4
  验证中      : postgresql-server-9.2.18-1.el7.x86_64                  4/4

已安装:
  ambari-server.x86_64 0:2.4.1.0-22

作为依赖被安装:
  postgresql.x86_64 0:9.2.18-1.el7          postgresql-libs.x86_64 0:9.2.18-1.el7
  postgresql-server.x86_64 0:9.2.18-1.el7

完毕!
```

图 6-33　安装 Ambari-Server

(2) 在"Customize user account for ambari-server daemon"选项中输入 n；

(3) 如果没有关闭防火墙，同样会被警告，输入 y 即可；

(4) JDK 配置，会有三种方案，建议选择自定义选项，然后输入 JAVA_HOME 地址(对应 10.1.2.1 环境准备小节的 JDK 配置)；

(5) 在"Enter advanced database configuration"选项中输入 n。

5) 部署 HDP 集群

首先，在主机 master 上通过指令 ambari-server start 启动 Ambari Server(若在启动过程中，显示错误"DB configs consistency check failed"，可通过指令 ambari-server start-skip-database-check 强制启动)，然后在浏览器中输入地址：http://< your. ambari. server >:8080，此处为：http://master:8080，并输入账号密码，账号密码默认均为"admin"，登录后可以看到如图 6-34 所示界面。

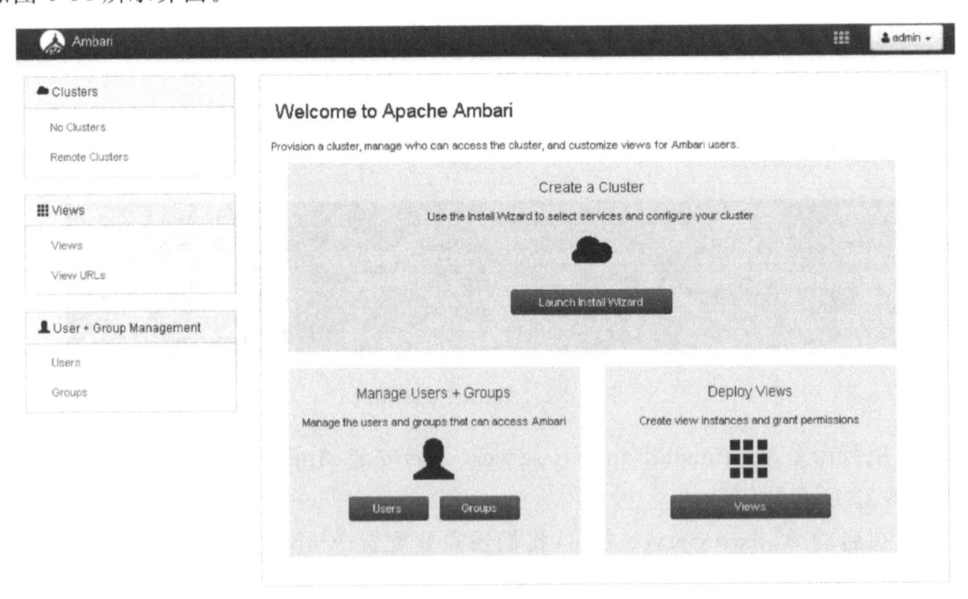

图 6-34　安装主界面

单击“Launch Install Wizard”后，为集群命名为“MyCluster”(名字可以随意命名)，单击下一步，可以看到如图 6-35 所示页面。

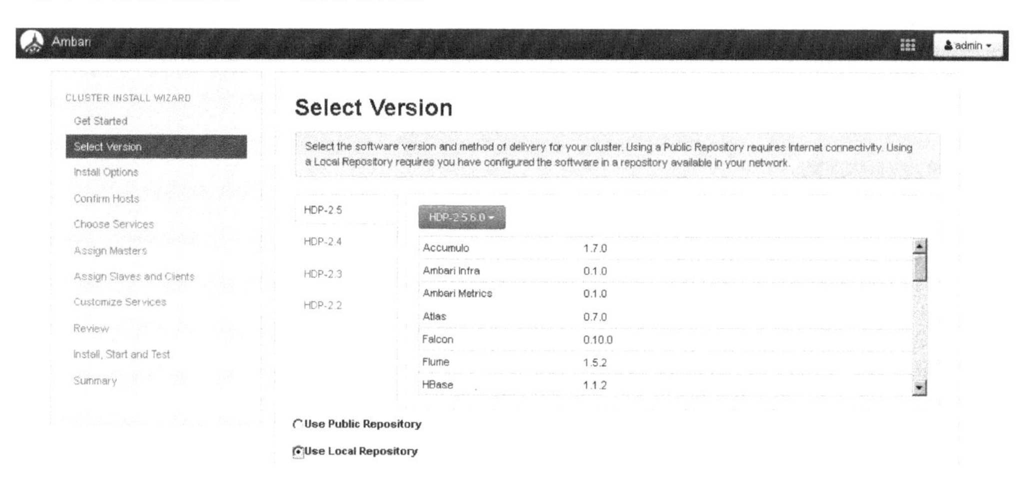

图 6-35 版本选择

在这个步骤中，我们选择 HDP-2.5，并勾选“Use Local Repository”，然后填写相关 URL 信息(URL 就是前面本地源的地址)，如图 6-36 所示。

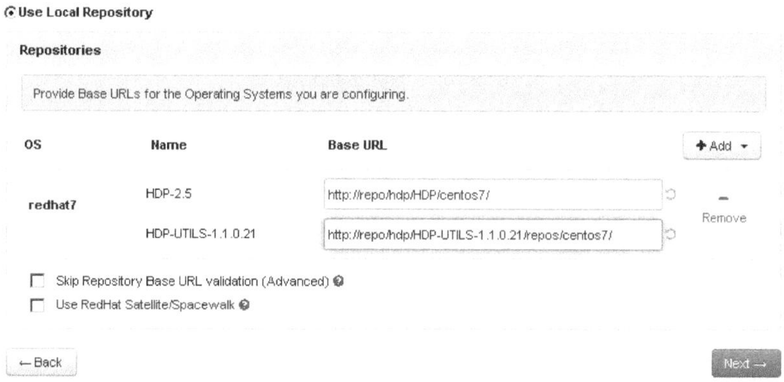

图 6-36 URL 配置

单击 Next 后，设置一些集群安装信息，如配置集群主机列表、Ambari-Server 主机的私钥，如图 6-37 所示。

单击 Next，等待验证，这一步主要是检查每个主机的环境，验证成功后主机的状态会变为“SUCCESS”，如果出现错误可以在底部单击按钮查看错误信息，如图 6-38 所示。

继续下一步，选择需要安装的服务，这里我们需要选择 HDFS、YARN＋MapReduce2、Tez、Hive、Pig、Zookeeper、Ambari Metrics、Kafka、SmartSense、Spark 和 Slider(请按需选择)，而且现在没有选择的服务，在以后也可以添加，所以不必担心，如图 6-39 所示。

单击 Next，Ambari 安装向导将所选服务的主组件分配给集群中的适当主机，并在左侧显示服务和所在主机，右侧显示主机当前主组件分配，并会显示每个主机上安装的 CPU 内核数量和 RAM 数量，我们可以根据实际情况自行配置，这里我们使用默认配置，如图 6-40 所示。

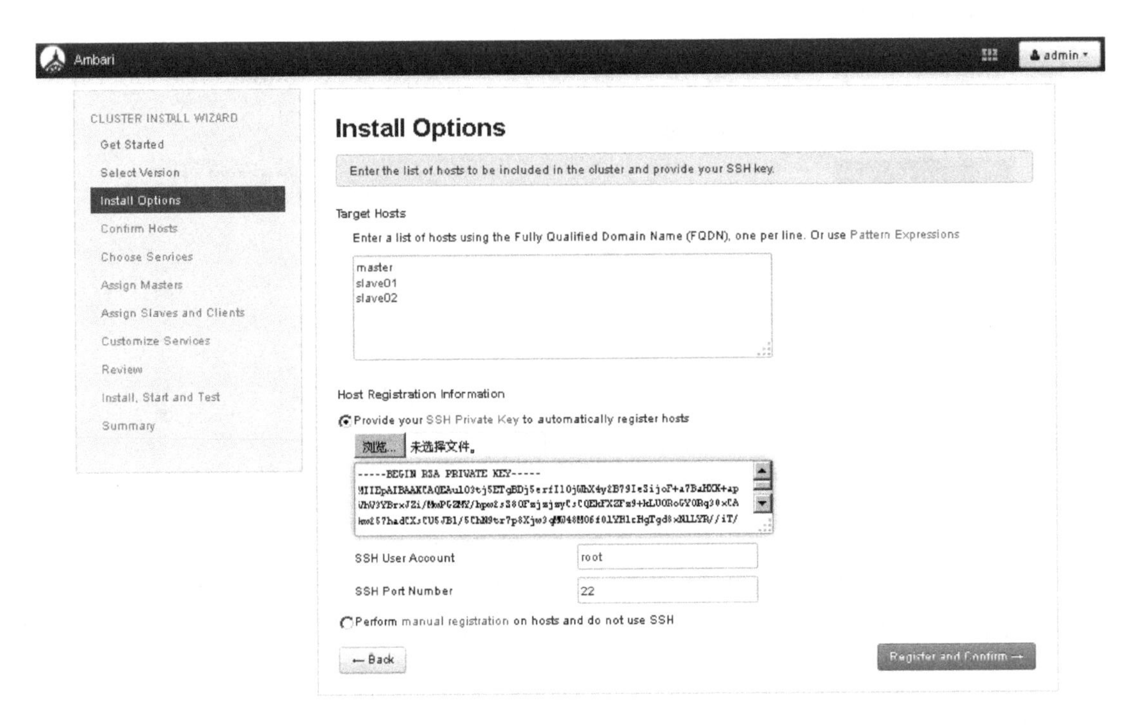

图 6-37　集群主机信息

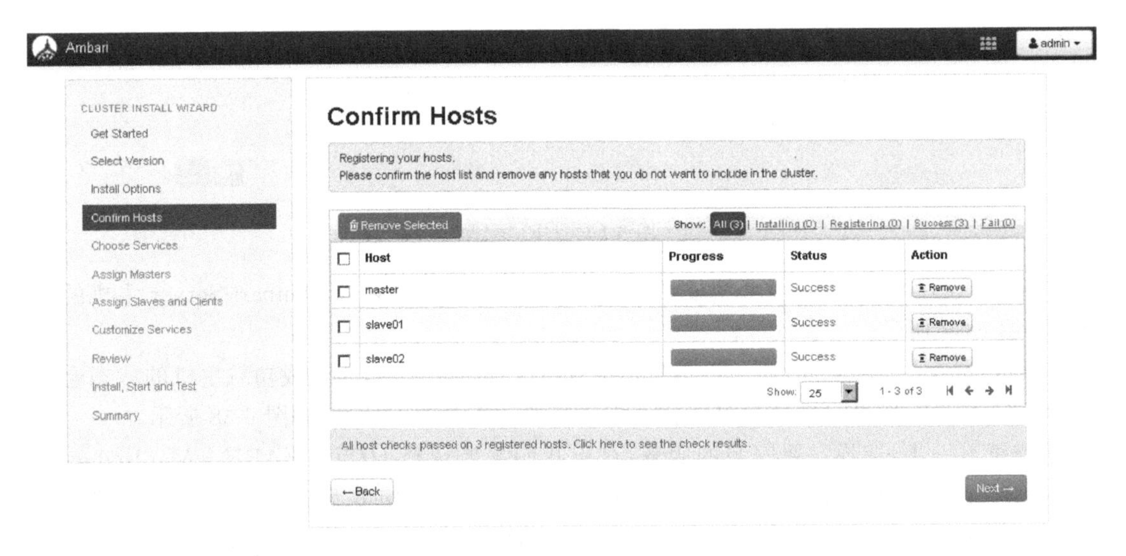

图 6-38　验证集群主机

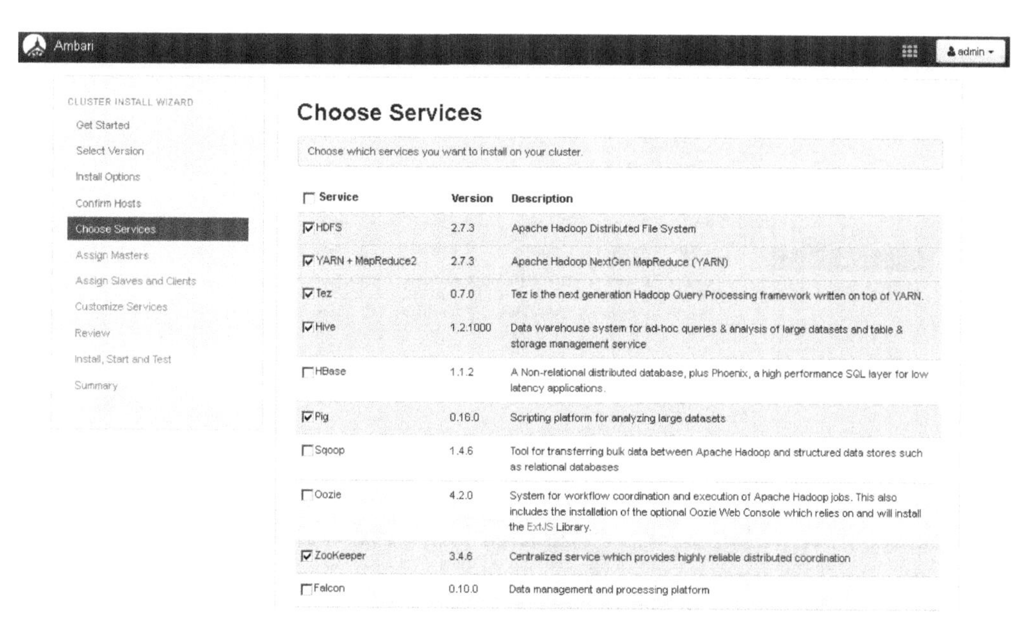

图 6-39　选择服务

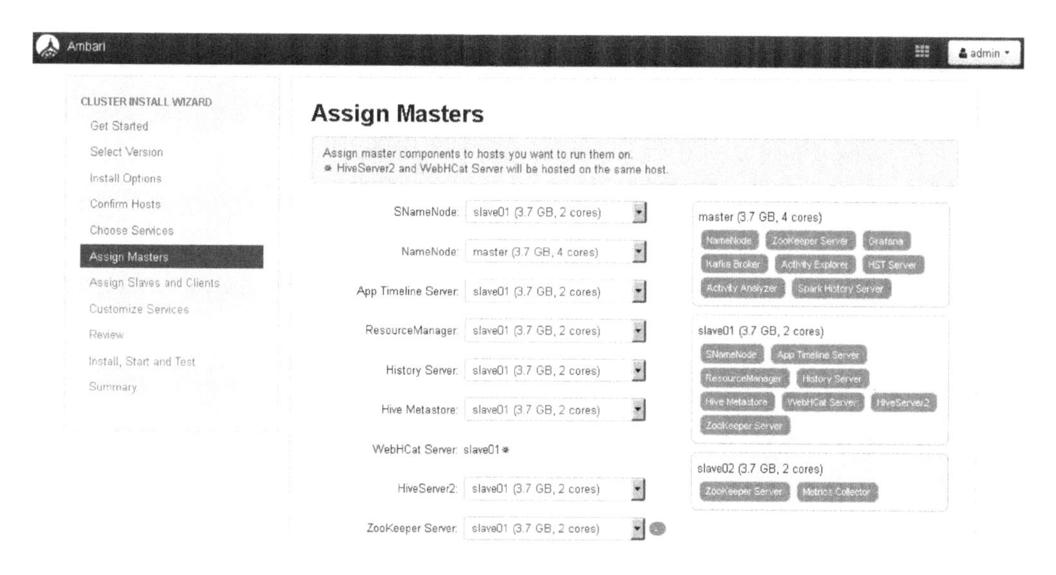

图 6-40　分配主组件

单击 Next，Ambari 安装向导会将从属组件（DataNodes，NodeManagers 等）分配给集群中的适当主机，它还会尝试选择主机来安装适当的客户端，这里同样使用默认配置，如图 6-41 所示。

继续下一步，安装向导提供了一组让我们查看和修改 HDP 群集设置的选项卡，具体而言，就是让我们检查每个服务的配置信息，有些信息是必须要手动添加的，例如 hive 的数据库的密码，自行设置即可，如图 6-42 所示。

配置完毕后，继续单击 Next，我们可以检查所有服务信息，确保一切正确，如图 6-43 所示。

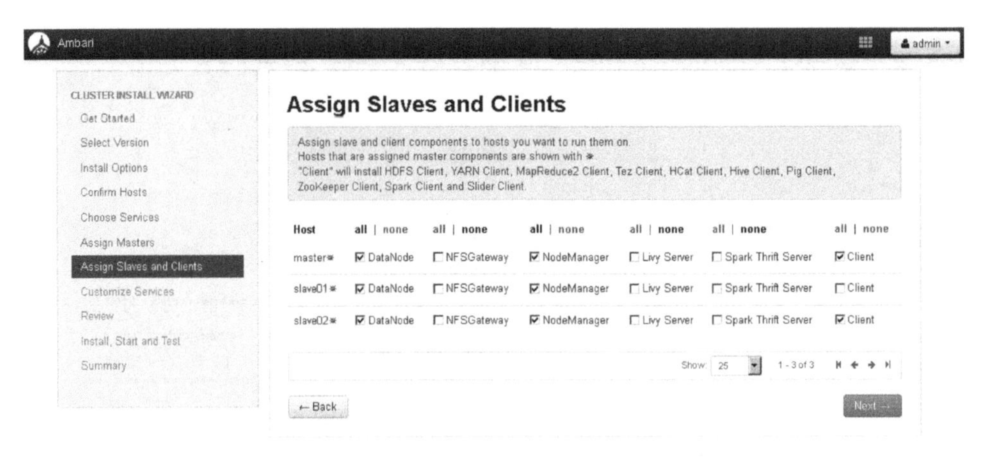

图 6-41　分配从属组件和客户端

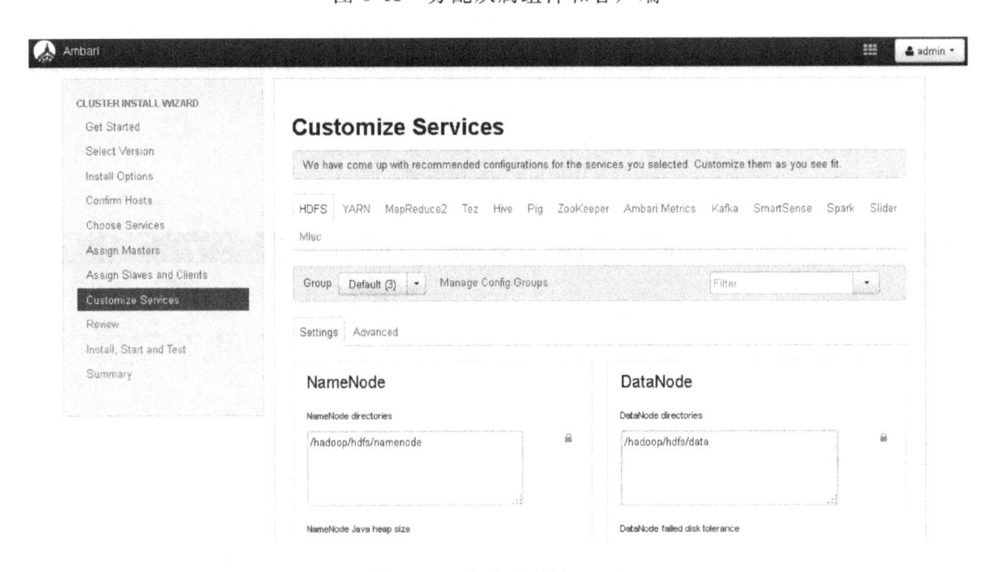

图 6-42　自定义服务配置

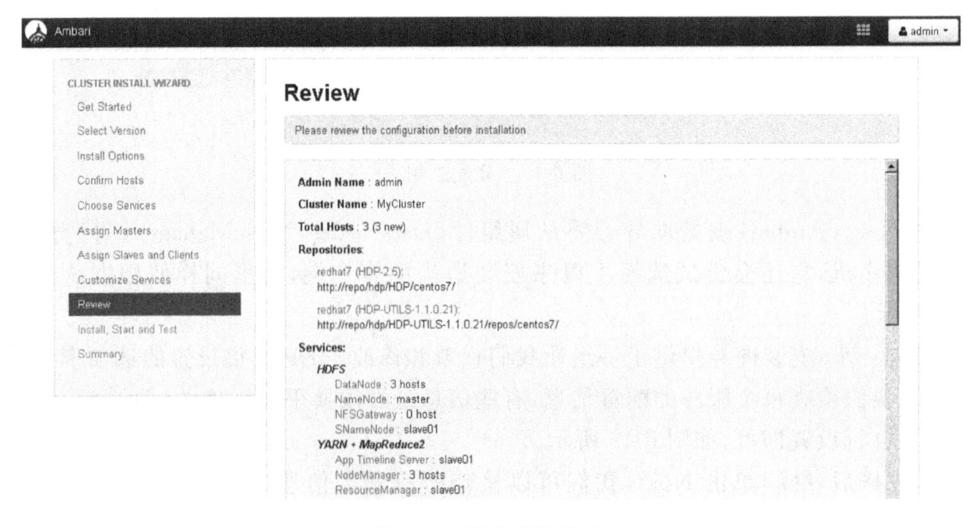

图 6-43　服务安装信息

然后，单击“Deploy”按钮，Ambari会开始安装，启动并运行每个组件的简单测试，整个过程的总体状态显示在屏幕顶部的进度栏中，每个主机的实时安装进度也能够在页面中间看到，安装过程会比较漫长，尤其是当组件比较多的时候，耐心等待指导安装完成，如图6-44所示，安装完成后若出现一些警告信息，一般也不会有问题，并可以查看详细情况，单击下一步可以看到整个安装过程的总结，然后集群的安装和部署工作就完成了。

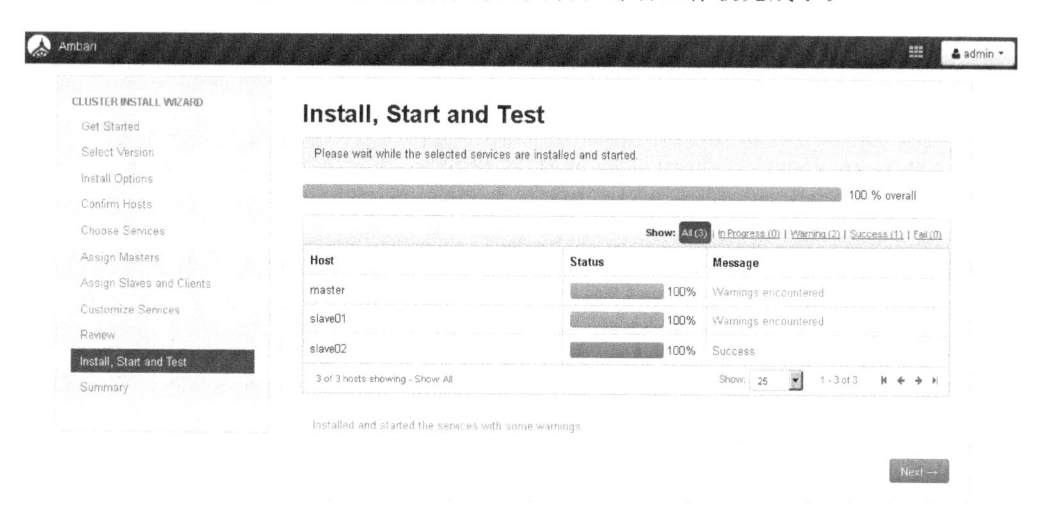

图6-44　安装服务

最后，我们可以登录到Ambari web管理页面对整个集群的状态进行查看，如图6-45所示。

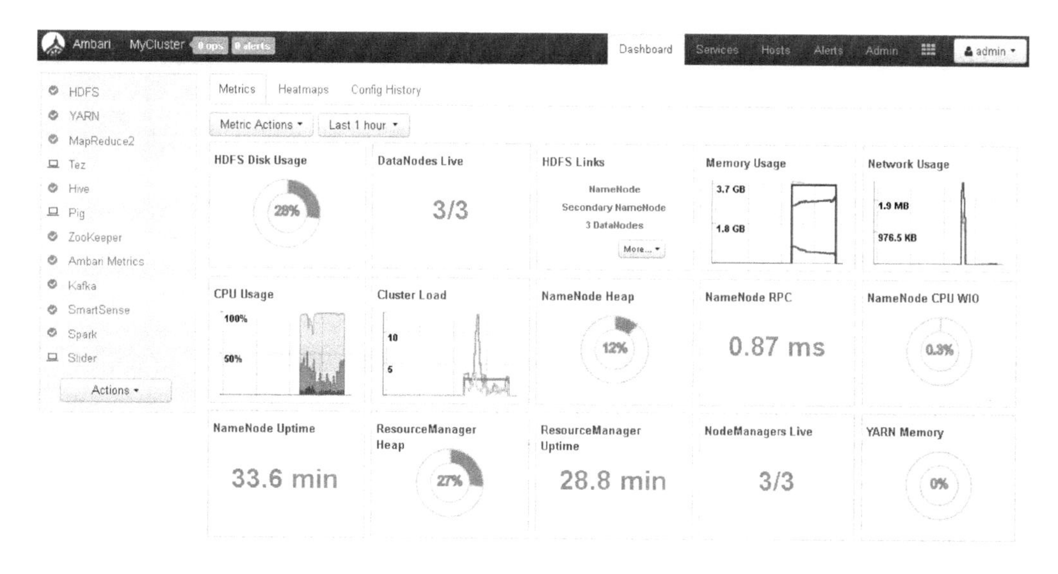

图6-45　集群状态图

3. HDP应用实践

这里我们将使用上面搭建的HDP平台的部分组件进行司机驾驶危险性案例实践，限于篇幅原因，我们将不对涉及的代码进行详细的介绍，涉及的相关组件的使用具体可参考各自的官方文档。实践的数据包含两个数据集：trucks.csv 以及 geolocation.csv，其中：

(1) trucks.csv 收集了每个司机驾驶卡车的品牌以及各时间的行驶距离的信息，由于数据集中的字段名已经可以直观反映出各自代表的意思，所以这里就不一一详述了，读者可以自行查看。

(2) geolocation.csv 收集了所有卡车在规定时间段的各种数据，包括卡车位置、所在城市、事件类型、速度等记录，同样地，不再详述每个字段的含义，这里只强调“event”字段，它代表的当时发生的事件类型，有诸如“normal”(正常行驶)、“overspeed”(超速)等值，这是后面计算危险性的关键。实践用到的两数据集可通过链接 https://app.box.com/v/HadoopCrashCourseData 进行下载。

案例实践可以简单看作如下过程：首先将数据集带入到 HDFS，然后通过 Hive 以及 Pig 进行相关数据分析以及表的创建，最后通过 Zeppelin 进行数据可视化。由于在上面的部署中没有安装 Zeppelin，所以需要将其装上，在集群主界面依次单击“Admin”->“Stack and Versions”并单击“Zeppelin Notebook”服务栏所对应“Add Service”进行服务的安装即可。

1) 将数据集导入 HDFS

首先，通过以下指令创建存放数据集的文件目录路径/user/admin/data/。

```
su hdfs
hdfs dfs -mkdir -p /user/admin/data
hdfs dfs -chmod 777 /user/admin /user/admin/data
```

接着，我们打开“File View”界面，如图 6-46 所示。

图 6-46 下拉菜单

打开“File View”后，然后进入路径/user/admin/data，我们将把上述的两个数据集文件上传在这里，单击右上角的“Upload”按钮，即可上传相关文件，如图 6-47 和图 6-48 所示。

2) Hive 进行 ETL 处理

与上一个步骤类似，只不过这里我们将进入“Hive View”(可参考图 6-49)，首先通过以下步骤设置 hive 引擎：

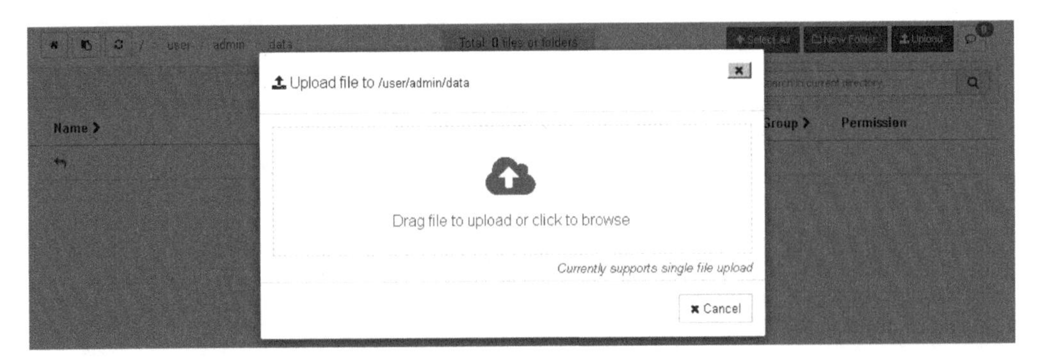

图 6-47 文件上传界面

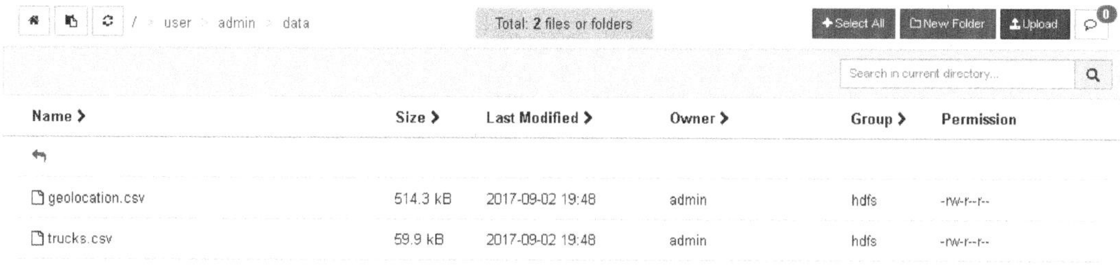

/ > user > admin > data　Total: 2 files or folders　Select All　New Folder　Upload

Search in current directory...

Name	Size	Last Modified	Owner	Group	Permission
geolocation.csv	514.3 kB	2017-09-02 19:48	admin	hdfs	-rw-r--r--
trucks.csv	59.9 kB	2017-09-02 19:48	admin	hdfs	-rw-r--r--

图 6-48　相关数据集文件

(1) 单击页面右侧 ⚙ 选项卡，进入设置界面；

(2) 单击 Add 按钮；

(3) 选择左侧的下拉菜单为“hive. execution. engine”，右侧为“tez”，如图 6-49 所示；

(4) 单击 Save Default Settings 按钮保存设置。

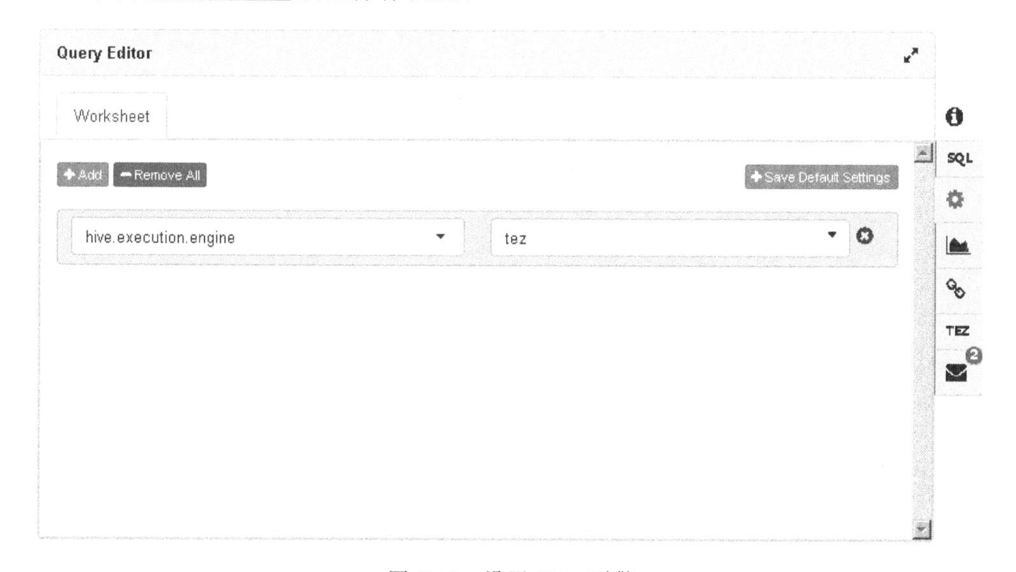

图 6-49　设置 Hive 引擎

然后，单击上方“Upload Table”选项卡，并选择选项“Upload from HDFS”，填写 HDFS Path 栏信息，然后单击 ⚙ 按钮，在弹出的界面中勾选上“Is first row header?”选项，此处我们填写的内容为“/user/admin/data/trucks. csv”，单击“Preview”按钮后可以看到如图 6-50 所示的信息。

最后单击“Upload Table”按钮，并等待操作完成即可。同样地，对 geolocation. csv 表完成一遍上述的操作。

继续下一步操作，回到“Query”选项卡，单击刷新按钮后，在上述步骤没有出现问题的情况下，我们应该可以看到在 Databases default 下已经存在了两个表：trucks 以及 geolocation，如图 6-51 所示。

然后，我们在 Worksheet 中执行如下命令创建表 truck_mileage，它记录了卡车在某个时间点的行驶路程，油耗以及 MPG(一加仑油能够行驶多少英里)。

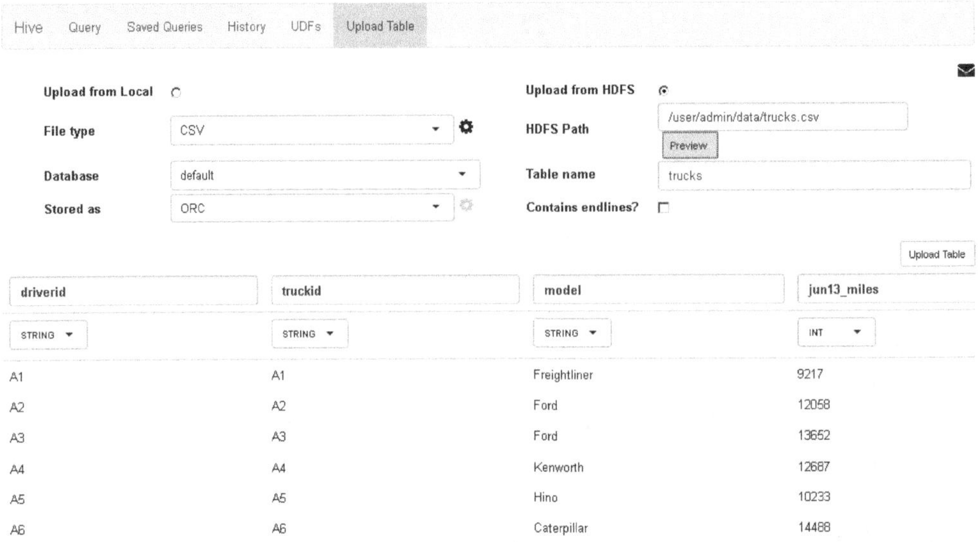

图 6-50 上传表

图 6-51 数据表

```
CREATE TABLE truck_mileage
STORED AS ORC AS
SELECT truckid, driverid, rdate, miles, gas, miles / gas mpg
FROM trucks
LATERAL VIEW stack(54, 'jun13',jun13_miles,jun13_gas,'may13',may13_miles
,may13_gas,'apr13',apr13_miles,apr13_gas,'mar13',mar13_miles,mar13_gas
,'feb13',feb13_miles,feb13_gas,'jan13',jan13_miles,jan13_gas,'dec12'
,dec12_miles,dec12_gas,'nov12',nov12_miles,nov12_gas,'oct12',oct12_miles
,oct12_gas,'sep12',sep12_miles,sep12_gas,'aug12',aug12_miles,aug12_gas
,'jul12',jul12_miles,jul12_gas,'jun12',jun12_miles,jun12_gas,'may12'
,may12_miles,may12_gas,'apr12',apr12_miles,apr12_gas,'mar12',mar12_miles
,mar12_gas,'feb12',feb12_miles,feb12_gas,'jan12',jan12_miles,jan12_gas
,'dec11',dec11_miles,dec11_gas,'nov11',nov11_miles,nov11_gas,'oct11'
,oct11_miles,oct11_gas,'sep11',sep11_miles,sep11_gas,'aug11',aug11_miles
,aug11_gas,'jul11',jul11_miles,jul11_gas,'jun11',jun11_miles,jun11_gas,'may11'
,may11_miles,may11_gas,'apr11',apr11_miles,apr11_gas,'mar11',mar11_miles
,mar11_gas,'feb11',feb11_miles,feb11_gas,'jan11',jan11_miles,jan11_gas
,'dec10',dec10_miles,dec10_gas,'nov10',nov10_miles,nov10_gas,'oct10'
,oct10_miles,oct10_gas,'sep10',sep10_miles,sep10_gas,'aug10',aug10_miles
,aug10_gas,'jul10',jul10_miles,jul10_gas,'jun10',jun10_miles,jun10_gas,'may10'
,may10_miles,may10_gas,'apr10',apr10_miles,apr10_gas,'mar10',mar10_miles
,mar10_gas,'feb10',feb10_miles,feb10_gas,'jan10',jan10_miles,jan10_gas
```

```
,'dec09',dec09_miles,dec09_gas,'nov09',nov09_miles,nov09_gas,'oct09'
,oct09_miles,oct09_gas,'sep09',sep09_miles,sep09_gas,'aug09',aug09_miles
,aug09_gas,'jul09',jul09_miles,jul09_gas,'jun09',jun09_miles,jun09_gas
,'may09',may09_miles,may09_gas,'apr09',apr09_miles,apr09_gas,'mar09'
,mar09_miles,mar09_gas,'feb09',feb09_miles,feb09_gas,'jan09',jan09_miles
,jan09_gas ) dummyalias AS rdate, miles, gas;
```

最后，我们分别通过下面的命令生成表 avg_mileage、表 DriverMileage 和表 riskfactor，表 avg_mileage 和表 DriverMileage 分别记录每辆卡车的平均 MPG 以及行驶总路程，表 riskfactor 记录每个司机的行驶危险度。

```
CREATE TABLE avg_mileage
STORED AS ORC
AS
SELECT truckid, avg(mpg) avgmpg
FROM truck_mileage
GROUP BY truckid;

CREATE TABLE DriverMileage
STORED AS ORC
AS
SELECT driverid, sum(miles) totmiles
FROM truck_mileage
GROUP BY driverid;

CREATE TABLE riskfactor (driverid string, events bigint, totmiles double, riskfactor float)
STORED AS ORC;
```

3）Pig 进行危险度计算

在使用 Pig 之前，我们应该还记得前面的“Files View”和“Hive View”，我们会发现这里并没有“Pig View”，通过下面的步骤即可创建“Pig View”：

（1）单击右上角 admin 用户下拉菜单里的“Manager Ambari”；

（2）依次单击“Views”→“Pig”→“Create Instance”，然后填写相关信息，可以参考图 6-52。

Details	
Instance Name*	Pig Instance
Display Name*	Pig View
Description*	This is Pig View
	☑ Visible

图 6-52　Pig Instance 信息

然后我们就可以发现原下拉菜单里已经有了想要的“Pig View”，单击进入后接着单击右上角的“New Script”按钮，输入名字(自行取名即可)之后单击“Create”按钮完成文件创建，接着输入内容如下。

```
a = LOAD 'geolocation' using org.apache.hive.hcatalog.pig.HCatLoader();
b = filter a by event != 'normal';
c = foreach b generate driverid, event, (int) '1' as occurance;
d = group c by driverid;
e = foreach d generate group as driverid, SUM(c.occurance) as t_occ;
g = LOAD 'drivermileage' using org.apache.hive.hcatalog.pig.HCatLoader();
h = join e by driverid, g by driverid;
final_data = foreach h generate $0 as driverid, $1 as events, (double) $3 as totmiles,
(float) $3/$1 as riskfactor;
store final_data into 'riskfactor' using org.apache.hive.hcatalog.pig.HCatStorer();
```

从上述 Pig 命令可以看出，危险度计算其实是简单地以 riskfactor＝totmiles/events 作为衡量，即总的行驶路程除去非正常驾驶的事件数就得出了司机的驾驶危险度。

然后在右下方添加上参数“-useHCatalog”，并勾选上方的“Execute Tez”选项，最后单击“Execute”按钮等待作业执行即可，如图 6-53 所示。

图 6-53　准备执行 riskfactor.pig

作业执行完毕之后，原本的空表 riskfactor 现在已经导入了相应数据，可自行到“Hive View”中执行相关指令查看。

4）Zeppelin 进行数据可视化

这一步非常简单，首先在浏览器地址栏输入“http://hostIP:9995”，此处的 hostIP 代表 Zeppelin 所在主机的 IP 地址，输入后即可转到如图 6-54 所示界面。

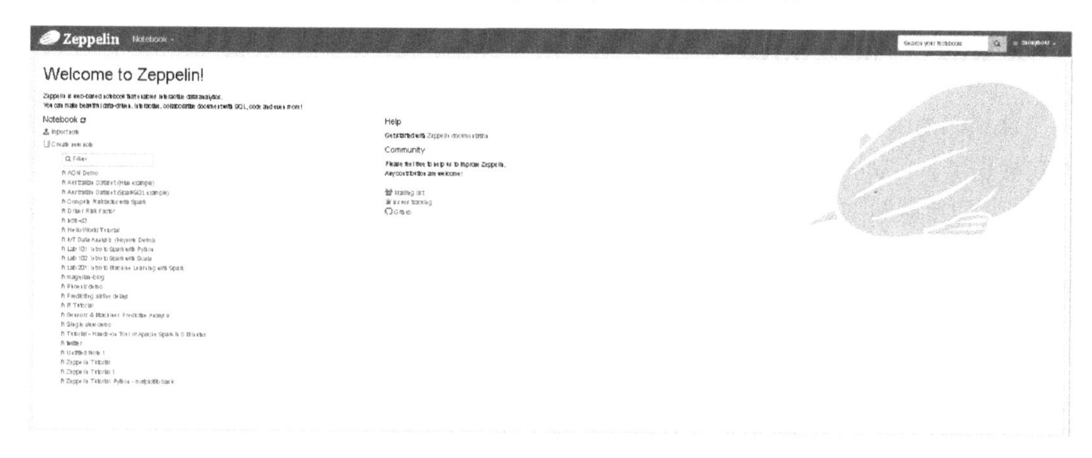

图 6-54　Zeppelin 主界面

然后单击“Create new note”按钮并输入名字后，我们可以看到一个类似 Jupyter 的工作界面，直接输入如下所示命令并执行即可看到如图 6-55 所示信息。

```
%jdbc(hive)
SELECT * FROM riskfactor
```

riskfactor.driverid	riskfactor.events	riskfactor.totmiles	riskfactor.riskfactor
A1	3	628,507	209,502.33
A10	6	675,377	112,562.836
A100	4	634,338	158,584.5
A11	5	652,452	130,490.4
A12	5	668,241	133,648.2
A13	4	654,319	163,579.75
A14	6	649,645	108,274.164
A15	6	651,036	108,506

图 6-55　表格式输出

我们之前说过数据的可视化展示，其实很简单，单击命令行下面的不同按钮即可出现不同的图形化展示，如图 6-56 所示。

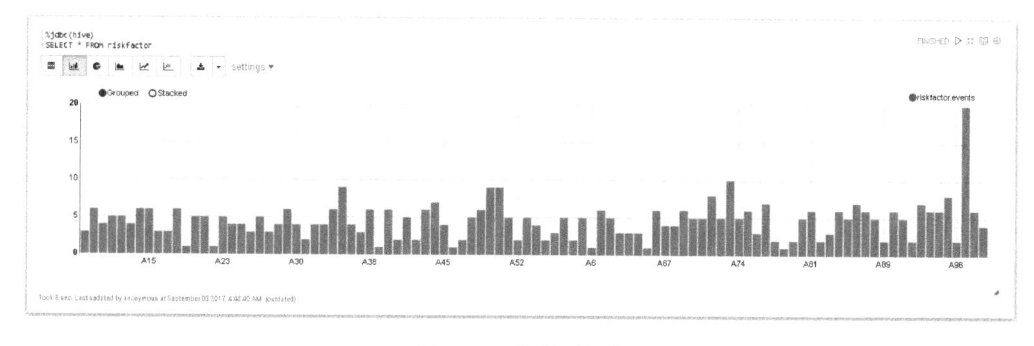

图 6-56　数据可视化

到这里，便意味着实践的结束，回顾一下，我们在案例中接触到了 HDFS、Hive 等服务工具，其实大数据分析技术生态圈是十分庞大的，而 HDP 平台也包含了各种各样的服务组件，将这些组件有机地结合使用起来，可以让我们更从容地应对各个领域的数据挑战。

6.4.3 HadoopDB

HadoopDB 是由美国耶鲁大学计算机科学教授 Daniel J. Abadi 及其团队推出的开源并行数据库。HadoopDB 是一个 Mapreduce 和传统关系型数据库的结合方案，以充分利用 RDBMS 的性能和 Hadoop 的容错、分布特性。采用了许多不同的开源组件，包括开源数据库、PostgreSQL、Apache Hadoop 技术和 Hive 等。

1. HadoopDB 原理

HadoopDB 旨在结合 MapReduce 的可扩展性优势和并行数据库的性能、效率优势，以管理和分析大数据。HadoopDB 背后的基本思想是，连接多个单节点数据库系统（PostgreSQL），使用 Hadoop 作为任务协调者和网络通信层；查询用 SQL 表达，但是其执行是使用 MapReduce 框架跨节点并行化的，以便将单一查询工作尽可能推送到相应的节点数据库中。

因为集两种技术的精华于一身，HadoopDB 可以取得 MapReduce 等大规模并行数据基础设施的容错性。在这些基础设施中，服务器故障对整个网络的影响非常小。HadoopDB 可以执行复杂的分析，速度几乎与已有的商用并行数据库一样快。

HadoopDB 的基本原理是利用 Hadoop 来存取部署在集群上多个单一节点上的 DBMS 服务器（如 PostgreSQL 或 MySQL）。通过发起 SQL 查询，HadoopDB 将尽可能多的数据处理推给数据库引擎来进行（通常情况下，大部分的映射/组合-Map/Combine 阶段的逻辑可以用 SQL 来表达）。这样就创建了一个类似于无共享并行数据库的系统。应用从数据库世界得到的技术大大提升了性能，特别是在更复杂的数据分析上。同时，HadoopDB 依赖于 MapReduce 框架的事情确保了系统在高可扩展性和容错、异构性（heterogeneity）方面的效果与 Hadoop 类似。

2. HadoopDB 总体架构

如图 6-57 所示，作为一个混合的系统，HadoopDB 主要由 HDFS、MapReduce、SMS Planner、DB Connector 等部分构成。HadoopDB 的核心框架还是 Hadoop，具体就是存储层 HDFS 和处理层 MapReduce。关于 HDFS 上 namenode，datanode 各自处理任务，数据备份存储机制以及 MapReduce 内 master-slave 架构，jobtracker 和 tasktracker 各自的工作机制和任务负载分配，数据本地化特性等内容就不详细介绍了。下面对主要构成部件作简单介绍：

（1）Databae Connector：承担的是 node 上独立数据库系统和 TaskTracker 之间的接口。图中可以看到每个 single 的数据库都关联一个 datanode 和一个 tasktracker。它传输 SQL 语句，得到一些 KV 返回值。扩展了 Hadoop 的 InputFormat，实现与 MapReduce 框架的无缝拼接。

（2）Catalog：维持数据库的元数据信息。包括两部分：数据库的连接参数和元数据，如集群中的数据集、复本位置、数据分区属性。现在是以 XML 来记录这些元数据信息的。

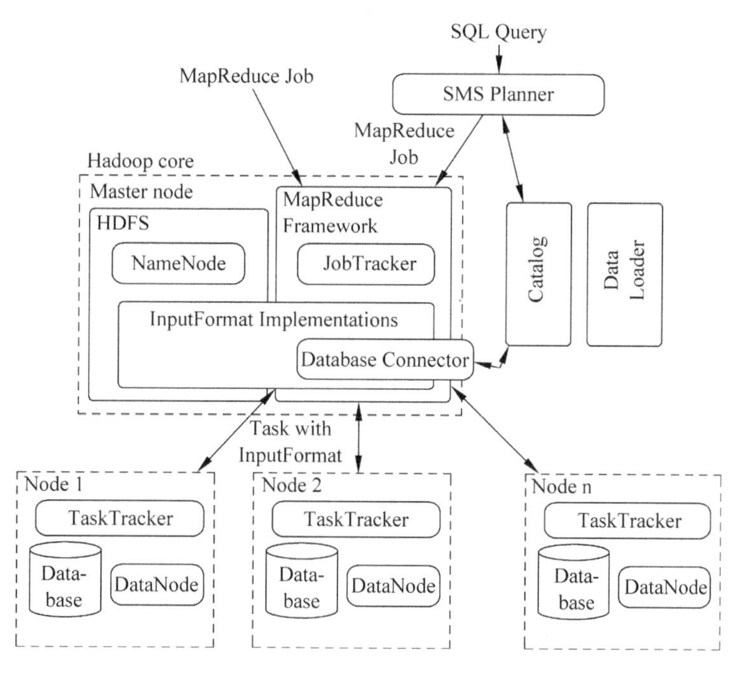

图 6-57 HadoopDB 架构

由 JobTracker 和 TaskTracker 在必要的时候来获取相应信息。

(3) Data Loader：主要职责涉及根据给定的分区 key 来装载数据，对数据进行分区。包含自身两个主要 Hasher：Global Hasher 和 Local Hasher。简单地说，Hasher 无非是为了让分区更加均衡。

(4) SMS Planner：SMS 是 SQL to MapReduce to SQL 的缩写。HadoopDB 通过使它们能执行 SQL 请求来提供一个并行化数据库前端做数据处理。SMS 扩展了 Hive。关于 Hive 编者在这里不展开介绍了。总之是关于一种融入 MapReduce job 内的 SQL 的变种语言，来连接 HDFS 内存放文件的 table。

3. HadoopDB 优缺点

HadoopDB 的优点有：(1)结合 Hive 对 SQL 强大的支持并直接生成 map/reduce 任务，不需要再手动编写 map/reduce 程序；(2)利用关系数据库查数据则又是利用单节点的性能优势；(3)利用 Hadoop 所具有的高容错性、高可用性以及对于高通量计算的性能优越性。

HadoopDB 的缺点有：(1)如果不想手动编写 map/reduce 程序，则只能查询的 SQL 语句的数据来源不能来自多张表，原因是因为它目前只相当对一个数据库的多个分块并行查询，所以不能做到多分块的数据关系处理。当然为了实现多表 join，可手动改造 InputFormat 以实现；(2)其数据预处理代价过高：数据需要进行两次分解和一次数据库加载操作后才能使用；(3)将查询推向数据库层只是少数情况，大多数情况下，查询仍由 Hive 完成。因为数据仓库查询往往涉及多表连接，由于连接的复杂性，难以做到在保持连接数据局部性的前提下将参与连接的多张表按照某种模式划分；(4)维护代价过高。不仅要维护 Hadoop 系统，还要维护每个数据库节点；(5)目前尚不支持数据的动态划分，需要手工一次划分好。

4. HadoopDB 的商业化平台 Hadapt

Hadapt 是商业化的 HadoopDB 平台。Hadapt 是一个自适应数据分析平台，结合了 Hadoop 和关系数据库管理软件的优点成为一个单独的数据平台。其成果就是一个高性能分析系统，对结构化和非结构化数据都能很好处理。Hadapt 为 Apache Hadoop 开源项目带来了 SQL 实现。通过其合并了关联数据存储的混合存储层，Hadapt 允许进行基于 SQL 大数据集的交互分析。Hadapt 可以在 Hadoop 层和关系数据库层之间自动划分查询执行任务，提供了 Hadapt 所谓的优化环境，这种环境可以充分利用 Hadoop 的可扩展性和关系数据库技术的快速度。从技术上看，Hadapt 是一种高性能的自适应数据分析平台，其分层体系结构如图 6-58 所示，最底层为混合存储引擎（Hybrid Storage Engine），支持非结构化的分布式文件存储和高性能的结构化数据存储；然后是 Hadoop 和自适应查询执行层，支持容错和负载均衡查询，并实现了高效的分布式和云优化查询技术；接着是交互式查询层和开发工具层；最上层是灵活查询接口层，支持 SQL、MapReduce 和 ODBC/JDBC 访问接口。

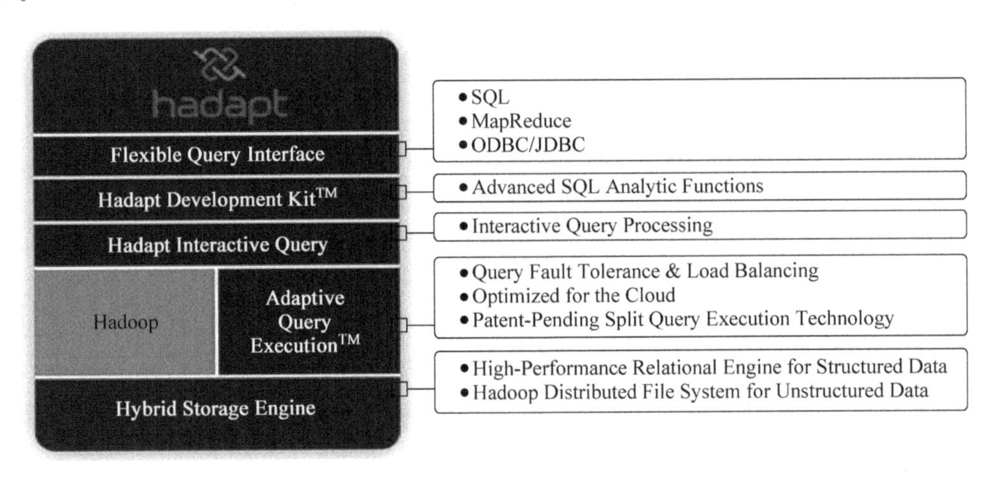

图 6-58 Hadapt 的体系结构

6.5 大数据并行计算编程实践

6.5.1 基于 MAPREDUCE 程序实例（HDFS）

本例基于 Eclipse 3.7.2 Indigo 和 Hadoop 1.2.1 组成的环境。

1. 配置 Eclipse 环境与 Hadoop-eclipse-plugin 插件

Hadoop 的 Eclipse 插件有助于导入 Hadoop 所需的依赖包并且用户可以远程调试 MapReduce 程序，但是由于是 Hadoop 下面的一个 contribution 的项目，所以很久都没有维护和更新，因此只支持 Eclipse 4.0.0 以下版本（不包括 4.0.0）而且需要用户进行编译 Hadoop 的 Eclipse 插件。读者可以自行查找插件编译方法，本书不再赘述。

（1）将 Hadoop 的 eclipse 插件包放入 Eclipse 的 plugin 目录。

（2）启动 Eclipse，设置 Hadoop 的 Home Directory，这里的 Home Directory 并不是用于运行 Hadoop 程序的环境而只是用户导入 MapReduce 工程的依赖包。

（3）添加 MapReduce 集群设置。

如图 6-59，这里配置好 MapReduce 以及 HDFS 的 Master 地址和端口。注意要与远程的集群上的配置相同。MapReduce 的 Master 地址端口要与 mapred-site.xml 中的 JobTracker 地址端口一致，HDFS 的 Master 端口地址要与 core-site.xml 中的 fs.default.name 中的地址端口一致。

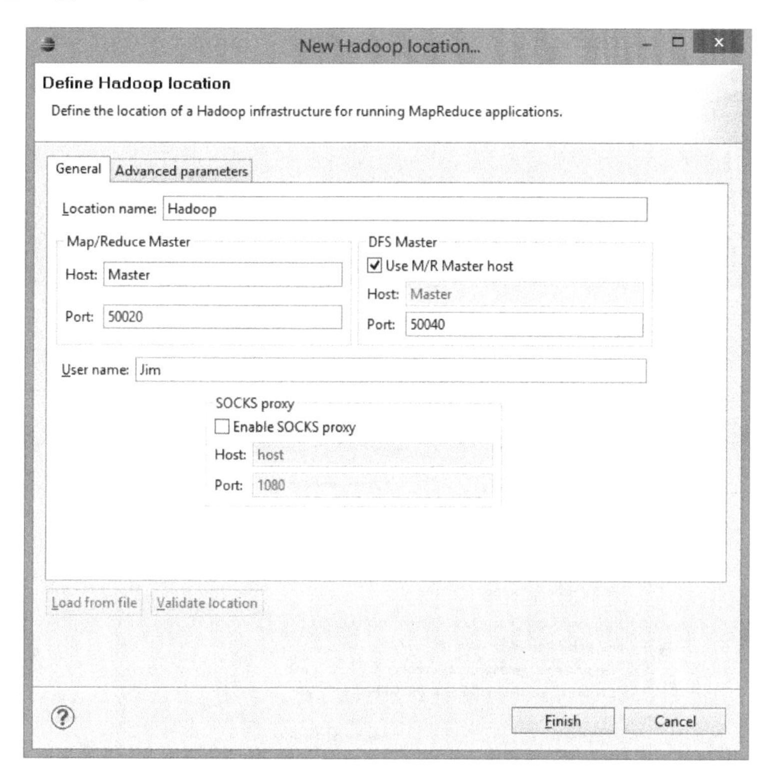

图 6-59 添加 MapReduce 集群设置

（4）创建 MapReduce 工程

如图 6-60 所示，按需要填写工程的名称单击 Finish 完成创建。

（5）运行 MapReduce 程序

选择包含 MapReduce 程序的 Main 函数的类并右键选择 Run on Hadoop，在弹出的对话框中选择刚刚建立好的 Hadoop 连接即可在远程集群上面运行 MapReduce 程序，如图 6-61 所示。

2. 特别的数据类型介绍

Hadoop 提供了如下内容的数据类型，这些数据类型都实现了 WritableComparable 接口，以便用这些类型定义的数据可以被序列化进行网络传输和文件存储，以及进行大小比较。

BooleanWritable：标准布尔型数值

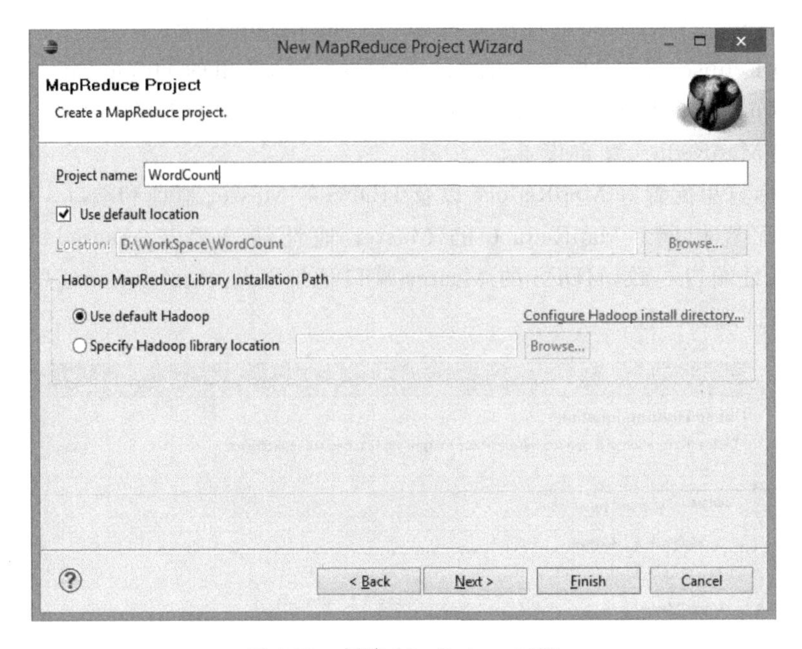

图 6-60　创建 MapReduce 工程

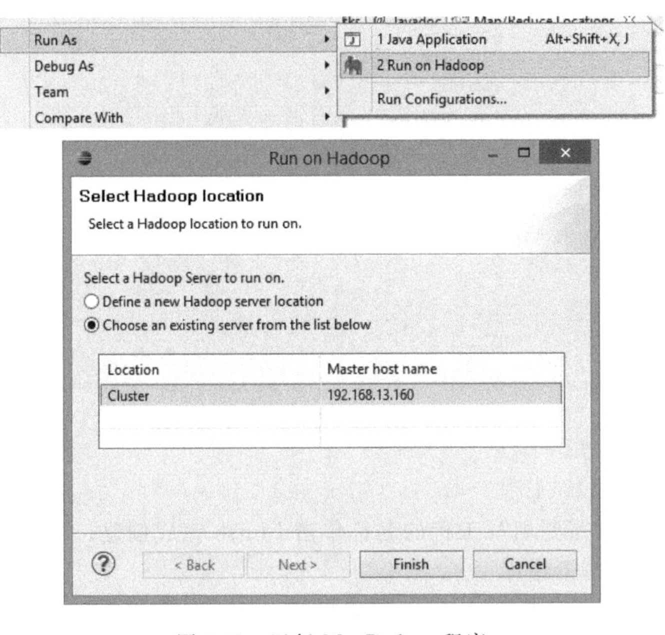

图 6-61　运行 MapReduce 程序

ByteWritable：单字节数值

DoubleWritable：双字节数

FloatWritable：浮点数

IntWritable：整型数

LongWritable：长整型数

Text：使用 UTF8 格式存储的文本

NullWritable：当< key,value >中的 key 或 value 为空时使用

3. 基于新 API 的 WordCount 分析

1）源代码程序

```
public class WordCount {
    public static class TokenizerMapper
            extends Mapper < Object, Text, Text, IntWritable >{
            private final static IntWritable one = new IntWritable(1);
            private Text word = new Text();
            public void map(Object key, Text value, Context context)
            throws IOException, InterruptedException {
                StringTokenizer itr = new
                StringTokenizer(value.toString());
                while (itr.hasMoreTokens()) {
                word.set(itr.nextToken());
                context.write(word, one);
            }
        }
    }
    public static class IntSumReducer
            extends Reducer < Text, IntWritable, Text, IntWritable > {
            private IntWritable result = new IntWritable();
            public void reduce(Text key, Iterable < IntWritable > values, Context context)
                throws IOException, InterruptedException {
                int sum = 0;
                for (IntWritable val : values) {
                    sum += val.get();
                }
            result.set(sum);
            context.write(key, result);
        }
    }
    public static void main(String[] args) throws Exception {
        Configuration conf = new Configuration();
        String[] otherArgs = new GenericOptionsParser(conf, args).getRemainingArgs();
        if (otherArgs.length != 2) {
            System.err.println("Usage: wordcount < in > < out >");
            System.exit(2);
        }
        Job job = new Job(conf, "word count");
        job.setJarByClass(WordCount.class);
        job.setMapperClass(TokenizerMapper.class);
        job.setCombinerClass(IntSumReducer.class);
        job.setReducerClass(IntSumReducer.class);
        job.setOutputKeyClass(Text.class);
        job.setOutputValueClass(IntWritable.class);
        FileInputFormat.addInputPath(job, new Path(otherArgs[0]));
        FileOutputFormat.setOutputPath(job, new Path(otherArgs[1]));
        System.exit(job.waitForCompletion(true) ? 0 : 1);
    }
}
```

2）Map 过程

```
public static class TokenizerMapper
        extends Mapper<Object, Text, Text, IntWritable>{
    private final static IntWritable one = new IntWritable(1);
    private Text word = new Text();
    public void map(Object key, Text value, Context context)
        throws IOException, InterruptedException {
        StringTokenizer itr = new StringTokenizer(value.toString());
        while (itr.hasMoreTokens()) {
            word.set(itr.nextToken());
            context.write(word, one);
        }
    }
}
```

Map 过程需要继承 org. apache. Hadoop. MapReduce 包中 Mapper 类，并重写其 map 方法。通过在 map 方法中添加两句把 key 值和 value 值输出到控制台的代码，可以发现 map 方法中 value 值存储的是文本文件中的一行（以回车符为行结束标记），而 key 值为该行的首字母相对于文本文件的首地址的偏移量。然后 StringTokenizer 类将每一行拆分成为一个个的单词，并将< word，1 >作为 map 方法的结果输出，其余的工作都交由 MapReduce 框架处理。

3）Reduce 过程

```
public static class IntSumReducer
      extends Reducer<Text,IntWritable,Text,IntWritable> {
      private IntWritable result = new IntWritable();
      public void reduce(Text key, Iterable<IntWritable> values,Context context)
          throws IOException, InterruptedException {
          int sum = 0;
          for (IntWritable val : values) {
              sum += val.get();
          }
      result.set(sum);
      context.write(key, result);
    }
}
```

Reduce 过程需要继承 org. apache. Hadoop. MapReduce 包中 Reducer 类，并重写其 reduce 方法。Map 过程输出< key，values >中 key 为单个单词，而 values 是对应单词的计数值所组成的列表，Map 的输出就是 Reduce 的输入，所以 reduce 方法只要遍历 values 并求和，即可得到某个单词的总次数。

4）执行 MapReduce 任务

```
public static void main(String[] args) throws Exception {
      Configuration conf = new Configuration();
      String[] otherArgs = new GenericOptionsParser(conf, args).getRemainingArgs();
```

```
        if (otherArgs.length != 2) {
            System.err.println("Usage: wordcount < in > < out >");
            System.exit(2);
        }
        Job job = new Job(conf, "word count");
        job.setJarByClass(WordCount.class);
        job.setMapperClass(TokenizerMapper.class);
        job.setCombinerClass(IntSumReducer.class);
        job.setReducerClass(IntSumReducer.class);
        job.setOutputKeyClass(Text.class);
        job.setOutputValueClass(IntWritable.class);
        FileInputFormat.addInputPath(job, new Path(otherArgs[0]));
        FileOutputFormat.setOutputPath(job, new Path(otherArgs[1]));
        System.exit(job.waitForCompletion(true) ? 0 : 1);
}
```

在 MapReduce 中，由 Job 对象负责管理和运行一个计算任务，并通过 Job 的一些方法对任务的参数进行相关的设置。此处设置使用了 TokenizerMapper 完成 Map 过程中的处理和使用 IntSumReducer 完成 Combine 和 Reduce 过程中的处理。还设置了 Map 过程和 Reduce 过程的输出类型：key 的类型为 Text，value 的类型为 IntWritable。任务的输出和输入路径则由命令行参数指定，并由 FileInputFormat 和 FileOutputFormat 分别设定。完成相应任务的参数设定后，即可调用 job.waitForCompletion()方法执行任务。

4. WordCount 处理过程

这里将对 WordCount 进行更详细的讲解。详细执行步骤如下：

(1) 将文件拆分成 splits，由于测试用的文件较小，所以每个文件为一个 split，并将文件按行分割形成< key，value >对，如图 6-62 所示。这一步由 MapReduce 框架自动完成，其中偏移量(即 key 值)包括了回车所占的字符数(Windows 和 Linux 环境会不同)。

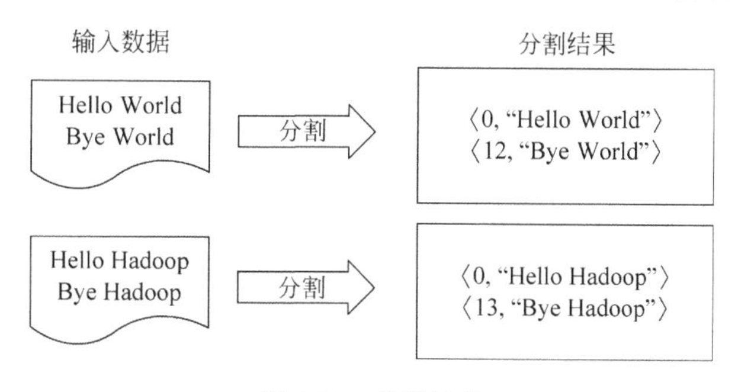

图 6-62　分割过程

(2) 将分割好的< key，value >对交给用户定义的 map 方法进行处理，生成新的< key，value >对，如图 6-63 所示。

(3) 得到 map 方法输出的< key，value >对后，Mapper 会将它们按照 key 值进行排序，并执行 Combine 过程，将 key 至相同 value 值累加，得到 Mapper 的最终输出结果，如图 6-64 所示。

(4) Reducer 先对从 Mapper 接收的数据进行排序，再交由用户自定义的 reduce 方法进

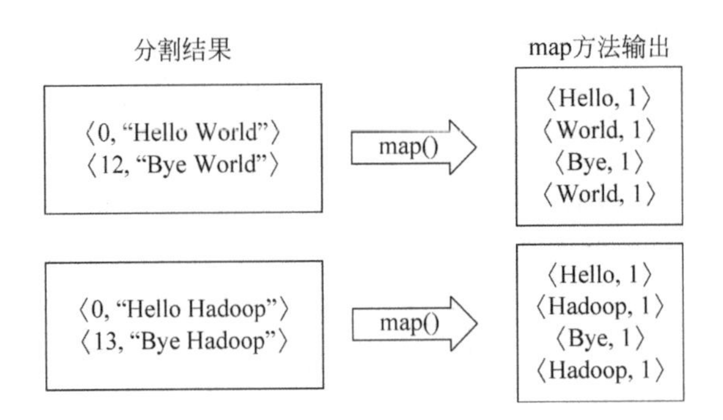

图 6-63　执行 map 方法

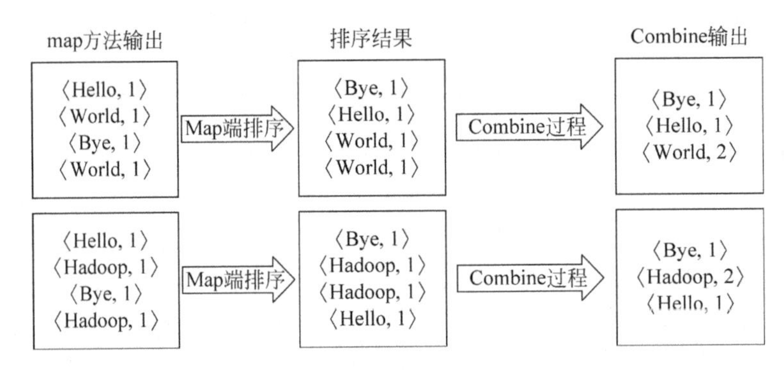

图 6-64　排序并执行 Combine

行处理，得到新的< key，value >对，并作为 WordCount 的输出结果，如图 6-65 所示。

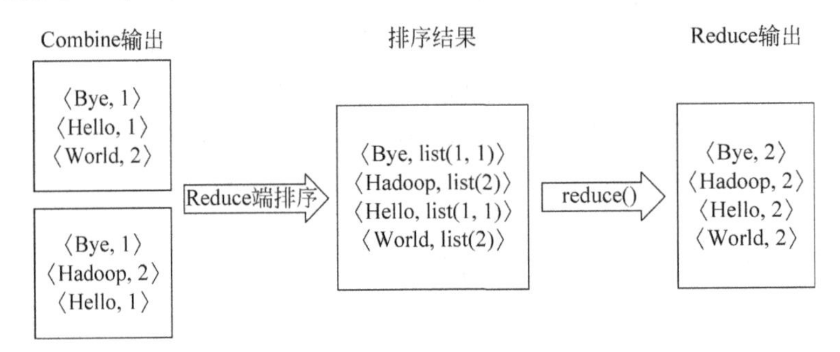

图 6-65　Reduce 端排序及输出结果

5. MapReduce 新旧改变

(1) Hadoop 最新版本的 MapReduce Release 0. 20. 0 的 API 包括了一个全新的 Mapreduce Java API，有时候也称为上下文对象。

(2) 新的 API 类型上不兼容以前的 API，所以，以前的应用程序需要重写才能使新的 API 发挥其作用。

(3) 新的 API 和旧的 API 之间有下面几个明显的区别。

(4) 新的 API 倾向于使用抽象类，而不是接口，因为这更容易扩展。例如，可以添加一个方法(用默认的实现)到一个抽象类而不需修改类之前的实现方法。在新的 API 中，Mapper 和 Reducer 是抽象类。

(5) 新的 API 是在 org. apache. Hadoop. MapReduce 包(和子包)中的。之前版本的 API 则是放在 org. apache. Hadoop. mapred 中的。

(6) 新的 API 广泛使用 context object(上下文对象),并允许用户代码与 MapReduce 系统进行通信。例如,MapContext 基本上充当着 JobConf 的 OutputCollector 和 Reporter 的角色。

(7) 新的 API 同时支持“推”和“拉”式的迭代。在这两个新老 API 中,键/值记录对被推 mapper 中,但除此之外,新的 API 允许把记录从 map()方法中拉出,这也适用于 reducer。“拉”式的一个有用的例子是分批处理记录,而不是一个接一个。

(8) 新的 API 统一了配置。旧的 API 有一个特殊的 JobConf 对象用于作业配置,这是一个对于 Hadoop 通常的 Configuration 对象的扩展。在新的 API 中,这种区别没有了,所以作业配置通过 Configuration 来完成。作业控制的执行由 Job 类来负责,而不是 JobClient,它在新的 API 中已经荡然无存。

6. Hadoop 执行 MapReduce 程序

将编写好的 MapReduce 程序用 Eclipse 自带的打包功能构建成 jar 包,并把需要的第三方 jar 包放在 lib 目录下一并打包。

在正常运行的集群上的任意节点上的 Hadoop 根目录运行 bin/hadoop jar WordCount. jar Wordcount input output。其中第一个参数为调用 hadoop 中的 jar 命令,第二个参数为打包好的 jar 包的位置,第三个参数为 jar 包中的完整的类名,需包括类所在的 package。之后的参数作为 MapReduce 程序中 main 函数的参数传递给 main 函数。

6.5.2 基于 MAPREDUCE 程序实例(HBase)

1. 配置 Eclipse 开发环境

在上一节搭建好的 Eclipse 与 Hadoop 插件环境的基础上,添加 HBase、protobuf-java、zookeeper 到 MapReduce 工程的 lib 目录,并将这些 jar 包添加到 build path 中。在工程下创建 conf 文件夹,如图 6-66 所示,并在其中添加 HBase-site. xml 配置文件,配置文件可以从集群上的配置文件中获取。HBase-site. xml 文件中至少要有一个 HBase. master 配置项。

在 Eclipse 远程运行读写 HBase 的 MapReduce 程序时,需要把上文提到的 HBase 的三个依赖包复制到 Hadoop 的 lib 目录,以防止程序在远程运行的时候找不到 HBase 相关的类。另外,HBase 的 lib 目录下的 Hadoop-core 文件版本需要与 Hadoop 的版本对应,不然会出现无法连接的情况。

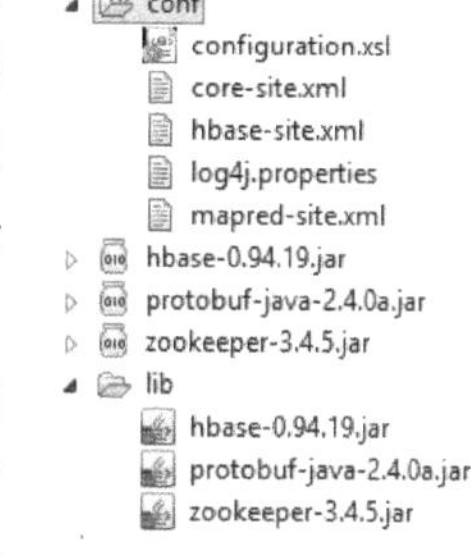

图 6-66 配置 Eclipse 开发环境

2. 基于 HBase 的 WordCount 实例程序 1

本例中是由 MapReduce 读取 HDFS 上的文件,经过 WordCount 程序处理后写入到 HBase 的表中。本来采用新的 API 代码,所以 Mapper 的代码与上文中相同,Reducer 和 Main 函数需要重新编写。

下面给出 Reducer 的代码实例：

```
public static class IntSumReducer extendsTableReducer
    <Text,IntWritable,ImmutableBytesWritable>{
    private IntWritable result = new IntWritable();
    public void reduce(Text key, Iterable<IntWritable> values,
      Context context) throws IOException, InterruptedException{
      int sum = 0;
      for (IntWritable val : values) {
        sum += val.get();
      }
      result.set(sum);
      Put put = new Put(key.getBytes());          //put 实例化,每一个词存一行
      //列族为 content,列修饰符为 count,列值为数目
       put.add(Bytes.toBytes("content"), Bytes.toBytes("count"), Bytes.toBytes(String.
valueOf(sum)));
      context.write(new ImmutableBytesWritable(key.getBytes()), put);
    }
}
```

由上面可知 IntSumReducer 继承自 TableReduce，在 Hadoop 里面 TableReducer 继承 Reducer 类。它的原型为：TableReducer<KeyIn，Values，KeyOut>。可以看出，HBase 里面读出的 Key 类型是 ImmutableBytesWritable，意为不可变类型，因为 HBase 里所有数据都是用字符串存储的。

```
    public static void main(String[] args) throws Exception {
       String tablename = "wordcount";
       //实例化 Configuration,注意不能用 new HBaseConfiguration()了
      Configuration conf = HBaseConfiguration.create();
      HBaseAdmin admin = new HBaseAdmin(conf);
      if(admin.tableExists(tablename)){
         System.out.println("table exists! recreating ...");
         admin.disableTable(tablename);
         admin.deleteTable(tablename);
      }
      HTableDescriptor htd = new HTableDescriptor(tablename);
      HColumnDescriptor hcd = new HColumnDescriptor("content");
      htd.addFamily(hcd);                    //创建列族
      admin.createTable(htd);                //创建表
      String[] otherArgs = new GenericOptionsParser(conf, args).getRemainingArgs();
       if (otherArgs.length != 1) {
         System.err.println("Usage: wordcount <in> <out>" + otherArgs.length);
         System.exit(2);
       }
       Job job = Job.getInstance(conf, "word count");
       job.setJarByClass(WordCountHBase.class);
       job.setMapperClass(TokenizerMapper.class);
       //job.setCombinerClass(IntSumReducer.class);
```

```
            FileInputFormat.addInputPath(job, new Path(otherArgs[0]));
            //此处的 TableMapReduceUtil 注意要用 Hadoop.HBase.MapReduce 包中的,
            //而不是 Hadoop.HBase.mapred 包中的
            TableMapReduceUtil.initTableReducerJob(tablename, IntSumReducer.class, job);
            //key 和 value 到类型设定最好放在 initTableReducerJob 函数后面,否则会报错
            job.setOutputKeyClass(Text.class);
            job.setOutputValueClass(IntWritable.class);
            System.exit(job.waitForCompletion(true) ? 0 : 1);
            }
    }
```

在 job 配置的时候没有设置 job.setReduceClass()；而是用 **TableMapReduceUtil.initTableReducerJob**(tablename，IntSumReducer.class，job)；来执行 reduce 类。

需要注意的是此处的 TableMapReduceUtil 是 Hadoop.HBase.MapReduce 包中的，而不是 Hadoop.HBase.mapred 包中的，否则会报错。

3. 基于 HBase 的 WordCount 实例程序 2

下面介绍如何进行读取，读取数据时比较简单，编写 Mapper 函数，读取< key，value >值就可以了，Reducer 函数直接输出得到的结果即可。

```
public static class TokenizerMapper extends TableMapper < Text, Text >{
    public void map(ImmutableBytesWritable row, Result values,
     Context context) throws IOException, InterruptedException {
     StringBuffer sb = new StringBuffer("");
      for(java.util.Map.Entry < byte[ ],byte[ ]> value :
          values.getFamilyMap("content".getBytes()).entrySet()){
           //将字节数组转换成 String 类型,需要 new String();
           String str = new String(value.getValue());
           if(str != null){
               sb.append(new String(value.getKey()));
               sb.append(":");
               sb.append(str);
           }
      context.write(new Text(row.get()), new Text(new String(sb)));
    }
}
```

map 函数继承到 TableMapper 接口，从 result 中读取查询结果。

```
public static class IntSumReducer
        extends Reducer < Text,Text,Text,Text > {
        private Text result = new Text();
        public void reduce(Text key, Iterable < Text > values,
        Context context) throws IOException, InterruptedException {
            for (Text val : values) {
                result.set(val);
```

```
                context.write(key,result);
            }
        }
}
```

reduce 函数没有改变,直接输出到文件中即可。

```
public static void main(String[] args) throws Exception {
    String tablename = "wordcount";
    //实例化 Configuration,注意不能用 new HBaseConfiguration()了
    Configuration conf = HBaseConfiguration.create();
    String[] otherArgs = new GenericOptionsParser(conf,
    args).getRemainingArgs();
    if (otherArgs.length != 2) {
        System.err.println("Usage: wordcount <in> <out>" + otherArgs.length);
        System.exit(2);
    }
    Job job = Job.getNewInstance(conf, "word count");
    job.setJarByClass(ReadHBase.class);
    FileOutputFormat.setOutputPath(job, new Path(otherArgs[1]));
    job.setReducerClass(IntSumReducer.class);
    //此处的 TableMapReduceUtil 注意要用 Hadoop.HBase.MapReduce 包中的,而不是 Hadoop.HBase.
    //mapred 包中的
    Scan scan = new Scan(args[0].getBytes());
     TableMapReduceUtil.initTableMapperJob(tablename, scan, TokenizerMapper.class,
Text.class, Text.class, job);
    System.exit(job.waitForCompletion(true) ? 0 : 1);
  }
}
```

其中如果输入的两个参数分别是“aa ouput”,分别是开始查找的行(这里为从“aa”行开始找)和输出文件到存储路径(这里为存到 HDFS 目录到 output 文件夹下)。

要注意的是,在 JOB 的配置中需要实现 initTableMapperJob 方法。与第一个例子类似,在 job 配置的时候不用设置 job. setMapperClass();而是用 TableMapReduceUtil. initTableMapperJob(tablename, scan, TokenizerMapper. class, Text. class, Text. class, job);来执行 mapper 类。Scan 实例是查找的起始行。

4. Hadoop 执行读写 HBase 的 MapReduce 程序

运行过程与 Hadoop 运行普通程序类似。需要特别注意的是,需要把涉及到的 HBase 的相关 jar 包打包到程序 jar 包的 lib 目录下。

运行控制台输出结果如下:

```
13/06/12 03:10:13 INFO input.FileInputFormat: Total input paths to process : 1
13/06/12 03:10:17 INFO mapred.JobClient: Running job: job_201306080852_0008
13/06/12 03:10:18 INFO mapred.JobClient:   map 0% reduce 0%
13/06/12 03:12:54 INFO mapred.JobClient:   map 100% reduce 0%
13/06/12 03:13:09 INFO mapred.JobClient:   map 100% reduce 100%
```

```
13/06/12 03:13:17 INFO mapred.JobClient: Job complete: jab_201306080852_0008
13/06/12 03:13:17 INFO mapred.JobClient: Counters: 17
13/06/12 03:13:17 INFO mapred.JcbClient:  Job Counters
13/06/12 03:13:17 INFO mapred.JobClient:    Launched reduce tasks = 1
13/06/12 03:13:17 INFO mapred.JobClient:    Launched map tasks = 1
13/06/12 03:13:17 INFO mapred.JobClient:    Data - local map tasks = 1
13/06/12 03:13:17 INFO mapred.JobClient:  FileSystemCounters
13/06/12 03:13:17 INFO mapred.JobClient:    FILE_BYTES_READ = 33
13/06/12 03:13:17 INFO mapred.JobClient:    HDFS_BYTES_READ = 56
13/06/12 03:13:17 INFO mapred.JobClient:    FILE_BYTES_WRITTEN = 98
13/06/12 03:13:17 INFO mapred.JobClient:    HDFS_BYTES_WRITTEN = 18
13/06/12 03:13:17 INFO mapred.JobClient:  Map - Reduce Framework
13/06/12 03:13:17 INFO mapred.JobClient:    Reduce input groups = 3
13/06/12 03:13:17 INFO mapred.JobClient:    Combine output records = 3
13/06/12 03:13:17 INFO mapred.JobClient:    Map input records = 9
13/06/12 03:13:17 INFO mapred.JobClient:    Reduce shuffle bytes = 33
13/06/12 03:13:17 INFO mapred.JobClient:    Reduce output records = 3
13/06/12 03:13:17 INFO mapred.JobClient:    Spilled Records = 6
13/06/12 03:13:17 INFO mapred.JobClient:    Map output bytes = 63
13/06/12 03:13:17 INFO mapred.JobClient:    Combine input records = 9
13/06/12 03:13:17 INFO mapred.JobClient:    Map output records = 9
```

6.5.3 基于 Spark 的程序实例

1. 基于 Scala 的 Spark 程序开发环境搭建

步骤 1：安装 Scala，配置环境变量。Scala 的安装和环境变量配置与 Java 类似，这里不再赘述。

步骤 2：在 Eclipse 中，依次选择“Help”→“Install New Software…”，在打开的卡里填入 http://download.scala-ide.org/sdk/e38/scala29/stable/site，并按回车键，可看到如图 6-67 所示内容，选择前两项进行安装即可。

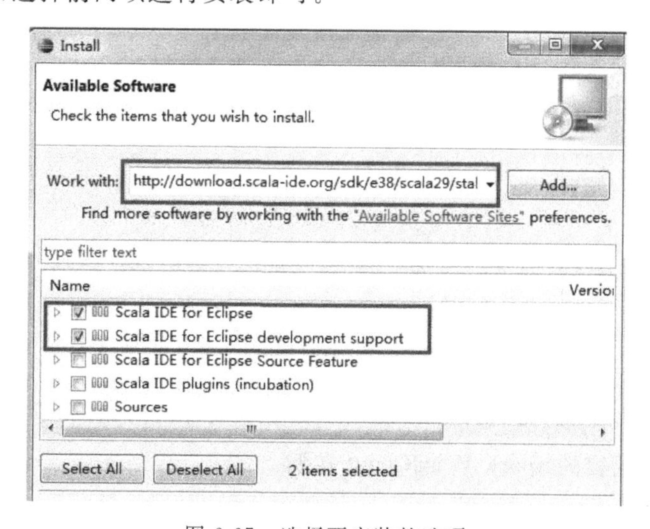

图 6-67 选择要安装的选项

步骤 3：重新启动 Eclipse，单击 eclipse 右上角方框按钮，如图 6-68 所示，展开后，单击“Other…”，查看是否有“Scala”一项，如果有，直接单击打开。

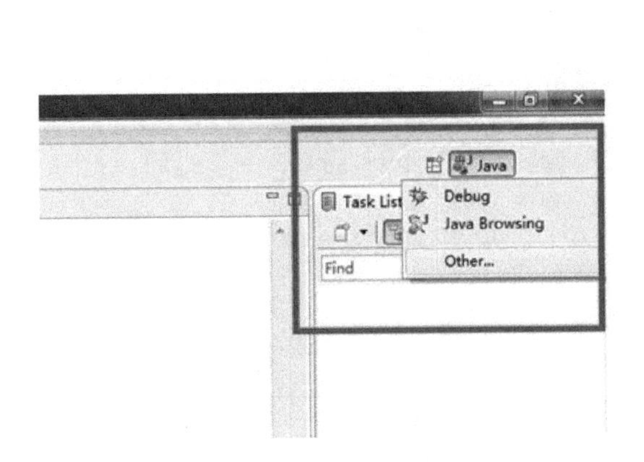

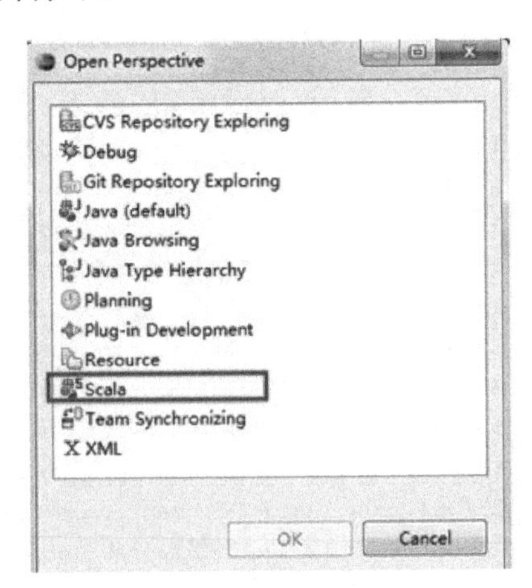

图 6-68 查看是否有“Scala”

2. 基于 Scala 语言开发 Spark 程序

创建一个 Scala 文件，首先选择“Properties”，然后在弹出的框中，添加 spark-assembly-*.jar 文件到 Build_Path 中，一般是在 Spark 的 lib 目录下，如图 6-69 所示。

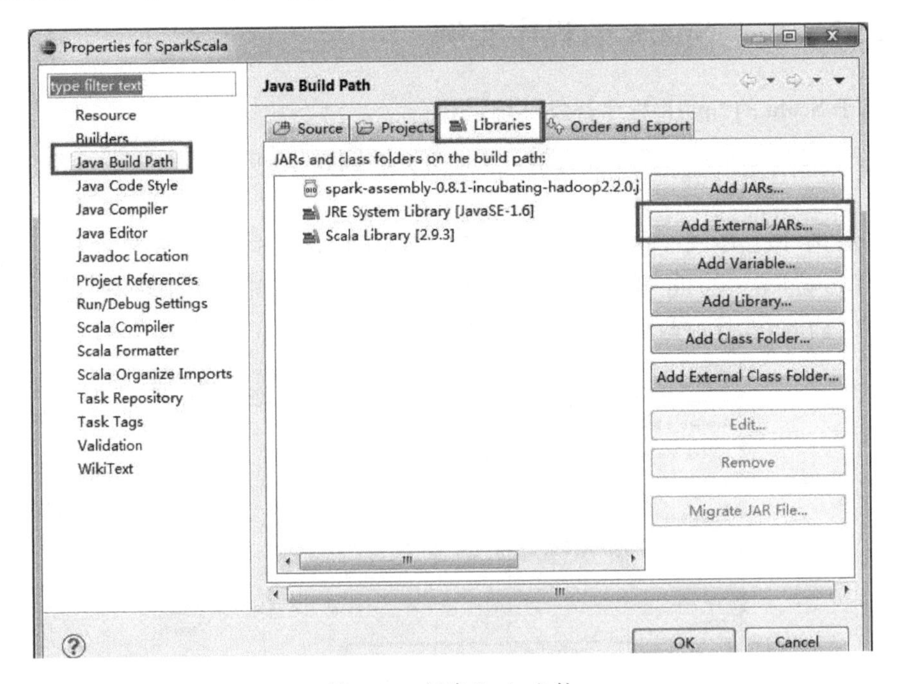

图 6-69 创建 Scala 文件

增加一个 Scala Class，命名为：WordCount，整个文件结构如图 6-70 所示。

3. 基于 Scala 语言的 Spark WordCount 实例

Scala 代码如下：

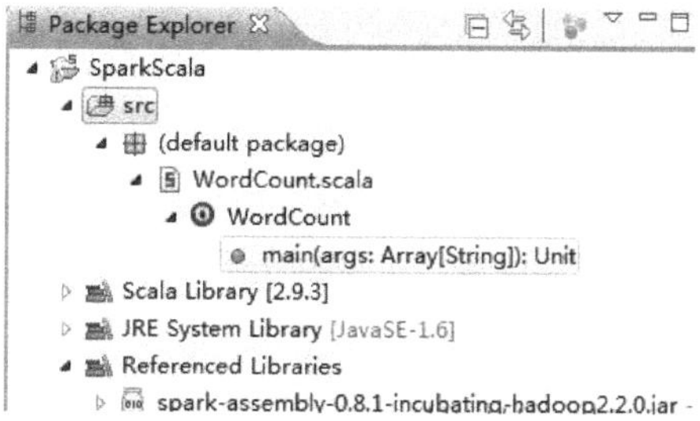

图 6-70 新建后的文件结构

```
import org.apache.spark._
import SparkContext._
object WordCount { def main(args: Array[String]) {
    if (args.length != 3){
      println("usage is org.test.WordCount <master> <input> <output>")
      return
    }
    val sc = new SparkContext(args(0), "WordCount",
    System.getenv("SPARK_HOME"), Seq(System.getenv("SPARK_TEST_JAR")))
    val textFile = sc.textFile(args(1))
  val result = textFile.flatMap(line => line.split("\\s+")).map(word => (word,
      1)).reduceByKey(_ + _)
    result.saveAsTextFile(args(2))
  }
}
```

在 Scala 工程中，右击“WordCount.scala”，选择“Export”，并在弹出框中选择“Java”→“JAR File”，进而将该程序编译成 jar 包，可以起名为“spark-wordcount-in-scala.jar”。

该 WordCount 程序接收三个参数，分别是 master 位置、HDFS 输入目录和 HDFS 输出目录，为此，可编写 run_spark_wordcount.sh 脚本：

```
# 配置 Hadoop 配置文件变量
export YARN_CONF_DIR=/opt/hadoop/yarn-client/etc/hadoop/
# 配置 Spark-assemble 程序包的位置，可以将该 jar 包放置在 HDFS 上，避免每次运行都上传一次
SPARK_JAR=./assembly/target/scala-2.9.3/spark-assembly-0.8.1-incubating-hadoop2.2.0.jar
# 在 spark 的根目录下执行
./bin/spark-submit
# 自己编译好的 jar 包中指定要运行的类名
--class WordCount \
# 指定 Spark 运行于 Spark on Yarn 模式下，这种模式有两种选择：yarn-client 和 yarn-cluster，
# 分别对应于开发测试环境和生产环境
--master yarn-client \
# 指定刚刚编译好的 jar 包，也可以添加一些其他的依赖包
--jars spark-wordcount-in-scala.jar \
# 配置 worker 数量、内存、核心数等
-num-workers 1 \
-master-memory 2g \
-worker-memory 2g \
-worker-cores 2
# 传入 WordCount 的 main 方法的参数，可为多个，空格分隔
hdfs://hadoop-test/tmp/input\ hdfs:/hadoop-test/tmp/output
```

直接运行 run_spark_wordcount. sh 脚本即可得到运算结果。

4. 基于 Java 语言开发 Spark 程序

方法跟普通的 Java 程序开发一样，只要将 Spark 开发程序包 spark-assembly 的 jar 包作为三方依赖库即可。下面给出 Java 版本的 Spark WordCount 程序。

```
package org.apache.spark.examples;
import org.apache.spark.api.java.JavaPairRDD;
import org.apache.spark.api.java.JavaRDD;
import org.apache.spark.api.java.JavaContext;
import org.apache.spark.api.java.function.FlatMapFunction;
import org.apache.spark.api.java.function.Function2;
import org.apache.spark.api.java.function.PairFunction;
import scala.Tuple2;
import java.util.Arrays;
import java.util.List;
import java.util.regex.Pattern;
public final class JavaWordCount {
    private static final Pattern SPACE = Pattern.compile(" ");
    public static void main(String[] args) throws Exception {
        if (args.length < 2) {
              System.err.println("Usage: JavaWordCount <master> <file>");
              System.exit(1);
        }
        JavaSparkContext ctx = new JavaSparkContext(args[0],
                "JavaWordCount",
                System.getenv("SPARK_HOME"),
                JavaSparkContext.jarOfClass(JavaWordCount.class));
        JavaRDD<String> lines = ctx.textFile(args[1], 1);
        JavaRDD<String> words = lines.flatMap(
                new FlatMapFunction<String, String>() {
                    @Override
                    public Iterable<String> call(String s) {
                        return Arrays.asList(SPACE.split(s));
                    }
                });
        JavaPairRDD<String, Integer> ones = words.map(
                new PairFunction<String, String, Integer>() {
                    @Override
                    public Tuple2<String, Integer> call(String s) {
                        return new Tuple2<String, Integer>(s, 1);
                    }
                });
        JavaPairRDD<String, Integer> counts = ones.reduceByKey(
                new Function2<Integer, Integer, Integer>() {
                    @Override
                    public Integer call(Integer i1, Integer i2) {
                        return i1 + i2;
                    }
```

```
            });
        List<Tuple2<String, Integer>> output = counts.collect();
        for (Tuple2<?, ?> tuple : output) {
            System.out.println(tuple._1() + ": " + tuple._2());
        }
        System.exit(0);
    }
}
```

5. 在 Spark 集群上运行 Scala 或 Java 的程序

不管是 Scala 还是 Java 程序，都能够用 Eclipse 打包成 jar 包。在集群上用 spark-submit 命令运行。具体的命令格式是：

```
spark-submit \
--class org.apache.spark.examples.JavaWordCount \
 --master spark://spark1:7077 \
/opt/spark/lib/spark-examples-1.0.1-hadoop1.0.4.jar \
hdfs://spark1:9000/user/root/input
```

其中第一个参数 class 代表需要运行的类，可以是 Java 或 Scala 的类。

master 指定运行程序的集群 URI，spark 集群的协议标识符为 spark://，默认端口号 7077。

倒数第二个参数是程序所在的 jar 包。

后面跟着的一些参数是传递给所运行的类的 main 方法的参数。

当然 spark-submit 命令还可以在 jar 包位置之前添加更多的参数以优化 spark 的性能，本书在这里只做简要介绍，更多参数请参考 Apache Spark 官方文档。

```
Spark assembly has been built with Hive, including Datanucleus jars on classpath
14/07/21 06:10:39 INFO SecurityManager: Changing view acls to:root
14/07/21 06:10:39 INFO SecurityManager: SecurityManager: authentication disabled; ui acls
disabled; users with view permissions:Set(root)
14/07/21 06:10:40 INFO Slf4jLogger:Slf4jLogger started
14/07/21 06:10:40 INFO Remoting:Starting remoting
14/07/21 06:10:40 INFO Remoting:Remoting started; listening on addresses:[akka.tcp://spark@
spark1:44529]
14/07/21 06:10:40 INFO Remoting:Remoting now listens on addresses:[akka.tcp://spark@spark1:
44529]
14/07/21 06:10:40 INFO SparkEnv:Registering MapOutputTracker
14/07/21 06:10:41 INFO SparkEnv:Registering BlockManagerMaster
14/07/21 06:10:41 INFO DiskBlockManager: Created local directory at /tmp/spark-local-
20140721061041-7d17
14/07/21 06:10:41 INFO MemoryStore:MemoryStore started with capacity 297.0 MB.
14/07/21 06:10:41 INFO ConnectionManager: Bound socket to port 46116 with id =
ConnectionManagerId(spark1,46116)
14/07/21 06:10:41 INFO BlockManagerMaster:Trying to register BlockManager
14/07/21 06:10:41 INFO BlockManagerInfo:Registering block manager spark1:46116 with 297.0 MB RAM
```

```
14/07/21 06:10:41 INFO BlockManagerMaster:Registered BlockManager
14/07/21 06:10:41 INFO HttpServer:Starting HTTP Server
14/07/21 06:10:41 INFO HttpBroadcast:Broadcast server started at http://192.168.1.100:40370
14/07/21 06:10:41 INFO HttpFileServer: HTTP File server directory is /tmp/spark-74e7c53e-
a131-49f9-9ad9-d8789524128e
14/07/21 06:10:41 INFO HttpServer:Starting HTTP Server
14/07/21 06:10:42 INFO SparkUI: Started SparkUI at http://spark1:4040
14/07/21 06:10:44 INFO SparkContext:Added JAR file:/opt/spark/lib/spark-examples-1.0.1-
hadoop1.0.4.jar at http://192.168.1.100:54844/jars/spark-examples-1.0.1-hadoop1.0.4.
jar with timestamp 1405894244309
14/07/21 06:10:44 INFO AppClient $ ClientActor:Connecting to master spark://spark1:7077...
14/07/21 06:10:44 INFO MemoryStore: ensuceFreeSpate(35456) called with curMem = 0, maxMem
= 311387750
14/07/21 06:10:44 INFO MemoryStore:Block broadcast_0 stored as values to memory (estimated
size 34.6KB, free 296.9 MB)
14/07/21 06:10:45 INFO SparkDeploySchedulerBackend: Connected to Spark cluster with app ID app
-20140721061045-0002
14/07/21 06:10:45 INFO AppClient $ ClientActor:Executor added: app-20140721061045-0002/0
on worker-20140721055711-spark3-47720 (spark3:47720) with 2 cores
14/07/21 06:10:45 INFO SparkDeploySchedulerBackend:Granted executor ID app-20140721061045
-0002/0 on hostPort spark3:47720 with 2 cores,512.0 MB RAM
14/07/21 06:10.45 INFO AppClient $ ClientActor:Executor added: app-20140721061045-0002/1
on worker-20140721055711-spark1-37219 (spark1:37219) with 2 cores
```

6.5.4 基于 Impala 的查询实践

1. 配置 Impala 开发环境

Impala 支持 JDBC 集成。通过使用 JDBC 驱动，你编写的 Java 程序、BI 应用或类似的使用 JDBC 访问不同数据库产品的工具，可以访问 Impala。建立到 Impala 的 JDBC 连接包括以下步骤：

指定可用的通信端口，见配置 JDBC 端口。

在每台运行 JDBC 应用的机器上安装 JDBC 驱动。见在客户端系统启用 Impala 的 JDBC 支持。

为 JDBC 应用连接运行 impalad 守护进程的服务器配置连接字符串，以及相应的安全设置。见建立 JDBC 连接。

2. 配置 JDBC 端口

默认的 JDBC 2.0 端口是 21050；Impala 服务器默认通过相同的 21050 端口接收 JDBC 连接。请确认该端口可以与网络中的其他主机通信，例如，没有被防火墙阻断。假如你的 JDBC 客户端软件使用其他端口连接，当启动 Impalad 时使用-hs2_port 选项指定其他的端口。参见启动 Impala 了解详细信息。

3. 在客户端启用 Impala JDBC 支持

Impala 提供 JDBC 客户端驱动，是一个 JAR 包，存在于一个 zip 压缩文件里（The Impala JDBC integration is made possible by a client-side JDBC driver, which is contained in JAR files within a zip file)。下载该 zip 文件到每台需要连接到 Impala 的客户端机器上。

在运行 JDBC 应用的系统上启用 Impala JDBC 支持：

将 Impala JDBC 的 jar 包拖曳到 Eclipse 工程的 lib 目录，并添加到 build path 中。

为了成功加载 Impala JDBC 驱动，客户端必须能正确定位这个 JAR 文件。这通常意味着设置 CLASSPATH 包含该 JAR 文件。用户可以通过查阅文档了解 JDBC 客户端安装新的 JDBC 驱动。

4. 建立 JDBC 连接

Impala JDBC 驱动类是 org.apache.hive.jdbc.HiveDriver。当你已经配置 Impala 支持 JDBC，可以在两者之间建立连接。使用连接字符串"jdbc:hive2://host:port/;auth=noSasl"，为集群建立不需要 Kerberos 认证的连接。例如：

```
jdbc:hive2://myhost.example.com:21050/;auth=noSasl
```

使用连接字符串"jdbc:hive2://host:port/;principal=principal_name"，建立需要 Kerberos 认证的连接。最重要的是使用与启动 Impala 相同的用户建立连接(The principal must be the same user principal you used when starting Impala)。例如：

```
jdbc:hive2://myhost.example.com:21050/;principal = impala/myhost.example.com@H2.
EXAMPLE.COM
```

5. JDBC 连接实例

```
package edu.scnu.ImpalaJDBC;
import java.sql.Connection;
import java.sql.DriverManager;
import java.sql.ResultSet;
import java.sql.Statement;
// here is an example query based on one of the Hue Beeswax sample tables
public class ImpalaJDBC{
    // set the impalad host
    private static final String SQL_STATEMENT = "SELECT a FROM test limit 10";
    // port 21050 is the default impalad JDBC port
    private static final String IMPALAD_HOST = "192.168.1.106";
    private static final String IMPALAD_JDBC_PORT = "21050";
    private static final String CONNECTION_URL = "jdbc:hive2://" + IMPALAD_HOST +
      ':' + IMPALAD_JDBC_PORT + "/;auth=noSasl";
    private static final String JDBC_DRIVER_NAME = "org.apache.hive.jdbc.HiveDriver";
    private static final String SQL_STATEMENT = "SELECT * FROM SOME_TABLE";
    public static void main(String[] args) {
        System.out.println("\n====================================");
        System.out.println("Cloudera Impala JDBC Example");
        System.out.println("Using Connection URL: " + CONNECTION_URL);
        System.out.println("Running Query: " + SQL_STATEMENT);
        Connection con = null;
```

```
        try {
            Class.forName(JDBC_DRIVER_NAME);
            con = DriverManager.getConnection(CONNECTION_URL);
            Statement stmt = con.createStatement();
            ResultSet rs = stmt.executeQuery(SQL_STATEMENT);
            System.out.println("\n== Begin Query Results ===== ");
            // print the results to the console
            while (rs.next()) { // the example query returns one String column
               System.out.println(rs.getString(1));
               System.out.println(" == End Query Results === \n\n");
        }
        catch (Exception e) {
            e.printStackTrace();
        }
        finally {
            try {
                con.close();
            }
            catch (Exception e) {
            }
        }
    }
}
```

6.6 大数据研究与发展方向

尽管大数据的时代已经到来，各界也发现了大数据的巨大价值，但是大数据的研究还处在初始阶段，随着研究的不断深入，大数据所面临的问题也越来越多，如何让大数据朝着有利于全社会的方向发展就需要全面地研究大数据，以下是几种可能的大数据未来的研究与发展方向。

6.6.1 数据的不确定性与数据质量

大数据，顾名思义是数据量非常大，如何从这些庞大的数据量中提取到尽可能多的有用信息就涉及数据质量的问题。在网络环境下，不确定性的数据广泛存在，并且表现形式多样，这样大数据在演化的过程中也伴随着不确定性。文献[47]提到了网络大数据的不确定性，其实大数据的不确定性不仅仅适用于网络大数据，对一般大数据而言也存在这种不确定性。大数据的不确定性要求我们在处理数据时也要应对这种不确定性，包括数据的收集、存储、建模、分析都需要新的方法来应对。这样也给学习者和研究者带来了很大的挑战，数据质量就很难得到保证，况且大数据的研究领域尚浅，本身就有很多亟待解决的问题。面对不断快速产生的数据，在数据分析的过程中很难保证有效的数据不丢失，而这种有效的数据才是大数据的价值所在，也是数据质量的体现。所以需要研究出一种新的计算模式，一种高效的计算模型和方法，这样数据的质量和数据的时效性才能有所保证。几位从事大数据研究的专家也强调了数据质量的重要性，中国工程院院士、西安交通大学教授汪应洛认为，在大数据产业发展中，数据质量也是一大障碍，不容忽视。他说，"数据质量是大数据产业这座大厦的基础。如果数据质量不高，基础不牢靠，大数据产业就可能岌岌可危，甚至根本无从发展。"

6.6.2 跨领域的数据处理方法的可移植性

大数据自身的特点决定了大数据处理方法的多样性、灵活性和广泛性。而今几乎每个领域都有涉及大数据，在分析处理大数据的建模过程中除了要考虑大数据的特点外还可以结合其他领域的一些原理模型，如用来源于生物免疫系统的计算模型去处理大数据中的关键属性的选择。还有统计学中的统计分析模型，特别是对原始数据的统计和计量，音频、视频、照片等重要信息。广泛吸纳其他研究领域的原理模型，然后进行有效的结合，从而提高大数据处理的效率，这或许会成为以后大数据分析处理的重要方法。

6.6.3 数据处理的时效性保证——内存计算

大数据处理的速度问题愈发突出，时效性难以保证。总体来看，大数据处理的挑战实质上是由信息化设施的处理能力与数据处理的问题规模之间的矛盾引起的。大数据所表现出的增量速度快、时间局部性低等特点，客观上加剧了矛盾的演化，使得以计算为中心的传统模式面临着内存容量有限、输入/输出(I/O)压力大、缓存命中率低、数据处理的总体性能低等诸多挑战，难以取得性能、能耗与成本的最佳平衡，使得目前的计算机系统无法处理 PB 级以上的大数据。由于大数据是一种以数据为中心的数据密集型技术，现有的以计算为中心的技术难以满足大数据的应用需求，因此，整个 IT 架构的革命性重构势在必行。随着新型非易失性存储器件的出现和成本的不断走低，客观上为设计以数据为中心的大数据处理模式，即内存计算模式创造了机会。它将新型存储级内存(storage class memory，SCM)器件设计成为新内存体系的一部分，而非作为虚拟内存交换区域的外存补充，计算不仅存在于传统的内存上，也在新型存储级内存上发生。

为大数据处理量身定制一套合适的计算架构并非易事。当前国际学术界和工业界主要从系统软件、体系结构、分布式系统等方面进行了改进和优化。在系统软件方面，人们主要提出了以内存数据库及编译器优化等技术来应对大数据处理难题。内存数据库(如 H-store)将相关数据加载到内存中，从而不需要引入磁盘 I/O 的开销。但是它提供了 ACID 保证，即：原子性(atomicity)、一致性(consistency)、隔离性(isolation)和持久性(durability)，使得对一致性要求较弱的应用支付了不必要的开销，限制了系统的可扩展性。另外也有从编译方面进行优化的，例如 PeriSCOPE 通过数据类型及数据大小确定最小的数据传输流。在系统结构方面，主要通过采取增加内存、增加处理器和协处理器以及增加 I/O 通道来缓解大数据处理带来的挑战。但是这些增加又为体系结构的改进带来了成本与能耗的增加。在分布式系统方面，人们提出了以 MapReduce(或 Hadoop)架构等来解决这一难题。MapReduce 通过提供 Map 和 Reduce 两个函数处理基于键值(key-value)方式存储的数据，能简单方便地在分布式系统上获得很好的可扩展性和容错性。然而 MapReduce 需要从磁盘获取数据，再将中间结果数据写回磁盘。

由于系统的I/O开销极大，不适用于具有实时性需求的应用。通过多个节点同时处理数据虽然能够缓解大数据处理面临的挑战，但是分布式系统带来的一致性问题也极大地限制了大数据处理的并行性，且不可避免。因此只能通过放松系统的一致性要求提高系统利用率，比如：两阶段提交协议、Paxos提交协议和分布式事务内存。但是，这些优化技术仍然面临着I/O能力不足的难题。由此可见，目前对大数据处理的优化都是基于传统的内存-磁盘访问模式，数据处理的关键“数据I/O瓶颈”一直存在，现有的方案只是改进、优化、缓和或屏蔽了这个瓶颈问题。内存和外存之间的I/O性能不匹配一直是造成数据处理速度低下的重要原因。近年来，随着电阻存储器(resistive random access memory，RRAM)、铁电存储器(ferroelectric random access memory，FeRAM)、相变存储器(phase change memory，PCM)等为代表的新兴非易失性随机存储介质(non-volatile memory，NVM)技术的发展，使得传统的内存与存储分离的界限逐渐变得模糊，推进了存储技术的发展，为新型的内存与存储体系结构的产生打下了良好的基础。随着存储介质访问技术的提升和单位容量成本的下降，一场围绕存储和内存体系结构的变革悄然来临，吸引了诸如IBM、英特尔、美光、三星等一些IT企业的关注和投入。从2011年起，IBM等国际IT企业围绕本项技术投入重金进行研究，国内的企业和科研机构也在进行这方面的研究工作，估计这项技术将在2015年左右成熟。人们预计，新型存储介质的访问性能逐步逼近动态随机存取存储器(dynamic random access memory，DRAM)，但是其容量和单位价格却将远低于DRAM。

因此，基于新型存储器件和传统DRAM设计新型混合内存体系，可以在保持成本和能耗优势的前提下大幅提升内存容量，从而避免传统计算设施上内存-磁盘访问模式中的I/O能力受限的问题，使计算不仅可以在DRAM内存上进行，也可以在新型非易失型存储设备上进行，这将彻底改变传统的以计算为中心的设计模式，为大数据处理提供了一种基于混合内存架构的以数据为中心的处理模式，从而大幅度提升大数据处理的时效性。这种以新型非易失型存储设备为基础构建混合内存体系以加速计算的模式，称为内存计算。从体系结构上来看，内存计算模式的出现为大数据处理提供强时效、高性能、高吞吐的体系结构支持带来了可能。

6.6.4 对于流式数据的实时处理

数据流应用包括传感网络、网络流分析、自动报收机、在线拍卖以及其他在线分析事务日志的应用。持续型的流式数据的产生在存储、计算以及传输方面都带来很大的挑战。数据流处理过程面临很多挑战，如数据流中数据处理的一次性、有限的计算资源、聚类的簇的数量和形状无法预知、数据的特征演变、数据噪声干扰以及不同粒度的聚类要求等。

数据流处理的特殊性以及大数据处理的时效性等各种限制使得传统的基于全部数据构建的聚类的方法已不再适用，因此研究学者和工业界也逐渐将目光关注在大数据的流式处理上。特别是随着大数据时代的到来，如何将传统上的聚类应用到流式数据场景成为一个越来越热的话题。目前在数据流处理上主要有两个方向：一遍聚类算法(One Pass Algorithm)(如增量式聚类方法)和基于流模式的新处理框架和算法。一遍聚类算法具有一定局限性，该类算法是通过增量式不断更新聚类结果，因此其本身具有聚类结果会受到历史数据的影响的缺点。然而，大数据的数据流的特点是：概念漂移和临时局域性(Temporal Locality)，用户关注的是最新数据所体现的特征。

针对数据流挖掘问题的解决方案分成两类：基于数据的方案(Data-based Solutions)和基于任务的方案(Task-based Solutions)。前者是指对数据集进行摘要处理或者选取数据流中的子集进行分析，例如采样、减载、略图、摘要数据结构等方案。而后者是指修改现有的技术或创建新的算法来适应和应用于流式数据的处理中，例如近似算法、滑动窗口、算法输出粒度(Algorithm Output Granularity，AOG)等技术。

大数据时代的到来引起大数据服务市场崛起：通过分析数据发现更多有价值的商机。在大数据环境下，数据已经膨胀到无法存储，数据只能以数据流的形式呈现，正是由于数据的表现形式的改变，传统数据挖掘的方法已经无法适应这种新的需求。在数据流聚类的研究方面，也已经有相关的理论框架和算法被提出，如 CluStream、D-Stream 等。虽然这些框架和算法关注了数据流的快速处理、复杂数据或者特征数据的有效储存等方面，但对数据的聚类处理操作是连续执行的，此外既没有着重关注在有限的计算资源上进行相应的调整，也没有有效利用大数据的数据量大、数据相似或重复的特性提升对数据聚类处理能力。然而，在大数据环境下，数据流的数据是海量的，而相应的处理资源却是有效的，当数据流中待处理的数据压力超过资源的支持承受能力，那么相应的聚类服务就有可能受到很大的影响，如被迫停止；当然，也有相关的技术对数据流"减压"，如采样、卸载等，CluStream 框架中也采用相应的措施。持续型的流式数据的产生在存储、计算以及传输方存储方面做了相关的研究，如锥体时间窗口等方法，但是这些也主要是对要处理的数据进行高效的存储，但是不足以应对资源敏感的计算场景，因此需要研究资源敏感性的问题，这里存在一些相关技术挑战：

1）资源状态信息的实时监控和调整：监控系统相关资源参数，实时提供资源状态信息；

2）资源敏感策略的构建：实现数据流中的流速控制，构建有效的流控模型，基于当前的流速信息自适应地调整相关的调控策略；

3）聚类策略的调整：基于系统资源状态自主地调整聚类的策略，实现聚类结果精度与资源负载间的平衡。

因此，大数据背景下，新形式的数据以及新的应用需求对数据处理提出了新的挑战：如何构建新型的数据处理模式来实现利用有限的处理资源对一次性访问的数据进行实时处理。

6.6.5　大数据应用

大数据平台在舆情监控、模式和关键字搜索、数据工程、情报分析、市场营销、医药卫生等领域具有重要的应用。举例来说，大数据平台在搜索引擎中的应用使得搜索引擎对数据的深入加工和处理变成现实，能够更好地理解用户的搜索意图。用户可以不用自己去筛选信息，而是由搜索引擎根据其搜索历史及个人偏好将有价值的信息呈现给用户。又如，网络大数据平台催生了很多面向程序员与数据科学家的工具(如 Karmasphere 和 Datamer)，使得程序员将数据而非业务逻辑作为程序的主要实体，编写出更简短的程序，更清晰地表达对数据所做的处理。可以预见，大数据平台正在以一种前所未有的方式改变着各行各业，对大数据平台的应用能够更好地帮助人们获取信息并对信息进行更高效地处理和应用。

1. 医学领域的大数据应用

1）临床决策支持系统

大数据分析技术将使临床决策支持系统更智能，这得益于对非结构化数据的分析能力的日益加强。例如可以使用图像分析和识别技术，识别医疗影像（X光、CT、MRI）数据，或者挖掘医疗文献数据建立医疗专家数据库（就像IBM Watson做的），从而给医生提出诊疗建议。此外，临床决策支持系统还可以使医疗流程中大部分的工作流向护理人员和助理医生，使医生从耗时过长的简单咨询工作中解脱出来，从而提高诊疗效率。

2）医疗数据透明度

根据医疗服务提供方设置的操作和绩效数据集，可以进行数据分析并创建可视化的流程图和仪表盘，促进信息透明，“流程图的目标是识别和分析临床变异和医疗废物的来源，然后优化流程”仅仅发布成本、质量和绩效数据，即使没有与之相应的物质奖励，往往也可以促进绩效的提高，使医疗服务机构提供更好的服务，从而更有竞争力，“公开发布医疗质量和绩效数据还可以帮助病人做出更明智的健康护理决定”，这也将帮助医疗服务提供方提高总体绩效，从而更具竞争力。

3）医学图像挖掘

医学图像（如CT、MRI、PET等）是利用人体内不同器官和组织对X射线、超声波、光线等的散射、透射、反射和吸收的不同特性而形成的。“它为对人体骨骼、内脏器官疾病和损伤进行诊断、定位提供了有效的手段”，医学领域中越来越多地使用图像作为疾病诊断的工具。

2. 智能交通领域的大数据应用

1）提高交通运行效率

大数据技术能促进提高交通运营效率、道路网的通行能力、设施效率和调控交通需求分析。交通的改善所涉及工程量较大，而大数据的大体积特性有助于解决这种困境。例如，根据美国洛杉矶研究所的研究，通过组织优化公交车辆和线路安排，在车辆运营效率增加的情况下，减少46%的车辆运输就可以提供相同或更好的运输服务。伦敦市利用大数据来减少交通拥堵时间，提高运转效率。当车辆即将进入拥堵地段，传感器可告知驾驶员最佳解决方案，这大大减少了行车的经济成本。大数据的实时性，使处于静态闲置的数据被处理和需要利用时，即可被智能化利用，使交通运行更加合理。大数据技术具有较高预测能力，可降低误报和漏报的概率，随时针对交通的动态性给予实时监控。因此，在驾驶者无法预知交通的拥堵可能性时，大数据亦可帮助用户预先了解。例如，在驾驶者出发前，大数据管理系统会依据前方路线中导致交通拥堵的天气因素，判断避开拥堵的备用路线，并通过智能手机告知驾驶者。

2）提高交通安全水平

主动安全和应急救援系统的广泛应用有效改善了交通安全状况，而大数据技术的实时性和可预测性则有助于提高交通安全系统的数据处理能力。在驾驶员自动检测方面，驾驶员疲劳视频检测、酒精检测器等车载装置将实时检测驾车者是否处于警觉状态，行为、身体与精神状态是否正常。同时，联合路边探测器检查车辆运行轨迹，大数据技术快速整合各个传感器数据，构建安全模型后综合分析车辆行驶安全性，从而可以有效降低交通事故的可能性。在应急救援方面，大数据以其快速的反应时间和综合的决策模型，为应急决策指挥提供辅助,提高应急救援能力,减少人员伤亡和财产损失。

3）提供环境监测方式

大数据技术在减轻道路交通堵塞、降低汽车运输对环境的影响等方面有重要的作用。通过建立区域交通排放的监测及预测模型,共享交通运行与环境数据,建立交通运行与环境数据共享试验系统,大数据技术可有效分析交通对环境的影响。同时,分析历史数据,大数据技术能提供降低交通延误和减少排放的交通信号智能化控制的决策依据,建立低排放交通信号控制原型系统与车辆排放环境影响仿真系统。

3. 智能电网领域的大数据应用

智能电网中数据量最大的应属电力设备状态监测数据。状态监测数据不仅包括在线的状态监测数据(时序数据和视频),还包括设备基本信息、实验数据、缺陷记录等,数据量极大,可靠性要求高,实时性要求比企业管理数据要高。

云计算技术在国内电力行业中的应用研究还处于探索阶段,研究内容主要集中在系统构想、实现思路和前景展望等方面。

在国外,云计算应用目前已用于海量数据的存储和简单处理,已有实现并运行的实际系统。Cloudera 公司设计并实施了基于 Hadoop 平台的智能电网在田纳西河流域管理局(TennesseeValleyAuthority,TVA)上的项目,帮助美国电网管理了数百太字节的 PMU 数据,突显了 Hadoop 高可靠性以及价格低廉方面的优势；另外,TVA 在该项目基础上开发了 superPDC,并通过 openPDC 项目将其开源,此工作将有利于推动量测数据的大规模分析处理,并可为电网其他时序数据的处理提供通用平台。日本 Kyushu 电力公司使用 Hadoop 云计算平台对海量的电力系统用户消费数据进行快速并行分析,并在该平台基础上开发了各类分布式的批处理应用软件,提高了数据处理的速度和效率。

6.6.6 大数据发展趋势

随着大数据技术的研究深入,大数据的应用和发展将涉及我们生产生活的方方面面。在 2016 年 12 月 8 日举行的 2016 中国大数据技术大会上,CCF 大数据专家委员会对外发布了 2017 年大数据发展趋势十大预测以及 2013 年至 2015 年的预测对比[79],具体如表 6-12 和表 6-13 所示。《大数据发展趋势预测报告》是 CCF 大数据专家委员会(以下简称“大专委”)每年在技术大会上的保留节目,每次预测都是基于对大专委专家委员观点的收集整理、投票、汇总、解读,最终形成年度预测,此预测是大专委群体智慧的结晶,对大数据相关理论研究和应用开展具有较好的指导和参考意义。

表 6-12 2013—2015 年的十大趋势预测对比

2013 年预测	2014 年预测	2015 年预测
1. 数据的资源化	1. 大数据从“概念”走向“价值”	1. 智能计算与大数据分析成为热点
2. 大数据的隐私问题突出	2. 大数据架构的多样化模式并存	2. 数据科学带动学科融合
3. 大数据与云计算等深度融合	3. 大数据安全与隐私	3. 与各行业结合,跨领域应用
4. 基于大数据的智能的出现	4. 大数据分析与可视化	4. “物云移社”融合,产生综合价值
5. 大数据分析的革命性方法	5. 大数据产业成为战略性产业	5. 一体化平台与软硬件基础设施夯实
6. 大数据安全	6. 数据商品化与数据共享联盟化	6. 大数据的安全与隐私保护

续表

2013 年预测	2014 年预测	2015 年预测
7. 数据科学兴起	7. 基于大数据的推荐与预测流行	7. 新模式突破：深度学习、众包计算
8. 数据共享联盟	8. 深度学习与大数据智能成为支撑	8. 可视化分析与可视化呈现
9. 大数据新职业	9. 数据科学的兴起	9. 大数据人才与教育
10. 更大的数据	10. 大数据生态环境逐步完善	10. 开源系统将成为主流选择

表 6-13　2016—2018 年的十大趋势预测对比

2016 年预测	2017 年预测	2018 年预测
1. 可视化推动大数据平民化	1. 机器学习继续成智能分析核心技术	1. 机器学习继续成为大数据智能分析的核心技术
2. 多学科融合与数据科学的兴起	2. 人工智能和脑科学相结合，成大数据分析领域的热点	2. 人工智能和脑科学相结合，成为大数据分析领域的热点
3. 大数据安全与隐私令人忧虑	3. 大数据的安全和隐私持续令人担忧	3. 数据科学带动多学科融合
4. 新热点融入大数据多样化处理模式	4. 多学科融合与数据科学兴起	4. 数据学科虽然兴起，但是学科突破进展缓慢
5. 大数据提升社会治理和民生领域应用	5. 大数据处理多样化模式并存融合，流计算成主流模式之一	5. 推动数据立法，重视个人数据隐私
6.《促进大数据发展行动纲要》驱动产业生态	6. 大数据处理多样化模式并存融合，流计算成主流模式之一	6. 大数据预测和决策支持仍然是应用的主要形式
7. 深度分析推动大数据智能应用	7. 开源成大数据技术生态主流	7. 数据的语义化和知识化是数据价值的基础问题
8. 数据权属与数据主权备受关注	8. 政府大数据发展迅速	8. 基于海量知识的智能是主流智能模式
9. 互联网、金融、健康保持热度，智慧城市、企业数据化、工业大数据是新增长点	9. 推动数据立法，重视个人数据隐私	9. 大数据的安全持续令人担忧
10. 开源、测评、大赛催生良性人才与技术生态	10. 推动数据立法，重视个人数据隐私	10. 基于知识图谱的大数据应用成为热门应用场景

习题

1. 简述大数据的定义及其特征。

2. 思考：HDFS 体系结构是否存在其局限性或瓶颈。

3. HDFS 中为什么默认副本数为 3?

4. HBase 是如何实现随机快速存取数据的？为什么要 HBASE 在创建表时只需要定义列族，列族是如何存储的？

5. Cassandra 中超级列族与超级列与 HBase 中的列族和列有什么区别和联系？

6. Cassandra 提供了怎样的可供用户选择的一致性级别？

7. Redis 的数据类型是怎样的？是否像 HBase 一样是 Key-Value 形式？

8. Redis 提供了哪两种分布式模型？

9. MongoDB 的数据组织形式是怎样的？它的特点与应用场景是怎样的？

10. 名词解释：PRAM、BSP、LogP 与 MapReduce。

11. 当今流行的大数据处理模型 MapReduce 的数据处理过程及其优劣势。

12. 实际操作搭建编程环境并编写简单的调用 HDFS 和 HBase API 的程序，可参考 HDFS、HBase 的 API 文档。

13. 实际操作搭建编程环境并编写简单的 MapReduce 的程序，可参考 Hadoop 的 API 文档。

14. 与 MapReduce 相比，Impala 的优势在哪里？为什么有效率方面的优势？

15. HadoopDB 是否是对于 Hadoop 和 Hive 的修改？如果是，它大体上做了哪些修改？

16. HadoopDB 其优点是什么？

17. 对本章节中提及的工具及其搭建方法做实践。

18. 在搭建 HDP 集群环境的过程中，我们使用了 SSH 的方式进行建立，请尝试不通过 SSH 方式为集群添加一个新的 Ambari Agent 节点(提示：需要提前在所要添加的主机上安装好 Ambari-Agent 服务)。

19. 请在 Zeppelin 中查询出各个城市非正常驾驶事件发生的比例。

第 7 章

实时医疗大数据分析案例

7.1 案例背景与需求概述

7.1.1 背景介绍

目前我国的医疗行业现状是，优质医疗资源集中在大城市，地方以及偏远地区医疗条件较差，医疗资源的配置不合理，导致了大量的长尾需求，催生了广阔的互联网医疗市场。在此背景下，互联网的"连接"属性得以发挥，有效提高了长尾市场的信息流通，降低了产品扩大受众群的成本，而大数据技术的应用能够使得医疗服务更加完善和精准。

医疗大数据的应用主要指的是将各个层次的医疗信息和数据，利用互联网以及大数据技术进行挖掘和分析，为医疗服务的提升提供有价值的依据，使医疗行业运营更高效，服务更精准，最终降低患者的医疗支出。

本案例将先介绍某中医院的医疗大数据分析需求，然后采用多种大数据技术组件，形成一套从 ETL、非格式化存储、大数据挖掘分析以及可视化等一系列数据解决方案。

7.1.2 基本需求

在本实例中，以心脏病临床诊断数据为处理对象，通过对以往的病例进行归类打标签，预先评估出一些用以模型训练的病理数据，利用大数据分析引擎(Hadoop、Spark 等)计算出病理分类决策模型，再利用实时大数据平台建立实时大数据处理原型，对前端数据源传送过来的新病例，加以预测评估，演示包括平台建立、模型训练及评估等多项内容。

分类模型选择随机森林算法，心脏病临床诊断数据包括十三个医疗诊断属性，数据可以从下面网址中进行下载：

```
http://archive.ics.uci.edu/ml/machine-learning-databases/heart-disease/
```

本实例使用的是 processed. cleveland. data 文档中的数据，先将数据保存到本地桌面 data. txt 文件以待后用，数据的部分截图如图 7-1 所示。

```
63.0,1.0,1.0,145.0,233.0,1.0,2.0,150.0,0.0,2.3,3.0,0.0,6.0,0
67.0,1.0,4.0,160.0,286.0,0.0,2.0,108.0,1.0,1.5,2.0,3.0,3.0,2
67.0,1.0,4.0,120.0,229.0,0.0,2.0,129.0,1.0,2.6,2.0,2.0,7.0,1
37.0,1.0,3.0,130.0,250.0,0.0,0.0,187.0,0.0,3.5,3.0,0.0,3.0,0
41.0,0.0,2.0,130.0,204.0,0.0,2.0,172.0,0.0,1.4,1.0,0.0,3.0,0
56.0,1.0,2.0,120.0,236.0,0.0,0.0,178.0,0.0,0.8,1.0,0.0,3.0,0
62.0,0.0,4.0,140.0,268.0,0.0,2.0,160.0,0.0,3.6,3.0,2.0,3.0,3
57.0,0.0,4.0,120.0,354.0,0.0,0.0,163.0,1.0,0.6,1.0,0.0,3.0,0
63.0,1.0,4.0,130.0,254.0,0.0,2.0,147.0,0.0,1.4,2.0,1.0,7.0,2
53.0,1.0,4.0,140.0,203.0,1.0,2.0,155.0,1.0,3.1,3.0,0.0,7.0,1
57.0,1.0,4.0,140.0,192.0,0.0,0.0,148.0,0.0,0.4,2.0,0.0,6.0,0
56.0,0.0,2.0,140.0,294.0,0.0,2.0,153.0,0.0,1.3,2.0,0.0,3.0,0
56.0,1.0,3.0,130.0,256.0,1.0,2.0,142.0,1.0,0.6,2.0,1.0,6.0,2
44.0,1.0,2.0,120.0,263.0,0.0,0.0,173.0,0.0,0.0,1.0,0.0,7.0,0
52.0,1.0,3.0,172.0,199.0,1.0,0.0,162.0,0.0,0.5,1.0,0.0,7.0,0
57.0,1.0,3.0,150.0,168.0,0.0,0.0,174.0,0.0,1.6,1.0,0.0,3.0,0
48.0,1.0,2.0,110.0,229.0,0.0,0.0,168.0,0.0,1.0,3.0,0.0,7.0,1
```

图 7-1　部分源数据

其中数据集中包含 14 个字段，每个字段以逗号作为分隔符隔开，而最后一个字段即是我们后面案例演示中要预测的结果数据，其中每个字段的含义可参考表 7-1 所示。

表 7-1　数据集中各字段的含义

序号	字段简写	字 段 含 义
1	age	age in years
2	sex	sex (1 = male; 0 = female)
3	cp	chest pain type -- Value 1: typical angina -- Value 2: atypical angina -- Value 3: non-anginal pain -- Value 4: asymptomatic
4	trestbps	resting blood pressure (in mm Hg on admission to the hospital)
5	chol	serum cholestoral in mg/dl
6	fbs	(fasting blood sugar > 120 mg/dl)　(1 = true; 0 = false)
7	restecg	resting electrocardiographic results -- Value 0: normal --Value 1: having ST-T wave abnormality (T wave inversions and/or ST elevation or depression of > 0.05 mV) --Value 2: showing probable or definite left ventricular hypertrophy by Estes' criteria
8	thalach	maximum heart rate achieved
9	exang	exercise induced angina (1 = yes; 0 = no)
10	oldpeak	ST depression induced by exercise relative to rest
11	slope	the slope of the peak exercise ST segment -- Value 1:upsloping -- Value 2: flat -- Value 3: downsloping
12	ca	number of major vessels (0-3) colored byflourosopy
13	thal	3 = normal; 6 = fixed defect; 7 =reversable defect
14	num	diagnosis of heart disease (angiographic disease status)

案例目标需要实现如下几个功能：

(1) 使用 ETL 工具将病理数据导入 HDFS，作为训练数据；

(2) 基于 SparkMLlib 的 Random Forests 算法从病理数据中训练分类模型；

(3) 模拟数据源向 Kafka 传送测试实例；

(4) 通过 Spark Streaming 从 Kafka 中接收该实例，并交给分类模型做出决策，预测结果。

整个流程以 HDFS 为中心存储、中间结果存储，中间输出结果以及最终结果都存储在 HDFS，由 ETL 工具转存到其他存储系统中。

7.2 设计方案

演示流程如下图所示，利用 Kettle 工具将训练数据从本地存储传输到 HDFS，利用 Spark MLlib 训练分类模型，通过 MSE(最小均方误差)以及错误率来评估出最佳模型。为了模拟真实的运行环境，利用 Kafka 作为企业级分布式消息总线，搭建消息分发环境，输入端将用于分析的病例数据输入到 Kafka，使用 Spark Streaming 作为消费者，从 Kafka 消息队列中拉取数据，经分类模型给出预测结果，最终我们将结果存储在 HDFS 上，如图 7-2 所示。

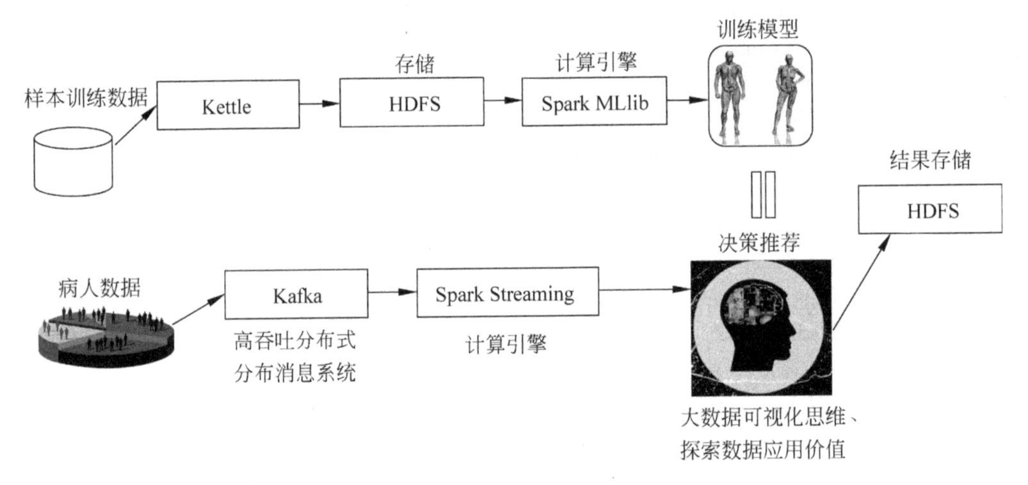

图 7-2 案例流程图

7.2.1 ETL

为对接企业内部传统存储系统与大数据处理平台，采用 Sqoop 或 Kettle 等分布式 ETL 工具，将文本或存储在 Oracle、SQL Server 等关系型数据库中的海量格式化数据导入到 HBase、HDFS 等 NoSQL 数据库中，也可以将经由 Hadoop、Spark 等大数据计算平台处理后的结果数据导出到关系数据库中，展现在原应用系统中。利用 Kettle 进行数据传输流程如图 7-3 所示。

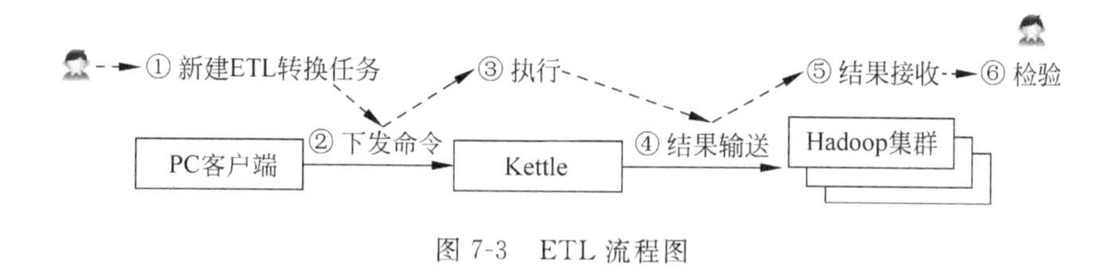

图 7-3 ETL 流程图

7.2.2 非格式化存储

以 HDFS、HBase 等分布式存储系统为核心存储，通过 ETL 传输工具，例如 Sqoop、Kettle 等将非格式化数据，如网站日志、服务器日志等从磁盘存储直接导入到 HDFS，并通过 Hive 等查询工具建立基本的格式化结构；也能将原关系数据库中存储的格式化数据，以文本形式或以 Sequence 结构的二进制数据存储在 HDFS 中。

7.2.3 流处理

为应对海量数据实时处理的需求，采用分布式消息系统，构建企业级消息总线，用 Spark Streaming 或 Storm 作为流数据处理平台，实时消费发布的海量消息数据。具体设计方案如下：基于 Kafka 构建企业级消息总线，输入端采用统一的消息结构接收不同应用程序产生的海量消息，输出端独立开发面向流处理、持久化等不同业务场景的消费者插件。本例中使用 Spark Streaming 作为消费者程序从 Kafka 中拉取对应消息，如图 7-4 所示。

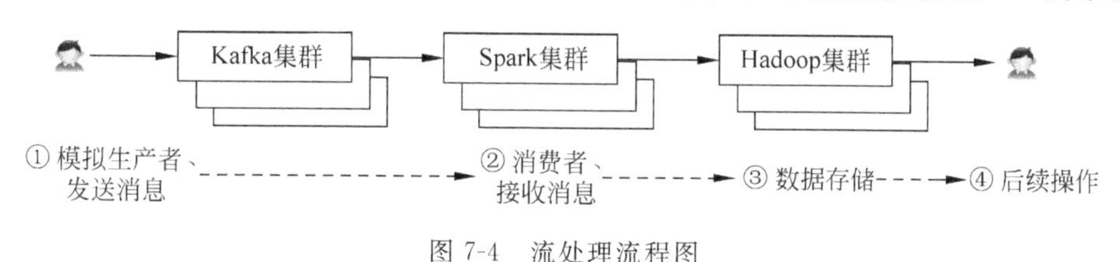

图 7-4 流处理流程图

7.2.4 训练模型与结果预测

基于心脏病临床数据的检测模型，以 Random Forests 为分类模型，从病例数据中训练出病理预估模型，并通过错误率、MSE 等指标量化模型评估。然后根据训练好的模型对测试数据进行分析与评估，并给出预测的结果。

7.3 环境准备

在开始整个案例之前，环境的搭建肯定必不可少，这里推荐使用 Ambari 进行整个大数据平台的搭建，如图 7-5 所示。正如其官网介绍而言，Apache Ambari 项目旨在通过开发用于配置、管理和监控 Apache Hadoop 集群的软件，使管理 Hadoop 集群更方便简单。Ambari 提供了一个直观、易于使用的 Hadoop 管理 Web UI，在此之上，可以创建、管理、监视 Hadoop 的集群，这里的 Hadoop 是广义的，指的是 Hadoop 整个生态圈（如 Hive、Hbase、Sqoop、Zookeeper、Spark 等），而并不仅是特指 Hadoop。用一句话来说，Ambari 就是为了让 Hadoop 以及相关的大数据软件更容易使用的一个工具。

整个环境平台的搭建可以参考 Hortonworks 上的文档(当前最新版本为 2.4.2),下面给出地址:http://docs.hortonworks.com/HDPDocuments/Ambari/Ambari-2.4.2.0/index.html。

建议:安装 Ambari 时建议自行搭建一个本地库(local repository)进行安装,官方文档中有介绍,这里就不再详述。

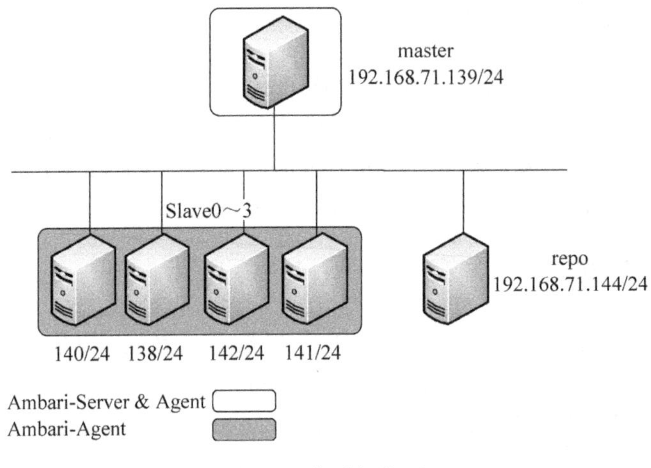

图 7-5 集群架构图

7.3.1 节点规划

节点规划的具体内容如表 7-2 所示。

表 7-2 节点规划的具体内容

节　点	IP	类　　型	主要组件及服务
master	192.168.71.139	Ambari-Server Ambari-Agent	App Timeline Server、HCat Client HDFS Client、Hive Client MapReduce2 Client、Metrics Collector Metrics Monitor、NameNode Pig、ResourceManager Spark Client、Tez Client YARN Client、ZooKeeper Client
slave0	192.168.71.140	Ambari-Agent	DataNode、HCat Client、HDFS Client History Server、Hive Client Hive Metastore、HiveServer2 MapReduce2 Client、Metrics Monitor MySQL Server、NodeManager Pig、SNameNode Spark Client、Spark History Server、Tez Client、WebHCat Server YARN Client、ZooKeeper Client

续表

节　点	IP	类　　型	主要组件及服务
slave1	192.168.71.138	Ambari-Agent	DataNode、HCat Client HDFS Client、Hive Client Kafka Broker、MapReduce2 Client Metrics Monitor、NodeManager Pig、Spark Client Tez Client、YARN Client ZooKeeper Client、ZooKeeper Server
slave2	192.168.71.142	Ambari-Agent	DataNode、HCat Client HDFS Client、Hive Client Kafka Broker、MapReduce2 Client Metrics Monitor、NodeManager Pig、Spark Client Tez Client、YARN Client ZooKeeper Client、ZooKeeper Server
slave3	192.168.71.141	Ambari-Agent	DataNode、HCat Client HDFS Client、Hive Client Kafka Broker、MapReduce2 Client Metrics Monitor、NodeManager Pig、Spark Client Tez Client、YARN Client ZooKeeper Client、ZooKeeper Server
repo	192.168.71.144	本地仓库	

7.3.2　软件选型

用户在选择对应系统或软件时可参考表7-3。

表7-3　选择对应系统或软件

操作系统/软件名称	版　本　号	操作系统/软件名称	版　本　号
Centos	6.6	Tez	0.7.0.2.3
Apache Ambari	2.2.0.0	Pig	0.15.0.2.3
HDP	HDP-2.3.4.0-3485	ZooKeeper	3.4.6.2.3
HDFS	2.7.1.2.3	Ambari Metrics	0.1.0
MapReduce2	2.7.1.2.3	Kafka	0.9.0.2.3
YARN	2.7.1.2.3	Spark	1.5.2.2.3

建议至少把HDFS、MapReduce、YARN、ZooKeeper、Kafka以及Spark安装上，还有安装Ambari的过程中无须一次性安装完所有组件，Ambari安装完毕后还可以自行添加组件，因此不必担心忽略了某些组件的安装，这都是可以添加上的。

7.4 实现方法

经过上面三个部分的说明，相信都已经明白了本案例的基本设计方案以及完成了整体环境的搭建，那么这一节就将脱离“纸上谈兵”，开始最关键的实践部分。

这部分的内容主要如下：首先，我们将一开始下载并保存好的 data. txt 病理数据经过 ETL 工具处理，最终将数据存储到 HDFS 中，作为训练数据集。接着，通过实现一个程序，模拟 Kafka 与 Spark Streaming 的交互，Spark Streaming 将从 Kafka 处读取数据并最终存储到 HDFS 中，作为测试数据集。最后，通过使用 Spark MLlib，根据训练数据集进行模型训练，然后利用训练好的模型对测试数据集进行预测，并将最终预测结果存储到 HDFS 中。

这就是我们整个实现的流程，将分为 3 个环节进行，具体可见下文。

7.4.1 使用 Kettle/Sqoop 等 ETL 工具，将数据导入 HDFS

本环节是 ETL 环节，即使用 ETL 工具对原始数据(data. txt)进行清理并导入到 HDFS 中，所以这个环节的内容可以概括为两点：

(1) 清理：源病理数据中有些记录的某个字段含有“?”，会对后面的模型训练产生影响，因而需要把这部分数据清理掉；

(2) 导入：将清理后的数据导入到 HDFS 中，作为训练数据集。

流行的 ETL 工具有很多，这里我们将使用 Kettle 进行实例的演示。

1. 新建“转换”

首先，请确保你的系统已经配置好了 Java 环境，如果是在 Windows 系统下使用 Kettle，可双击解压后的 Kettle 工具包目录下的 Spoon. bat 文件，进入 Kettle 图形操作界面，单击文件→新建→转换(Ctrl+N)，如图 7-6 所示。

2. 配置 Hadoop 集群信息

在左侧“主对象树”分页找到 Hadoop Cluster 项，在此处新建一个 Cluster，并填写相关信息，如图 7-7 所示。

注意：这里只配置了 HDFS 的相关信息，其他信息并没有进行配置，因为本案例只需将数据导入到 HDFS，所以并不需要用到其他组件，还有就是此处的 Username 以及 Password 是不起作用的，Hadoop 集群认证用户名将根据使用者当前的主机名称进行判断，如本案例使用的主机名即为“hdfs”，使用不恰当的用户名，将会导致导入数据到 HDFS 过程中出现权限受限问题。

接下来可以单击“测试”按钮，看看配置的信息是否能够链接到 Hadoop 集群，见图 7-8，确认正常后单击“确定”完成配置。

3. 配置“输入”与“输出”

在核心对象→输入这个地方拖出一个“文本文件输入”，在“Big Data”目录下拖出“Hadoop File Output”，如图 7-9 所示。

双击“文本文件输入”进行信息配置：

(1) “文件”分页：在“选中的文件”栏目填入要导入的数据路径，还记得在一开始下载保存的数据吧，此处为：C:\Users\zhangzl\Desktop\data. txt，如图 7-10 所示。

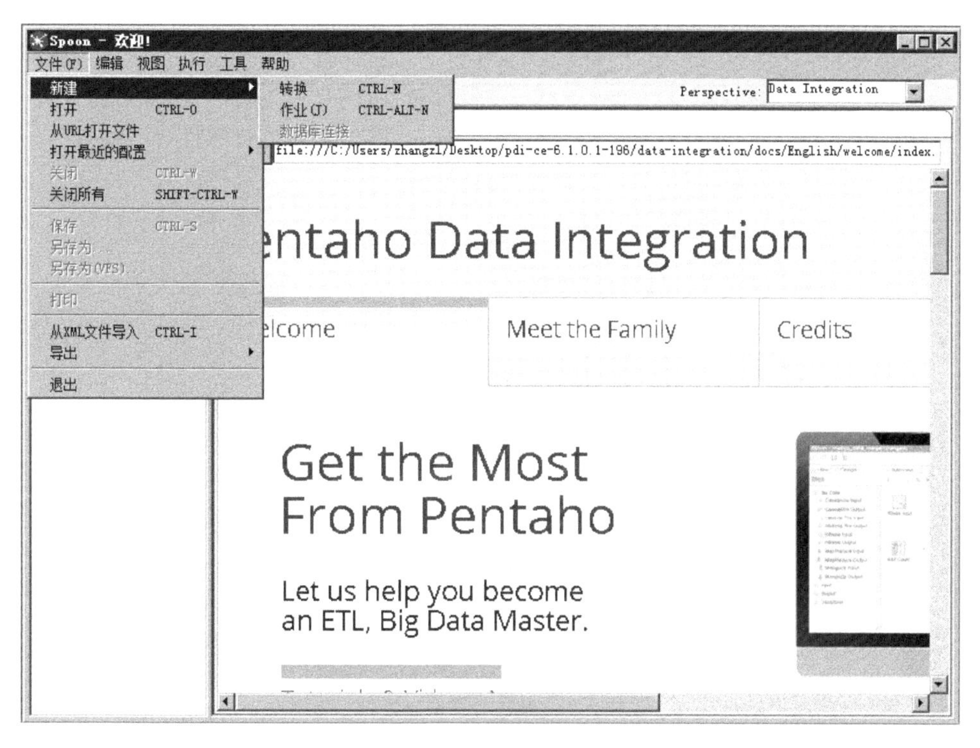

图 7-6　Kettle 图形操作界面

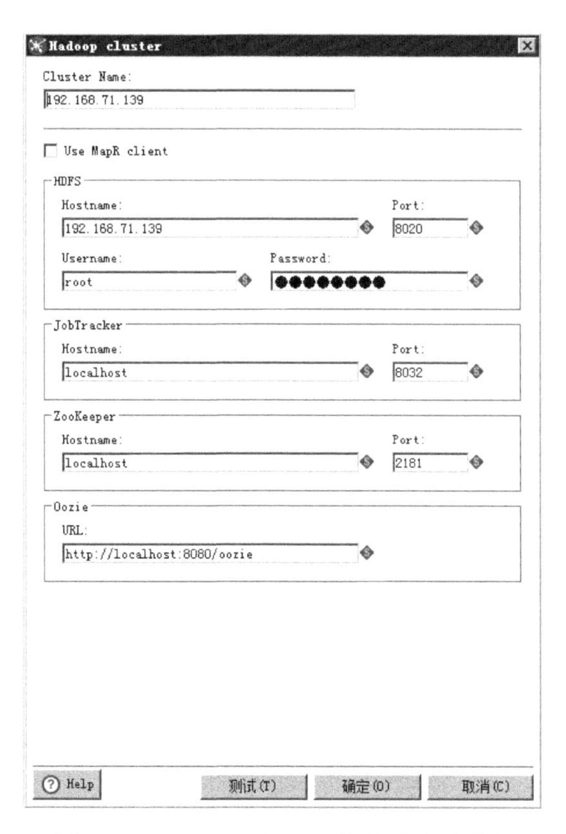

图 7-7　在 Hadoop cluster 对话框中新建信息

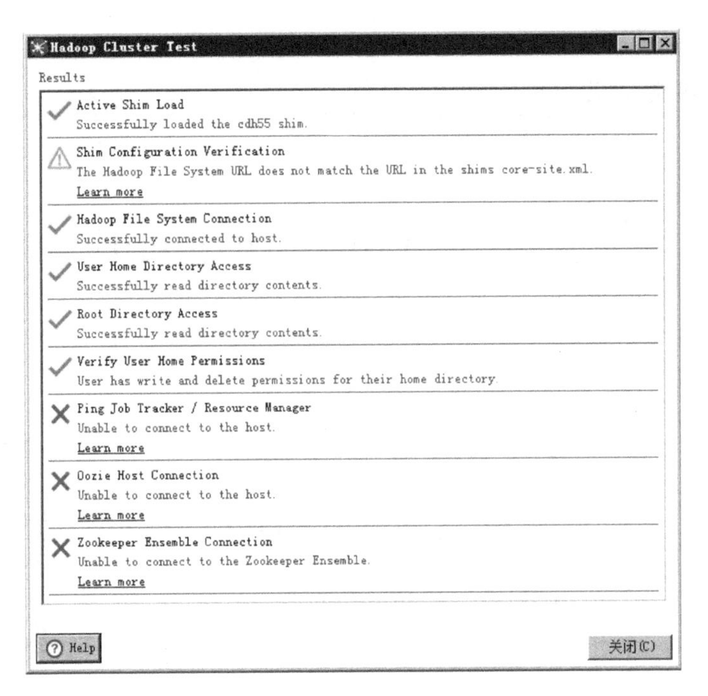

图 7-8 查看配置信息详情

图 7-9 文件的输入与输出

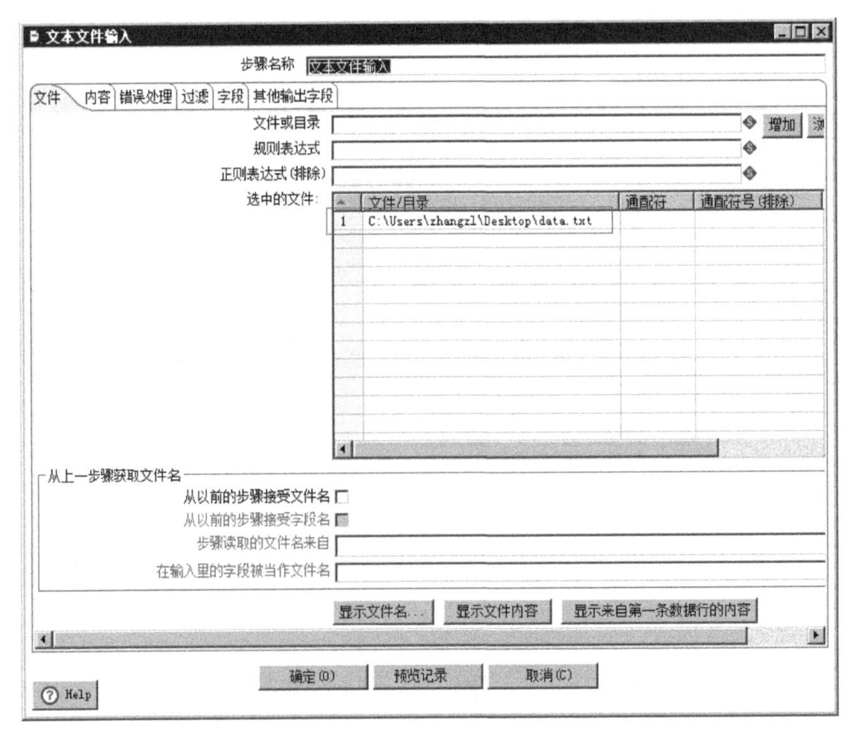

图 7-10 输入“文件”分页信息

(2)“内容”分页：将分隔符改为“,”,对应源数据的逗号分隔符,取消头部勾选,如图 7-11 所示。

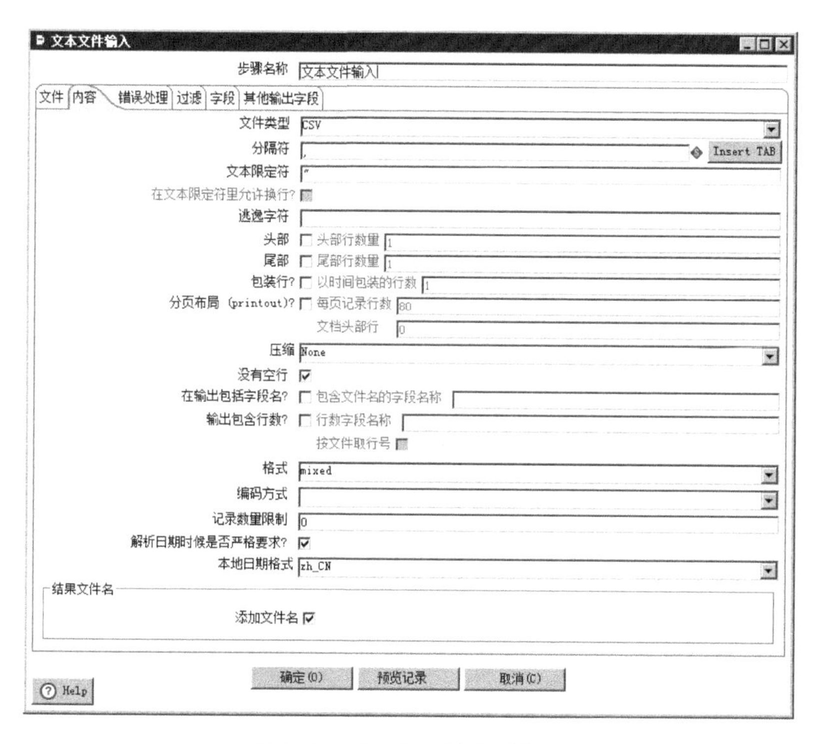

图 7-11　输入“内容”分页信息

(3)“过滤”分页：填写过滤字符串为“?”,这里是为了将源数据中含有“?”的数据清理掉,如图 7-12 所示。

图 7-12　输入“过滤”分页信息

(4)“字段”分页：单击获取字段按钮，如图 7-13 所示。

图 7-13 准备获取字段

(5) 建议先“预览记录”，看下是否符合预期想要的结果，最后再单击“确定”按钮完成配置。

接着双击“Hadoop File Output”进行信息配置：

(1)“文件”分页：选择在前面已经配置好的 Hadoop Cluster，然后在“Folder/Files”处填写导入数据后的路径，此处为“/data/test/data.txt”，扩展名为空即可，如图 7-14 所示。

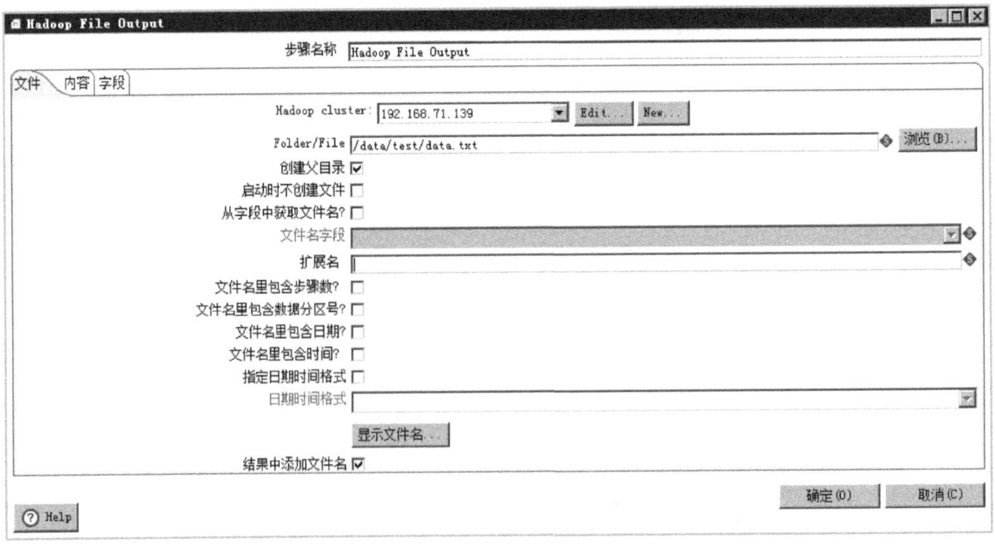

图 7-14 “文件”分页配置完成效果

（2）“内容”分页：将分隔符改为“，”，取消头部勾选，如图 7-15 所示。

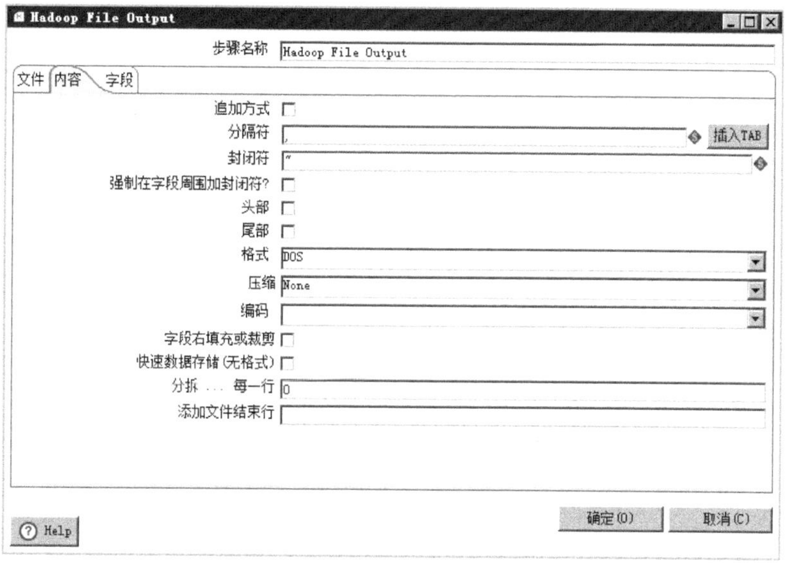

图 7-15　“内容”分页配置完成效果

（3）“字段”分页：单击获取字段按钮，最后单击“确定”按钮完成配置，如图 7-16 所示。

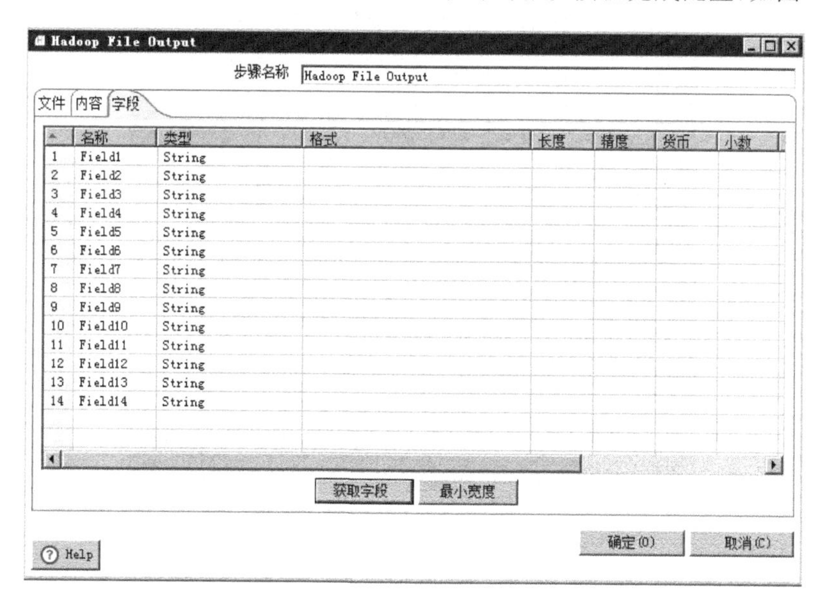

图 7-16　“字段”分页配置完成效果

4. 执行“转换”

通过上面的步骤，已经完成了基本的配置，现在可以开始运行这个“转换”了。

单击左上角的运行按钮 ▷，过一段时间后，可以在界面下方的执行结果处看到详细的信息，包括执行时间、完成状态等，一旦在执行过程中发生错误，错误行会变红，这时日志页就发挥作用了，可以查看日志，根据日志反馈的信息进行相应检查，如图 7-17 所示。

执行结果

执行历史 | 日志 | 步骤度量 | 性能图 | Metrics | Preview data

	步骤名称	复制的记录行数	读	写	输入	输出	更新	拒绝	错误	激活	时间	速度（条记录/秒）	Pri/in/out
1	文本文件输入	0	0	297	297	0	1	0	0	已完成	0.1s	5,121	-
2	Hadoop File Output	0	297	297	0	298	0	0	0	已完成	0.5s	646	-

图 7-17　执行“转换”后的效果

5. 查看导入后的结果

前面我们把数据导入到了路径/data/test/data.txt 中，现在来看一下 HDFS 中的这个文件是否存在，如图 7-18 所示。

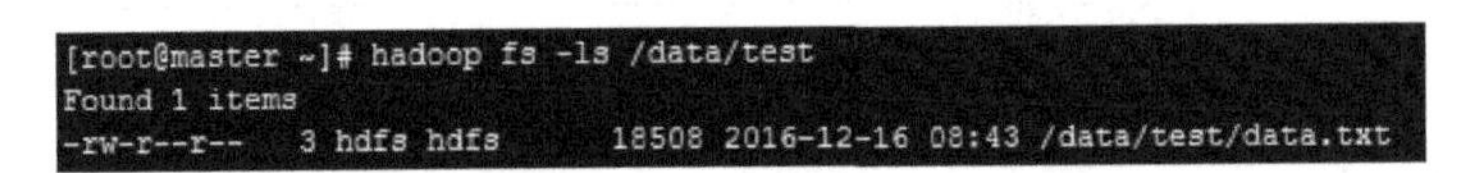

```
[root@master ~]# hadoop fs -ls /data/test
Found 1 items
-rw-r--r--   3 hdfs hdfs      18508 2016-12-16 08:43 /data/test/data.txt
```

图 7-18　查看导入后的结果

可见确实有一个 data.txt 文件，继续看一下文件的内容，如图 7-19 所示。

```
[root@master ~]# hadoop fs -cat /data/test/data.txt
63.0,1.0,1.0,145.0,233.0,1.0,2.0,150.0,0.0,2.3,3.0,0.0,6.0,0
67.0,1.0,4.0,160.0,286.0,0.0,2.0,108.0,1.0,1.5,2.0,3.0,3.0,2
67.0,1.0,4.0,120.0,229.0,0.0,2.0,129.0,1.0,2.6,2.0,2.0,7.0,1
37.0,1.0,3.0,130.0,250.0,0.0,0.0,187.0,0.0,3.5,3.0,0.0,3.0,0
41.0,0.0,2.0,130.0,204.0,0.0,2.0,172.0,0.0,1.4,1.0,0.0,3.0,0
56.0,1.0,2.0,120.0,236.0,0.0,0.0,178.0,0.0,0.8,1.0,0.0,3.0,0
62.0,0.0,4.0,140.0,268.0,0.0,2.0,160.0,0.0,3.6,3.0,2.0,3.0,3
57.0,0.0,4.0,120.0,354.0,0.0,0.0,163.0,1.0,0.6,1.0,0.0,3.0,0
63.0,1.0,4.0,130.0,254.0,0.0,2.0,147.0,0.0,1.4,2.0,1.0,7.0,2
53.0,1.0,4.0,140.0,203.0,1.0,2.0,155.0,1.0,3.1,3.0,0.0,7.0,1
57.0,1.0,4.0,140.0,192.0,0.0,0.0,148.0,0.0,0.4,2.0,0.0,6.0,0
56.0,0.0,2.0,140.0,294.0,0.0,2.0,153.0,0.0,1.3,2.0,0.0,3.0,0
56.0,1.0,3.0,130.0,256.0,1.0,2.0,142.0,1.0,0.6,2.0,1.0,6.0,2
44.0,1.0,2.0,120.0,263.0,0.0,0.0,173.0,0.0,0.0,1.0,0.0,7.0,0
52.0,1.0,3.0,172.0,199.0,1.0,0.0,162.0,0.0,0.5,1.0,0.0,7.0,0
57.0,1.0,3.0,150.0,168.0,0.0,0.0,174.0,0.0,1.6,1.0,0.0,3.0,0
48.0,1.0,2.0,110.0,229.0,0.0,0.0,168.0,0.0,1.0,3.0,0.0,7.0,1
54.0,1.0,4.0,140.0,239.0,0.0,0.0,160.0,0.0,1.2,1.0,0.0,3.0,0
48.0,0.0,3.0,130.0,275.0,0.0,0.0,139.0,0.0,0.2,1.0,0.0,3.0,0
49.0,1.0,2.0,130.0,266.0,0.0,0.0,171.0,0.0,0.6,1.0,0.0,3.0,0
64.0,1.0,1.0,110.0,211.0,0.0,2.0,144.0,1.0,1.8,2.0,0.0,3.0,0
58.0,0.0,1.0,150.0,283.0,1.0,2.0,162.0,0.0,1.0,1.0,0.0,3.0,0
58.0,1.0,2.0,120.0,284.0,0.0,2.0,160.0,0.0,1.8,2.0,0.0,3.0,1
```

图 7-19　查看文件内容

由此可以知道数据已经导入成功，而且已经去掉了含有“?”的数据(源数据共 303 行，导入后剩下 297 行)。当然，这里只是简单使用了 Kettle 导入数据到 HDFS，其实 Kettle 还有许多高级和复杂的操作，比如链接数据库、排序等，甚至是使用 Kettle 集群提高执行效率，但是请明确你的数据量是否大到真的需要使用 Kettle 集群不可，否则有可能适得其反。最后，作为 ETL 工具，Kettle 的功能是十分强大的，感兴趣的可以自行到网上搜寻相关资料。

7.4.2　基于 Spark Streaming 开发 Kafka 连接器组件

本环节是 Kafka 与 Spark Streaming 交互的环节，我们将实现一个程序，实现 Spark

Streaming 从 Kafka 处读取数据并最终存储到 HDFS 中，作为测试数据集，以便最后的预测使用。在这个环节中，我们将会有两大部分内容：

（1）测试前面提到的环境搭建时安装的 Kafka 集群是否能够正常运作；

（2）创建 Kafka producer，输入测试数据，Spark Streaming 从 Kafka 处读取数据并最终存储到 HDFS，模拟读取"医疗数据"的过程。

注意：这里的测试数据，在实际的生产环境中，应该是实时的医疗环境数据，由于我们缺少真实的环境，所以这里以源数据集的前 21 条记录作为测试数据。其实这样也有好处，因为源病理数据集已经给出了实际情况的结果（第 14 字段），实际生产环境肯定是没有的（因为这正是要预测的），这样后面使用模型根据测试数据集的前 13 个字段预测最终结果后，还能够与实际情况进行对比，即预测成功还是失败。

Spark Streaming

Spark Streaming 模块是对于 Spark Core 的一个扩展，目的是为了以高吞吐量，并且容错的方式处理持续性的数据流。目前 Spark Streaming 支持的外部数据源有 Flume、Kafka、Twitter、ZeroMQ、TCP Socket 等。

Kafka

Kafka 是一个分布式的、高吞吐量、易于扩展的基于主题发布/订阅的消息系统，最早是由 Linkedin 开发，并于 2011 年开源并贡献给 Apache 软件基金会。一般来说，Kafka 有以下几个典型的应用场景：作为消息队列、流计算系统的数据源、系统用户行为数据源、日志聚集等。

有关 Kafka 的详细介绍可查阅官网：http://kafka.apache.org/intro.html。

1. 下载用例程序相关 jar 包

本实例用到的 jar 包为：

```
spark-streaming-kafka_2.10-1.5.2.jar,
kafka_2.10-0.9.0.2.3.4.51-1.jar,
metrics-core-2.2.0.jar,
zkclient-0.7.jar.
```

其中第一个 jar 包可以到 Maven 仓库下载：http://mvnrepository.com/，剩下三个 jar 包也同样可以到 Maven 仓库下载，但是考虑到兼容性问题，更推荐使用已安装 Kafka 的 lib 目录下的 jar 包，一般来说都能找到这三个 jar 包。然后，把上述四个 jar 包上传到 Spark 集群的每个机器上，这里我们放到 Spark 的 lib 目录下。注意：实际开发中请根据 Spark 和 Kafka 版本下载正确的 jar 包，否则会出现兼容性问题。

2. 程序代码解析

开发一个从 Kafka 到 HDFS 的流处理程序，主要代码如下，这将在后面使用到：

```
import org.apache.spark.streaming.Seconds
import org.apache.spark.streaming.StreamingContext
import org.apache.spark.streaming.kafka.KafkaUtils
import org.apache.log4j.{Logger,Level}
```

```
//屏蔽不必要的日志显示在终端上
Logger.getLogger("org").setLevel(Level.WARN)
Logger.getLogger("akka").setLevel(Level.WARN)
//从 SparkConf 创建 StreamingContext 并指定 10 秒钟的批处理大小
val ssc = new StreamingContext(sc, Seconds(10))
//初始化相关参数值
val zkQuorum = "slave1:2181,slave2:2181,slave3:2181"
val group = "test-consumer-group"
val topics = "mytest"
val numThreads = 1
val topicMap = topics.split(",").map((_,numThreads.toInt)).toMap
val lineMap = KafkaUtils.createStream(ssc,zkQuorum,group,topicMap)
val lines = lineMap.map(_._2)
//保存数据到 hdfs 中
lines.saveAsTextFiles("hdfs://master:8020/data/testdata/prefix", "")
//在 shell 上打印数据
lines.print
//启动流计算环境 StreamingContext 并等待它"完成"
ssc.start
//等待作业完成
ssc.awaitTermination
```

3. 测试 Kafka 集群

Kafka 集群安装在 slave1～3 三个节点上，如表 7-4 所示。

表 7-4　Kafka 集群安装情况

主　机	IP 地址	主　机	IP 地址
slave1	192.168.71.138	Slave3	192.168.71.141
slave2	192.168.71.142		

首先，为了测试 Kafka 集群是否能够正常工作，我们先创建一个 Kafka topic(mytest)，如图 7-20 所示。

```
[root@slave1 kafka-broker]# bin/kafka-topics.sh --create \
> --replication-factor 3 \
> --partition 3 \
> --topic mytest \
> --zookeeper slave1:2181,slave2:2181,slave3:2181
Created topic "mytest".
```

图 7-20　创建 Kafka topic(mytest)

然后，在 slave1 上创建一个 producer，先不输入数据，如图 7-21 所示。

```
[root@slave1 kafka-broker]# bin/kafka-console-producer.sh \
> --broker-list slave1:6667 \
> --topic mytest
```

图 7-21　创建 producer

然后在 slave2 和 slave3 上分别创建一个 consumer，如图 7-22 和图 7-23 所示。

```
[root@slave2 kafka-broker]# bin/kafka-console-consumer.sh --zookeeper slave2:2181 --topic mytest
{metadata.broker.list=slave2:6667,slave1:6667,slave3:6667, request.timeout.ms=30000, client.id=console-con
sumer-54803, security.protocol=PLAINTEXT}
```

图 7-22 创建 consumer(一)

```
[root@slave3 kafka-broker]# bin/kafka-console-consumer.sh --zookeeper slave3:2181 --topic mytest
{metadata.broker.list=slave2:6667,slave1:6667,slave3:6667, request.timeout.ms=30000, client.id=console-con
sumer-20277, security.protocol=PLAINTEXT}
```

图 7-23 创建 consumer(二)

接着回到在 slave1 创建的 producer，输入测试数据“Hello World”，如图 7-24 所示。

```
[root@slave1 kafka-broker]# bin/kafka-console-producer.sh \
> --broker-list slave1:6667 \
> --topic mytest
Hello World
```

图 7-24 输入测试数据

此时可以看到，slave2 和 slave3 的 consumer 均收到了从 slave1 的 produce 发出的消息，如图 7-25 和图 7-26 所示。

```
[root@slave2 kafka-broker]# bin/kafka-console-consumer.sh --zookeeper slave2:2181 --topic mytest
{metadata.broker.list=slave2:6667,slave1:6667,slave3:6667, request.timeout.ms=30000, client.id=console-con
sumer-54803, security.protocol=PLAINTEXT}
Hello World
```

图 7-25 接收 produce 消息(一)

```
[root@slave3 kafka-broker]# bin/kafka-console-consumer.sh --zookeeper slave3:2181 --topic mytest
{metadata.broker.list=slave2:6667,slave1:6667,slave3:6667, request.timeout.ms=30000, client.id=console-con
sumer-20277, security.protocol=PLAINTEXT}
Hello World
```

图 7-26 接收 produce 消息(二)

证明 Kafka 集群是可以正常运作的，接下来让我们开始与 Spark Streaming 的交互。

4. Spark Streaming 从 Kafka 读取数据，并存储到 HDFS

重新在 slave1 上启动一个 Kafka producer，等待输入(topic 参数使用已经创建好的 mytest)，如图 7-27 所示。

```
[root@slave1 kafka-broker]# bin/kafka-console-producer.sh --broker-list slave1:6667 --topic mytest
```

图 7-27 重新启动 Kafka producer

登录 master 主机，由于我们希望以 Spark 集群的方式执行提交的任务，因此先修改 Spark 目录下 conf/slaves 文件内容，指定 Spark 的 slave 节点，然后在 master 主机上启动 Spark 主节点和从节点，如图 7-28 和图 7-29 所示。

```
# A Spark Worker will be started on each of the machines listed below.
slave0
slave1
slave2
slave3
```

图 7-28　修改 Spark 内容并指定的 slave 节点

```
[root@master spark-client]# ./sbin/start-all.sh
starting org.apache.spark.deploy.master.Master, logging to /var/log/spark/spark-root-org.apache.spark
.deploy.master.Master-1-master.out
slave2: starting org.apache.spark.deploy.worker.Worker, logging to /var/log/spark/spark-root-org.apac
he.spark.deploy.worker.Worker-1-slave2.out
slave3: starting org.apache.spark.deploy.worker.Worker, logging to /var/log/spark/spark-root-org.apac
he.spark.deploy.worker.Worker-1-slave3.out
slave1: starting org.apache.spark.deploy.worker.Worker, logging to /var/log/spark/spark-root-org.apac
he.spark.deploy.worker.Worker-1-slave1.out
slave0: starting org.apache.spark.deploy.worker.Worker, logging to /var/log/spark/spark-root-org.apac
he.spark.deploy.worker.Worker-1-slave0.out
```

图 7-29　启动 Spark 主节点和从节点

再开启一个窗口 ssh 到 slave1 主机，以 hdfs 身份启动 Spark(在—jars 参数上写上用到的 jar 包，请注意：jar 包的路径一定要写对，以“,”隔开不同 jar 包，千万不能输成了以空格隔开)，如图 7-30 所示。

```
[root@slave1 lib]# su hdfs
[hdfs@slave1 lib]$ spark-shell --jars ./spark-streaming-kafka_2.10-1.5.2.jar,./kafka_2.10-0.9.0.2.3.4.51-1
.jar,./kafka-clients-0.9.0.2.3.4.0-3485.jar,./zkclient-0.7.jar,./metrics-core-2.2.0.jar  --master spark://
master:7077
16/11/23 05:40:33 WARN NativeCodeLoader: Unable to load native-hadoop library for your platform... using b
uiltin-java classes where applicable
16/11/23 05:40:34 INFO SecurityManager: Changing view acls to: hdfs
16/11/23 05:40:34 INFO SecurityManager: Changing modify acls to: hdfs
16/11/23 05:40:34 INFO SecurityManager: SecurityManager: authentication disabled; ui acls disabled; users
with view permissions: Set(hdfs); users with modify permissions: Set(hdfs)
16/11/23 05:40:34 INFO HttpServer: Starting HTTP Server
16/11/23 05:40:34 INFO Server: jetty-8.y.z-SNAPSHOT
16/11/23 05:40:34 INFO AbstractConnector: Started SocketConnector@0.0.0.0:60687
16/11/23 05:40:34 INFO Utils: Successfully started service 'HTTP class server' on port 60687.
Welcome to
      ____              __
     / __/__  ___ _____/ /__
    _\ \/ _ \/ _ `/ __/  '_/
   /___/ .__/\_,_/_/ /_/\_\   version 1.5.2
      /_/
```

图 7-30　开启新窗口并以 hdfs 身份启动 Spark

Spark 启动好了之后，可以输入“:paste”命令，这样就可以把我们写好的程序直接复制粘贴上去，建议先在文档编辑器或 IDE 上先写好程序，再把代码复制到 Spark shell 上运行，按 Ctrl-D 组合键后程序开始运行(当然，也可以一步一步执行代码段)，如图 7-31 所示。

在接着下一步操作之前，请先回到 7.4.2 节第二部分看一下各代码段的作用，可以看到，创建 StreamingContext 时指定了 10 秒钟的批处理大小，这里可以理解为每间隔 10 秒钟从 Kafka 的 mytest 中读取一次数据。

经过 20 秒后，我们回到前面创建的 Kafka producer 中，输入用作测试的数据(这里以原数据源的前 21 条数据作为测试数据)，如图 7-32 所示。

```
scala> :paste
// Entering paste mode (ctrl-D to finish)

import org.apache.spark.streaming.Seconds
import org.apache.spark.streaming.StreamingContext
import org.apache.spark.streaming.kafka.KafkaUtils
import org.apache.log4j.{Logger,Level}
Logger.getLogger("org").setLevel(Level.WARN)
Logger.getLogger("akka").setLevel(Level.WARN)
val ssc = new StreamingContext(sc, Seconds(10))
val zkQuorum = "slave1:2181,slave2:2181,slave3:2181"
val group = "test-consumer-group"
val topics = "mytest"
val numThreads = 1
val topicMap = topics.split(",").map((_,numThreads.toInt)).toMap
val lineMap = KafkaUtils.createStream(ssc,zkQuorum,group,topicMap)
val lines = lineMap.map(_._2)
lines.saveAsTextFiles("hdfs://master:8020/data/testdata/prefix", "")
lines.print
ssc.start
ssc.awaitTermination
```

图 7-31 输入“:paste”命令并复制程序

```
[root@slave1 kafka-broker]# bin/kafka-console-producer.sh --broker-list slave1:6667 --topic mytest
63.0,1.0,1.0,145.0,233.0,1.0,2.0,150.0,0.0,2.3,3.0,0.0,6.0,0
67.0,1.0,4.0,160.0,286.0,0.0,2.0,108.0,1.0,1.5,2.0,3.0,3.0,2
67.0,1.0,4.0,120.0,229.0,0.0,2.0,129.0,1.0,2.6,2.0,2.0,7.0,1
37.0,1.0,3.0,130.0,250.0,0.0,0.0,187.0,0.0,3.5,3.0,0.0,3.0,0
41.0,0.0,2.0,130.0,204.0,0.0,2.0,172.0,0.0,1.4,1.0,0.0,3.0,0
56.0,1.0,2.0,120.0,236.0,0.0,0.0,178.0,0.0,0.8,1.0,0.0,3.0,0
62.0,0.0,4.0,140.0,268.0,0.0,2.0,160.0,0.0,3.6,3.0,2.0,3.0,3
57.0,0.0,4.0,120.0,354.0,0.0,0.0,163.0,1.0,0.6,1.0,0.0,3.0,0
63.0,1.0,4.0,130.0,254.0,0.0,2.0,147.0,0.0,1.4,2.0,1.0,7.0,2
53.0,1.0,4.0,140.0,203.0,1.0,2.0,155.0,1.0,3.1,3.0,0.0,7.0,1
57.0,1.0,4.0,140.0,192.0,0.0,0.0,148.0,0.0,0.4,2.0,0.0,6.0,0
56.0,0.0,2.0,140.0,294.0,0.0,2.0,153.0,0.0,1.3,2.0,0.0,3.0,0
56.0,1.0,3.0,130.0,256.0,1.0,2.0,142.0,1.0,0.6,2.0,1.0,6.0,2
44.0,1.0,2.0,120.0,263.0,0.0,0.0,173.0,0.0,0.0,1.0,0.0,7.0,0
52.0,1.0,3.0,172.0,199.0,1.0,0.0,162.0,0.0,0.5,1.0,0.0,7.0,0
57.0,1.0,3.0,150.0,168.0,0.0,0.0,174.0,0.0,1.6,1.0,0.0,3.0,0
48.0,1.0,2.0,110.0,229.0,0.0,0.0,168.0,0.0,1.0,3.0,0.0,7.0,1
54.0,1.0,4.0,140.0,239.0,0.0,0.0,160.0,0.0,1.2,1.0,0.0,3.0,0
48.0,0.0,3.0,130.0,275.0,0.0,0.0,139.0,0.0,0.2,1.0,0.0,3.0,0
49.0,1.0,2.0,130.0,266.0,0.0,0.0,171.0,0.0,0.6,1.0,0.0,3.0,0
64.0,1.0,1.0,110.0,211.0,0.0,2.0,144.0,1.0,1.8,2.0,0.0,3.0,0
```

图 7-32 在 Kafka producer 界面中输入测试数据

切回到 Spark shell 中，可以看到在时间戳为 1482652780000ms 时，读到如图 7-33 所示的数据。

然后查看 HDFS 上的/data/testdata 目录，可以发现如图 7-34 所示的数据。

会看到以“prefix”(saveAsTextFile 函数设置)+“-”+时间戳命名的文件夹已经生成，而且对应的每个时间戳都会有相应的文件夹，接下来我们来查看时间戳为 1482652780000ms 的文件夹内容，会发现存储的信息与前面输入的数据是相一致的，如图 7-35 所示。

```
-------------------------------------------
Time: 1482652760000 ms
-------------------------------------------

-------------------------------------------
Time: 1482652770000 ms
-------------------------------------------

-------------------------------------------
Time: 1482652780000 ms
-------------------------------------------
63.0,1.0,1.0,145.0,233.0,1.0,2.0,150.0,0.0,2.3,3.0,0.0,6.0,0
67.0,1.0,4.0,160.0,286.0,0.0,2.0,108.0,1.0,1.5,2.0,3.0,3.0,2
67.0,1.0,4.0,120.0,229.0,0.0,2.0,129.0,1.0,2.6,2.0,2.0,7.0,1
37.0,1.0,3.0,130.0,250.0,0.0,0.0,187.0,0.0,3.5,3.0,0.0,3.0,0
41.0,0.0,2.0,130.0,204.0,0.0,2.0,172.0,0.0,1.4,1.0,0.0,3.0,0
56.0,1.0,2.0,120.0,236.0,0.0,0.0,178.0,0.0,0.8,1.0,0.0,3.0,0
62.0,0.0,4.0,140.0,268.0,0.0,2.0,160.0,0.0,3.6,3.0,2.0,3.0,3
57.0,0.0,4.0,120.0,354.0,0.0,0.0,163.0,1.0,0.6,1.0,0.0,3.0,0
63.0,1.0,4.0,130.0,254.0,0.0,2.0,147.0,0.0,1.4,2.0,1.0,7.0,2
53.0,1.0,4.0,140.0,203.0,1.0,2.0,155.0,1.0,3.1,3.0,0.0,7.0,1
...

-------------------------------------------
Time: 1482652790000 ms
-------------------------------------------
```

图 7-33 数据显示(一)

```
[hdfs@master spark-client]$ hadoop fs -ls /data/testdata
Found 4 items
drwxr-xr-x   - hdfs hdfs          0 2016-12-24 23:59 /data/testdata/prefix-1482652760000
drwxr-xr-x   - hdfs hdfs          0 2016-12-24 23:59 /data/testdata/prefix-1482652770000
drwxr-xr-x   - hdfs hdfs          0 2016-12-24 23:59 /data/testdata/prefix-1482652780000
drwxr-xr-x   - hdfs hdfs          0 2016-12-24 23:59 /data/testdata/prefix-1482652790000
```

图 7-34 数据显示(二)

```
[hdfs@master spark-client]$ hadoop fs -cat /data/testdata/prefix-1482652780000/*
63.0,1.0,1.0,145.0,233.0,1.0,2.0,150.0,0.0,2.3,3.0,0.0,6.0,0
67.0,1.0,4.0,160.0,286.0,0.0,2.0,108.0,1.0,1.5,2.0,3.0,3.0,2
67.0,1.0,4.0,120.0,229.0,0.0,2.0,129.0,1.0,2.6,2.0,2.0,7.0,1
37.0,1.0,3.0,130.0,250.0,0.0,0.0,187.0,0.0,3.5,3.0,0.0,3.0,0
41.0,0.0,2.0,130.0,204.0,0.0,2.0,172.0,0.0,1.4,1.0,0.0,3.0,0
56.0,1.0,2.0,120.0,236.0,0.0,0.0,178.0,0.0,0.8,1.0,0.0,3.0,0
62.0,0.0,4.0,140.0,268.0,0.0,2.0,160.0,0.0,3.6,3.0,2.0,3.0,3
57.0,0.0,4.0,120.0,354.0,0.0,0.0,163.0,1.0,0.6,1.0,0.0,3.0,0
63.0,1.0,4.0,130.0,254.0,0.0,2.0,147.0,0.0,1.4,2.0,1.0,7.0,2
53.0,1.0,4.0,140.0,203.0,1.0,2.0,155.0,1.0,3.1,3.0,0.0,7.0,1
57.0,1.0,4.0,140.0,192.0,0.0,0.0,148.0,0.0,0.4,2.0,0.0,6.0,0
56.0,0.0,2.0,140.0,294.0,0.0,2.0,153.0,0.0,1.3,2.0,0.0,3.0,0
56.0,1.0,3.0,130.0,256.0,1.0,2.0,142.0,1.0,0.6,2.0,1.0,6.0,2
44.0,1.0,2.0,120.0,263.0,0.0,0.0,173.0,0.0,0.0,1.0,0.0,7.0,0
52.0,1.0,3.0,172.0,199.0,1.0,0.0,162.0,0.0,0.5,1.0,0.0,7.0,0
57.0,1.0,3.0,150.0,168.0,0.0,0.0,174.0,0.0,1.6,1.0,0.0,3.0,0
48.0,1.0,2.0,110.0,229.0,0.0,0.0,168.0,0.0,1.0,3.0,0.0,7.0,1
54.0,1.0,4.0,140.0,239.0,0.0,0.0,160.0,0.0,1.2,1.0,0.0,3.0,0
48.0,0.0,3.0,130.0,275.0,0.0,0.0,139.0,0.0,0.2,1.0,0.0,3.0,0
49.0,1.0,2.0,130.0,266.0,0.0,0.0,171.0,0.0,0.6,1.0,0.0,3.0,0
64.0,1.0,1.0,110.0,211.0,0.0,2.0,144.0,1.0,1.8,2.0,0.0,3.0,0
```

图 7-35 数据显示(三)

7.4.3 基于 Spark MLlib 开发数据挖掘组件

完成了上面两个环节的实践后，此时 HDFS 中已经有了两种数据集：训练数据集以及“实时医疗数据集”(即测试数据集)，那么接下来就将围绕这两种数据集进行实现了。

这个环节的主要内容为：

(1) 利用训练数据集训练模型；

(2) 使用模型对测试数据集进行结果预测，最终将结果保存至 HDFS 中。

这里说明一下：最终结果将包含 15 个字段，其中前 14 个字段是原数据集中的数据，而第 15 个字段则是模型预测的结果，因此我们可以直接看出模型预测的效果。

1. 程序代码解析

开发一个从 HDFS 上读取训练数据(也就是经过 7.4.1 节 ETL 后的数据)，对流处理持久化数据应用 Random Forests 算法进行病理预测评估的程序。

代码主要包含两大部分：

(1) 训练模型：读取 HDFS 上的训练数据，并应用 Random Forests 算法进行模型的训练；

```
import org.apache.spark.mllib.tree.RandomForest
import org.apache.spark.mllib.tree.model.RandomForestModel
import org.apache.spark.mllib.regression.LabeledPoint
import org.apache.spark.mllib.linalg.Vectors
import org.apache.log4j.{Logger,Level}
Logger.getLogger("org").setLevel(Level.WARN)
Logger.getLogger("akka").setLevel(Level.WARN)
//读取训练数据
val data = sc.textFile("hdfs://master:8020/data/test/data.txt").map {
      line =>
        val items = line.split(",")
        LabeledPoint(items(13).toDouble, Vectors.dense(Array(
          items(0).toDouble, items(1).toDouble, items(2).toDouble,
          items(3).toDouble, items(4).toDouble, items(5).toDouble,
          items(6).toDouble, items(7).toDouble, items(8).toDouble,
          items(9).toDouble, items(10).toDouble, items(11).toDouble,
          items(12).toDouble
        )))
      }
//将训练集随机分成两份，比例为 7 : 3
val splits = data.randomSplit(Array(0.7, 0.3))
//取上面的 30% 数据量作为测试模型的准确率
val (_, testData) = (splits(0), splits(1))
val numClasses = 5
val categoricalFeaturesInfo = Map[Int, Int]()
val numTrees = 500
val featureSubsetStrategy = "auto"
val impurity = "gini"
```

```
val maxDepth = 4
val maxBins = 100
//使用随机森林算法训练模型
val model: RandomForestModel = RandomForest.trainClassifier(data,
numClasses, categoricalFeaturesInfo,
      numTrees, featureSubsetStrategy, impurity, maxDepth, maxBins)
val labelAndPreds = testData.map { point =>
      val prediction = model.predict(point.features)
      (point.label, prediction)
}
//计算错误率
val testErr = labelAndPreds.filter(r => r._1 != r._2).count.toDouble / testData.count()
//计算 MSE 值
val mse: Double = Math.sqrt(labelAndPreds.map(l => (l._1 - l._2) * (l._1 - l._2))
.reduce(_ + _)) / testData.count()
//打印错误率
println("Test Error = " + testErr)
//打印 MSE 值
println("MSE = " + mse)
```

(2) 使用模型：读取 HDFS 上的测试数据集，使用训练好的模型对测试数据集进行预测评估并保存结果到 HDFS 中。

```
//读取测试数据
val users = sc.textFile(hdfs://master:8020/data/testdata/prefix-1482652780000/*).map {
      line =>
        val items = line.split(",")
        (Vectors.dense(Array(
          items(0).toDouble, items(1).toDouble, items(2).toDouble,
          items(3).toDouble, items(4).toDouble, items(5).toDouble,
          items(6).toDouble, items(7).toDouble, items(8).toDouble,
          items(9).toDouble, items(10).toDouble, items(11).toDouble,
          items(12).toDouble
        )), items(13))
}
//对测试数据进行预测评估
val result = users.map(l => (l, model.predict(l._1)))
result.foreach(l => println("predict for user " + l._1._1(0) + " whose actual class is " +
l._1._2 + " and the predict class is " + l._2))
//保存结果
result.map(l =>
      l._1._1(0) + "," + l._1._1(1) + "," + l._1._1(2)
        + "," + l._1._1(3) + "," + l._1._1(4) + "," + l._1._1(5)
        + "," + l._1._1(6) + "," + l._1._1(7) + "," + l._1._1(8)
        + "," + l._1._1(9) + "," + l._1._1(10) + "," + l._1._1(11)
        + "," + l._1._1(12) + "," + l._1._2 + "," + l._2.toInt
```

2. 随机森林算法

在机器学习中，随机森林是一个包含多个决策树的分类器，并且其输出的类别是由个别树输出的类别的众数而定。

随机森林算法的基本原理：由多个决策树构成的森林，算法分类结果由这些决策树投票得到，决策树在生成的过程当中分别在行方向和列方向上添加随机过程，行方向上构建决策树时采用放回抽样(bootstraping)得到训练数据，列方向上采用无放回随机抽样得到特征子集，并据此得到其最优切分点。

根据维基百科的描述，随机森林的优点有：

(1) 对于很多种资料，它可以产生高准确度的分类器。

(2) 它可以处理大量的输入变数。

(3) 它可以在决定类别时，评估变数的重要性。

(4) 在建造森林时，它可以在内部对于一般化后的误差产生不偏差的估计。

(5) 它包含一个好方法可以估计遗失的资料，并且，如果有很大一部分的资料遗失，仍可以维持准确度。

(6) 它提供一个实验方法，可以去侦测 variable interactions。

(7) 对于不平衡的分类资料集来说，它可以平衡误差。

(8) 它计算各例中的亲近度，对于数据挖掘、侦测偏离者(outlier)和将资料视觉化非常有用。

(9) 它可被延伸应用在未标记的资料上，这类资料通常是使用非监督式聚类，也可侦测偏离者和观看资料。

(10) 学习过程十分快速。

更多关于随机森林算法的资料，可参考后面的参考文献部分。

3. 模型训练及预测结果

类似 7.4.2 节第四部分，在 master 主机上启动 Spark 主节点和从节点，接着以 hdfs 身份启动 Spark，唯一不一样的在于无须使用参数-jars，如图 7-36 所示。

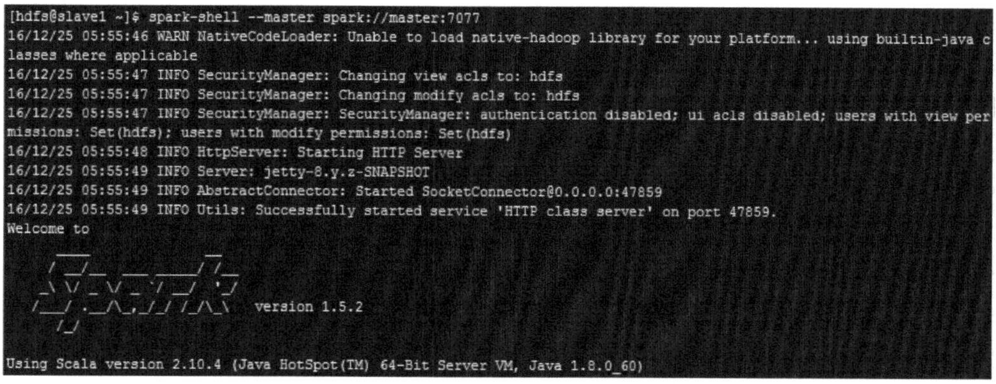

```
[hdfs@slave1 ~]$ spark-shell --master spark://master:7077
16/12/25 05:55:46 WARN NativeCodeLoader: Unable to load native-hadoop library for your platform... using builtin-java c
lasses where applicable
16/12/25 05:55:47 INFO SecurityManager: Changing view acls to: hdfs
16/12/25 05:55:47 INFO SecurityManager: Changing modify acls to: hdfs
16/12/25 05:55:47 INFO SecurityManager: SecurityManager: authentication disabled; ui acls disabled; users with view per
missions: Set(hdfs); users with modify permissions: Set(hdfs)
16/12/25 05:55:48 INFO HttpServer: Starting HTTP Server
16/12/25 05:55:49 INFO Server: jetty-8.y.z-SNAPSHOT
16/12/25 05:55:49 INFO AbstractConnector: Started SocketConnector@0.0.0.0:47859
16/12/25 05:55:49 INFO Utils: Successfully started service 'HTTP class server' on port 47859.
Welcome to
      ____              __
     / __/__  ___ _____/ /__
    _\ \/ _ \/ _ `/ __/  '_/
   /___/ .__/\_,_/_/ /_/\_\   version 1.5.2
      /_/

Using Scala version 2.10.4 (Java HotSpot(TM) 64-Bit Server VM, Java 1.8.0_60)
```

图 7-36 启动 Spark 节点

那么现在就可以开始进行模型的训练了，输入“:paste”命令后，输入训练模型代码段，如图 7-37 所示。

```
scala> :paste
// Entering paste mode (ctrl-D to finish)

import org.apache.spark.mllib.tree.RandomForest
import org.apache.spark.mllib.tree.model.RandomForestModel
import org.apache.spark.mllib.regression.LabeledPoint
import org.apache.spark.mllib.linalg.Vectors
import org.apache.log4j.{Logger,Level}
Logger.getLogger("org").setLevel(Level.WARN)
Logger.getLogger("akka").setLevel(Level.WARN)
val data = sc.textFile("hdfs://master:8020/data/test/data.txt").map {
      line =>
        val items = line.split(",")
        LabeledPoint(items(13).toDouble, Vectors.dense(Array(
          items(0).toDouble, items(1).toDouble, items(2).toDouble,
          items(3).toDouble, items(4).toDouble, items(5).toDouble,
          items(6).toDouble, items(7).toDouble, items(8).toDouble,
          items(9).toDouble, items(10).toDouble, items(11).toDouble,
          items(12).toDouble
        )))
    }
val splits = data.randomSplit(Array(0.7, 0.3))
val (_, testData) = (splits(0), splits(1))
val numClasses = 5
val categoricalFeaturesInfo = Map[Int, Int]()
val numTrees = 500
val featureSubsetStrategy = "auto"
val impurity = "gini"
val maxDepth = 4
val maxBins = 100
val model: RandomForestModel = RandomForest.trainClassifier(data, numClasses, categoricalFeaturesInfo,
    numTrees, featureSubsetStrategy, impurity, maxDepth, maxBins)
val labelAndPreds = testData.map { point =>
      val prediction = model.predict(point.features)
      (point.label, prediction)
}
val testErr = labelAndPreds.filter(r => r._1 != r._2).count.toDouble / testData.count()
val mse: Double = Math.sqrt(labelAndPreds.map(l => (l._1 - l._2) * (l._1 - l._2)).reduce(_ + _)) / testData.count()
println("Test Error = " + testErr)
println("MSE = " + mse)
```

图 7-37 输入训练模型代码段

可以看到,模型的错误率和 MSE 值分别为：0.2 与 0.08551619373301012,如图 7-38 所示。这个训练的结果还是挺不错的。注意：这里的模型其实是可以保存起来,以后进行加载使用的,所以当我们觉得某次训练的模型很不错时,可以选择将其保存起来。

```
Test Error = 0.2
MSE = 0.08551619373301012
```

图 7-38 模型的错误率和 MSE 值

给出参考指令：

```
model.save(sc, "myModelPath")
val sameModel = RandomForestModel.load(sc, "myModelPath")
```

那么接下来开始使用模型对测试数据进行预测评估,并保存到 HDFS 上,如图 7-39 所示。

等待代码执行完毕后,可以到 HDFS 的/data/result 目录下查看保存的结果,可以看到,结果数据共有 15 个字段,其中第 15 字段是模型预测的结果,第 14 字段是源数据实际数值,从图中已经标记出了预测错误的数据项。而且细心的读者可以发现,数据顺序其实已经打乱了,不信的可以回去看看之前输入的数据排列顺序,其实这是因为我们的程序运行于 Spark 集群上,出于效率考虑,Spark 根据其策略将数据进行了 split 以及重组,因而最终数据顺序与原来并不一致,如图 7-40 所示。

```
scala> :paste
// Entering paste mode (ctrl-D to finish)

val users = sc.textFile("hdfs://master:8020/data/testdata/prefix-1482652780000/*").map {
      line =>
        val items = line.split(",")
        (Vectors.dense(Array(
          items(0).toDouble, items(1).toDouble, items(2).toDouble,
          items(3).toDouble, items(4).toDouble, items(5).toDouble,
          items(6).toDouble, items(7).toDouble, items(8).toDouble,
          items(9).toDouble, items(10).toDouble, items(11).toDouble,
          items(12).toDouble
        )), items(13))
    }
val result = users.map(l => (l, model.predict(l._1)))
result.foreach(l => println("predict for user " + l._1._1(0) + " whose actual class is " + l._1._2 + " and the predict
class is " + l._2))
result.map(l =>
      l._1._1(0) + "," + l._1._1(1) + "," + l._1._1(2)
        + "," + l._1._1(3) + "," + l._1._1(4) + "," + l._1._1(5)
        + "," + l._1._1(6) + "," + l._1._1(7) + "," + l._1._1(8)
        + "," + l._1._1(9) + "," + l._1._1(10) + "," + l._1._1(11)
        + "," + l._1._1(12) + "," + l._1._2 + "," + l._2.toInt
).repartition(1).saveAsTextFile("hdfs://master:8020/data/result")
```

图 7-39 利用模型对测试数据进行预测评估

```
[root@master spark-client]# hadoop fs -cat /data/result/*
56.0,0.0,2.0,140.0,294.0,0.0,2.0,153.0,0.0,1.3,2.0,0.0,3.0,0,0
56.0,1.0,3.0,130.0,256.0,1.0,2.0,142.0,1.0,0.6,2.0,1.0,6.0,2,0
44.0,1.0,2.0,120.0,263.0,0.0,0.0,173.0,0.0,0.0,1.0,0.0,7.0,0,0
52.0,1.0,3.0,172.0,199.0,1.0,0.0,162.0,0.0,0.5,1.0,0.0,7.0,0,0
57.0,1.0,3.0,150.0,168.0,0.0,0.0,174.0,0.0,1.6,1.0,0.0,3.0,0,0
48.0,1.0,2.0,110.0,229.0,0.0,0.0,168.0,0.0,1.0,3.0,0.0,7.0,1,0
54.0,1.0,4.0,140.0,239.0,0.0,0.0,160.0,0.0,1.2,1.0,0.0,3.0,0,0
48.0,0.0,3.0,130.0,275.0,0.0,0.0,139.0,0.0,0.2,1.0,0.0,3.0,0,0
49.0,1.0,2.0,130.0,266.0,0.0,0.0,171.0,0.0,0.6,1.0,0.0,3.0,0,0
63.0,1.0,1.0,145.0,233.0,1.0,2.0,150.0,0.0,2.3,3.0,0.0,6.0,0,0
67.0,1.0,4.0,160.0,286.0,0.0,2.0,108.0,1.0,1.5,2.0,3.0,3.0,2,2
67.0,1.0,4.0,120.0,229.0,0.0,2.0,129.0,1.0,2.6,2.0,2.0,7.0,1,3
37.0,1.0,3.0,130.0,250.0,0.0,0.0,187.0,0.0,3.5,3.0,0.0,3.0,0,0
41.0,0.0,2.0,130.0,204.0,0.0,2.0,172.0,0.0,1.4,1.0,0.0,3.0,0,0
56.0,1.0,2.0,120.0,236.0,0.0,0.0,178.0,0.0,0.8,1.0,0.0,3.0,0,0
62.0,0.0,4.0,140.0,268.0,0.0,2.0,160.0,0.0,3.6,3.0,2.0,3.0,3,3
57.0,0.0,4.0,120.0,354.0,0.0,0.0,163.0,1.0,0.6,1.0,0.0,3.0,0,0
63.0,1.0,4.0,130.0,254.0,0.0,2.0,147.0,0.0,1.4,2.0,1.0,7.0,2,2
53.0,1.0,4.0,140.0,203.0,1.0,2.0,155.0,1.0,3.1,3.0,0.0,7.0,1,1
57.0,1.0,4.0,140.0,192.0,0.0,0.0,148.0,0.0,0.4,2.0,0.0,6.0,0,0
64.0,1.0,1.0,110.0,211.0,0.0,2.0,144.0,1.0,1.8,2.0,0.0,3.0,0,0
```

图 7-40 重新生成的数据

到此，整个案例过程已经结束，后面会提到一些不足与扩展的点，希望读者也能够认真思考一下。

7.5 不足与扩展

这里提一些本案例存在的不足之处以及一些可以扩展的地方，有兴趣的读者可以尝试在实践的过程中加入一些自己的想法。

(1) 本案例中的数据集的数据量相对较小，建议读者可以尝试使用数据量更大的数据集进行实践，一般而言，训练数据集越大，训练后模型的可靠性越高。

(2) 读者可以自行编写程序，实现比如按时间间隔反复向 Kafka“生产”数据的功能，模拟实际的生产环境，达到真正“实时”效果；

(3) 请尝试使用其他应用与 Kafka 进行交互；

(4) 除了随机森林算法外，思考是否还有其他方法进行数据的预测与分析；

(5) 案例只演示了导入数据到 HDFS，同样，可以尝试从 HDFS 导出数据，譬如将最后 HDFS 的预测结果利用 ETL 工具等导出到数据库或者其他文件系统中，使用用户友好的方式展示结果，比如网页展示等。

习题

1. 实时医疗大数据分析的核心预测模型是什么？
2. 请根据教材内容重现思考实时医疗大数据分析的实现程序。
3. 请总结实时医疗大数据分析的现实过程。

第8章

保险大数据分析案例

8.1 案例背景与需求概述

8.1.1 背景介绍

随着大数据概念的提出以及近年来的迅猛发展，大数据已经渗透到各行各业，传统的保险业也毫不例外。在传统的保险业环境下，随着保险公司信息化建设的不断深入以及移动互联网对保险销售、运营和服务模式的持续影响，保险公司已经积累而且将会积累更多的数据。而保险行业的立命之本就是大数法则，数据对保险公司具有至关重要的意义。

而伴随大数据在各个行业的落地，保险行业也积极探索大数据的应用，主要包括两个视角：一是，各种新型的大数据技术基于各类传统数据在各个业务场景中的运用，即通过新技术解决既有问题；二是，基于各类新数据的创新型运用，新数据指企业的全新数据，以及新型数据与传统数据的结合。

大数据的本质是解决预测问题，大数据的核心价值就在于预测，保险业经营的核心也是基于预测。毫不夸张地说，保险公司是否关注大数据时代的到来，能否对于大数据时代有一个积极的应对，是决定它有没有明天以及未来发展的关键因素。

8.1.2 基本需求

这里将会介绍某大型保险公司的三个业务场景：基于用户的家谱信息挖掘、基于历史销售数据的用户推荐和基于历史销售策略的回归检验，并在最后给出本案例所需要实现的功能目标。

1. 基于用户的家谱信息挖掘

传统保险业的保险销售方式主要以业务员线下销售为主，保险业务员通过打电话或者上门拜访的方式推销公司的产品。这种盲目的营销方式在过往取得了不错的效果，通过撒网式的销售维持了公司很长一段时间的销售业绩。随着保险业的逐步发展，人们对购买保险的意愿逐步升高，保险购买的潜在群体正在快速扩大，如何能够更精准了解用户的购买意向成为了各保险公司十分迫切的需求。

保险的种类十分多样，图 8-1 展示了保险的种类。

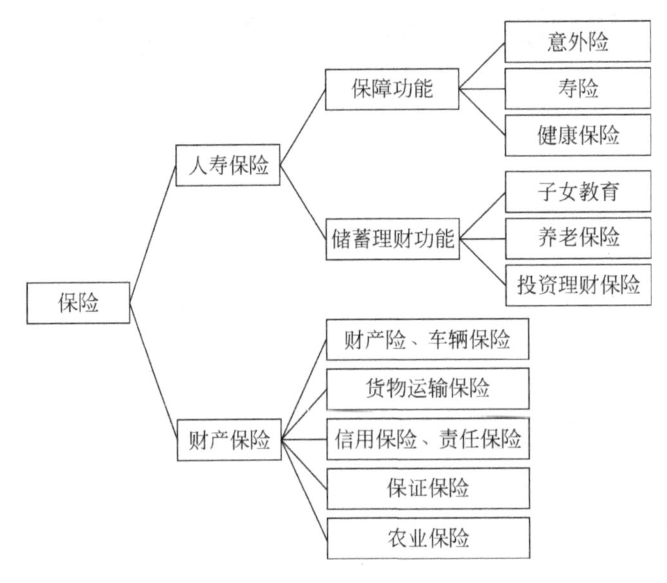

图 8-1 保险的分类

如图所示，按被保险的目标物进行分类，保险大致分为人寿保险和财产保险两类。人寿保险主要有保障和储蓄理财两大分类，主要是针对人做出相应的保障，财产保险主要有车辆保险、责任保险和保证保险等，主要是针对物品做出相应的保障。

根据该大型保险公司过往销售经验的总结，保险的购买行为往往呈现出家庭性质，如妻子会给丈夫购买人身保险，父母会给孩子购买健康保险或者教育保险等，于是自然而然地就产生了对家庭关系挖掘的需求。对家庭关系的挖掘可以通过保单上或投保人与受益人的关系进行。

通过技术的手段对公司所有的交易数据进行处理，挖掘出用户的家庭关系，保存起来供其他业务使用。比如保险销售员在拜访客户的时候，便可以得知其家庭有多少成员，每个成员的属性，如年龄、职业、收入、购买过的保险明细和保险理赔情况等。通过家谱信息，销售员便可以精准地推荐产品给其家庭里面的其他人，达到了精准营销的目的。家谱信息挖掘的案例图如图 8-2 所示。

2. 基于历史销售数据的用户推荐

保险公司通过保险业务员销售产品，每个保险业务员都依靠自身的力量拓展新客户和维系老客户。通常来说，保险业务员会倾向于向老客户或者 VIP 客户去推销新的产品，因为这类客户的购买力和购买意愿更强，这是符合营销学规律的。但是有的时候，拓展新的客

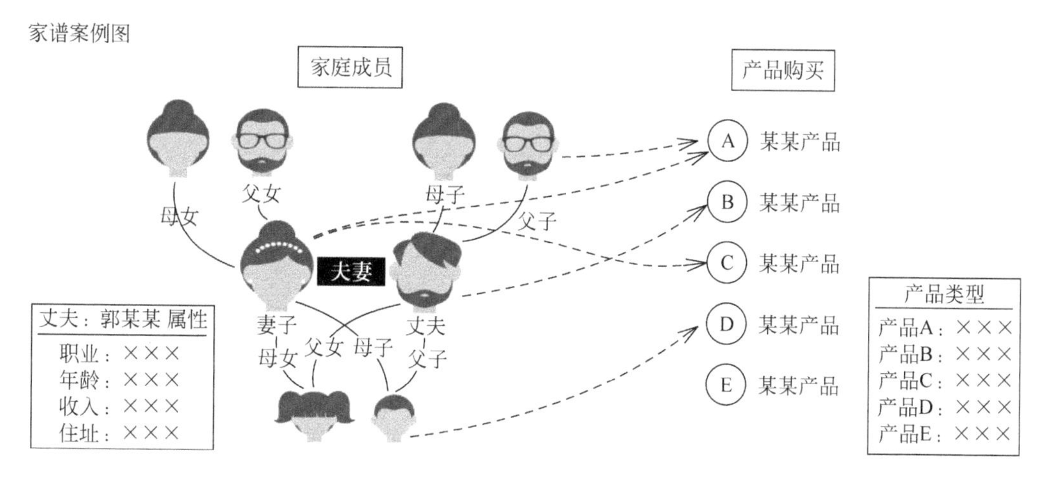

图 8-2　家谱信息挖掘案例图

户可能更加重要，毕竟保险产品大部分属于长期投资型，购买之后十年甚至二十年内该客户不会再去购买保险，而以往的依靠保险员经验的销售模式往往着眼点只放在了老客户身上，对于新客户或者潜在的高购买力客户缺乏发现的方法。因此，保险公司在拓展新客户通常采取撒网式的方法，让保险业务员依靠自身的能力逐个拜访客户。可想而知，这种方法是低效的，保险业务员疲于奔命在各个客户中间，但是真正有购买能力的客户可能少之又少。

在这个前提下，保险公司对于用户精准分类方面的需求非常迫切的，公司方面希望能够通过过往交易数据，发现出下一个季度中最可能购买某一个产品的用户群，使得保险销售员在销售该产品的时候能够集中精力优先向这一类客户推荐。对于某一种特定的产品，经过算法分类出来的客户，以购买概率的大小排序，然后分为若干个优先级的客户，保险销售员便以此为标准，按照优先级的先后顺序推销保险产品。业务的案例如图 8-3 所示。

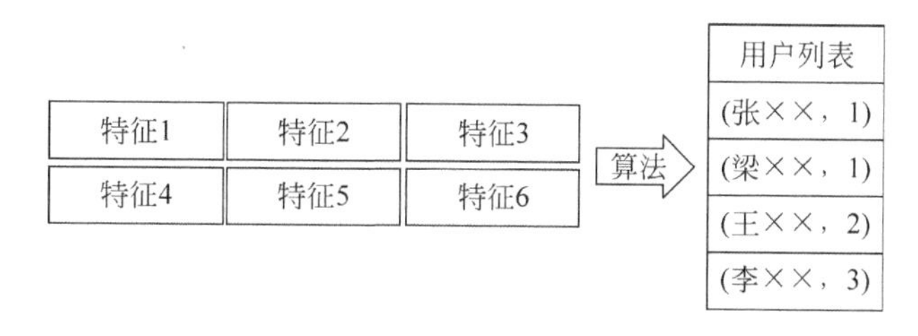

图 8-3　用户精准筛选案例图

3. 基于历史销售策略的回归检验

保险公司在销售某款产品的时候，根据用户的若干特征做优先级推荐销售策略。业务人员通过筛选具有这些特征的用户，然后优先对这些用户进行销售。具体的特征及其类型如表 8-1 所示，这些特征中，“Vip 类型”为离散型变量，一种有十种类型，其余七个特征均为布尔型，即“是”或者“不是”。“Vip 类型”并不是该公司用来制定销售策略的特征，不过公司想通过一定的方法回归检验每一类 vip 客户对购买行为的影响程度。该公司在产品推销的具体过程是先选择出具有某个特征的用户，比如特征“2014/2015 连续购买客户”，优先向其推销，然后再向具有另外一个特征的用户，比如“普通客户积分 30000 以上且近两年购买过”，向其推销产品，以此类推。该大型保险公司以往是通过这种策略来提升产品的销售额，达到精准营销的目的。

表 8-1 需要回归检验的用户特征

特 征 名	类 型
Vip 类型	INT
2013/2014 连续购买 2015 年中断客户	BOOLEAN
2014/2015 连续购买客户	BOOLEAN
VIP 客户(贵宾卡及以上客户)	BOOLEAN
第二份保单	BOOLEAN
普通客户持 3 份合同/保费 2 万元以上/近两年购买过	BOOLEAN
普通客户积分 30 000 以上且近两年购买过	BOOLEAN
止收客户	BOOLEAN

这些特征具体对销售的结果影响如何,在传统 BI 系统下依据统计的方法很难得出相关的结论,只能通过宏观的销售额来大致确定销售策略是否有效。在此种业务环境下,该大型保险公司想通过大数据分析的手段得出每个特征对购买结果的影响程度,检验以往的推销策略是否有效,从而在下一年的销售当中促进保险的销售额。

根据上述阐述的三个业务场景,总结出本案例需要实现的 3 个功能目标:

(1) 根据销售数据中投保人与受益人的关系信息,基于 GraphX 进行家谱信息的挖掘;

(2) 根据某保险产品的历史销售数据,基于分片的随机森林算法进行用户推荐,并按用户购买该产品的概率大小进行排序;

(3) 根据历史销售数据的用户特征数据,基于 FP-Growth 关联规则挖掘算法进行回归检验,比较各特征对销售结果的影响。

8.2 设计方案

对于上面需求环节提到的三个业务场景,我们将分别基于下面三种算法进行解决:基于 GraphX 的并行家谱挖掘算法,基于分片技术的随机森林算法以及基于内存计算的 FP-Growth 关联规则挖掘算法。也就是说,本案例将包含三个实验,分别对应于三个业务需求,并将依赖于 Spark 平台进行整个案例的实现。下面将介绍每个算法的建模过程。

8.2.1 基于 GraphX 的并行家谱挖掘算法

传统的家谱挖掘算法,需要自上而下多次扫描所有的数据,十分消耗系统资源,甚至很容易出现极端情况使得挖掘结果出现异常,使用图算法则能够有效地提高效率。家谱挖掘抽象的执行过程是将所有关系的集合 G 看作是一张大“图”,然后挖掘出 G 中所有的最大连通分量集合 $g=\{g_i \mid i\in N, g_i\in G\}$,具体如图 8-4 所示,每个连通分量 $g_i(i=1,2,\cdots,n)$ 即为一个家庭。

算法的执行过程主要分为两步,第一步是利用数据存储图,第二步是通过图计算出所有连通分量。GraphX 是 Spark 生态下的图处理计算框架,十分适合业务的需求。

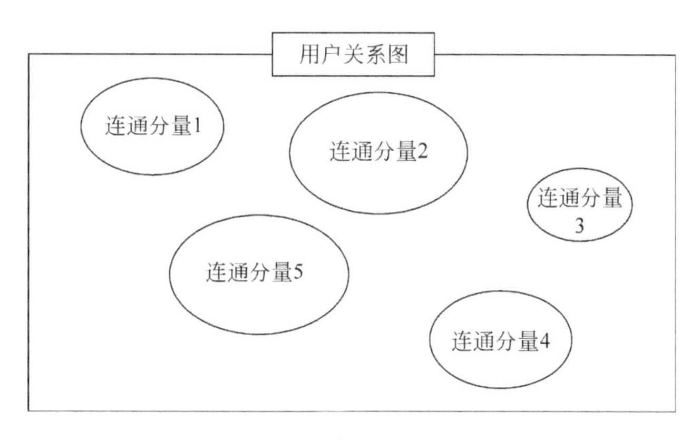

图 8-4 家谱挖掘抽象过程

（1）存储图

存储图需要点集和边集，点集可以使用用户映射表，边集则可以使用用户关系表。点集和边集存储图的过程如图 8-5 所示。

点集

id	属性
134	(19, 学生)
5	(45, 工人)
754	(78, 退休)
111	(28, 文员)

边集

投保人id	受益人id	属性
134	5	(A, 男，女)
754	544	(C, 男，女)
111	754	(R, 女，女)
897	5	(C, 女，男)

⇩

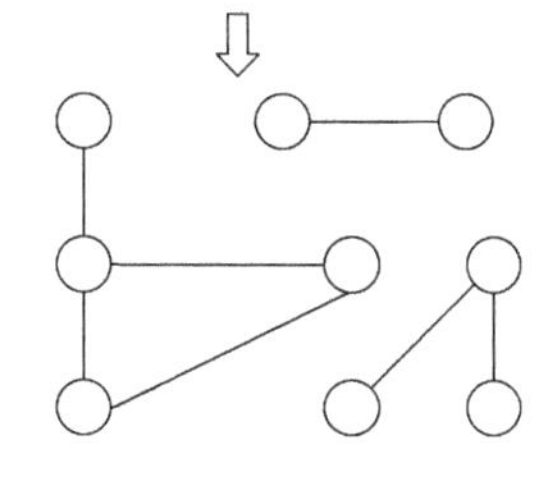

图 8-5 存储图的过程

调用 GraphX 中的 graph. vertices 类存储点集，graph. edges 类存储边集。在图的存储方面，使用点分割的形式存储图，用三个 RDD 存储图的数据信息：

- VertexTable(id, data)，其中 id 为 Vertex id，data 为 Edge data。
- EdgeTable(pid, src, dst, data)，其中 pid 为 Partion id，src 为原定点 id，dst 为目的顶点 id。
- RoutingTable(id, pid)，其中 id 为 Vertex id，pid 为 Partion id。

点分割存储实现如图 8-6 所示，在保存图之前，先对图进行分割，使其分为若干个子图，如图 8-6 左边所示，分为了两个子图。Vertex Table 和 Routing Table 是针对全局而言的，对于 Vertex Table，列出图中的所有点，对于 Routing Table，除了列出图中所有点以外，还按照其划分区间标注其所在分区。Edge Table 则是每个分区分别存储，将其中的边一一保存下来。使用点分割的方法，每条边只存储一次，都只会出现在一台机器上，邻居多的点会被复制到多台机器上。这种做法虽然增加了点的存储开销,同时也会引发数据同步问题,但是可以大幅减少节点间的通信量。

(2)计算连通分量

使用深度优先算法对图进行搜索,每次搜索从序号最小的一个点出发,依据图中的连通情况一致搜索至该分量无其他顶点为止,保存该连通分量的边集信息,每个连通分量的序号为初始搜索的序号。随后从未搜索的点中序号最小的一个点继续搜索,直到所有的点都搜索完毕。算法的流程如图 8-7 所示。

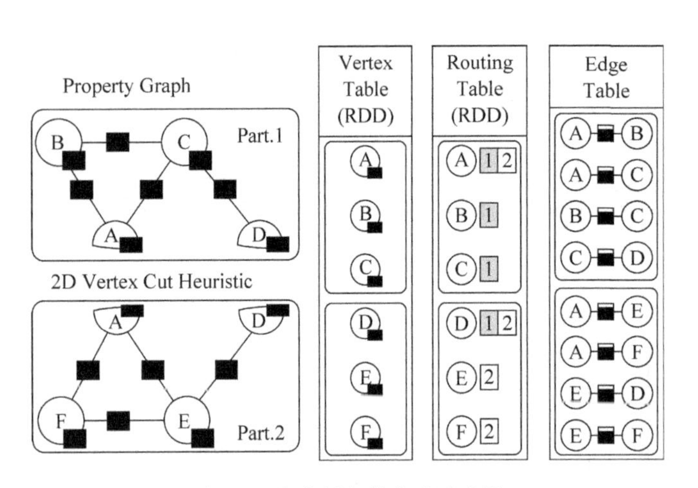

图 8-6 点分割存储实现示意图

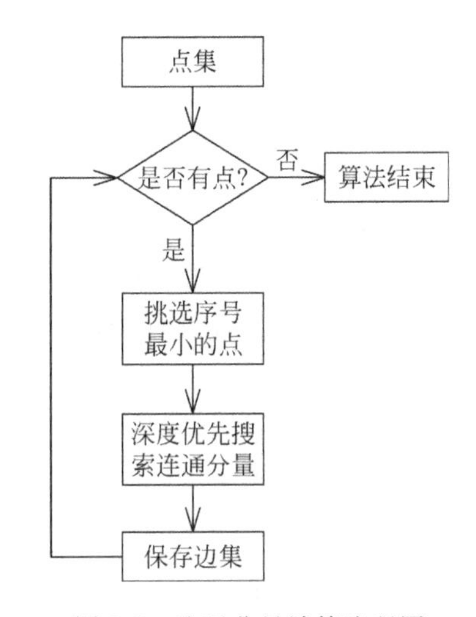

图 8-7 连通分量计算流程图

8.2.2 基于分片技术的随机森林算法

对于某款保险产品,用户是否会购买在数据挖掘领域可以归结为一个二分类问题。对于该问题的建模,应该分为两个步骤进行。第一,结合过往历史数据训练出分类模型,具体如图 8-8 所示。第二,对未购买的用户进行购买行为的预测,输出用户购买保险的结果。具体如图 8-9 所示。

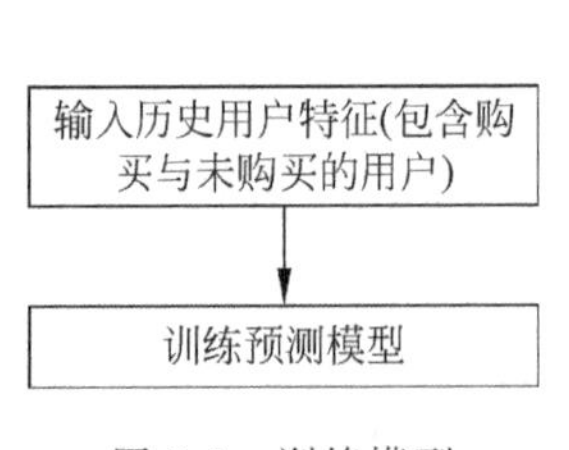

图 8-8 训练模型

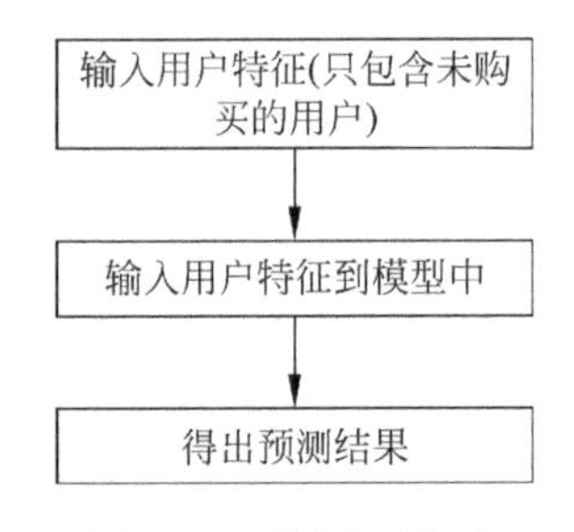

图 8-9 预测购买行为

二分类问题要达到一个比较理想的结果,需要正例与负例的比例相对均衡才行。但是,对于该保险产品购买与未购买的客户比例几乎达到了 1∶24,如果采用常规的分类模型,负例的比例占绝大多数,分类的结果会严重地偏向负例这一方。比如,在识别病毒攻击的场景下，大约一万次的网络访问只有一次是真正的病毒攻击。在这种情况下使用任何一种分类模型，预测结果为“不是病毒攻击”，准确率也能达到99.99%。在传统的分类问题评价体系下，这个模型的表现极其优秀，但是对于用户来说是不可容忍的，因此真正的病毒攻击模型没有识别出来。对于正例与负例严重不平衡的二分类问题，我们称之为“不平衡二分类问题”。在这种应用场景下，我们宁愿将“安全访问”预测为“病毒攻击”也不愿意将“病毒攻击”预测为“安全访问”。

对于不平衡分类问题，最优的解决方法是结合三种解决思路，从分类方法、抽样手段和评判准则三方面解决问题。

(1) 分类方法

分类模型多种多样，主要有朴素贝叶斯分类、SVM分类、决策树、AdaBoost和随机森林等。在审查待分析数据的时候发现，待训练的维度相互之间存在不独立的现象，故不采用朴素贝叶斯分类。对于SVM和决策树算法，由于数据分布不均匀且每个特征都存在着严重的不均衡性，分类的结果将会严重偏向多数类的一方。因此，对于此业务将选用随机森林算法来进行模型训练。随机森林算法由若干棵决策树构成，每一棵决策树都能对正确目标给出合理、独立且互不相同的估计，这些数的集体平均预测应该比任一个体的预测更接近正确答案。正是由于决策树构建过程中的随机性，才有了这种独立性，这就是随机森林的关键所在。在大数据的背景下，随机森林非常有吸引力，因为决策树往往是独立构造的，诸如Spark和MapReduce这样的大数据技术本质上适合数据并行问题。也就是说，总体答案的每个部分可以通过在部分数据上独立计算来完成。随机森林中决策树可以并且应该只在特征子集或输入数据子集上进行训练，基于这个事实，决策树构造的并行化就很简单了。

综上所述，该业务采用随机森林作为分类方法。

(2) 抽样手段

对于不平衡分类问题，如何解决数据分配的问题是重中之重。该业务中我们借鉴集成学习的方法，使用同态集成学习的方法对用户进行分类。过抽样和欠抽样方法都是处理不平衡数据常用的方法，但是都必然会丢失样本的部分特征，寻找一种既能降低样本不平衡带来的分类性能低下也能防止样本特征丢失的方法是抽样手段的关键。最理想的方案便是对数据进行分片处理，在这个问题中，多数类指“未购买”，少数类指“购买”，将多数类平均分成若干个子集，每个子集都和少数类合并为一个新的训练集，每个训练集独立构建分类器，最后集成各个分类器的结果。这种方法能够在不丢失样本特征的前提下有效减弱样本不平衡的现象，使得分类性能大大提高。具体示意图如图8-10所示。

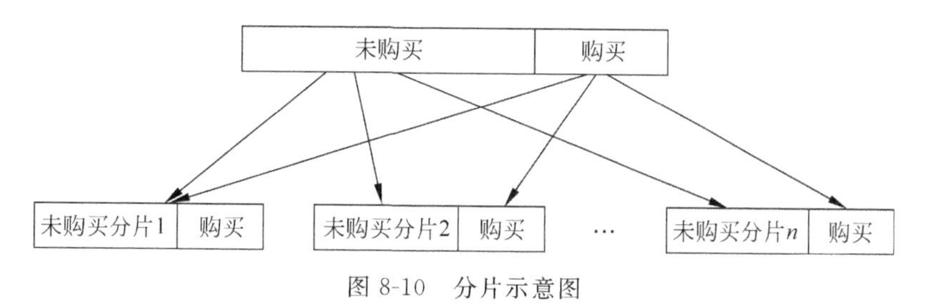

图8-10　分片示意图

(3) 评判准则

精确度是评价分类模型的重要准则，但是对于不平衡分类问题，精确率并不能反映真实的分类性能，为此，针对不平衡分类问题，学术界提出了众多新的评价准则，主要有：召回率 recall、准确率 precision、F-value 等。对于这里的基于分片技术的随机森林算法，我们使用 F-value 值来评判算法的效果。F-value 的公式如下所示：

$$\text{recall} = \frac{TP}{TP + FN} \tag{8-1}$$

$$\text{precision} = \frac{TP}{TP + FP} \tag{8-2}$$

$$\text{F-value} = \frac{(1 + \beta^2) \times \text{recall} \times \text{precision}}{\beta^2 \times \text{recall} + \text{precision}} \tag{8-3}$$

上述式子中 TP、FN、FP、TN 代表混合矩阵中的值，其含义如表 8-2 所示。

表 8-2　混合矩阵表

	被分为正例	被分为负例
实际为正例	TP	FN
实际为负例	FP	TN

F-value 计算公式中的 β 取 1。这个值是国际上通用的评判分类模型优劣程度的参数。算法的评判过程是迭代运算不同分片数下 F-value 值的大小，通过该值确定算法在分片数为几的情况下准确程度最高，最后再应用到真实环境下进行用户的精准分类。

综上所述，对该业务的用户分类问题我们采用"基于分片技术的随机森林算法"建模，建模的流程图如图 8-11 所示。

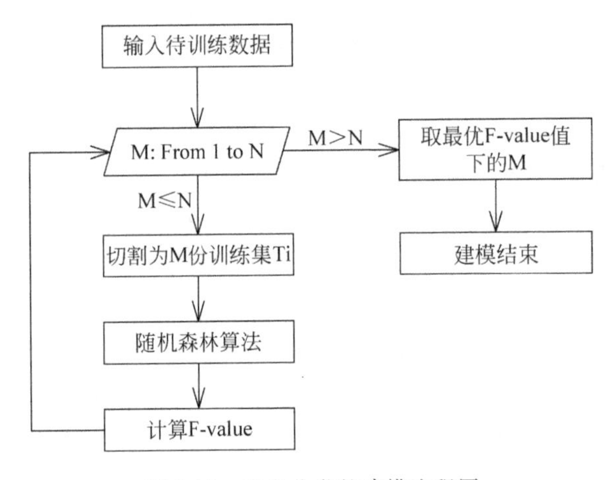

图 8-11　用户分类的建模流程图

首先对训练数据的多数类从 1 至 N 进行切分，生成 M 份多数类分片，每一个分片都加入全量的少数类数据组成待训练集。随后分别对每一个待训练集使用随机森林算法，得出 M 个训练模型。最后使用验证集验证模型效果，得出每个分片下的预测"购买"的用户，然后合并 M 个分片的结果，得出所有的"购买"用户并计算 F-value 的值。循环 N 次后便得到了 N 个 F-value 的值，选择 F-value 值最大的分片数，即为最终应用的分片个数，建模结束。

8.2.3 基于内存计算的 FP-Growth 关联规则挖掘算法

对销售策略的回归检验，可以将问题转化为特征对购买结果的影响程度分析，该影响程度可以看作一个条件概率，即：$\text{effect}(f_i)=P(f_i|r=x)$，表示某特征，r=x 表示购买的结果，其中 x=1 表示“购买”，x=0 表示“未购买”，所以对于某特征对“购买”这个结果的影响程度，我们可以通过计算来评判。

对于这个需求，很自然地想到使用贝叶斯公式直接进行计算，但是贝叶斯公式在这个需求下存在着以下的缺点：第一，计算烦琐，对每个特征都需要计算一次，效率非常低下。第二，贝叶斯公式只能通过人为指定特征的方法计算，即数据分析人员只能先感性地估计哪些特征对购买结果有利，再去运算。在多特征分析的情况下，特征的组合非常多，这种方式极难发现隐藏的影响关系。第三，使用贝叶斯公式计算出来的影响程度很难进行评判，容易出现影响程度高但是项集很少的“假策略”。

综上所述，最终考虑选择使用关联规则分析的方法。关联规则分析最早应用于“购物篮”分析，用以发现商品间隐藏的关联关系。数据分析人员首先将所有成交的记录以表的形式收集起来，然后对经常出现在一起的商品集合进行挖掘，比如“尿布”与“啤酒”经常会出现在同一条购物列表中。关联规则是形如 X—> Y 的蕴含式，其中 X 和 Y 分别称为关联规则的先导和后继。关联规则 X—> Y，由支持度和置信度确定，通过支持度过滤掉小的项集，然后用置信度分析出 X 和 Y 之间的关联性。

关联规则分析的常见算法有两种：Apriori 算法和 FP-Growth 算法。Apriori 算法是最具影响力的关联规则分析算法之一，其思想简单，实现方便，得到了广泛的应用。但是该算法需要多次扫描数据库并产生大量中间结果，应用面比较窄，因此在大数据环境下不适宜用来做关联规则的分析。FP-Growth 算法则相反，它采用分而治之的方法，将数据做切分后，分配到各个部分中，每个部分都将其项集压缩到一个频繁项集树(FP-tree)中，然后从树的子节点以深度优先的方法挖掘出频繁项集。FP-Growth 只需要扫描数据库两遍，并且将频繁项集计算时间大大压缩，因此在时间和空间性能上都比 Apriori 算法优异许多。因此，回归检验分析最终决定使用 FP-Growth 算法，结合 Spark 分布式内存计算的特性对算法进行重构，提出了“基于内存计算的 FP-Growth 关联规则挖掘算法”。

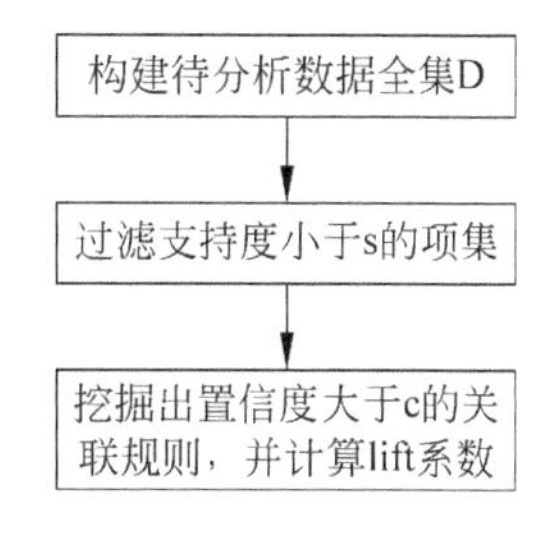

图 8-12 回归检验模型流程图

回归检验的建模过程如图 8-12 所示，具体分以下几个步骤：

(1) 构建数据全集 D，每行都包括用户身份证号，特征集合中的特征依次为“Vip 类型”“2013/2014 连续购买 2015 年中断客户”“2014/2015 连续购买客户”“VIP 客户(贵宾卡及以上客户)”“第二份保单”“普通客户持 3 份合同/保费 2 万元以上/近两年购买过”“普通客户积分 30000 以上且近两年购买过”“止收客户”和“是否购买该产品”。

(2) 挖掘频繁项集，设定支持度为 s，挖掘出现次数大于 s 的子集。

(3) 挖掘关联规则，设定置信度 c，挖掘置信程度大于 c 的规则，并通过计算提升度(lift)系数来评判关联规则的相关性。

lift 系数是置信度与期望支持度的比值，通俗地解释就是反映了“特征 A 的出现”对特征 B 的出现概率发生了多大的变化。置信度(confidence)是对关联规则的准确度的衡量，支持度(support)是对关联规则重要性的衡量。支持度大说明了这条规则在所有事务中有较大的代表性，因此支持度越大，关联规则越重要。有些关联规则置信度虽然很高，但支持度却很低，说明该关联规则实用的机会很小，因此也不重要。lift 系数结果含义如公式(8-4)所示。

$$\text{lift}\begin{cases} <1 & (\text{negative}) \\ =1 & (\text{independence}) \\ >1 & (\text{positive}) \end{cases} \tag{8-4}$$

当 lift 小于 1 时，表示特征的影响为负相关，lift 等于 1 时，特征之间相互独立，互不影响，当 lift 大于 1 时，特征的影响为正相关。

8.3 环境准备

在开始案例之前，首先介绍一下整体开发环境的搭建，我们将基于 IntelliJ IDEA＋Maven 搭建 Spark 开发环境，表 8-3 是我们的软件选型。

表 8-3 软件选型

操作系统/软件名称	版 本 号	操作系统/软件名称	版 本 号
Windows	10	IntelliJ IDEA	2016.3
Java	1.8.0_74	Maven	3.3.9
Scala	2.11.8	Spark	2.0.0

注意：Spark 与 Scala 的版本必须保证是兼容的，否则将会在实验过程中出现问题。至于如何查询某个版本的 Spark 对应使用的 Scala 版本，可以在 Spark 对应版本的官方文档中找到，这里以 Spark2.0.0 为例，通过以下网址：http://spark.apache.org/docs/2.0.0/，可以看到如图 8-13 所示的信息，即 Spark2.0.0 支持 Scala 的版本为 2.11.x。

Spark runs on Java 7+, Python 2.6+/3.4+ and R 3.1+. For the Scala API, Spark 2.0.0 uses Scala 2.11. You will need to use a compatible Scala version (2.11.x).

图 8-13 Spark2.0.0 版本信息

那么接下来开始开发环境的搭建：

(1) 到 Java 官网(http://www.oracle.com/technetwork/java/javase/downloads/index.html)下载并安装 JDK，并配置 Java 环境变量(包括 JAVA_HOME、Path、CLASSPATH)，可参考表 8-4。

表 8-4 Java 环境变量示例

JAVA_HOME	C:\Program Files\Java\jdk1.8.0_74
Path	%JAVA_HOME%\bin; %JAVA_HOME%\jre\bin
CLASSPATH	.; %JAVA_HOME%\lib\dt.jar; %JAVA_HOME%\lib\tools.jar

(2) 同样地,到 Scala 官网(http://www.scala-lang.org/)下载并安装 Scala,并配置环境变量,可参考表 8-5。

表 8-5　Scala 环境变量示例

SCALA_HOME	C:\Program Files (x86)\scala	
Path	%SCALA_HOME%\bin	

(3) 下载 Maven(http://maven.apache.org/),这里我们下载的是 apache-maven-3.3.9-bin.zip,然后配置相关环境变量,可参考表 8-6。

表 8-6　Maven 环境变量示例

M2_HOME	E:\Program Files\apache-maven\apache-maven-3.3.9
Path	%M2_HOME%\bin

(4) 下载并安装 IntelliJ IDEA (http://www.jetbrains.com/idea/download/#section=windows),然后安装 Scala 插件,流程如下:

依次选择"Configure"→"Plugins"→"Browse repositories",输入"scala",如图 8-14 所示,然后安装即可。

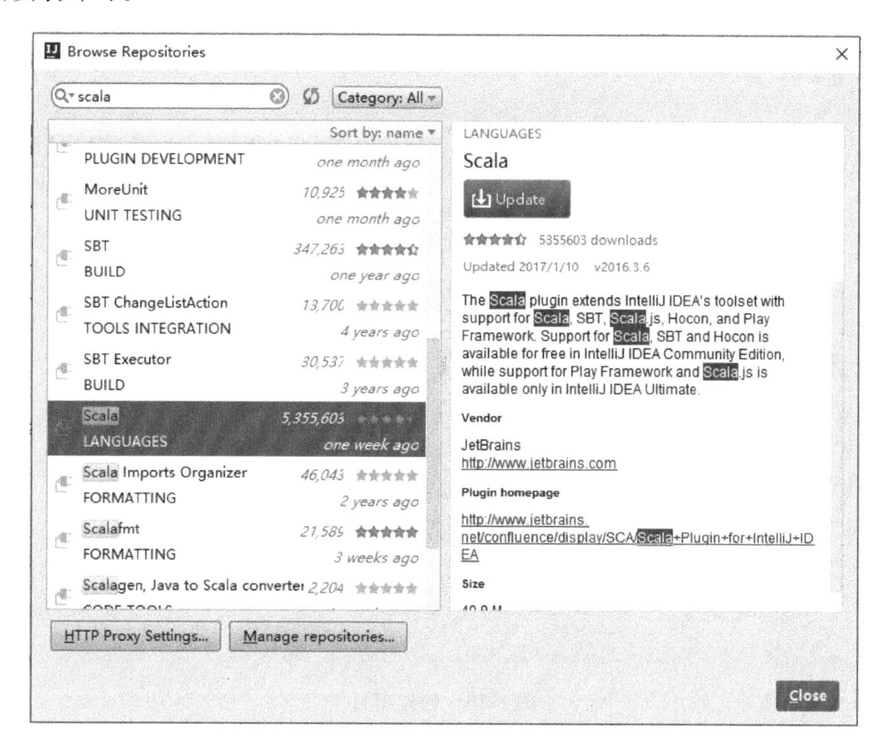

图 8-14　Scala 插件

接着在 IntelliJ IDEA 中配置 Maven,依次选择"Configure"→"Setting",在搜索框输入"maven",可以看到如图 8-15 所示,进行相关参数配置。

(5) 最后,可以开始创建一个 Maven 项目了,项目命名为 insuranceBigData,并配置一些相关参数,分别见图 8-16 至图 8-18。

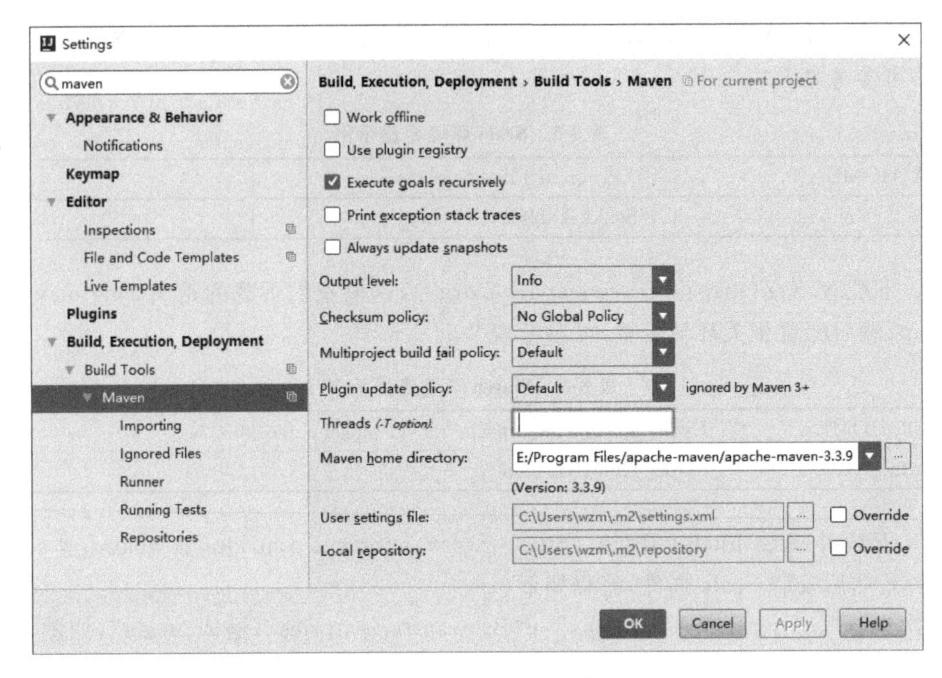

图 8-15 IntelliJ IDEA 的 Maven 配置

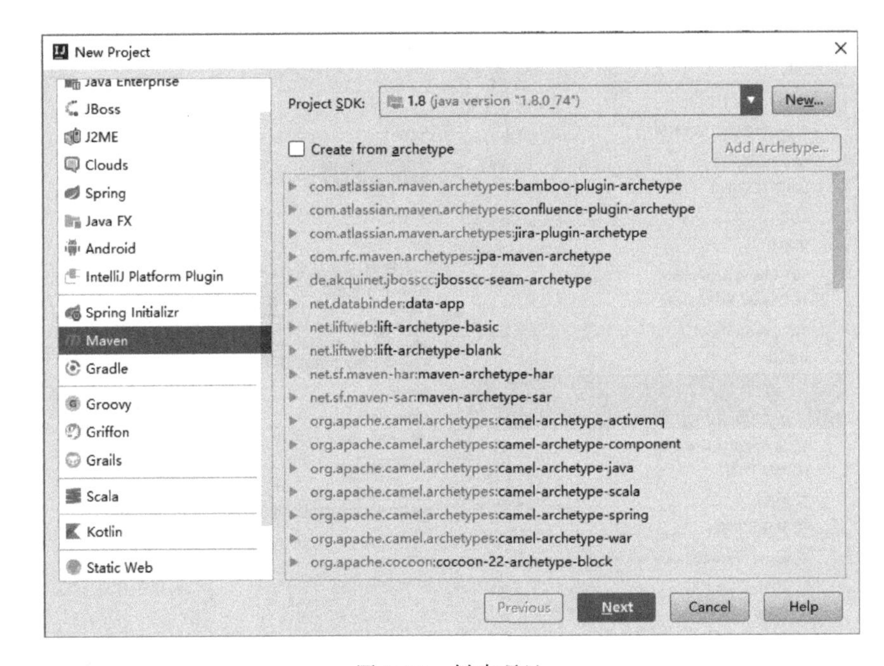

图 8-16 创建项目

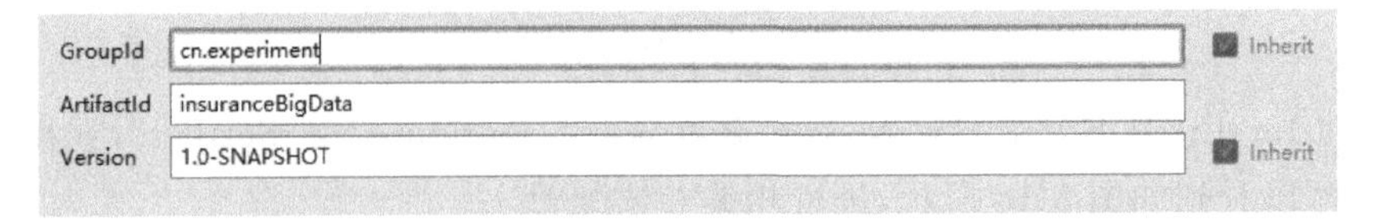

图 8-17 创建项目

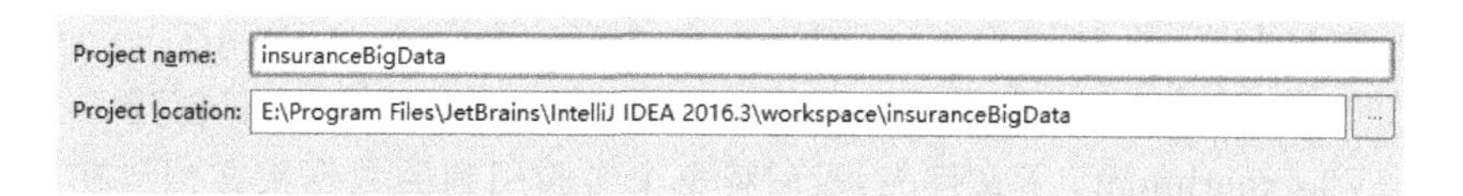

图 8-18 创建项目

接着依次选择“File”→“Project Structure”→“Global Libraries”→ + →“Scala SDK”，选择版本 2.11.8，如图 8-19 所示。

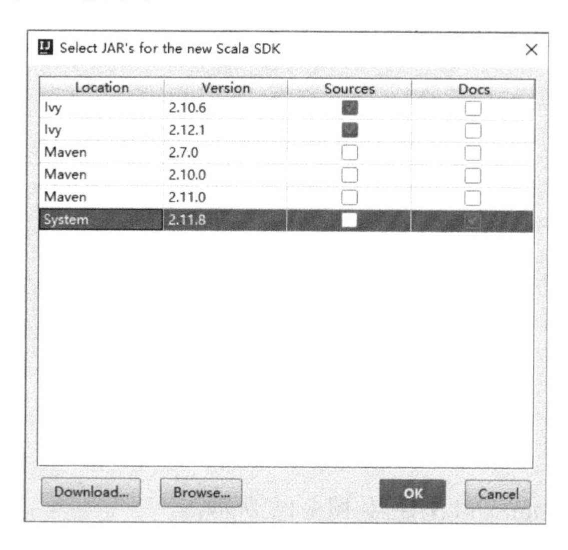

图 8-19 Scala SDK

添加完 Scala SDK 后，在 Project Structure 窗口的中，选择“Modules”→“Dependencies”→ + →“Library”，然后选择上一步导入的 Scala SDK，如图 8-20 所示。

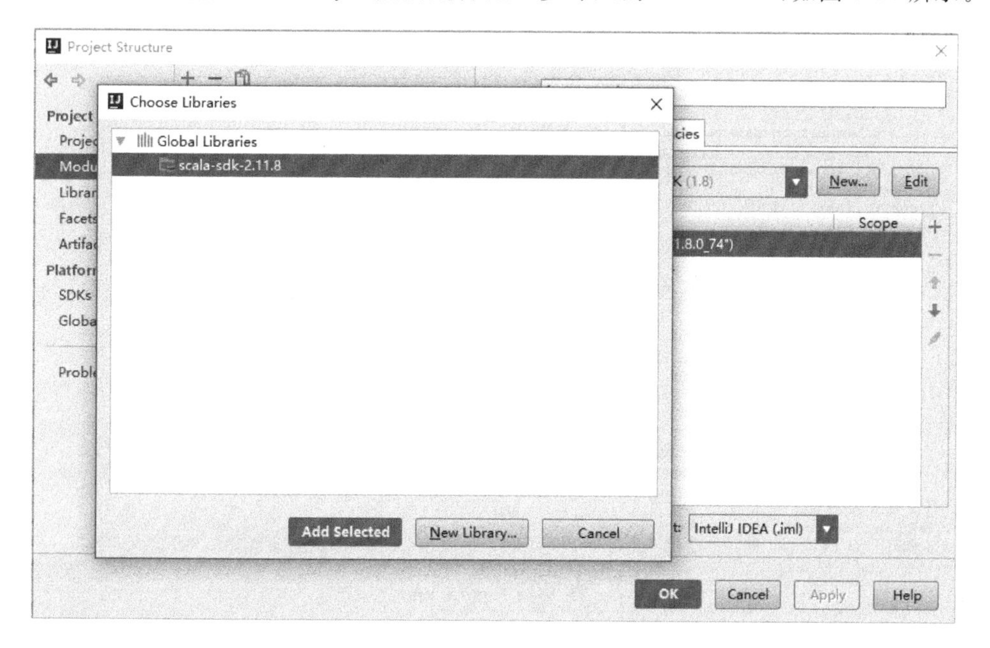

图 8-20 导入 Scala SDK

然后在项目根目录下创建 sourceData 文件夹，以及 experiment1、experiment2 和 experiment3 子文件夹，再在 main 下新建 scala 文件夹，同样在其下创建 experiment1、experiment2 和 experiment3 子文件夹，最后将每个实验用到的数据集文档放在 sourceData 下的每个对应实验文件夹下，而每个实验的源代码则写在 scala 下的对应实验文件夹下，如图 8-21 所示。

```
▼ sourceData
    ▼ experiment1
        dataSet.csv
    ▼ experiment2
        dataSet0.csv
        dataSet1.csv
    ▼ experiment3
        dataSet.csv
▼ src
    ▼ main
        resources
        ▼ scala
            ▼ experiment1
                Code1
            ▼ experiment2
                Code2
            ▼ experiment3
                Code3
```

图 8-21　部分目录结构

最后修改项目的 pom. xml 文件，如图 8-22 所示。

```
<?xml version="1.0" encoding="UTF-8"?>
<project xmlns="http://maven.apache.org/POM/4.0.0"
         xmlns:xsi="http://www.w3.org/2001/XMLSchema-instance"
         xsi:schemaLocation="http://maven.apache.org/POM/4.0.0 http://maven.apache.org/xsd/maven-4.0.0.xsd">
    <modelVersion>4.0.0</modelVersion>

    <groupId>cn.experiment</groupId>
    <artifactId>insuranceBigData</artifactId>
    <version>1.0-SNAPSHOT</version>

    <repositories>
        <repository>
            <id>ali</id>
            <name>aliyun maven</name>
            <url>http://maven.aliyun.com/nexus/content/groups/public/</url>
            <layout>default</layout>
        </repository>
    </repositories>
    <dependencies>
        <dependency>
            <groupId>org.apache.spark</groupId>
            <artifactId>spark-core_2.11</artifactId>
            <version>2.0.0</version>
        </dependency>
        <dependency>
            <groupId>org.apache.spark</groupId>
            <artifactId>spark-mllib_2.11</artifactId>
            <version>2.0.0</version>
        </dependency>
        <dependency>
            <groupId>org.apache.spark</groupId>
            <artifactId>spark-graphx_2.11</artifactId>
            <version>2.0.0</version>
        </dependency>
    </dependencies>
</project>
```

图 8-22　pom. xml

8.4　实现方法

整个案例的实现将分为 3 个实验进行，主要是为了对应 8.1.2 节提到的三个业务场景，这里分别称为：基于 GraphX 的并行家谱挖掘、基于分片技术的随机森林模型用户推荐以及基于 FP-Growth 关联规则挖掘算法的回归检验。

8.4.1　基于 GraphX 的并行家谱挖掘

本节主要介绍基于图计算的并行家谱挖掘实验，主要包括了相关数据的准备、程序的实现和最后的结果分析。

1. 数据准备

本节用到的数据集为 dataSet.csv，源数据的格式及字段的含义可参考图 8-23。

注意：源文件不包含每个字段的标签名，只包含数据，图中的字段名只是为了方便介绍，其次，字段之间以逗号分隔，后面两个实验的数据同样如此。

dataSet

tid	bid	relation	tsex	bsex
1	93806	R	F	F
2	2540	S	M	F
3	93807	C	F	M
4	13565	S	M	F

tid:投保人id, bid:受益人id, relation:投保人与受益人关系, tsex:投保人性别, bsex:受益人性别

图 8-23　样例源数据

2. 程序代码解析

(1) 构建点集和边集。从数据集 dataSet.csv 中读取数据，构建点集 users 以及边集 relation，出于数据的原因以及简单起见，点集的属性为用户 id 本身，边集的属性为 (relation，tsex，bsex)，具体代码如图 8-24 所示。

```
val family = sc.textFile("sourceData/experiment1/dataSet.txt").map { l =>
    val items = l.split(",")
    (items(0), items(1), items(2), items(3), items(4))
}
val user: RDD[(VertexId, String)] = family.map { line =>
    (line._1 + "," + line._2)
}.flatMap(line => line.split(","))
  .distinct()
  .map(line => (line.toLong, line))
val relation: RDD[Edge[(String, String, String)]] = family.map {
    line =>
        Edge(line._1.toLong, line._2.toLong, attr = (line._3, line._4, line._5))
}
```

图 8-24　点集与边集的构建

(2) 构造图与计算连通分量。将边集与点集构建完毕后，调用 GraphX 的 Graph 类构建图，然后调用 connectedComponents( ) 函数计算连通分量，具体实现如图 8-25 所示。

```
val graph = Graph(user, relation)
val cc = graph.connectedComponents()
```

图 8-25　构建图与计算连通分量

(3) 进行家谱挖掘，并保存挖掘结果，代码如图 8-26 所示。

```
val edges = family.map {
    line =>
        (line._1.toLong, (line._1, line._2, line._3, line._4, line._5))
}.join(verts).map {
    line =>
        (line._2._2, (line._2._1))
}.groupBy(line => line).map(line => (line._1, line._2.count(a => 1 == 1)))

val data = edges.map {
    line =>
        (line._1._1.toLong, (line._1._2._1, line._1._2._2, line._1._2._3, line._1._2._4, line._1._2._5, line._2))
}.groupBy(line => line._1).map {
    line =>
        (line._1, line._2.map(line => "[" + line._2 + "]").toSeq)
}

data.repartition(1).saveAsTextFile("output/experiment1/familyResult")
```

图 8-26　家谱挖掘

3. 程序运行及结果分析

在我们之前创建好的项目中写上代码，运行程序并等待程序运行完毕后，我们便可以看到，在项目的根目录下已经生成家谱挖掘的结果，如图 8-27 所示。

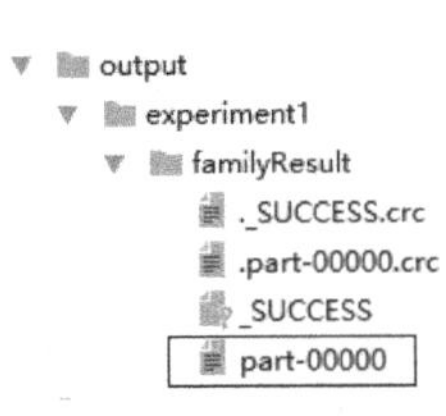

图 8-27　挖掘结果文件

在 output/experiment1/familyResult 目录下，打开文件 part-00000，可以看到如图 8-28 所示的数据集。

```
1  (41234,List([(41234,132539,S,F,M,1)]))
2  (65722,List([(65722,158080,P,M,F,2)]))
3  (28730,List([(28730,120490,C,F,M,1)], [(40363,35921,S,M,F,1)], [(35921,40363,P,F,M,2)], [(35921,28730,R,F,F,3)]))
4  (91902,List([(91902,188481,S,F,M,1)]))
5  (68522,List([(68522,161197,S,M,F,1)]))
6  (74884,List([(74884,168336,P,F,F,2)]))
7  (82512,List([(82512,177223,P,M,F,2)]))
8  (32676,List([(32676,124335,P,M,F,1)], [(32676,132021,P,M,F,1)]))
```

图 8-28　部分家谱挖掘结果

可以看到，结果数据集的每行代表一个家庭，第一个数字代表家庭的编号，List 为该家庭所有关系的集合，即程序执行过后每个家庭的原始结果，如图 8-29 所示。

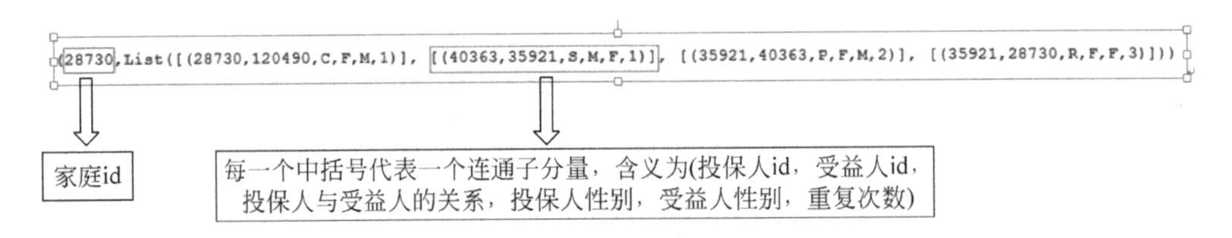

图 8-29　原始挖掘结果

依据家庭中每个连通子分量的值，即可构建出家庭的图谱。结合交易数据，即可查询出家庭中每个成员的所有自然属性以及曾经买过何种保险产品。作为扩展，可以尝试把挖掘结果通过可视化的方式展现出来，使得用户的家谱信息清晰地展现出来。

8.4.2 基于分片技术的随机森林模型用户推荐

本节主要介绍基于分片技术的随机森林模型对历史交易数据进行预测及用户推荐，主要包括了相关数据的准备、程序的具体实现和最后的结果分析。

1. 数据准备

本节用到的数据集共有两个，对应文档 dataSet0. csv 和 dataSet1. csv，其中 dataSet0. csv 是没有购买某一保险产品的用户的数据集，而 dataSet1. csv 则是购买了某一保险产品的用户的数据集。两个数据集均包括了 10 个维度，分别为：用户 id、vip 类型、有效保费、是否 vip、年龄层、近三年是否购买短期长险、近一年是否购买短期长险、近三年是否购买长险、近一年是否购买长险和是否购买，其数据结构和样例数据如图 8-30 及图 8-31 所示。很容易可以看出，dataSet0. csv 数据集比 dataSet1. csv 要大得多，这也就对应了在设计环节讨论到的二分类问题的正例与负例比例相差较大的问题。

dataSet0

userId	f1	f2	f3	f4	f5	f6	f7	f8	r
1	2	5	0	4	1	0	1	0	0
2	2	3	0	4	0	0	1	0	0
3	2	3	0	3	0	0	0	0	0
5	2	3	0	4	0	0	1	1	0

userId：用户id，f1-f8：用户特征，r：购买结果

图 8-30 样例源数据

dataSet1

userId	f1	f2	f3	f4	f5	f6	f7	f8	r
4	6	6	1	5	1	1	1	1	1
6	4	6	1	5	1	1	1	1	1
75	2	3	0	4	0	0	1	1	1
134	2	3	0	3	0	0	1	1	1

userId：用户id，f1-f8：用户特征，r：购买结果

图 8-31 样例源数据

2. 程序代码解析

(1) 将数据打包成 LabeledPoint 格式。为了接下来对数据分片的方便，首先将原始数据集切分为“购买”和“未购买”两个子集，分别命名为 r1 和 r0。算法使用 Spark MLlib 中的 LabeledPoint 格式对数据进行封装，具体代码实现如图 8-32 所示。LabeledPoint 格式为点值对，由一个特征值 x 和一个向量 Vector 组成。首先使用 textFile 方法将数据转换成 RDD 格式，然后以逗号为单位对每一行数据进行切割。然后将“是否购买”赋值到特征值 x，待训练的八个特征封装为一个稀疏向量，由 sparse 方法完成赋值。

(2) 对数据集作分片处理。首先将 r0 的数据平均分为 M 份，然后每一份数据都拼接全量的 r1 数据组成训练集。具体代码实现如图 8-33 所示。首先构建随机切分的种子数组 ar,

```
//读入r=1数据集
val r1 = sc.textFile("sourceData/experiment2/dataSet1.csv").map { line =>
    val parts = line.split(",")
    LabeledPoint(parts(9).toDouble, Vectors.sparse(8, Array(0, 1, 2, 3, 4, 5, 6, 7),
        Array(parts(1).toDouble, parts(2).toDouble, parts(3).toDouble,
            parts(4).toDouble, parts(5).toDouble, parts(6).toDouble, parts(7).toDouble, parts(8).toDouble)))
}.cache()
//读入r=0数据集
val r0 = sc.textFile("sourceData/experiment2/dataSet0.csv").map { line =>
    val parts = line.split(",")
    LabeledPoint(parts(9).toDouble, Vectors.sparse(8, Array(0, 1, 2, 3, 4, 5, 6, 7),
        Array(parts(1).toDouble, parts(2).toDouble, parts(3).toDouble,
            parts(4).toDouble, parts(5).toDouble, parts(6).toDouble, parts(7).toDouble, parts(8).toDouble)))
}.cache()
```

图 8-32 LabledPoint 封装

随后使用 randomSplit 函数对 r0 数据集作切分。随后循环地将 r1 数据与切分后的数据拼接起来。最后将待训练的数据集按 3∶7 的比例随机切分为"训练集"和"预测集"。

```
val ar = new Array[Double](20)
for (i <- 0 to num) {
    ar(i) = 1
}
//对数据做随机切分
val randomItem = r0.randomSplit(ar, seed = 13L)

//每个分片的数据集做训练
for (n <- 0 to num) {
    val data = r1.union(randomItem(n))
    // 将数据集分成"训练集"以及"预测集"
    val splits = data.randomSplit(Array(0.7, 0.3))
    val (trainingData, testData) = (splits(0), splits(1))
```

图 8-33 对数据作分片处理

(3) 模型训练。将上一步骤中的数据输入到随机森林算法中并配置相关参数，经过一系列的训练后生成模型。具体代码如图 8-34 所示。参数配置方面，numClasses 表示分类的种类数，此处为 2，numTrees 为森林中树的棵数，featureSubsetStrategy 为子树构建规则，此处由算法决定，impurity 为损失函数，算法采用"gini"函数，maxDepth 为数最大深度，maxBins 为最大桶个数。

(4) 结果预测。将历史的交易数据输入到模型中，预测出有可能购买的用户。具体代码如图 8-35 所示。此处的关键是在于要将隐藏在特征中的用户 id(即"point._2")取出来，与预测结果组成<用户 id，结果>键值对。随后将各个分片的结果合并到 result 集合中。

```
val numClasses = 2
val categoricalFeaturesInfo = Map[Int, Int]()
val numTrees = 3
val featureSubsetStrategy = "auto"
val impurity = "gini"
val maxDepth = 5
val maxBins = 32
//训练模型
val model = RandomForest.trainClassifier(trainingData, numClasses, categoricalFeaturesInfo,
    numTrees, featureSubsetStrategy, impurity, maxDepth, maxBins)
```

图 8-34 模型训练

```
///对历史交易数据集做预测
myPredict = predictData.map { point =>
    val prediction = model.predict(point._1)
    (point._2, prediction)
}
//每个分片的预测结果拼接起来
if (n == 0) {              //分片数为1时
    result = myPredict
} else {                   //分片数大于1时
    result = result.union(myPredict)
}
```

图 8-35 结果预测

(5) 计算评判参数。这部分的代码具体如图 8-36 所示。在得出预测结果 result 后，要与历史交易数据中真正购买的用户作比对，得出模型预测准确的集合 xx。之后便是分别计算召回率 recall、准确率 precision 和 F-value 值，供后续模型分析使用。

```
//拼接后的数据，以用户id为单位做reduceByKey操作
val r = result.reduceByKey((x, y) => (x + y))
//reduceByKey之后除以分片的个数，即得到用户概率
val rx = r.sortBy(l => l._2, false).map(l => (l._1, l._2 / (num + 1)))
println("total = " + rx.count())
println("total predict = " + rx.filter(l => l._2 != 0).count())

//保存推荐结果
rx.repartition(1).saveAsTextFile("output/experiment2/split" + (num + 1))

//过滤出概率大于零的项
val duibi = rx.filter(l => l._2 != 0)
//读取真实数据下已经购买过的用户
val peoplex = sc.textFile("sourceData/experiment2/dataSet1.csv").map { line =>
    val parts = line.split(",")
    //数据格式为（用户id, 1）
    (parts(0), parts(9).toDouble)
}.cache()
//对比两份数据，做reduceByKey处理，求出概率大于1的项集
val xx = duibi.union(peoplex).reduceByKey((x, y) => x + y).filter(l => l._2 > 1)
println("total correct = " + xx.count())
val a = xx.count().toDouble
val b = rx.filter(l => l._2 > 0).count().toDouble
val c = peoplex.count().toDouble
//计算准确率
println("split " +
  (num + 1) + " precision is " + a / b)
//计算召回率
println("split " + (num + 1) + " recall is " + a / c)
//计算F1
println("F1 is " + (2 * a / b * a / c) / (a / b + a / c) + "\n\n")
```

图 8-36　计算评判参数

(6) 保存用户的分类情况。用户分类的具体代码如图 8-37 所示。最终推荐的结果 result 经过 reduceByKey 的操作之后将各个分片的结果相加到一起，随后再做 map 处理，将分片的分类结果除以分片的总数，得出该用户最终购买的概率大小，生成 rx 数据集并保存。rx 数据集即算出的输出结果 predictResult，其数据结构为"(用户 id，购买概率)"。

```
    //model.save(sc, "target/tmp/myDecisionTreeClassificationModel/" + num + "/" + n)
    //val sameModel = RandomForestModel.load(sc, "target/tmp/myDecisionTreeClassificationModel/" + num + "/" + n)
}
//拼接后的数据，以用户id为单位做reduceByKey操作
val r = result.reduceByKey((x, y) => (x + y))
//reduceByKey之后除以分片的个数，即得到用户概率
val rx = r.sortBy(l => l._2, false).map(l => (l._1, l._2 / (num + 1)))
println("total = " + rx.count())
println("total predict = " + rx.filter(l => l._2 != 0).count())

//保存推荐结果
rx.repartition(1).saveAsTextFile("output/experiment2/split" + num)
```

图 8-37　计算用户分类结果

3. 程序运行及结果分析

将代码写好之后，运行程序并等待程序运行完毕后，从输出信息中可以看到每一个分片数随机森林模型对历史交易数据计算得出的 recall、precision 和 F-value 值的结果，取分片数为 10 为例，如图 8-38 所示。

```
分片数为10的结果
Test Error 0 = 0.21719961240310076
Test Error 1 = 0.223355846146477
Test Error 2 = 0.2194713951154232
Test Error 3 = 0.21383617812529798
Test Error 4 = 0.2160603584987265
Test Error 5 = 0.21333968556455454
Test Error 6 = 0.21656776643721815
Test Error 7 = 0.2165498832165499
Test Error 8 = 0.21688781664656212
Test Error 9 = 0.21731158930811542
avg error = 0.21705801314620254
total = 508513
total predict = 74052
total correct = 11800
split 10 precision is 0.1593474855506941
split 10 recall is 0.5676624813585414
F1 is 0.2488427756513671
```

图 8-38　分片数为 10 的评判参数

结果中的“Test Error”为每个分片中随机森林的预测错误率，“avg error”为所有分片的平均错误率，“total”表示分析数据的总量，“total predict”表示通过模型预测为“购买”的总数，“total correct”为与真实购买情况比对后预测正确的总数，“precision”为准确率，“recall”为召回率，“F1”为 F-value 值。

此次程序运行后每个分片的准确率、召回率以及 F-value 值如图 8-39～图 8-41 所示。

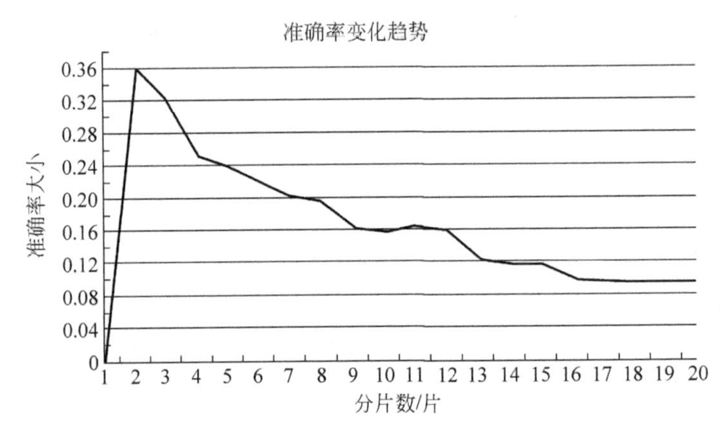

图 8-39　准确率变化趋势图

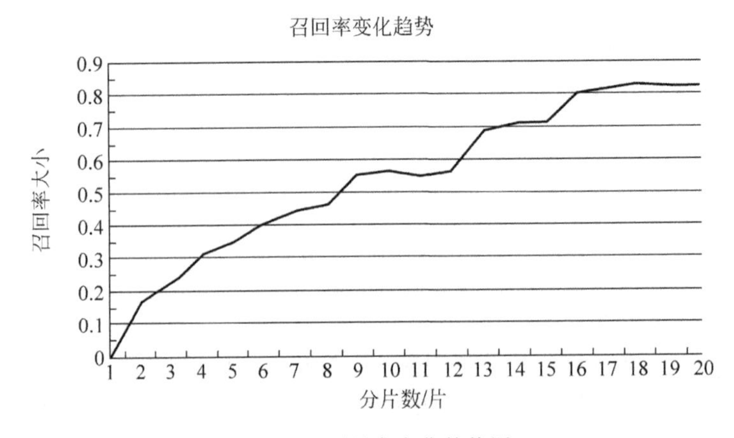

图 8-40　召回率变化趋势图

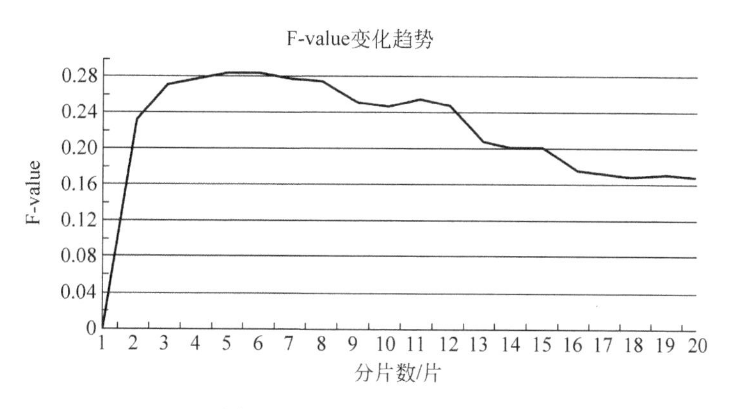

图 8-41 F-value 变化趋势图

由上述三图，可以得出以下结论，当数据不做分片处理的时候，由于多数类的占比太大，在分类过程中的决策过程严重偏向了多数类，造成少数类在分类过程中被忽视。在最终的分类结果中，召回率、准确率和 F-value 均为零，证明在最终的分类结果中并没有分出“购买”用户。当分片数从 2 开始，准确率呈下降趋势，因为分片数的增加，使得少数类的特征不断加强，于是在每个分片中分出的“购买”用户将越来越多，造成准确率不断下降；另一方面，当分片数从 2 开始，召回率却呈上升趋势，因为随着分片数的增加，分出的“购买”用户越来越多，命中真实购买用户的概率自然不断增加，在极端情况下，将所有用户都分类为“购买”，召回率自然为 100%。

这就是为什么需要 F-value。F-value 能够平衡准确率和召回率大小的关系，使得分类模型能够在兼顾准备率的同时扩大分类基数，F-value 越大，分类模型的表现越优秀。例如，分类模型只分出了一个“购买”用户，而经过验证之后，该用户确实购买了该保险，模型的准确率为 100%，但是对于决策者来说，这样的分类方法是没有效益的，反过来说，分类模型如果分出了一大堆的“购买”用户，经过验证之后发现真实购买的用户大多数都在这堆客户中间，但是对于决策者来说，这和撒网式的销售方式无异，因此这种方法也是缺乏效益的。

在此业务背景下，F-value 的值呈先上升后下降的趋势，当分片数为 6 时，分类模型的 F-value 值达到最大，结合设计方案环节提到的内容，F-value 越大，分类模型的表现越优秀。因此，我们仅以此次程序运行结果分析而言，分片数为 6 时的模型分类效果最好，接下来查看一下分片数为 6 的模型对历史数据的预测结果，打开 output/experiment1/familyResult 目录下的 part-00000 文件，可以看到预测结果数据，如图 8-42 所示。

```
(78242,1.0)
(7622,1.0)
(27422,1.0)
(84507,0.8333333333333334)
(341415,0.8333333333333334)
(274692,0.8333333333333334)
```

图 8-42 部分用户推荐结果

也就是说，这个分片数为 6 的随机森林模型认为 id 为 27422 的客户 100%购买该保险产品，而 id 为 84507 的客户则有 83.33%的可能性购买该产品，因此业务员应该优先选择向 id 为 27422 的客户推销该款保险产品。

8.4.3 基于 FP-Growth 关联规则挖掘算法的回归检验

本节主要介绍基于内存计算的 FP-Growth 关联规则挖掘算法，首先会阐述相关数据的准备，随后再介绍程序的具体实现过程，最后对运行结果进行详细的分析。

1. 数据准备

本节用到的数据集为 dataSet.csv,源数据的格式及字段的含义可参考图 8-43。数据集包括了 10 个维度,其中字段 userid 表示用户 id,字段 v 以及 a～g 的含义请见表 8-1,字段 r 表示购买结果(0 代表没有购买,1 则代表已购买)。

dataSet									
userid	v	a	b	c	d	e	f	g	r
1	1	0	0	0	1	0	0	0	0
2	1	0	0	0	1	0	0	0	0
3	1	0	1	0	0	0	0	0	0
4	1	0	0	0	0	0	0	1	0
userid：用户id，v以及a~g：用户特征，r：购买结果									

图 8-43 样例源数据

2. 程序代码解析

(1) 构建数据总集 D,每行都包括用户身份证号,特征集合 f={a,b,c,d,e,f,g,r}。f 中的特征请参考上一小节。对原始数据集做切分,转换为 RDD 格式的数据。具体实现如图 8-44 所示。

```
val item = sc.textFile("sourceData/experiment3/dataSet.csv").map { line =>
    val items = line.trim.split(",")
    Array("a="+items(2), "b="+items(3), "c="+items(4), "d="+items(5), "e="+items(6), "f="+items(7), "g="+items(8), "r="+items(9))
}
```

图 8-44 构建数据总集 D

(2) 挖掘频繁项集。首先指定最小支持度为 0.0001,数据分片数目为 10,即数据会被并行到十个节点中执行。随后按照项集的频繁程度排序,得到频繁项集。这里的支持度之所以设置得这么小,是因为我们想要分析每个特征对购买结果的影响,但是像包含(a=1,r=1)的数据项其实在源数据集中却只有 24 项,因此如果最小支持度设置得比较大,将不会输出相关频繁项集。具体过程如图 8-45 所示。

```
val fpg = new FPGrowth()
  .setMinSupport(0.0001)
  .setNumPartitions(10)
val model = fpg.run(item)

model.freqItemsets.sortBy(l => l.freq, false).collect().foreach { itemset =>
    if (1 == 1) {
        println(itemset.items.mkString("[", ",", "]") + ", " + itemset.freq.toDouble)
    }
}
```

图 8-45 挖掘频繁项集

(3) 挖掘关联规则。首先指定了最小置信度为 0.01,随后依据上一步中产生的频繁项集生成关联规则,这里只输出关联规则的后继为 r=1 的结果,因为我们比较关心的是购买结果为 1(已购买)的信息,并输出其置信度以及提升度。具体过程如图 8-46 所示。

```
val freqItemsets = model.freqItemsets.filter(l => l.freq > 1)
val arule = new AssociationRules()
  .setMinConfidence(0.01)
//设置置信度
val results = arule.run(freqItemsets)
//输出关联规则及其置信度、lift值, 1531为r=1的数据量, 33873为总数据量
results.sortBy(l => l.confidence, false).collect().foreach { rule =>
    if (rule.antecedent.mkString("[", ",", "]").contains("=1")
      && rule.consequent.mkString("[", ",", "]").contains("r=1")) {
        println(
            rule.antecedent.mkString("[", ",", "]")
              + " => " + rule.consequent.mkString("[", ",", "]")
              + ", " + rule.confidence + " lift = " + rule.confidence / 1531 * 33874
        )
    }
}
```

图 8-46 挖掘关联规则

3. 程序运行及结果分析

像前面两个实验一样，将代码写好之后，便开始运行程序，等待程序运行完毕后，从输出结果中，可以找到所有先导为单特征的关联规则，如图 8-47 所示。

```
[a=1] => [r=1], 0.020168067226890758 lift = 0.4462267206033296
[b=1] => [r=1], 0.03348837209302326 lift = 0.7409439035134356
[c=1] => [r=1], 0.11501925545571245 lift = 2.5448479812585263
[d=1] => [r=1], 0.02114260008996851 lift = 0.4677886580323927
[e=1] => [r=1], 0.0673469387755102 lift = 1.4900785134432613
[f=1] => [r=1], 0.09921671018276762 lift = 2.1952102160229066
[g=1] => [r=1], 0.030072003388394747 lift = 0.6653553512596235
```

图 8-47 部分运行结果

其中第一个数值为关联规则的置信度，第二个数值为 lift 系数。以横向条状图显示各特征的出单率及 lift 系数，如图 8-48 及图 8-49 所示。

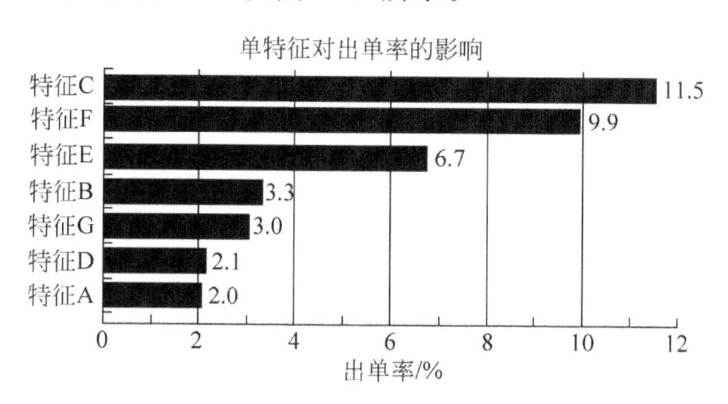

图 8-48 单特征对出单率的影响

源数据集共有 33 874 个客户，其中购买客户有 1531 个，占 4.5%，未购买客户有 32 343，占 95.5%。在八个特征中，vip 类型为离散特征，共有 10 个等级，分别为 1 至 10，其余七个特征为布尔类型，均为“0”或者“1”。

对于特征 A 至 G，结合图 8-48 及图 8-49 我们可以直观地看到，不同特征对购买行为的影响程度不同。比如，对于特征 C(即“是否 vip”)其置信度达到了 11.5%，即属于 vip 类型的客户最终有 11.5%的客户购买了该保险，比总体的出单率 4.5%大。另外，特征 C 的 lift

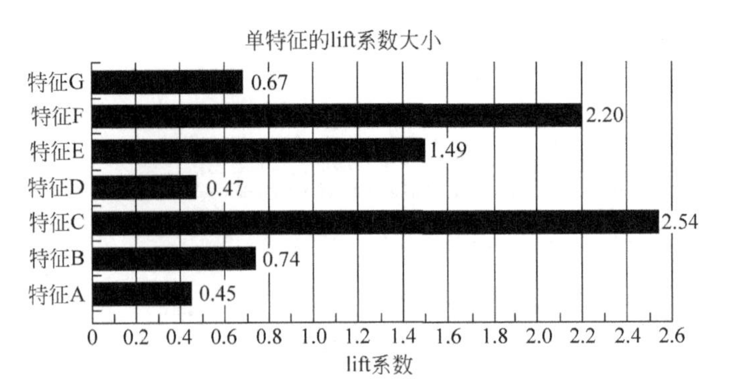

图 8-49 单特征的 lift 系数大小

系数为 2.54，对购买行为的影响呈现较大的正相关性，证明公司对拥有 vip 这一特征的用户推销产品是正确的策略。然而对于特征 A（即“2013/2014 连续购买 2015 年中断客户”），其置信度为 2.0%，即属于该类型的客户最终只有 2.0%的客户购买了该保险。另外，特征 A 的 lift 系数为 0.45，表示该特征对用户的购买行为呈负相关性，即拥有该特征的用户会抑制“购买”这一行为，因此在后续的推销中，需要减弱甚至忽略这个特征的影响，重新指定新的推销策略。

对于特征 V，即客户的 Vip 类型，为离散特征，共有 10 个等级。我们修改一下源代码，如图 8-50 及图 8-51 所示，其他代码内容保持不变。

```
val item = sc.textFile("sourceData/experiment3/dataSet.csv").map { line =>
    val items = line.trim.split(",")
    Array("a="+items(2), "b="+items(3), "c="+items(4), "d="+items(5), "e="+items(6), "f="+items(7), "g="+items(8), "r="+items(9))
}
```

↓

```
val item = sc.textFile("sourceData/experiment3/dataSet.csv").map { line =>
    val items = line.trim.split(",")
    Array("v=" + items(1), "r=" + items(9))
}
```

图 8-50 代码修改内容

```
results.sortBy(l -> l.confidence, false).collect().foreach { rule ->
    if (rule.antecedent.mkString("[", ",", "]").contains("-1")
     && rule.consequent.mkString("[", ",", "]").contains("r-1")) {
      println(
          rule.antecedent.mkString("[", ",", "]")
            + " -> " + rule.consequent.mkString("[", ",", "]")
            + ", " + rule.confidence + " lift - " + rule.confidence / 1531 * 33874
      )
    }
}
```

↓

```
results.sortBy(l -> l.confidence, false).collect().foreach { rule ->
    if (rule.antecedent.mkString("[", ",", "]").contains("v")
     && rule.consequent.mkString("[", ",", "]").contains("r-1")) {
      println(
          rule.antecedent.mkString("[", ",", "]")
            + " -> " + rule.consequent.mkString("[", ",", "]")
            + ", " + rule.confidence + " lift - " + rule.confidence / 1531 * 33874
      )
    }
}
```

图 8-51 代码修改内容

重新运行程序,可以看到如图 8-52 所示的输出结果。

```
[v=9] => [r=1], 0.2631578947368421 lift = 5.822475849977655
[v=10] => [r=1], 0.24390243902439024 lift = 5.396441031686607
[v=7] => [r=1], 0.18495297805642633 lift = 4.09216014283696
[v=8] => [r=1], 0.1736745886654479 lift = 3.842621173385619
[v=6] => [r=1], 0.1148936170212766 lift = 2.5420681796072655
[v=5] => [r=1], 0.11431513903192585 lift = 2.52926911794086
[v=3] => [r=1], 0.10304625799172622 lift = 2.2799405246320927
[v=4] => [r=1], 0.07972544878563886 lift = 1.763958100695448
[v=2] => [r=1], 0.054006309148264986 lift = 1.1949116368963606
[v=1] => [r=1], 0.014868897889575784 lift = 0.3289804357357871
```

图 8-52　运行结果

下面图表直观地表现出了 VIP 各等级出单的占比和 VIP 各等级对产口购买的影响程度,如图 8-53 和图 8-54 所示。

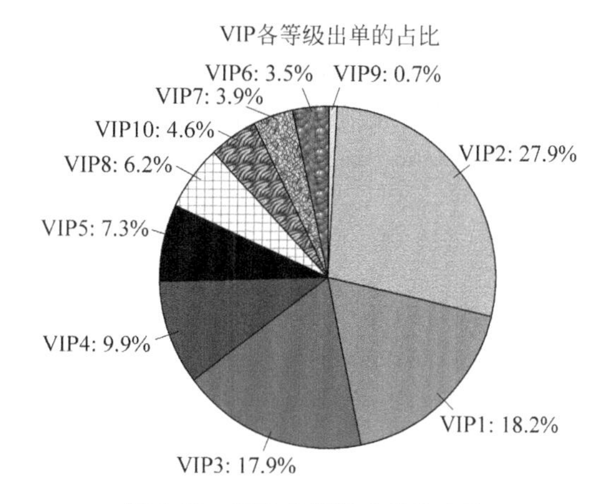

图 8-53　VIP 各等级出单的占比

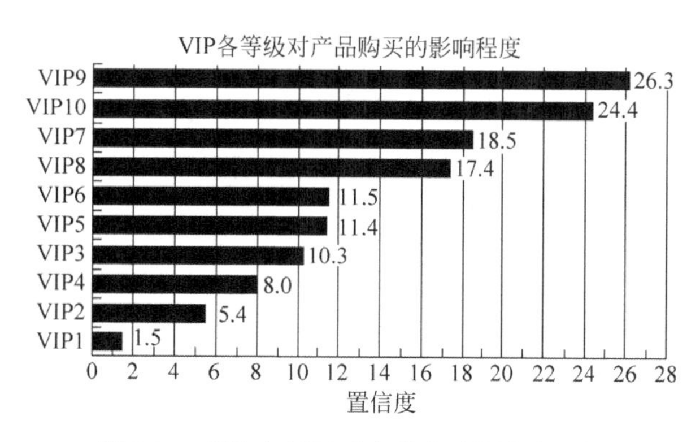

图 8-54　VIP 各等级对产品购买的影响程度

由图中可以看出,VIP 等级低的客户占大多数,其中人数占比最多的为 VIP2,占 27.9%。通过算法计算,每个等级对“购买”行为的置信度如图 8-54 所示。从图中我们发现,VIP 等级越高的客户,其购买的欲望更高。举个例子,对于 VIP2 这个等级的客户,其占比达到了 27.9%,但是其购买的置信度只有 5.4%,即他们的基数虽然大,但是购买的人却很少;反过来对于 VIP9 这个等级的客户,其占比仅仅为 0.7%,但是其购买的置信度达到了 26.3%，为所有客户中最大，即他们的基数虽然小，但是购买的意愿却非常大。根据这个结果，该大型保险公司在下一季度中可以调整其销售策略，优先对 VIP 为 9 这个等级的客户推销。

综上所述，根据程序运行的结果，该大型保险公司用以精准营销的七个特征并不全是有效的策略，其中通过“VIP 客户(贵宾卡及以上客户)”“普通客户持 3 份合同/保费 2 万元以上/近两年购买过”“普通客户积分 30000 以上且近两年购买过”这三个特征制定的销售策略是正确的，相反，通过“2013/2014 连续购买 2015 年中断客户”“2014/2015 连续购买客户”“第二份保单”“止收客户”这四个特征制定的销售策略是不合理的。根据分析结果，该大型保险公司对制定销售策略的特征进行了调整，并已经将新的特征运用到了 2016 年第一季度产品推销的策略制定中。

8.4.4 结果可视化

本节将介绍上述三个实验的实验结果的可视化，由于本案例的内容主要体现在上述三个实验的数据挖掘过程，因而此处的相关结果可视化将不会深入每个代码细节进行交代，将会简单介绍所用到的环境，以及一些核心的代码展示，想深入到源代码的读者，可以到案例附属代码自行查阅。

1. 环境准备

可视化项目使用到的工具主要如下：

(1) Myeclipse：项目开发使用的 IDE，可使用同类型的其他 IDE，比如 Eclipse。

(2) Tomcat：常用的轻量级 WEB 应用服务器。

(3) Java JDK 1.7：Java 运行环境，当前 Java JDK 最新版本为 1.8，但由于我们提供的可视化项目使用的 Spring 框架版本为 3.2，与 Java 1.8 存在兼容性问题，请务必注意，若读者想要基于 Java 1.8 运行本项目，请改用 Spring4 框架。

(4) Mysql：数据库。

(5) Navicat：数据库管理工具，大大提高开发效率。

以上每个工具的安装以及配置使用就不一一详细介绍与说明，网络上也有许多相关的资源参考。

环境配置完毕后，便可以进行项目导入过程，单击左上角菜单“File”，单击“Import”导入项目，选择“Existing Projects into Workspace”，如图 8-55 以及图 8-56 所示。

导入项目后，找到项目路径下的数据库配置文件 jdbc. properties，如图 8-57 所示。

修改 jdbc. properties 文件的内容为相应的数据库配置，如图 8-58 所示。

随后，便可以运行项目，可以看到主页如图 8-59 所示。

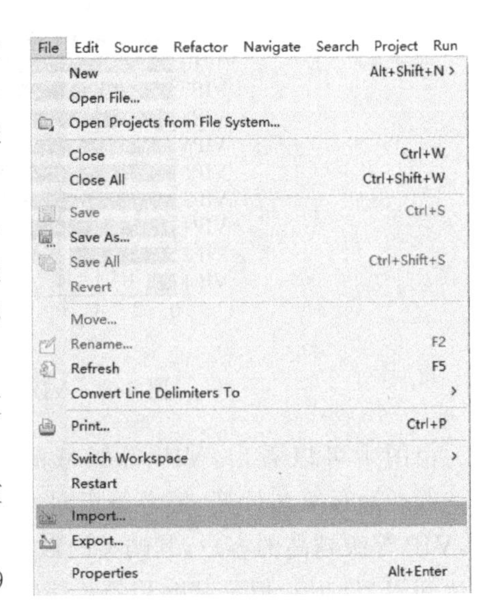

图 8-55 导入项目

General
Archive File
Existing Projects into Workspace
File System
Preferences
Projects from Folder or Archive

图 8-56 导入项目

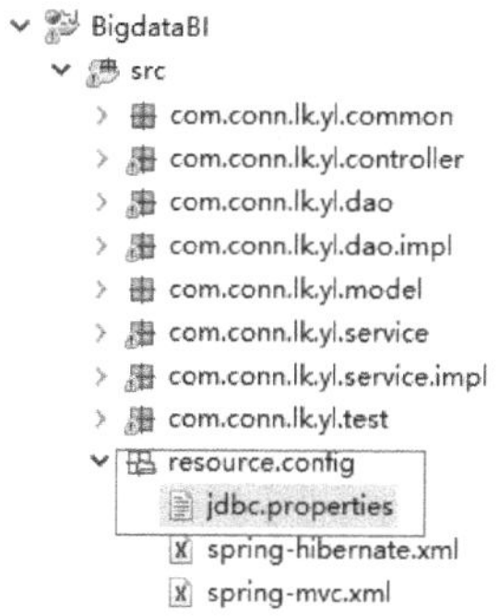

BigdataBI
src
com.conn.lk.yl.common
com.conn.lk.yl.controller
com.conn.lk.yl.dao
com.conn.lk.yl.dao.impl
com.conn.lk.yl.model
com.conn.lk.yl.service
com.conn.lk.yl.service.impl
com.conn.lk.yl.test
resource.config
jdbc.properties
spring-hibernate.xml
spring-mvc.xml

图 8-57 jdbc. properties 文件

```
#mysql
jdbc.mysql.url= jdbc:mysql://127.0.0.1:3306/yc?useUnicode=true&characterEncoding=utf8

jdbc.mysql.username=root

jdbc.mysql.password=root

jdbc.mysql.dirverClass=com.mysql.jdbc.Driver
```

图 8-58 数据库配置样例

家谱展示

用户推荐展示

回归检验展示

图 8-59 主页

2. 家谱展示

家谱展示涉及的后台代码主要由 getFamily()、findFid()、findFamily()以及 findPerson()这四个函数组成。

其中，findFid()函数用于查询我们所输入的用户 id 所在的家庭编号。findFamily()函数根据家庭 id 从数据库中找出所有该家庭 id 的数据项，主要用于构造边集。findPerson()函数则根据家庭 id 从数据库中找出所有属于该家庭 id 的成员 id，主要用于构造点集。最后，通过 getFamily()函数返回数据到对应前端页面提供使用。这四个函数详细见图 8-60 和图 8-61。

```
@RequestMapping("/findFamily")
public String getFamily(String uid, HttpServletRequest request){
    //先通过uid查找出家庭号fid
    //判断uid是否为整数
     try {
            Integer.parseInt(uid);
          } catch (NumberFormatException e) {
              JOptionPane.showMessageDialog(null, "id格式错误", "出错了",
                      JOptionPane.ERROR_MESSAGE);
              return "/jsp/FindUserFamily";
          }
    int fid = this.userService.findFid(Integer.parseInt(uid));
    if(fid == -1){
        JOptionPane.showMessageDialog(null, "查无此人，请检查用户id再重新输入", "出错了",
                  JOptionPane.ERROR_MESSAGE);
        return "/jsp/FindUserFamily";
    }
    //要加入相应的错误输入判断
    //随后通过fid查出整个家庭的关系，然后解析出来
    List<Integer> person = this.userService.findPerson(fid);
    List<Edges> family = this.userService.findFamily(fid);
    request.setAttribute("person", person);
    request.setAttribute("family", family);
    request.setAttribute("uid", uid);
    return "/jsp/getGraphChat";
}
```

图 8-60 getFamily()

```
public int findFid(int uid) {
    String sql = "select distinct id from Edges where bid=? or tid=?";
    Query query = sessionFactory.getCurrentSession().createQuery(sql);
    query.setInteger(0, uid);
    query.setInteger(1, uid);
    if(query.list().size()<1){
        return -1;
    }else{
        return (Integer) query.list().get(0);
    }

}

@SuppressWarnings("unchecked")
public List<Edges> findFamily(int id) {
    String hql = "select e.tid,e.bid,r.chinese from Edges as e, Relate as r where id = ? and e.relation=r.relate";
    Query query = sessionFactory.getCurrentSession().createQuery(hql);
    query.setInteger(0, id);
    return query.list();
}

public List<Integer> findPerson(int id) {
    String sql1 = "select distinct tid from Edges where id=?";
    String sql2 = "select distinct bid from Edges where id=?";
    Query query1 = sessionFactory.getCurrentSession().createQuery(sql1);
    Query query2 = sessionFactory.getCurrentSession().createQuery(sql2);
    query1.setInteger(0, id);
    query2.setInteger(0, id);
    List<Integer> temp = query1.list();
    temp.addAll(query2.list());
    return temp;
}
```

图 8-61 findFid()、findFamily()及 findPerson()

还记得 8.4.1 节实验一我们最后生成的家谱挖掘的结果吧，对该原始数据进行格式化处理，并编写对应 sql 文件(可在附属代码中找到)，然后通过 Navicat 中导入到 Mysql 数据库中，效果最后如图 8-62 所示。

id	tid	bid	relation	tsex	bsex
1	1	93806	R	F	F
2	2540	95870	P	F	M
2	2	2540	S	M	F
3	3	93807	C	F	M
4	13565	105710	C	F	F
4	4	13565	S	M	F
4	13565	109186	C	F	M
4	13565	4	S	F	M
5	5	93808	C	F	F
6	6	93809	P	M	F
7	7	94048	C	F	M
7	7	93810	S	F	M
8	8	98562	C	M	M
8	8	93811	S	M	F

图 8-62 edges 表

表结构中，id 表示家庭号，tid 表示投保人 id，bid 表示受益人 id，relation 表示 tid 对 bid 的关系，tsex 表示投保人性别，bsex 表示受益人性别。

单击主页上的“家谱展示”，在输入框中输入用户的 id，id 可以在数据库中查询，如图 8-63 所示。

6712 提交

图 8-63 查询用户家谱

提交后显示以该用户为中心的家谱信息。将鼠标放置在边上可显示其相互之间的关系，如图 8-64 所示。

3. 用户推荐展示

用户推荐展示涉及的后台代码主要由 getUserChar()以及 getUserCount()这两个函数组成。

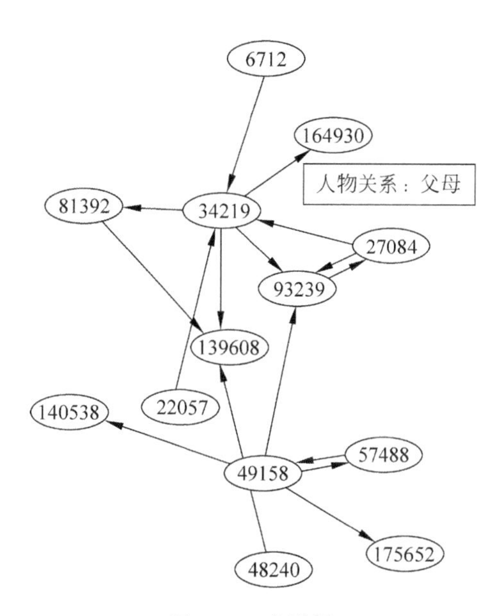

图 8-64 家谱图

其中，getUserCount()函数用于统计某一购买可能性范围的用户数。而 getUserChar()函数则负责记录 5 个购买可能性范围的用户数，并在最后返回数据到对应前端页面提供使用。这两个函数详见图 8-65 和图 8-66。

```
@RequestMapping("/getUserChar")
public String getUserChar(HttpServletRequest request){
    int user80 = this.userService.getUserCount("1");
    int user60 = this.userService.getUserCount("0.8");
    int user40 = this.userService.getUserCount("0.6");
    int user20 = this.userService.getUserCount("0.4");
    int user0 = this.userService.getUserCount("0.2");
    int notBuy = this.userService.getUserCount("0");
    request.setAttribute("user80", user80);
    request.setAttribute("user60", user60);
    request.setAttribute("user40", user40);
    request.setAttribute("user20", user20);
    request.setAttribute("user0", user0);
    request.setAttribute("sum", user80+user60+user40+user20+user0);
    request.setAttribute("all", user80+user60+user40+user20+user0+notBuy);
    return "/jsp/getUserChar";
}
```

图 8-65 getUserChar()

类似家谱展示，对实验二原始数据进行处理，去除括号，并编写好相应的 sql 文件后，导入 Mysql 数据库，结果如图 8-67 所示。

```
public int getUserCount(String range) {
    String sql = "from UserChar where per<=? and per>?";
    Query query = sessionFactory.getCurrentSession().createQuery(sql);
    double temp = Double.parseDouble(range);
    query.setDouble(0, temp);
    query.setDouble(1, (float) (temp-0.2));
    return query.list().size();
}
```

图 8-66 getUserCount()

id	per
254463	1
310071	1
459525	1
496155	1
110316	1
131733	1
45339	1
104805	1
164139	1
247500	1

图 8-67 userchar 表

表结构中，id 表示用户 id，per 表示购买可能性。

单击主页上的“用户推荐展示”，即可看到如图 8-68 所示的统计结果。

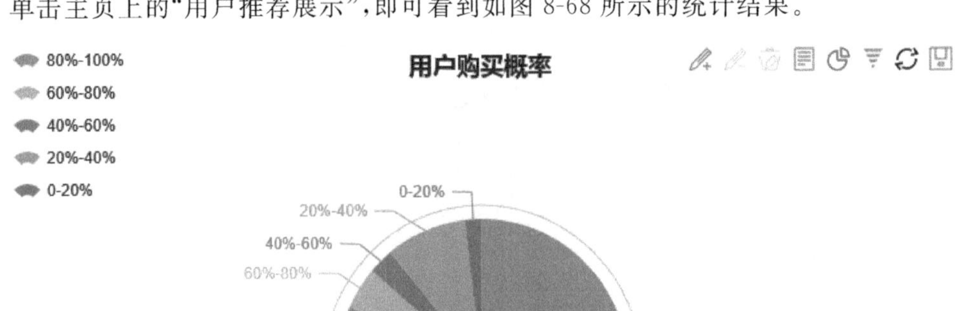

图 8-68　用户购买概率

4. 回归检验展示

由于该处数据量较小，直接复制 console 中的数据，并填写到项目中的 getUserChar.jsp 中的相应位置即可，如图 8-69 和图 8-70 所示。

```
yAxis : [
    {
        type : 'category',
        data : ['vip1','vip2','vip3','vip4','vip5','vip6','vip7','vip8','vip10','vip9']
    }
],
series : [
    {
        name:'vip',
        type:'bar',
        barWidth:'15',
        data:[1.5, 5.4, 8.0, 10.3, 11.4, 11.5, 17.4, 18.5, 24.4, 26.3]
    }
```

图 8-69　getUserChar.jsp

```
yAxis : [
    {
        type : 'category',
        data : ['特征a','特征b','特征c','特征d','特征e','特征f','特征g']
    }
],
series : [
    {
        name:'feature',
        type:'bar',
        barWidth:'15',
        data:[2.0,3.3,11.5,2.1,6.7,9.9,3.0]
    }
```

图 8-70　getUserChar.jsp

然后单击主页上的“回归检验展示”,即可看到如图 8-71 和图 8-72 所示的结果。

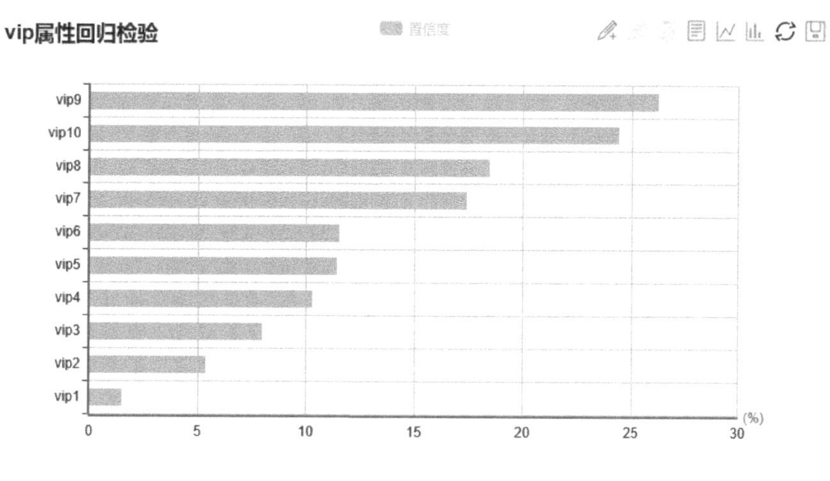

图 8-71 Vip 属性回归检验

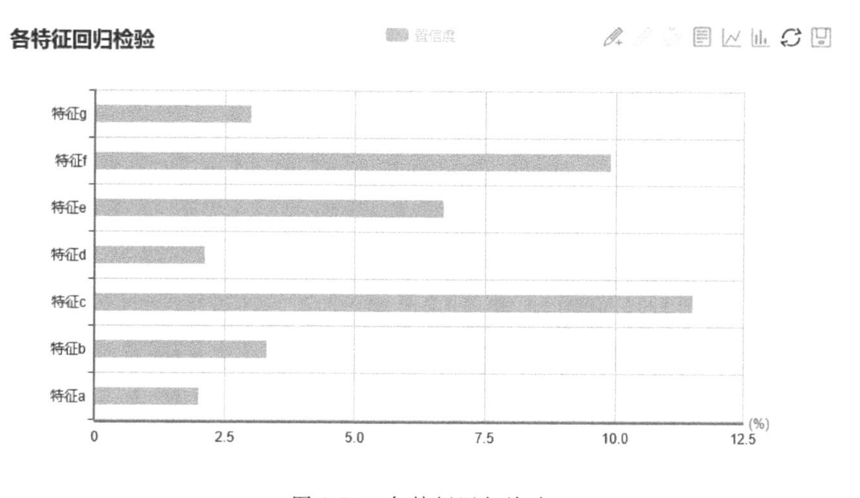

图 8-72 各特征回归检验

8.5 不足与扩展

这里提一些本案例存在的不足之处以及一些可以扩展的地方,有兴趣的读者可以尝试在实践的过程中加入一些自己的想法。

(1) 请尝试在 Linux 环境下进行整个案例的实现,以集群环境运行 Spark,并配合 HDFS 等大数据组件进行实验;

(2) 尝试其他处理不平衡数据的方法,如欠抽样等,并与此处的基于分片技术的随机森林算法比较预测的结果;

(3) 出于时间以及简单操作考虑,实验二只试验了一遍分片数目从 1 循环至 20 的随机森林模型的评估,在该次运行结果中,分片为 6 的模型 F-value 值最高,并不具备一般性,请读者自行修改程序,统计多次程序的运行结果,找出在此业务环境下,模型性能达到最佳的分片数。

习题

1. 保险大数据分析主要有哪些应用需求?
2. 请根据教材内容重现3个案例的实现程序。

第 9 章

基于Spark聚类算法的网络流量异常检测

9.1　基本需求与数据说明

9.1.1　基本需求

随着网络技术和网络规模的不断发展，网络入侵的风险性也越来越大，网络安全已经成为一个全球性的重要问题。在网络安全问题日益凸显的今天，如何迅速有效地发现各种新的网络流量异常，对保障系统和网络资源安全起着至关重要的作用。

目前常用的安全技术如信息加密、防火墙等可以作为保护网络的第一道防线，但存在不能阻止内部攻击、不能提供实时检测等缺陷，因此入侵检测技术作为网络安全的第二道防线应运而生。入侵检测技术可分为异常检测和误用检测，其中异常检测可用于识别未知的网络入侵行为，然而现有的网络流量异常检测系统大都采用专家系统或基于统计的方法，这需要较多的经验，且无法有效地检测出未知的异常类型，难以对网络中出现的新攻击类型进行检测。而基于数据挖掘方法可以从大量的数据中提取出有效的信息，通过学习预测模型发现事先未知的知识和规律，而不依赖经验。

传统的基于数据挖掘的异常检测算法多基于监督学习方法，该方法保证异常检测模型的精度在于使模型与实际网络数据分布相吻合，使之能够正确反映网络数据的实际情况，因此需要足够的训练数据，以生成具有良好的泛化性能的检测模型。然而，在网络环境中要获取到足够的标记数据作为训练集是比较困难的，且在训练数据上代价高昂。因而非监督学习方法被逐渐应用到异常检测中，非监督学习方法根据数据的相似性进行分组，能克服监督学习方法中标记数据不足的局限性。

建模和分析经常需要对一个数据集进行多次的遍历，迭代计算是机器学习算法和统计过程本身的特性，Spark 扩展了内存计算能力，非常适合用于涉及大量迭代的数据挖掘算法实现。可以说,Spark 非常契合数据科学领域的研究和应用,作为一个迭代计算引擎提供了一个革新海量数据计算和数据挖掘的解决方案。一般来说,大数据的数据量会达到 GB、TB 甚至 PB 级别,所以传统的单机处理方法的效率显然是十分低的。本文基于 Spark 将聚类算法应用到网络流量异常检测中,实现了模型的并行化,不仅可以提高算法的执行效率,而且能通过多节点的网络流量采集进一步解决标记数据不足或海量数据处理的瓶颈。同时,Spark 还紧密地集成了 Hadoop 生态系统的许多工具,它的流式处理组件 Spark Streaming 能连续从 Flume 和 Kafka 之类的系统读取实时小批量数据,这为我们进一步扩展实现准实时的流量异常检测系统提供了强有力的支持。

本案例将根据以上所述的非监督学习特性和算法并行化的需求,基于并行聚类算法设计实现一个网络异常检测系统。由于 KDD99 数据集在该项研究中应用最为广泛和权威,案例的实验部分将利用该数据集有效地评估系统的质量和算法效率。后续章节将对实验中使用的 KDD99 数据集进行具体说明,接着分别介绍了数据预处理算法、并行化实现 K-means++聚类算法和离线聚类质量评估模型,最后设计检测算法并基于 Spark 实现一个网络流量异常检测系统,整体上构建出一个较为完整的能够区分计算机网络中合法和非法连接的预测模型。通过本案例系统地阐释 Spark 在数据挖掘上的处理技术和应用,并为进一步的大数据挖掘工作和实时处理技术研究做准备。

9.1.2 数据说明

1998 年 MIT Lincoln 实验室在 DARPA 入侵检测评估程序中建立了模拟美国空军局域网的一个局域网络环境(LAN),收集了 9 周时间的网络链接和系统审计数据,仿真各种用户类型、各种不同的网络流量和攻击手段,使它就像一个真实的网络环境。其中训练数据集由前七周的约 4GB 的二进制 tcpdump 网络流量压缩数据组成,包含了大约 5 000 000 条网络连接记录,后两周的 2 000 000 条连接记录则作为测试数据集。然而该原始数据集并不适合直接用于模型的学习,根据 Stolfo[117] 等人提出的特征提取模型对以上的数据集进行处理,并利用领域知识抽取出高层 TCP/IP 特征,形成了一个新的数据集。该数据集被用于 1999 年举行的 KDDCUP 竞赛中,即著名的 KDD99 数据集[118],该数据集在近年来的网络流量异常检测研究中应用最为广泛。

数据集已经对原始网络流量包进行了加工,将每个流量转换成每个网络连接的统计信息,每个网络连接被打上正常(normal)或特定异常类型(attack type)的分类标签。整个数据集大小约为 708MB,包含约 4 900 000 条连接数据。数据集为 CVS 格式,其中每个连接占一行,包含 41 个特征和一个分类标签,特征包括网络协议、连接起始时间、连接结束时间、服务类型、源 IP 地址、目的 IP 地址、连接终止状态、发送的字节数、登录次数、TCP 错误数等信息。

数据集的分类标签除了正常类型(normal)之外包含 22 种攻击类型(attack type),可将其分为如下 4 类:

- Dos,拒绝服务攻击,如:syn、flood;
- R2L,对远程主机的未授权的访问,如:guessing password;
- U2R,对本地超级用户权限的未授权的访问,如:various “buffer overflow” attacks;
- Probe,扫描与探测行为,如:port scanning。

按照模型[117]中定义的属性将数据特征分成三类,分别是:基本特征、内容特征和流量特征。其中有 9 个特征属性是离散型(discrete)变量,其余为连续型(continuous)的数值变量。表 9-1～表 9-3 按照这三个类将这 31 个特征的名称、描述和数据类型列举如下。

表 9-1　单个 TCP 连接的基本特征

feature name	description	type
duration	length (number of seconds) of the connection	continuous
protocol_type	type of the protocol, e. g. tcp, udp, etc.	discrete
service	network service on the destination, e. g. , http, telnet, etc.	discrete
src_bytes	number of data bytes from source to destination	continuous
dst_bytes	number of data bytes from destination to source	continuous
flag	normal or error status of the connection	discrete
land	1 if connection is from/to the same host/port; 0 otherwise	discrete
wrong_fragment	number of "wrong" fragments	continuous
urgent	number of urgent packets	continuous

表 9-2　领域知识所建议的连接内的内容特征

feature name	description	type
hot	number of "hot" indicators	continuous
num_failed_logins	number of failed login attempts	continuous
logged_in	1 if successfully logged in; 0 otherwise	discrete
num_compromised	number of "compromised" conditions	continuous
root_shell	1 if root shell is obtained; 0 otherwise	discrete
su_attempted	1 if "su root" command attempted; 0 otherwise	discrete
num_root	number of "root" accesses	continuous
num_file_creations	number of file creation operations	continuous
num_shells	number of shell prompts	continuous
num_access_files	number of operations on access control files	continuous
num_outbound_cmds	number of outbound commands in an ftp session	continuous
is_hot_login	1 if the login belongs to the "hot" list; 0 otherwise	discrete
is_guest_login	1 if the login is a "guest "login"; 0 otherwise	discrete

表 9-3　一个 2 秒内时间窗口计算所得流量特征

feature name	description	type
count	number of connections to the same host as the current connection in the past two seconds	continuous
serror_rate	% of connections that have "SYN" errors	continuous
rerror_rate	% of connections that have "REJ" errors	continuous
same_srv_rate	% of connections to the same service	continuous
diff_srv_rate	% of connections to different services	continuous
srv_count	number of connections to the same service as the current connection in the past two seconds	continuous
srv_serror_rate	% of connections that have "SYN" errors	continuous
srv_rerror_rate	% of connections that have "REJ" errors	continuous
srv_diff_host_rate	% of connections to different hosts	continuous

表 9-4 给出了数据集中一条记录的实例，每条记录以 CSV 格式写出，包含如上所述的 31 个特征值和一个分类标签。

表 9-4　数据集记录示例

0,tcp,http,SF,215,45076,0,0,0,0,0,1,0,0,0,0,0,0,0,0,0,0,1,1,0.00,0.00,0.00,0.00,1.00,0.00,0.00,0,0,0.00,0.00,0.00,0.00,0.00,0.00,0.00,0.00,normal.

以表 9-4 中的这条连接记录为例，依次理解各字段含义，由于连接持续时间为 0 可知其为非持续的短连接，协议类型为 TCP，目标主机的网络服务类型为 HTTP，连接状态正常，从源主机发送到目标主机的数据字节数为 215bit，从目标主机接收的数据字节数为 45 076bit，发送和接收端的端口号不一致，无错误分段和加急包，最终该连接被标记为 normal 类型。

特别注意的是，训练数据集和测试数据集不满足同分布，在测试数据集中存在的特定异常类型有可能未曾在训练集出现过。这使得数据集更加符合现实的网络环境，但由于大多数新奇的攻击是已知攻击的变种，一个强大的异常检测系统应该足以捕获这些新的变种。本文将基于 KDD99 数据集，利用 Spark 构建一个网络流量异常检测系统，学习出能够区分计算机网络中合法和非法连接的预测模型(即分类器)。

9.2　设计方案

9.2.1　聚类问题描述

聚类是非监督学习算法的基本形式之一，它试图找到数据中的自然群组。一组互相相似而与其他点不同的数据点往往属于代表某种意义的一个簇群，聚类算法就是要把这些相似的数据划分到同一个簇群，在同一簇群中的数据点具有较高的相似度，而不同簇中的数据点差异较大。与分类不同，聚类不依赖于预先定义的类别和带标号的训练实例，所以聚类分析非常适用于异常检测方面的研究。

聚类问题可以抽象地描述为在给定数据集中进行划分的同时优化一个特定的目标函数[119]。令 S 为由 d 维度量空间的点代表的 n 个数据对象的集合，将 S 分成 k 个子集 C_1，C_2，…，C_k 的一个划分称为 k-聚类(k-clustering)，其中每个 C_i 称为一个簇。两个数据对象之间的距离通过一定的度量方法来确定，度量函数的选取与具体的应用息息相关，最广泛使用的是欧式距离(Euclidean distance)。它的定义如下：

$$d(i,j) = \sqrt{|x_{i1} - x_{j1}|^2 + |x_{i2} - x_{j2}|^2 + \cdots + |x_{ip} - x_{jp}|^2} \qquad (9\text{-}1)$$

其中 $i=(x_{i1},x_{i2},\cdots,x_{ip})$ 和 $j=(x_{j1},x_{j2},\cdots,x_{jp})$ 是两个 p 维的数据对象。

9.2.2　系统整体架构和算法设计

基于无监督聚类的异常检测算法建立在两个假设上[120]，第一个假设是正常行为的数目远远大于异常行为的数目。第二个假设是异常行为和正常行为的差异性比较大。该方法的基本思想就是由于入侵行为和正常行为不同且数目相对很少，因此它们在能够检测到的数据中呈现比较特殊的特性。

本文基于无监督聚类的异常检测算法主要包括四个部分，一是数据预处理部分，二是无监督聚类算法，三是聚类质量评估算法，四是检测算法。整体系统架构设计如图 9-1 所示。

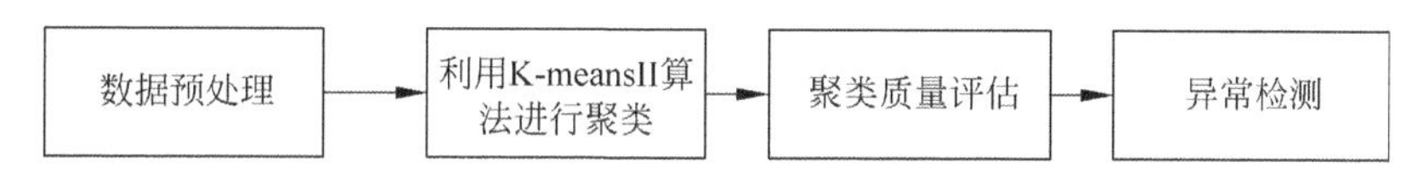

图 9-1 系统架构设计图

9.2.3 数据预处理

成功的数据分析中绝大部分的工作取决于数据预处理，数据本身是混乱的，在让数据产生价值之前，必须对数据进行清洗、处理、统计、融合和挖掘等操作。本文先对数据集进行统计分析，基于 R 做数据可视化，发现数据的冗余性和维度分布特征，根据分析结果对数据进行预处理，包括去冗余、难度级别抽样和特征标准化等操作。

通过对数据的统计分析，我们可以发现数据集存在明显的两个问题[121]。一是数据集中存在大量的冗余数据，其中训练集和测试集分别存在 78%和 75%的冗余，如果不去除这些冗余信息将会导致最终学习出的模型向频繁出现的数据过拟合而不能检测出稀疏的网络异常流量；二是数据分类的难度级别分布很不平衡，超过 80%的样本数据是很容易区分，即这些样本点之间的差异较大，这也使得常见的质量评估方法如准确率(accuracy)、检出率(detection rate)和假阳性(false positive)等普遍计算值较高，不适用于模型的评估，同时这也为之后质量评估算法的选择提供了指导。因此本文先对数据进行去冗余和难度级别抽样，使得数据集与现实的网络流量更加相似。

进一步分析，由于整个数据集包括离散的和连续的属性特征变量，其中离散型变量还存在非数值型属性特征，对于这些特征无法直接通过欧氏距离来计算，所以需要对它们进行分别的处理。对离散型的属性特征变量我们通过编码将其转换为连续型属性变量。对于连续型属性特征变量来说，不同的属性特征有不同的度量标准，因此如果不对原始数据进行预处理的话就有可能产生大数掩盖小数的问题，根据公式(9-1)可知在计算欧式距离时结果将几乎由基准大的特征决定。为了解决这个问题，我们必须将数据的特征属性值进行标准化，即对每个特征值求平均，用每个特征值减去平均值，然后除以特征值的标准差，标准分计算公式如下所示：

$$N_{fi} = \frac{x_{fi} - u_i}{\sigma_i} \tag{9-2}$$

其中 $x_{f1}, x_{f2}, \cdots, x_{fi}$ 是属性 f 的 n 个特征值，u_i 是 f 的平均值，即：

$$u_i = \frac{1}{N}\sum_{i=1}^{n} x_i \tag{9-3}$$

σ_i 是 f 的标准差，可以用如下变形公式简化计算：

$$\sigma_i = \sqrt{\frac{\sum_{i}^{N} x_i^2}{N} - u_i^2} \tag{9-4}$$

对于每条流量数据记录的属性特征按照以上公式(9-2)～式(9-4)计算得到新的数据，

这相当于利用统计特征将原始实例的特征属性映射到一个标准的属性空间上，有利于减少上面所述问题。

9.2.4 聚类算法

由于 K-means 算法简单易实现，且具有很好扩展性，目前是应用最为广泛的聚类算法。但它却受 k 取值和聚类初始中心点的选取不同影响很大，而且很难确定合适 k 的取值。因此本文采用了改进后的 K-means++ 聚类算法，再将其基于 Spark MLlib 做并行化实现的算法 K-meansII[122]，该算法的初始化过程可以近似地得到最优的初始中心点，同时可以并行地在多个节点上进行计算，算法伪代码如表 9-5 所示。其中 k 为要生成的聚类数，ℓ 为过采用因子。本文实验中将通过多次对比实验，根据聚类模型质量选取较合理的 k 值。

表 9-5　K-meansII 算法

Algorithm 1 ***K-meansII*** (k, ℓ) ***initialization***
Input：Training data X，parameters (k, ℓ)
Output：Model
1. $C \leftarrow$ sample a point uniformly at random from X
2. $\Psi \leftarrow \phi x(C)$
3.　for O(log Ψ) times do
4. 　　$C' \leftarrow$ sample each point $x \in X$ independently with probability $p_x = \frac{\ell \cdot d^2(x, C)}{\phi x(C)}$
5. 　　$C \leftarrow C \cup C'$
6. 　end for
7. For $x \in C$, set ω_x to be the number of points in X closer to x than any other point in C
8. Recluster the weighted points in C into k clusters

9.2.5 聚类质量评估算法

如 9.2.3 节所述，对于本文所使用的数据集，常用的质量评估方法如准确率(accuracy)、检出率(detection rate)和假阳性(false positive)等在多个模型的评估计算值都普遍较高，很难看出模型的差异性，这不利于本文实验的聚类质量评估，因此本文采用计算所有簇的加权平均熵 entropy、标准化互信息 NMI(Normalized Mutual information)两项指标来评价聚类质量。

1) 加权平均熵 entropy 是常用的同质性指标，如果一个聚类结果好，那么结果簇中不应该包含其他类型，簇中样本类型大体相同，因而熵值较低。我们可以对各个簇的熵加权平均，将平均值作为聚类质量得分，单个簇的熵值计算公式如下：

$$H(X) = -\sum_{i=1}^{n} p(x_i) \log p(x_i) \tag{9-5}$$

其中 $p(x_i)$表示该样本点在簇中所出现的概率。

2）NMI 评估函数将对比输出类簇标记（设为向量 X）及真实标记（设为向量 Y），本文将计算公式定义为：

$$NMI = \frac{I(X,Y)}{\sqrt{H(X)H(Y)}} \tag{9-6}$$

其中 $I(X,Y) = \sum_{y \in Y} \sum_{x \in X} p(x,y)\log\left(\frac{p(x,y)}{p(x)p(y)}\right)$ 表示 X 和 Y 之间的互信息，NMI 取值区间为[0,1]，取值越高说明聚类质量越好。

3）算法的执行效率则以程序运行时间作为评价指标。

9.2.6 检测算法

根据学习出的聚类模型，我们可以建立一个真正的异常检测系统。以往的异常检测研究中[120]，检测算法通常根据最终生成的类簇数据量大小来简单快速地判定该类簇是否属于正常类，然而这种方法的有效性与正常行为的之类数目密切相关。如果正常行为类被划分得过细，每个之类都在特征空间中有其独特的类中心，这必将导致单个之类的数据量相对减少，甚至小于某些异常类包含的数据量。在这种情况下，就会导致错误地将正常的数据类划分为异常，或者将异常的类划分为正常。另一方面，该算法无法很好地满足本文提出的实时流更新模型数据库的需求。

根据 9.2.2 节所述的两个假设，本文提出一种新的异常检测算法，即度量新数据点到最近的簇中心的距离，如果这个距离超出某个设定的阈值，那么就表示这个数据点是异常的。阈值的确定则与数据规模的大小密切相关，我们可以把阈值设定为已知数据中离中心点最远的第 100 个点到中心的距离，在新的数据点出现的时候使用阈值（threshold）进行评估。举例来说，我们可以使用 Spark Streaming 对来源于 Flume、Kafka 或 HDFS 文件的小批量数据计算函数值，只要计算结果超过阈值就触发邮件报警或更新数据库。检测算法伪代码描述如下：

假设 x 为要检测的一个网络数据包。

step 1 利用数据预处理算法得到的统计数据将 x 标准化，$x \to x'$；

step 2 i=1；

step 3 repeat；

step 4 计算 C_i 的中心点 O_i 与 x' 的距离，即 $dist(O_i, x')$；

step 5 until j > num. cluster；

step 6 找到最小的 $dist(O_i, x')$，并与设定的阈值作大小比较；

step 7 若该最小距离超过阈值，则 x 是异常数据包，否则为正常数据包。

该检测算法非常简单快速，因此效率很高。

9.3 实现方法和程序设计

根据 9.2 节所述的系统架构和算法设计方案，进行具体的程序设计实现，整体程序流程图如图 9-2 所示。

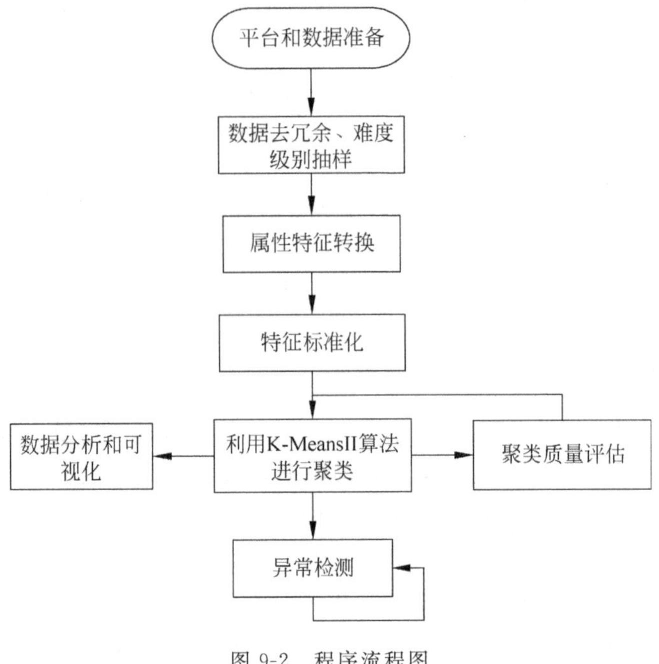

图 9-2 程序流程图

9.3.1 搭建 Spark 集群实验平台

本文实验平台使用 Ubuntu14.04 系统，基于 Apache Spark-2.0.2 环境，其他相关环境有 Apache Hadoop-2.6.0、JDK-1.8 和 Scala-2.11.7。

集群由一个主节点和三个从属节点构成，硬件配置如表 9-6 所示。

表 9-6 集群硬件配置

主机序号	主 机 名	IP	CPU＋内存
1	master	192.168.18.101	4 核心，8G
2	server1	192.168.18.102	2 核心，4G
3	server2	192.168.18.103	2 核心，4G
4	server3	192.168.18.104	2 核心，4G

为了方便集群的管理，本文将集群环境的初始化过程写成自动化脚本，脚本文件放在项目工程根目录的 bash 目录下，安装完各个系统组件后只需运行脚本 bash/setup-env.sh 就可以完成集群环境的初始化。

9.3.2 程序运行说明

整个程序项目采用 Scala＋Sbt 实现，目录结构如下：

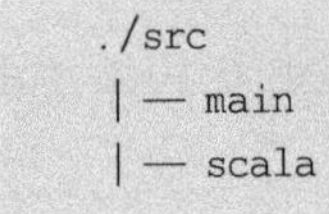

```
./src
|— main
|— scala
```

```
        |—Kdd99MLApp.scala
        |—……
    |— R
        |—ViewKmeans.R
        |—....
build.sbt
```

工程的目录结构如图 9-3 所示。

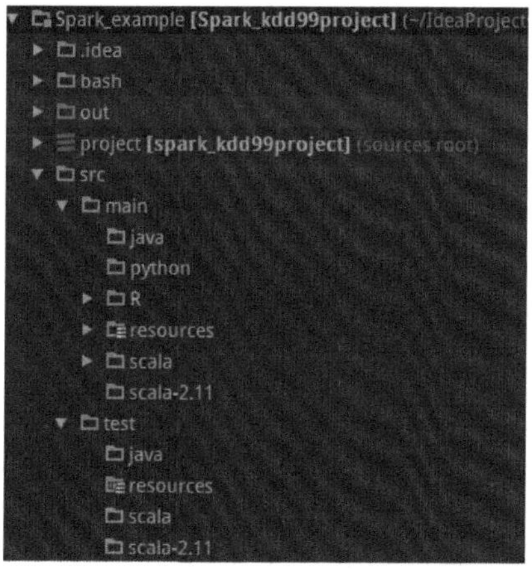

图 9-3　工程的目录结构

在提供的程序源代码中，程序入口 main 函数位置在源文件 src/main/scala/Kdd99MLApp.scala 中，各个模块程序的执行代码都在 Kdd99MLApp.scala 中。由于要运行的程序模块比较繁多，该文件按照系统整体架构设计将各个算法模块分成 clusteringTake0、clusteringTake1 等这样的函数，序号依次递增，需要运行哪个模块就将其添加到 main 函数中，方便程序的管理和维护。

项目使用 Sbt 构建打包成 jar 包后，通过编写 Spark-submit 命令提交到 Spark 集群中运行，根据集群的可用资源和数据集大小合理分配计算资源，提交命令的详细脚本文件见 bash/runMLApp.sh，其中命令示例如下：

```
#!/usr/bin/env bash
${SPARK_HOME}/bin/spark-submit \
--class "$mainClass" \
--master spark://master:7077 \
--executor-memory 2G \
--total-executor-cores 8 \
../target/scala-2.11/spark_kdd_2.11-1.0.jar
```

9.3.3　数据预处理

将 kdd99.data 数据文件解压后上传到 HDFS 上，通过新建一个新的 Spark 会话按照 CSV 的格式读取到 DataFrame 中，并先对数据做标签类别统计，按样本数从多到少排序，统计结果如图 9-4 所示。

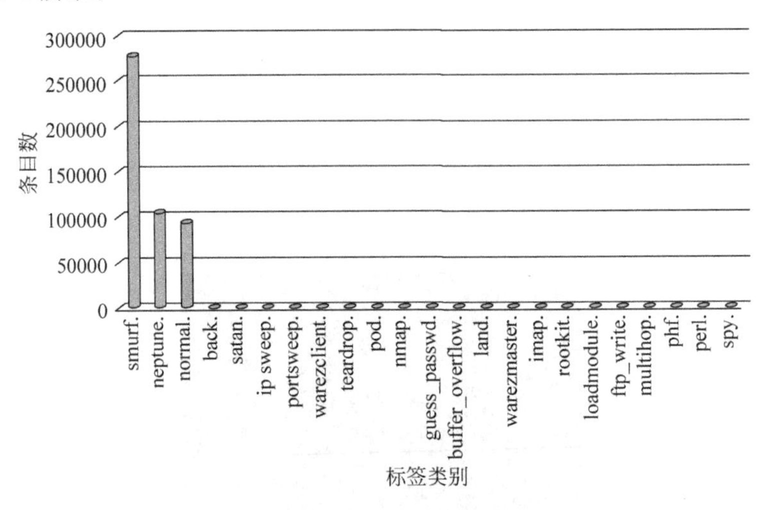

图 9-4 标签类别统计

从图中可以看出数据集中样本有 23 个不同类型,其中除了正常类型(normal),smurf. 和 neptune. 类型的网络攻击最多,可见在本文所构建的异常检测系统中,已知的常见攻击类型并不应该判断为网络流量异常。

Spark Mllib 在构建数据挖掘工作流上,提供十分完善的高层次数据处理组件,以更加方便地构建复杂的机器学习工作流式应用。程序实现上,一个 Pipeline 在结构上会包含一个或多个 PipelineStage,每一个 PipelineStage 都会完成特定的一个任务,如数据集处理转化,模型训练,参数设置或数据预测等。根据本文数据集预处理算法,整体算法的代码实现对应工程目录下的 src/main/scala/Kdd99DataProcess. scala 文件,其中构建相应的 PipelineStage 的核心实现代码如下。

```
val assemblerCols = Set(data.columns:_ * ) -- Seq("protocol_type",
"service", "flag","label")++
     Seq(protoTypeVecCol,serviceVecCol,flagVecCol)
val assembler = new VectorAssembler().setInputCols(assemblerCols.toArray).setOutputCol
("featureVector")
val scaler = new StandardScaler().
     setInputCol("featureVector").
     setOutputCol("scaledFeatureVector").
     setWithStd(true).
     setWithMean(false)
```

9.3.4 基于 R 的数据分析和可视化

要进一步观察数据的分布,通常采取将数据降维后可视化。Spark 本身没有提供可视化工具,但添加了 R 语言的支持,R 是一种用于统计计算和统计制图的优秀工具,集成了许多方便使用的绘图算法包。我们通过从 RDD 中读入 CSV 数据,使用三个随机单位向量,将 41 维数据集向着三个单位向量的方向进行投影,从而得到一个三维数据集。虽然可以采用更加复杂的降维算法，但由于数据集较大，这些算法都需要在R上运行时间很长，因此本文采取相对简单的随机投影办法可以大大提高运行速度，同时也足以满足数据可视化的需求。可视化算法如下所述：

```
step 1  用 k = 100 构造聚类模型,将每个数据点都映射到一个簇编号;
step 2  从 RDD 中读取 CSV 格式数据并转化为向量集;
step 3  创建三维空间的随机单位向量;
step 4  投影数据.
```

该可视化算法模块的详细代码请参考工程目录下的 src/main/R/viewKmeans.R 文件，其中核心实现代码如下：

```
library(rgl)
#make a random 3d projection and normalize
random_projection <- matrix(data = rnorm(3 * ncol(data)),ncol = 3)
random_projection_norm <- random_projection/sqrt(rowSums(random_projection * random_projection))
#project and make a new data frame
projected_data <- data.frame(data %*% random_projection_norm)
num_clusters <- max(clusters)
palette <- rainbow(num_clusters)
colors = sapply(clusters,function(c) palette[c])
plot3d(projected_data,col = colors,size = 10)
```

图9-5为数据可视化结果，它显示了三维空间的数据点，不同簇用不同的颜色表示。从图中可以看出，许多点都重叠在一起，而且数据点分布非常稀疏，可以明显地看出图形呈现"L"的分布形状。因此我们可以得出，数据点在两个维度上变化较大而在其他维度上变化并不明显，这也验证了数据预处理中特征规范化的必要性，只有对不同维度尺寸进行规范化后才能把特征放在差不多的维度基准上。

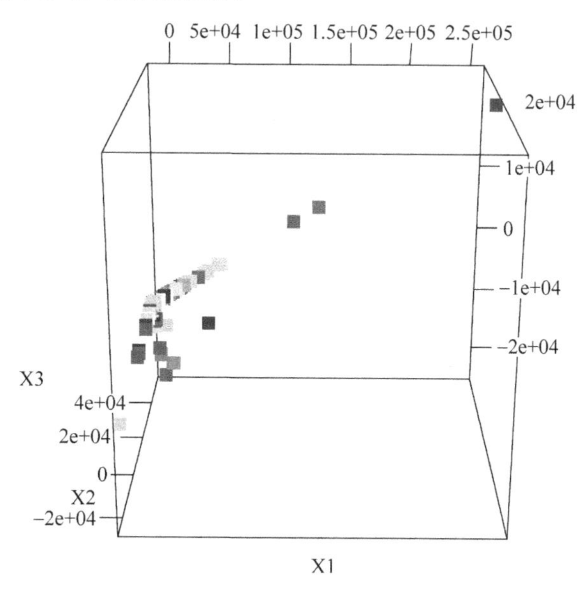

图9-5　数据三维投影

因此本文将特征进行规范化处理，将每个特征转换为标准得分，采用同样的方法对规范化后的数据进行可视化，如图 9-6 所示。

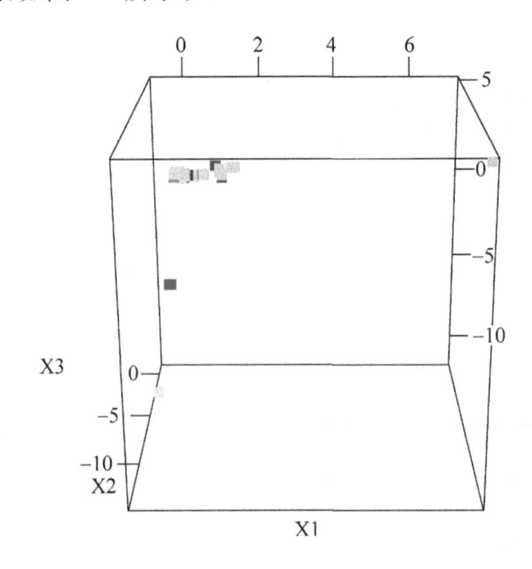

图 9-6　标准化数据三维投影

与预期结果相一致，可以看出数据点之间分布紧凑，由于有 100 个簇，虽然很难从图形中看出每个点属于哪个簇，但是可以看出除了个别离散点之外大多数点分布在一个方向上，间隔相差不远，可见分类算法具有完整性。

9.3.5　聚类算法

Spark MLlib 提供了许多聚类算法支持，本文采用 K-meansII 算法对数据集进行聚类，在 k 值的选取上，通过多次对比实验，根据质量评估函数得到较优值。该算法的详细代码请参考工程目录下的 src/main/scala/Kdd99MLApp. scala 文件，核心代码实现如下：

```
val kmeans = new KMeans().
        setSeed(Random.nextLong()).
        setK(k).
        setPredictionCol("cluster").
        setFeaturesCol("scaledFeatureVector").
        setMaxIter(40).
        setTol(1.0e - 6)
val pipeline = new Pipeline().setStages(Array(protoTypeEncoder, serviceEncoder, flagEncoder,
assembler, scaler, kmeans))
val pipelineModel = pipeline.fit(data)
```

9.3.6　聚类质量评估

加权平均熵 entropy 算法实现过程描述如下：

```
step 1  对每个流量数据记录预测簇类别;
step 2  按簇作为 Key 值提取标号集合;
step 3  统计计算集合中各簇标号出现的次数;
step 4  根据各个簇的熵值 entropy;
step 5  根据簇的大小作为权值计算所有簇的加权平均值.
```

该算法的详细代码可参考工程目录下的 src/main/scala/Evaluation . scala 和 Kdd99MLApp. scala 文件,其核心代码如下:

```
val weightedClusterEntropy = clusterLabel.groupByKey
{ case(cluster,_) => cluster}.
      mapGroups {case(_,clusterLabels) =>
        val labels = clusterLabels.map {case (_,label) => label}.toSeq
        val labelCounts = labels.groupBy(identity).values.map(_.size)
          labels.size * UtilTool.entropy(labelCounts)
}.collect()
```

定义 NMI 计算函数如下:

```
def MI(labelsTrue:Array[String],labelsPred:Array[Int]) = {
  val N:Int = labelsTrue.length
  val mapTrue:Map[String,Int] = labelsTrue.groupBy(x => x).mapValues (_.length)
  val mapPred:Map[Int,Int] = labelsPred.groupBy(x => x).mapValues(_.length)
labelsTrue.zip(labelsPred).groupBy(x => x).mapValues(_.length).map{
    val wk = BigDecimal(mapTrue(x))
    val cj = BigDecimal(mapPred(y))
    val common = BigDecimal(z)
    val bottom = N * common/(wk * cj)
    common/N * Math.log(bottom.toDouble)
  }.sum
}

def NMI(labelsTrue:Array[String],labelsPred:Array[Int]) = {

MI(labelsTrue,labelsPred)/Math.sqrt(entropy2(labelsTrue) * entropy2(labelsPred))
}MI(labelsTrue,labelsPred)/Math.sqrt(entropy2(labelsTrue) * entropy2(labelsPred))
}
```

9.3.7 异常检测

根据上述异常检测算法实现如下,该算法的详细代码请参考工程目录下的 src/main/scala/Kdd99MLApp. scala 文件。

```
val threshold = clustered.select("cluster","scaledFeatureVector").as[(Int,Vector)].
map{ case(cluster,vector) => Vectors.sqdist(centroids(cluster),vector)}.orderBy( $ "value".
desc).take(100).last
```

9.4 结果展示

9.4.1 Spark 平台说明与作业提交演示

启动 Apache Spark 集群实验平台，通过 Hadoop 命令操作将 KDD99 数据集上传到 HDFS 上。操作示例如图 9-7～图 9-9 所示。

```
labofbigdata@master:~/opt/hadoop-2.6.0$ start-dfs.sh
Starting namenodes on [master]
master: starting namenode, logging to /home/labofbigdata/tmp/hadoop/logs/hadoop-labofbigdata-namenode-master.out
slave02: starting datanode, logging to /home/labofbigdata/tmp/hadoop/logs/hadoop-labofbigdata-datanode-slave02.out
slave01: starting datanode, logging to /home/labofbigdata/tmp/hadoop/logs/hadoop-labofbigdata-datanode-slave01.out
slave03: starting datanode, logging to /home/labofbigdata/tmp/hadoop/logs/hadoop-labofbigdata-datanode-slave03.out
Starting secondary namenodes [0.0.0.0]
0.0.0.0: starting secondarynamenode, logging to /home/labofbigdata/tmp/hadoop/logs/hadoop-labofbigdata-secondarynamenode-master.out
labofbigdata@master:~/opt/hadoop-2.6.0$
labofbigdata@master:~/opt/hadoop-2.6.0$
labofbigdata@master:~/opt/hadoop-2.6.0$ ../spark-2.0.2-bin-hadoop2.6/sbin/start-all.sh
starting org.apache.spark.deploy.master.Master, logging to /home/labofbigdata/tmp/spark/logs/spark-labofbigdata-org.apache.spark.deploy.master.Master-1-master.out
slave01: starting org.apache.spark.deploy.worker.Worker, logging to /home/labofbigdata/tmp/spark/logs/spark-labofbigdata-org.apache.spark.deploy.worker.Worker-1-slave01.out
slave02: starting org.apache.spark.deploy.worker.Worker, logging to /home/labofbigdata/tmp/spark/logs/spark-labofbigdata-org.apache.spark.deploy.worker.Worker-1-slave02.out
slave03: starting org.apache.spark.deploy.worker.Worker, logging to /home/labofbigdata/tmp/spark/logs/spark-labofbigdata-org.apache.spark.deploy.worker.Worker-1-slave03.out
```

图 9-7 启动 Spark 集群

```
labofbigdata@master:~$ hdfs dfs -ls ds
Found 12 items
drwxr-xr-x   - labofbigdata supergroup          0 2017-01-11 16:07 ds/clusterWithLabel-23
drwxr-xr-x   - labofbigdata supergroup          0 2017-01-10 17:52 ds/clusterWithLabel.csv
-rw-r--r--   3 labofbigdata supergroup   47251540 2017-01-15 10:21 ds/corrected
-rw-r--r--   3 labofbigdata supergroup   67644896 2017-01-13 09:52 ds/kdd10
-rw-r--r--   3 labofbigdata supergroup    1371272 2017-01-13 00:17 ds/kdd10_Label
-rw-r--r--   3 labofbigdata supergroup  742579829 2017-01-10 01:08 ds/kddcup.data
-rw-r--r--   3 labofbigdata supergroup   74889749 2017-01-06 00:58 ds/kddcup.data_10_percent
drwxr-xr-x   - labofbigdata supergroup          0 2017-01-19 15:29 ds/normalizedData
drwxr-xr-x   - labofbigdata supergroup          0 2017-01-13 16:09 ds/pipelineModel-k99kmeans
drwxr-xr-x   - labofbigdata supergroup          0 2017-01-13 16:08 ds/pipelineNocv-k99kmeans
drwxr-xr-x   - labofbigdata supergroup          0 2017-01-13 16:18 ds/pipelineWithcv-k99kmeans
drwxr-xr-x   - labofbigdata supergroup          0 2017-01-06 16:40 ds/sample
labofbigdata@master:~$
labofbigdata@master:~$ hdfs dfs -put ./kdd10 ds/
```

图 9-8 上传数据集到 HDFS

Spark 2.0.2 Spark Master at spark://master:7077

URL: spark://master:7077
REST URL: spark://master:6066 (cluster mode)
Alive Workers: 3
Cores in use: 6 Total, 0 Used
Memory in use: 6.0 GB Total, 0.0 B Used
Applications: 0 Running, 0 Completed
Drivers: 0 Running, 0 Completed
Status: ALIVE

Workers

Worker Id	Address	State	Cores	Memory
worker-20170120013534-10.13.13.102-55719	10.13.13.102:55719	ALIVE	2 (0 Used)	2.0 GB (0.0 B Used)
worker-20170120013534-10.13.13.103-44809	10.13.13.103:44809	ALIVE	2 (0 Used)	2.0 GB (0.0 B Used)
worker-20170120013535-10.13.13.104-34691	10.13.13.104:34691	ALIVE	2 (0 Used)	2.0 GB (0.0 B Used)

图 9-9 Spark web 监控

构建打包程序，通过 spark-submit 提交 jar 包，运行 Spark 聚类作业。根据集群环境配置合理分配给作业可用资源，在本文实验中我们分配了 3 个 Executor，每个 Executor 有 2 个可用核心数，可用内存为 2GB，操作示例如图 9-10 和图 9-11 所示。

图 9-10 运行 Spark 聚类程序

图 9-11　作业监控页面

9.4.2　聚类算法及其质量评估

结合 9.3.2 节和 9.3.3 节数据分析结果，本文通过设计实验分别对比类簇数 k 取不同值时所得到的聚类评估质量值，确定一个较为合理的 k 值。实验过程充分地发挥了 Spark 并行计算的优势，将 k 值区间范围赋值为一个并行集合类型，这样对每个 k 值的并行计算可以在集群中并行执行，由 Spark 对聚类计算任务进行统一管理，同时每个 k 值对应的并行计算也会在集群中分布式执行。在实际生产环境中，通过充分利用大规模集群的处理能力，可以提高整个集群的总体吞吐率。

由于数据集中有 23 种不同的标签类型，显然 k 值至少应大于 23，同时当 k 取 100 时预估聚类结果较为合理，因此我们选取以 20 为递增的闭合区间[20,200]对 k 值进行实验，分别得到聚类结果的加权平均熵 entropy 和 NMI，结果分别如图 9-12 和图 9-13 所示。

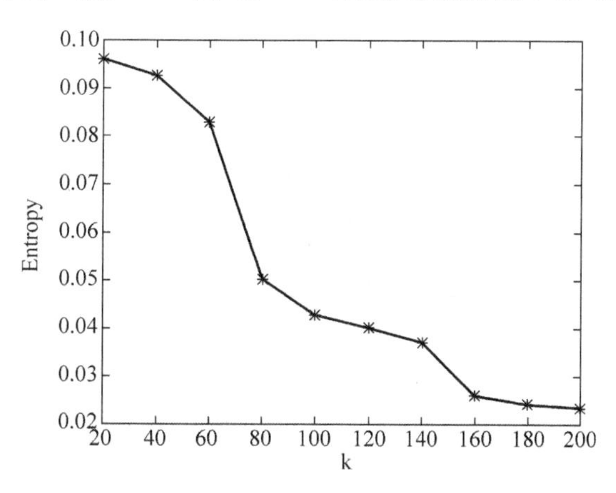

图 9-12　不同 k 值的加权平均熵值

图中可以看出当 k 值增加至 140 时，过了这个临界点之后继续增加 k 值聚类熵值得分不会再显著降低。因此这个点可以认为是 k 值得分曲线的拐点，曲线通常在拐点之后会继续下行但最终趋于水平。因此 k 值取 160 较为合理，此时既保证了聚类效果较优，又权衡了算法的执行效率。为了进一步验证其合理性，我们继续采用 NMI 指标对算法进行评估。

NMI 评估方法的优点在于其不需要假设算法的聚类个数和真实引用类个数相同，是实际使用中更为广泛的准确度量。NMI 取值在区间[0,1]内，当值等于 1 时，代表真实引用类与聚类算法结果之间完全匹配。从图中可以看出，其评估结果与上述 Entropy 结果相一致，

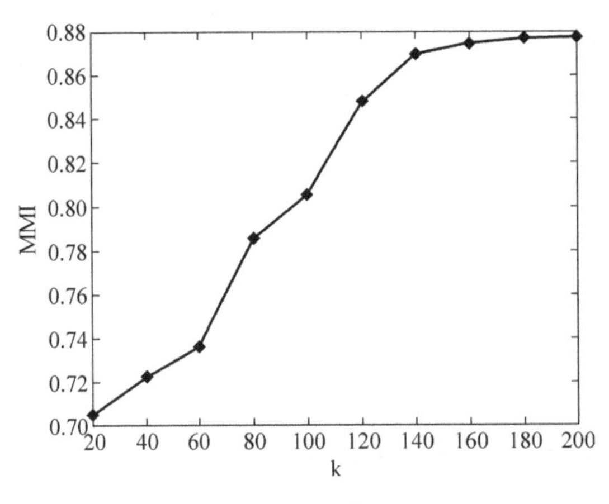

图 9-13 不同 k 值的 NMI

因此我们选取 k 等于 160 作为最终模型训练参数，构建本文的异常检测系统。

9.4.3 有效性分析

由 Karpis Lab 开发的 CLUTO[123] 是目前运行速度最快、效果最佳的 K-means 聚类工具之一，本文利用 CLUTO 对同一数据集进行聚类，将其聚类效果的加权平均熵值 entropy 和 NMI 值作为上界参考，即：若本文聚类算法能够获得接近于 CLUTO 的聚类效果，就能够说明算法可行性和有效性。

选取 k=160，将同样的数据集作为输入，在主节点 Master 上单机运行 CLUTO 聚类，程序运行示例如图 9-14 所示。记录实验结果，与本文构建的 Spark 聚类程序进行聚类质量和算法效率对比，结果如表 9-7 所示。

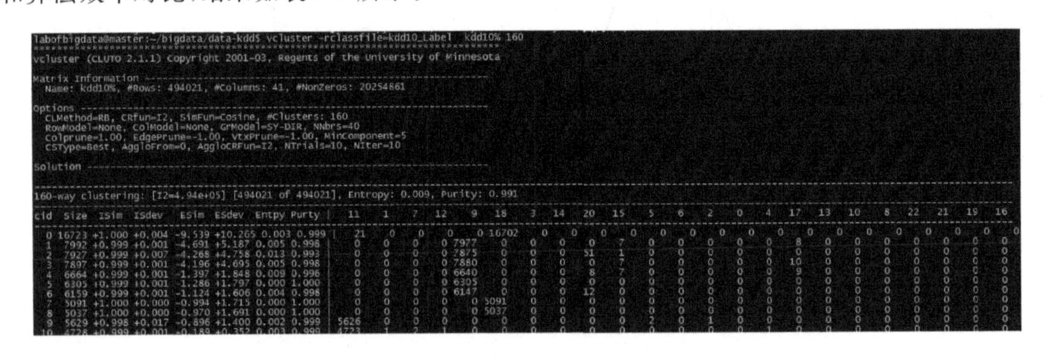

图 9-14 不同 k 值的 NMI

表 9-7 算法评估对比(k=160)

算法评估	Entropy	NMI	I/O 时间(sec)	聚类时间(sec)
Spark 聚类	0.025	0.875	9.0	104.0
CLUTO	0.010	0.931	24.2	115.5

从表 9-7 可见，本文提出的 Spark 聚类算法接近于 CLUTO 聚类效果，表现出比较高检测率和聚类评估指标，同时在算法执行效率上发挥了 Spark 并行计算的优势，又加上其内存

计算特性，在数据 I/O 读写时间和聚类迭代计算时间上都有明显缩短。实验结果表明，本文的聚类异常检测算法在检测性能上具有较高可行性和有效性。

9.4.4 示例说明

最后，根据聚类算法学习构建出一个网络异常检测模型。作为示例，本文在原始数据集上进行异常检查，找出输入数据中我们认为最不寻常的异常数据样本进行分析，该样本数据如下所示：

```
0,tcp,http,S1,181,5450,0,0,0,0,0,1,0,0,0,0,0,0,0,0,0,0,8,8,0.00,0.00,0.00,0.00,1.00,
0.00,0.00,231,255,1.00,0.00,0.11,0.00,0.00,0.00,0.00,0.00,normal.
```

分析该异常连接，可以发现虽然该连接被标记为 normal 类型，但却在很短的时间内与同一个服务器建立了超过 200 个连接，并且 TCP 状态表现为不正常的 S1。因此，将该样本判定为异常点是合理的。

9.5 展望

本文中总结了目前非监督学习算法在异常检测中的应用，并基于 Spark 分布式内存计算框架构建出一个并行的网络异常检测系统，在数据处理、聚类算法和异常检测算法上做了优化，并利用 KDD99 公开数据集进行实验，其结果表明该模型具有较高的可行性和有效性，但在进一步优化系统模型上还有很多工作值得研究。

在实际的网络环境中，网络入侵行为上往往是不可预估的，黑客会不断地改用新的入侵方式，异常流量就会不断更新变化，因此很难通过已知的网络流量类型来构建高效的异常检测模型。实际生产中通常以准实时的方式对训练数据评分，不断更新系统数据库。通过相关调研，本文的系统可以进一步集成 Spark Streaming 架构加以实现，结合来源于 kafka 等的实时小批量数据，以准实时的方式对模型进行评分，构建出批量处理＋实时处理的 lambda 架构，更好地满足实际的系统需求。此外，在 Spark MLlib 还有一个 KmeansModel 的变体模型，即 StreamingKmeans。StreamingKmeans 模型能够根据增量对簇进行更新，而不仅仅只是用已知的簇群评价新的数据，而是进一步做到近似地通过学习新数据来优化聚类过程。

在度量样本相似性上，本文只是简单地采用了欧式距离来衡量点之间的相似度，目前 Spark MLlib 还提供了其他距离函数，如马氏距离(Mahalanobis distance)等，采用合理的距离函数可以更好地描述特征的关联关系。在选择聚类质量评估指标上，我们也还未做深入的探讨，除了本文所采用的评估指标，还可以用更复杂的如轮廓系数(Silhouette coefficient)，该系数可以在不给定标号的条件下来选择合适的 k 值，既可以评价簇内点的紧密程度又可以评价点与其他簇之间的紧密程度，可能对模型效果有所提高。

本文在 k 值的选定上需要人工的干预，目前有不少相关研究提出了自动决定聚类数的算法[124]。此外，除了 k 均值聚类外，我们还可以尝试其他模型，如：高斯混合模型、DBSCAN、CURE[125]等非监督学习模型，或许可用这些模型来处理数据点和簇中心之间更加微妙的关系。

习题

1. 基于 Spark 聚类算法的网络流量异常检测与传统的检测方法有何不同(最大的区别)?

2. 请根据教材内容重现基于 Spark 聚类算法的网络流量异常检测的实现程序。

3. 请总结基于 Spark 聚类算法的网络流量异常检测的现实过程。

第10章

基于Hadoop的宏基因组序列比对计算

本章主要介绍基于 Hadoop 平台和序列比对软件 SOAPaligner 实现宏基因组序列数据的对比分析计算，通过利用 Hadoop Streaming 工具包进行了并行化数据的对比分析计算，缩短了序列比对时间，提高了程序的执行效率，解决了宏基因组序列比对数据量大、单机内存不足、运行时间过长等问题，将原来需要 6 个小时左右的序列比对时间缩短到 20 分钟以内，加速宏基因组学分析研究。

10.1 相关背景介绍与基本需求

10.1.1 相关背景

1. 宏基因组学与序列比对

宏基因组学(Metagenomics)又被称为环境基因组学，这是一门直接研究自然状态下微生物群落(包含了可培养的和不可培养的细菌、真菌和病毒等基因组的总和)的学科。宏基因组学这一概念最早是 1998 年由美国威斯康星大学植物病理学部门的 Handelsman 等在研究土壤微生物时提出的，其主要思想就是将来自环境中的大量混杂物种的基因集在某种程度上作为一个单个基因组进行研究分析。宏基因组学是一门新兴的应用学科，经过十多年的飞速发展，其研究对象从最初的土壤微生物发展到各式各样的环境样本，例如海洋、空气、人类肠道微生物、沼气发酵微生物等。

第二代测序技术又被称为高通量测序技术，核心思想是边合成边测序。这种测序技术以 Roche 454 测序平台、Illumina Solexa 测序平台和 SOLiD 测序平台等三大测序平台为代表，具有高通量、低成本的特点，使得测序成本急剧下降，甚至其降速已远远超过计算机领域著名的摩尔定律。序列比对是指以 read 和参考基因组(reference genome)为输入，通过比对确定 read 在参考基因组上出现的位置和次数，图 10-1 为序列比对的示意图。

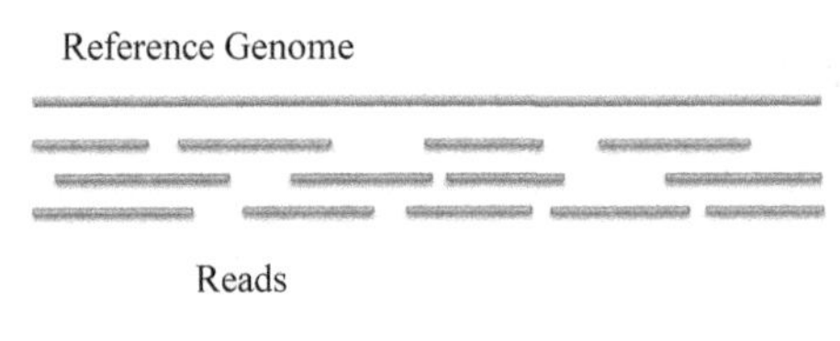

图 10-1 序列比对示意图

最基础的序列比对软件依据其构建索引的算法原理可大致分为两类：基于哈希表索引的序列比对方法和基于后缀树索引的序列比对算法。之所以称这些算法为基础的比对算法，是因为这些算法并没有结合计算机领域相关知识进行特定的优化，这也导致这些算法在面对大规模输入数据时往往需要很长的运行时间，甚至根本就无法运行。第二代测序技术得到的下机数据被称为短序列（short reads），序列的长度为几十到几百个碱基（bp）不等。随着高通量测序技术的发展，测序数据的爆炸式增长，如何快速准确地将测序生成的短序列比对到参考基因组一直是生物信息学研究的重点和热点问题。但计算机领域大数据和云计算技术的出现给生物信息学的发展带来了机遇和挑战。

由于大数据概念的不断深入，很多大数据计算分析和存储管理工具如雨后春笋般出现，如 Hadoop、Spark、Strom 等。而生物数据本身就符合大数据的 4V 特点，因此使用大数据工具来储存生物序列数据、进行序列分析也是目前最热门的研究方向之一。就宏基因组学而言，由于数据量比普通基因组学更大，可以说大数据工具是唯一也是最理想的解决方案。目前，由 UC Berkeley AMP lab 开发的 ADAM 就是一个基于 Spark 的可扩展的序列处理平台，可以很好地解决基因组数据格式及处理流水线可扩展性较差的问题。

2. Hadoop Streaming

Hadoop 是一个由 Apache 基金会所开发的分布式系统基础架构。用户可以在不了解分布式底层细节的情况下，开发分布式程序。充分利用集群的威力进行高速运算和存储。Hadoop Streaming 是 Hadoop 为方便非 Java 用户编写 MapReduce 程序而设计的一个工具包。它允许用户将任何可执行文件或者脚本作 Mapper/Reducer，这大大提高了程序员的开发效率。Hadoop Streaming 实现的关键是它使用 UNIX 标准流作为程序与 Hadoop 之间的接口，它要求用户编写的 Mapper/Reducer 从标准输入中读取数据，并将结果写到标准数据中。因此，任何程序只要可以从标准输入流中读取数据并且可以将数据写入到标准输出流，那么该程序就可以通过 Hadoop Streaming 使用其他语言编写 MapReduce 程序的 Map 函数和 Reduce 函数。Hadoop Streaming 的数据流如图 10-2 所示。

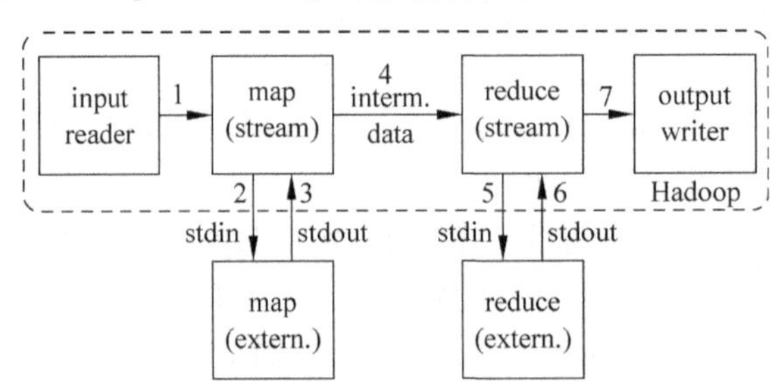

图 10-2 Hadoop Streaming 的数据流

由图可知，当一个可执行文件作为 Mapper 时，每一个 Map 任务都会以一个独立的进程启动这个可执行文件，然后在 Map 任务运行时，会把输入按行进行切分，然后提供给可执行文件，并作为它的标准输入(stdin)内容。接着可执行文件接收标准输入的内容，运行出结果，并将结果输出到标准输出(stdout)。然后 Map 从标准输出收集数据，并将其转化为< key,value >对，作为 Map 的输出。这些过程分别对应图 10-2 中的 1、2、3、4 四个数据流箭头。这就是 Hadoop Streaming 中 Map 部分的工作原理。

Reduce 和 Map 的情况大致相同，如果某个可执行文件作为 Reducer 时，Reduce 任务会启动这个可执行文件，并且将< key, value >对转化为行作为这个可执行文件的标准输入，可执行文件接收标准输入的内容，进行运算，然后 Reduce 会收集这个可执行文件的标准输出的内容，并把每一行转化为< key, value >对，作为 Reduce 的输出，即整个执行过程的输出。这些过程分别对应图 10-2 中的 5、6、7 三个数据流箭头。

3. Hadoop Streaming 的命令

Hadoop Streaming 使用以下命令设置 MapReduce 任务。首先给出主要流命令选项，如表 10-1 所示。

表 10-1 Hadoop Streaming 命令主要选项

参数	可选/必选	参数	可选/必选
-input	必选	-file	可选
-output	必选	-inputformat	可选
-mapper	必选	-outputformat	可选
-reducer	必选		

表中所示的 Hadoop Streaming 命令选项中，有四个选项标注为必选，它们的具体含义也很好理解，分别用于指定输入文件的路径、输出文件的路径、Map 函数以及 Reduce 函数。其中，Map 函数和 Reduce 函数均为可执行文件。剩下的三个可选参数中，-file 选项用于将文件加入到 Hadoop 的 Job 中。一般而言，在 Hadoop Streaming 的使用过程中，我们往往需要使用自己写的文件作为 Map 函数和 Reduce 函数，而这些文件是 Hadoop 集群中的机器上所没有的，这时需要使用-file 选项将这个可执行文件加入到 Hadoop 的 Job 中。另外两个选项-inputformat 和-outputformat 用来设置输入输出文件的处理方式，这两个选项后面的参数必须为 Java 类。

此外，Hadoop Streaming 提供的通用命令选项如表 10-2 所示，这些选项全部可选，这里就不再一一介绍。

表 10-2 Hadoop Streaming 主要通用选项

参数	可选/必选	参数	可选/必选
-conf	可选	-files	可选
-D	可选	-libjars	可选
-fs	可选	-archives	可选
-jt	可选		

4. FASTQ 格式

本节案例使用 FASTQ 格式作为输入格式，FASTQ 是一种存储了生物序列（通常是核酸序列）以及相应的质量评价的文本格式。FASTQ 格式的序列一般都包含有四行，第一行由‘@’开始，后面跟着序列的描述信息。第二行是序列。第三行由‘+’开始，后面也可以跟着序列的描述信息。第四行是第二行序列的质量评价，字符数跟第二行的序列是相等的。例如在 NCBI 看到的 FASTQ 格式如下：

```
@HWUSI-EAS100R:6:73:941:1973#0/1
GATTTGGGGTTCAAAGCAGTATCGATCAAATAGTAAATCCATTTGTTCAACTCACAGT
+HWUSI-EAS100R:6:73:941:1973#0/1
!''*((((***+))%%%++)(%%%%).1***-+*''))**55CCF>>>>>>CCCCCCC6
```

10.1.2 基本需求

本节案例来源于国防科学技术大学计算机学院与深圳华大基因的合作项目，深圳发改委项目“高技术服务业研发及产业化专项（专题二：信息技术服务）：面向 PB 级生物基因数据处理的国民健康服务平台”，国家自然科学基金委员会——广东省人民政府大数据科学研究中心项目：基于天河二号超级计算机的智慧医学与健康大数据平台研究与构建。在该项目中，华大基因研究院不仅提出了很多其主流业务线上亟待解决的实际问题，而且提供了丰富的实验数据。

SOAP(Short Oligonucleotide Analysis Package)系列软件是华大基因自主研发并在其生产线上广泛使用的适用于第二代测序技术的 DNA 序列分析系列软件，其中包括序列组装软件 SOAPdenovo2、SNP 检测软件 SOAPsnp 以及序列比对软件 SOAPaligner，该系列软件在国内外具有较大影响力。然而由于设计时针对的序列数据远远不及现在测序机器所生成的测序数据巨大，导致该系列软件在现在的序列分析过程中会产生内存不足、运行时间过长等实际问题。针对这些问题，本节案例对 SOAP 系列软件中的序列比对软件 SOAPaligner 利用 Hadoop Streaming 工具包进行了并行化实现，并在宏基因组序列数据上进行了测试。

10.2 设计方案

10.2.1 串行程序分析

SOAPaligner 软件又被称为 SOAP2，相比于 SOAP1，它的核心算法以及索引的数据结构（2 路-BWT）发生了变化，因此时空效率都大大提升。SOAPaligner 将百万 reads 比对到人的参考序列仅仅需要 2 分钟。SOAPaligner 需要大约两个小时形成参考序列和建立索引表。内存的使用量取决于参考序列的大小。对于人的参考序列（3GB）而言，大约需要 7GB 内存。

SOAPaligner 的执行分为下面两个步骤：

(1) 为参考基因组建立索引文件。这一步只需执行一次,生成的索引文件可重复使用。

(2) 序列比对,即将 reads 比对到参考基因组上。测序共有单端测序(single-end)和双端测序(paired-end)两种形式,其中双端测序是指检测基因片段两段的序列信息,这样最后会得到两个相互对应的 FASTQ 文件(即测序下机文件),而单端测序就只会生成一个 FASTQ 文件。针对这两种测序方式,SOAPaligner 的比对也可细分为针对双端测序数据的比对以及针对单端测序数据的比对两种形式。

通过上述介绍,比对软件 SOAPaligner 的瓶颈在于第二个步骤,即比对环节。同时该步骤具有很好的可并行性:只需将序列文件做简单的数据划分,然后在多台机器上同时进行序列比对即可实现并行化。本节案例主要针对该步骤实现比对软件 SOAPaligner 的并行化。

10.2.2 并行程序设计

要实现比对软件 SOAPaligner 在 Hadoop 平台上的并行化,首先要解决的问题就是海量序列数据的存储和读取的问题。对于该问题,本节案例将所有比对过程涉及的输入文件、索引文件和比对结果都存储在 Hadoop 平台自带的 HDFS 中。HDFS 以数据块(block)作为最基本的存储单元,在最新的 Hadoop 版本中,数据块大小的默认值为 128MB,开发者也可以根据自身的需求对该值进行修改。此外,HDFS 还采用冗余备份机制来保护数据的安全性。每个数据块默认在集群中存储三份。

在解决数据存储的问题之后,实现并行化的主要工作在于寻找图 10-2 中所示的 Map 函数和 Reduce 函数,Map 函数的设置较为简单,因为不需要进行真正的操作,可以直接取 bash 命令 cat 即可,Reduce 函数也应该设置为 SOAPaligner 可执行文件的相关命令。在设置好 Map 函数和 Reduce 函数之后,图 10-2 所示的数据流转化为如图 10-3 所示的具体实现。

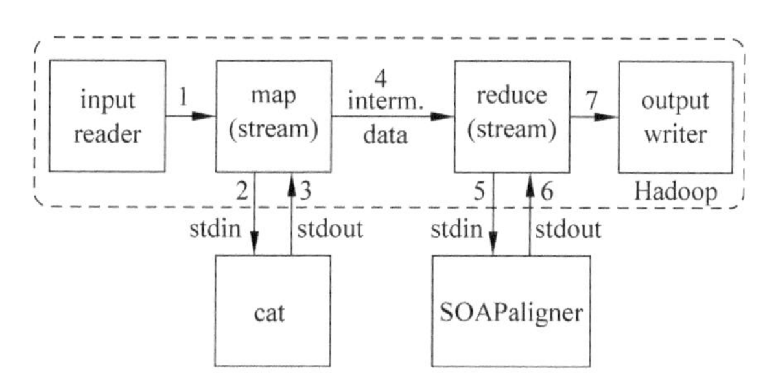

图 10-3 并行化 SOAPaligner 数据流

但除了找到 Map 函数和 Reduce 函数之外,也需要对原有的 SOAPaligner 程序处理输入文件的函数做出修改。关于这一点可以用设计模式中的适配器模式来解释:原有的 SOAPaligner 程序针对序列文件进行处理,其输入文件处理函数必然是面对序列文件进行处理,但现在 SOAPaligner 程序的数据来源于标准输入(stdin),因此必须针对这一情况进行适配,修改原有的输入文件处理函数,增加对来自标准输入(stdin)的数据的处理模块,完成适配工作。同时,为了处理 FASTQ 格式的输入文件,本节案例在 Hadoop Streaming 中定义了自己的输入格式"FqText",通过-inputformat 选项选择。

最后，只需要设置好 Hadoop Streaming 的命令选项，就完成了 SOAPaligner 并行化的工作。

10.3 实现方法

10.3.1 自定义 Hadoop Streaming Inputformat

Hadoop Streaming 使用选项-inputformat 和-outputformat 来设置输入输出文件的处理方式，这两个选项后面的参数都为 Java 类。其中用于处理输入格式的类要能返回 Text 类型的 key/value 对。如果不指定输入格式，则默认会使用 TextInputFormat。因为 TextInputFormat 得到的 key 值是 LongWritable 类型的(其实 key 值并不是输入文件中的内容，而是 value 偏移量)，所以 key 会被丢弃，只把 value 用管道方式发给 mapper。用户提供的定义输出格式的类需要能够处理 Text 类型的 key/value 对。如果不指定输出格式，则默认会使用 TextOutputFormat 类。

在本节案例中，SOAPaligner 程序的输入文件为 FASTQ 格式的序列。针对 FASTQ 格式，本节案例定义了自己的输入格式“FqText”，实现 Map 的输入< key，value >，key 为序列 ID，value 为完整的 FASTQ 格式序列。在 GZFastqReader 类(GZFastqReader. java)中，通过实现 RecordReader 接口的 next 方法，针对 FASTQ 格式四行，每一行都具有不同的意义，分别对每一行进行处理。我们实现了 getFirstFastqLine 方法用于识别 FASTQ 格式序列的第一行。在 next 方法中，我们从序列的第一行提取出序列 ID，作为 Map 的输入的 key；将序列四行拼接成一个字符串，作为 Map 的输入的 value。具体实现代码如下：

```
public void getFirstFastqLine() throws IOException {
    Text tmpline = new Text();
    int size;
    while((size = in.readLine(tmpline, maxLineLength,
Math.max((int)Math.min(Integer.MAX_VALUE, end - pos), maxLineLength))) != 0) {
        start += size;
        if(tmpline.toString().startsWith("@")) {
            firstLine = tmpline.toString();
            break;
        }
    }
}
@Override
public boolean next(Text key, Text value) throws IOException {
    if (key == null) {
      key = new Text();
    }
    if (value == null) {
      value = new Text();
    }
    int newSize = 0;
```

```
      boolean iswrongFq = false;
      while (pos < end) {
        Text tmp = new Text();
        String[] st = new String[4];
        int startIndex = 0;
        if(firstLine != "") {
          st[0] = firstLine;
          startIndex = 1;
          firstLine = "";
        }
        for(int i = startIndex; i < 4; i++) {
            newSize = in.readLine(tmp, maxLineLength, Math.max((int)Math.min(Integer.MAX_
VALUE, end - pos), maxLineLength));
            if (newSize == 0) {       //空白行
                iswrongFq = true;
                break;
            }
          pos += newSize;
          st[i] = tmp.toString();
        }
        if(!iswrongFq) {
            int index = st[0].lastIndexOf("/");
            if(index < 0) {
                System.err.println(st[0]);
            }
            String tempkey = st[0].substring(0, index).trim();
            if(sampleID.equals(" + ")) {
                key.set(tempkey);
                value.set(st[0] + "\t" + st[1] + "\t" + st[2] + "\t" + st[3]);
            } else {
                    key.set(tempkey);
                value.set(st[0] + "\t" + st[1] + "\t" + sampleID + "\t" + st[3]);
            }
        } else {
            LOG.warn("wrong fastq reads:blank line among fq file or end of file!");
        }
        break;
      }
      if (newSize == 0 || iswrongFq) {
        key = null;
        value = null;
        return false;
      } else {
          return true;
      }
}
```

在实现了 GZFastqReader 类之后，我们在 FqText 类(FqText.java)中重写 FileInputFormat 类的 getRecordReader 方法，创建 GZFastqReader 的实例，FqText 类代码如下。至此我们

定义了专用于处理 FASTQ 序列的输入格式，之后只需要将 GZFastqReader 类和 FqText 类编译并添加到 Hadoop Streaming 的 jar 包中，就可以通过选项"-inputformat FqText"来使用 FqText。

```
public class FqText extends FileInputFormat<Text, Text> {
    protected boolean isSplitable(JobContext context, Path file)
    {
        CompressionCodec codec =  new
    CompressionCodecFactory(context.getConfiguration()).getCodec(file);
        return codec == null;
    }
    @Override
    public org.apache.hadoop.mapred.RecordReader<Text, Text> getRecordReader(
        org.apache.hadoop.mapred.InputSplit genericSplit, JobConf job,
        Reporter reporter) throws IOException {
        reporter.setStatus(genericSplit.toString());
        String delimiter = job.get("textinputformat.record.delimiter");
        byte[] recordDelimiterBytes = null;
        if (null != delimiter)
            recordDelimiterBytes = delimiter.getBytes();
        return new GZFastqReader(job, (FileSplit) genericSplit,recordDelimiterBytes);
    }
}
```

10.3.2 修改 SOAPaligner 程序的输入文件函数

原有的 SOAPaligner 程序的输入文件为 FASTQ 格式的序列，本节案例中 SOAPaligner 程序作为 Reducer，其数据来源于标准输入(stdin)。为此我们对 SOAPaligner 程序的输入文件函数进行了修改，将原有的从 FASTQ 文件读取序列的 fastq 函数(SeqIO.c)替换为从标准输入(stdin)接收 FASTQ 序列的 fastq_hadoop 函数(SeqIO.c)。在 fastq_hadoop 函数中，我们使用 getchar 函数，逐个字符接收 FASTQ 序列，并对序列格式进行检验，如果序列格式异常则报错退出。fastq_hadoop 函数代码如下：

```
int fastq_hadoop(seq_t *seq, const int CONV) {
    int l, max, ns;
    char c;
    char *p;
    l = ns = 0;
    max = seq->max;
    while ((c = getchar()) != '\t');
    if (c == EOF ) return -1;
    l = 0;
    p=seq->name;
    if(c = getchar() == '@')        //检查格式
    {
        while ((c = getchar()) != '\t'&& c != ' '&& c != '\n'&& c != '\r'&& l++<MAX_NAME_LEN)
 *p++ = c;
```

```
        *p = '\0';
    }
    else
    {
        fprintf(stderr, "\nFile Error: unexpected fq start\n");
        exit(EXIT_FAILURE);
    }
    while (c != '\t') c = getchar();
    if (c == EOF) {
        fprintf(stderr, "\nFile Error: unexpected eof\n");
        exit(EXIT_FAILURE);
    }
    l = 0;
    while ((c = getchar()) != '+' && c != EOF) {
        if (c != '\t') {
            if (l >= max) {
                max += QUERY_LEN;
                seq->seq = (char *)realloc(seq->seq, sizeof(char) * max);
                seq->rc = (char *)realloc(seq->rc, sizeof(char) * max);
                seq->qual = (char *)realloc(seq->qual, sizeof(char) * max);
            }
            if(ambiguityCount[charMap[c]] == 1){
                seq->seq[l] = charMap[c];
                seq->rc[l++] = complementMap[c];
            }else{
                seq->seq[l] = charMap['G'];
                seq->rc[l++] = complementMap['G'];
                ns++;
            }
        }
    }
    seq->l = l;
    while ((c= getchar()) != EOF && c != '\t');
    if (c == EOF) {
        fprintf(stderr, "\nFile Error: unexpected gzeof\n");
        return 0;
    }
    l = 0;
    p = seq->qual;
    while ((c= getchar()) != '\n' && c != EOF) {
        if (l > max) {
            max += QUERY_LEN;
            seq->qual = (char *)realloc(seq->qual, sizeof(char) * max);
            p = seq->qual; p += l;
        }
        *p++ = c;
        l++;
```

```
        }
        *p = '\0';
        if (l != seq->l) {
            fprintf(stderr, "Length Error: incompitable seq and qual length\n");
            fprintf(stderr, "     %s\n", seq->name);
            return 0;
        }
        seq->max = max;
        seq->ns = ns;
        return seq->l;
}
```

10.4 环境建立和实验数据说明

10.4.1 案例环境

本节案例的实验在华大基因 Hadoop 集群上测试完成，该集群由 17 个计算节点构成，每个计算节点的基本配置情况，如表 10-3 所示。

表 10-3 Hadoop 集群计算节点物理配置及软件版本

内　容	具体配置	内　容	具体配置
CPU	Intel(R) Xeon(R) E5645	OS	RedHat Enterprise Linux Server
Cores	12	Jave Version	1.8
Clock Frequency	2.40GHz	Hadoop Version	2.6.3
Memory	48GB		

10.4.2 实验数据

测试数据来源于华大基因，数据的具体情况如下：一个样本的宏基因组序列数据由两个 FASTQ 文件组成，文件大小总共为 2.66G * 2=5.32GB，同时宏基因组序列比对的参考基因组较大，为 15GB 左右。样本数目总量为 1000 以上。本节案例使用 FASTQ 格式数据示例如下：

```
@FCH7HC2ADXY:2:1101:2657:1999#CTCTCGAC/1
NGTAAGCATCAACTATAAGCATTAAAGCCATGCCTGTGGACTCCTCAAAATGGAAAACTACATCTTTTGTTGGTAGAATTAGCTGCTGGT
+
BPY'cacegfggfhhhfffc_cdghhhhagfhhhhhhhffffhhfgffddeghb_eaecdcggfhhhhhbghhcdeedgebceeeedbdb
```

正是由于宏基因组参考基因组较大，为人参考基因组(3GB)的 5 倍，导致单机版本的 SOAPaligner 程序遭遇内存不足(当参考基因组为 30G 时)和运行时间过长等问题，因此才需要对 SOAPaligner 进行并行优化。

10.5　结果展示

10.5.1　测试方法

为了简化测试过程，我们只选取单个宏基因组测序样本的数据作为测试基准。首先，在Hadoop集群某台机器上面完成了单机版本SOAPaligner的测试。考虑到单机版本SOAPaligner有针对多核机器进行性能优化，测试时将线程数目参数设置为机器核数12。随后，在集群上完成SOAPaligner利用Hadoop Streaming并行化之后的测试。

在测试过程中，我们首先使用2bwt-builder程序为参考基因组建立索引文件。这一步只需执行一次，生成的索引文件可重复使用。索引建立命令如下：

```
<ExecutablePath>/2bwt-builder <FastaPath/YourFasta>
eg: ./2bwt-builder ~/test/ref.fa
```

使用2bwt-builder程序将生成13个索引文件，文件名为FASTA，文件名加“.index”，如ref.fa.index，文件后缀包括*.amb、*.ann、*.bwt、*.fmv、*.hot、*.lkt、*.pac、*.rev.bwt、*.rev.fmv、*.rev.lkt、*.rev.pac、*.sa和*.sai。

生成索引文件后，我们使用-put选项将测试数据导入HDFS文件系统，命令如下：

```
hadoop fs -put <FastqPath> <HDFSFastqPath>
eg: hadoop fs -put ~/test/test_PE1.fastq hadoopdata/input
```

之后我们就可以使用设置好的Hadoop Streaming命令进行测试，命令如下。其中mapred.map.tasks和mapred.reduce.tasks分别用于设置Mapper和Reducer的个数：

```
Hadoop jar <HadoopStreamingPath> -D mapred.map.tasks=<MapperNum>
-D mapred.reduce.tasks=<ReducerNum> -input <HDFSFastqPath> -inputformat FqText
-output <HDFSOutputPath> -mapper "cat" -reducer "<SOAPPath> -D <IndexPath>"
-file <SOAPPath>
eg: Hadoop jar ~/GaeaSoapStreaming/Streaming/bin/soapstreaming.jar
-D mapred.map.tasks=4
-D mapred.reduce.tasks=4 -input hadoopdata/input/test_PE1.fastq -inputformat FqText
-output hadoopdata/ouput -mapper "cat"
-reducer "~/GaeaSoapStreaming/soap2.21_streaming/soap -D ~/test/ref.fa.index"
-file ~/GaeaSoapStreaming/soap2.21_streaming/soap
```

完成测试后，测试结果存储在<HDFSOutputPath>，我们可以使用-get选项从HDFS文件系统中导出测试结果，命令如下：

```
hadoop fs -get <HDFSOutputPath> <OutputPath>
eg: hadoop fs -put hadoopdata/ouput/ part-00000 ~/
```

10.5.2 测试结果和分析

最终，单机版本 SOAPaligner 完成单个样本比对运行时间为 243min。Hadoop Streaming 并行化的 SOAPaligner 具体运行时间为 17min。结合之前的运行时间，给出这两种情况下运行时间的对比图，如图 10-4 所示。

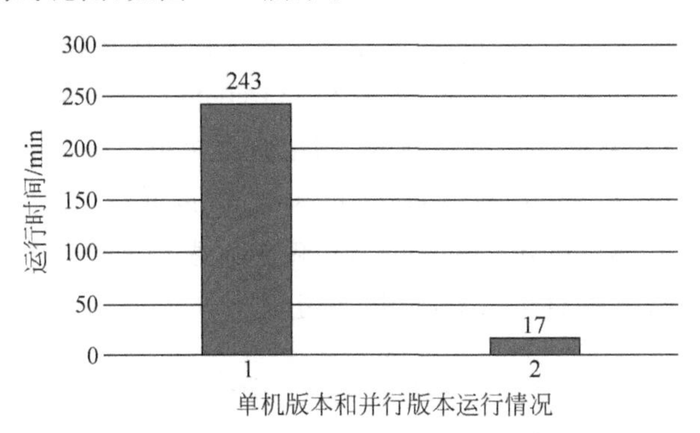

图 10-4 两种版本 SOAPaligner 运行时间

由上面的测试数据可以计算出加速比为 14.3，而理论加速比为 17。正是由于使用了标准输入/输出的原因，从而相比原有程序引入了额外的开销，导致并行化 SOAPaligner 不能达到理论加速比。这也是 Hadoop Streaming 工具包的缺点之一。

综上所述，本节案例利用 Hadoop Streaming 工具包对比对软件进行了并行优化。就比对时间而言，取得了 14.3 倍加速比。此外，Hadoop Streaming 工具包允许开发者对可执行软件直接在 Hadoop 平台上实现并行化，只需要适当修改某些程序接口，避免了大量的代码重构工作，是一种简单可行且高效的将非 Java 语言实现的程序并行化的方法。但同时也会引入一些额外的开销。序列对比本身具有很好的可并行性，可以很好地利用 Hadoop 集群的大量资源对其进行并行优化。在序列比对算法日趋成熟的情况下，该方法不失为提高序列比对效率的新途径。

习题

1. 什么是宏基因组学？

2. 序列比对软件可以分为哪几类？

3. 请简述 Hadoop Streaming 的工作原理。Hadoop Streaming 设置输入输出文件处理方式的命令选项是什么？

第 11 章

基于细胞反应大数据的生物效应评估计算

本节案例设计开发了一套基于细胞反应大数据的生物效应评估软件。它的首要目的是基于大量病原微生物感染刺激下人体细胞反应的基因表达谱数据，通过优化具有显著性生物学意义的统计指标的计算过程，结合 MPI 和 OpenMP 等传统并行加速手段，在极短的时间内完成细胞反应大数据的分析处理。从而辅助进行药物筛选，快速确定相关的检测标志物和治疗靶标，极大缩短防治手段的研发过程，以快速有效地应对可能的生物威胁。

11.1 相关背景介绍与基本需求

11.1.1 相关背景

随着生物技术的飞速发展，特别是以新一代测序技术为代表的高通量分析技术的发展，生命科学的年数据产出能力已经进入了 PB 级时代，国际三大生物信息数据中心存储的数据已达到 20PB。随着现代科技的进步与发展，生物医药领域的实验手段和研究方法均发生了巨大的变革，呈现出“大数据”的趋势，涉及海量的组学数据、文献数据、临床数据等。仅公开的数据库，如 GEO、ArrayExpress 等，就包含了大量病原微生物感染刺激下人体细胞反应的基因表达谱数据。2010 年美国国立卫生研究院(NIH)启动了“基于网络的细胞反应印记整合图书馆(LINCS)”项目，由麻省理工学院和哈佛大学共同组建的 BROAD 研究所承担，其目标是系统检测 15000 种化学分子对 15 种典型人体细胞刺激后的基因表达情况。目前该计划第一期已获得了 15 种典型细胞中 3000 余个基因沉默和 5000 余种化学小分子刺激下的 130 余万个全基因组表达谱。

在生物技术的推动下，生物防御形式迅速变化，潜在的生物制剂种类不断增加。因此，人类必须面向未来，加速发展下一代生物效应监测手段，提高快速反应能力。生物效应评估是通过测定和分析生物制剂刺激各种人体细胞后的数字化转录组反应，快速确定相关的检测标志物和治疗靶标，极大缩短防治手段的研发过程，以快速有效地应对可能的生物威胁。从技术路线上看，采用了典型的大数据策略，即首先是系统地积累各种潜在生物制剂作用下的细胞反应大数据，以此为基础，通过大范围数据比较推测突发生物效应模式，在数据的推动下实现技术跨越。该技术为下一步面向以大数据分析技术为基础的生物效应快速监测技术体系奠定了研究基础。

11.1.2 基本需求

本章所讲案例对于转录组数据的比较指标，采用了 GSEA（Gene Set Enrichment Analysis，基因探针富集分析）算法中提出的富集积分，它是一种基于排序的 Kolmogorov-Smirnov 统计量计算方法，并且会采用显著性分析，多重假设检验的方法对得到的富集积分进行统计分析，衡量结果的可靠性。目前 GSEA 在表达谱分析中得到广泛应用，随着 RNA-seq 和低成本转录组 L1000 技术的流行，出现越来越多的大规模转录组数据，所以对于这样大规模的数据分析研究，往往需要快速的 GSEA 计算过程以支持数据挖掘和机器学习应用。这样的应用是非常具有前景和意义的。因为我们通过实验得到的海量转录组基因谱表达数据往往是进行了变量控制的，比如某一种表型基因谱用了哪种干扰素、作用的是哪种细胞系、作用时间有多长、药物浓度有多大等，这些都有详细的划分和记录。这个时候如果来了一个病人，我们可以通过实验得到他的表达谱数据，然后与这些海量表达谱数据进行基因谱的一一比对，实质就是计算各自的富集积分（enrichment score，ES）。*ES* 特别大说明两者存在极大的相关性，而相应的处理条件可能是病症的诱导因素；相反，如果 *ES* 特别小说明两者存在极大的反相关性，而相应的处理条件可能是病症的治疗手段。于是我们就得到一种利用大数据分析手段快速找到治病药剂的方法。

11.2 设计方案

11.2.1 基本思路

一句话描述就是：综合应用并行编程技术，提升大范围基因表达谱数据特征比对的效率。

具体而言，本节所讲案例就是基于典型的人体细胞刺激后的转录组基因表达谱数据集（LINCS），实现表达谱数据集的两两比对并用其结果进行聚类分析。在保证计算结果正确的情况下，综合使用 MPI、OpenMP 等并行编程手段，实现处理效率的提升。生物大数据的基石是并行计算，所以该工作对于 LINCS 以及相关项目很有意义。由此可见，本实验主要由两个核心步骤组成：

1）基因谱两两比对

其实质就是计算一个富集积分(ES, Enrichment Score)矩阵。所谓的富集积分可以看成是衡量两个转录组基因谱之间相似程度的指标，它源自近年来处理转录组数据十分著名的 GSEA(Gene Set Enrichment Analysis，基因探针富集分析)算法，算法细节和在本案例中的具体应用方法会在后面部分进行介绍。

2）聚类分析

这是数据分析以及机器学习领域比较经典和成熟的一类算法，它有众多具体的实现。这一部分的工作主要是在上一部分得到 ES 矩阵的基础上实现一种基于距离的聚类算法 KMedoids，并且对其进行优化，以及综合采用 MPI、OpenMP 技术完成算法的并行化工作。

11.2.2 设计框架

之前也提到了 ES 可以看作是一种基因谱之间相似度的衡量指标，于是乎，本案例的实质就是先用 GSEA 算法计算基因谱之间的相似度矩阵，再利用 KMedoids 算法基于相似度矩阵进行基因谱聚类。如此一来，本案例两个方面的工作便有机结合形成一个生物信息领域较为典型的数据挖掘或机器学习应用。

总而言之，该案例主要分为以下 3 个核心阶段。

1）数据预处理

该阶段会利用开源工具 1ktools 对 LINCS 的原始基因谱数据进行预处理，得到案例核心程序能够使用的数据格式并写出文件。注意：生物信息大数据计算领域经常会涉及各方面工作的高效整合以形成一条完善的产业流水线。我们没有必要重复地造轮子，一条路从头走到尾。对于文件结构较为复杂的 LINCS 表达谱数据集，1ktools 已经为我们提供了免费高效的解析方案，所以直接使用即可。

2）GSEA 算法的核心实现

该阶段工作就是利用预处理后的数据完成富集积分矩阵的计算，采用 MPI＋OpenMP 二级并行的策略负载均衡地划分数据，充分利用资源完成计算并按进程写出结果文件。其间会采用预排序、建索引、优化单核计算过程等典型手段进行提效。

3）并行聚类

该阶段以比对结果为输入实现 KMedoids 聚类算法及其优化，并对每次迭代过程同样利用 MPI＋OpenMP 二级并行的策略进行并行化加速，最后将聚类结果写出到文件，每个表达谱会归属于某一聚类。注意：最后两个核心阶段会用到的通用计算方法分别被封装在 IO、Tools 和 GSEA 三个工具模块之中。

图 11-1 给出该案例具体的模块框图。

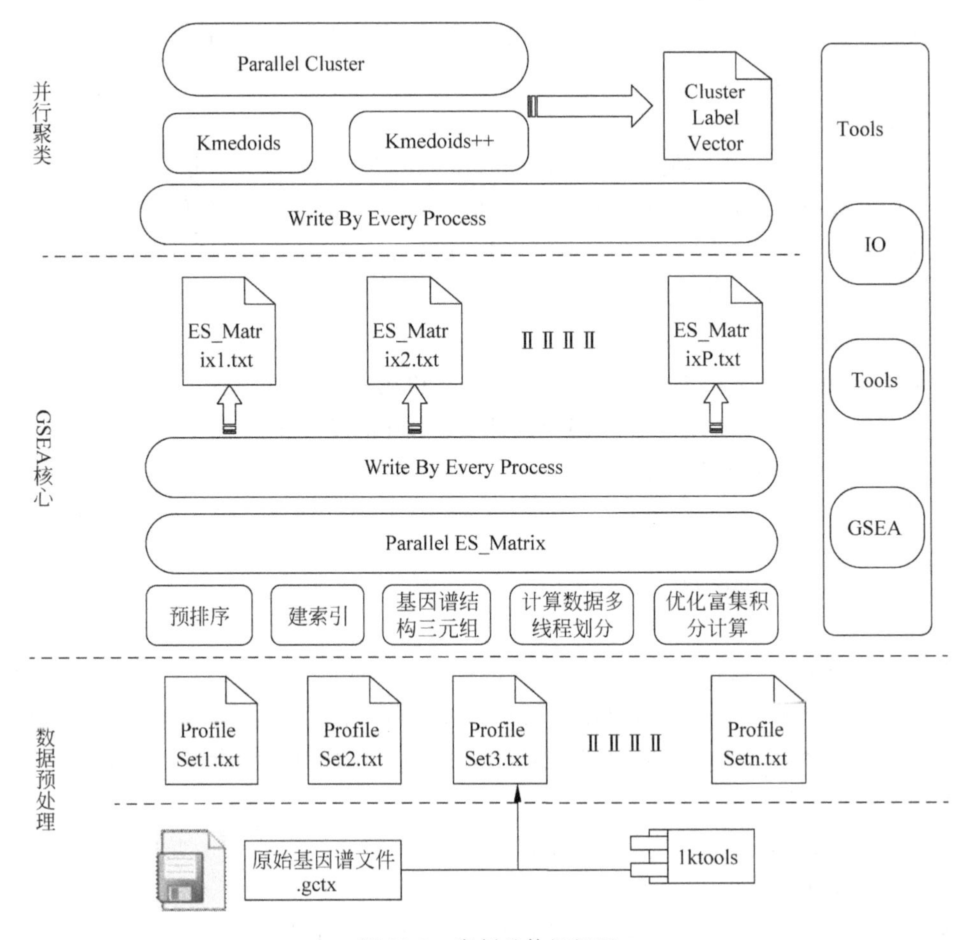

图 11-1　案例总体框架图

11.3　环境建立和实验数据说明

11.3.1　案例环境

1. 软件环境

1）gcc 4.4.6，相关编译命令都安装在/usr/bin 目录下。

2）自主实现基于 Intel 编译器的 mpi，安装在/usr/loca/mpi3 下。

2. 硬件环境

天河二号（CPU 与 MIC 异构融合结构）

1）计算节点规格

配　置	指　标
2 块 CPU	E5-2692(lvy Bridge)12 核 主频 2.2GHz

续表

配　置	指　标
3 块 MIC	Intel MIC 31s1P PCIe 2.0
内存	64G
性能	3432GFlops

2）整体规格

配　置	指　标
处理器	32000 个 Ivy Bridge 处理器和 48000 个 Xeon Phi
内存	总容量 1PB
互联通信	自主设计高速互联
输入输出总容量	12.4PB
操作系统	64 位麒麟 Linux

注意：计算环境并不强制要求使用天河二号，只要是多节点互通的集群环境并配置了 mpi 和支持 OpenMP 的 gcc 编译器，都是可以完成实验的。只是得到的结果数据可能就和后面性能分析结果不再相符了。有效的 gcc 编译器一般都是操作系统自带的，mpi 的配置网上有大量资料，简单易学，不再累述。

11.3.2 实验数据

实验的原始表达谱数据来自 LINCS 项目，现已提供在 GEO 官网，可以通过以下网址进行下载：https://www.ncbi.nlm.nih.gov/geo/query/acc.cgi? acc=GSE70138。

它有在各种实验条件下得到的多种规模的表达谱数据，一般是以.gct 或者.gctx 为后缀的 HDF5 文件格式。因为案例中直接采用 1ktools 开源工具进行原始数据解析，我们不用太关注该文件本身的复杂结构，只需知道怎么解析出我们需要的表达谱数据进行使用即可。

另外，1ktools 的 GitHub 开源网址为：https://github.com/cmap/l1ktools。

该项目现在还在维护之中，提供了 R、Java、Matlab 和 Python 四种语言的解析包，亦可自行下载。我们的案例主要使用的是 Matlab 版本。解析时主要用到 parse_gctx.m 文件，它会自行关联其他 lib 包下用到的 m 文件。源程序的 matlab_for_parse 目录下提供了相应的解析示例代码 PreGSEA.m。可以看到程序中主要解析出了表达谱的三类数据：

（1）mat：基因谱集的表型矩阵；

（2）rid：每个基因的标识；

（3）cid：每个表达谱的标识。

解析时，会先将每个基因从 1 开始进行编号，写出的表达谱数据集文件每一行就是一个基因谱的编号序列，同时也会分别按序写出每个编号对应的基因标识以及基因谱的标识，它们各自到一个单独的文件，方便查找。

以上 bash 脚本调用 PreGSEA.m 完成相应解析工作：

```
matlab -nodesktop -nosplash -nojvm -r "file_input='../data/modzs_n272x978.gctx'; file_name='../data/data_for_test.txt'; file_name_cid='../data/data_for_test_cid.txt'; file_name_rid='../data/data_for_test_rid.txt'; PreGSEA; quit;"
```

案例 data 文件夹中提供了一些测试的示例数据，简单说明如下：

(1) modzs_n272x978.gctx：小规模基因谱的源数据文件，待 1ktools 工具预处理；

(2) data_for_test.txt：解析后的基因谱数据文件；

(3) data_for_test_rid.txt：解析后的基因标识对应文件；

(4) data_for_test_cid.txt：解析后的顺序基因谱标识文件；

(5) ES_Matrix_test_*.txt：各进程分布计算出的富集积分矩阵文件；

(6) Cluster_result_test.txt：聚类结果标记向量文件。

11.4 实现方法

11.4.1 算法分析

1. GSEA 算法

GSEA 主要用于分析两个不同表形样本集之间的表达差异，其基本思想是检验所定义基因集(Gene Set)S 中的基因在整个微阵列实验中所测得的已排序的所有基因列表(Gene List)L 中是均匀分布还是集中于顶端或底部。

GSEA 分为 3 个主要步骤：

1) 富集积分的计算：使用 Kolmogorov-Smirnov 统计量进行富集积分计算，可反映某个基因集在整个排序列表的顶部或底部集中出现的程度。ES 的计算是通过在基因列表 L 中顺序步移(walking down)，从初始值 ES(S)开始，当步移中遇到 S 中的基因时，则增加 ES(S)，相反则减小 ES(S)。增加或减小的幅度依赖于基因与表型间的相关程度。ES 就是 ES(S)整个步移过程中与 0 的最大偏差，绝对值最大的值。计算过程见图 11-2(摘自相关领域文献)。

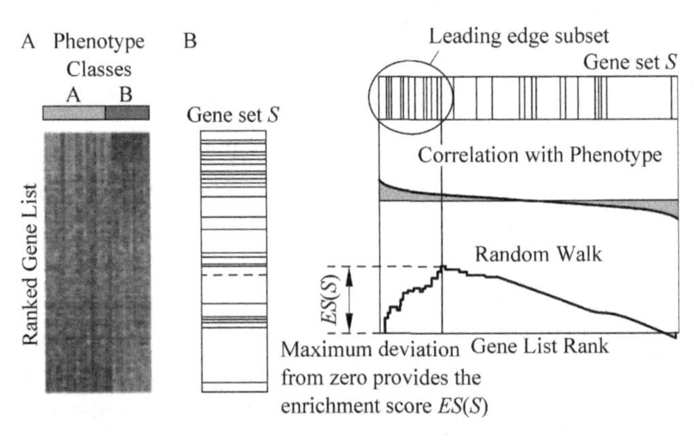

图 11-2 计算 ES 的过程图

2）估计 ES 的显著性水平(Significance Level)：ES 的统计学显著性(名义性 P 值)由置换检验方法来估计，置换检验方法依赖于表型。这涉及置换表型标签，以及为每个置换数据集基因集 ES 重新计算统计量。上千个这样的置换为 ES 产生一个零分布，并且相对该分布计算出检测到的数据的经验性名义 P 值。相关信息用于第 3)步的多重检验程序中。对样本进行重排列(Permutation)，并重新计算重排列后基因集 S 的富集积分 ES(NULL)，然后计算实验中得到的 ES 和 ES(NULL)的 P 值。本过程采用的是对样本的重排列，因此保留了基因间的相互左右因素，较之于对基因的重排列，能够更为真实地反映其生物过程。置换方法已经普遍使用，因为它通过置换分类标签而非基因，保持了基因相关性的结构，可提供更具生物学意义的显著性评价。

3）调整多重假设检验：需要评估整个基因集数据库，通过调整名义 P 值来说明多重检验。包括创建归一化的富集积分 NES，通过对每个基因集进行归一化，以说明应用 FDR (False Discovery Rate)对每个 NES 进行控制前的数据组大小。产生基因列表的 FDR，通过比较尾部误差来估计，该误差来自步骤 2)中的数据置换引起的统计量零分布。

通过上面的描述，可以看出完善的 GSEA 算法是非常丰富全面的，包含大量的统计学分析手段。但本次实验只关心第一步富集积分的计算过程，后面两步的统计学分析手段其实都是为了衡量 ES 的可靠性，这里暂时不做要求。

结合图 11-2，富集积分的计算框架总结如下：

(1) 根据样本数据表达相关性对含有 N 个基因的表达谱进行排序得到有序的基因谱 $L=\{g_1,\cdots,g_N\}$，使得序列第 j 个位置的基因表达量就是第 j 个基因 g_j 的表达量，即有公式 $r(g_j)=r_j$ 成立。

(2) 计算基因集(基因探针)S 在序列 L 上的 hit 向量和 miss 向量，公式如式(10-1)所示：

$$P_{hit}(S,i)=\sum_{\substack{g_j\in S\\ j\leqslant i}}\frac{|r_j|^p}{N_R},\quad \text{where } N_R=\sum_{g_{j\in S}}|r_j|^p$$

$$P_{miss}(S,i)=\sum_{\substack{g_j\in S\\ j\leqslant i}}\frac{1}{(N-N_H)} \tag{10-1}$$

(3) ES 最大的误差值为当 $P_{hit}-P_{miss}$ 等于零时。当随机的取基因集 S，$ES(S)$将会相对的非常小，但是如果其聚集在 L 的尾部或者顶端，或者 S 是一个普通的分布，将会有一个很大的 $ES(S)$值。当 $p=0$(指数)的时候，$ES(S)$将会减变为标准 Kolmogorov-Smirnov 统计分布(这是一个判别两个不知分布的总体是否有同一分布的非参数检验)。这个值也是实验中所用。

算法的形式化描述如上，实际在实现时，前面的排序工作和计算 P_{hit}、P_{miss} 不用多说，照公式来就行。至于找最大误差处的 ES 值，一般是先对 P_{hit} 和 P_{miss} 两个向量进行前缀求和，求和的过程中再对当前迭代次的前缀项作差，记录最大的差值项，当遍历完整个序列 L 时就得到了最后的富集积分 ES。

算法伪代码如下：

```
Algorithm 1. Old Algorithm.
calculate the Enrichment Score
1: Input: profile, geneset
2: Output: es
3: Variables: max, index, tmp, siglen, len
4: Containers: isgs, scorehit, scoremiss
5: isgs←initial zero vector
6: siglen←length of geneset
7: len←length of profile
8: for gene g1 in profile do
9:   for gene g2 in geneset do
10:     if profile[g1] is equal to geneset[g2] then
11:       isgs[g1]←1
12:     end if
13:   end for
14: end for
15: scorehit[0]←isgs[0]
16: scoremiss[0]←1 - isgs[0]
17: max←absolute value of scorehit[0]/siglen - scoremiss[0]/(len - siglen)
18: index←0
19: for gene g in profile do
20:   scorehit[g]←isgs[g] + scorehit[g - 1]
21:   scoremiss[g]←(1 - isgs[g]) + scoremiss[g - 1]
22:     tmp←absolute value of scorehit[g]/siglen - scoremiss[g] /(len - siglen)
23:   if tmp is bigger than max then
24:     max←tmp
25:     index←g
26:   end if
27: end for
28: es←scorehit[index]/siglen - scoremiss[index]/(len - siglen)
```

基于求解富集积分的算法描述过程，我们可以清晰地分析出算法各部分的时间复杂度，假设序列 L 长度为 n，基因探针 S 的长度为 m，算法的完成主要包含以下三个步骤的工作，及其时间复杂度分析如下：

① 对原始基因谱进行表达量排序：毫无疑问一般是达到 $O(n\log n)$。

② 计算 P_{hit}、P_{miss} 向量：每判断一个表达谱基因是否命中就要扫描整个探针 S，故而时间复杂度为 $O(mn)$ 。

③ 求解 ES：算法描述中也说了需要对②中两个向量进行遍历计算前缀和，故而时间复杂度为 $O(n)$。

注意：上面的分析是基于比较朴素的做法，在后面的并行化部分，为了提高效率，简化单例计算开销，会对 2)和 3)步的实现进行优化。值得注意的是：对于案例这种在大规模数据集上运用并行加速手段反复进行某一标准例程的生物计算应用，将该标准例程优化到极致，计算性能将会得到显著的改善，这也是我们工作的意义之一。

2. KMedoids 聚类算法及其优化

介绍 KMedois 就不得不提 KMeans，这是聚类领域非常著名和经典的一种算法。其细节不必多说，但它存在明显的缺陷，其中之一就是"噪声敏感"这个问题。回想 KMeans 寻找质点的过程：它是对某类簇中所有的样本点维度求平均值，即获得该类簇质点的维度。当聚类的样本点中有"噪声"(离群点)时，在计算类簇质点的过程中会受到噪声异常维度的干扰，造成所得质点和实际质点位置偏差过大，从而使类簇发生"畸变"。

为了解决该问题，KMedoids 提出了新的质点选取方式，而不是简单像 KMeans 算法采用均值计算法。在 KMedoids 算法中，每次迭代后的质点都是从聚类的样本点中选取，而选取的标准就是当该样本点成为新的质点后能提高类簇的聚类质量，使得类簇更紧凑。该算法使用绝对误差标准来定义一个类簇的紧凑程度。而我们的实现中是直接选取当前类簇中与其他元素平均距离最近的点作为新的聚类中心。

另一方面，选择这个聚类算法的原因也是因为它始终从已有的点中寻找新的中心，这就意味着算法过程不会产生新的点，也就无须重新计算相似度，进而也就不需要返回到实验一的计算部分。试想聚类过程的每次迭代都要重新计算 ES 矩阵的话，即使有效并行，其开销也是难以承受的。

综上，算法的计算框架总结如下：

1）随机选择 k 个点作为聚类中心；

2）将全部数据点根据相似度划分到 k 个类簇中；

3）寻找每个类簇中到其他样本点平均距离最近的点作为新的聚类中心；

4）判断当前聚类中心是否跟上次一样，是则结束，否则跳入 2 步继续执行。

同时，该算法还是具有同 KMeans 一样的一些缺陷，比如：

KMedoids 也需要随机地产生初始聚类中心，不同的初始聚类中心可能导致完全不同的聚类结果。这一部分可以进行优化，通过 KMedoids++算法来解决。

KMedoids++算法选择初始 seeds 的基本思想就是：初始的聚类中心之间的相互距离要尽可能远。其算法描述如下：

(1) 从输入的数据点集合中随机选择一个点作为第一个聚类中心；

(2) 对于数据集中的每一个点 x，计算它与最近聚类中心(指已选择的聚类中心)的距离 D(x)；

(3) 选择一个新的数据点作为新的聚类中心，选择的原则是：D(x)较大的点，被选取作为聚类中心的概率较大；

(4) 重复 2 和 3 直到 k 个聚类中心被选出来；

(5) 利用这 k 个初始的聚类中心来运行标准 KMedoids 算法。

如此便是优化后比较完善的 KMedoids 算法。对算法本身进行复杂性分析如下：

首先必须明确由于算法的执行存在随机性，我们不能形式化地判断它会经过多少次迭代后收敛，所以对于算法复杂度的分析只是针对单次迭代过程，假设有 n 个数据点和 k 个中心：

① 生成初始聚类中心：对于每个数据点都要遍历已有的每一个聚类中心从而找到离它最近的中心，然后从这几个最近中心中找到那个距离最远的作为新的初始中心，如此再重复 k 次。粗略估计复杂度约为：$O(k(kn+n))=O(k^2n)$。如果不是 KMedoids++的话，直接随机生成这一步基本就没什么开销了。

② 划分数据到类簇：又是每个点遍历各聚类中心 $O(kn)$。

③ 寻找新的聚类中心：每个点要在各自的类簇中计算它到其他点的平均距离，然后再在各自的类簇中确定平均距离最小的点作为新的聚类中心，综合来看这一步的时间复杂度是 $O(n^2)$。

综上，开销最大的应该还是寻找新中心的部分，至于生成初始中心的过程，因为始终只有一次，当迭代次数比较多的时候，基本就可以忽略不计了。

11.4.2 基因谱两两比对——富集积分矩阵并行化计算

首先必须明确，该实验的并行并不是对单次计算富集积分的算法过程进行并行，而是通过有效的数据划分和负载均衡手段对计算大规模富集积分矩阵的过程进行并行。不对单步富集积分计算算法进行并行的原因是：一来它本身不适合并行，虽然有些前缀求和的操作也能通过消除循环依赖的办法强行并行，但是平白增加整体的工作量，得不偿失；二来本身只计算一个富集积分即使是在全基因两万多长度的基因谱上也不是个多大的工作量，对它并行粒度太小，反而大量增加额外调度开销，绝对不可取。

综上，本实验会通过合理的数据划分手段，结合 MPI 和 OpenMP 两级并行技术，在计算整个矩阵的更大粒度上完成基因谱两两比对的并行化工作。

1. 优化富集积分标准计算例程

由于实验过程会重复地计算富集积分，优化该步骤势必会获得较为理想的性能加速效果。于是我们不再根据 GSEA 算法按部就班地直接实现富集积分的计算，而是采用了下面的优化策略。富集积分的标准计算流程主要是对命中向量 P_{hit} 以及命中向量取反后得到的 P_{miss} 向量进行前缀求和，找到绝对值相差最大的位置，其实际差值就是富集积分，能够反映特定基因集在基因谱中的富集情况。如果一个基因谱的上调基因集中富集于另一基因谱的上调位置，下调基因集中富集于另一个基因谱的下调位置，则我们在生物学上认为这两个基因谱存在极大的相关性。

计算过程中，命中向量的长度与基因谱的长度是一致的，导致整个计算过程的时间复杂度是 $O(n)$。但是通过观察发现，前项累加的向量中绝对值相差最大的位置只会出现在命中位置的前后。所以，本系统通过细致的条件判断只考察命中位置的几个点同样计算出了正确的富集积分，将时间复杂度减小到了 $O(\log_2 m)+O(m)$，多了一个 $O(\log_2 m)$ 是因为在考察之前会先对命中位置进行排序。而在实际情况下，基因谱的长度一般来说远远大于上下调基因集的长度，也就是 n 远远大于 m。当大规模重复进行富集积分标准计算流程时，这样的优化将会带来十分可观的性能提升。

综上，优化后的富集积分计算标准流程如图 11-3 所示。

如图 11-3 所示，对首末位置的特殊处理是因为会存在数组越界的情况。之所以要先排序，是因为判断低峰和高峰时需要知道到目前为止已经命中了多少次。另外高峰和低峰一个时刻只能有一个存在，即峰值点唯一。毕竟富集积分虽然取的是真实差值，但是我们判断的却是绝对差值，高峰和低峰分别代表的正负的富集积分，最后只留下绝对值更大者。

具体代码见 src 文件夹下 GSEA.c 中的 ES_GeneSet 函数，相关伪代码如下：

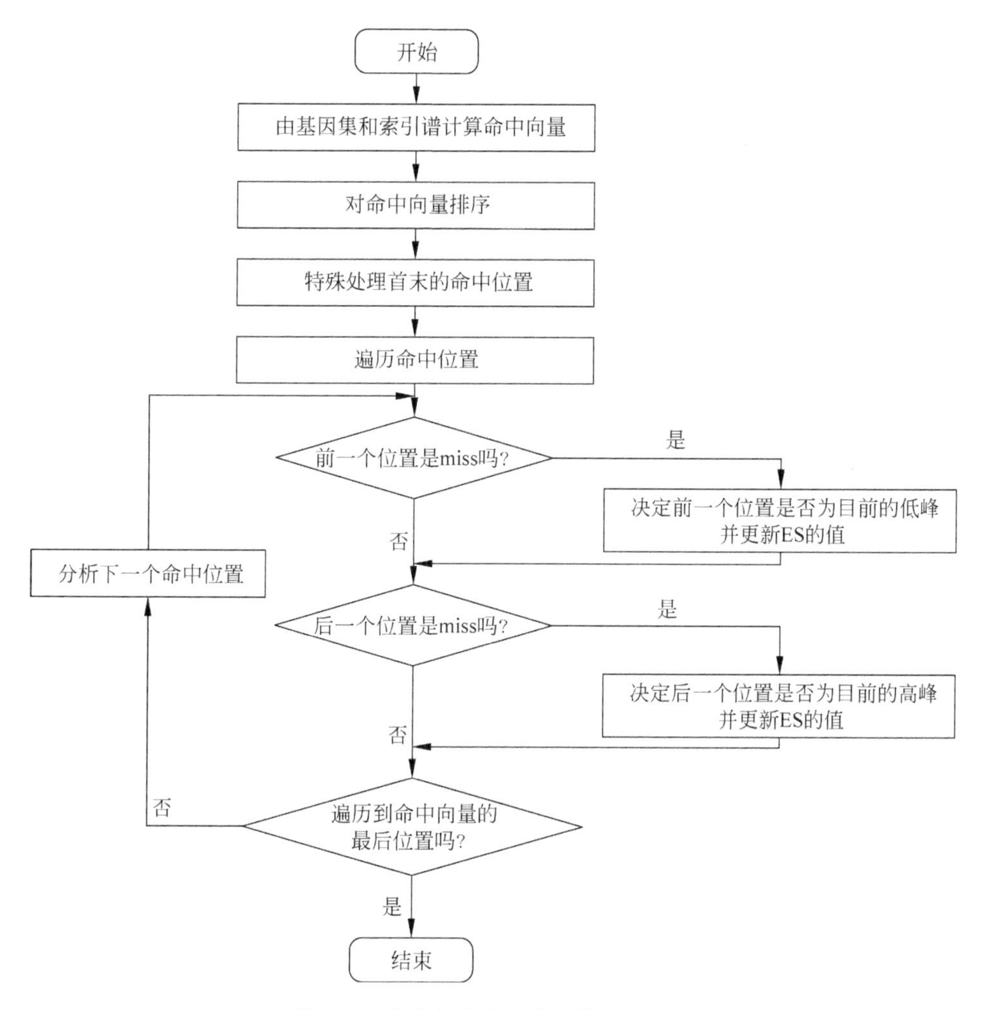

图 11-3 优化的富集积分计算标准流程

Algorithm 2. New Algorithm.

calculate the Enrichment Score

1: **Input**: *profile*, *geneset*
2: **Output**: *es*
3: **Variables**: *siglen*, *len*
4: **Containers**: *isgs*, *index*
5: *siglen*←length of *geneset*
6: *len*←length of *profile*
7: **for** gene *g* in *profile* **do**
8: *index*[*profile*[*g*]]←*g*
9: **end for**
10: **for** gene *g* in *geneset* **do**
11: *isgs*[*g*]←*index*[*geneset*[*g*]]
12: **end for**
13: sort *isgs* ascendingly
14: **for** gene *g* in *geneset* **do**
15: **if** *g* is the first gene in *geneset* **then**

```
16:     if isgs[g] is not the first gene in profile then
17:       if prev gene before g reach max absolute value of current es then
18:         es ← - isgs[g]/(1 - siglen)
19:       end if
20:     end if
21:     if the gene after g is not isgs[g + 1] and g reach max absolute value of current es then
22:       es ← (g + 1)/siglen - (isgs[g] - g)/(len - siglen)
23:     end if
24:   else if g is the last gene in geneset then
25:     if g reach max absolute value of current es then
26:       es ← (g + 1)/siglen - (isgs[g] - g)/(len - siglen)
27:     end if
28:     if the gene before g is not isgs[g - 1] and reach max absolute value of current es then
29:       es ← g/siglen - (isgs[g] - g)/(len - siglen)
30:     end if
31:   else
32:     if the gene after g is not isgs[g + 1] and g reach max absolute value of current es then
33:       es ← (g + 1)/siglen - (isgs[g] - g)/(len - siglen)
34:     end if
35:     if the gene before g is not isgs[g - 1] and reach max absolute value of current es then
36:       es ← g/siglen - (isgs[g] - g)/(len - siglen)
37:     end if
38:   end if
39: end for
```

2. 消除冗余计算

因为我们的任务是基因谱的两两比对，所以同一个基因谱在计算的过程中肯定会被重复地用到。而对同一个基因谱的排序工作也会因此反复地进行，这显然都是没有必要的冗余工作。于是我们在读入文件后就先对所有的基因谱进行预排序，之后处理的都将是排序后的转录组基因谱，从而排除冗余的排序过程。

另一方便，富集积分的计算过程会首先计算一个命中向量，即一个基因谱的上调或下调基因集在另一个排好序的基因谱中出现的位置。直观地，我们会想到这步操作需要循环遍历基因谱和基因集。如果基因集的长度时 m，基因谱的长度是 n，则该步骤将是一个时间复杂度为 $O(mn)$ 的操作。为了提高效率，我们的系统先扫描一遍基因谱建立每个基因的位置索引数组，然后只用再扫描一遍基因集即可完成工作，从而时间复杂度减小到 $O(m+n)$，并且用索引数组替代原来的排序基因谱也并不会造成额外的空间开销。

但是，与排序一样的问题，同一个基因谱会因为两两比对反复地建立索引，这还是冗余的操作。同样的，我们在完成预排序的同时就先为每个基因谱建立好索引并用之替代原来的排序基因谱。但是只有索引数组并不能确定原来基因的上下调基因集，故而在读入数据后的预处理部分，我们用一个三元组保存基因谱的结构，它分别由上调基因集、下调基因集和索引数组三部分组成。

通过以上三个方面的工作，就能尽可能地消除了并行计算带来的冗余操作。

3. 数据划分与负载均衡

为了达到计算过程负载均衡的目标，案例首先对数据在进程间进行了合理的划分。

因为软件的输入是两个基因谱集的文件，所以数据的划分其实就是对这两个文件的划分，使每个进程拥有大致等量的待计算基因谱。

基于此，对于文件一，系统直接按进程数进行划分，使每个进程持有文件一的基因谱数相差不超过一，如果文件一的基因谱数刚好能够被启动的进程数整除的话，则它将被均匀地划分给每个进程。这是容易做到的。

对于文件二，如果我们再将它按进程进行负载均衡地划分，我们将不能完成两文件中任意两个基因谱的比对工作。比如分给进程0的文件1的数据将不能与分给进程1的文件2的数据进行比对，如果强行比对的话，各进程在计算的过程中还要进行大规模的通信工作，这对性能的开销显然是巨大的。

于是，在衡量了一般内存足够的情况下，我们选择了牺牲一定空间的策略，让每个进程持有全部的文件2的基因谱数据，从而让整个大规模并行计算的过程完全不存在通信的任务，最大限度地保障了系统的计算性能。

相应地，在进程内部，我们会采用多线程的策略对文件2的数据进行负载均衡地划分与计算。因为线程任务先天共享内存，这样，我们就可以充分发挥多核并行的优势，完成我们的大规模并行计算工作。

整个数据划分方式如图11-4所示。

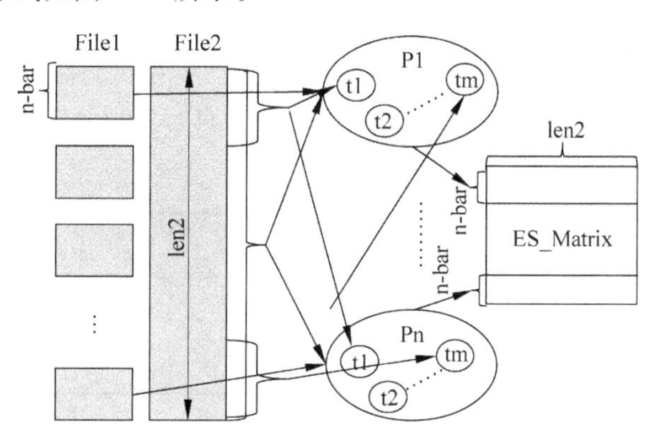

图11-4　总体数据划分图

上图清楚地显示出两个文件的基因谱数据在各进程以及进程内部的线程中的划分方式，同时可以看到，最后每个进程会写出结果的各个子矩阵行。

计算过程每个MPI进程内部开启的OpenMP多线程计算核心代码如下：

```
/********************* para compute the part of ES_Matrix ***********************/
    //allocate the local_ES_Matrix memory
    local_ES_Matrix = (float **)malloc(local_P * sizeof(float *));
    for(i = 0;i < local_P;i++)
        local_ES_Matrix[i] = (float *)malloc(profilenum2 * sizeof(float));
    #pragma omp parallel num_threads(corenum)
    {
        int k,t;
        int local_t;        //the data number of each thread must hand
        int begin_t,end_t;
        int threadID = omp_get_thread_num();
        // compute the local size、boundary for every thread in dataset2
        split_data(profilenum2, corenum, threadID, &begin_t, &end_t, &local_t);
```

```
        //compute the part of the ES matrix
        for(k = 0;k < local_P;k++)
            for(t = begin_t;t < end_t;t++)
                local_ES_Matrix[k][t] = ES_Profile_triple(triples1[k],triples2[t],
genelen,siglen);
    }
    MPI_Barrier(MPI_COMM_WORLD);
```

对于具体的实现,文件一直接用封装好的IO函数定位相应的部分数据进行读取即可。定位读取函数和分块写结果函数见源码src目录下IO.c中的ReadFile和WriteResult函数。

至于文件二,简单的策略是直接由每个进程读取全部的文件二数据,这样将不存在任何的通信工作,但是也没有体现任何的并行工作。或者我们让一个进程读取全部的文件二的数据,然后将之均匀地划分给每个进程,但这样我们不仅要像前一种方法一样等待一个进程读完一个完整文件二的时间还要再进行通信,显然数据划分的性能并不会理想。

替代地,我们让每个进程一开始只并行地读取部分文件二的数据,然后通过全局通信操作让每个进程持有全部的文件二的数据,这样读文件的时间将被大大地缩短。如果我们的全局操作实现得足够高效的话,即使加上额外的通信,我们也将获得可观的性能提升。

幸运的是,MPI的全局操作函数MPI_Allgather已经为我们需要的通信工作提供了高效的实现。当然了,如果数据集无法均分,我们还是要自行实现Allgathcr操作。

文件二的划分方式如图11-5所示。

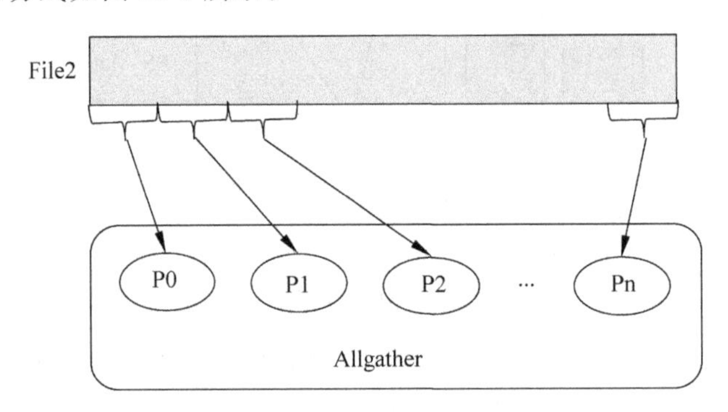

图11-5 文件二数据划分全局策略通信图

用MPI进行数据划分的核心部分代码如下:

```
/****************** Allgather part of data2's triple in all process ***************/
if(profilenum2 % p == 0){ //can split blanced
    MPI_Allgather(local_triples2,local_P_d2,triple_mpi_t,triples2,local_P_d2,triple_mpi_
t,MPI_COMM_WORLD);
        free(local_triples2);
    }else{          //can not split blanced
        if(my_rank == 0){
            /****** gather data2's triple in process0 ******/
            int leave = profilenum2 % p;
            //tmp memory for processes before leave
            struct Profile_triple * tmp1 = (struct Profile_triple *)malloc(local_P_d2 *
sizeof(struct Profile_triple));
```

```
            //tmp memory for processes after leave
            struct Profile_triple * tmp2 = (struct Profile_triple * )malloc((local_P_d2 - 1)
 * sizeof(struct Profile_triple));
            //copy local triples vector in process0 to global triples vector
            memcpy(triples2,local_triples2,local_P_d2 * sizeof(struct Profile_triple));
            /******** receive and copy data2's local triple vector in other processes to
global triple vector ****** /
            for(i = 1; i < p; i++){
                if(i < leave){
                    MPI_Recv(tmp1, local_P_d2, triple_mpi_t, i, tag, MPI_COMM_WORLD, &status);
                    memcpy(&triples2[i * local_P_d2], tmp1, local_P_d2 * sizeof(struct
Profile_triple));
                }else{
                    MPI_Recv(tmp2, local_P_d2 - 1, triple_mpi_t, i, tag, MPI_COMM_WORLD, &status);

                    memcpy(&triples2[i * (local_P_d2 - 1) + leave],tmp2,(local_P_d2 - 1) *
sizeof(struct Profile_triple));
                }
            }
            free(tmp1);
            free(tmp2);
        }else{
            MPI_Send(local_triples2, local_P_d2, triple_mpi_t, 0, tag, MPI_COMM_WORLD);
        }
        free(local_triples2);
        //Bcast the dataset2's triples to all process
        MPI_Bcast(triples2, profilenum2, triple_mpi_t, 0 ,MPI_COMM_WORLD);
    }
```

另外，三种对文件二进行划分的完整程序可以详见 src 目录下 ES_Matrix_ompi_nocom. c，ES_Matrix_ompi_p2p. c 和 ES_Matrix_ompi_cocom. c 三个 c 语言源代码。

综上，该部分工作总体流程如图 11-6 所示。

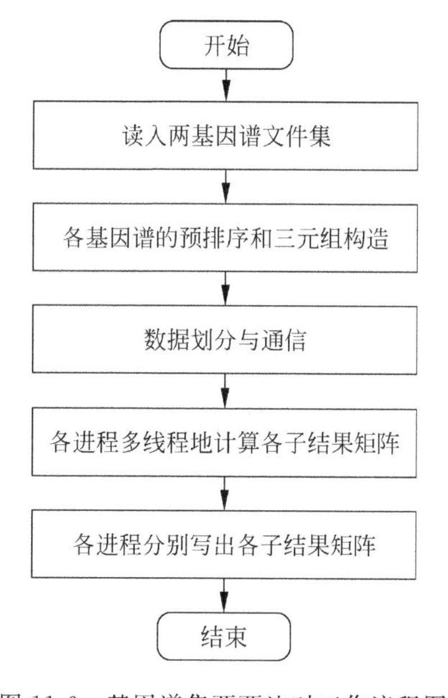

图 11-6　基因谱集两两比对工作流程图

11.4.3 基因谱聚类分析——KMedoids 算法并行化

聚类实验的并行化就是单纯地对 KMedoids 算法的并行化。不像实验一，它没有太多的转换准备技巧，就是在实验一的基础上先由每个进程读入自己的那部分 *ES* 矩阵行，每一行代表一个基因谱相对于其他所有基因谱的距离向量，后面的算法过程，每个进程都只管自己这几行基因谱的计算，其中会用集合通信的方式在各进程间全局维护一个类标记向量，这就是利用 MPI 完成的进程级并行。至于每个进程对持有的基因谱集进行划分以充分利用单节点处理器资源完成类簇规划和寻找新中心的操作，这又是 OpenMP 完成的线程级并行工作。

在并行实现的过程中仍有许多细节需要注意，其具体实现如下所述：

1）每个进程读取其下部分 *ES* 矩阵结果（由其 rank 号，故而这部分进程数应该与之前计算 *ES* 矩阵并写文件时一致）。

2）每个进程下生成一个 $n1$ 长度的类标记向量 *local_classflag*，作为全局类标记向量的局部，所有进程的向量总长应为基因谱总数 n。同时每个进程内应该保有自己每行基因谱的 *global_rank* 起始号，由基因谱总数与进程数就可计算判定，同划分时一样的操作。

3）随机生成 0-n 的 k 个不重复的随机数，作为 k 个初始聚类中心。

4）划分类：每个进程判其每一行基因谱到 k 个聚类中心的距离，选择最小的一个，将其归属该类，*local_classflag* 对应位置标记为该聚类中心编号。这里用 OpenMP 多线程判断每一行。

5）找新聚类中心：合并 *local_classflag* 为 *global_classflag* 到 0 号进程，然后广播给其他进程（当然如果是平均划分的可以直接 Allgather）。每个进程判其每一行基因谱到同类其他基因谱的平均距离（这里需要由 *local_classflag* 知道该行的类标，然后遍历 *global_classflag* 找到同一类的其他基因谱）。每个进程用一个 $n1$ 长度的向量 *loc_avedis* 存平均长度（这里亦用 OpenMP 并行实现）。然后将这些局部平均长度向量 gather 到 0 号进程的 *global_avedis* 向量，其长为基因谱总数 n。找到每类中平均长度最小的基因谱作为 k 个新的聚类中心。

6）判断和之前相比聚类中心有没有发生变化，没有则停止，并输出相应结果；有变化则重复执行 4）。

值得注意的是，这里基因谱之间的距离是用富集积分的倒数来进行衡量的，*ES* 值越大说明基因谱间越相似，距离就越近，故而这样处理很容易理解。

对于优化的 KMedoids++算法，只是在 3）中进行更多的操作，按算法介绍的流程生成初始聚类中心即可，大概也是和上面一样的 MPI＋OpenMP 双重并行技巧，这里不再赘述。实现代码较长，可见 src 目录下 Cluster_KMediods_ompi. c 和 Cluster_KMediods++_ompi. c 两个 C 语言源代码。

每次迭代的并行化过程如图 11-7 所示。

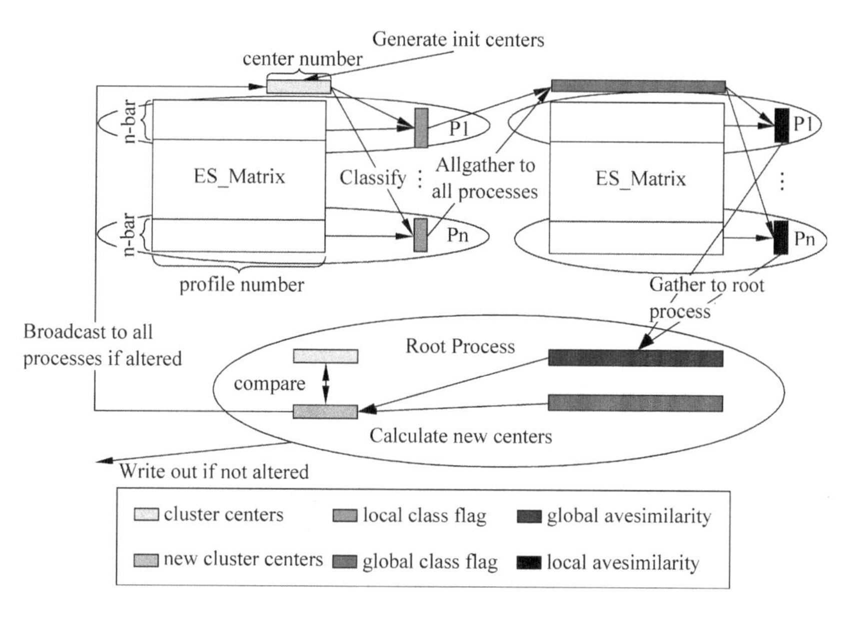

图 11-7　每次迭代并行化实现框图

11.5　结果展示

11.5.1　基因谱两两比对——计算富集积分矩阵实验分析

实验中在天河二号上使用了包含 2 万基因谱的数据集进行实验，设置不同的并行程度，记录各部分的运行时间，以研究程序的性能和可拓展性。实验结果如表 11-1 所示。

表 11-1　基因谱比对实验各阶段运行时间记录表

Process number	Threads perprocess	cores	Load(s)			Compute(s)	Write(s)
			No	P2P	Co		
5	3	15	1.280	2.685	1.691	675.496	20.990
	6	30	1.878	3.099	1.678	351.376	21.077
	9	45	2.094	4.035	1.361	247.510	20.861
	12	60	2.505	4.892	1.421	189.706	20.627
10	3	30	1.810	4.918	1.254	344.862	12.012
	6	60	2.654	5.555	1.391	174.435	10.507
	9	90	2.534	5.632	1.432	123.210	10.24
	12	120	2.395	5.352	1.253	94.438	10.477
20	3	60	1.045	9.124	1.143	173.747	5.327
	6	120	1.349	9.813	0.912	91.402	5.280
	9	180	1.784	9.212	0.900	64.873	5.371
	12	240	2.264	10.213	0.992	49.286	6.025

表格数据观察不太直观，可以绘制如图 11-8 所示的堆积柱状：

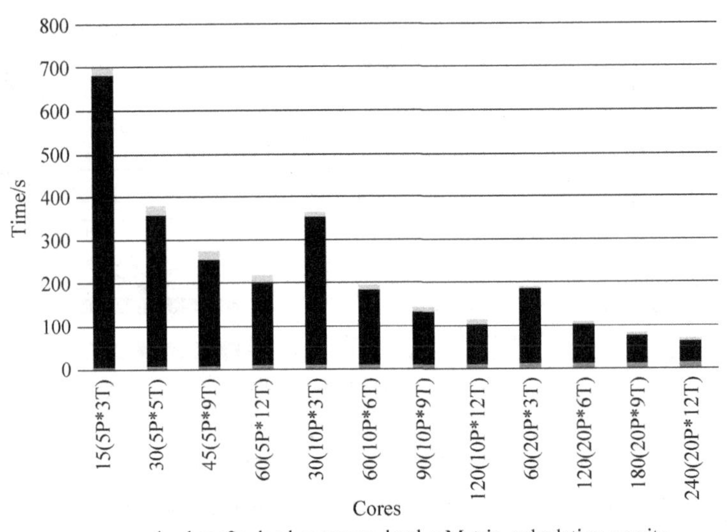

图 11-8　基因谱比对实验各阶段运行时间堆积柱状图

如上图所示，数据载入部分的时间开销是比较小的，说明并行文件读入还是比较高效的。

另外对三种通信模式分析，可以看到全局通信优于无通信优于点对点通信。分析三种模式实现策略不难发现这样的结果还是比较合理的。首先点对点通信效果最差是由于它要先等 0 号进程读完整个文件后，再由 0 号进程将数据发给其他进程。这样一来，因为无通信的情况下，它只用花费读文件的时间，所以显然这种点对点通信策略的性能会次于无通信。但是它会减少系统总体的通信开销。

全局通信每个进程只读取部分文件，然后通过 Allgather 操作将数据整合并发给全部进程，这样整体的 IO 是比较小的，并且可以并行完成，只是多了大量的通信。显然它是有可能在性能上优于无通信策略的。而测试的结果也确实如此。写文件的操作以进程数为基准划分，可以看到，相同进程数下，写文件的时间是大致相同的。而不同进程数目下，测试结果也表现出比较好的可拓展性。

ES 矩阵的计算部分也体现出较好的可拓展性。前期看来，基本是每增加一倍的并行度，运行时间就减少一倍，效率接近恒定为 1，理想上已经趋近于强可拓展的应用。这可能是因为这部分操作是严格的数据并行，在写出文件之前根本就没有节点之间的通信。所以整体上有了现在这样比较理想的效果。但很难保证继续增加并行度，这样的效果还可以继续保持。所以扩大数据规模和并行程度，用 5 万的基因谱集对比分析，结果如图 11-9 所示。

如图 11-9 所示，数据集规模越大，在扩大并行度时，并行效率保持得越高越久。这意味着集群规模足够的情况下，本实验的程序将极好地适应大规模数据分析的需求，实验还是相当成功的。

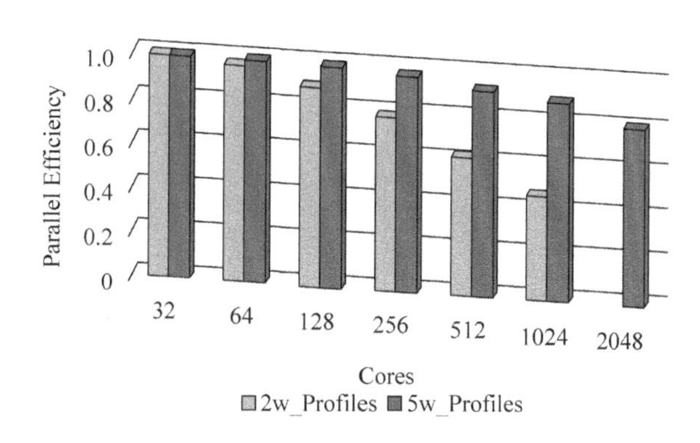

图 11-9 不同规模数据集并行效率比较图

11.5.2 基因谱聚类实验分析

1. 性能分析

使用2万规模和5万规模基因谱数据集比较单次迭代过程中两种聚类算法的执行效率，结果如图11-10所示。

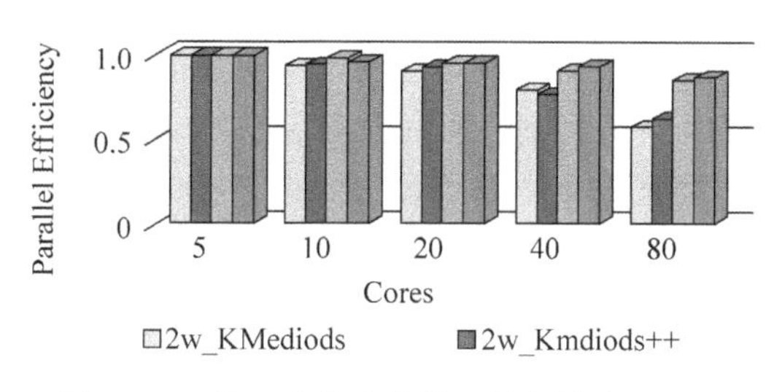

图 11-10 单次迭代聚类算法并行效率比较图

因为算法的随机性，相同参数下多次运行程序执行的收敛步是不一样的。所以不能由总的执行时间评估算法的性能，只能如上图一样根据单次迭代执行时间来分析。具体的时间数据不细给出，将其转换计算成效率确如上图所示。

不难看出在每次迭代的过程中算法保持了比较良好的可拓展性，前期算法都会维持接近于1的高效率。同时KMedoids和KMedoids++的实现在数据集规模相同的情况下，效率也基本接近，毕竟它们只有在寻找初始聚类中心时不同，并不会太影响后面每次的迭代过程。

同样地可以发现数据集规模越大，在扩大并行度时，并行效率保持得越高越久。这意味着集群规模足够的情况下，本实验的程序将极好地适应大规模数据分析的需求。

2. 算法收敛性评估

好的聚类算法必须能够快速地收敛，该部分实验在60核的条件下测试不同聚类数目，2万和5万两种数据规模下两种聚类算法的收敛步与总时间(不难判断，这两个指标应该是基本相互对应)，得到多次测试后的平均结果如图11-11所示。

需要注意：320核时有些数据点没有画出来，那是因为这里数据值的增加太夸张，测试过程已经懒得等了。同时也和测试过程的随机性有关。通过图11-11不难发现，聚类数越

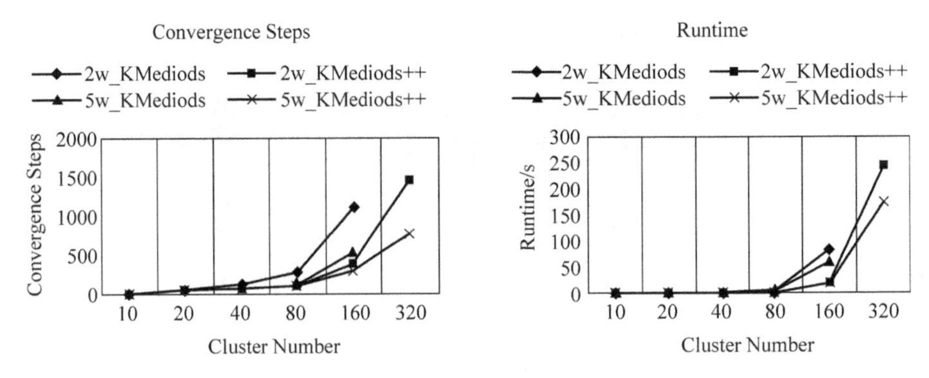

图 11-11 不同聚类中心数目下收敛步和执行时间折线图

多,收敛越慢,执行时间也越长。另外,由于 KMedoids++ 在生成初始聚类中心时尽可能地保证了样本空间距离足够远,所以它相对于 KMedoids 能够更快地收敛,效果也更佳。同时,我们也能够发现在相同聚类数目下,数据规模越大可能收敛得也越快。

另外值得注意的是,如果算法在非相邻的两次迭代中得到了相同的新聚类中心,将导致其不收敛的情况发生。实验中也曾出现这种情况。为了避免,改进的实现中维护了一个聚类中心集列表,每次迭代中产生的未出现过的新聚类中心将被添加其中,如果新中心已经存在于列表中,则算法收敛。但该策略的缺点也是十分明显的,首先,迭代多次后,该列表会越来越长,消耗大量内存;同时遍历它判断是添加还是该收敛的开销也会越来越大。所以建议即使数据集足够大,也不要把聚类中心数设得太多,比如超过 500 个,这样算法还是能够在开销过大之前有效地收敛的。

通过以上各部分的分析,相信读者对生物信息大数据计算和分析优化的方法已经有了一定程度的了解。不过上述案例只是针对转录组大数据这一个生物信息子方向,可以说不过是该领域的冰山一角。其他更多有趣的相关领域问题,感兴趣的读者可以继续探究。

习题

1. 什么是生物效应评估?实现它的主要技术路线是什么?意义何在?

2. LINCS 项目的全称是什么?其目标是什么?已取得哪些成果?

3. GSEA 算法的主要思想是什么?它的主要的步骤有哪些?当某一表达谱包含 1000 个基因,分别取前 50 个基因和后 50 个基因为基因集,与该表达谱比较算得的富集积分为多少(p=0)?

4. KMedoids 聚类相较于 KMeans 算法有何种优势?KMedoids++ 又作了何种优化?

5. 案例中对 KMedoids 算法并行化的核心思路是什么?

第12章

基于Spark的海量宏基因组聚类问题分析计算

针对百万数量级宏基因组聚类计算时，存在MGS聚类方法出现的大内存问题(即计算机内存无法存放由算法产生的中间结果)和运行时间过长的问题，本章案例将整个宏基因组基因聚类问题划分为相似基因对计算和基于图进行宏基因组基因聚类两个子问题。对于相似基因对计算问题，提出了针对海量数据下基于Spark平台的解决方法，在保证一定精确度的前提下，利用局部敏感哈希方法对MGS聚类方法进行加速。可以在保证精确度大于99%的情况下，使原有解决方案获得5～14倍加速比。对于宏基因组基因图聚类问题，在相似基因对计算的基础上，构造出了宏基因组百万基因图，在分布式图处理框架Spark GraphX下，运用社区发现算法完成对图的连通性分析和聚类分析，最后利用可视化工具给出了连通性分析和聚类分析的一些结果，揭示了MGS聚类方法计算性能受“噪音”干扰的原因[149]。

12.1 相关背景介绍与基本需求

12.1.1 相关背景

1. 宏基因组聚类问题

由于宏基因组测序样本直接来源于环境，因此宏基因组测序序列分类就成了宏基因组生物信息学分析的一个重要问题。简单来说，宏基因组序列分类就是要弄清楚测序文件中的每一条序列来自于哪一种生物体。这是普通的基因组学不会遇到的问题，因为普通的基因组学的序列必然来自于同一个生物体，也就来自于同一物种。

宏基因组测序序列分类问题可大致分为两类，其中一种是有监督的分类，另外一种是无监督的分类，通常也被称为聚类。有监督的分类是在已知某些物种的参考基因组的情况下，将测序得到的未知物种的序列分类到这些已知物种类别下。而无监督的分类是在不知道任何参考基因组信息的情况下，仅仅依靠测序所得序列之间的相似性进行聚类。本节案例研究重点为宏基因组基因聚类问题，问题的形象化描述如图 12-1 所示。

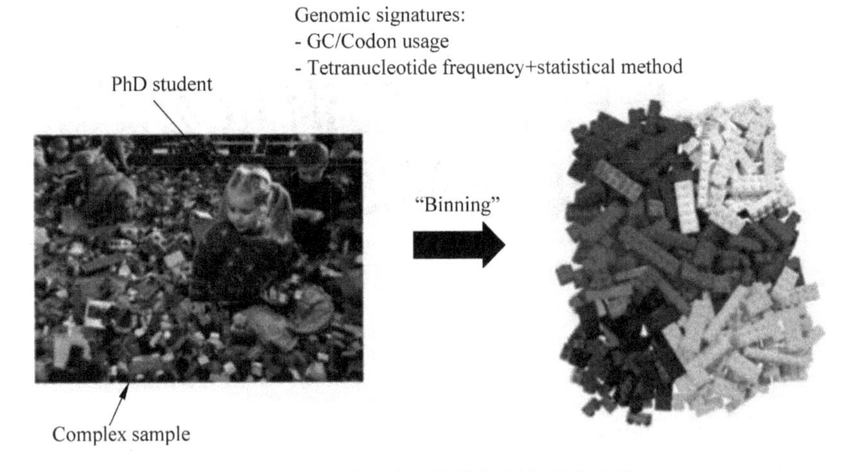

图 12-1　宏基因组基因聚类问题的形象化描述

图 12-1 中的小朋友就象征着我们这些研究者，面对一大堆杂乱无章的积木（指代基因或序列），他们的目标就是将同一颜色的积木找到并放在一起，而我们的目标是将来自于同一生物体或物种的基因或序列聚成一类。

另外，对于宏基因组聚类问题需要特别指出说明的是：由于高通量测序得到的序列长度很短，直接对下机的序列数据（下机数据指直接从测序仪上获取得到的原始测序数据）进行聚类的效果并不好，因此，一般先对宏基因组测序的下机数据集做组装操作，得到 contigs 水平（contigs 即重叠群，拼接软件基于 reads 之间的 overlap 区，拼接获得的序列称为 contig）的序列（序列长度大于 1000bp）之后，再执行聚类操作[150]。

2. 宏基因组聚类方法

宏基因组聚类方法的核心思想在于假设不存在任何已知的参考基因组，仅仅根据测序所得序列自身蕴含的信息，运用机器学习或统计的方法，将相似的测序序列聚成一类，使得最终得到的分类结果中每一类的种内距离最小，而种间距离最大。这种方法通常有三种相似性度量方法：一种是测序序列的长子串（k-mer）的频率分布，另一种是测序序列中出现的最长公共子串的长度，最后一种是测序序列中短子串的频率分布。一些已经发表的工具的具体情况如图 12-2 所示。

在这些给出的方法中，又大致可以分成完全无监督聚类、基于模型的聚类和多样本聚类三种方法。本节案例仅对多样本聚类方法做详细说明。由于基于物种在群落中丰度进行聚类的方法无法分辨在群落中具有相似丰度的物种，使得同时考虑多样本的聚类方法出现。例如 MultiBin[151] 采用的方法就是将所有样本的所有 reads 放在一起，进行双序列比对（pairwise alignment），然后用向量表示序列在每个样本中的覆盖度，最后对这些向量执行 K-Medoids 聚类得到聚类结果。

Tool	Validated on	Feature eng.	ML model	Source code	Publication
TETRA	only 16s	4-mers	linear regression	www.megx.net/tetra	2004
CompostBin	bacterial genomes	6-mers + alignment-based weighting scheme	PCA+spectral clustering	bobcat.genomecenter.ucdavis.edu/sourave/compostbin/	2008
LikelyBin	bacterial genomes	k-mers	partitions / stochastic search (MCMC)	ecotheory.biology.gatech.edu/downloads/likelybin	2009
SCIMM	only 16s	preclustering	Interpolated Markov Models + k-means	www.cbcb.umd.edu/software/scimm	2010
AbundanceBin	bacterial genomes	k-mer abundances	stochastic search, expectation-maximization	omics.informatics.indiana.edu/AbundanceBin	2011
MetaCluster	bacterial, whole metagenome (viral included)	k-mer frequencies + Spearman footrule distance	k-means	i.cs.hku.hk/~alse/MetaCluster	2012
MultiBin	bacterial genomes	pairwise alignment	similarity graph + k-medoids	none	2012
Toss	bacterial genomes	unicity of k-mers	similarity graphs + MCL	www.cs.ucr.edu/~tanaseio/toss.htm	2012
MultiMetaGenome	bacterial genomes	scaffold coverage, 4-mers frequencies, GC content, ORF, marker proteins, taxonomic assignement	linear regression + local PCA	github.com/MadsAlbertsen/multi-metagenome	2013
CONCOCT	bacterial genomes	k-mers and coverage	Gaussian mixture models	github.com/BinPro/CONCOCT	2014
MaxBin	bacterial genomes	4-mers, coverage, marker genes analysis	stochastic search, expectation maximization	sourceforge.net/projects/maxbin/	2014
LSA	bacterial genomes, some remarks on phage analysis	locally sensitive hashing of k-mers,	SVD + k-means	github.com/brian-cleary/LatentStrainAnalysis	2015
MetaBAT	bacterial genomes	4-mers, coverage, alignment, pre-assembled contigs	custom k-medoids	bitbucket.org/berkeleylab/metabat	2015
DNAClust	AMD dataset	k-mers + filtering	greedy clustering	dnaclust.sourceforge.net	2011

图 12-2 已发表宏基因组聚类工具概括

3. 局部敏感哈希

局部敏感哈希(Locality-sensitive hashing，LSH)是用于海量高维数据的近似最近邻快速查找技术。局部敏感哈希的应用场景很多，凡是需要进行大量数据之间的相似度(或距离)计算的地方都可以使用局部敏感哈希来加快查找匹配速度，目前局部敏感哈希被广泛运用到相似网页查找、图像检索等领域。本节案例使用局部敏感哈希提前过滤掉不相似的基因对，减小皮尔逊相关系数的计算量，从而加速相似基因对算法。

1）局部敏感哈希原理

局部敏感哈希的主要原理可描述为：取多个哈希函数，相对于不相似的数据对象而言，这些函数以更高的概率将相似的数据对象映射到相同的哈希桶中。也就是说，将原始数据空间中的两个相邻数据点通过相同的映射或投影变换后，这两个数据点在新的数据空间中仍然相邻的概率很大，而不相邻的数据点被映射到同一个桶的概率很小。通过局部敏感哈希将原始数据集合划分成了多个子集合，而每个子集合中的数据相邻概率较高且该子集合中的元素个数较小，因此对于查找相邻元素的问题，局部敏感哈希将搜索空间从一个超大集合转化为一个很小的集合，这显然降低了计算量。实质上，局部敏感哈希就是一种概率的、相似度保留的降维方法。

2）局部敏感哈希函数族的定义

通过上述的简单介绍，局部敏感哈希确实能降级有关问题的计算量。但需要注意的是取怎样的哈希函数才能保证原本相邻的两个数据点经过哈希变换后会以较高概率落入相同的桶内呢？显然并不是所有的哈希函数都具有这个特点，下面我们给出局部敏感哈希函数族的具体定义。

对于空间 S 中任意两个数据点 p、q，当满足式下述条件时，则称函数族 $H=\{h:S\rightarrow U\}$ 是 (r_1,r_2,p_1,p_2) 敏感的。

$$\text{如果 } d(p,q)\leqslant r_1,\quad \text{那么 } Pr_{h\in H}(h(p)=h(q))\geqslant p_1$$

$$\text{如果 } d(p,q)\leqslant r_2,\quad \text{那么 } Pr_{h\in H}(h(p)=h(q))\geqslant p_2$$

其中 $d(p,q)$ 表示数据点 p、q 间距离。$Pr_{h\in H}(h(p)=h(q))=sim(p,q)\in[0,1]$ 是在数据集上定义好的相似性函数。$h\in H$ 表示哈希函数。需要注意的是，根据两个数据点之间距离定义的不同，相对应的哈希函数也不同。下面给出本节案例具体使用的局部敏感哈希函数族。本节案例使用皮尔逊相关系数(Pearson Correlation Coefficient)作为基因相似性的度量，该系数广泛用于度量两个变量之间的相关程度。两个 m 维向量 x，y 之间的皮尔逊相关系数的计算公式如下：

$$\mathrm{corr}(x,y)=\frac{\sum_{i=1}^{m}(x_i-\bar{x})(y_i-\bar{y})}{\sqrt{\sum_{i=1}^{m}(x_i-\bar{x})^2}\sqrt{\sum_{i=1}^{m}(y_i-\bar{y})^2}}$$

事实上，皮尔逊相关系数就是向量去中心化之后的余弦距离。余弦距离是用向量空间中两个向量之间夹角的余弦值作为衡量这两个个体间差异的大小的度量，也被称为余弦相似度。设 x、y 表示向量，θ 表示这两个向量之间的夹角，则余弦距离的计算公式为：

$$\mathrm{sim}(x,y)=\cos\theta=\frac{x\cdot y}{\|x\|\cdot\|y\|}$$

其中 $x\cdot y$ 表示两个向量的点积，$\|x\|$、$\|y\|$ 分别表示两个向量的模长。

因此，我们可以用余弦距离对应的局部敏感哈希函数族作为皮尔逊相关系数的局部敏感哈希函数族，只需将所有向量事先进行去中心化操作即可[152]。

余弦距离对应的局部敏感哈希函数族为：$h(v)=\mathrm{sign}(v\cdot r)$，其中 r 是一个随机向量，$\mathrm{sign}(v\cdot r)$ 表示点积 $v\cdot r$ 的符号，即

$$\mathrm{sign}(v\cdot r)=\begin{cases}1, & v\cdot r\geqslant 0\\ 0, & v\cdot r<0\end{cases}$$

这个哈希函数是 $(d_1,d_2,1-d_1/\pi,1-d_1/\pi)$ 敏感的，它也被称为 SimHash[153]。

3) 增强局部敏感哈希的方法

在局部敏感哈希方法中，我们希望通过哈希函数映射得到一个或多个哈希表，每个桶内的数据点之间相似的可能性很大。也就是原本相邻的数据经过 LSH 哈希后，都能够落入到相同的桶内，而不相邻的数据经过 LSH 哈希后，都能够落入到不同的桶中。如果相邻的数据被投影到了不同的桶内，我们称为 False Negative；如果不相邻的数据被投影到了相同的桶内，我们称为 False Positive。因此，在使用局部敏感哈希时，我们希望能够尽量降低 False Negative Rate 和 False Positive Rate。通常，为了能够达到上述目标，一般使用 banding 技术来增强 LSH。该技术的具体原理可用图 12-3 和图 12-4 所示的 banding 技术来解释。

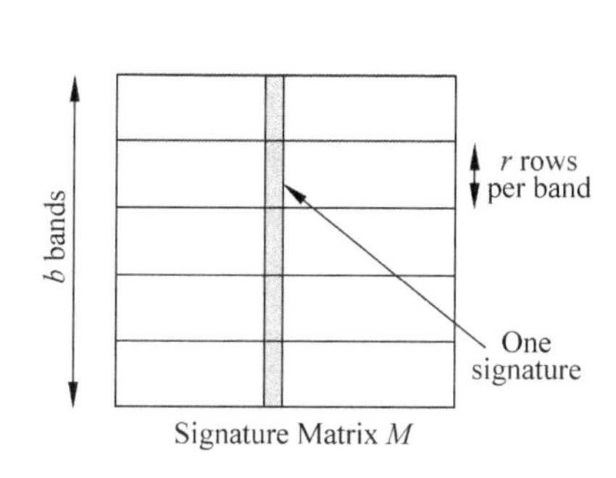

图 12-3　LSH banding 技术示意图一

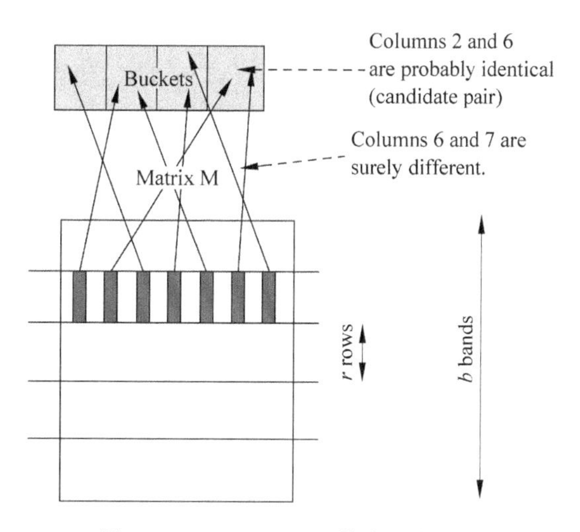

图 12-4　LSH banding 技术示意图二

由图 12-3 可知，banding 技术首先将 Signature Matrix 分成一些 bands，每个 bands 包含一些 rows。然后把每个 band 哈希到一些 bucket 中。

这里必须保证 bucket 的数量足够多，这样才能使得两个不一样的 bands 被哈希到不同的 bucket 中。如果两个向量的 bands 中，至少有一个共享了同一个 bucket，那么就认为这两个向量就是 candidate pair，也就是很有可能是相似的。最后，我们给出使用 banding 技术时的两个向量落到同一个 bucket 的概率随相似度变化的图，如图 12-5 所示。

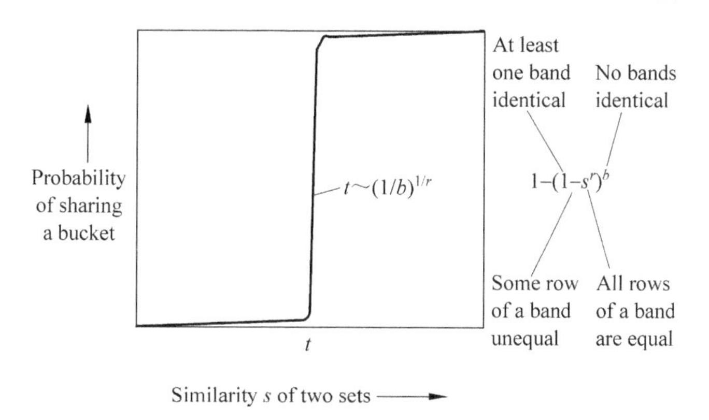

图 12-5　使用 banding 技术时概率随相似度变化

4. 社区发现算法

为了理解社区发现算法，我们首先来简单了解相关的一些概念。

图(Graph)：表示物件与物件之间的关系的方法，是图论的基本研究对象。图 G 二元组(V, E)构成，其中 V(Vertex)表示顶点集合，E(Edge)表示边的集合。在有的应用场景图也被称为网络。

社区(Community)：社区是一个子图，同一社区内的顶点与顶点之间的联系很紧密，而社区与社区之间的连接比较稀疏。从这个定义可以看出社区是一个比较含糊的概念，它仅仅是一个定性的刻画。

社区发现(Community Detection)：设图 G=G(V, E),所谓社区发现是指在图 G 中确定 $n(n\geqslant 1)$个社区 $C=\{C_1,C_2,\cdots,C_n\}$,使得各社区的顶点集合构成 V 的一个覆盖。

根据上述这些描述可以看出社区发现是一个复杂而有意义的过程,它对研究图即网络的特性具有重要作用。近些年来,这一领域的研究得到了许多学者的关注,同时也出现了很多社区发现算法,如标签传播算法(Label Propagation Algorithm, LPA)、Fast Unfolding 算法等。这里只对 LPA 做简单的介绍。标签传播算法的流程可大致描述如下：

(1) 初始化图,同时为所有顶点指定一个唯一的标签,一般这个唯一标签可以取顶点的 id;

(2) 迭代更新所有顶点的标签,直到达到收敛要求为止。对于每一轮迭代,顶点标签更新的规则如下：对于某一个顶点,考察其所有邻居顶点的标签,并进行统计,将出现个数最多的那个标签赋给当前顶点。当个数最多的标签并不唯一时,随机选择一个赋值即可。

由于该算法简单易实现,算法执行时间短,复杂度低且具有很好的可扩展性,引起了国内外学者的关注,并将其广泛地应用到多媒体信息分类、虚拟社区挖掘等领域中。

5. Spark

Spark 是加州大学伯克利分校的 AMP 实验室所开源的类 Hadoop MapReduce 的通用并行框架。Spark 拥有 MapReduce 所具有的优点,但不同于 MapReduce 的是 Job 中间输出结果可以保存在内存中,从而不再需要读写 HDFS,因此 Spark 能更好地适用于数据挖掘与机器学习等需要迭代的 MapReduce 的算法。Spark 程序总共有 Local、Standalone、Spark on Yarn、Spark on Mesos 四种运行模式。这些运行模式尽管表面上看起来差异很大,但总体上来说,都基于一个相似的工作流程。这四种运行模式本质上都是将 Spark 的应用分为任务调度和任务执行两个部分,具体执行框架如图 12-6 所示。由图 12-6 可以看到,所有的 Spark 应用程序都离不开 SparkContext 和 Executor 两部分,Executor 负责执行任务,运行 Executor 的机器称为 Worker 节点,SparkContext 由用户程序启动,通过资源调度模块和 Executor 通信。

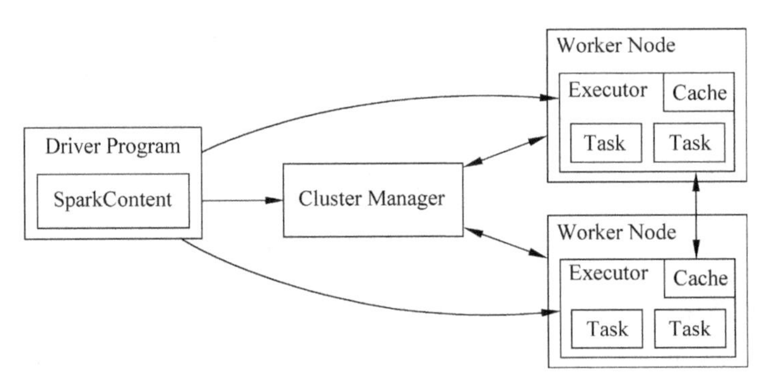

图 12-6 Spark 应用执行框架图

6. Spark GraphX

GraphX 是 Spark 中重要子项目之一,它利用 Spark 为计算引擎,实现了大规模图计算的功能,并提供了类似 Pregel[154] 的编程接口。具体来说,GraphX 是一些常用图算法在 Spark 上的并行化实现,并提供了丰富的 API 编程接口供开发者调用。许多图算法都是一些复杂机器学习算法的基础，在很多应用场景下均有广泛运用。但在海量数据和大数据背景下，当图的规模达到一定程度后，单机很难解决图计算问题，因此需要将算法并行化，在分布式集群上进行大规模图处理。目前，比较成熟的方案中就有 GraphX 和 GraphLab[155] 等大规模图计算框架。其中，GraphX 自从诞生之日起，就凭借其强大的图数据处理能力在工业界得到了广泛的应用。下面主要从 GraphX 的架构、存储策略和基本操作三个方面介绍 GraphX。

1）GraphX 架构

GraphX 的整体架构可以分为存储和原语层、接口层以及算法层三个组成部分，具体架构如图 12-7 所示。

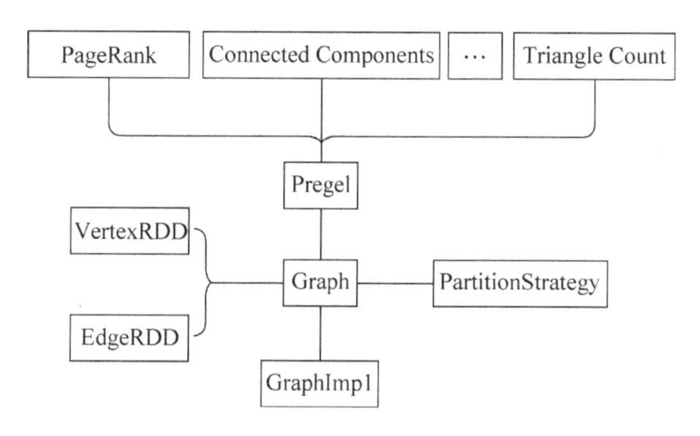

图 12-7 GraphX 架构示意图

存储和原语层：这一层中 Graph 类是整个 GraphX 架构的核心类，内部含有 VertexRDD、EdgeRDD 的引用。GraphImpl 类是 Graph 类的子类，其内部实现了基本的图操作，如对顶点、边的 Map 操作以及求子图等。

接口层：在底层 RDD 的基础之上实现了 Pregel 模型和 BSP 模式的计算接口。

算法层：该层基于接口层提供的 Pregel 接口实现了一些常用的图算法。具体包括 PageRank、TriangleCount、ConnectedComponents 等算法。

2）GraphX 存储策略

在一些和图有关的企业级应用中，待解决问题所涉及的图的规模一般很大，上百万个顶点的情况非常常见。如果要对一些知名的社交网络如 Facebook、Twitter 等进行图分析的话，所对应图的规模可以达到几亿个顶点[156]。为了应对如此大规模的数据和加快处理速度，必须将图以分布式的方式进行存储和处理。

图的分布式存储策略大致可分为两种：边分割(edge cut)和点分割(vertex cut)，这两种存储策略的示意图如图 12-8 所示。

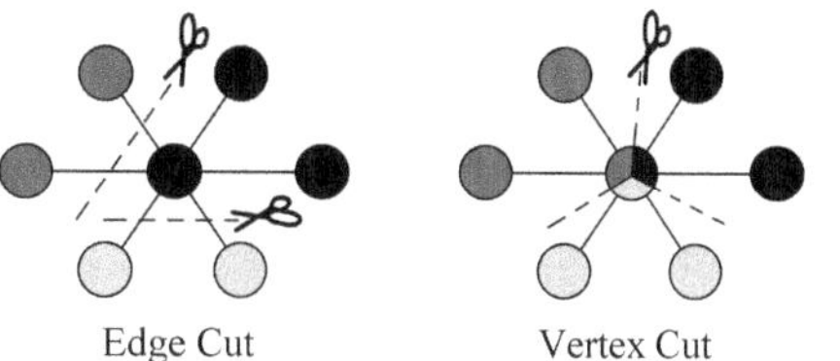

图 12-8 图的两种分布式存储策略

早期的图计算框架大多采用边分割存储策略，而 GraphX 的设计者认识到现实世界中的大规模图一般都是边远远多于点的图，所以 GraphX 采用点分割存储策略。这种策略的好处在于能够减少网络传输和存储开销。具体实现是将边放到集群中各个顶点存储，而在进行数据交换时，将点在各个机器之间广播进行传输。

在边已经在集群上分区和存储的情况下，大规模并行图计算的关键问题就变成了如何将点的属性连接到相应的边。GraphX 对于该问题的处理方法是在集群上移动传播点的属性数据。由于每个分区仅存储所有边中的一部分，因此每个分区并不需要获得所有点的属性，为此 GraphX 内部维持一个路由表(routing table)，这样当需要广播点的数据到需要这个点的边的所在分区时，就可以通过路由表映射，从而将需要的点属性传输到指定的边分区。点分割存储策略的具体示意图如图 12-9 所示。

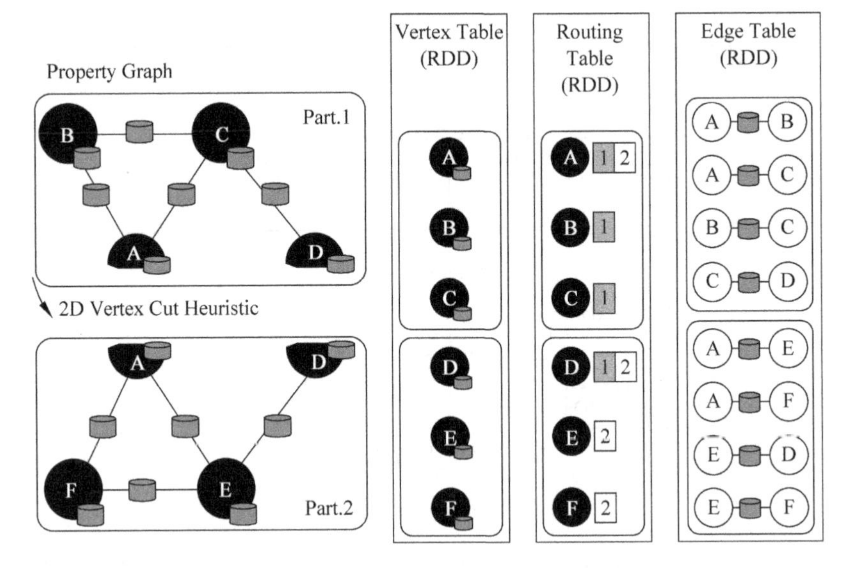

图 12-9 GraphX 点分割存储策略示意图

由图可知，对于处在分割线上的点 A、D，在相应的路由表中都记录了两个分区，而对于点 B、C、E、F，相应的路由表中仅需记录点本身所在分区即可。点分割存储策略中，边不会被分割，因此两个分区合并刚好是所有边的集合，不存在冗余的情况。

点分割存储策略的好处是在边的存储上没有冗余数据，而且对于某个点与其邻居的交互操作，只要满足交换律与结合律即可。下面以求顶点的邻接顶点的权重和这个具体问题为例进行说明，该问题显然可以在不同的顶点同时进行运算，最后汇总每个顶点的运行结果，网络开销较小。点分割存储策略带来的代价是每个顶点属性可能需要冗余存储多份，且在需要更新点数据时，会有数据同步开销。

3) GraphX 基本操作

就像 Spark 为 RDD 提供了一系列基本操作(如 map、filter、reduce)一样，GraphX 也提供了许多针对图数据的操作。这些操作按照操作对象或功能可大致分为属性运算、结构运算、邻接聚集操作、缓存操作以及 Pregel API 等部分。详细的操作列表可参考图 12-10 和图 12-11。

关于这些操作的具体含义和使用规则，大多可以从操作的名字以及图中的注释推断出，如 inDegrees 操作就是一个计算所有点入度的一个函数。这些函数的使用可以大大减少开发者的工作量。本案例也将基于这些提供的基本操作完成对宏基因组基因图聚类的目的，具体实现方法将在之后详细描述。

```
/** Summary of the functionality in the property graph */
class Graph[VD, ED] {
  // Information about the Graph ===================================================================
  val numEdges: Long
  val numVertices: Long
  val inDegrees: VertexRDD[Int]
  val outDegrees: VertexRDD[Int]
  val degrees: VertexRDD[Int]
  // Views of the graph as collections =============================================================
  val vertices: VertexRDD[VD]
  val edges: EdgeRDD[ED]
  val triplets: RDD[EdgeTriplet[VD, ED]]
  // Functions for caching graphs ==================================================================
  def persist(newLevel: StorageLevel = StorageLevel.MEMORY_ONLY): Graph[VD, ED]
  def cache(): Graph[VD, ED]
  def unpersistVertices(blocking: Boolean = true): Graph[VD, ED]
  // Change the partitioning heuristic  ============================================================
  def partitionBy(partitionStrategy: PartitionStrategy): Graph[VD, ED]
  // Transform vertex and edge attributes ==========================================================
  def mapVertices[VD2](map: (VertexID, VD) => VD2): Graph[VD2, ED]
  def mapEdges[ED2](map: Edge[ED] => ED2): Graph[VD, ED2]
  def mapEdges[ED2](map: (PartitionID, Iterator[Edge[ED]]) => Iterator[ED2]): Graph[VD, ED2]
  def mapTriplets[ED2](map: EdgeTriplet[VD, ED] => ED2): Graph[VD, ED2]
  def mapTriplets[ED2](map: (PartitionID, Iterator[EdgeTriplet[VD, ED]]) => Iterator[ED2])
    : Graph[VD, ED2]
  // Modify the graph structure ====================================================================
  def reverse: Graph[VD, ED]
  def subgraph(
      epred: EdgeTriplet[VD,ED] => Boolean = (x => true),
      vpred: (VertexID, VD) => Boolean = ((v, d) => true))
    : Graph[VD, ED]
  def mask[VD2, ED2](other: Graph[VD2, ED2]): Graph[VD, ED]
  def groupEdges(merge: (ED, ED) => ED): Graph[VD, ED]
```

图 12-10　Graph 基本操作详细列表(一)

```
  // Join RDDs with the graph ======================================================================
  def joinVertices[U](table: RDD[(VertexID, U)])(mapFunc: (VertexID, VD, U) => VD): Graph[VD, ED]
  def outerJoinVertices[U, VD2](other: RDD[(VertexID, U)])
      (mapFunc: (VertexID, VD, Option[U]) => VD2)
    : Graph[VD2, ED]
  // Aggregate information about adjacent triplets =================================================
  def collectNeighborIds(edgeDirection: EdgeDirection): VertexRDD[Array[VertexID]]
  def collectNeighbors(edgeDirection: EdgeDirection): VertexRDD[Array[(VertexID, VD)]]
  def aggregateMessages[Msg: ClassTag](
      sendMsg: EdgeContext[VD, ED, Msg] => Unit,
      mergeMsg: (Msg, Msg) => Msg,
      tripletFields: TripletFields = TripletFields.All)
    : VertexRDD[A]
  // Iterative graph-parallel computation ==========================================================
  def pregel[A](initialMsg: A, maxIterations: Int, activeDirection: EdgeDirection)(
      vprog: (VertexID, VD, A) => VD,
      sendMsg: EdgeTriplet[VD, ED] => Iterator[(VertexID,A)],
      mergeMsg: (A, A) => A)
    : Graph[VD, ED]
  // Basic graph algorithms ========================================================================
  def pageRank(tol: Double, resetProb: Double = 0.15): Graph[Double, Double]
  def connectedComponents(): Graph[VertexID, ED]
  def triangleCount(): Graph[Int, ED]
  def stronglyConnectedComponents(numIter: Int): Graph[VertexID, ED]
```

图 12-11　Graph 基本操作详细列表(二)

12.1.2 基本需求

本案例来源于国防科学技术大学计算机学院与深圳华大基因的合作项目，深圳发改委项目“高技术服务业研发及产业化专项(专题二：信息技术服务)：面向PB级生物基因数据处理的国民健康服务平台”，国家自然科学基金委员会—广东省人民政府大数据科学研究中心项目：基于天河二号超级计算机的智慧医学与健康大数据平台研究与构建。在该项目中，华大基因研究院不仅提出了很多其主流业务线上亟待解决的实际问题，而且提供了丰富的实验数据。

本案例优化的MGS聚类方法由Nielsen于2014年发表在《Identification and assembly of genomes and genetic elements in complex metagenomic samples without using reference genomes》[157]一文中，这也是华大基因目前广泛使用的宏基因组基因聚类方法，其中MGS代表metagenomic species，文中用MGS表示理想的基因聚类结果。这种方法的具体流程图如图12-12所示。

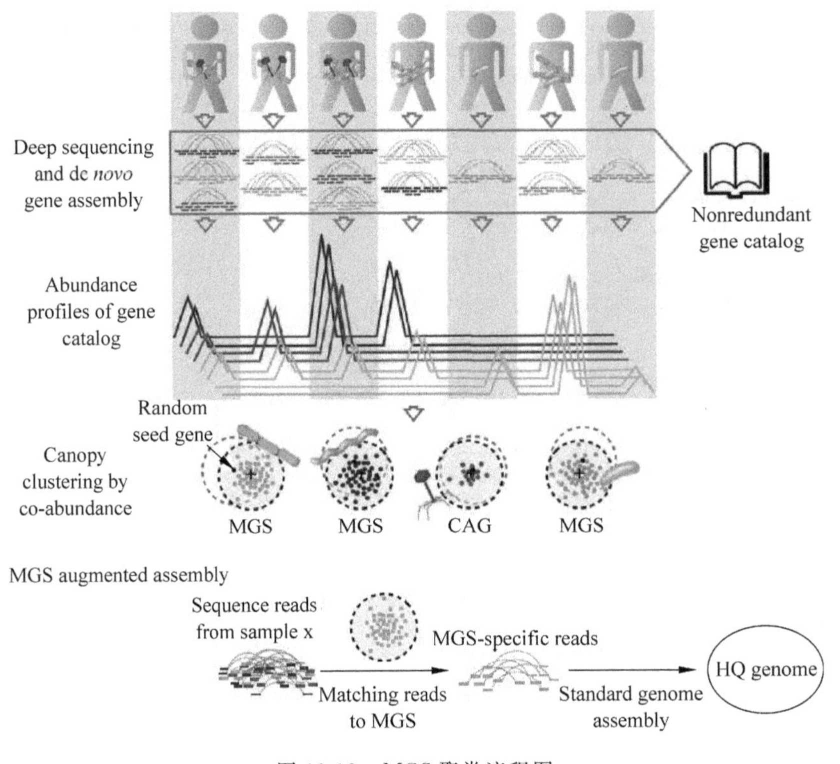

图12-12 MGS聚类流程图

从图12-12给出的流程可知，我们可大致将MGS聚类方法分为两个步骤。第一个步骤通过测序和组装等工作得到基因目录的丰度分布表，具体可用矩阵来刻画，如图12-13所示。矩阵每一行代表一个基因，每一列代表一个样本的情况，矩阵中每一个数值表示该基因在指定样本中匹配到的reads数目。

第二个步骤就是把基因目录的丰度分布表中每一个基因用向量的形式进行刻画，然后对这些向量进行聚类，具体采用的聚类方法为Canopy聚类算法[158]。Canopy聚类算法适用于对高维数据的大数据集进行聚类，它不需要事先指定聚类的数量，通常可以将Canopy

		Individuals						
	Genes	Ind 1	Ind 2	Ind 3	Ind 4	Ind 5	Ind 6	Ind 7
Reference catalogue	1	0	36	2	0	43	106	1250
	2	0	27	193	0	44	103	8
	3	0	31	0	0	0	0	0
	4	152	59	282	1	0	0	0
	5	115	0	0	1	0	29	2
	6	90	783	26	0	2	0	0
	7	104	1616	0	0	0	0	5
	8	0	82	0	0	0	0	0
	9	2	0	0	0	0	0	0
	10	23	239	1302	10	0	190	0
	11	30	183	900	13	0	172	0
	12	27	228	1120	6	0	324	0
	13	103	0	0	0	0	0	0
	14	0	30	269	0	0	0	0
	15	0	0	0	0	0	95	0
	16	1250	6002	468	607	492	141	8023
	17	0	0	0	0	0	0	0
	18	0	9	108	0	0	55	0
	19	0	0	0	3	0	0	0
	3300000	0	36	2	0	43	106	1250

图 12-13　基因目录的丰度分布表

算法与 k-means 算法相结合，先进行 Canopy 算法，然后把得到的聚类中心点作为 k-means 算法的初始中心点，这样就可以解决 k-means 算法中 k 值选择以及初始中心点选择的问题，从而减少 k-means 算法中的迭代次数，同时提高聚类准确性。

Canopy 算法的具体步骤描述如下：随即在数据集中选择数据点 A 作为聚类中心，计算所有其他点与 A 之间的距离，将所有与 A 之间距离小于阈值 T_1 的数据点称为一个 Canopy（即一个类），而距离小于阈值 T_2 的数据点不能再成为聚类中心（即不会再被随机选为聚类中心），然后再在剩余的数据集中选择数据点 B 作为聚类中心，重复上述过程，直到所有的点都被至少一个 Canopy 所覆盖。其中 $T_1 > T_2$，是在聚类之前给点的阈值。另外，Canopy 算法允许得到的聚类结果有交集，这表示某个点可以同时属于多个 Canopy。具体聚类结果可用图 12-14 表示。可以看出，有些聚类中心（如 A）自己本身就属于多个 Canopy。

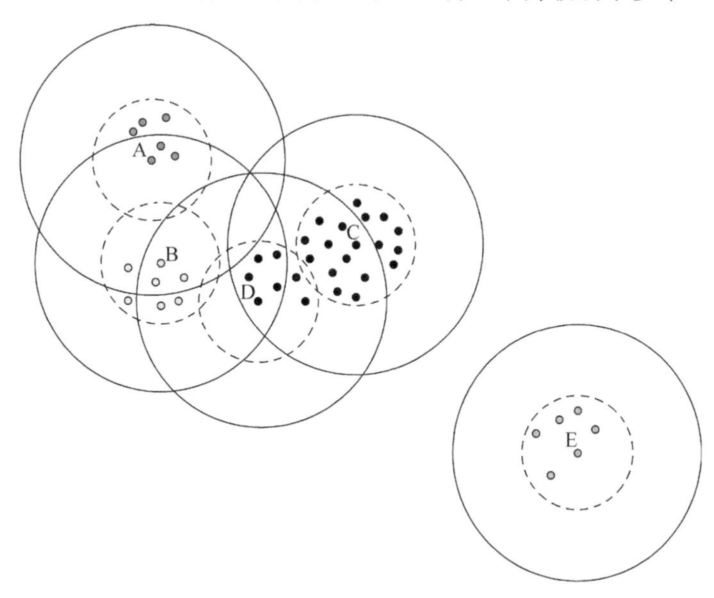

图 12-14　Canopy 聚类示意图

在使用 MGS 聚类方法解决宏基因组聚类问题的过程中，我们遇到了问题：当基因的数量级达到百万时，运用 MGS 聚类方法解决宏基因组聚类问题时，会遇到大内存的问题，即计算机内存无法存放由算法产生的中间结果，同时也有运行时间过长的问题。本节案例的基本需求正是要解决这些问题。

12.2 问题分析与设计方案

12.2.1 问题分析

针对面临的具体问题，最开始的解决方案是将 MGS 聚类程序的关键步骤利用 Spark 平台并行化，确实收到了一定的效果，但程序整体性能并没有实质性的提升，其具体问题如图 12-15 所示。

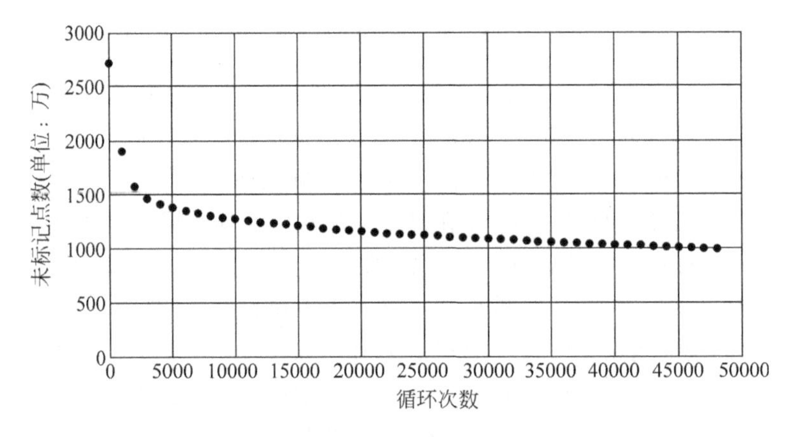

图 12-15 MGS 聚类问题规模随迭代次数变化

图 12-15 中横坐标表示 MGS 聚类算法核心代码的迭代次数，纵坐标表示整个聚类问题的规模。由图可知刚开始进行聚类时，问题规模下降很快，很多点都被生成的 Canopy 所覆盖，但随着迭代次数的增加，问题规模的下降速度也降低，其原因在于由于 Canopy 聚类方法允许一个点同时属于多个 Canopy，后面循环所生成的 Canopy 中的点绝大部分已经被之前生成的 Canopy 所覆盖，这样就导致程序效率越来越低。另外，每次生成 Canopy 的过程都会计算中心与所有其他点之间的距离，而且这个中间结果不会保存下来（实际上是无法保存，结果所占空间太大），这样就很有可能导致两个点之间的距离重复计算。

正是由于上述问题的存在，本节案例提出了将整个宏基因组基因聚类问题划分为相似基因对计算和基于图进行宏基因组基因聚类两个子问题的方法。其中相似基因对计算问题的目标是依据基因目录的丰度分布表构造出基因的图的表现形式，图中每一个顶点表示一个基因，每一条边表示两个基因之间的皮尔逊相关系数，这样构造出的图是完全图。但实际并不可行，因为当基因数目为百万时，构造出的完全图的边的数量将达到 10^{12} 数量级，是不可接受的。同时构造完全图的方案也是没有必要的，因为当两个基因之间皮尔逊相关系数为 0 时，表示这两个基因之间没有线性关系，显然就可以认为这两个基因之间没有边，同样，当两个基因之间皮尔逊相关系数比较小时，同样可以忽略这条边。论文《Identification and assembly of genomes and genetic elements in complex metagenomic samples without using reference genomes》的做法，两个基因之间皮尔逊相关系数不小于 0.9 时认为这两个基因有较好的线性相关性，在设想的基因完全图中，只保留皮尔逊相关系数不小于 0.9 的边，其余的边全部忽略，这样就得到进行宏基因组基因图聚类问题的结果。

通过上述描述，相似基因对计算问题实质上是一个典型的 APSS(All Pairs Similarity Search)问题。这一问题是在 2007 年发表的文章《Scaling Up All Pairs Similarity Search》中提出的，问题的精确描述如下：

Given a set of vectors $V=\{v_1, v_2, \cdots, v_n\}$ of fixed dimensionality m, a similarity function $sim(x,y)$, and a similarity threshold t, we wish to compute the set of all pairs (x,y) and their similarity values such $\mathrm{sim}(x,y)$ that $x,y \in V$ and $\mathrm{sim}(x,y) \geqslant t$.

这里每一个基因用向量表示，基因之间的相似性度量为皮尔逊相关系数，而目标是找出所有皮尔逊相关系数不小于 0.9 的基因对。问题的具体描述可用图 12-16 形象表示。本节案例可以也看作 Spark 平台下 APSS 问题的解决方案。

	Gene 1	Gene 2	Gene 3	…	Gene n
Gene 1		0.93	0.52	…	0.00
Gene 2			0.37	…	0.94
Gene 3				…	0.86
⋮					
Gene n					

图 12-16　APSS 问题描述

许多实际生活中的应用都需要解决 APSS 问题，例如网页搜索、协同过滤、重复文档检测等。这一问题的解决方案也有很多，其中最有效也是最常用的串行解决方案是利用倒排索引(Inverted Index)来解决，这也是上面提到的文章给出的解决方案。

倒排索引，也常常被称为反向索引、置入档案或反向档案，是一种索引方法，被用来存储在全文搜索下某个单词在一个文档或者一组文档中的存储位置的映射。它是文档检索系统中最常用的数据结构。下面给出利用倒排索引解决 APSS 问题的具体算法，如图 12-17 所示。

```
ALL-PAIRS-0(V, t)
    O ← ∅
    I1, I2, …, Im ← ∅
    for each x ∈ V do
        O ← O ∪ FIND-MATCHES-0(x, I1, …, Im, t)
        for each i s.t. x[i] > 0 do
            Ii ← Ii ∪ {(x, x[i])}
    return O

FIND-MATCHES-0(x, I1, …, Im, t)
    A ← empty map from vector id to weight
    M ← ∅
    for each i s.t. x[i] > 0 do
        for each (y, y[i]) ∈ Ii do
            A[y] ← A[y] + x[i] · y[i]
    for each y with non-zero weight in A do
        if A[y] ≥ t then
            M ← M ∪ {(x, y, A[y])}
    return M
```

图 12-17　解决 APSS 问题的倒排索引算法

上述算法和一些基于此算法的改进都能很好地解决 APSS 问题，但当我们处理较大的数据集时，串行算法的运行时间会变得很长。此外，存储倒排索引的数据结构的空间也很可能超出可用内存的大小。

12.2.2 设计方案

针对以上问题，本节案例设计的解决方案如下：

(1) 基于分布式计算框架 MapReduce 开发并行算法来解决 APSS 问题，将 MGS 聚类程序利用 Spark 平台并行化。

(2) 使用局部敏感哈希方法加速计算过程，先通过哈希值验证候选基因对，提前过滤掉不相似的基因对，减小皮尔逊相关系数的计算量，从而加速相似基因对算法。

(3) 在相似基因对计算结果的基础上，利用 Spark GraphX 中的 Graph 类的工厂方法 fromEdges 生成基因图。

(4) 对于生成的基因图，利用 GraphX 提供的基本操作对图的一些基本性质进行分析，包括顶点的度以及图的连通性分析。

(5) 在进行了连通性分析的基础上，对得到的一些复杂连通部分，也可以看作是原图的一些子图，利用社区发现算法中的标签传播算法进行进一步聚类，最后进行可视化并分析结果。

12.3 实现方法

12.3.1 基于 Spark 的相似基因对问题的实现

在本节案例中，由于 Spark 是一个分布式计算平台，因此基因目录的丰度分布表以 RDD(Resilient Distributed Datasets)[159]，即弹性分布式数据集的数据格式分布在 Spark 集群的内存中。其次，本节案例中默认采用 Spark on Yarn 运行模式，即 Spark 集群使用 Yarn 平台进行资源管理和任务调度，也就是图 12-6 中的 Cluster Manager 对应为 Yarn。

接下来使用 Scala 语言和伪代码描述基因相似对计算问题在 Spark 平台下的具体实现。刚开始时，输入数据集，即基因目录的丰度分布表存储在 HDFS 中，通过 textFile 函数读取文件并以 RDD 的形式分布式存储在集群机器的内存中，具体数据类型为RDD[Point]，其中 Point 是自己定义好的一个 case class，用来封装输入文件中的基因。类 Point 的具体定义如下：

```
//APSS.scala
caseclass Point ( index: Long, data: SparseVector, sum: Double, preComputed: Double,
fingerPrint: Array[Byte])
```

其中，index 表示基因的标号，data 用来存储表示基因的向量，而且因大部分基因都具有稀疏的向量表现形式，所以我们把 data 的数据结果设置为 SparseVector，sum 表示向量所有元素的和，preComputed 是一个提前计算好，在计算皮尔逊相关系数时会用到的数据值，最后 fingerPrint 和下一小节将要介绍的利用 LSH 加速计算过程有关，是一个存储哈希值的数组。

基因相似对计算问题需要遍历整个数据集，针对数据集中每一个基因，找出所有和该基因皮尔逊相关系数不小于 0.9 的基因,构成基因对加入到最终结果中。考虑到数据分布式存储的特点,本节案例采取部分收集部分广播的策略遍历数据集。具体方法可描述为:首先按照基因的 index 对数据集进行分组,例如以 100K 为单位,那么 index 范围在 0~100K 的基因都被分为第一组,index 范围在 100~200K 内的基因都被分为第二组,以此类推。然后按照分组的顺序将指定组基因用 collect 算子收集到 Driver 上,再利用 Spark 提供的 broadcast 方法广播到所有的 Worker 上,这样可以保证每个 Worker 上都有一份该组基因。最后计算该组基因与 Worker 本地存储的基因的相似性,找出所有相似基因对即可。在具体实现时,为避免重复计算,可以利用基因的 index,始终保证相似基因对第一个基因的 index 小于第二个基因的 index。这整个过程可用图 12-18 所示的伪代码来描述。

```
Algorithm 1 SPARK-APSS(V,t)
Input: V:DateSet, t:Threshold
Output: S:Similar pair set
 1: Distributed V to all Executors
 2: S ← Ø, BLOCKSIZE ← 100000
 3: maxIter ← maxIndex/BLOCKSIZE + 1
 4: for i ← 0 to maxIter do
 5:     somePoints ← Ø
 6:     for all Executor do
 7:         for v in Local Datasets do
 8:             if i * BLOCKSIZE <= v.index < (i + 1) * BLOCKSIZE then
 9:                 somePoints = somePoints ∪ v
10:             end if
11:         end for
12:     end for
13:
14:     Broadcast somePoints to all Executors
15:
16:     for all Executor do
17:         for u in somePoints do
18:             for v in Local Datasets do
19:                 if u.index < v.index and corr(u, v) > t then
20:                     S = S ∪ (u, v)
21:                 end if
22:             end for
23:         end for
24:     end for
25:
26: end for
27: return S
```

图 12-18 基于 Spark 平台的 APSS 问题解决方法伪代码

伪代码中 for all Executer 是表示该循环内的语句同时在 Spark 集群中所有该程序对应的 Executer 上执行。此外,somePoints 和 S 的实际生成都是利用 Spark 提供的 collect 算子实现,伪代码将其描述为集合并运算只是便于阅读理解。

12.3.2 利用 LSH 加速相似基因对算法

在 Spark 平台实现了相似基因对计算问题的基础上,利用 LSH 对整个计算过程进行加速的整个过程可表述为下面三个步骤:

1. 哈希值的生成

先随机生成 $b\times r$ 个随机向量,其中向量的维度和表示基因的向量的维度一样,向量的每一维数据都从高斯分布 $N(0,1)$采样得到,b、r 的具体意义参考上文提到的 banding 技术。

接下来对数据集中每一个向量,将其与生成的 $b\times r$ 个随机向量分别做点积运算后再取符号,即点积不小于 0 时取 1,点积小于 0 时取 0,这样每个向量就得到一个与之相对应的长度为 $b\times r$ 的 bits 串,即该向量的哈希值。上一小节提到用类 Point 的 fingerPrint 域来存储向量的哈希值,具体存储形式为字节数组,也就是说,banding 技术中的 r 固定为 8(1 字节由

8位构成)，数组的长度即为banding技术中的b的取值。具体代码如下所示：

```
//APSS7 - LSH.scala
.partitionBy(new HashPartitioner(PARTITION_NUM)).map{ p =>
        val v = Vectors.dense(p._2._1.toArray.map(x => x - p._2._2 / p._2._1.size))
        val hashValues = new Array[Int](numHashTables)
        var i = 0
        while(i < numHashTables){
          var j = 0
          while(j < numHashFunc){
            hashValues(i) = hashValues(i) << 1
            if(dot(hashFunctions(i)(j), v) > 0)
              hashValues(i) += 1
            j += 1
          }
          i += 1
        }
        Point(p._1, p._2._1, p._2._2, p._2._3, hashValues.map(_.toByte))
```

2. 找出候选相似基因对

这一步骤主要通过LSH验证所有基因对，认为同一个桶内的基因是候选相似基因对。具体做法为：对于基因对(x,y)，其中$x<y$，如果x和y在b组哈希值中只要有一组完全相同(即Byte表示的数值相同)，就认为基因对(x,y)为候选相似基因对。实质上这一步也可以看作是个过滤操作，直接认为b组哈希值均不相同的基因对(x,y)不相似，就不用再计算该基因对的皮尔逊相关系数，从而减少计算量。

但相比不使用LSH加速的情况，进行哈希值验证这一步也明显增加了计算量。因此，要想程序整体性能有所提升，必须确保过滤掉的基因对的皮尔逊相关系数所需的计算量超过计算LSH哈希值以及利用LSH进行验证的计算量，这就需要哈希值计算和验证这一步相对皮尔逊相关系数计算更轻量级，也需保证过滤掉的基因对占所有基因对一定的比例。

另外，在实际操作中发现：进行哈希值验证时，如果采取x和y在b组哈希值中只要有一组完全相同，就认为基因对(x,y)为候选相似基因对的策略，整体过滤效果并不是太明显，这一点在后面的实验结果可以看到。

针对上述问题，我们对哈希值验证方法做了如下的改进：只有当基因对(x,y)的b组哈希值中有超过$k(k\geqslant1)$组完全相同时，才认为基因对(x,y)为候选相似基因对。其余情况均认为基因对(x,y)不相似。显然，最开始的验证方法就是扩展方法中k值取1时的情况。通过适当调整k值，我们发现可以在保证计算精度仍然很高的情况下，大大减少候选相似基因对的数量，从而进一步减少计算量[160]，这点在下文的实验测试部分可以得到验证。具体代码如下所示：

```
//APSS7 - LSH.scala
def hashFilter(h1: Array[Byte], h2: Array[Byte]): Boolean = {
  var count = 0
  var i = 0
```

```
  while(i < h1.length) {
    if(h1(i) == h2(i)){
      count += 1
      if(count >= 3)              //超过 k(k≥3)组完全相同时
        return true
    }
    i += 1
  }
  false
}
```

3. 验证候选相似基因对

由于通过哈希值验证得到的候选相似基因对并不一定满足皮尔逊相关系数不小于0.9的条件，因此需要这一步对所有候选相似基因对进行验证，筛选出真正符合条件的基因对，同时过滤掉False Positive的情况。具体方法就是直接验证基因对的皮尔逊相关系数是否不小于0.9。

另外，具体实现时，找出候选相似基因对和验证是同时进行的，即满足哈希值验证的条件之后，直接计算皮尔逊相关系数进行验证，而不是找到所有候选相似基因对之后再进行验证。这里分为两个步骤是为了便于描述与理解。具体代码如下所示：

```
//APSS7 - LSH.scala
val pairs1 = pointsWithHash.filter(_.index > (i - 1) * BLOCK_SIZE).mapPartitions { iters =>
  val points = iters.toArray
  var i = 0
  val results = ArrayBuffer.empty[(Long, Long)]
  while(i < bcSomePoint.value.length){
     val a = bcSomePoint.value(i)
     var j = 0
     while(j < points.length){
        if (bcSomePoint.value(i).index < points(j).index
        && hashFilter(a.fingerPrint, points(j).fingerPrint)){
           val dotProduct = dotSparse(a.data, points(j).data)
           if(dotProduct > 0){
             val numerator = SIZE * dotProduct - a.sum * points(j).sum
             if(numerator > 0 && numerator / (a.preComputed * points(j).preComputed) >= 0.9)
//验证基因对的皮尔逊相关系数是否不小于0.9
             results += ((a.index, points(j).index))
           }
        }

        j += 1
     }
     i += 1
  }
  results.toIterator
}.collect()
```

最后上述利用 LSH 加速相似基因对计算的整个过程可以用如图 12-19 所示的流程图来表示。

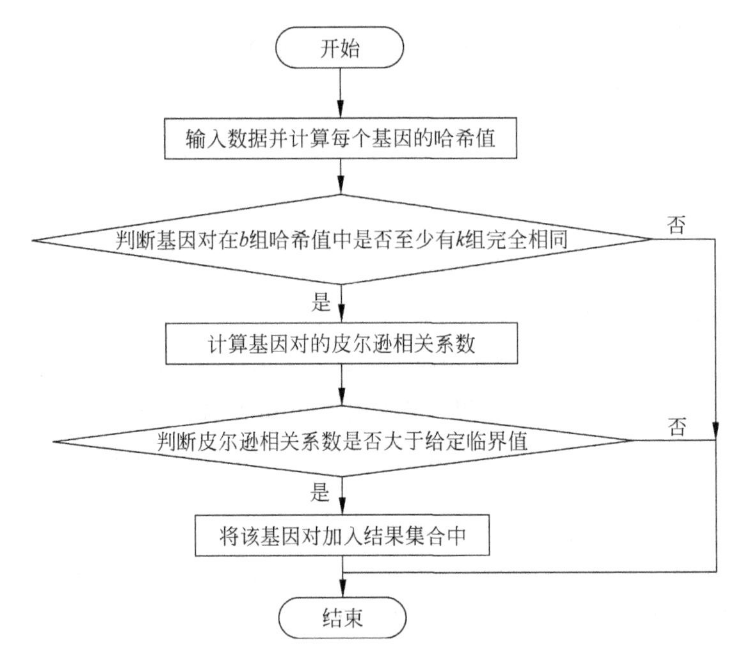

图 12-19 LSH 加速相似基因对计算流程图

12.3.3 基因图的生成

由上一章可以得到所有相似基因对的计算结果，也就是基因图所有的边，在此基础之上，首先利用 textFile 函数读取 HDFS 文件，将所有边以 RDD 的形式分布在集群上，然后直接利用 Graph 类中的工厂方法 fromEdges 生成基因图，具体代码如下所示：

```
//CC.scala
val edges: RDD[Edge[Int]] = sc.textFile(params.in, 160).map { line =>
  val parts = line.split('\t')
  Edge(parts(0).toLong, parts(1).toLong, 1)
}
val graph = Graph.fromEdges(edges, 1)
```

需要注意的是，按照此方法得到的图已经忽略掉一些点，设想某个基因和所有其他基因的皮尔逊相关系数都小于 0.9，也就是说所有相似基因对中都不会有该基因出现，那么该基因自然不会出现在生成的基因图中。所有生成的基因图已经自动筛选出所有“特立独行”的基因，后文将这类基因也称为噪音基因。

其实这一点恰恰是造成 MGS 效率低下的原因之一，如果某个图所有的点之间都彼此不相似，那么 MGS 聚类迭代次数就等于点的个数，而在实际统计中发现，数据集中 2 082 408 个基因中共有 709 290 个基因都属于这类基因，这表明 MGS 聚类方法的迭代次数至少为 709 290 次，而且这 709 290 次聚类都不会生成有意义的聚类结果。我们可以把这些基因形象比喻为整个基因集合中的噪音，实际可行的方法必须有效避开这些噪音完成聚类。而通过相似基因对计算这一过程，实际上就已经同时将这些基因筛选出来，也正是基于这一点考虑，本节案例才将原本的宏基因组聚类问题划分为两个子问题来进行讨论和解决。

12.3.4 图的基本性质分析

通过上一步，整个图已经分布式存储在 Spark 集群内存中。在此基础上，可以利用 GraphX 提供的基本操作对图的一些基本性质进行分析，包括顶点的度以及图的连通性分析。

通过这些分析，可以加深对图的整体情况以及性质的认识和了解。其中，图的连通性分析可以看作是一个预聚类过程：通过图的连通性分析可以将由百万基因构成的大规模图拆分成小的子图，而这些小的子图有些就可以直接看作是聚类结果，例如完全子图或者星型子图，而对于复杂的子图，就可以采用第三步介绍的社区发现算法进行处理。

将图的连通性分析结果作为基因图的一个预聚类过程，不仅可以将一个复杂的大规模问题转化为若干小问题，同时还可以直接将部分连通性分析结果作为聚类结果，这两个方面都有利于问题的简化。这一点是使用图聚类方法特有的优势，体现了分治的思想。

这一步的实现代码也很简单，具体如下所示。

```
//CC.scala
val degrees: VertexRDD[PartitionID] = graph.degrees
//Run Connected Components
val CC = graph.connectedComponents().vertices.join(degrees)
.map(x => (x._2._1, (x._1, x._2._2))).groupByKey().map { x =>
  val ccSize = x._2.size
  val maxDegreeVertice: (VertexId, PartitionID) =
x._2.toSeq.sortWith(_._2 > _._2).head
  (x._1, (ccSize, maxDegreeVertice, x._2.map(_._1)))
}.cache()
```

12.3.5 基因图聚类

这一步在进行了连通性分析的基础上，对得到的一些复杂连通部分，也可以看作是原图的一些子图，利用社区发现算法中的标签传播算法进行进一步聚类。标签传播算法的算法描述已经在前文给出，具体实现需要使用 GraphX 中的 Pregel API 来实现。Pregel API 需要使用者自己定义三个函数，分别为消息发送函数(sendMsg)、消息合并函数(mergeMsg)、顶点函数(vprog)。在一个超步(superstep)内，这三个函数先后被调用，完成顶点间的消息传递和接受，最终更新顶点的属性。

在标签传播算法中，消息发送函数定义为对每条边的两个顶点分别发送顶点标签给对方，消息合并函数定义为对接收到的消息进行合并，完成对标签计数的功能，顶点函数定义为置标签为接收到的消息中数量最多的标签。具体代码如下：

```
//org/apache/spark/graphx/lib/LabelPropagation.scala
/** Label Propagation algorithm. */
object LabelPropagation {
  def run[VD, ED: ClassTag](graph: Graph[VD, ED], maxSteps: Int): Graph[VertexId, ED] = {
    require(maxSteps > 0, s"Maximum of steps must be greater than 0, but got ${maxSteps}")

    val lpaGraph = graph.mapVertices { case (vid, _) => vid }
    def sendMessage(e: EdgeTriplet[VertexId, ED]): Iterator[(VertexId, Map[VertexId, Long])] = {
      Iterator((e.srcId, Map(e.dstAttr -> 1L)), (e.dstId, Map(e.srcAttr -> 1L)))
    }
    def mergeMessage(count1: Map[VertexId, Long], count2: Map[VertexId, Long])
      : Map[VertexId, Long] = {
      (count1.keySet ++count2.keySet).map { i =>
        val count1Val = count1.getOrElse(i, 0L)
        val count2Val = count2.getOrElse(i, 0L)
        i -> (count1Val + count2Val)
      }.toMap
    }
    def vertexProgram(vid: VertexId, attr: Long, message: Map[VertexId, Long]): VertexId = {
      if (message.isEmpty) attr else message.maxBy(_._2)._1
    }
    val initialMessage = Map[VertexId, Long]()
    Pregel(lpaGraph, initialMessage, maxIterations = maxSteps)(
      vprog = vertexProgram,
      sendMsg = sendMessage,
      mergeMsg = mergeMessage)
  }
}
```

实质上,本步中唯一存疑的问题在于如何定义复杂连通部分这个抽象概念,也就是对于什么样的连通部分需要进行第三步给出的进一步分析。简单连通部分很好识别,例如最简单的一条边和对应的两个顶点就可构成一个简单的连通部分。但复杂连通部分仅仅从顶点数目和边的数目无法进行准确的判断。

针对该问题,首先可以尝试通过给出一个连通部分的更多信息来帮助判断。例如连通部分中顶点的度最高是多少,如果该数值恰好比顶点数目少一,那么无论顶点之间如何连接,都至少可以找到一个顶点,它和其他顶点之间都相互连接,也就是说该顶点代表的基因和连通部分中其余基因均相似,这种情况下,显然也可以认为这个连通部分为一个类。这也是之前对图进行顶点度分析的原因。同时这种方法也只适应部分情况。还有一个更好的解决方案,就是用可视化方法直接把图描绘出来,再人为进行判断。关于这些的详细内容,本节案例将在实验结果中给出例子说明。

通过上述三个步骤,完成了对基因图分析和聚类的所有工作,最后,给出整个过程的伪代码描述,如图 12-20 所示。

具体实现代码如下,首先使用 connectedComponents 函数计算连通部分得到 CC,再对 CC 进行分类,分别存在不同的文件中。

```
1: procedure GRAPHCLUSTERING(E)
2:     Class ← ∅
3:     Construct a graph G from E.
4:     Compute the connected components(CCS) of G.
5:     for each CC in CCS do
6:         if CC is simple then
7:             Class ∪ CC
8:         else
9:             Class∪ LABELPROPAGATION(CC, maxIter)
10:        end if
11:    end for
12:    return Class
13: end procedure
14:
15: procedure LABELPROPAGATION(G, maxIter)
16:    i ← 0
17:    while i < maxIter and not convergence do
18:        1. Vertices send label to neighbors.
19:        2. Vertices updata label.
20:        i + +
21:    end while
22:    return Collection of Vertices divided by label
23: end procedure
```

图 12-20 基因图聚类流程伪代码

```
//CC.scala
    //Run Connected Components
    val CC = graph.connectedComponents().vertices.join(degrees).map(x => (x._2._1, (x._1,
x._2._2))).groupByKey().map { x =>
        val ccSize = x._2.size
        val maxDegreeVertice: (VertexId, PartitionID) = x._2.toSeq.sortWith(_._2 > _._2)
       .head(x._1, (ccSize, maxDegreeVertice, x._2.map(_._1)))
    }.cache()
    writer.write(s"The number of connected components: ${CC.count()}\n")
    degrees.collect().sortBy(_._2).foreach { case(index, degree) =>
      writer.write(s"$index $degree\n")
    }
    writer.close()
    //Write results
    val writer2 = new PrintWriter(new File(params.out + "smallCC.txt"))
    writer2.write(s"#Id\tSize\tMaxDegreeVerticeId\tMaxDegree\tMembers\n")
    (Stream from 1).zip(CC.filter(_._2._1 <= 30).collect().sortBy(_._2._1)).foreach {
case(index, (_, (ccSize, maxDegreeVertice, vertices))) =>
      writer2.write(s"${params.clusterNamePrefix}$index $ccSize ${maxDegreeVertice._1}
${maxDegreeVertice._2}")
      vertices.foreach(v => writer2.write(s" $v"))
      writer2.write("\n")
    }
    writer2.close()
    val writer3 = new PrintWriter(new File(params.out + "bigCC.txt"))
    writer3.write(s"#Id\tSize\tMaxDegreeVerticeId\tMaxDegree\tMembers\n")
    (Stream from 1).zip(CC.filter(_._2._1 > 30).collect().sortBy(_._2._1)).foreach {
case(index, (_, (ccSize, maxDegreeVertice, vertices))) =>
      writer3.write(s"${params.clusterNamePrefix}$index $ccSize ${maxDegreeVertice._1}
${maxDegreeVertice._2}")
      vertices.foreach(v => writer3.write(s" $v"))
      writer3.write("\n")
    }
    writer3.close()
```

对于较大的连通部分，本节案例使用标签传播算法 LabelPropagation 再进行聚类。

```
//LP.scala
    val graph = Graph.fromEdges(edges, 1)
    println(graph.numVertices)
    val labels: Graph[VertexId, PartitionID] = LabelPropagation.run(graph, 100).cache()
```

12.4 环境建立和实验数据说明

12.4.1 案例环境

本节案例在华大基因 Spark 集群上完成测试和性能评估，该 Spark 集群由 1 个 Master 节点和 17 个 Worker 节点组成，测试平台中 Worker 节点的具体物理配置以及相关软件版本信息在表 12-1 中给出，还有一些和 Spark 集群相关的配置信息主要是 Scala 语言版本和 Spark 版本，其中 Scala 语言[161]的版本为 2.11 版本，Spark 版本为 1.5.2。

表 12-1 Hadoop 集群计算节点物理配置及软件版本

内　　容	具体配置	内　　容	具体配置
CPU	Intel(R) Xeon(R) E5645	OS	RedHat Enterprise Linux Server
Cores	12	Jave Version	1.8
Clock Frequency	2.40GHz	Hadoop Version	2.6.3
Memory	48GB		

12.4.2 实验数据

本节案例实验采用的数据来自于华大基因，整个基因目录的丰度分布表文件大小为 1.49GB，数据集共包括 2 082 408 个基因，其中每个基因由一个 index 和一个 370 维向量构成，说明整个样本数目为 370。虽然得到的基因目录的丰度分布表并不是太大，但得到这个数据集的序列文件却是海量的。如前文所述，一个样本的序列文件包含两个 Fastq 文件，每个 Fastq 文件大约为 2.66GB，因此，得到这个表所需的序列文件大小为：$2\times2.66\times370=1968.4$GB。

12.5 结果展示

12.5.1 LSH 方法精确度分析

如前文所述，直接基于 Spark 解决 APSS 问题时，既不会产生精确度的损失，也不会导致错误的结果产生，而利用 LSH 方法解决 APSS 问题时，由于 LSH 只是一种近似方法，因此该方法伴随着一定程度的精度损失，对于 APSS 问题来说就是有相似基因对未找到。同时前文提到的方法中对候选相似基因对做了验证，因此 LSH 方法也不存在结果中有非相似基因对的情况，即不会产生错误结果。下面，首先给出问题的正确结果，即测试基准，再对 LSH 方法的精确度进行评估。测试基准如表 12-2 所示。

表 12-2 LSH 方法测试基准

基因数目	26114	53932	82210	110475
index 范围	0～100K	0～200K	0～300K	0～400K
所有基因对数目	340 957 441	1 454 303 346	3 379 200 945	6 102 307 575
所有相似基因对数目	361 345	1 478 355	3 389 636	6 006 983

表中给出的是一定 index 范围内所有基因对以及所有相似基因对的情况，由表可知相似基因对大约占所有基因对的 0.1%，比例非常小。从计算量角度来说，计算 1000 个基因对的皮尔逊相关系数，才能找到 1 个相似基因对，也就是得到一个真正的计算结果，效率也很低。比例低的同时也说明了有加速的必要性以及加速的空间很大，下面就具体给出使用 LSH 加速计算时的情况。

首先给出在基因 index 范围为 0～100K 时，对于不同参数取值，即不同 b 值和 k 值，得到的候选相似基因对和相似基因对的情况，具体情况如图 12-21 和图 12-22 所示。此时，测试基准对应于表 12-2 中第一列，基因数目为 26 114，所有基因对的数量为 340 957 441，所有相似基因对数量为 361 345。

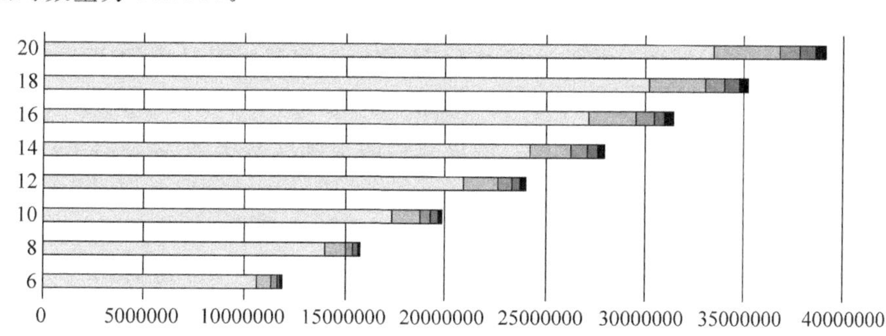

	6	8	10	12	14	16	18	20
□1	10628973	14015501	17402651	20936549	24254811	27108948	30199757	33439288
■2	721848	1002716	1375333	1736477	2111839	2456302	2868131	3345787
■3	299710	406370	553615	666624	768755	861334	968777	1095203
■4	156693	238625	350101	430171	501942	562521	631107	709027
■5	69195	144130	229612	299601	361959	413715	468919	535628

图 12-21 不同参数情况下候选相似基因对数目

图 12-21 和图 12-22 中表格每一行对应参数 k 的值相同，参数 b 取不同值时的情况，每一列对应参数 b 的值相同，参数 k 取不同值时的情况。表中每一项对应于该参数下候选相似基因对的数值，在保证一定精确度的情况下，该数值越小说明需要验证的基因对越少，即计算量越小。

由图 12-21 和图 12-22 可以看出，当 k 值相同时，b 值越大，候选相似基因对越多，过滤效果越差，加速效果也越差。当 $k=1,b=20$ 时，候选相似基因对达到 33 439 288，过滤掉 90.2%的基因对，但考虑到此时得到的相似基因对仅有 361 327，仍然只占候选相似基因对的

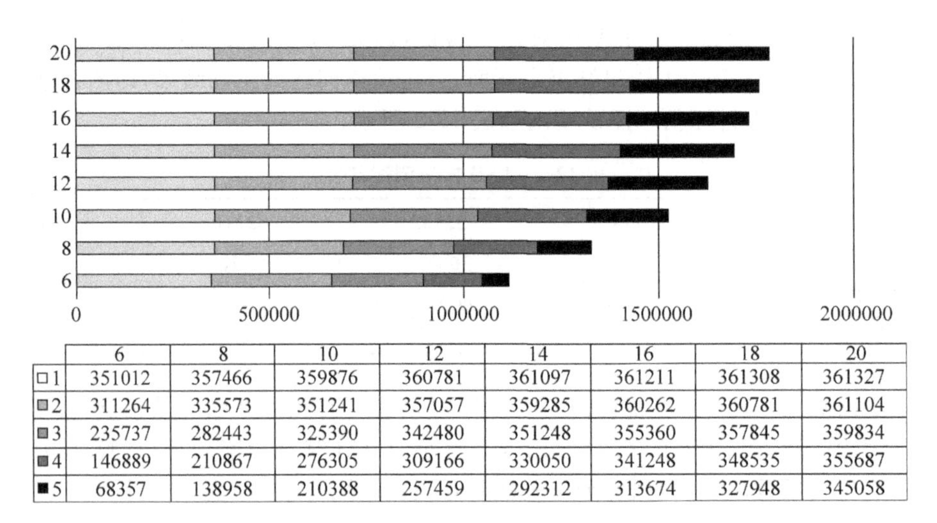

	6	8	10	12	14	16	18	20
□1	351012	357466	359876	360781	361097	361211	361308	361327
■2	311264	335573	351241	357057	359285	360262	360781	361104
■3	235737	282443	325390	342480	351248	355360	357845	359834
■4	146889	210867	276305	309166	330050	341248	348535	355687
■5	68357	138958	210388	257459	292312	313674	327948	345058

图 12-22　不同参数情况下相似基因对数目

1.08%。同时此时得到的相似基因对已经是所有参数中最多的，即精度最高，为 99.995%。

当 b 值相同时，k 值越大，候选相似基因对越少，过滤效果越好，加速效果也越好。当 $k=5,b=6$ 时，候选相似基因对仅仅只有 69 195 对，过滤掉 99.98%的基因对，同时得到的相似基因对为 68 357 对，占候选相似基因对的 98.79%。但明显这组参数组合也不可取，因为得到的结果最少，远小于真实结果的数量，即此时精确度最低，仅为 18.92%。

综合上述讨论，可以发现参数的选择对 LSH 加速相似基因对计算的实际效果（包括精确度和加速比两个方面）至关重要，在保证一定精度的情况下，合理选择参数，可以减少候选基因对的数量，从而获得更高的加速比。假设我们的精确度要求为 99%以上，则结果数量必须大于 357 731，结合图 12-22 知参数组合（10，1）、（12，1）、（14，1）、（16，1）、（18，1）、（20，1）、（14，2）、（16，2）、（18，2）、（20，2）、（18，3）、（20，3）均符合要求，再结合图 12-21 知参数组合（18，3）最理想，此时候选相似基因对为 968 777 对，仅占所有基因对的 0.28%，得到的相似基因对为 357 845 对，占候选相似基因对的 36.94%，大约每 10 个候选相似基因对就有 4 个是相似基因对，相比未过滤时的 0.1%，比例提高了 300 倍以上。

12.5.2　可扩展性分析和加速效果分析

可扩展性是评价基于 Spark 平台开发的应用程序的一项重要指标。对于 Spark 平台上的应用程序来说，有较好的可扩展性意味着可以通过分配更多的计算资源或在更大规模的集群上运行来加速计算。本节案例仅选取图 12-18 所示算法中的一次迭代过程作为测试基准。具体测试基准如表 12-3 所示。此外，参数固定为 $b=20,k=3$。

表 12-3　可扩展性测试基准，基因对以（x，y）为例

基 因 数 目	1 9036
x 的 index 范围	5000K～5100K
y 的 index 范围	≥5000K
所有相似基因对	3 620 358

可扩展性测试结果如图 12-23 所示，图中横坐标为使用集群核的数量，纵坐标表示纯计算部分运行时间（对于使用 LSH 加速时，仅包括过滤基因对和验证候选相似基因对的时间，并不包括计算哈希值的时间）。

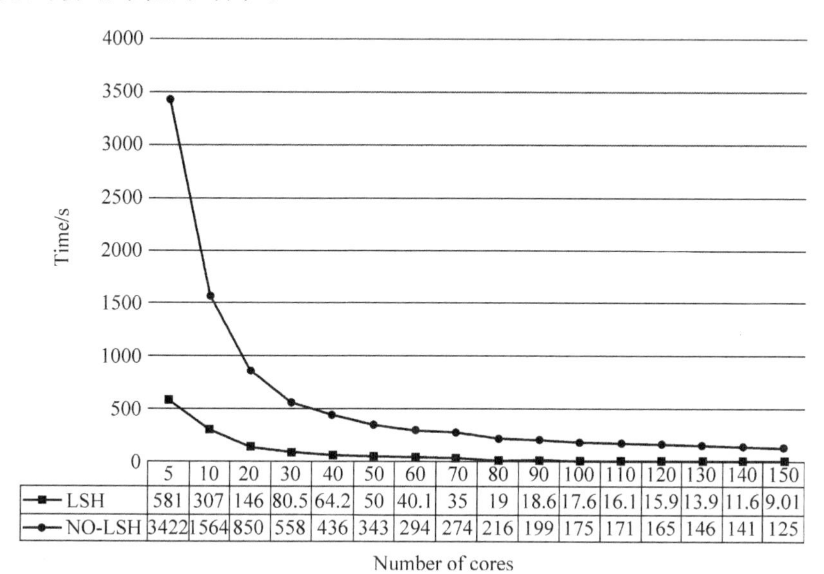

图 12-23　可扩展性测试结果

由可扩展性测试可计算加速比（使用 LSH 加速相对不使用 LSH 的方法）的情况，具体如图 12-24 所示。

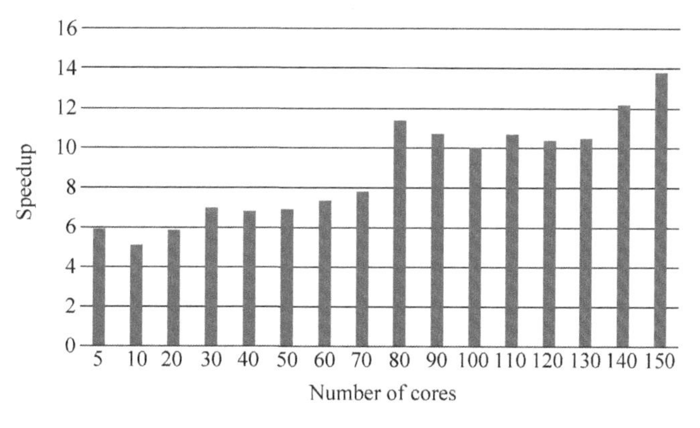

图 12-24　加速比测试结果

由图 12-24 可以看出，在不同核数情况下，使用 LSH 加速相对原方法有 5～14 倍加速效果。这个结果和之前分析的候选基因对仅占整个基因对的 0.28%左右的结果有较大出入，如果把过滤过程忽略不计，理论上通过 LSH 加速能获得几百倍的加速比，但实际却只有 5～14 倍加速比。说明通过哈希值找出所有候选基因对这一步占了 LSH 加速计算绝大部分计算时间。这也侧面反映了在使用 LSH 加速计算的方法中，进行哈希值比较的实现必须保证是轻量级的，否则有可能导致使用 LSH 后计算时间反而增加的情况。另外，参数 b 和参数 k 的选择显然也会影响哈希值比较的时间，从而影响加速比。

12.5.3 基因图顶点的度分布和连通性分析

相似基因对计算给出了所有相似基因对的结果，同时筛选掉和所有基因均不相似的基因，即顶点度为 0 的基因。基于该结果生成的基因图共有 1 367 881 个顶点，789 645 909 条边，由此可计算出顶点的度的平均值为 1155，这个数值表明每个基因平均和 1155 基因相似。下面给出顶点的度的大致分布情况，如图 12-25 所示。图中系列 1 为顶点的度，系列 2 为对应的基因数目。

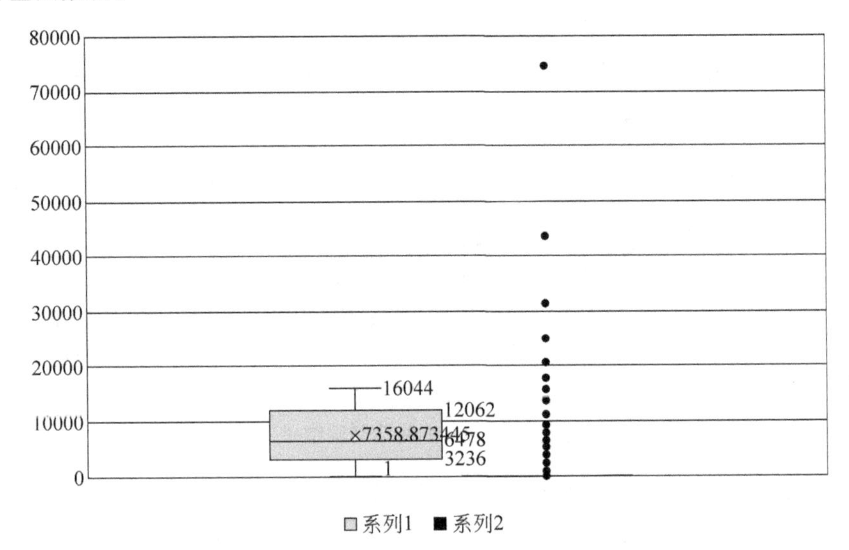

图 12-25 基因图顶点的度分布箱线图

由于顶点的度的差距较大，下面给出一些具体情况：顶点的度最小值为 1，对应的基因有 74 726 个，顶点的度最大值为 16 044，对应基因数目为 2。由于顶点的度的跨度以及度较大时对应基因很少，因此对横坐标顶点的度采用对数坐标轴，得到的基因数目随顶点的度的分布图如图 12-26 所示。

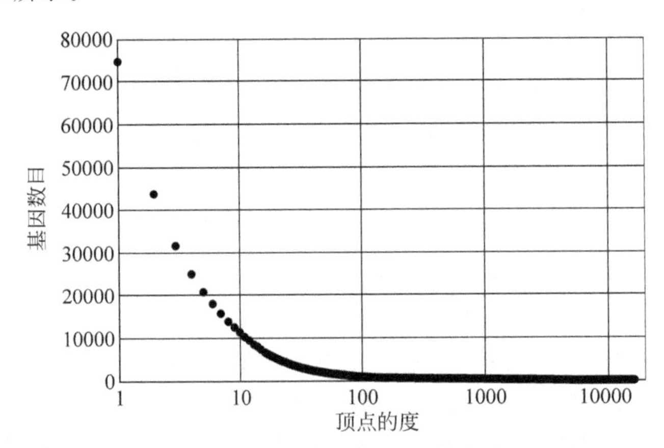

图 12-26 基因数目随顶点的度的分布

完成对顶点的度的分析后，接下来给出图的连通性分析的结果：通过图的连通性分析总共得到 26931 个连通子图，平均每个连通子图包含顶点数目为 50.8。连通子图最少包含顶点数目为 2，这样的连通子图共有 13 275 个，占所有连通子图的 49.3%。这些连通子图均由两个顶点、一条边构成，均无须再进行聚类分析。随着连通子图顶点数目的增加，相应连通子图的数目整体呈下降趋势。当连通子图的规模达到 19 左右时，连通子图数目降为 100 以下，当连通子图的规模达到 50 左右时，连通子图数目降为 10 以下，当连通子图规模在 100 以上时，大部分都只对应 1 或 2 个连通子图。下面给出连通子图规模为 20 以下时，连通子图数目的变化情况，具体如图 12-27 所示。

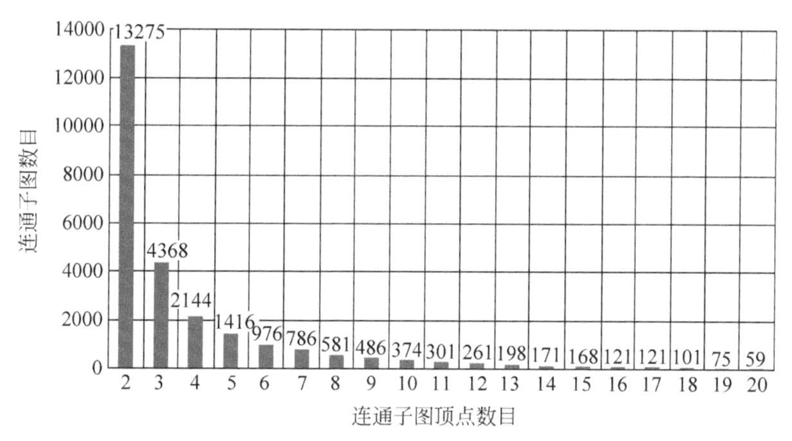

图 12-27 连通子图数目随连通子图规模变化趋势

另外，需要注意的是，连通性分析得到的一个最大连通子图的规模为 1 155 275，占整个图顶点数目的 84.5%，而次大连通子图的规模仅为 4363。这反映了连通性分析仅仅把问题规模减少了 15%左右，进行聚类分析面对图的规模仍然为百万数量级。但考虑连通性分析实现比较简单，GraphX 提供的基本操作可直接进行，而且还能筛选出众多小规模连通子图，使问题简单化，总体来说还是有不错的收益，因此连通性分析作为聚类之前的预聚类过程，是很有必要且切实可行的。

12.5.4 基因图聚类结果分析

前文提到针对结构较为复杂的连通子图，需要进行进一步的聚类分析。而问题的难点在于如何根据得到的连通子图信息来判断该连通子图是否复杂。本小节通过给出几个具体连通子图的实例来说明判断方法，并给出一些复杂子图的聚类结果。首先，给出一个简单连通子图的例子。该连通子图的示意图如图 12-28 所示。

该图共包含 14 个顶点，85 条边。之所以认为这个连通子图为简单的，是因为该子图存在一个顶点和其他顶点均相连，也就是说该基因与所有其他基因均相似，该基因 index 为 1 850 044。也说明整个子图可以以 index 为 1 850 044 的基因为中心进行聚类。

接下来再给出一个复杂连通子图的例子。该连通子图的示意图如图 12-29 所示。虽然该子图仅由 11 个顶点和 11 条边构成，但显然不能认为该子图为一个聚类结果。该图中度数最大的顶点仅为 5，小于顶点总数的一半。由此可知，判断一个子图是否复杂和构成图的顶点数和边无关，关键要看图的结构。而给出子图顶点度数的最大值，有时可以帮助快速判断子图是否复杂。最后，给出一个规模较大的子图，该图由 30 个顶点和 78 条边组成，具体如图 12-30 所示。

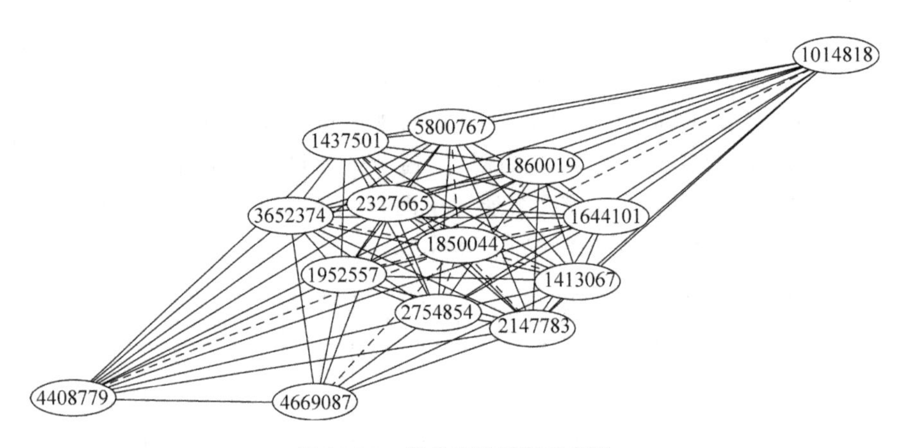

图 12-28 简单连通子图示意图

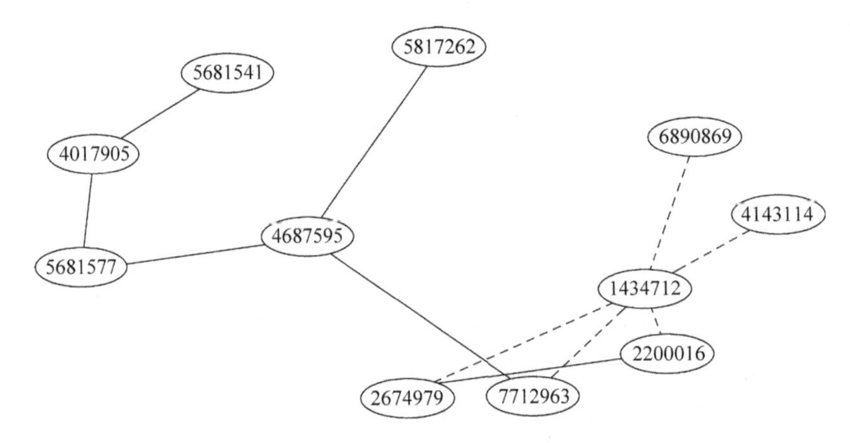

图 12-29 复杂连通子图示意图

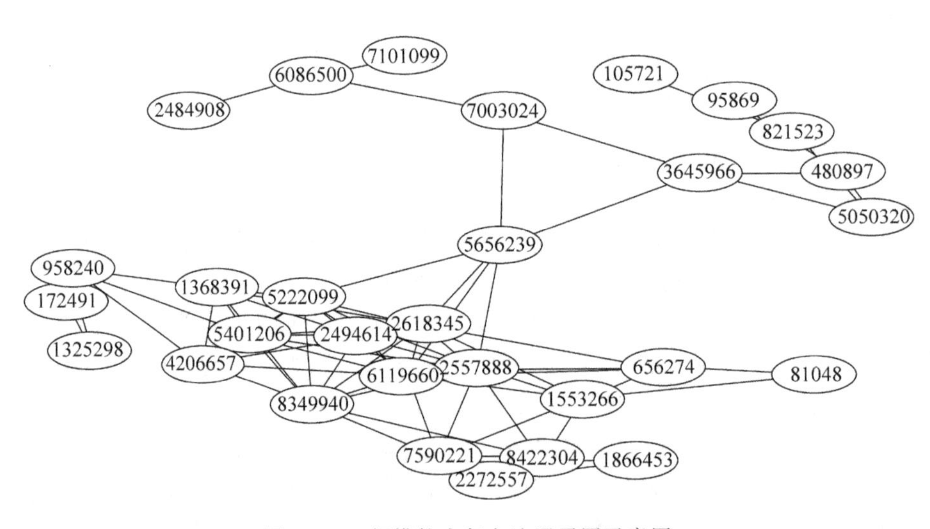

图 12-30 规模较大复杂连通子图示意图

显然，该图无法看作一个类，有必要对该图进行聚类分析。具体聚类结果如图 12-31 所示。总共生成 9 个聚类结果，其中一个聚类结果包括 20 个顶点，其余 8 个聚类结果分别为

2个包含2个顶点的结果和6个单独一个顶点的结果。在实际中,20个顶点的结果可用,有较好的生物学意义,其余均可视为无效结果。

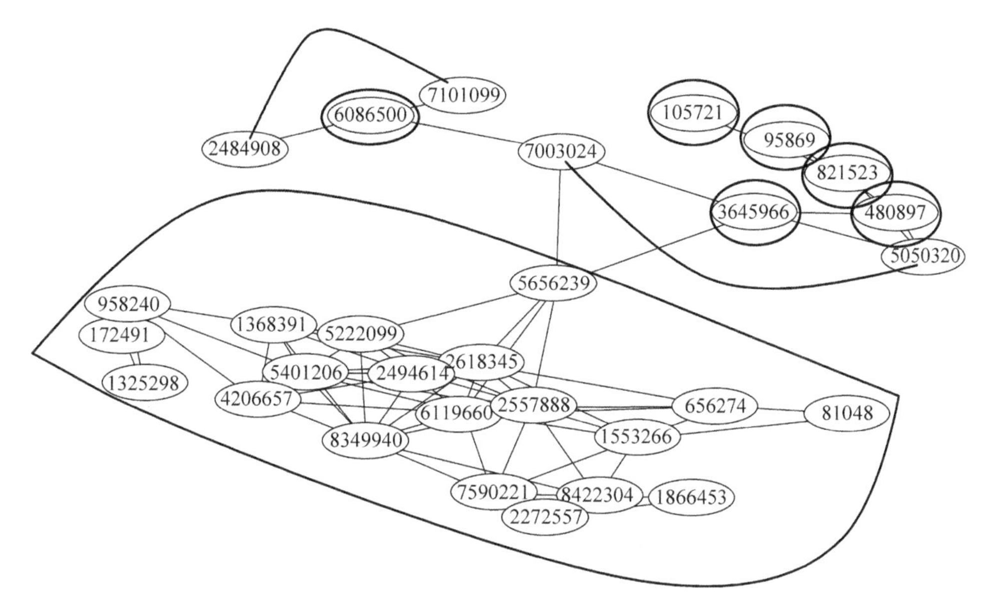

图 12-31 标签传播算法聚类结果示意图

对于规模更大的子图,顶点和边的数目均较多,不易可视化,这里不再举例说明。但运用标签传播算法对其进行聚类是切实可行的。至此本节案例就完成了宏基因组基因图聚类的目标,仅从基因的相似性角度找出了可能来自同一物种的基因,具体生物学意义可以利用相关分析工具进行进一步分析,这里不再详细说明。

12.5.5 总结

综上所述,宏基因组基因聚类问题是目前宏基因组学研究最广泛也是最难解决的问题之一,具有很好的研究意义与应用价值。本案例在了解原有聚类方法不足的基础上,创造性提出将宏基因组聚类问题划分为相似基因对计算和宏基因组基因图聚类两个子问题。针对相似基因对计算问题提出了针对海量数据下基于 Spark 平台的解决方法,并在保证一定精确度的前提下,利用局部敏感哈希方法对相似基因对计算过程进行加速。经过验证,该方法可以有效解决问题,利用局部敏感哈希可以在保证精确度大于99%的情况下,使原有解决方案获得5~14倍加速比,同时两种解决方案均具有较好的可扩展性。之后在完成相似基因对计算的基础上,本案例构造出了宏基因组百万基因图,并使用并行图计算框架 Spark GraphX 完成了对图的连通性分析和聚类分析,最后利用可视化工具给出了连通性分析和聚类分析的一些结果。总体来说,本案例基于图的聚类方法和使用 GraphX 完成百万数量级图的聚类工作,而之前的 MGS 聚类方法面对海量基因数据时,会不可避免地受一些"噪音"基因的影响导致计算效率低下,计算时间过长。因此,在面对海量数据时,如何避开无价值的数据,找到有价格的结果是非常值得研究的生物医药大数据相关课题之一。

习题

1. 宏基因组聚类方法属于有监督学习还是无监督学习？它的核心思想是什么？

无监督学习；宏基因组聚类方法的核心思想在于假设不存在任何已知的参考基因组，仅仅根据测序所得序列自身蕴含的信息，运用机器学习或统计的方法，将相似的测序序列聚成一类，使得最终得到的分类结果中每一类的种内距离最小，而种间距离最大。

2. 简述局部敏感哈希算法的原理。

取多个哈希函数，相对于不相似的数据对象而言，这些函数以更高的概率将相似的数据对象映射到相同的哈希桶中。也就是说，将原始数据空间中的两个相邻数据点通过相同的映射或投影变换后，这两个数据点在新的数据空间中仍然相邻的概率很大，而不相邻的数据点被映射到同一个桶的概率很小。

3. 什么是 APSS 问题？

给定 m 维向量 $V=\{v_1,v_2,\cdots,v_n\}$、相似度函数 $\mathrm{sim}(x,y)$ 和相似度阈值 t，我们希望计算所有对集 (x,y) 并且对于任意 $x,y\in V,\mathrm{sim}(x,y)\geqslant t$。

4. 本章案例如何使用局部敏感哈希技术加速相似基因对算法？

参 考 文 献

[1] 林伟伟,刘波.分布式计算、云计算与大数据.北京:机械工业出版社,2015.

[2] Coulouris G,Dollimore J; Tim Kindberg; Gordon Blair. Distributed Systems: Concepts and Design (5th Edition). Boston: Addison-Wesley, 2011.

[3] 刘福岩,王艳春,刘美华,等.计算机操作系统.北京:兵器工业出版社,2005.

[4] M. L. Liu,分布式计算原理与应用(影印版).北京:清华大学出版社,2004.

[5] 中国分布式计算总站,http://www.equn.com/,2016.

[6] 孙大为,张广艳,郑纬民.大数据流式计算:关键技术及系统实例[J].软件学报,2014,(4):839-862.

[7] Cisco IOx in Cisco Live 2014: Showcasing "fog computing" at work, cisco.com, 2016.12.

[8] Bar-Magen Numhauser, Jonathan (2013). Fog Computing introduction to a New Cloud Evolution. Escrituras silenciadas: paisaje como historiografía. Spain: University of Alcala. pp. 111-126. ISBN 978-84-15595-84-7.

[9] 林伟伟,刘波.分布式计算、云计算与大数据.北京:机械工业出版社,2015.

[10] M. L. Liu,分布式计算原理与应用(影印版).北京:清华大学出版社,2004.

[11] Java Remote Method Invocation—Distributed Computing for Java,http://java.sun.com/marketing/collateral/javarmi.html.

[12] Java 2 Platform v1.4 API Specification,http://java.sun.com/j2se/1.4/docs/api/index.html.

[13] 林伟伟,刘波.分布式计算、云计算与大数据[M].北京:机械工业出版社,2015.

[14] 罗军舟,金嘉晖,宋爱波,等.云计算:体系架构与关键技术[J].通信学报,2011,32(7):3-21.

[15] 林伟伟,齐德昱.云计算资源调度研究综述.计算机科学,2012,39(10):1-6.

[16] Ghemawat S, Gobioff H, Leung S T. The Google file system[C]//ACM SIGOPS operating systems review. ACM, 2003, 37(5): 29-43.

[17] Chang F, Dean J, Ghemawat S, et al. Bigtable: A distributed structured data storage system[C]// 7th OSDI. 2006: 305-314.

[18] Dean J, Ghemawat S. MapReduce: simplified data processing on large clusters[J]. Communications of the ACM, 2008, 51(1): 107-113.

[19] Melnik S, Gubarev A, Long J J, et al. Dremel: interactive analysis of web-scale datasets[J]. Proceedings of the VLDB Endowment, 2010, 3(1-2): 330-339.

[20] Amazon. http://aws.amazon.com/cn/documentation/, 2017.

[21] Amazon. Amazon Elastic Compute Cloud. http://aws.amazon.com/ec2/, 2017.

[22] Amazon. Amazon Simple Storage Service(S3). http://aws.amazon.com/cn/s3/, 2017.

[23] Amazon. Amazon SimpleDB. http://aws.amazon.com/simpledb/, 2017.

[24] Amazon. Amazon Relational Database Service. http://aws.amazon.com/rds/, 2017.

[25] AWS 上的大数据,https://aws.amazon.com/cn/big-data/.

[26] Calheiros R N, Ranjan R, Beloglazov A, et al. CloudSim: a toolkit for modeling and simulation of cloud computing environments and evaluation of resource provisioning algorithms[J]. Software: Practice and Experience, 2011, 41(1): 23-50.

[27] 刘鹏.云计算[M].第2版.北京:电子工业出版社,2011:265-287.

[28] Calheiros R N, Ranjan R, De Rose C A F, et al. CloudSim: A novel framework for modeling and simulation of cloud computing infrastructures and services[J]. arXiv preprint arXiv: 0903.

2525, 2009.

[29] M. Maheswaran, S. Ali, H. J. Siegel, D. Hensgen, and R. F. Freund, "Dynamic mapping of a class of independent tasks onto heterogeneous computing systems," Journal of Parallel & Distributed Computing, vol. 59, no. 2, pp. 107-131, 1999.

[30] J. O. Gutierrez-Garcia and K. M. Sim, "A family of heuristics for agent-based elastic Cloud bag-of-tasks concurrent scheduling," Future Generation Computer Systems, vol. 29, no. 7, pp. 1682-1699, 2013.

[31] Weiwei lin, Siyao xu, Ligang He, Jin Li. Multi-Resource Scheduling and Power Simulation for Cloud Computing. Informaton Sciences, 2017, 397: 168-186.

[32] Weiwei Lin, Wentai Wu, James Z. Wang. A Heuristic Task Scheduling Algorithm for Heterogeneous Virtual Clusters. Scientific Programming, Volume 2016 (2016), Article ID 7040276, 10 pages, http://dx. doi. org/10. 1155/2016/7040276.

[33] 林伟伟,刘波. 分布式计算、云计算与大数据. 北京：机械工业出版社，2015.

[34] 林伟伟,刘波. 分布式计算、云计算与大数据. 北京：机械工业出版社，2015.

[35] 刘贝,汤斌. 云存储原理及发展趋势[J]. 科技信息，2011 (5)：50-51.

[36] 钱宏蕊. 云存储技术发展及应用[J]. 电信工程技术与标准化，2012，25(4)：15-20.

[37] 冯丹. 网络存储关键技术的研究及进展[J]. 移动通信，2009，33(11)：35-39.

[38] 许志龙,张飞飞. 云存储关键技术研究[J]. 现代计算机：下半月版，2012 (9)：18-21.

[39] Ghemawat S, Gob Dffh, Leung P T. The Google file system, Proceedings of the 19th ACM Symposium on Operating Systems Principles[M]. New York: ACM Press, 2003: 29-43.

[40] 白翠琴,王建,李旭伟. 存储虚拟化技术的研究与比较[J]. 计算机与信息技术,2008(7).

[41] 陈全,邓倩妮. 云计算及其关键技术[J]. 计算机应用，2009，29(9)：2562-2567.

[42] 李锐,林艳萍,徐正全,等. 空间数据存储对象的元数据可伸缩性管理[J]. 计算机应用研究，2012，28(12)：4567-4571.

[43] 郑胜. 按需扩展的高可用性对象存储集群技术研究[D]. 2008.

[44] 陈震,刘文洁,张晓,等. 基于磁盘和固态硬盘的混合存储系统研究综述[J]. 计算机应用，2017，37(5)：1217-1222.

[45] Doug Howe, Maria Costanzo, Petra Fey, Takashi Gojobori, Linda Hannick, Winston Hide6, David P. Hill, Renate Kania, Mary Schaeffer, Susan St Pierre, Simon Twigger, Owen White & Seung Yon Rhee. Big data: The future of biocuration. Nature. 2008.

[46] Sanjay Ghemawat, Howard Gobioff, and Shun-Tak Leung. The Google File System. Google. Inc. 2003.

[47] Big data. http://en. wikipedia. org/wiki/Big_data. 2014.

[48] 钟瑛,张恒山. 大数据的缘起、冲击及其应对[J]. 现代传播. 中国传媒大学学报. 2013.

[49] Jeffrey Dean and Sanjay Ghemawat. MapReduce: Simplified Data Processing on Large Clusters. Google Inc. 2004.

[50] Ralf Lammel. Google's mapreduce programming model-revisited. 2007.

[51] Fay Chang, Jeffry Dean, Sanjay Ghemawat, etc. Bigtable: A Distributed Storage System for Structured Data. Google Inc. 2006.

[52] Apache Hadoop[EB/OL]. http://hadoop. apache. org.

[53] Apache Hive[EB/OL]. http://hive. apache. org/.

[54] Apache Cassandra[EB/OL]. http://planetcassandra. org/documentation/.

[55] Leslie G. Valiant. A bridging model for parallel computation. Communications of the ACM. 1990.

[56] Eppstein, David; Galil, Zvi, "Parallel algorithmic techniques for combinatorial computation. 1988.

[57] Karp, Richard M.; Ramachandran, Vijaya. A Survey of Parallel Algorithms for Shared-Memory

Machines. University of California, Berkeley. 1988.

[58] Azza Abouzeid, Kamil Bajda-Pawlikowski, Daniel J. Abadi, Avi Silberschatz, Alex Rasin. HadoopDB: An Architectural Hybrid of MapReduce and DBMS Technologies for Analytical Workloads. VLDB. 2009.

[59] Kristina Cbodorow. MongoDB Definitive Guide. O'Reilly2011.

[60] Jeremy Zawodny. Redis: Lightweight key/value Store That Goes the Extra Mile. Linux Magazine. 2009.

[61] Cloudera 公司 CDH4 和 Impala 文档[EB/OL]. http://www. cloudera. com/content/support/en/documentation. html.

[62] Cloudera Impala: Real-Time Queries in Apache Hadoop, For Real[EB/OL], http://blog. cloudera. com/blog/2012/10/cloudera-impala-real-time-queries-in-apache-hadoop-for-real/. 2012-10.

[63] David Culler, Richard Karp, David Patterson, Abhijit Sahay, Klaus Erik Schauser, Eunice Santos, Ramesh Subramonian, Thorsten von Eicken. LogP: Towards a Realistic Model of Parallel Computation. University of California, Berkeley. PPOPP. 1993.

[64] Brian Babcock, Shivnath Babu, Mayur Datar, Rajeev Motwani, Jennifer Widom. Models and issues in data stream systems. PODS. 2002.

[65] 李国杰.大数据研究的科学价值.中国计算机学会通信, 2012.

[66] R. Kallman, H. Kimura, et al: a high-performance, distributed main memory transaction processing system. In Proceedings of the VLDB Endowment, v. 1 n. 2, 2008.

[67] K. Shvachko, H. Kuang, S. Radia, and R. Chansler. The Hadoop Distributed File System. In Proceedings of the 2010 IEEE 26th Symposium on Mass Storage Systems and Technologies, 2010.

[68] B. C. Lee, E. Ipek, O. Mutlu, and D. Burger. Architecting phase change memory as a scalable DRAM alternative. In International Symposium on Computer Architecture, 2009.

[69] 李国杰,程学旗.大数据研究:未来科技及经济社会发展的重大战略领域——大数据的研究现状与科学思考*[J].中国科学院院刊,2012.

[70] Barwick H. The "four Vs" of Big Data. Implementing Information Infrastructure Symposium[EB/OL] [2012-10-02]. http://www. computerworld. com. au/article/396198/iii3_four_vs_big_data/.

[71] IBM. What is big data? [EB/OL]. [20-12-10-02]. http: //www -01. ibm. com/software /data/bigdata/.

[72] Hadapt. http://hadapt. com/product/.

[73] 耿益锋,陈冠诚. Impala:新一代开源大数据分析引擎[J].程序员,2013.

[74] 王元卓,靳小龙,程学旗.网络大数据:现状与展望[J].计算机学报,2013.

[75] 孟小峰,慈祥.大数据管理:概念、技术与挑战.计算机研究与发展,2013.

[76] 涂新莉,刘波,林伟伟.大数据研究综述.计算机应用研究,2014.

[77] 林伟伟.一种改进的 Hadoop 数据放置策略[J].华南理工大学学报:自然科学版, 2012, 40(1): 152-158.

[78] 王庆先,孙世新,尚明生,等.并行计算模型研究[J].计算机科学, 2004, 31(9): 128-131.

[79] 周涛,潘柱廷,杨婧,等. CCF 大专委 2017 年大数据发展趋势预测[J].大数据, 2017, 3(1): 2017012.

[80] 实时流计算 Spark Streaming 原理介绍. http://blog. csdn. net/paicmis/article/details/53471872. 2017.

[81] 孙大为,张广艳,郑纬民.大数据流式计算:关键技术及系统实例[J].软件学报,2014.

[82] 牛晨晨.大数据流式计算的关键技术研究[J].枣庄学院学报,2017,34(02): 110-115.

[83] 李圣,黄永忠,陈海勇.大数据流式计算系统研究综述[J].信息工程大学学报,2016,17(01): 88-92.

[84] 主流流处理框架比较. http://www. infoq. com/cn/articles/comparison-of-main-stream-processing-

framework. 2016.

[85] 林伟伟,刘波.分布式计算、云计算与大数据.北京：机械工业出版社，2015.11.

[86] 李可,李昕.基于 Hadoop 生态集群管理系统 Ambari 的研究与分析[J].软件,2016,02：93-97.

[87] 崔有文,周金海.基于 KETTLE 的数据集成研究[J].计算机技术与发展,2015,04：153-157.

[88] Shvachko K, Kuang H, Radia S, et al. The Hadoop Distributed File System[C]// IEEE, Symposium on MASS Storage Systems and Technologies. IEEE Computer Society, 2010: 1-10.

[89] Zaharia M, Chowdhury M, Franklin M J, et al. Spark: Cluster Computing with Working Sets[J]. 2010: 10-10.

[90] Breiman L. Random Forests[J]. Machine Learning, 2001, 45(1): 5-32.

[91] Sun K, Miao W, Zhang X, et al. An Improvement to Feature Selection of Random Forests on Spark [C]// IEEE, International Conference on Computational Science and Engineering. 2014: 774-779.

[92] Genuer R, Poggi J M, Tuleau-Malot C, et al. Random Forests for Big Data[J]. Computer Science, 2015.

[93] Meng X, Bradley J, Yavuz B, et al. MLlib: machine learning in apache spark[J]. Computer Science, 2015, 17(1): 1235-1241.

[94] Advanced analytics with Spark, Sandy Ryza, Uri Laserson, Sean Owen and Josh Wills. 1491912766, Toronto Public Library.

[95] Isard M, Budiu M, Yu Y, et al. Dryad: distributed data-parallel programs from sequential building blocks[M]. ACM, 2007.

[96] Zaharia M, Chowdhury M, Franklin M J, et al. Spark: Cluster Computing with Working Sets[J]. Book of Extremes, 2010, 15(1): 1765-1773.

[97] Franklin M. Mllib: A distributed machine learning library[J]. NIPS Machine Learning Open Source Software, 2013.

[98] Xin R S, Gonzalez J E, Franklin M J, et al. GraphX: a resilient distributed graph system on Spark [C]// First International Workshop on Graph Data Management Experiences & Systems. ACM, 2013: 1-6.

[99] Gueron M, Ilia R, Margulis G. Pregel: a system for large-scale graph processing. [J]. American Journal of Emergency Medicine, 2009, 18(18): 135-146.

[100] Martella C, Shaposhnik R, Logothetis D. Giraph in the Clouda[M]// Practical Graph Analytics with Apache Giraph. Apress, 2015.

[101] Gonzalez J E, Xin R S, Dave A, et al. GraphX: graph processing in a distributed dataflow framework[C]// Proceedings of the 11th USENIX conference on Operating Systems Design and Implementation. USENIX Association, 2014: 599-613.

[102] danah boyd, Kate Crawford. Critical Questions for Big Data[J]. Information Communication & Society, 2012, 15(5): 1-18.

[103] Vavilapalli V K, Murthy A C, Douglas C, et al. Apache Hadoop YARN: yet another resource negotiator[C]// Symposium on Cloud Computing. ACM, 2013: 1-16.

[104] Wierzbicki S, Kraskowski W, Kolator B. Analysis of the Feasibility of Usage of Standalone Controllers for Control of Spark-Ignition Engines[J]. Applied Mechanics and Materials, 2016, 817: 245-252.

[105] 刘宏,王俊.中国居民医疗保险购买行为研究——基于商业健康保险的角度[J].经济学：季刊，2012(4): 1525-1548.

[106] Wagner R, Han Y. An Efficient and Fast Parallel-Connected Component Algorithm[J]. Journal of the Acm, 1990, 37(3): 626-642.

[107] Sill L A. Introduction to Cataloging and Classification[J]. Library Collections Acquisitions &

Technical Services, 2007, 31(2): 110-111.

[108] Abolkarlou N A, Niknafs A A, Ebrahimpour M K. Ensemble imbalance classification: Using data preprocessing, clustering algorithm and genetic algorithm [C]// Computer and Knowledge Engineering (ICCKE), 2014 4th International Conference on. IEEE, 2014.

[109] Ng W W Y, Hu J, Yeung D S, et al. Diversified Sensitivity-Based Undersampling for Imbalance Classification Problems[J]. Cybernetics IEEE Transactions on, 2014, 45(11): 2402-2412.

[110] Breiman L. Random Forests[J]. Machine Learning, 2001, 45(1): 5-32.

[111] Chawla N V, Bowyer K W, Hall L O, et al. SMOTE: synthetic minority over-sampling technique [J]. Journal of Artificial Intelligence Research, 2002, 16(1): 321-357.

[112] Author(s): Daniele Perrone, Humphreys D, Lamb R A, et al. Evaluation of image deblurring methods via a classification metric[J]. Proc Spie, 2012, 8542: 854215-854215-8.

[113] 蔡伟杰,张晓辉,朱建秋,等. 关联规则挖掘综述[J]. 计算机工程, 2001, 27(5): 31-33.

[114] Borgelt C, Kruse R. Induction of Association Rules: Apriori Implementation[M]. Physica-Verlag HD, 2002.

[115] Borgelt C. An Implementation of the FP-growth Algorithm[J]. Osdm Proceedings of International Workshop on Open Source Data Mining Frequent Pattern, 2010: 1-5.

[116] 杨明,尹军梅,吉根林. 不平衡数据分类方法综述[J]. 南京师范大学学报: 工程技术版, 2008 (4): 7-12.

[117] Stolfo J, Fan W, Lee W, et al. Cost-based modeling and evaluation for data mining with application to fraud and intrusion detection[J]. Results from the JAM Project by Salvatore, 2000.

[118] http://www.kdd.org/kdd-cup/view/kdd-cup-1999/Intro.

[119] Procopiuc C M. Clustering problems and their applications: A survey[J]. Department of Computer Science, Duke University, 1997.

[120] Portnoy L, Eskin E, Stolfo S. Intrusion detection with unlabeled data using clustering[C]//In Proceedings of ACM CSS Workshop on Data Mining Applied to Security. 2001.

[121] Tavallaee M, Bagheri E, Lu W, et al. A detailed analysis of the KDD CUP 99 data set[C]// Computational Intelligence for Security and Defense Applications, 2009. CISDA 2009. IEEE Symposium on. IEEE, 2009: 1-6.

[122] Bahmani B, Moseley B, Vattani A, et al. Scalable k-means++[J]. Proceedings of the VLDB Endowment, 2012, 5(7): 622-633.

[123] http://glaros.dtc.umn.edu/gkhome/cluto/cluto/overview.

[124] 肖立中,邵志清,马汉华,等. 网络入侵检测中的自动决定聚类数算法[J]. 软件学报, 2008, 19(8): 2140-2148.

[125] 周亚建,徐晨,李继国. 基于改进 CURE 聚类算法的无监督异常检测方法[J]. 通信学报, 2010 (7): 18-23.

[126] Handelsman J, Rondon MR, Brady SF, et al. Molecular biological access to the chemistry of unknown soil microbes: a new frontier for natural products[J]. Chemistry & Biology, 1998, 5 (10): R245-R249.

[127] Shendure, Jay, Hanlee Ji. Next-generation DNA sequencing [J]. Nature biotechnology. 2008, 26. 10: 1135-1145.

[128] http://www.genome.gov/sequencingcosts/.

[129] 宁康,陈挺. 生物医学大数据的现状与展望[J]. 科学通报, 2015(zl): 534-546.

[130] http://bdgenomics.org/.

[131] http://hadoop.apache.org/.

[132] Li R, Li Y, Kristiansen K, et al. SOAP: short oligonucleotide alignment program [J].

Bioinformatics, 2008, 24(5): 713-714.

[133] Li, Ruiqiang, et al. SOAP2: an improved ultrafast tool for short read alignment [J]. Bioinformatics. 2009, 25(15): 1966-1967.

[134] Barrett T, Troup D B, Wilhite S E, et al. NCBI GEO: archive for functional genomics data sets [J]. Nucleic Acids Research, 2013, 41(Database issue): D991.

[135] Parkinson H, Kapushesky M, Shojatalab M, et al. ArrayExpress—a public database of microarray experiments and gene expression profiles[J]. Nucleic Acids Research, 2007, 35(Database issue): 747-750.

[136] Katarzyna T, Patrycja C, Maciej W. The Cancer Genome Atlas (TCGA): an immeasurable source of knowledge[J]. Contemporary Oncology, 2015, 19(1A): 68-77.

[137] Won S J, Wu H C, Lin K T, et al. Discovery of molecular mechanisms of lignan justicidin A using L1000 gene expression profiles and the Library of Integrated Network-based Cellular Signatures database[J]. Journal of Functional Foods, 2015, 16: 81-93.

[138] Subramanian A, Tamayo P, Mootha V K, et al. Gene set enrichment analysis: A knowledge-based approach for interpreting genome-wide expression profiles [J]. PNAS, 2005, 102 (43): 15545-15550.

[139] Lamb J, Crawford E D, Peck D, et al. The Connectivity Map: using gene-expression signatures to connect small molecules, genes, and disease. [J]. Science, 2006, 313(5795): 1929-1935.

[140] Duan Q, Flynn C, Niepel M, et al. LINCS Canvas Browser: interactive web app to query, browse and interrogate LINCS L1000 gene expression signatures. [J]. Nucleic Acids Research, 2014, 42 (Web Server issue): 449-460.

[141] Duan Q, Reid S P, Clark N R, et al. L1000CDS2: LINCS L1000 characteristic direction signatures search engine[J]. 2016, 2: 16015-16026.

[142] Mootha V K, Lindgren C M, Eriksson K F, et al. PGC-1alpha-responsive genes involved in oxidative phosphorylation are coordinately downregulated in human diabetes. [J]. Nature Genetics, 2003, 34(3): 267-273.

[143] Dinu I, Potter J D, Mueller T, et al. Improving gene set analysis of microarray data by SAM-GS [J]. BMC Bioinformatics, 2007, 8(1): 1-13.

[144] Qi L, Dinu I, Adewale A J, et al. Comparative evaluation of gene-set analysis methods[J]. BMC Bioinformatics, 2007, 8(1): 431.

[145] Carro M S, Wei K L, Alvarez M J, et al. The transcriptional network for mesenchymal transformation of brain tumors[J]. Nature, 2010, 463(7279): 318-325.

[146] Gaggero M, Leo S, Manca S, et al. Parallelizing bioinformatics applications with MapReduce [J]. 2008.

[147] MacQueen, J. B. Some Methods for classification and Analysis of Multivariate Observations[C]. Proceedings of 5th Berkeley Symposium on Mathematical Statistics and Probability. University of California Press. 1967, pp. 281-297.

[148] Park H S, Jun C H. A simple and fast algorithm for K-medoids clustering[J]. Expert Systems with Applications, 2009, 36(2): 3336-3341.

[149] Gu Xiang, Liao Xiangke, Lu Yutong, Fang Lin, Peng Shaoliang, Wei Yanjie. Locality Sensitive Hashing Method to Speedup All Pairs Similarity Search in Metagenomics. HPC China, 2016.

[150] Soueidan H, Nikolski M. Machine learning for metagenomics: methods and tools[J]. Quantitative Biology, 2016, 1(1): 1-19.

[151] Baran Y, Halperin E. Joint analysis of multiple metagenomic samples. [J]. Plos Computational Biology, 2012, 8(2): e1002373.

[152] Vanderkam D, Schonberger R, Rowley H, et al. Nearest Neighbor Search in Google Correlate[J]. 2013.

[153] Ravichandran D, Pantel P, Hovy E. Randomized Algorithms and NLP: Using Locality Sensitive Hash Functions for High Speed Noun Clustering[C]// ACL 2005, Meeting of the Association for Computational Linguistics, Proceedings of the Conference, 25-30 June 2005, University of Michigan, Usa. 2005.

[154] Malewicz G, Austern M H, Bik A J C, et al. Pregel: a system for large-scale graph processing [C]// SPAA 2009: Proceedings of the, ACM Symposium on Parallelism in Algorithms and Architectures, Calgary, Alberta, Canada, August. 2009: 135-146.

[155] http://www.select.cs.cmu.edu/code/graphlab/.

[156] Kang U, Meeder B, Faloutsos C. Spectral Analysis for Billion-Scale Graphs: Discoveries and Implementation[C]// Advances in Knowledge Discovery and Data Mining -, Pacific-Asia Conference, PAKDD 2011, Shenzhen, China, May 24-27, 2011, Proceedings. 2011: 13-25.

[157] Nielsen H B, Almeida M, Juncker A S, et al. Identification and assembly of genomes and genetic elements in complex metagenomic samples without using reference genomes. [J]. Nature Biotechnology, 2014, 32(8): 822-828.

[158] Mccallum A, Nigam K, Ungar L H. Efficient clustering of high-dimensional data sets with application to reference matching[J]. Knowledge Discovery & Data Mining, 2010: 169-178.

[159] Zaharia M, Chowdhury M, Das T, et al. Resilient distributed datasets: a fault-tolerant abstraction for in-memory cluster computing[C]// Usenix Conference on Networked Systems Design and Implementation. USENIX Association, 2012: 141-146.

[160] Wang J, Lin C. MapReduce based personalized locality sensitive hashing for similarity joins on large scale data[J]. Computational Intelligence & Neuroscience, 2015, 2015: 1-13.

图书资源支持

感谢您一直以来对清华版图书的支持和爱护。为了配合本书的使用，本书提供配套的资源，有需求的读者请扫描下方的“书圈”微信公众号二维码，在图书专区下载，也可以拨打电话或发送电子邮件咨询。

如果您在使用本书的过程中遇到了什么问题，或者有相关图书出版计划，也请您发邮件告诉我们，以便我们更好地为您服务。

我们的联系方式：

地　　址：北京市海淀区双清路学研大厦 A 座 701

邮　　编：100084

电　　话：010－62770175－4608

资源下载：http://www.tup.com.cn

客服邮箱：tupjsj@vip.163.com

QQ：2301891038（请写明您的单位和姓名）

资源下载、样书申请

书圈

扫一扫，获取最新目录

用微信扫一扫右边的二维码，即可关注清华大学出版社公众号“书圈”。